Seip Elektrische
      Installationstechnik
      Teil 2

Elektrische Installationstechnik

Teil 2

Herausgeber und Schriftleiter
Günter G. Seip

Redaktion
Werner Sturm

2., neubearbeitete und erweiterte Auflage, 1985

Siemens Aktiengesellschaft

CIP-Kurztitelaufnahme der Deutschen Bibliothek

Elektrische Installationstechnik / Siemens-Aktienges.
Hrsg. u. Schriftl. Günter G. Seip. — Berlin;
München: Siemens-Aktiengesellschaft, [Abt. Verl.]

ISBN 3-8009-1420-4

NE: Seip, Günter G. [Hrsg.]; Siemens-Aktiengesellschaft
⟨Berlin, West; München⟩

Teil 2. Kabel und Leitungen; Schutzgeräte; Zähler;
Blindleistungskompensation; Ersatzstromversorgungsanlagen;
Beleuchtung; Raumheizung; Aufzuganlagen. —
2., neubearb. u. erw. Aufl. — 1985.

Das Themenspektrum umfaßt den gesamten Bereich der elektrischen Installationstechnik:

Stromversorgungs- und -verteilungsanlagen mit Berechnung der Kurzschlußströme, Auslegung des Netzschutzes, Auswahl der hoch- und niederspannungsseitigen Geräte und Anlagenteile, Kabel und Leitungen, Zähler, Ersatzstromversorgungsanlagen, Blindleistungskompensation, Beleuchtungstechnik sowie Raumheizung, Raumklimatisierung und Raumlüftung. Darüber hinaus werden Planung und Ausführung elektrischer Installationsanlagen für Großbauten und Freianlagen einschließlich aller Sonderanlagen und Systeme, wie z. B. Fernmeldeanlagen, Zeitdienstanlagen, Brandmeldeanlagen usw. beschrieben bis hin zu den sich immer mehr durchsetzenden elektronischen Steuer-, Informations- und Überwachungssystemen.

Abschließend enthält dieses Fachbuch Hinweise zu Errichtungsbestimmungen und Sicherheitsmaßnahmen, die bei der Planung und Errichtung elektrischer Installationsanlagen zu beachten sind.

ISBN 3-8009-1420-4

Verlag: Siemens Aktiengesellschaft, Berlin und München
© 1971 by Siemens Aktiengesellschaft, Berlin und München
Alle Rechte vorbehalten, insbesondere das Recht der Vervielfältigung und Verbreitung, der Übersetzung und sonstiger Bearbeitungen, sowie der Entnahme von Abbildungen, auch bei nur auszugsweiser Verwertung. Reproduktionen (durch Fotokopie, Mikrofilm oder andere Verfahren), sowie Verarbeitung, Vervielfältigung und Verbreitung unter Verwendung elektronischer Systeme nur mit schriftlicher Zustimmung des Verlags.

Printed in the Federal Republik of Germany

Autoren

Augner, Brigitte
Beckmann, Manfred
Bergfeld, Wolfgang
Buchenau, Reinhard
Carstens, Peter
Conrad, Fritz
Crepaz, Hugo
Diehl, Rainer
Dorsch, Peter
Drechsler, Lothar
Emig, Alfred
Fanenbruck, Bernhard
Fink, Helmut
Friesleben, Klaus
Gaumert, Horst
Gern, Siegbert
Greve, Günter
Hahn, Max
Hartig, Fritz
Hartz, Manfred
Hempel, Wolfgang
Hennig, Gottfried
Huesmann, Hans Josef
Ittmann, Karl-Heinz
Jäger, Hans-Helmut
Kathrein, Walter
Kirstein, Hartmut
Krumbholz, Horst
Kühschelm, Gerhard
Linzmeier, Josef
Menhorn, Hermann
Möller, Erich
Münchow, Eberhard
Pawlita, Peter
Pijahn, Manfred
Rameil, Wilfried
Reese, Detlef
Riede, Siegfried
Sauter, Ottobert
Schab, Hans-Jörgen
Schmitt, Joseph
Scholz, Horst
Schreyer, Leopold

Schumann, Gerhard
Stach, Manfred
Stark, Joachim
Steger, Werner
Steller, Ernst
Volk, Norbert
Warzel, Horst
Webs, Alfred
Wegener, Michael
Weik, Hans Georg
Weiß, Ulrich
Wilckens, Karl-Theodor
Will, Georg
Winkler, Franz
Wolfrath, Hans

Vorwort zur zweiten Auflage

Die elektrische Installationstechnik
war und ist die Voraussetzung für die unmittelbare Elektrizitätsanwendung in den Lebensbereichen des Menschen. Sie hat über die Jahre nach dem jeweilgen Stand der Technik die weitestgehend gefahrlose Elektrizitätsanwendung sichergestellt, die Risiken hierbei laufend minimiert und maßgebend zur Anwenderfreundlichkeit dieser umweltschonenden Energieform beigetragen.

Nach Erscheinen der ersten deutschen Auflage dieses Buches im Jahr 1971 folgten mehrere Ausgaben in anderen Sprachen. Da die erste deutsche Auflage bereits nach kurzer Zeit vergriffen war und der Wunsch nach einer neuen Auflage aus Fachkreisen sehr eindringlich an uns herangetragen wurde, haben wir uns zur Herausgabe dieser zweiten Auflage entschlossen.

Die Anpassung an den aktuellen Stand der Technik findet ihren Ausdruck in einer Reihe von neuen Inhalt- und Bildteilen sowie den aktuellen Hinweisen auf Fachliteratur und auf die Weiterentwicklung der Errichtungs- und Gerätebestimmungen.

Besonders berücksichtigt wurde der zunehmende Einsatz der Elektronik, insbesondere der Mikroprozessortechnik, die zu einer effektiveren Nutzung bisher bekannter Techniken führte. So werden heute elektronische Baugruppen nicht nur zu Schutz-, Regel-, Steuer- und Kontrollzwecken bei elektrischen Geräten und Einrichtungen und zur Optimierung wirtschaftlicher Elektrizitätsanwendung eingesetzt, sondern auch für komplette Steuer-, Informations- und Überwachungssysteme für die Gebäudeinstallation.

Die Gliederung der ersten Auflage hat sich bewährt und wird daher im wesentlichen beibehalten. Der Inhalt ist nunmehr auf drei Bände aufgeteilt worden, was die Übersichtlichkeit verbessert und die Handhabung erleichtert.

Die vorliegende zweite Auflage soll dem planenden und ausführenden Fachmann helfen, seine Aufgaben bei den steigenden Anforderungen an die elektrische Installationstechnik noch besser erfüllen zu können. Besonderer Wert wurde deshalb auf praktische Beispiele, „sprechende" Grafiken und Fotos gelegt, die eine leichte Übertragung auf die verschiedensten zur Lösung anstehender Probleme ermöglichen.

Ein Wort des Dankes sei an dieser Stelle allen genannten und ungenannten Mitarbeiterinnen und Mitarbeitern gesagt, besonders aber dem Herausgeber für die oft mühevolle und langwierige Arbeit, ohne die diese zweite Auflage nicht zustande gekommen wäre.

Erlangen, Februar 1985

Siemens Aktiengesellschaft

Inhalt

I Elektrische Installationstechnik für Stromversorgung und -verteilung

1 Stromversorgungs- und -verteilungsanlagen 17
1.1 Begriffserklärung 17
1.1.1 Netze: Isolationskoordination, Netzarten und -komponenten, Stationen, Kurzschluß, Selektivität 17
1.1.2 Errichten und Betrieb von Starkstromanlagen 26
1.1.3 Metallgekapselte Hochspannungs-Schaltanlagen, fabrikfertig, typgeprüft 32
1.1.4 Hochspannungs-Schaltgeräte 36
1.1.5 Meßwandler für Hoch- und Niederspannungsanlagen Meßwandler, allgemein (Strom- und Spannungswandler) 57
1.1.6 Transformatoren 58
1.1.7 Niederspannungs-Schaltanlagen 63
1.1.8 Niederspannungs-Schalt- und -Schutzgeräte 66
1.1.9 Kabel und Leitungen 101

1.2 Hinweise für die Gestaltung von elektrischen Installationsnetzen für Hoch- und Niederspannung in Gebäuden 103

1.3 Berechnung der Kurzschlußströme in Drehstromanlagen 118
1.3.1 Beispiele 127
1.3.2 Impedanzwerte der Betriebsmittel 160
1.3.3 Rechengrößen nach VDE 0102 175

1.4 Netzschutz 185
1.4.1 Einführung und Begriffe 185
1.4.2 Schutzgeräte für Niederspannungsnetze 193
1.4.2.1 Leistungsschalter mit Schutzfunktionen 195
1.4.2.2 Schaltkombinationen 207
1.4.2.3 Auswahl der Schutzgeräte 216
1.4.3 Selektivität in Niederspannungsnetzen 223
1.4.3.1 Selektivität in Strahlennetzen 223
1.4.3.2 Selektivität einer Einspeisung im Netzverband 240
1.4.4 Schutzgeräte für Verteilungstransformatoren (gegen innere Fehler) 241
1.4.5 Schutzgeräte für Hochspannungsnetze 242
1.4.5.1 Einführung 242
1.4.5.2 Schutz der Transformator-Abzweige mit übergreifender Selektivität bis zu den Niederspannungs-Abzweigen 243

1.4.5.3	Schutz von Stichleitungen in Strahlennetzen	253
1.4.5.4	Schutz von Speiseleitungen (Parallelkabel)	255
1.4.5.5	Schutz von Ringleitungen	258
1.5	**Hochspannungsschaltgeräte**	**261**
1.5.1	Wahl der Geräte	261
1.5.2	Trennschalter, Erdungsschalter und Erdungsdraufschalter	264
1.5.3	Hochspannungs-Hochleistungs-(HH-)Sicherungseinsätze	266
1.5.4	Lasttrennschalter	275
1.5.5	Leistungsschalter	281
1.5.6	Vakuumschütze für Nennspannungen von 1.2 kV bis 12 kV	289
1.5.7	Antriebe und Schaltfehlerschutz	293
1.6	**Meßwandler**	**300**
1.6.1	Allgemeine Begriffe und Bestimmungen für Meßwandler	300
1.6.2	Begriffe und Bestimmungen für Stromwandler	303
1.6.3	Begriffe und Bestimmungen für Spannungswandler	318
1.6.4	Bauarten der Stromwandler für Schaltanlagen bis 1000 V	326
1.6.5	Bauarten der Stromwandler für Schaltanlagen über 1 kV bis 52 kV	336
1.6.6	Bauarten der Spannungswandler für Schaltanlagen über 1 kV bis 36 kV	342
1.7	**Hochspannungs-Schaltanlagen**	**346**
1.7.1	Einführung	346
1.7.2	Schaltanlagenübersicht	356
1.7.3	Baumaßnahmen	382
1.8	**Schaltanlagen-Nahsteuerung**	**387**
1.8.1	Einführung	387
1.8.2	Nahsteuersysteme	388
1.8.3	Steuertafeln, Steuerschränke und Steuerpulte	393
1.8.4	Mosaiktechnik	396
1.8.5	Hilfsschränke	400
1.8.6	Rangierverteiler	401
1.8.7	Steuerkabel und Reichweiten der Nahsteuerungen	403
1.8.8	Steuerkopfkombinationen und Koppelrelaiseinheiten	405
1.9	**Transformatoren**	**408**
1.9.1	Ausführungsarten und Anwendung	408
1.9.2	Auswahl	419
1.9.3	Aufstellen	422
1.9.4	Betrieb	428
1.9.5	Zubehör	436
1.9.6	Wartung	437

1.10	**Transformator-Netzstationen**	439
1.10.1	Kleinstationen mit Transformatoren bis 1000 kVA Nennleistung für Verteilungsnetze bis 24 kV	439
1.10.2	Fabrikfertige Container-Stationen	443
1.10.3	Transformator-Schwerpunkt-(S-)Stationen bis 12 kV bzw. 24 kV und für Transformator-Nennleistungen von 400 kVA bis 1250 kVA	448
1.11	**Niederspannungs-Schaltanlagen und -Verteiler**	461
1.11.1	Allgemeines	461
1.11.2	Schaltanlagen in Standardausführung	471
1.11.3	Niederspannungs-Verteiler in Kastenbauform	488
1.11.4	Schienenverteiler 8PL mit veränderbaren Abgängen	509
1.11.5	Steuerungen mit kontaktbehafteten Schaltgeräten	514
1.11.6	Installationsverteiler	519
1.11.7	Projektierung von Niederspannungs-Schaltanlagen, -Verteilern und Steuerungen	530
1.12	**Erdungsanlagen**	551

2	Kabel und Leitungen für Starkstrom	567
2.1	Isolierte Starkstromleitungen	567
2.2	Starkstromkabel für Spannungen bis 30 kV	598
2.3	Schutz von Leitungen und Kabeln gegen zu hohe Erwärmung durch Überströme	705
2.4	Montagezeitsparende Werkzeuge und Verlegungsmaterialien	715
3	Schutzgeräte für Verbraucherstromkreise	736
3.1	Leitungsschutzsicherungen	736
3.2	Leitungsschutz-(LS-)Schalter (Automaten)	752
3.3	Fehlerstrom-Schutzschalter	759
3.4	Isolationswächter	770
4	Schwachstrom-Starkstrom-Fernschaltung (SSF-Schaltung)	773
5	Elektrizitätszähler	781
6	Ersatzstromversorgungsanlagen	802
6.1	Stromerzeugungsaggregate (Antrieb mit Verbrennungsmotor)	809
6.1.1	Verbrennungsmotor	813
6.1.2	Generator und Zubehör	815
6.1.3	Aufstellen von Stromerzeugungsaggregaten	818
6.2	Batterieanlagen	820
6.2.1	Batterieladegeräte	820
6.2.2	Batterien	827
6.2.3	Begriffserklärungen	832
6.3	Statische USV-Anlagen	834
7	Blindleistungskompensation	841
7.1	Einführung	841
7.2	Kompensation linearer Verbraucher mit Leistungskondensatoren	842
7.3	Kompensation stromrichtergespeister Verbraucher mit Filterkreisen	853
8	Beleuchtungstechnik	858
8.1	Lichtquellen	858
8.2	Schaltungen von Entladungslampen	868
8.2.1	Allgemeines	868
8.2.2	Leuchtstofflampen	870
8.2.3	Metalldampflampen	873
8.2.4	Schaltbilder	876

8.3	**Lichtsteuerung**	882
8.3.1	Spannungssteuerung	883
8.3.2	Stromsteuerung	884
8.3.3	Anschnittsteuerung mit Magnetverstärker	884
8.3.4	Anschnittsteuerung mit Thyristor- oder Tirac-Lichtsteuergeräten	885
8.4	**Leuchten**	888
8.4.1	Allgemeines	888
8.4.2	Innenleuchten	891
8.4.3	Feuchtraum- und Industrieleuchten	898
8.4.4	Außenleuchten und Scheinwerfer	900
8.4.5	Auswahl und Anwendung von Leuchten	902
8.4.6	Wartung	908
8.5	**Beleuchtungsanlagen**	909
8.5.1	Anlagen in Innenräumen	909
8.5.2	Anlagen im Freien	926
8.5.3	Anlagen mit Leuchtröhren	935

II Elektrische Installationstechnik zur Raumheizung, Raumklimatisierung und Raumlüftung

9	**Raumheizung, Raumklimatisierung und Raumlüftung**	941
9.1	Raumheizgeräte und Anlagenteile	943
9.2	Steuerung und Regelung von Elektro-Speicherheizgeräten	963
9.3	Hinweise für die Stromversorgung elektrischer Heizanlagen	975
9.4	Heizwärmepumpen, elektrische Anschlußbedingungen	977
9.5	Raumklimageräte	988
9.5.1	Bemessen der Geräte	988
9.5.2	Geräteübersicht und Anwendung	989
9.6	Ventilatoren zur Raumlüftung und für lufttechnische Geräte	996
9.6.1	Bemessen der Geräte	996
9.6.2	Geräteübersicht und Anwendung	1000
9.6.3	Einbau und Anschluß	1001

III Aufzuganlagen

10	**Personen-, Güter- und Lastenaufzüge**	1003

IV Elektrische Installationstechnik für Großbauten und Freianlagen

11	Großbauten	1011
11.1	Vertikale Stromversorgung	1011
11.2	Horizontale Stromversorgung	1019
11.2.1	Zentrale Verteilungsform	1019
11.2.2	Dezentrale Verteilungsform	1020
11.2.3	Leitungsverlegearten	1021
11.3	Elektrische Installationsgeräte	1067
12	Fertigteil-Hochbau	1069
12.1	Bauverfahren	1070
12.2	Planung	1072
12.3	Material für Leitungsverlegung und Montage	1077
12.4	Zählerschränke und Verteiler	1082
13	Wohnbauten	1083
13.1	Hauseinführungen	1083
13.2	Hauptleitungen (Steigleitungen)	1087
13.3	Anordnung der Zähler und Unterverteiler	1090
13.4	Ausführung des Leitungsnetzes	1095
14	Bürobauten	1101
15	Hotels	1104
16	Krankenhäuser	1109
17	Theater- und Mehrzweck-Kulturbauten	1114
18	Film- und Fernsehstudios	1124
19	Industriebauten und Ausstellungshallen	1129
19.1	Industriebauten	1129
19.2	Ausstellungshallen	1150
20	Leuchtfontänen und Wasserlichtorgeln	1152
21	Straßen- und Platzbeleuchtung	1159

| 22 | Flugplatzbefeuerung | 1171 |

23	Garagen, Tankstellen und Montagegruben	1191
23.1	Garagen	1191
23.2	Tankstellen	1195
23.3	Montagegruben	1197

| 24 | Betriebsstätten und Räume sowie Anlagen besonderer Art | 1198 |

| 25 | Explosionsgefährdete Betriebsstätten | 1212 |

V Sonderanlagen und -systeme in der elektrischen Installationstechnik

26	Fernmeldeanlagen	1225
26.1	Planung und Errichtung	1225
26.2	Signal- und Hausrufsysteme	1230
26.3	Anlagen der Lichtruftechnik (ALT)	1238
26.4	Personenrufanlagen	1258
26.5	Zeitdienstanlagen	1262
26.6	Brandmeldeanlagen	1272
26.7	Überfall- und Einbruchmeldeanlagen (Intrusionsmeldeanlagen)	1279
26.8	Fernsprechanlagen	1294
26.9	Datenverarbeitung und Datenfernverarbeitung	1305
26.10	Rohrpost- und Behälter-Fördersysteme	1311
26.11	Antennenanlagen für den Hörfunk- und Fernsehempfang	1322
26.12	Elektroakustische Anlagen	1353
26.13	Betriebsinterne Fernsehanlagen	1362
26.14	Nachrichtenkabel und -leitungen	1374

27	Steuer-, Informations- und Überwachungssysteme der Gebäudeinstallation	1378
27.1	Schalten, steuern	1378
27.2	Rufen, sprechen, informieren	1383
27.3	Überwachen, schützen	1386
27.4	Schalten, informieren	1391
27.5	Zusammenwirken der Steuer-, Informations- und Überwachungssysteme	1392

VI Errichtungsbestimmungen und Sicherheitsmaßnahmen

28	Errichtungsbestimmungen	1393
28.1	Rechtliche Bedeutung der VDE-Bestimmungen	1393
28.2	Hinweise zu VDE 0100	1396
28.3	Hinweise zu VDE 0101	1398
28.4	Hinweise zu VDE 0107	1408
28.5	Hinweise zu VDE 0108	1418
28.6	Hinweise zu VDE 0165	1422
28.7	Hinweise zu VDE 0800	1425
28.8	Hinweise zu den TAB	1433
29	Sicherheitsmaßnahmen	1437
29.1	Schutz gegen direktes und bei indirektem Berühren	1440
29.2	Schutz gegen direktes Berühren	1443
29.3	Schutz bei indirektem Berühren	1446
29.4	Prüfung der Schutzmaßnahmen bei indirektem Berühren	1458
29.5	Schutz gegen Überspannung	1495
29.6	Schutz gegen Gewitterüberspannungen in Niederspannungsnetzen	1498

Stichwortverzeichnis 1503

2 Kabel und Leitungen für Starkstrom

2.1 Isolierte Starkstromleitungen

Hinweise für die Auswahl

Für das Leitungsnetz in elektrischen Anlagen sind nur Leitungsbauarten zugelassen, die den einschlägigen VDE-Bestimmungen entsprechen.

Dies sind im wesentlichen:
- ▷ VDE 0250, VDE 0281, VDE 0282 sowie
- ▷ VDE 0207, VDE 0293, VDE 0295, VDE 0298 und VDE 0472.

VDE-Bestimmungen

In den genannten Bestimmungen sind die Leitungsbauarten für feste Verlegung und für ortsveränderliche Betriebsmittel festgelegt. Sie enthalten Angaben über Aufbau, Eigenschaften und Prüfungen sowie Aussagen über die Verwendung.

Bei den VDE-Bestimmungen VDE 0281 und VDE 0282 handelt es sich um harmonisierte Festlegungen, die von CENELEC[1]) erarbeitet worden sind und die entsprechenden IEC[2])-Bestimmungen einschließen.

Harmonisierte Normen

Die in diesen Bestimmungen enthaltenen Bauarten:
- ▷ PVC-isolierte Leitungen (VDE 0281),
- ▷ Gummi-isolierte Leitungen (VDE 0282)

Bauartkurzzeichen

sind durch neue Bauartkurzzeichen gekennzeichnet, die in allen CENELEC-Ländern gleich sind. Sie sind nur für Leitungen nach harmonisierten Normen vorgesehen und gliedern sich entsprechend Tabelle 2.1/1 in drei Teile.

---

[1]) Europäisches Komitee für elektrotechnische Normung
[2]) International Electrotechnical Commission

2.1 Isolierte Starkstromleitungen

Tabelle 2.1/1 Kurzzeichen-Schlüssel

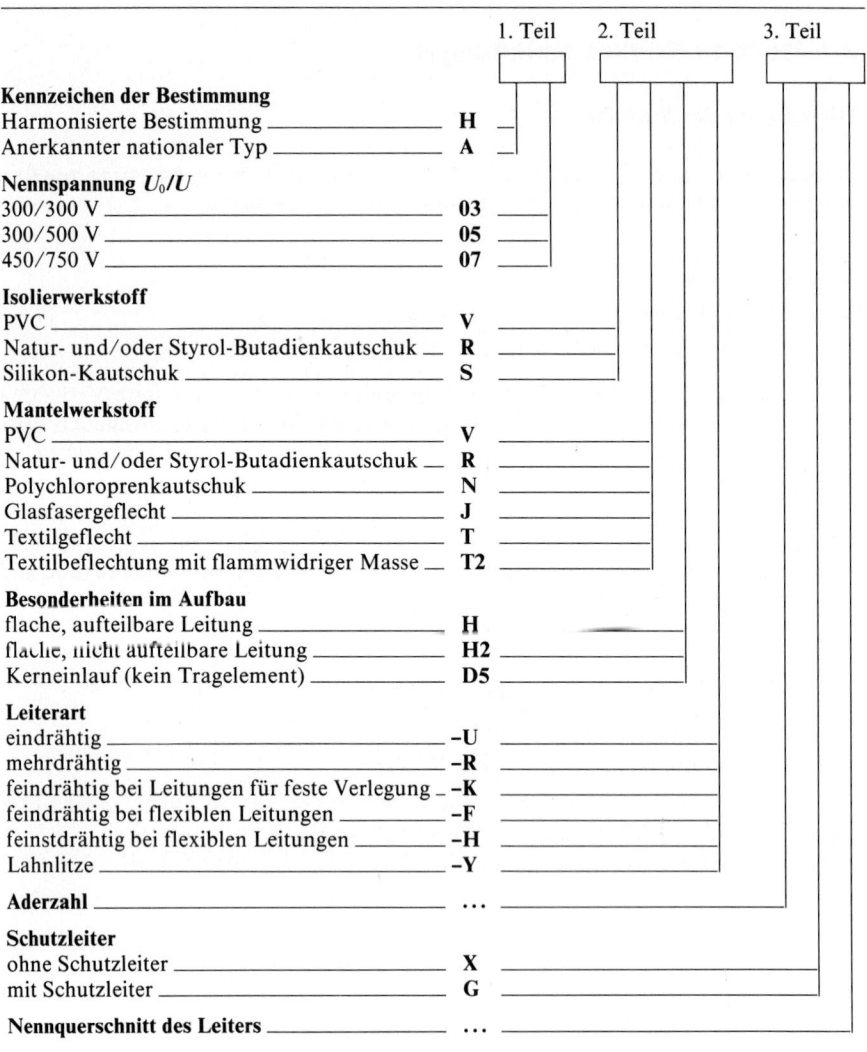

Kurzzeichen für Farbkennzeichnung der Adern von Leitungen s. Tabelle 2.1/2.

Beispiele für Typenkurzzeichen

1. PVC-Aderleitung 1,5 mm², schwarz mit eindrähtigem Leiter — **H07V–U1,5 sw**
2. Gummischlauchleitung 07RN für mittlere mechanische Beanspruchungen, 3adrig, 2,5 mm², mit Schutzleiter grün-gelb — **H07RN–F3G2,5**
3. PVC-Schlauchleitung 03VV für leichte mechanische Beanspruchungen, 2adrig, 0,75 mm², ohne Schutzleiter — **H03VV–F2X0,75**

Der Anfangsbuchstabe H besagt, daß die Leitungsbauart in allen Belangen den harmonisierten Bestimmungen entspricht.

Der Anfangsbuchstabe A wird hingegen für ergänzende Bauarten verwendet, z. B. mit abweichenden Aderanzahlen und Leiterquerschnitten, die nicht in allen CENELEC-Ländern, sondern nur in einzelnen Ländern zugelassen sind.

In VDE 0250 sind alle Bauarten enthalten, die nicht in die Harmonisierung einbezogen sind. Hierzu gehören alle Ausführungen mit Nennspannungen $U_0/U \geq 0,6/1$ kV sowie Leitungen für besondere Anwendungsbereiche. Das bisherige nationale Kurzzeichen, beginnend mit „N" bleibt hierfür unverändert erhalten, d. h. bei mehradrigen Leitungen werden unterschieden:

▷ Leitungen mit grün-gelbem Schutzleiter
(den jeweiligen Bauartkurzzeichen wird nach einem Bindestrich der Buchstabe „J" hinzugefügt, z. B. NYM-J)

▷ Leitungen ohne grün-gelben Schutzleiter
(den Bauartkurzzeichen wird nach einem Bindestrich der Buchstabe „O" hinzugefügt, z. B. NYM-O).

Zum Nachweis, daß die Leitungen den vorgenannten VDE-Bestimmungen entsprechen, erteilt die VDE-Prüfstelle die Berechtigung, den VDE-Kennfaden einzulegen. **VDE-Kennzeichen**

Dieser hat für die Bauarten nach nationalen Normen die Farbfolge: schwarz-rot, für die Bauarten nach harmonisierten Normen die Farbfolge: schwarz-rot-gelb.

Statt des Kennfadens darf auch das VDE-Buchstaben-Kennzeichen ◁VDE▷ aufgebracht werden. Für Bauarten nach harmonisierten Normen muß zusätzlich die Buchstabenfolge ◁HAR▷ aufgebracht werden.

Außerdem müssen die Leitungen ein Firmenkennzeichen enthalten, entweder als Kennfaden oder als Buchstabenzeichen. **Firmenkennzeichen**

Für die Siemens AG gilt der Kennfaden mit der Farbfolge grün-weiß-rot-weiß oder der Schriftzug SIEMENS.

Beispiel: SIEMENS ◁VDE▷ ◁HAR▷

Die Adern von Starkstromleitungen sind, wie in Tabelle 2.1/2 angegeben, gekennzeichnet. **Aderkennzeichnung**

2.1 Isolierte Starkstromleitungen

Tabelle 2.1/2 Aderkennzeichnung von Leitungen

Anzahl der Adern	Mit Schutzleiter (Kurzzeichen „J" bzw. „G")	Ohne Schutzleiter (Kurzzeichen „O" bzw. „X")	Frühere Kennzeichnung nach VDE 0250/4.64
Für feste Verlegung			
1	gnge/hbl/andere Farben[1])	sw[2])	—
2	—	sw/hbl	gr/sw
3	gnge/sw/hbl	sw/hbl/br	gr/sw/rt
4	gnge/sw/hbl/br	sw/hbl/br/sw	gr/sw/rt/bl
5	gnge/sw/hbl/br/sw	sw/hbl/br/sw/sw	gr/sw/rt/bl/sw
Zum Anschluß ortsveränderlicher Betriebsmittel			
1	—	sw[2])	sw
2	—	br/hbl	gr/sw
3	gnge/br/hbl	sw/hbl/br	gr/sw/rt
4	gnge/sw/hbl/br	sw/hbl/br/sw	gr/sw/rt/bl
5	gnge/sw/hbl/br/sw	sw/hbl/br/sw/sw	gr/sw/rt/bl/sw
6 und mehr	gnge/weitere Adern sw mit Zahlenaufdruck, von innen beginnend mit 1 gnge in der Außenlage	Adern sw mit Zahlenaufdruck, fortlaufend von innen beginnend mit 1	in jeder Verseillage zwei nebeneinanderliegende Adern blau und gelb (Zähl- und Richtungsader), alle übrigen Adern hellgrau

Kurzzeichen für die Farben: gnge grün-gelb,   sw schwarz,
                            hbl   hellblau,   br braun,
                            gr   hellgrau,   rt rot,
                                               bl blau

[1]) Die Einzelfarben grün und gelb sowie jede andere Mehrfarbigkeit außer grün-gelb sind nicht zugelassen. Leitungen für die Verdrahtung von Geräten dürfen jedoch grün und gelb sowie zweifarbig gekennzeichnet sein
[2]) Die Aderfarbe 1adriger Leitungen mit Mantel ist stets schwarz

Es sind zu verwenden:

Für Leiter mit Schutzfunktion (Schutz- oder Nulleiter) ausschließlich die grüngelb gekennzeichnete Ader. Diese darf für keinen anderen Zweck benutzt werden.

Für Mittel- oder Sternpunktleiter die hellblaue Ader. Diese kann beliebig eingesetzt werden, jedoch nicht als Schutz- oder Nulleiter.

Wenn Starkstromleitungen in Fernmeldeanlagen nach VDE 0800 eingesetzt werden, darf die grün-gelb gekennzeichnete Ader ebenfalls ausschließlich als Leiter mit Schutzfunktion verwendet werden.

Metallhüllen sowie etwa vorhandene blanke Beidrähte dürfen allein weder als **Metallhüllen** betriebsmäßig stromführende Leiter noch als Null- oder Schutzleiter benutzt werden (VDE 0100).

Für die Auswahl der Leitungen sind neben den VDE-Bestimmungen für Starkstromleitungen die VDE-Errichtungsbestimmungen und gegebenenfalls Sonderbestimmungen der Energieversorgungsunternehmen oder der Überwachungsbehörden (z. B. Gewerbeaufsichtsämter, Oberbergämter) maßgebend. Die Tabellen 2.1/3 und 2.1/4 geben einen Überblick über die gebräuchlichen Leitungsbauarten und ihre Anwendungsbereiche.

Auswahl der Leitungen

Anwendungsbereiche

2.1 Isolierte Starkstromleitungen

Tabelle 2.1/3   Leitungen für feste Verlegung

Bauart und Nennspannung U_0/U	Kurzzeichen	Aufbau	Hinweise
PVC-Verdrahtungsleitungen 300/500 V	H05V-U	1 Protodur-Isolierhülle 2 Kupferleiter, eindrähtig 3 Kupferleiter, feindrähtig	Um umfangreiche innere Verdrahtungen zu ermöglichen, sind weitere Einzelfarben sowie zweifarbige Kombinationen erlaubt. Die Einzelfarben grün und gelb dürfen jedoch nur verwendet werden, wenn es die jeweils betreffenden Sicherheitsbestimmungen zulassen
	H05V-K		
PVC-Aderleitungen 450/750 V	H07V-U H07V-R	1 Protodur-Isolierhülle 2 Kupferleiter, eindrähtig 3 Kupferleiter, mehrdrähtig 4 Kupferleiter, feindrähtig	H07V-K ist wegen des feindrähtigen Leiters flexibel und bietet daher Vorteile bei Rohrverlegung in beengten Räumen oder beim Verbinden beweglicher Teile, z. B. an ausschwenkbaren Schalttafeln. Bei Verwendung als Potentialausgleichsleiter dürfen die Leitungen auch direkt auf, im und unter Putz sowie auf Pritschen u. dgl. verlegt werden
	H07V-K		
Steg- (Sifla-) Leitungen 220/380 V	NYIF	1 Gummihülle 2 Protodur-Isolierhülle 3 Kupferleiter, eindrähtig	Sifla-Leitungen sind unentbehrlich, wenn bei Bauten in Spann- oder Schüttbeton oder mit Leichtbauplatten Schlitze für das Verlegen von Leitungen aus statischen Gründen nicht zulässig sind
Mantelleitungen 300/500 V	NYM	1 Protodur-Mantel 2 Füllmischung 3 Protodur-Isolierhülle 4 Kupferleiter, ein- oder mehrdrähtig	Für Einsatzarten, an die erhöhte Anforderungen zu stellen sind, z. B. in landwirtschaftlichen Betrieben, Molkereien, Käsereien, Wäschereien, Industrie- und Verwaltungsgebäuden

2.1 Isolierte Starkstromleitungen

Leiter		Übliche Farben der äußeren Umhüllung	Verwendung			
Anzahl	Querschnittsbereich mm²		In trockenen Räumen	In feuchten und nassen Räumen sowie im Freien	In feuergefährdeten Betriebsstätten und Lagerräumen	In explosionsgefährdeten Betriebsstätten und Lagerräumen
1	0,5–1	grüngelb schwarz hellblau braun violett grau weiß rot	Für die innere Verdrahtung von Geräten und geschützte Verlegung in und an Leuchten. Ferner für Verlegung in Rohren auf und unter Putz, jedoch nur für Signalanlagen	Nicht zulässig	Nicht zulässig	Nicht zulässig
1	0,5–1					
1	1,5–400	grüngelb schwarz hellblau braun violett grau rot	In Rohren auf und unter Putz (in Bade- und Duschräumen in Wohnungen und Hotels nur in Kunststoffrohren), offene Verlegung auf Isolierkörpern über Putz außerhalb des Handbereiches. In Geräten, Schaltanlagen und Verteilern sowie in und an Leuchten mit einer Nennspannung bis 1000 V Wechselspannung oder einer Gleichspannung bis 750 V gegen Erde. Bei Verwendung in Schienenfahrzeugen darf die Betriebsgleichspannung 900 V gegen Erde betragen	Offene Verlegung auf Isolierkörpern außerhalb des Handbereiches, jedoch nicht im Freien	Verlegung in Kunststoffrohren auf und unter Putz	In Schaltanlagen und Verteilern gemäß VDE 0165
1	1,5–240					
2 3 4 5	1,5–4 1,5–4 1,5 u. 2,5 1,5 u. 2,5	naturfarben	In und unter Putz auch in Bade- und Duschräumen in Wohnungen und Hotels. Ohne Putzabdeckung in Hohlräumen von Decken und Wänden aus nicht brennbaren Baustoffen. Nicht zulässig in Holzhäusern und in landwirtschaftlich genutzten Gebäuden bzw. in von diesen nicht durch Brandmauern getrennten Gebäudeteilen	Nicht zulässig	Nicht zulässig	Nicht zulässig
1 2 3 4 5 7	1,5–16 1,5–35 1,5–35 1,5–35 1,5–35 1,5	grau	Auf, in und unter Putz	Auf, in und unter Putz	Auf, in und unter Putz gemäß VDE 0100	Auf, in und unter Putz, unter Berücksichtigung der besonderen chemischen und thermischen Einflüsse (s. VDE 0165)

2.1 Isolierte Starkstromleitungen

Tabelle 2.1/3 Leitungen für feste Verlegung (Fortsetzung)

Bauart und Nennspannung U_0/U	Kurzzeichen	Aufbau	Hinweise
Bleimantelleitungen 300/500 V	NYBUY	1 Protodur-Hülle 2 Bleimantel 3 Füllmischung 4 Protodur-Isolierhülle 5 Kupferleiter, ein- oder mehrdrähtig	Dieser Typ wird bevorzugt eingesetzt, wenn hohe Sicherheit gefordert wird, z. B. in chemischen Betrieben, in der Schwerindustrie, in bergbaulichen Betrieben
Umhüllte Rohrdrähte 300/500 V	NYRUZY NHYRUZY	1 Protodur-Hülle 2 Gefalzter Mantel (Zinkband) 3 Füllmischung 4 Protodur-Isolierhülle 5 Kupferleiter, ein- oder mehrdrähtig 1 Protodur-Hülle 2 Gefalzter Mantel (Zinkband) 3 Füllmischung 4 Beidraht 5 Protodur-Isolierhülle 6 Kupferleiter, ein- oder mehrdrähtig	Wird anstelle von Mantelleitungen verwendet, wenn bei Verlegen auf Putz größere Befestigungsabstände gewählt werden. NHYRUZY hat eine gummielastische Füllmischung und einen Beidraht (1,5 mm² bzw. 2,5 mm², ein-, zwei- oder dreidrähtig) aus verzinnten Kupferdrähten unter dem gefalzten Metallmantel. Der Beidraht darf nicht als Null- oder Schutzleiter verwendet werden
Sonder-Gummiaderleitungen 1,8/3 kV	NSGAFÖU	1 Gummihülle 2 Protolon-Isolierung 3 Kupferleiter, feindrähtig, verzinnt	Leitungen mit einer Nennspannung U_0/U von mindestens 1,8/3 kV gelten in Schaltanlagen und Verteilern bis 1000 V als kurzschluß- und erdschlußsicher

2.1 Isolierte Starkstromleitungen

Leiter		Übliche Farben der äußeren Umhüllung	Verwendung			
Anzahl	Querschnitts-bereich mm²		In trockenen Räumen	In feuchten und nassen Räumen sowie im Freien	In feuergefähr-deten Betriebs-stätten und Lagerräumen	In explosions-gefährdeten Betriebsstätten und Lagerräumen
2 3 4 5	1,5—35 1,5—35 1,5—35 1,5—6	grau	Auf, in und unter Putz, jedoch nicht in Bade- und Duschräu-men, die in Wohnungen und Hotels sind	Auf, in und unter Putz	Auf, in und unter Putz zuläs-sig gemäß VDE 0100	Auf, in und unter Putz zuläs-sig, unter Be-rücksichtigung der besonderen chemischen und thermischen Einflüsse (s. VDE 0165, § 18)
2 3 4 5	1,5—25 1,5—25 1,5—25 1,5—16	grau	Auf, in und unter Putz, jedoch nicht in Bade- und Duschräu-men, die in Wohnungen und Hotels sind. NHYRUZY in Räumen mit Hochfrequenzanlagen	Auf, in und un-ter Putz NHYRUZY in Räumen mit Hochfrequenz-anlagen, je-doch nicht im Freien	Auf, in und un-ter Putz zuläs-sig gemäß VDE 0100, NHYRUZY in Räumen mit Hochfrequenz-anlagen	Nicht zulässig
2 3 4 5	1,5—25 1,5—25 1,5—25 1,5—6					
1	1,5—240	schwarz	Für Schienenfahrzeuge und O-Busse nach VDE 0115 sowie in trockenen Räumen			

2.1 Isolierte Starkstromleitungen

Tabelle 2.1/3 Leitungen für feste Verlegung (Fortsetzung)

Bauart und Nennspannung U_0/U	Kurzzeichen	Aufbau	Hinweise
Wärmebeständige Silikon-Aderleitungen 300/500 V	SiA[1]) SiAF[1])	1 Isolierhülle aus Silikonkautschuk 2 Kupferleiter, eindrähtig 3 Kupferleiter, feindrähtig	Zulässige Betriebstemperatur am Leiter ≤ 180 °C. Für Verlegen bei hohen Umgebungstemperaturen, z. B. in Wärmegeräten, Hochleistungsleuchten, Gießereien und Kesselräumen. Das Einwirken von überhitztem Wasserdampf und Rauchgasen ist zu vermeiden
Wärmebeständige Silikon-Aderleitungen 300/500 V	H05SJ-K A05SJ-K	1 Glasfaserbeflechtung 2 Isolierhülle aus Silikonkautschuk 3 Kupferleiter, feindrähtig	
Wärmebeständige Gummi-Aderleitungen 450/750 V	N4GA N4GAF	1 Isolierhülle aus Kunstkautschuk 2 Kupferleiter, ein- oder mehrdrähtig, verzinnt 3 Kupferleiter, feindrähtig, verzinnt	Zulässige Betriebstemperatur am Leiter ≤ 120 °C. Für Verdrahtung bei höheren mechanischen Beanspruchungen

[1]) In Anlehnung an VDE 0250

2.1 Isolierte Starkstromleitungen

Leiter Anzahl	Querschnittsbereich mm²	Übliche Farben der äußeren Umhüllung	Verwendung In trockenen Räumen	In feuchten und nassen Räumen sowie im Freien	In feuergefährdeten Betriebsstätten und Lagerräumen	In explosionsgefährdeten Betriebsstätten und Lagerräumen
1 1	1,5 – 16 0,75 – 20	braun	Bei geschützter Verlegung in Geräten sowie in und an Leuchten	Nicht zulässig	Nicht zulässig	In Schaltanlagen und Verteilern gemäß VDE 0165
1 1	0,75 – 16 25 – 95	weiß	Rohrverlegung auf und unter Putz sowie in und an Leuchten	Nicht zulässig	Verlegung in Kunststoffrohren auf und unter Putz	In Schaltanlagen und Verteilern gemäß VDE 0165
1 1 1	0,5 – 95 1,5 0,5 – 95	schwarz grün gelb blau braun	Rohrverlegung auf und unter Putz sowie in und an Leuchten und bei geschützter Verlegung in Geräten	Nicht zulässig	Verlegung in Kunststoffrohren auf und unter Putz	In Schaltanlagen und Verteilern gemäß VDE 0165

2.1 Isolierte Starkstromleitungen

Tabelle 2.1/4   Flexible Leitungen

Bauart und Nennspannung U_0/U	Kurzzeichen	Aufbau	Hinweise
Zwillingsleitungen 300/300 V	H03VH-H	1 Protodur-Hülle 2 Kupferleiter, feinstdrähtig	Nicht geeignet für den Anschluß von Koch- und Heizgeräten
Leichte Zwillingsleitungen 300/300 V	H03VH-Y	1 Protodur-Hülle 2 Lahnlitzenleiter	Um Überlastungen zu vermeiden, dürfen die Leitungen nur fest an Geräte angeschlossen oder in Verbindung mit Gerätesteckdosen gebraucht werden, wenn die Stromstärke 1 A nicht überschreitet. Nicht geeignet für den Anschluß von Koch- und Heizgeräten
PVC-Schlauchleitungen 03VV 300/300 V	H03VV-F H03VVH2-F	1 Protodur-Mantel 2 Protodur-Isolierhülle 3 Kupferleiter, feindrähtig	Leitungen mit Leiterquerschnitt 0,75 mm² sind für Koch- und Heizgeräte nur dann zulässig, wenn eine Berührung der Leitung mit heißen Teilen des Gerätes oder andere Wärmeeinflüsse ausgeschlossen sind. Neben der runden Bauart gibt es auch die flache Ausführung H03VVH2-F, 2adrig, 0,5 u. 0,75 mm²
PVC-Schlauchleitungen 05VV 300/500 V	H05VV-F H05VVH2-F	1 Protodur-Mantel 2 Protodur-Isolierhülle 3 Kupferleiter, feindrähtig	Für Koch- und Heizgeräte nur dann zulässig, wenn eine Berührung der Leitung mit heißen Teilen des Gerätes oder andere Wärmeeinflüsse ausgeschlossen sind. Neben der runden Bauart gibt es auch die flache Ausführung H05VVH2-F, 2adrig, 0,75 mm²
Gummiaderschnüre 300/300 V	H03RT-F	1 Beflechtung 3 Gummi-Isolierhülle 2 Textilbeilauf 4 Kupferleiter, feindrähtig, verzinnt	Die Beflechtung besteht aus Zellwolleisengarn

Leiter Anzahl	Querschnittsbereich mm²	Übliche Farben der äußeren Umhüllung	Verwendung Einsatzort	Zulässige Beanspruchung
2	0,5 u. 0,75	schwarz elfenbein braun	In trockenen Räumen, wie Haushalten, Küchen und Büroräumen	Bei sehr geringen mechanischen Beanspruchungen für leichte Elektrogeräte, z. B. Rundfunkgeräte, Tischleuchten usw.
2	0,1	schwarz elfenbein grau	In trockenen Räumen, wie Haushalten und Büroräumen	Zum Anschluß besonders leichter Handgeräte, z. B. elektrische Rasierapparate. Die Strombelastung darf 1 A und die Leitungslänge 2 m nicht überschreiten
2 3 4	0,5 u. 0,75 0,5 u. 0,75 0,5 u. 0,75	schwarz weiß	In trockenen Räumen, wie Haushalten, Küchen und Büroräumen. Nicht in gewerblichen und landwirtschaftlichen Betrieben	Bei geringen mechanischen Beanspruchungen für leichte Elektrogeräte, z. B. Büromaschinen, Tischleuchten, Küchenmaschinen usw.
2 3 4 5	0,75 – 2,5 0,75 – 2,5 0,75 – 2,5 0,75 – 2,5 1 – 2,5	schwarz weiß	In trockenen Räumen; für Haus- und Küchengeräte auch in feuchten und nassen Räumen. Nicht in gewerblichen und landwirtschaftlichen Betrieben, jedoch zulässig in Schneiderwerkstätten u. dgl.	Bei mittleren mechanischen Beanspruchungen, für den Anschluß von Elektrogeräten, z. B. Waschmaschinen, Wäscheschleudern, Kühlschränke usw. Die Leitungen dürfen fest verlegt werden, z. B. in Möbeln, Dekorationsverkleidungen, Stellwänden usw.
3	0,75	blau-weiß	In trockenen Räumen, wie Haushalten, Küchen und Büroräumen. Nicht in gewerblichen und landwirtschaftlichen Betrieben, jedoch zulässig in Schneiderwerkstätten u. dgl.	Bei geringen mechanischen Beanspruchungen für leichte Elektrogeräte, z. B. Bügeleisen

2.1 Isolierte Starkstromleitungen

Tabelle 2.1/4 Flexible Leitungen (Fortsetzung)

Bauart und Nennspannung U_0/U	Kurzzeichen	Aufbau	Hinweise
Gummischlauchleitungen 05RR 300/500 V	H05RR-F	1 Gummi-Mantel aus Naturkautschuk 2 Gummi-Isolierhülle 3 Kupferleiter, feindrähtig, verzinnt	Diese Leitungen sind nicht geeignet für die ständige Verwendung im Freien
Gummischlauchleitungen 05RN 300/500 V	H05RN-F	1 Gummi-Mantel aus Chloroprenkautschuk 2 Gummi-Isolierhülle 3 Kupferleiter, feindrähtig, verzinnt	Für Einsatzarten, bei denen die Einwirkung von Fetten und Ölen nicht auszuschließen ist
Gummischlauchleitungen 07RN 450/750 V	H07RN-F		Zulässig bei fester, geschützter Verlegung in Rohren oder in Geräten sowie als Läuferanschlußleitung von Motoren jeweils mit einer Nennspannung bis 1000 V Wechselspannung oder einer Gleichspannung bis 750 V gegen Erde. Bei Verwendung in Schienenfahrzeugen darf die Betriebsgleichspannung 900 V gegen Erde betragen. Aufbau von OZOFLEX-H07RN-F hochflexibel wie H07RN-F, jedoch mit kurzdrallig verseilten Adern, Textilbeilauf und feinstdrähtigen Litzenleitern
	OZOFLEX H07RN-F hochflexibel	1 Gummi-Mantel aus Chloroprenkautschuk 2 Gummi-Isolierhülle 3 Kupferleiter, feindrähtig, verzinnt 4 Textilbeilauf	
Gummischlauchleitungen NSSHÖU 0,6/1 kV	NSSHÖU	1 Gummi-Außenmantel aus Chloroprenkautschuk 2 Gummi-Innenmantel 3 Gummi-Isolierhülle 4 Kupferleiter, feindrähtig, verzinnt	Für zwangsweise Führung auf Leitungsführungsgeräten, z. B. Trommeln, ist diese Leitungsbauart nur bedingt geeignet. Für diese Einsatzfälle empfiehlt es sich, CORDAFLEX-Leitungen (NSHTÖU) zu verwenden

2.1 Isolierte Starkstromleitungen

Leiter Anzahl	Querschnittsbereich mm²	Übliche Farben der äußeren Umhüllung	Verwendung / Einsatzort	Zulässige Beanspruchung
2 3 4 5	0,75—2,5 0,75—6 0,75—6 0,75—2,5	schwarz	In trockenen Räumen, wie Haushalten, Küchen und Büroräumen. Nicht in gewerblichen und landwirtschaftlichen Betrieben, jedoch zulässig in Schneiderwerkstätten u. dgl.	Bei geringen mechanischen Beanspruchungen für den Anschluß von Elektrogeräten, z. B. Staubsauger, Bügeleisen, Küchengeräte, Lötkolben usw. Die Leitungen dürfen auch fest verlegt werden, z. B. in Möbeln, Dekorationsverkleidungen, Stellwänden usw.
1 2 3 4 5	0,75—1,5 0,75 u. 1 0,75 u. 1 0,75 0,75	schwarz	In trockenen, feuchten und nassen Räumen sowie im Freien	Bei geringen mechanischen Beanspruchungen für den Anschluß von Elektrogeräten und Werkzeugen, z. B. Fritteusen, Küchenmaschinen, Lötkolben, Heckenscheren usw. Die Leitungen dürfen auch fest verlegt werden, z. B. in Hohlräumen von Fertigbauteilen
1 2 3 4 5 7—18 19—36	1,5—500 1 —25 1 —300 1 —300 1 —25 1,5—4 1,5 u. 2,5	schwarz	In trockenen, feuchten und nassen Räumen sowie im Freien. In landwirtschaftlichen und feuergefährdeten Betriebsstätten. In explosionsgefährdeten Betriebsstätten und Lagerräumen gemäß VDE 0165	Bei mittleren mechanischen Beanspruchungen für den Anschluß auch gewerblich genutzter Elektrogeräte und -werkzeuge, z. B. große Kochkessel, Heizplatten, Bohrmaschinen, Kreissägen, fahrbare Motoren oder Maschinen auf Baustellen. Für feste Verlegung, z. B. in provisorischen Bauten sowie direkte Verlegung auf Bauteilen von Hebezeugen, Maschinen usw.
3 4 5	1 u. 1,5 1 u. 1,5 1 u. 1,5			Bei Beanspruchungen auf Knicken und Verdrehen, z. B. für Handschleif- und -bohrmaschinen
1 2 3 4 5 7—36	2,5—400 1,5—185 1,5—185 1,5—185 1,5—70 1,5—4	gelb	In trockenen, feuchten und nassen Räumen sowie im Freien. In landwirtschaftlichen und feuergefährdeten Betriebsstätten. In explosionsgefährdeten Betriebsstätten und Lagerräumen gemäß VDE 0165	Bei schweren mechanischen Beanspruchungen für schwere Geräte und Werkzeuge auf Baustellen, in der Industrie, in Steinbrüchen, Tagebauen und im Bergbau unter Tage

2.1 Isolierte Starkstromleitungen

Tabelle 2.1/4   Flexible Leitungen (Fortsetzung)

Bauart und Nennspannung U_0/U	Kurzzeichen	Aufbau	Hinweise
Wärmebeständige Gummischlauchleitungen 300/500 V	4GMH4G	1 Gummi-Mantel aus wärmebeständigem Kunstkautschuk 2 Isolierhülle aus wärmebeständigem Kunstkautschuk 3 Kupferleiter, feindrähtig, verzinnt	Zulässige Betriebstemperatur am Leiter ≤ 120 °C. Diese Leitungen bleiben auch bei tiefen Temperaturen bis etwa −30 °C flexibel
Wärmebeständige Silikonschlauchleitungen 300/500 V	N2GMH2G	1 Mantel aus Silikonkautschuk 2 Isolierhülle aus Silikonkautschuk 3 Kupferleiter, feindrähtig	Zulässige Betriebstemperatur am Leiter ≤ 180 °C. Das Einwirken von überhitztem Wasserdampf und Rauchgasen ist schädlich Bei Luftabschluß in Verbindung mit Temperaturen über 100 °C verschlechtern sich die mechanischen Eigenschaften des Silikonkautschuks
HYDROFIRM-Gummischlauchleitungen 450/750 V	TGK	1 Gummi-Mantel aus synthetischem Kautschuk 2 Gummi-Isolierhülle aus synthetischem Kautschuk 3 Kupferleiter, feindrähtig	Die ständige Verwendbarkeit im Wasser ist eine durch Prüfungen nachgewiesene Eigenschaft. Aufbau und Abmessungen wie H07RN-F. Für den Einsatz im Wasser bis 500 m Tiefe geeignet. Leitungen für besondere Wasserqualitäten, z. B. Trinkwasser, auf Anfrage
	TGFLW	1 Gummi-Mantel aus synthetischem Kautschuk 2 Isolierhülle aus vernetztem Kunststoff 3 Kupferleiter, feindrähtig	

2.1 Isolierte Starkstromleitungen

Leiter		Übliche Farben der äußeren Umhüllung	Verwendung	
Anzahl	Querschnittsbereich mm²		Einsatzort	Zulässige Beanspruchung
3 4 5 7	0,75−2,5 1,5 0,75−2,5 0,75−2,5	grau	In trockenen, feuchten und nassen Räumen sowie im Freien	Bei mittleren mechanischen Beanspruchungen und erhöhten Umgebungstemperaturen für den Anschluß von Koch- und Heizgeräten, z. B. Herde, Elektrospeichergeräte usw.
2 3 4 5	0,75−4 0,75−4 0,75−4 0,75−4	braun	In trockenen, feuchten und nassen Räumen sowie im Freien	Bei geringen mechanischen Beanspruchungen und hohen Umgebungstemperaturen
1 2 3 4 5	1,5−500 1 −25 1 −300 1 −300 1 −25	blau	Im Wasser sowie in trockenen, feuchten und nassen Räumen und im Freien	Bei mittleren mechanischen Beanspruchungen für den Anschluß von elektrischen Betriebsmitteln, insbesondere für Geräte die dauernd im Wasser eingesetzt werden, z. B. Tauchpumpen, Unterwasserscheinwerfer. Für Wassertemperaturen bis 40 °C
3 4	1 −70 1 −70			

2.1 Isolierte Starkstromleitungen

Tabelle 2.1/4   Flexible Leitungen (Fortsetzung)

Bauart und Nennspannung U_0/U	Kurzzeichen	Aufbau	Hinweise
ARCOFLEX-Schweißleitungen 200 V	NSLFFÖU		Die Leitungen haben einen ölbeständigen, schwer entflammbaren abrieb- und kerbfesten PROTOFIRM-Mantel. Zulässige Betriebstemperatur am Leiter ≤ 80 °C
FLEXIPREN-Handschweißleitungen 200 V	NSLFFÖU	1 PROTOFIRM-Mantel 3 Kupferleiter, feindrähtig 2 Trennschicht 4 Kupferleiter, feinstdrähtig	Die FLEXIPREN-Handschweißleitungen haben einen feinstdrähtigen Leiter, dessen Einzeldrähte einen geringeren Durchmesser haben, als VDE 0250 fordert. Daher zeichnet sie sich auch durch große Beweglichkeit aus
PROTOFLEX-Steuerleitungen 300/500 V	NYSLYÖ	1 PROTODUR-Mantel 3 PROTODUR-Isolierhülle 2 Textilband 4 Kupferleiter, feindrähtig	Für frei bewegliche Anordnung; nicht für zwangsläufige Führung über Rollen und betriebsmäßiges Auf- und Abtrommeln. Der Außenmantel ist weitgehend beständig gegen die Einwirkung von Feuchtigkeit, Ölen, Fetten und Chemikalien. Die Leitungen erfüllen die Anforderungen für „Elektrische Ausrüstung von Werkzeugmaschinen" gemäß IEC-Publikation 204 und VDE 0113.
PROTOFLEX-Steuerleitungen mit Schirmgeflecht 300/500 V	NYSLY-CYÖ	1 PROTODUR-Mantel 3 PROTODUR-Innenmantel 2 Geflecht aus verzinnten Kupferdrähten 4 PROTODUR-Isolierhülle 5 Kupferleiter, feindrähtig	Das Schirmgeflecht der Ausführung NYSLYCYÖ hat aufgrund seines Aufbaues einen sehr kleinen Kopplungswiderstand, so daß der von der Deutschen Bundespost geforderte Funkstörgrad N sicher eingehalten wird

2.1 Isolierte Starkstromleitungen

Leiter		Übliche Farben der äußeren Umhüllung	Verwendung	Zulässige Beanspruchung
Anzahl	Querschnittsbereich mm²		Einsatzort	
1	16—185	schwarz mit gelbem Kennstrich	In trockenen, feuchten und nassen Räumen sowie im Freien	Als Maschinen- und Handschweißleitung bei sehr hohen mechanischen Beanspruchungen
1	25—70	schwarz mit gelbem Kennstrich		Hochbewegliche Handschweißleitung bei sehr hohen mechanischen Beanspruchungen
3—60	0,5—2,5	grau	In trockenen, feuchten und nassen Räumen	Bei mittleren mechanischen Beanspruchungen für Steuergeräte, Fertigungsstraßen und Werkzeugmaschinen als Anschluß- und Verbindungsleitungen
3—25	0,5—2,5	grau	In trockenen, feuchten und nassen Räumen	Bei mittleren mechanischen Beanspruchungen für Steuerwarten, Fertigungsstraßen und Datenverarbeitungsanlagen, bei denen eine Entstörung gefordert wird

2.1 Isolierte Starkstromleitungen

Tabelle 2.1/4 Flexible Leitungen (Fortsetzung)

Bauart und Nennspannung U_0/U	Kurzzeichen	Aufbau	Hinweise
Aufzugsteuerleitungen 300/500 V	YSLTK-JZ	1 PROTODUR-Mantel 2 Textilgeflecht 3 Separator 4 PROTODUR-Isolierhülle 5 Kupferleiter, feindrähtig 6 umhülltes Tragorgan	Isolierung und Mantel sind aus einer kältebeständigen PROTODUR-Mischung hergestellt (flexibel bis $-20\,°C$). Leitungen bis 18 Adern besitzen ein textiles Tragorgan, ab 24 Adern ein Stahlseil als Tragorgan. Dieses trägt die max. freie Einhängelänge mit fünffacher Sicherheit. Einschlägige Montagehinweise des Herstellers sind zu beachten
	YSLYTK-JZ	1 PROTODUR-Mantel 2 Textilgeflecht 3 Separator 4 Textilbeilauf 5 PROTODUR-Isolierhülle 6 Kupferleiter, feindrähtig 7 umhülltes Tragorgan	Isolierung und Mantel sind aus einer kältebeständigen PROTODUR-Mischung hergestellt (flexibel bis $-30\,°C$). Als Tragorgan dient ein drehungsarmes Stahlseil, das die max. freie Einhängelänge mit fünffacher Sicherheit trägt. Für Anlagen, für die eine Entstörung nach VDE 0875 verlangt wird, muß die Bauart YSLYCYTK-JZ eingesetzt werden. Einschlägige Montagehinweise des Herstellers sind zu beachten
PLANO-FLEX-Gummi-Flachleitungen 300/500 V	NGFLGÖU	1 Gummi-Mantel 2 Gummi-Isolierhülle 3 Kupferleiter, feindrähtig	Als Mantel wird eine kältebeständige Chloroprenkautschukmischung eingesetzt; daher sind die Leitungen bis $-35\,°C$ ausreichend flexibel. Die Isolierhüllen bestehen aus der ozon- und witterungsbeständigen PROTOLON-Kunstkautschukmischung. Zulässige Betriebstemperatur am Leiter $\leq 80\,°C$
PVC-Flachleitungen 300/500 V 450/750 V	H05VVH2-F H07VVH2-F	1 PROTODUR-Mantel 2 PROTODUR-Isolierhülle 3 Kupferleiter, feinstdrähtig	PVC-Flachleitungen sind nicht für die Verwendung im Freien bestimmt

2.1 Isolierte Starkstromleitungen

Leiter		Übliche Farben der äußeren Umhüllung	Verwendung	
Anzahl	Querschnittsbereich mm²		Einsatzort	Zulässige Beanspruchung
7 12 18 24 30	1	schwarz	In trockenen, feuchten und nassen Räumen	Bei mittleren mechanischen Beanspruchungen als selbsttragende Steuerleitung, z. B. für Aufzüge und Förderanlagen; Einhängelängen bis 50 m, Verfahrgeschwindigkeit der Fahrkörbe bis 1,5 m/s
28 + 2 einzeln geschirmte Fernmeldeadern	1 0,5 für die Fernmeldeadern	schwarz	In trockenen, feuchten und nassen Räumen	Bei mittleren mechanischen Beanspruchungen als selbsttragende Steuerleitung, z. B. für Aufzüge und Förderanlagen; Einhängelänge bis 150 m, Verfahrgeschwindigkeit der Fahrkörbe bis 10 m/s
2—24 3—8 3—7 3 u. 4	1—2,5 1—4 1—35 1—95	schwarz	In trockenen, feuchten und nassen Räumen sowie im Freien	Bei mittleren mechanischen Beanspruchungen und betriebsmäßig starken Biegungen in einer Ebene als Energie- und Steuerleitung, z. B. in Hebezeugen, Transportanlagen, Werkzeugmaschinen usw.
3—24	0,75 u. 1	schwarz	In trockenen, feuchten und nassen Räumen	
3—24	1,5—16			

2.1 Isolierte Starkstromleitungen

Tabelle 2.1/4 Flexible Leitungen (Fortsetzung)

Bauart und Nennspannung U_0/U	Kurzzeichen	Aufbau	Hinweise
CORDAFLEX-Gummischlauchleitungen 0,6/1 kV	NSHTÖUK	1 – CORDAFLEX Außenmantel; 2, 3, 5, 4, 6 weitere Lagen	Mantel aus kältebeständiger Gummimischung auf Basis von Polychloropren, flexibel bis $-35\,°C$. Zulässige Betriebstemperatur am Leiter $\leq 80\,°C$
	NSHTÖU (SM)	1 Gummi-Außenmantel; 2 Stützgeflecht; 3 Gummi-Innenmantel; 4 Gummi-Isolierhülle; 5 Folie; 6 Kupferleiter, feindrähtig, verzinnt	Der Mantel besteht aus einer besonders widerstandsfähigen PROTOFIRM-Gummimischung auf der Basis von Polychloropren, flexibel bis $-20\,°C$. Zulässige Betriebstemperatur am Leiter $\leq 80\,°C$
SIENOPYR-Mantelleitung 0,3/0,5 kV	(N)HXMH-J	1 Außenmantel; 2 Adernumhüllung; 3 Leiter-Isolierung; 4 Kupferleiter, ein- oder mehrdrähtig	Außenmantel aus nicht vernetzter Polyolefinmischung. Zulässige Betriebstemperatur am Leiter $\leq 70\,°C$
	(N)HXMH-O		
SIENOPYR-Aderleitung 450/700 V	(N)HX4GA	1 Ader-Isolierung; 2 Kupferleiter, eindrähtig, verzinnt; 3 Kupferleiter, mehrdrähtig, verzinnt	Ader-Isolierung aus wärmebeständigem vernetzten Synthesekautschuk, flexibel bis $-30\,°C$. Zulässige Betriebstemperatur am Leiter $\leq 120\,°C$
	(N)HX4GAF		

2.1 Isolierte Starkstromleitungen

Leiter Anzahl	Querschnittsbereich mm²	Übliche Farben der äußeren Umhüllung	Verwendung / Einsatzort	Zulässige Beanspruchung
4 5–30	2,5–120 1,5 u. 2,5	schwarz	In trockenen, feuchten und nassen Räumen sowie im Freien	Bei hohen mechanischen Beanspruchungen, vorzugsweise für zwangsweise Führung, z. B. Trommeln oder Umlenken, bei hohen Anfahr- und Verfahrgeschwindigkeiten für Hebezeuge, Transport- und Förderanlagen
4 12–30	10–50 1,5 u. 2,5	gelb		Bei hohen dynamischen Belastungen, z. B. beim Betrieb von elektrohydraulischen Greifern, Hubmagneten u. ä. Geräten sowie bei fahrbaren Leitungsträgern
3 4 5 7	1,5–10 1,5–35 1,5–16 1,5 u. 2,5	grau	In Gebäuden mit hoher Personen- und Sachwertkonzentration, z. B. Krankenhäuser, Hotels, EDV-Anlagen, in Verkehrsbetrieben. In trockenen, feuchten und nassen Räumen	Für feste Verlegung über und auf sowie in und unter Putz. Brennverhalten nach VDE 0472 Teil 804, Prüfart „C"
1 2 3 4 7	1,5–16 1,5 1,5 6–25 1,5	schwarz grau		
1	0,75 u. 1 1,5 u. 2,5	schwarz grün-gelb schwarz blau braun	In Schaltanlagen und Verteilern. In Leuchten, insbesondere für die Durchgangsverdrahtung von Leuchten in Lichtbandanordnung sowie in Schalt- und Verteileranlagen in trockenen Räumen	Bei Umgebungstemperaturen bis 90 °C voll belastbar. Brennverhalten nach VDE 0472 Teil 804, Prüfart „B"
1	0,75–95	schwarz		

2.1 Isolierte Starkstromleitungen

Wahl der Nennspannung

Für die Nenn- und Betriebsspannung von Leitungen gilt die in VDE 0298 Teil 3 angegebene Definition.

Nennspannung

Die Nennspannung einer isolierten Starkstromleitung ist die Spannung, auf welche der Aufbau und die Prüfung der Leitung hinsichtlich der elektrischen Eigenschaften bezogen werden. Die Nennspannung wird durch Angaben von zwei Wechselspannungswerten U_0/U in V ausgedrückt.

U_0 Effektivwert zwischen einem Außenleiter und „Erde" (nicht isolierende Umgebung)

U Effektivwert zwischen zwei Außenleitern, einer mehradrigen Leitung oder eines Systems von einadrigen Leitungen.

In einem System mit Wechselspannung muß die Nennspannung einer Leitung mindestens gleich der Nennspannung des Systems sein, für welche sie eingesetzt wird. Diese Bedingung gilt sowohl für den Wert U_0 als auch für den Wert U. In einem System mit Gleichspannung darf dessen Nennspannung höchstens das 1,5fache des Wertes der Nennspannung der Leitung betragen.

Betriebsspannung

Betriebsspannung ist die zwischen den Leitern oder zwischen Leiter und Erde einer Starkstromanlage örtlich und zeitlich bei ungestörtem Betrieb anstehende Spannung.

Dauernd zulässige Betriebsspannung

Leitungen für Nennspannung U_0/U bis 0,6/1 kV sind geeignet für den Einsatz in Dreh-, Wechsel- und Gleichstromanlagen, deren höchste, dauernd zulässige Betriebsspannung die Nennspannung der Leitungen um nicht mehr als

10% bei Leitungen mit Nennspannung U_0/U bis 450/750 V
20% bei Leitungen mit Nennspannung $U_0/U = 0{,}6/1$ kV

überschreitet.

Leitungen für Nennspannung $U_0/U > 0{,}6/1$ kV sind geeignet für den Einsatz in Dreh- und Wechselstromanlagen deren höchste Betriebsspannung $U_{b\,max}$ die Nennspannung der Leitung um nicht mehr als 20% überschreitet.

Die Leitungen dürfen verwendet werden:

a) in Dreh- und Wechselstromanlagen, deren Sternpunkt wirksam geerdet ist

b) in Dreh- und Wechselstromanlagen, deren Sternpunkt nicht wirksam geerdet ist, sofern der einzelne Erdschluß nicht länger als 8 h ansteht und die Gesamtzeit aller Erdschlüsse im Jahr 125 h nicht überschreitet. Ist dies nicht sichergestellt, so ist mit Rücksicht auf die Lebensdauer eine Leitung höherer Nennspannung zu wählen.

Leitungen in Gleichstromanlagen

Werden die Leitungen in Gleichstromanlagen eingesetzt, so darf die dauernd zulässige Betriebs-Gleichspannung zwischen den Leitern den 1,5fachen Wert der zulässigen Betriebs-Wechselspannung nicht überschreiten. In einphasig geerdeten Gleichstromanlagen ist der Wert mit dem Faktor 0,5 zu multiplizieren.

2.1 Isolierte Starkstromleitungen

Wahl des Leiterquerschnitts

Der Leiterquerschnitt ist so zu wählen, daß die Strombelastung im ungestörten Betrieb die Strombelastbarkeit eines Leiters nicht übersteigt und der Leiter an keiner Stelle und zu keinem Zeitpunkt über die zulässige Betriebstemperatur erwärmt wird. Die Erwärmung bzw. Strombelastbarkeit einer Leitung eines bestimmten Querschnitts ist vom Aufbau, den Werkstoffeigenschaften und den Betriebsbedingungen abhängig.

Für Umgebungstemperaturen bis zu 30 °C kann die zulässige Strombelastbarkeit und die Zuordnung der Leitungsschutzsicherungen nach VDE 0636 und Leitungsschutzschalter nach VDE 0641 der Tabelle 2.1/5 entnommen werden (gemäß VDE 0100 Teil 523 und Teil 430). Für Leitungen mit erhöhter Wärmebeständigkeit gilt die Tabelle 2.1/6. Bei zu erwartender langdauernder Belastung der Leiterquerschnitte über die in den Tabellen genannten Werte ist unter Berücksichtigung der Streuwerte der Überstrom-Schutzorgane gegebenenfalls eine geringere Sicherungsstufe als angegeben zu wählen. Schutzschalter sind entsprechend unter dem Wert der zulässigen Belastbarkeit einzustellen.

Strombelastbarkeit und Absicherung

Weitere Hinweise zur Absicherung von Leitungen s. Kap. 2.3.

Die Angaben zur Belastbarkeit der Gruppe 1 und 2 in Tabelle 2.1/5 gelten nicht nur für ein- bis dreiadrige Systeme, sondern auch für Vierleiteranordnungen in Drehstromsystemen. Ebenso sind sie in Systemen für Fünfleiteranordnungen zulässig, wenn ein Leiter davon als Schutzleiter verwendet wird.

Die Belastbarkeit bei Umgebungstemperaturen über 30 °C und von Leitungen mit einer zulässigen Leitertemperatur von 80, 100, 120 und 180 °C ist nach Tabelle 2.1/6 zu ermitteln. Liegen die Umgebungstemperaturen unter den Ausgangstemperaturen, so darf die Belastung gemäß Tabelle 2.1/6 erhöht werden, wenn dem keine anders lautenden Errichtungsbestimmungen entgegenstehen. Als Ausgangstemperaturen bei Normalbedingungen gelten für die einzelnen Leitungstypen die Werte, die der Belastbarkeit von 100% zugeordnet sind.

Liegen mehrere Leitungen nebeneinander oder neben Kabeln, so verringert sich die Belastbarkeit entsprechend den Umgebungsbedingungen. Als Anhaltswerte für das Ermitteln der zulässigen Belastbarkeit können die für Kabel geltenden Umrechnungsfaktoren (Tabelle 2.2/10 bis 2.2/16 und Seite 622 ff.) dienen.

Zulässige Belastbarkeit bei Häufung

Bei Zuordnung der Überstromschutzorgane nach Tabelle 2.1/5 sind die Leitungen gegen zu hohe Erwärmung im Kurzschlußfall geschützt.

Erwärmung bei Kurzschluß

Soll der zulässige Kurzschlußstrom für einen bestimmten Leiterquerschnitt in Abhängigkeit von der Abschaltzeit ermittelt werden, so kann nach Seite 649 ff. vorgegangen werden.

Der Spannungsfall kann nach Seite 660 ff. ermittelt werden.

Ermittlung des Spannungsfalles

2.1 Isolierte Starkstromleitungen

Tabelle 2.1/5
Strombelastbarkeit[1]) I_z isolierter Leitungen mit Kupferleitern bei Dauerbetrieb und Zuordnung von Leitungsschutzsicherungen nach VDE 0636 und Leitungsschutzschaltern nach VDE 0641 bei 30 °C Umgebungstemperatur. Zulässige Betriebstemperatur am Leiter bei Isolierung aus Gummi 60 °C und PVC 80 °C

Nennquer-schnitt der Kupferleiter	Gruppe 1 Eine oder mehrere in Rohr verlegte einadrige Leitungen, z. B. H07V-U		Gruppe 2 Mehraderleitungen, z. B. Mantelleitungen, Rohrdrähte, Bleiman-telleitungen, Steg-leitungen, flexible Leitungen		Gruppe 3 Einadrige Leitungen, frei in Luft verlegt, mit Zwischenräumen von mindestens einem Leitungsdurchmesser	
	Belastbar-keit	Siche-rungs-nennstrom	Belastbar-keit	Siche-rungs-nennstrom	Belastbar-keit	Sicherungs-nennstrom
mm²	A	A	A	A	A	A
0,75	—	—	12	6	15	10
1	11	6	15	10	19	10
1,5	15	10	18	10[2])	24	20
2,5	20	16	26	20	32	25
4	25	20	34	25	42	35[3])
6	33	25	44	35[3])	54	50
10	45	35[3])	61	50	73	63
16	61	50	82	63	98	80
25	83	63	108	80	129	100
35	103	80	135	100	158	125
50	132	100	168	125	198	160
70	165	125	207	160	245	200
95	197	160	250	200	292	250
120	235	200	292	250	344	315
150	—	—	335	250	391	315
185	—	—	382	315	448	400
240	—	—	453	400	528	400
300	—	—	504	400	608	500
400	—	—	—	—	726	630
500	—	—	—	—	830	630

[1]) Eine international abgestimmte Fassung für die Strombelastbarkeit ist in Vorbereitung
[2]) Für Leitungen mit nur zwei belastbaren Adern kann bis zur endgültigen internationalen Festlegung von deren Strombelastbarkeit weiterhin ein Schutzorgan von 16 A gewählt werden
[3]) Für NH-Sicherungen gilt ein Sicherungsnennstrom von 36 A

2.1 Isolierte Starkstromleitungen

Tabelle 2.1/6
Belastbarkeit isolierter Starkstromleitungen in Abhängigkeit von der Umgebungstemperatur

Umgebungs-temperatur	Belastbarkeit in % von Tabelle 2.1/5				
	bei				
	gummi-isolierten Leitungen	kunststoff-isolierten Leitungen (PVC)	Gummi-schlauch-leitungen NSSHÖU	wärme-beständigen Gummiader-leitungen N4GAF	wärme-beständigen Silikonleitungen
	mit zulässiger Grenztemperatur am Leiter von				
°C	60 °C	70 °C	80 °C	120 °C	180 °C
5	135	127	158	196	242
10	129	122	153	191	238
15	122	117	147	187	234
20	115	112	141	183	231
25	108	106	135	178	227
30	100	100	129	173	224
35	91	94	122	168	220
40	82	87	115	163	216
45	71	79	108	158	212
50	58	71	100	153	208
55	41	61	91	147	204
60		50	82	141	200
65		35	71	135	196
70			58	129	191
75			41	122	187
80				115	183
85				108	178
90				100	173
95				91	168
100				82	163
105				71	158
110				58	153
115				41	147
120					141
125					135
130					129
135					122
140					115
145					108
150					100
155					91
160					82
165					71
170					58
175					41

2.1 Isolierte Starkstromleitungen

Hinweise zum Verlegen der Leitungen

Schutz vor mechanischer Beschädigung

Leitungen müssen nach VDE 0100 Teil 520 durch ihre Lage oder durch Verkleidung vor mechanischer Beschädigung geschützt sein. Im Handbereich ist stets eine Verkleidung zum Schutz gegen mechanische Beschädigung erforderlich. Als ausreichend verkleidet gelten z. B. Mantelleitungen.

An besonders gefährdeten Stellen, z. B. Fußbodendurchführungen (Bild 2.1/1), sind alle Leitungen (auch Mantelleitungen) zusätzlich zu schützen, z. B. durch übergeschobene Kunststoff- oder Stahlrohre oder durch sonstige Verkleidungen, die sicher befestigt sein müssen.

Leitungsführung

Leitungen sollen nach Möglichkeit in und unter Putz senkrecht oder waagrecht (Bild 2.1/2) geführt werden (VDE 0100 Teil 520 und DIN 18 015 Blatt 1).

Gemeinsame Umhüllung der Adern eines Stromkreises

Bei Aderleitungen in Elektro-Installationsrohren oder -kanälen dürfen in einem Rohr oder in einem Installationskanal nur die Leiter eines Hauptstromkreises einschließlich der zu diesem Hauptstromkreis gehörigen Hilfsstromkreise verlegt werden, ausgenommen in elektrischen und abgeschlossenen elektrischen Betriebsstätten.

In einem mehr- bzw. vieladrigen Kabel oder einer mehr- bzw. vieladrigen Leitung dürfen mehrere Hauptstromkreise einschließlich der zu diesen Hauptstromkreisen gehörigen Hilfsstromkreise vereinigt sein, sofern dem nicht andere Bestimmungen entgegenstehen.

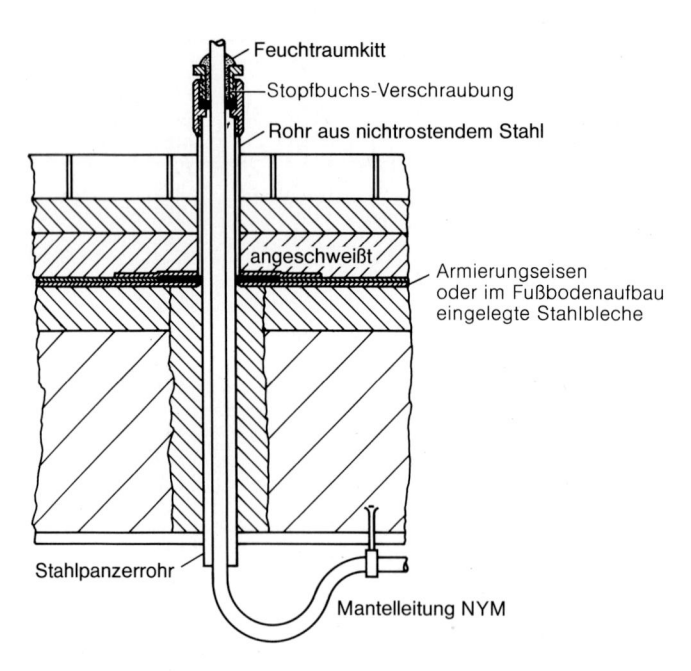

Bild 2.1/1
Beispiel für eine Fußbodendurchführung aus nichtrostendem Stahlrohr mit angeschweißtem Stahlpanzerrohr

2.1 Isolierte Starkstromleitungen

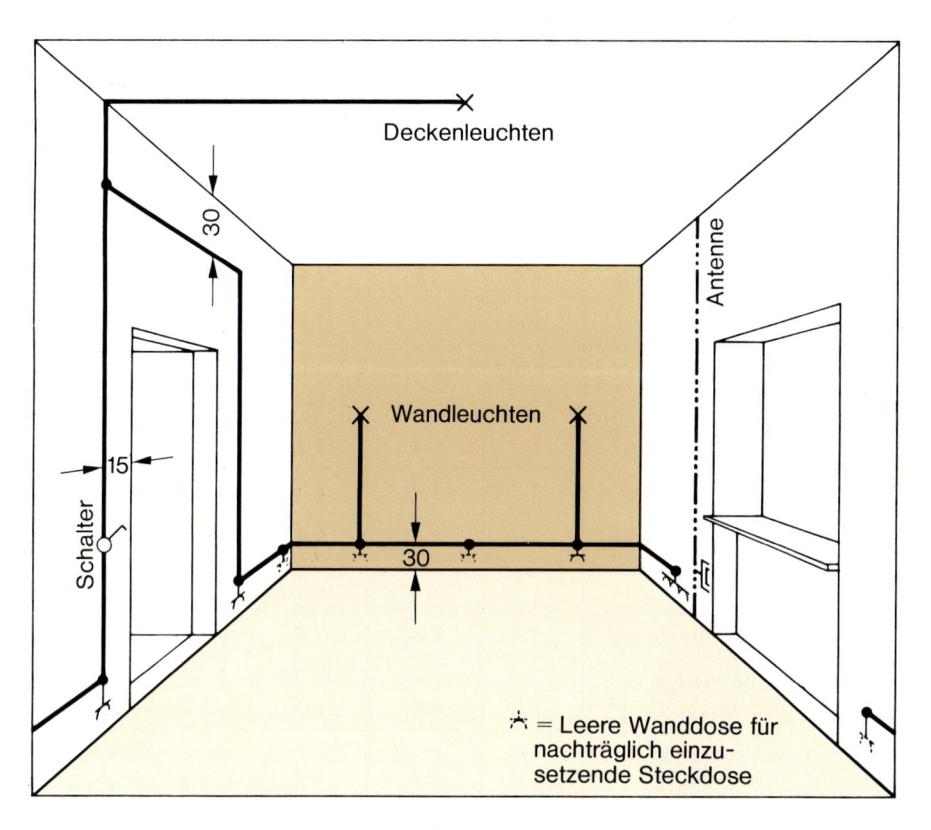

Bild 2.1/2 Beispiel: Im Putz verlegte Leitungen nach DIN 18 015 in einem Zimmer

Werden Hilfsstromkreise getrennt von den Hauptstromkreisen verlegt, so dürfen mehrere Hilfsstromkreise in einem mehr- bzw. vieladrigen Kabel sowie bei Aderleitungen in einem Rohr oder Kanal vereinigt sein.

Direkt in Beton, der einem Schüttel-, Rüttel- oder Stampfprozeß unterzogen wird, dürfen Leitungen nur in Rohren, die der Bauart „AS" nach VDE 0605 entsprechen, verlegt werden (s. Kap. 12). Das Einbringen von Mantelleitungen in Aussparungen und das Bedecken mit Beton in der Art einer Unterputzverlegung ist jedoch zulässig. **Verlegen in Schütt- oder Stampfbeton**

Im Erdreich und in nicht zugänglichen unterirdischen Kanälen außerhalb von Gebäuden dürfen grundsätzlich keine Leitungen, sondern nur Kabel verlegt werden. **Verlegen im Erdreich**

Für die ständige Verwendung von Gummischlauchleitungen im Wasser muß die Eignung hierfür besonders nachgewiesen sein, z. B. HYDROFIRM-Leitungen. In dem Prüfumfang für normal aufgebaute Leitungsbauarten ist diese Verwendungsart nicht berücksichtigt. **Verwendung im Wasser**

2.1 Isolierte Starkstromleitungen

Tabelle 2.1/7 Kleinste zulässige Biegeradien

Leitungsart	Nennspannung bis 0,6/1 kV				Nennspannung >0,6/1 kV
Leitungen für feste Verlegung	Leitungsdurchmesser d in mm				
	≤ 10	$>10 \leq 25$	>25		
bei fester Verlegung	$4\,d$	$4\,d$	$4\,d$		$6\,d$
bei Ausformen	$1\,d$	$2\,d$	$3\,d$		$4\,d$
Flexible Leitungen	Leitungsdurchmesser d in mm				
	≤ 8	$>8 \leq 12$	$>12 \leq 20$	>20	
bei fester Verlegung	$3\,d$	$3\,d$	$4\,d$	$4\,d$	$6\,d$
bei freier Bewegung	$3\,d$	$4\,d$	$5\,d$	$5\,d$	$10\,d$
bei Leitungseinführung	$3\,d$	$4\,d$	$5\,d$	$5\,d$	$10\,d$
bei zwangsweiser Führung[1]) wie Trommelbetrieb	$5\,d$	$5\,d$	$5\,d$	$6\,d$	$12\,d$
Leitungswagenbetrieb	$3\,d$	$4\,d$	$5\,d$	$5\,d$	$10\,d$
Schleppkettenbetrieb	$4\,d$	$4\,d$	$5\,d$	$5\,d$	$10\,d$
Rollenumlenkung	$7,5\,d$	$7,5\,d$	$7,5\,d$	$7,5\,d$	$15\,d$

Anmerkungen: d = Außendurchmesser der Leitung oder Dicke der Flachleitung.
Bei Leitungsbauarten, für die mehrere Verwendungsarten möglich sind, ist ggf. Rücksprache mit dem Hersteller erforderlich

[1]) Die Eignung für diese Betriebsart muß durch besondere Aufbaumerkmale sichergestellt sein

Befestigen von Leitungen

Bei der Wahl der Befestigungsmittel ist auf die Leitungsbauart und ihre Form Rücksicht zu nehmen. Stegleitungen können z. B. mit Gipspflaster, Schellen aus Isolierstoff oder Metall mit isolierender Zwischenlage, mit Stahlnägeln und Isolierstoffunterlegscheibe oder durch Kleben einwandfrei befestigt werden.

Feuchtraumleitungen dürfen auch unter Putz nicht mit Hakennägeln verlegt werden. Ein loses Anheften ist zulässig, jedoch müssen nach dem Anbringen der Gipspflaster die Nägel wieder entfernt werden. Weitere Hinweise über montagezeitsparendes Verlegungsmaterial enthält Kap. 2.4.

Zulässige Biegeradien

Maßgebend für die kleinsten noch zulässigen Biegeradien sind neben dem Leitungsaußendurchmesser und Leitungsaufbau die Verlegungsart und Betriebsbedingungen.

2.1 Isolierte Starkstromleitungen

Die Tabelle 2.1/7 gibt einen Überblick über die in VDE 0298 Teil 3 festgelegten kleinsten zulässigen Biegeradien.

Größere Biegeradien

Weitere Angaben sind in den Normen DIN 47 703 bis 47 738 zu finden. Es bestehen jedoch darüber hinausgehende Forderungen in den Errichtungsbestimmungen, z. B. gilt für Hebezeuge VDE 0100 Teil 726. Hierin sind Angaben über Biegeradien enthalten, die über den Werten der Normen liegen. In Sonderfällen, wie schnellen Bewegungsabläufen und zwangsläufiger Führung über Rollen, ist Rückfrage beim Leitungshersteller angebracht.

Zugentlastung

Leitungen für ortsveränderliche Stromverbraucher müssen an den Anschlußstellen von Zug und Schub entlastet werden. Der Schutzleiter muß gegenüber den übrigen Leitern länger sein, damit er beim Versagen der Zugentlastung erst nach diesen auf Zug beansprucht wird.

Leitungen müssen gegen Abknicken an der Einführungsstelle von Geräten durch Abrunden der Einführung oder mittels Tüllen geschützt werden (Bild 2.1/3). Eine Zugentlastung durch Verknoten der Leitungen, z. B. bei Einführungen in Geräten auf Baustellen, ist unzulässig.

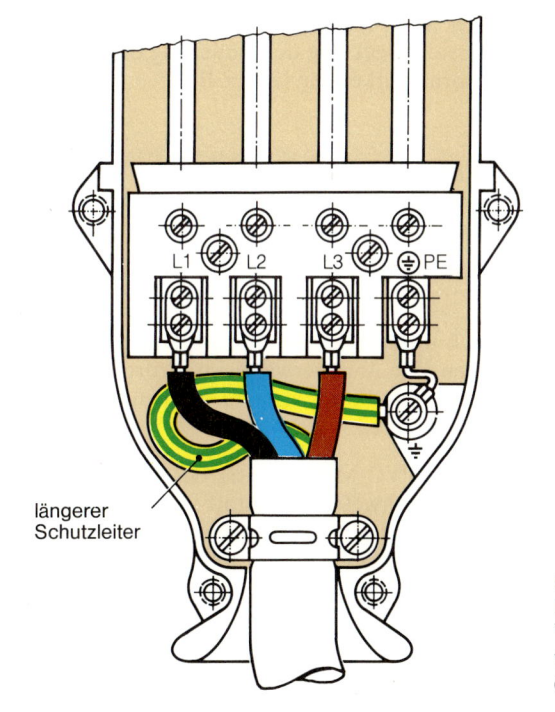

Bild 2.1/3
Beispiel für Zugentlastung, Verdrehungsschutz und trichterförmige Einführung
(nach VDE 0100, Bild 37)

2.2 Starkstromkabel für Spannungen bis 30 kV

Hinweise für die Auswahl

Die Tabelle 2.2/5 gibt eine Übersicht über die gebräuchlichen Kabelbauarten und ihren Verwendungsbereich. Die zugehörigen Garnituren sind dort ebenfalls aufgeführt.

Bestimmungen Die Kabelbauarten entsprechen den einschlägigen VDE-Bestimmungen und IEC-Publikationen:

VDE 0255, VDE 0265, VDE 0266,
VDE 0271, VDE 0272, VDE 0273,
VDE 0298,
IEC-Publikation 502.

Kennzeichnung Auf dem Mantel der PROTODUR-Kabel (Kabel mit PVC[1]-Isolierung) ist in Abständen von maximal 50 cm das Wort PROTODUR, bei PROTOTHEN-X-Kabel (Kabel mit VPE[2]-Isolierung) das Wort PROTOTHEN X und bei Kabeln nach VDE das VDE-Zeichen aufgeprägt, z. B.

PROTODUR VDE 0271
PROTOTHEN X VDE 0273.

Außerdem ist in das Kabel der Siemens-Kennfaden mit den Farben rot/weiß/grün/weiß eingelegt. Anstelle des aufgeprägten VDE-Zeichens können Kabel nach VDE-Vorschrift den schwarz/roten VDE-Kennfaden enthalten. Bei den papierisolierten Kabeln ist unter der obersten Decklage der Isolierung der VDE-Kennstreifen aufgesponnen, der den Ursprung erkennen läßt, z. B.

SIEMENS AG, VDE 0255.

Diese Signatur wiederholt sich in Abständen von etwa 30 cm.

Farbe der Außenmäntel Für die Farbe der Außenmäntel gilt VDE 0206 (Tabelle 2.2/1).
Außenmäntel oder Außenhüllen aus Polyäthylen (PE) sollen im Interesse besserer Haltbarkeit immer schwarz sein.

Die Farben der Außenmäntel dürfen sich unter normalen Umweltbedingungen (z. B. Witterungseinflüssen, Einwirkungen der üblicherweise im Erdreich vorkommenden Stoffe) nicht so weit ändern, daß sie nicht mehr eindeutig unterschieden oder erkennbar gemacht werden können.

Es ist jedoch zu beachten, daß sich farbige PVC-Mäntel unter der Einwirkung von Schwefelverbindungen — insbesondere Schwefelwasserstoff — schwarz färben. Die gelegentlich im Erdreich vorkommenden Schwefelverbindungen stammen von bakteriellen Zersetzungen organischer Substanzen unter Luftabschluß (z. B. Fäkalien, Abwässer, Stadtgase).

---

[1] Polyvinylchlorid
[2] Vernetztes Polyäthylen

2.2 Starkstromkabel für Spannungen bis 30 kV

Tabelle 2.2/1
Farbe von Außenmänteln und Außenhüllen aus Polyvinylchlorid (PVC) oder Gummi

Lfd. Nr.	Kabel- oder Leitungsart	schwarz	gelb	blau	rot	licht-grau
1	Starkstromkabel bis 0,6/1 kV Nennspannung	×				
	jedoch					
	für den Bergbau unter Tage		×			
	für eigensichere Anlagen in schlagwetter- und explosionsgefährdeten Betrieben			×		
2	Starkstromkabel über 0,6/1 kV Nennspannung				×	
3	Starkstromleitungen bis 0,6/1 kV Nennspannung	×				
	jedoch Mantelleitungen NYM u. ä. Bauarten					×
	Gummischlauchleitungen NSS für die Verwendung im Bergbau unter Tage		×			
	für eigensichere Anlagen in schlagwetter- und explosionsgefährdeten Betrieben			×		
4	Starkstromleitungen über 0,6/1 kV Nennspannung[1]				×	
	jedoch Leuchtröhrenleitungen		×			

[1] Leitungstrossen mit Nennspannungen über 0,6/1 kV, die nicht für unter Tage bestimmt sind, können auch schwarz sein

In mehradrigen Kabeln sind die einzelnen Adern nach den Angaben in den Tabellen 2.2/2 und 2.2/3 gekennzeichnet.

Die Adern von einadrigen Kabeln sind stets schwarz. Die Aderenden sind je nach ihrem Verwendungszweck grün-gelb, schwarz, hellblau oder braun zu kennzeichnen.

Aderkennzeichnung bis $U_0/U = 0{,}6/1$ kV

Tabelle 2.2/2
Aderkennzeichnung bei PROTODUR-Kabeln, PROTOTHEN- und PROTOTHEN-X-Kabeln

Anzahl der Adern	Mit Schutzleiter (Kurzzeichen „J")	Ohne Schutzleiter (Kurzzeichen „O")	Mit konzentrischem Leiter
2	—	sw/hbl	sw/hbl
3	gnge/sw/hbl	sw/hbl/br	sw/hbl/br
4	gnge/sw/hbl/br	sw/hbl/br/sw	sw/hbl/br/sw
5	gnge/sw/hbl/br/sw	—	—
6 und mehr	gnge/weitere Adern sw mit Zahlenaufdruck von innen beginnend mit 1, gnge in der Außenlage	—	Adern sw mit Zahlenaufdruck von innen beginnend mit 1

2.2 Starkstromkabel für Spannungen bis 30 kV

Tabelle 2.2/3   Aderkennzeichnung bei papierisolierten Kabeln

Anzahl der Adern	Mit Schutzleiter (Kurzzeichen „J")	Ohne Schutzleiter (Kurzzeichen „O")	Mit Al-Mantel (Metallmantel dient als Neutralleiter (N), Schutzleiter (PE) oder PEN-Leiter)
2	—	sw/hbl	sw/hbl
3	gn-nat/sw/hbl	sw/hbl/nat	sw/hbl/nat
4	gn-nat/sw/hbl/nat	sw/hbl/nat/sw	sw/hbl/nat/sw
5	gn-nat/sw/hbl/nat/sw	—	—

Haben Kabel eine Ader mit reduziertem Leiterquerschnitt so ist bei der Ausführung mit Schutzleiter diese Ader gn-nat und bei der Ausführung ohne Schutzleiter diese Ader hbl zu kennzeichnen.

Die Adern von einadrigen papierisolierten Kabeln sind naturfarben. Außer der Farbkennzeichnung ist bei Kabeln mit Papierisolierung eine Kennzeichnung der nicht als Schutzleiter (PE) dienenden Adern durch aufgedruckte Zahlen zulässig.

Aderkennzeichnung $U_0/U > 0,6/1$ kV

Nach den VDE-Bestimmungen werden die Adern von Kabeln mit Spannungen über 0,6/1 kV nicht gekennzeichnet, d.h. die Isolierung von Kunststoffkabeln enthält keinen Farbzusatz und die Papierisolierung keine farbigen Deckpapierlagen. Dadurch entfällt bei Verbindungsmuffen das Auskreuzen von Adern, um gleichfarbige Adern miteinander zu verbinden. Das Montagepersonal ist zu veranlassen, die richtige Phasenfolge durch Prüfungen zu kontrollieren.

Tabelle 2.2/4   Erläuterungen der Farbkurzzeichen und Verwendung der Adern

Farbkurzzeichen	Farben	Verwendung
gnge gn-nat	grün-gelb grün-naturfarben (bei papierisolierten Kabeln)	Für Schutz-(PE-) oder PEN-Leiter. Diese Ader darf für keinen anderen Zweck verwendet werden. Eine Ausnahme besteht nur für EVU-Netze. Hier ist sie bei Leiterquerschnitten über 6 mm^2 auch für geerdete Neutralleiter (N) zulässig
sw	schwarz	Für Außenleiter
hbl	hellblau	Für Neutralleiter (N), auch zulässig für Außenleiter
br nat	braun naturfarben (bei papierisolierten Kabeln)	Für Außenleiter

2.2 Starkstromkabel für Spannungen bis 30 kV

Die Aderkennzeichnung von Kabeln nach ausländischen Vorschriften weichen z.T. beträchtlich von der Kennzeichnung nach VDE ab. Beim Montieren und Anschließen von Kabeln nach ausländischen Vorschriften müssen deshalb unbedingt die entsprechenden Vorschriften beachtet und eingehalten werden.

Aderkennzeichnung nach ausländischen Vorschriften

Als wichtigste Abweichungen sind hervorzuheben:
Kabel nach BS (British Standard) für $U_0/U = 0{,}6/1$ kV
Kennzeichnung der Adern
mit Zahlen: 0, 1, 2, 3 oder
mit Farben: schwarz, rot, gelb, blau.

Abweichungen nach BS

Achtung!
0 oder schwarz kennzeichnet immer den PEN-Leiter oder Neutralleiter (N).

Kabel nach BS für $U_0/U > 0{,}6/1$ kV erhalten im Gegensatz zu VDE eine Aderkennzeichnung entsprechend den oben aufgeführten Zahlen oder Farben.

2.2 Starkstromkabel für Spannungen bis 30 kV

Tabelle 2.2/5 Kabel und zugehörige Garnituren

Kurzzeichen, VDE-Bestimmung	Aufbau (1 kV mit PVC-Isolierung)	Verwendung und Hinweise
NYY NAYY[1] VDE 0271	N Y Y 1 Protodur-Isolierhülle 2 Protodur-Mantel 3 Cu-Leiter 4 Band	Energiekabel: In Innenräumen, Kabelkanälen, im Freien und im Erdreich für Kraftwerke, Industrie- und Schaltanlagen sowie in Ortsnetzen, wenn mechanische Beschädigungen nicht zu erwarten sind. Zu beachten sind VDE 0298 Teil 1 und VDE 0100 § 42
NYY VDE 0271	N Y Y 1 Protodur-Isolierhülle 2 Protodur-Mantel 3 Cu-Leiter 4 Band oder Füllmischung	Steuerkabel: Wie bei Energiekabel. Parallel zu langen Energiekabeln oder Freileitungen ist die Beeinflussung zu beachten. Zu beachten sind VDE 0298 Teil 1 und VDE 0100 § 42

Endverschlüsse

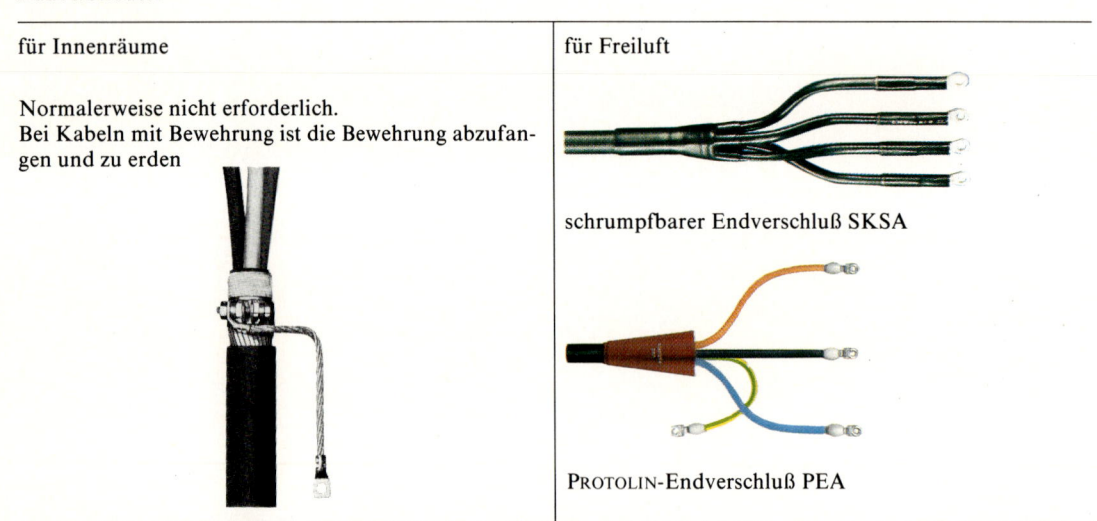

für Innenräume	für Freiluft
Normalerweise nicht erforderlich. Bei Kabeln mit Bewehrung ist die Bewehrung abzufangen und zu erden	schrumpfbarer Endverschluß SKSA Protolin-Endverschluß PEA

[1] Alle Kabel, deren Kurzzeichen an der zweiten Stelle ein A aufweisen, besitzen Al-Leiter

2.2 Starkstromkabel für Spannungen bis 30 kV

0,6/1 kV

Kurzzeichen, VDE-Bestimmung	Aufbau (1 kV mit PVC-Isolierung)	Verwendung und Hinweise
NYCWY[1] NAYCWY[1] NYCY[2] VDE 0271	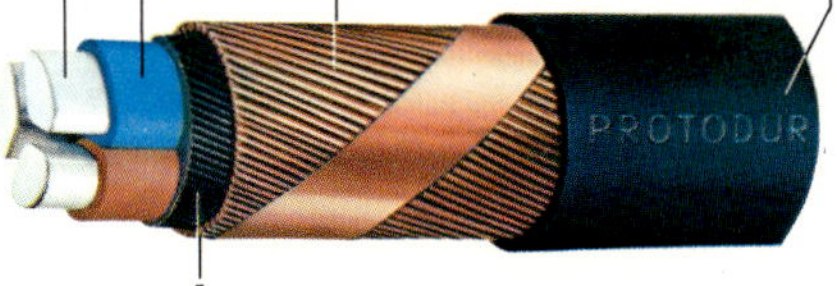 N A Y C W Y 1 Al-Leiter 2 PROTODUR-Isolierhülle 3 Konz. Schutz- oder Neutralleiter (Cu-Drähte und Querleitwendel) 4 PROTODUR-Mantel 5 Füllmischung oder Band	Für Ortsnetze mit wellenförmig aufgebrachtem konzentrischen Leiter, der bei Abzweigen nicht geschnitten wird. In Innenräumen, Kabelkanälen, im Freien und im Erdreich für Kraftwerke, Industrie- und Schaltanlagen sowie in Ortsnetzen, wenn ein erhöhter Schutz (Schutz gegen Berührungsspannungen im Schadenfall) erforderlich ist. Zu beachten sind VDE 0298 Teil 1 und VDE 0100 § 42
NYFGbY NAYFGbY VDE 0271	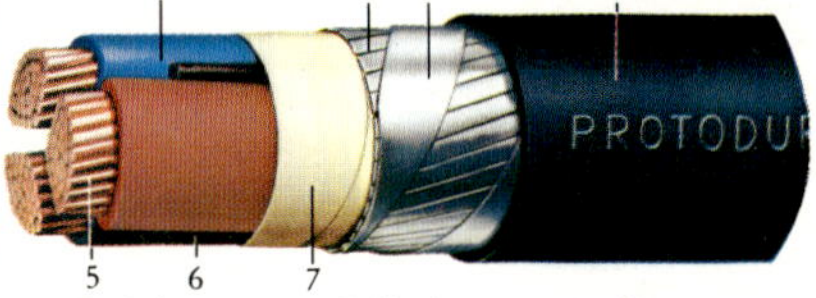 N Y F Gb Y 1 PROTODUR-Isolierhülle 2 Stahlflachdrahtbewehrung 3 Stahlbandgegen- oder haltewendel 4 PROTODUR-Mantel 5 Cu-Leiter 6 Beilauf 7 Band	In Innenräumen, Kabelkanälen, im Freien und im Erdreich, wenn erhöhter mechanischer Schutz erforderlich ist oder bei größerer Zugbeanspruchung während der Montage und des Betriebes. Zu beachten sind VDE 0298 Teil 1 und VDE 0100 § 42

Verbindungsmuffen	Abzweigmuffen
 Schrumpfmuffe SKSM	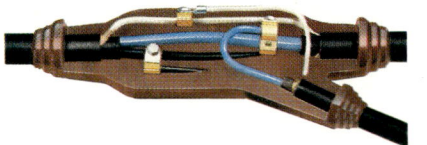 PROTOLIN-Abzweigmuffe PA
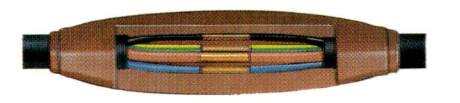 PROTOLIN-Verbindungsmuffe PV	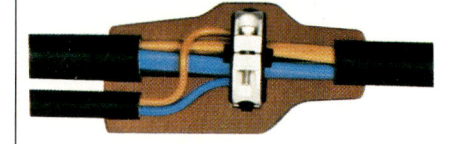 PROTOLIN-Abzweigmuffe PAK

[1]) konzentrischer Leiter wellenförmig aufgebracht
[2]) konzentrischer Leiter spiralförmig aufgebracht

2.2 Starkstromkabel für Spannungen bis 30 kV

Tabelle 2.2/5 Kabel und zugehörige Garnituren (Fortsetzung)

Kurzzeichen, VDE-Bestimmung	Aufbau (1 kV mit VPE-Isolierung)	Verwendung und Hinweise
NA2XY VDE 0272 IEC 502	**NA 2X Y** 1 Protothen-X- 2 Protodur- Isolierhülle Mantel 3 Al-Leiter 4 Folie	Energiekabel: In Innenräumen, Kabelkanälen, im Freien und im Erdreich für Kraftwerke, Industrie- und Schaltanlagen sowie in Ortsnetzen, bei extremen Betriebsbedingungen, wie hohe Umgebungstemperaturen, hohe Auslastung, Häufung von Kabeln Zu beachten sind VDE 0298 Teil 1 und VDE 0100 § 42
2XY IEC 502	**2X Y** 1 Protothen-X- 2 Protodur- Isolierhülle Mantel 3 Cu-Leiter 4 Folie	Energiekabel: Wie oben beschrieben. Bisher entsprechen nur 1-kV-VPE-Kabel mit Aluminium-Leitern der VDE-Bestimmung. Zu beachten sind VDE 0298 Teil 1 und VDE 0100 § 42

Endverschlüsse	Muffen
Wie auf Seite 602 für 1 kV mit PVC-Isolierung beschrieben. Bei starker UV-Bestrahlung sind die Adern von VPE-Kabeln immer mit einem schrumpfbaren Endverschluß SKSA zu schützen	Wie auf Seite 603 für 1 kV mit PVC-Isolierung beschrieben

2.2 Starkstromkabel für Spannungen bis 30 kV

0,6/1 kV

Kurzzeichen, VDE-Bestimmung	Aufbau (1 kV mit Papier-Isolierung)	Verwendung und Hinweise

NKBA
NAKBA
 	
VDE 0255
	N K B A
	1 Bleimantel 2 Stahlband- 3 Jutehülle
	              bewehrung
	
	4 Cu-Leiter 6 Beilauf 8 Faserstoff-
	5 Papier- 7 Gürtel-Isolierhülle lagen in
	  Isolierhülle (getränktes Papier) Masse
		Als Netzkabel, wenn auf zusätzliche Erdung durch Bleimantel nicht verzichtet werden kann.
		
		In Innenräumen und Kabelkanälen nur mit flammwidriger Außenhülle oder nach Entfernen der Jutehülle. Bei Korrosionsgefahr ist ein erhöhter Korrosionsschutz erforderlich, z. B. PVC-Außenmantel (Kurzzeichen: NKBY, NAKBY). Dann entfällt jedoch die zusätzliche Erdung durch Bleimantel. Zu beachten sind VDE 0298 Teil 1 und VDE 0100 § 42

Endverschlüsse	Muffen
für Innenräume	
Innenraum-Klein-Endverschluß IKM	Gußeiserne Verbindungsmuffe VS ohne Blei-Innenmuffe mit Massefüllung

2.2 Starkstromkabel für Spannungen bis 30 kV

Tabelle 2.2/5 Kabel und zugehörige Garnituren (Fortsetzung)

Kurzzeichen, VDE-Bestimmung	Aufbau (6 kV mit PVC-Isolierung)	Verwendung und Hinweise
NYFGbY NAYFGbY VDE 0271	N Y — F — Gb — Y 1 PROTODUR-Isolierhülle 2 Stahlflachdrahtbewehrung 3 Stahlbandgegen- oder haltewendel 4 PROTODUR-Mantel 5 Cu-Leiter 6 Beilauf 7 Band	In Innenräumen, Kabelkanälen, im Freien und in Erde, für Kraftwerke, Industrie- und Schaltanlagen Zu beachten ist VDE 0298 Teil 1

Endverschlüsse

für Innenräume	für Freiluftanlagen
Endverschluß PEB	Endverschluß PEBR

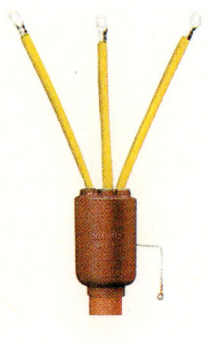

Muffen

PROTOLIN-Verbindungsmuffe PV

2.2 Starkstromkabel für Spannungen bis 30 kV

3,6/6 kV; 6/10 kV

Kurzzeichen, VDE-Bestimmung	Aufbau (10 kV mit Papier-Isolierung)	Verwendung und Hinweise
NKBA NAKBA VDE 0255	NA K B A 1 Al-Leiter 2 Bleimantel 3 Stahlbandbewehrung 4 Jutehülle 5 Papier-Isolierhülle 6 Beilauf 7 Gürtel-Isolierhülle (getränktes Papier) 8 Faserstofflagen in Masse	In Erde wenn keine besonderen Beanspruchungen vorliegen. In Innenräumen und Kabelkanälen nur mit flammwidriger Außenhülle, gegebenenfalls Außenhülle entfernen; bei Höhenunterschieden in der Trasse (z. B. Steilstrecken) sind kunststoffisolierte Kabel einzusetzen. Zu beachten ist VDE 0298 Teil 1
NKBY NAKBY VDE 0255	NA K B Y 1 Al-Leiter 2 Bleimantel 3 Stahlbandbewehrung 4 Protodur Mantel 5 Papier-Isolierhülle 6 Beilauf 7 Gürtel-Isolierhülle (getränktes Papier) 8 Faserstofflagen in Masse	In Erde, wenn erhöhter Korrosionsschutz erforderlich; auch für Innenräume geeignet. Bei Höhenunterschieden in der Trasse (z. B. Steilstrecken) sind kunststoffisolierte Kabel einzusetzen. Zu beachten ist VDE 0298 Teil 1

Endverschlüsse

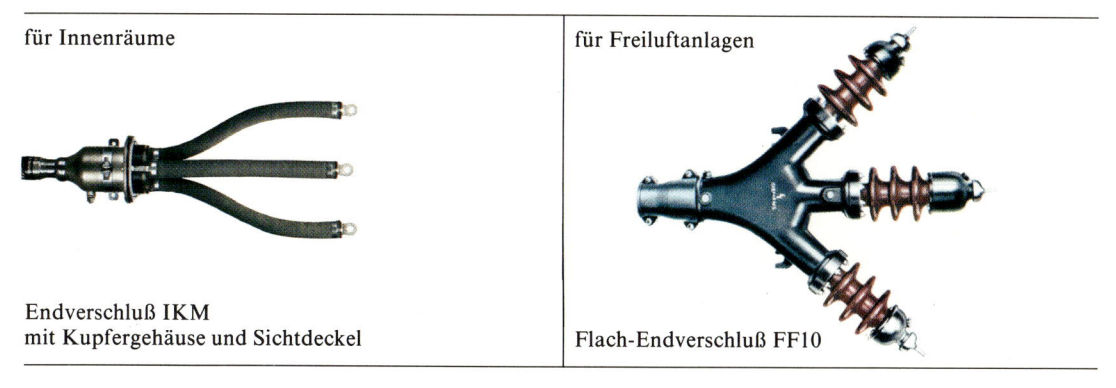

für Innenräume

Endverschluß IKM
mit Kupfergehäuse und Sichtdeckel

für Freiluftanlagen

Flach-Endverschluß FF10

Muffen

Verbindungsmuffe VS
(bei feuchten Böden mit Blei-Innenmuffe)

2.2 Starkstromkabel für Spannungen bis 30 kV

Tabelle 2.2/5 Kabel und zugehörige Garnituren (Fortsetzung)

Kurzzeichen, VDE-Bestimmung	Aufbau (10 kV mit PVC-Isolierung)	Verwendung und Hinweise
NYSEY NAYSEY	NA – 1 Al-Leiter Y – 2 Protodur-Isolierhülle SE – 3 Einzeladerabschirmung (Cu-Band) Y – 4 Protodur-Mantel	In Innenräumen, Kabelkanälen, im Freien und in Erde; für Kraftwerke, Industrie- und Schaltanlagen.
VDE 0271	5 feldbegrenzende leitfähige Schichten 6 Füllmischung	Zu beachten ist VDE 0298 Teil 1

Endverschlüsse

für Innenräume

Aufschiebe-Endverschluß IAES 10

für Freiluftanlagen

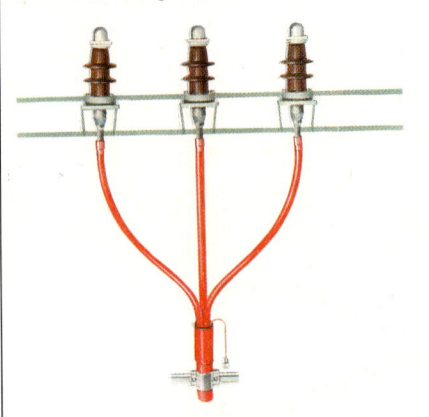

Endverschluß FEP 10 mit Porzellanisolator

Muffen

Verbindungsmuffe WP

2.2 Starkstromkabel für Spannungen bis 30 kV

6/10 kV

Kurzzeichen, VDE-Bestimmung	Aufbau (10 kV mit VPE-Isolierung)	Verwendung und Hinweise
N2XSY NA2XSY	NA — 1 Al-Leiter 2X — 2 PROTOTHEN-X-Isolierung S — 3 Schirm (Cu-Drähte) Y — 4 PROTODUR-Mantel 5 feldbegrenzende leitfähige Schichten	In Innenräumen, Kabelkanälen, im Freien und in Erde für Industrie- und Schaltanlagen sowie in Verteilernetzen und als Steilhangkabel.
VDE 0273		Zu beachten ist VDE 0298 Teil 1

Endverschlüsse

für Innenräume

Aufschiebe-Endverschluß IAES 10

für Freiluftanlagen

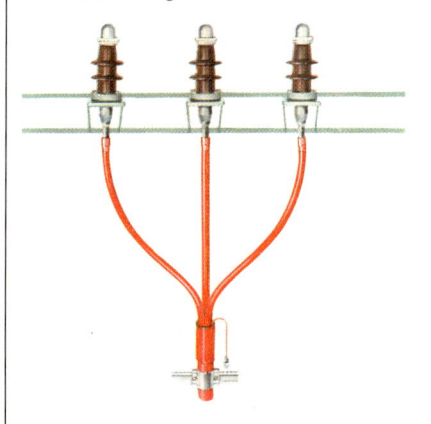

Endverschluß FEP 10 mit Porzellanisolator

Muffen

Verbindungsmuffe WP

609

2.2 Starkstromkabel für Spannungen bis 30 kV

Tabelle 2.2/5 Kabel und zugehörige Garnituren (Fortsetzung)

Kurzzeichen, VDE-Bestimmung	Aufbau (10, 15, 20, 30 kV mit VPE-Isolierung)	Verwendung und Hinweise
N2XSY NA2XSY	N 2X S Y 1 Prototen-X-Isolierung 2 Schirm (Cu-Drähte) 3 Protodur-Mantel 4 feldbegrenzende leitfähige Schichten	In Innenräumen, Kabelkanälen, im Freien und im Erdreich für Industrie- und Schaltanlagen sowie in Verteilernetzen und als Steilhangkabel. Die guten Verlegeeigenschaften gestatten eine leichte Verlegung auch bei schwieriger Trassenführung.
VDE 0273 IEC 502		Zu beachten ist VDE 0298 Teil 1

Endverschlüsse

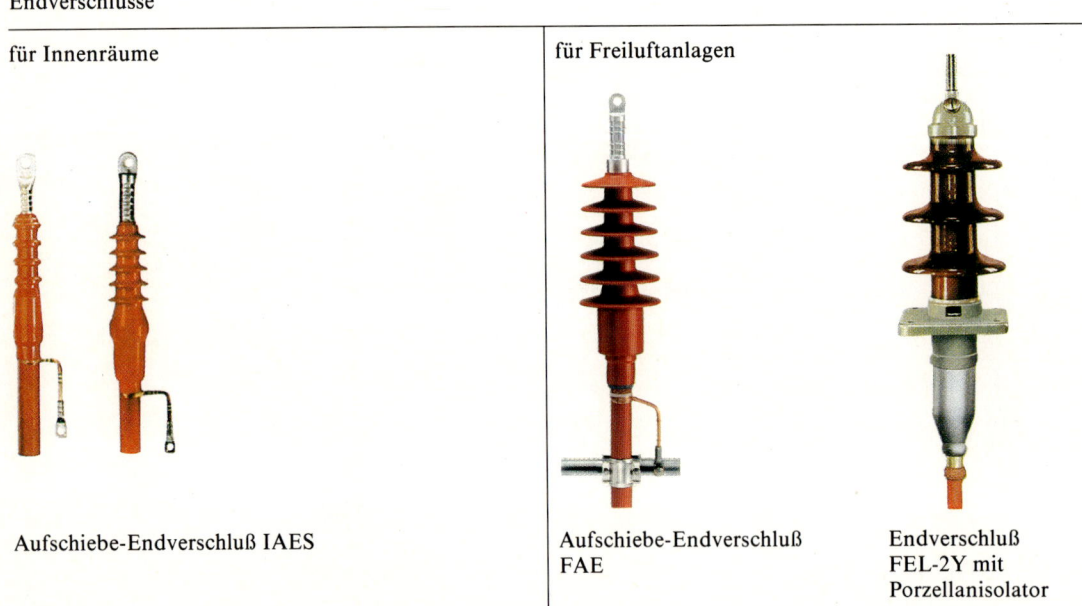

für Innenräume

Aufschiebe-Endverschluß IAES

für Freiluftanlagen

Aufschiebe-Endverschluß FAE

Endverschluß FEL-2Y mit Porzellanisolator

Muffen

Verbindungsmuffe WP

2.2 Starkstromkabel für Spannungen bis 30 kV

6/10 kV; 8,7/15 kV; 12/20 kV; 18/30 kV

Kurzzeichen, VDE-Bestimmung	Aufbau (20 und 30 kV mit Papier-Isolierung)	Verwendung und Hinweise
NEKEBA **NAEKEBA** VDE 0255	**N EKE B A** 1 einzeln geschirmte bleiummantelte Ader mit Korrosionsschutz 2 Stahlbandbewehrung 3 Jutehülle 4 Cu-Leiter 5 Papier-Isolierhülle 6 Faserstofflagen in Masse	In Verteilernetzen. In Erde, wenn keine besonderen Beanspruchungen vorliegen. In Innenräumen und Kabelkanälen nur mit flammwidriger Außenhülle oder Außenhülle entfernen. Bei Korrosionsgefahr ist zusätzlicher Korrosionsschutz durch PVC-Außenmantel erforderlich. Bei Höhenunterschieden in der Trasse (z. B. Steilstrecken) ist ein kunststoffisoliertes Kabel einzusetzen. Zu beachten ist VDE 0298 Teil 1
NEKEBY **NAEKEBY** VDE 0255	**NA EKE B Y** 1 Al-Leiter 2 einzeln geschirmte bleiummantelte Ader mit Korrosionsschutz 3 Stahlbandbewehrung 4 Protodur-Mantel 5 Papier-Isolierhülle 6 Faserstofflagen in Masse	In Erde, wenn erhöhter Korrosionsschutz erforderlich ist. Auch für Innenräume geeignet. Bei Höhenunterschieden in der Trasse (z. B. Steilstrecken) ist ein kunststoffisoliertes Kabel einzusetzen. Zu beachten ist VDE 0298 Teil 1

Endverschlüsse

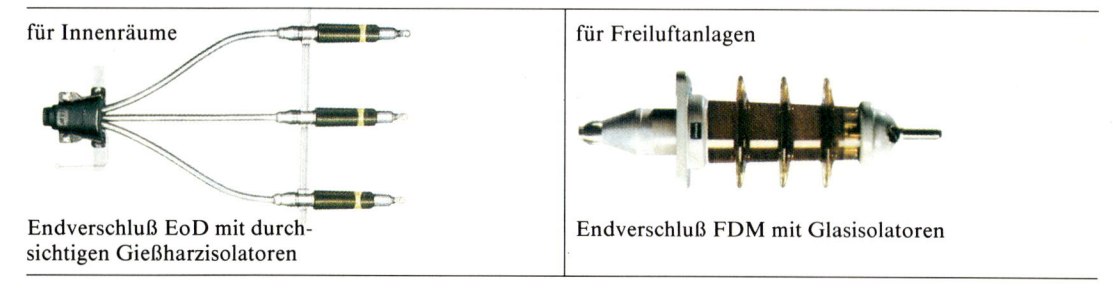

für Innenräume	für Freiluftanlagen
Endverschluß EoD mit durchsichtigen Gießharzisolatoren	Endverschluß FDM mit Glasisolatoren

Muffen

Verbindungsmuffe SMJ mit Einzel-Blei-Innenmuffen

2.2 Starkstromkabel für Spannungen bis 30 kV

Wahl der Nennspannung

Nennspannung des Netzes
Die Nennspannungen U_N der Drehstromnetze werden in VDE 0101/11.80 aufgeführt (siehe Tabelle 2.2/6).

Betriebsspannung
Die höchste Betriebsspannung eines Drehstromnetzes $U_{b\,max}$ ist der Effektivwert der höchsten Leiter-Leiter-Spannung, die unter normalen Betriebsbedingungen zu beliebiger Zeit an beliebiger Stelle eines Netzes auftreten kann. Die Spannung $U_{b\,max}$ darf nicht größer als die höchste Spannung für Betriebsmittel U_m sein.

Höchste Spannung für Betriebsmittel
Die höchste Spannung für Betriebsmittel U_m ist der Effektivwert der höchsten Leiter-Leiter-Spannung, für die ein Betriebsmittel bemessen ist. Diese Spannung ist die höchste Betriebsspannung $U_{b\,max}$, für die das Betriebsmittel verwendet werden darf. Sie wird für Kabel aus der Nennspannung errechnet.

Nennspannungen der Kabel
Als Nennspannungen der Kabel werden die Spannungen U_0/U angegeben, wobei U_0 die Spannung zwischen Leiter und metallener Umhüllung oder Erde und U die Spannung zwischen den Außenleitern eines Drehstromsystems ist:
$U = \sqrt{3} \cdot U_0$.

Höchste Spannung der Kabel
Die höchste Spannung der Kabel ist für Drehstrom $U_m = 1{,}2 \cdot \sqrt{3} \cdot U_0$. Die Kabel sind geeignet für den Einsatz in Drehstromnetzen mit einer Nennspannung $U_N \leq U$ und einer höchsten Betriebsspannung $U_{b\,max} \leq U_m$.

Bei Einphasen-Wechselstrom gilt

▷ beide Außenleiter isoliert $\quad U_{b\,max} \leq 1{,}2 \cdot 2 \cdot \dfrac{U}{\sqrt{3}}$,

▷ ein Außenleiter geerdet $\quad U_{b\,max} \leq 1{,}2 \cdot \dfrac{U}{\sqrt{3}}$.

Daraus ergibt sich die Koordination nach Tabelle 2.2/6 und eine Spannungsverteilung an den Kabeln wie in Bild 2.2/1 gezeigt.

Tabelle 2.2/6 Spannungskoordination

Drehstrom					Einphasen-Wechselstrom	
					beide Außenleiter isoliert	ein Außenleiter geerdet
Netz[1]		Kabel[2]		Kabel[2][3]	Netz[2]	
Nennspannung	Höchste Betriebsspannung	Nennspannungen	Höchste Betriebsspannung	Nenn-Steh-Blitzstoßspannung	Höchste Betriebsspannung	
U_N kV	$U_{b\,max}$ kV	U_0/U kV/kV	U_m kV	U_{rB} kV	$U_{b\,max}$ kV	$U_{b\,max}$ kV
1	1,2	0,6/1	1,2	—	1,4	0,7
6	7,2	3,6/6	7,2	60	8,3	4,1
10	12	6/10	12	75	14	7
20	24	12/20	24	125	28	14
30	36	18/30	36	170	42	21

[1] VDE 0101/11.80   [2] VDE 0298 Teil 1/11.82   [3] VDE 0111 Teil 1/10.79

2.2 Starkstromkabel für Spannungen bis 30 kV

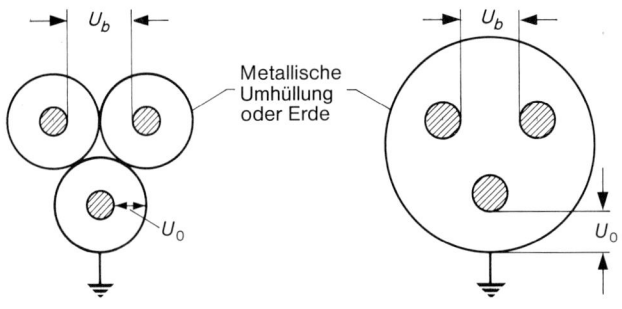

Einadrige Kabel

Dreiadrige Kabel

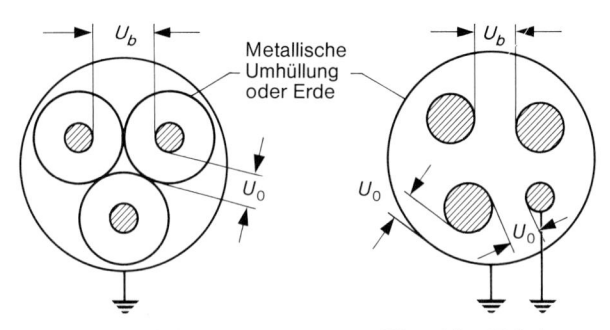

Dreiadrige Kabel
mit Einzeladerabschirmung

Vieradrige Kabel
mit geerdetem Schutz- bzw. Neutralleiter

Einphasenwechselstrom, beide Außenleiter isoliert: $U_b = 2 \cdot U_0$

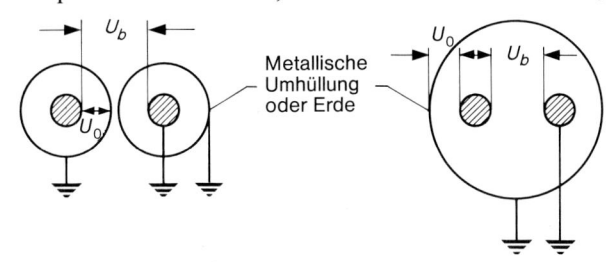

Zwei einadrige Kabel

Zweiadriges Kabel

Einphasenwechselstrom, ein Außenleiter geerdet: $U_b = U_0$

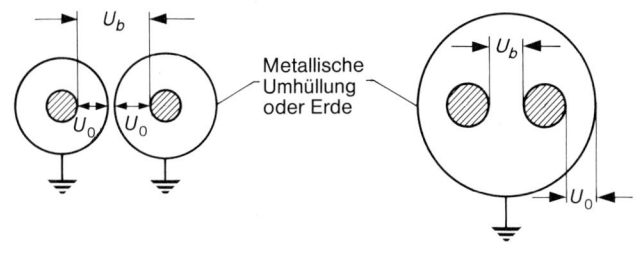

Zwei einadrige Kabel

Zweiadriges Kabel

Bild 2.2/1
Spannungsverteilung
an Kabeln

2.2 Starkstromkabel für Spannungen bis 30 kV

Spannungsverteilung

Liegt zwischen den Außenleitern und der Erde eine Spannung gleich der Nennspannung U_0 an, so wird die Betriebsspannung zwischen den Außenleitern von der Netzart bestimmt.

Drehstrom: $U_b = \sqrt{3} \cdot U_0$.

In Gleichstromanlagen mit einer höchsten Betriebsspannung bis 1,8 kV Leiter-Leiter und Leiter-Erde dürfen nach VDE Kabel für $U_0 = 0,6$ kV verwendet werden.

Protodurkabel für 0,6/1 kV mit metallener Umhüllung nach VDE 0271 und mit Leiterquerschnitten ab 240 mm² dürfen bei Drehstrom bis zu einer Betriebsspannung $U_{b\,max} = 3,6$ kV eingesetzt werden.

Nenn-Steh-Blitzstoßspannung

Kabel dürfen bis zu den Werten der Liste 2 nach VDE 0111 Teil 1/10.79 beansprucht werden (s. Tabelle 2.2/6).

Erdkurzschluß, Erdschluß

Die Wahl der Nennspannung U_0/U und der höchsten Betriebsspannung eines Kabels U_m ist mit Rücksicht auf die Beanspruchung bei Erdschluß oder Erdkurzschluß wie folgt vorzunehmen:

▷ bei Netzen mit niederohmig geerdetem Sternpunkt, wenn Erdkurzschlüsse innerhalb von Sekunden abgeschaltet werden

$U_m \geq U_{b\,max}$,

▷ bei Netzen mit isoliertem Sternpunkt oder Erdschlußkompensation, wenn der einzelne Erdschluß nicht länger als 8 Stunden ansteht und die Gesamtdauer aller Erdschlüsse im Jahr 125 Stunden nicht überschreitet

$U_m \geq U_{b\,max}$,

▷ bei Netzen mit einer Sternpunktbehandlung wie vor, jedoch mit längeren Erdschlußzeiten

bei Drehstrom

$U_m \geq \dfrac{U_{b\,max}}{1,2 \cdot \sqrt{3}}$,

bei Einphasen-Wechselstrom mit zwei isolierten Außenleitern

$U_m \geq \dfrac{U_{b\,max}}{1,2 \cdot 2}$,

bei Einphasen-Wechselstrom mit einem geerdeten Außenleiter

$U_m \geq \dfrac{U_{b\,max}}{1,2}$.

Strombelastbarkeit

Ermittlung des Belastungsstromes

Der Belastungsstrom I in A ergibt sich aus der Betriebsspannung $U_{b\,max}$ in kV und der zu übertragenden Leistung P in kW:

Für Gleichstrom: $\qquad I = \dfrac{P}{U_{b\,max}}$ A . $\hfill (1)$

Für Einphasen-Wechselstrom: $\quad I = \dfrac{P}{U_{b\,max} \cdot \cos\varphi}$ A . $\hfill (2)$

2.2 Starkstromkabel für Spannungen bis 30 kV

Für Drehstrom: $I = \dfrac{P}{\sqrt{3} \cdot U_{b\,max} \cdot \cos \varphi}$ A . (3)

Für den richtig gewählten Querschnitt ist die Strombelastbarkeit gleich oder höher als der Belastungsstrom.

Die Strombelastbarkeit (Belastbarkeit) eines Kabels ist in erster Linie eine Frage der zulässigen Betriebstemperatur und der für die Wärmeabfuhr maßgebenden Umgebungsbedingungen. Unzulässig hohe Betriebstemperaturen und unzulässig hohe Erwärmung beschleunigen das Altern des Kabels. Bei Kabeln mit Papierisolierung und Massetränkung ist daher auch die zwischen Vollastbetrieb und Leerlauf zulässige Temperaturdifferenz (Erwärmung) zu berücksichtigen. Besonders für Hochspannungskabel ist die Belastbarkeit mit Sorgfalt zu bestimmen. **Grundbegriffe**

Die zulässige Erwärmung eines Kabels wird — bei Ausschluß anderer Wärmequellen — durch die zulässige Betriebstemperatur und die Umgebungstemperatur bestimmt (s. Seite 617 und Tabelle 2.2/7). **Erwärmung**

Tabelle 2.2/7 Zulässige Betriebstemperaturen

Kabel	Nach VDE-Bestimmung	Zulässige Betriebstemperatur °C	Zulässige Temperaturerhöhung bei Verlegung in	
			Erde K	Luft K
PROTOTHEN-X-Kabel	VDE 0272 VDE 0273	90	—	—
PROTOTHEN-Kabel	VDE 0273	70	—	—
PROTODUR-Kabel	VDE 0265 VDE 0271	70	—	—
Massekabel Gürtelkabel 0,6/1 und 3,6/6 kV 6/10 kV	VDE 0255	80 65	65 45	55 35
Einadrige, Dreimantel- und H-Kabel 0,6/1 und 3,6/6 kV 6/10 kV 12/20 kV 18/30 kV		80 70 65 60	65 55 45 40	55 45 35 30

2.2 Starkstromkabel für Spannungen bis 30 kV

Die zulässige Temperaturerhöhung $\Delta\vartheta$ darf bei Kabeln mit Papierisolierung und Massetränkung die in Tabelle 2.2/7 genannten max. zulässigen Werte nicht überschreiten, so daß bei Erreichen dieser Grenzwerte auch bei tieferen Umgebungstemperaturen die Belastbarkeit nicht mehr erhöht werden kann.

Die Temperaturerhöhung des Leiters für einen beliebigen Strom I errechnet sich bei konstanter Umgebungstemperatur und bei Vernachlässigung der Widerstandsänderung mit der Leitertemperatur bei Verlegung in Luft aus

$$\Delta\vartheta = \Delta\vartheta_n \left(\frac{I}{I_n}\right)^2 \text{K} . \qquad (4)$$

Zulässige Betriebstemperatur
Die zulässige Betriebstemperatur wird mit Rücksicht auf die Lebensdauer gewählt und ist für alle Kabel in den VDE-Vorschriften angegeben. Eine Übersicht zeigt Tabelle 2.2/7.

Umgebungstemperatur
Die Umgebungstemperatur durch Messen festzustellen ist nicht immer möglich, sie muß deshalb oft geschätzt werden. Der für die Projektierung gewählte Wert sollte nur an wenigen Tagen im Jahr oder Stunden am Tag überschritten werden.

Falls durch Messung oder Erfahrung keine höheren Werte bekannt sind, können für mitteleuropäische Verhältnisse folgende Umgebungstemperaturen angenommen werden:

▷ in Luft verlegte Kabel
    unbeheizte Kellerräume   20 °C,
    normal klimatisierte Räume
    (im Sommer unbeheizt)   25 °C,
    Fabrikhallen, Werkräume usw.   30 °C,
▷ in Erde verlegte Kabel
    bei 0,7 bis 1,2 m Legetiefe   20 °C.

Temperaturen über dem Normalwert von 30 °C treten auf in Räumen mit ungenügendem Schutz gegen Sonneneinstrahlung, schlechter Belüftung, bei Maschinen oder Anlagen mit hoher Wärmeabgabe usw.

Unter Umständen kann die Verlustwärme der Kabel selbst zu einer Erhöhung der Umgebungstemperatur führen. Dies trifft hauptsächlich für Kabelkanäle zu (s. Seite 643).

Mit einer Erdbodentemperatur unter 20 °C sollte nur dann gerechnet werden, wenn eine solche durch Messungen nachgewiesen wurde. Die Temperatur in 1 m Tiefe unterhalb einer der Sonneneinstrahlung ausgesetzten Beton- oder Asphaltdecke kann in den Sommermonaten über 25 °C liegen.

Weicht die Umgebungstemperatur ϑ_u einer Kabelanlage von dem Normalwert von 30 °C in Luft ab, z. B. bei langandauernden hohen Lufttemperaturen oder

2.2 Starkstromkabel für Spannungen bis 30 kV

bei Parallelführung von Kabelstrecken mit Heizleitungen, dann ist der zulässige Strom I zu ermitteln:

$$I = I_n \cdot \sqrt{\frac{\Delta\vartheta}{\Delta\vartheta_n}} \; \text{A} \tag{5}$$

mit $\quad \Delta\vartheta = \Delta\vartheta_n + 30 - \vartheta_u \; \text{in K}$. $\tag{6}$

I Zulässiger Strom in A
I_n Belastbarkeit bei Normalbedingungen in A
$\Delta\vartheta_n$ Temperaturerhöhung bei Normalbedingungen in K
ϑ_u neue Umgebungstemperatur in °C
$\Delta\vartheta$ hierbei zulässige Temperaturerhöhung in K nach Gl. (6)

Umrechnungsfaktoren zum Bestimmen der Belastbarkeit für von den Normalwerten abweichende Lufttemperaturen sind der Tabelle 2.2/8 zu entnehmen.

Tabelle 2.2/8   Umrechnungsfaktoren f'' für abweichende Lufttemperaturen

Bauart	Zulässige Betriebstemperatur	Zulässige Temperaturerhöhung	Umrechnungsfaktoren f'' für die Lufttemperatur in °C								
			10	15	20	25	30	35	40	45	50
—	°C	K	—	—	—	—	—	—	—	—	—
Protothen-X-Kabel	90	—	1,15	1,12	1,08	1,04	1,0	0,96	0,91	0,87	0,82
Protothen-Kabel Protodur-Kabel	70	—	1,22	1,17	1,12	1,07	1,0	0,94	0,87	0,79	0,71
Masse-Kabel[1]) Gürtelkabel 0,6/1 bis 3,6/6 kV 6/10 kV	80 65	55 35	1,05 1,0	1,05 1,0	1,05 1,0	1,05 1,0	1,0 1,0	0,95 0,93	0,89 0,85	0,84 0,76	0,77 0,65
Einadrige-, Dreimantel- und H-Kabel 0,6/1 bis 3,6/6 kV 6/10 kV 12/20 kV 18/30 kV	80 70 65 60	55 45 35 30	1,05 1,06 1,0 1,0	1,05 1,06 1,0 1,0	1,05 1,06 1,0 1,0	1,05 1,06 1,0 1,0	1,0 1,0 1,0 1,0	0,95 0,94 0,93 0,91	0,89 0,87 0,85 0,82	0,84 0,79 0,76 0,71	0,77 0,71 0,65 0,58

[1]) Bei Kabeln mit massegetränkter Papierisolierung ist mit Rücksicht auf die Beschränkung des Temperaturspieles (s. Seite 616) bei tieferen Temperaturen eine Erhöhung der Belastbarkeit nicht mehr in allen Fällen zulässig

2.2 Starkstromkabel für Spannungen bis 30 kV

Verlegung in Luft

Als Normalbedingung gilt das Verlegen eines Kabels „frei in Luft". Darunter versteht man, daß die Stromwärmeverluste ungehindert allein durch natürliche Konvektion (freie Strömung) und Strahlung sowie unter Ausschluß fremder Wärmequellen von der Oberfläche des Kabels an die Umgebung abgeführt werden, ohne daß sich hierbei die Umgebung merklich erwärmt (unendlich große Wärmekapazität der Umgebung). Als Voraussetzungen hierfür gilt:

▷ Abstand der Kabel von Wand, Boden oder Decke mindestens 2 cm. Bei nebeneinander, in einer Lage angeordneten Kabeln soll der Zwischenraum nicht kleiner als das Zweifache des Kabeldurchmessers sein.

▷ Bei nebeneinander, in mehreren Lagen angeordneten Kabeln soll zusätzlich der senkrechte Abstand der Lagen mindestens etwa 20 cm betragen.

▷ Schutz gegen direkte Wärmebestrahlung durch Sonne usw.

▷ Ausreichend große oder belüftete Räume, so daß die Umgebungstemperatur durch die Verlustwärme der Kabel nicht erhöht wird.

Wird ein Kabel direkt an einer Wand oder auf dem Boden verlegt, so ist die Belastbarkeit mit dem Faktor 0,95 zu reduzieren. Umrechnungsfaktoren bei Häufung können den Tabellen 2.2/10 und 2.2/11 entnommen werden. Wo erforderlich, wurde in diesen Tabellen die Reduktion mit dem Faktor 0,95 für das Verlegen auf der Wand bereits berücksichtigt.

2.2 Starkstromkabel für Spannungen bis 30 kV

2.2.1 Leitfaden für die Projektierung

Normalbedingungen

Die Werte in den Belastbarkeitstabellen 2.2/18 bis 2.2/25 wurden den Bestimmungen VDE 0298 Teil 2 entnommen. Sie entsprechen den dort vereinbarten Normalbedingungen, zulässigen Betriebstemperaturen und der zulässigen Temperaturerhöhung (s. Tabelle 2.2/7).

Steuerkabel in Erde oder Luft

Die Belastbarkeit ist durch Multiplikation der Faktoren aus dem Diagramm Bild 2.2/2 mit den entsprechenden Werten für dreiadrige Kabel für $U_0/U = 0{,}6/1$ kV nach Tabelle 2.2/19 zu ermitteln.

Abweichende Bedingungen

Weichen die Einsatzbedingungen von den Normalbedingungen ab, so ist der aus den Belastbarkeitstabellen 2.2/18 bis 2.2/25 entnommene Wert mit den jeweiligen Umrechnungsfaktoren zu multiplizieren.

Kabel in Wasser

Es sind 115% der Belastbarkeit in Erde zulässig, vorausgesetzt, daß der Leiterquerschnitt des in Erde oder Luft liegenden Teiles erhöht wird.

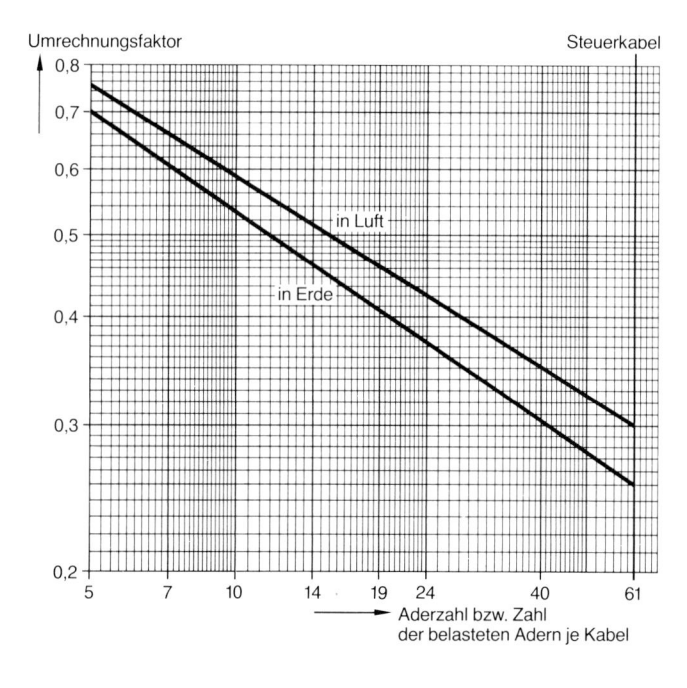

Bild 2.2/2 Umrechnungsfaktoren für Steuerkabel bezogen auf die Belastbarkeitswerte für dreiadrige Kabel $U_0/U = 0{,}6/1$ kV für Verlegen in Erde oder in Luft nach Tabelle 2.2/9

2.2 Starkstromkabel für Spannungen bis 30 kV

Tabelle 2.2/9 Betriebsbedingungen von Kabeln bei Verlegung in Luft

Normalbedingungen

Festlegungen
bei Normalbedingungen

Betriebsart	EVU-Last, gekennzeichnet durch einen Belastungsgrad von 0,7 und eine Höchstlast entsprechend den Werten für die Belastbarkeit bei Verlegung der Kabel in Erde (s. Tabellen 2.2/17 bis 2.2/25)	
Anordnung der Kabel	ein einzeln verlegtes einadriges Gleichstrom-Kabel	
	ein einzeln verlegtes mehradriges Kabel	
	drei einadrige Kabel im Drehstromsystem nebeneinander mit lichtem Abstand d	
	gebündelt ohne Abstand	
	Verlegung *frei* in Luft Damit die ungestörte Wärmeabgabe eines Kabels oder eines Systems aus drei einadrigen Kabeln gewährleistet ist, müssen gleichzeitig folgende Abstände eingehalten werden: ≥ 2 cm von Begrenzungswänden (Boden, Decke, Wand) $\geq 2\,d$ lichter Abstand zwischen Kabeln bzw. $\geq 4\,d$ zwischen Systemen ≥ 20 cm lichter Abstand zwischen den Lagen ferner Schutz gegen Wärmebestrahlung (z. B. Sonne) und ausreichend große und belüftete Räume, in denen die Temperatur durch die belasteten Kabel nicht merklich erhöht wird.	
	Umgebungstemperatur $\vartheta_u = 30\,°C$	

2.2 Starkstromkabel für Spannungen bis 30 kV

Abweichende Bedingungen

Erforderliche Umrechnungsfaktoren
bei abweichenden Bedingungen

Bezeichnung	Tabelle	Seite
Nicht erforderlich	—	—
Häufung von einadrigen Gleichstrom- oder mehradrigen Kabeln	2.2/11	624 u. 625
Häufung von einadrigen Kabeln im Drehstromsystem	2.2/10	622 u. 623
Häufung in Luft	2.2/10 2.2/11	622 u. 623 624 u. 625
Umgebungstemperatur	2.2/8	618

2.2 Starkstromkabel für Spannungen bis 30 kV

Tabelle 2.2/10 Häufung in Luft für einadrige Kabel in Drehstromsystemen. Wird in engen Räumen oder bei großer Häufung die Lufttemperatur durch die Verlustwärme der Kabel erhöht, so sind zusätzlich die Umrechnungsfaktoren f'' für abweichende Lufttemperaturen in Tabelle 2.2/8 anzuwenden

Abstand von der Wand ≥ 2 cm Zwischenraum von Kabel zu Kabel gleich dem Kabeldurchmesser d	Anzahl der Systeme		
	1	2	3
	Umrechnungsfaktor f'		

Kabel auf dem Boden nebeneinander liegend

	0,92	0,89	0,88

Kabel auf Wannen nebeneinander liegend (behinderte Luftzirkulation)

Anzahl der Wannen			
1	0,92	0,89	0,88
2	0,87	0,84	0,83
3	0,84	0,82	0,81
6	0,82	0,80	0,79

Kabel auf Rosten nebeneinander liegend

Anzahl der Roste			
1	1	0,97	0,96
2	0,97	0,94	0,93
3	0,96	0,93	0,92
6	0,94	0,91	0,90

Kabel an der Wand oder auf Gerüsten übereinander angeordnet

	0,94	0,91	0,89
Wandberührung	0,89	0,86	0,84

2.2 Starkstromkabel für Spannungen bis 30 kV

Abstand von der Wand ≥ 2 cm, Zwischenraum von System zu System 2 d	Gebündelt im Dreieck Anzahl der Systeme		
	1	2	3
	Umrechnungsfaktor f'		

Kabel auf dem Boden nebeneinander liegend

	0,95	0,90	0,88

Kabel auf Wannen nebeneinander liegend (behinderte Luftzirkulation)

Anzahl der Wannen			
1	0,95	0,90	0,88
2	0,90	0,85	0,83
3	0,88	0,83	0,81
6	0,86	0,81	0,79

Kabel auf Rosten nebeneinander liegend

Anzahl der Roste			
1	1	0,98	0,96
2	1	0,95	0,93
3	1	0,94	0,92
6	1	0,93	0,90

Anordnungen für die eine Reduktion nicht erforderlich ist

Bei ebener Verlegung mit vergrößertem Abstand wirken der verringerten gegenseitigen Erwärmung die vermehrten Mantelverluste entgegen. Daher können hier Angaben über reduktionsfreie Anordnungen nicht gemacht werden.	Anzahl der Systeme beliebig

2.2 Starkstromkabel für Spannungen bis 30 kV

Tabelle 2.2/11   Häufung in Luft für mehradrige Kabel in Drehstromsystemen und einadrige Kabel in Gleichstromsystemen.
Wird in engen Räumen oder bei großer Häufung die Lufttemperatur durch die Verlustwärme der Kabel erhöht, so sind zusätzlich die Umrechnungsfaktoren f'' für abweichende Lufttemperaturen in Tabelle 2.2/8 anzuwenden

Abstand von der Wand ≥ 2 cm Zwischenraum von Kabel zu Kabel gleich dem Kabeldurchmesser d		Anzahl der Kabel				
		1	2	3	6	9
		Umrechnungsfaktor f'				
Kabel auf dem Boden nebeneinander liegend						
		0,95	0,90	0,88	0,85	0,84
Kabel auf Wannen nebeneinander liegend (behinderte Luftzirkulation)						
	Anzahl der Wannen					
	1	0,95	0,90	0,88	0,85	0,84
	2	0,90	0,85	0,83	0,81	0,80
	3	0,88	0,83	0,81	0,79	0,78
	6	0,86	0,81	0,79	0,77	0,76
Kabel auf Rosten nebeneinander liegend						
	Anzahl der Roste					
	1	1	0,98	0,96	0,93	0,92
	2	1	0,95	0,93	0,90	0,89
	3	1	0,94	0,92	0,89	0,88
	6	1	0,93	0,90	0,87	0,86
Kabel an der Wand oder auf Gerüsten übereinander angeordnet						
		1	0,93	0,90	0,87	0,86
Anordnung für die eine Reduktion nicht erforderlich ist						
	Abstand von der Wand ≥ 2 cm Zwischenraum von Kabel zu Kabel 2 d	Anzahl der Kabel beliebig				

2.2 Starkstromkabel für Spannungen bis 30 kV

Gegeneitige Berührung Wandberührung	Anzahl der Kabel				
	1	2	3	6	9
	Umrechnungsfaktor f'				
Kabel auf dem Boden nebeneinander liegend					
	0,90	0,84	0,80	0,75	0,73

Kabel auf Wannen nebeneinander liegend (behinderte Luftzirkulation)

	Anzahl der Wannen					
	1	0,95	0,84	0,80	0,75	0,73
	2	0,95	0,80	0,76	0,71	0,69
	3	0,95	0,78	0,74	0,70	0,68
	6	0,95	0,76	0,72	0,68	0,66

Kabel auf Rosten nebeneinander liegend

	Anzahl der Roste					
	1	0,95	0,84	0,80	0,75	0,73
	2	0,95	0,80	0,76	0,71	0,69
	3	0,95	0,78	0,74	0,70	0,68
	6	0,95	0,76	0,72	0,68	0,66

Kabel an der Wand oder auf Gerüsten übereinander angeordnet

	0,95	0,78	0,73	0,68	0,66

Anordnung für die eine Reduktion nicht erforderlich ist

	Abstand von der Wand ≥ 2 cm Zwischenraum von Kabel zu Kabel $2\,d$	Anzahl der Kabel beliebig

2.2 Starkstromkabel für Spannungen bis 30 kV

Verlegung in Erde

Normalbedingungen

Die Werte in den Belastbarkeitstabellen 2.2/18 bis 2.2/25 wurden den Bestimmungen VDE 0298 Teil 2 entnommen. Sie entsprechen den dort vereinbarten Normalbedingungen, zulässigen Betriebstemperaturen und der zulässigen Temperaturerhöhung (s. Tabelle 2.2/7).

Abweichende Bedingungen

Weichen die Einsatzbedingungen von den Normalbedingungen ab, so ist der aus den Belastbarkeitstabellen 2.2/18 bis 2.2/25 entnommene Wert mit den jeweiligen Umrechnungsfaktoren zu multiplizieren. Die Umrechnungsfaktoren f_1 und f_2 sind stets gemeinsam anzuwenden.

Tabelle 2.2/12 Betriebsbedingungen für Kabel bei Verlegung in der Erde

Verlegung der Kabel in Erde

Normalbedingungen

Art	Festlegung
Betriebsart	EVU-Last, gekennzeichnet durch einen Belastungsgrad von 0,7 und eine Höchstlast entsprechend den Werten in Tabellen für die Verlegung in Erde
Anordnung der Kabel	ein einzeln verlegtes einadriges Gleichstrom-Kabel ein einzeln verlegtes mehradriges Kabel drei einadrige Kabel im Drehstromsystem nebeneinander mit 7 cm lichtem Abstand gebündelt ohne Abstand
	Spezifischer Wärmewiderstand des Erdbodens $\varrho_E = 1$ K m/W
	Verlegetiefe $h = 70$ cm
	Schutzabdeckung mit Ziegelsteinen oder Zementplatten oder flachen, dünnen Schutzabdeckplatten aus Kunststoff
	Temperatur des Erdbodens in Verlegetiefe $\vartheta_u = 20\,°C$

2.2 Starkstromkabel für Spannungen bis 30 kV

Die in den Tabellen 2.2/18 bis 2.2/25 angegebene Belastbarkeit gilt für die in der Tabelle 2.2/12 genannten Betriebsbedingungen.

Verlegung im Erdboden

Die als EVU-Last bezeichnete Betriebsart wird durch ein Tageslastspiel mit ausgeprägter Größtlast und einem Belastungsgrad von 0,7 gekennzeichnet.

EVU-Last

Eine gegenseitige Erwärmung der Kabel bei Häufung ist durch die Umrechnungsfaktoren nach Tabelle 2.2/15 zu berücksichtigen.

Häufung in Erde

Abweichende Bedingungen

Erforderliche Umrechnungsfaktoren bei abweichenden Bedingungen Bezeichnung	Tabelle	Seite
Von 0,7 abweichende Belastungsgrade	2.2/13 bis 2.2/15	628 bis 630
Häufung in Erde	2.2/15	630
Spezifischer Wärmewiderstand des Erdbodens	2.2/13 bis 2.2/15	628 bis 630
Nicht erforderlich	—	—
Schutzabdeckungen, Hohlraum luftgefüllt (Rohre)	2.2/16	631
Erdbodentemperaturen	2.2/13 2.2/14	628 629

Tabelle 2.2/13
Umrechnungsfaktoren f_1, Verlegung in Erde[1])
Alle Kabel außer PVC-Kabel für $U_0/U = 6/10$ kV

Zulässige Betriebstemperatur in °C	Erdbodentemperatur in °C	Spezifischer Erdbodenwärmewiderstand in K m/W						
		1,0			1,5			2,5
		Belastungsgrad			Belastungsgrad			Belastungsgrad
		0,7	0,85	1,0	0,7	0,85	1,0	0,7 bis 1,0
90	10	1,05	1,01	0,98	0,95	0,93	0,91	0,86
	15	1,02	0,99	0,95	0,92	0,91	0,89	0,84
	20	1,00	0,96	0,93	0,90	0,88	0,86	0,81
	25	0,98	0,94	0,90	0,87	0,85	0,84	0,78
	30				0,84	0,83	0,81	0,75
	35				0,82	0,80	0,78	0,72
80	10	1,05	1,01	0,97	0,94	0,92	0,91	0,85
	15	1,03	0,99	0,95	0,92	0,90	0,88	0,82
	20	1,00	0,96	0,92	0,89	0,87	0,85	0,78
	25	0,97	0,93	0,89	0,86	0,84	0,82	0,75
	30				0,83	0,81	0,78	0,72
	35				0,80	0,77	0,75	0,68
70	10	1,06	1,01	0,97	0,94	0,92	0,89	0,83
	15	1,03	0,99	0,94	0,91	0,88	0,86	0,79
	20	1,00	0,96	0,91	0,87	0,85	0,83	0,76
	25	0,97	0,93	0,88	0,84	0,82	0,79	0,72
	30				0,80	0,78	0,76	0,68
	35				0,77	0,74	0,72	0,63
65	10	1,06	1,02	0,97	0,93	0,91	0,89	0,82
	15	1,03	0,98	0,94	0,90	0,88	0,85	0,78
	20	1,00	0,95	0,90	0,86	0,84	0,82	0,74
	25	0,97	0,92	0,87	0,83	0,80	0,78	0,70
	30				0,79	0,77	0,74	0,65
	35				0,75	0,72	0,70	0,60
60	10	1,06	1,02	0,97	0,93	0,90	0,88	0,80
	15	1,03	0,98	0,93	0,89	0,87	0,84	0,76
	20	1,00	0,95	0,90	0,86	0,83	0,80	0,72
	25	0,97	0,92	0,86	0,82	0,79	0,76	0,67
	30				0,78	0,75	0,72	0,62
	35				0,75	0,70	0,67	0,57

Die Umrechnungsfaktoren für Erdbodentemperaturen < 20 °C können für Massekabel nicht angewendet werden, mit Ausnahme der Faktoren für 15 °C und Kabel für 0,6/1 kV

[1]) Der Umrechnungsfaktor f_1 ist nur zusammen mit dem Umrechnungsfaktor f_2 nach Tabelle 2.2/15 anzuwenden

Tabelle 2.2/14
Umrechnungsfaktoren f_1, Verlegung in Erde[1])
PVC-Kabel für $U_0/U = 6/10$ kV

Anzahl			Erdboden- temperatur in °C	Spezifischer Erdbodenwärmewiderstand in K m/W						
Systeme		Kabel		1,0			1,5			2,5
a	b	c		Belastungsgrad			Belastungsgrad			Belastungsgrad
				0,7	0,85	1,0	0,7	0,85	1,0	0,7 bis 1,0
1	1	1	10	1,06	1,02	0,97	0,93	0,91	0,89	0,81
			15	1,03	0,98	0,94	0,90	0,87	0,85	0,77
			20	1,00	0,95	0,90	0,86	0,84	0,81	0,73
			25	0,97	0,92	0,87	0,83	0,80	0,77	0,69
			30				0,79	0,76	0,73	0,64
			35				0,75	0,72	0,69	0,60
4	3	3	10	1,03	0,98	0,93	0,89	0,87	0,84	0,77
			15	0,99	0,95	0,90	0,86	0,83	0,81	0,73
			20	0,96	0,91	0,86	0,82	0,79	0,77	0,68
			25	0,93	0,88	0,83	0,78	0,76	0,73	0,64
			30				0,74	0,71	0,68	0,59
			35				0,70	0,67	0,64	0,53
10	5	6	10	0,99	0,94	0,89	0,85	0,83	0,80	0,72
			15	0,96	0,91	0,86	0,81	0,79	0,76	0,68
			20	0,93	0,87	0,82	0,77	0,75	0,72	0,63
			25	0,89	0,84	0,78	0,73	0,70	0,68	0,58
			30				0,69	0,66	0,63	0,52
			35				0,64	0,61	0,58	0,46

Spalte a — 7 cm, 7 cm, 7 cm — 25 cm

Spalte b — 7 cm

Spalte c — 7 cm

[1]) Umrechnungsfaktor f_1 ist nur zusammen mit dem Umrechnungsfaktor f_2 nach Tabelle 2.2/15 anzuwenden

Tabelle 2.2/15 Umrechnungsfaktoren f_2, Verlegung in Erde[1])

Anzahl Systeme	Einadrige Kabel in Drehstromsystemen (7 cm)			Einadrige Kabel in Drehstromsystemen (25 cm)		
	Belastungsgrad			Belastungsgrad		
	0,7	0,85	1,0	0,7	0,85	1,0
1	1,00	0,92	0,85	1,00	0,93	0,87
2	0,87	0,78	0,71	0,89	0,82	0,75
3	0,78	0,69	0,62	0,81	0,74	0,67
4	0,74	0,65	0,58	0,77	0,70	0,64
5	0,70	0,61	0,55	0,73	0,67	0,60
6	0,68	0,60	0,53	0,71	0,65	0,59
8	0,65	0,57	0,51	0,68	0,62	0,56
10	0,63	0,55	0,49	0,65	0,60	0,54

Dreiadrige Kabel (7 cm)

Anzahl Kabel	Massekabel 0,6/1 kV PVC-Kabel 0,6/1 kV und 3,5/6 kV PE-Kabel 6/10 kV VPE-Kabel 6/10 kV			PVC-Kabel 6/10 kV Masse-Gürtelkabel 6/10 kV Masse-Dreimantelkabel 12/20 und 18/30 kV		
	Belastungsgrad[2])			Belastungsgrad		
	0,7	0,85	1,0	0,7	0,85	1,0
1	1,00	0,93	0,87	1,00	0,96	0,91
2	0,85	0,77	0,71	0,89	0,82	0,76
3	0,75	0,67	0,61	0,80	0,72	0,66
4	0,70	0,62	0,56	0,75	0,67	0,61
5	0,65	0,58	0,52	0,71	0,63	0,57
6	0,63	0,55	0,50	0,68	0,60	0,55
8	0,58	0,52	0,46	0,64	0,56	0,51
10	0,56	0,49	0,44	0,61	0,54	0,48

[1]) Der Umrechnungsfaktor f_2 ist nur zusammen mit dem Umrechnungsfaktor f_1 nach Tabelle 2.2/13 oder 2.2/14 anzuwenden

[2]) Diese Werte gelten auch für gebündelte, einadrige Kabel in Drehstromsystemen mit einem von 25 cm auf 7 cm verringerten lichten Zwischenraum der Systeme

2.2 Starkstromkabel für Spannungen bis 30 kV

Spezifischer Erdbodenwärmewiderstand

Der Normalwert des spezifischen Erdbodenwärmewiderstandes des Feuchtbereiches wurde mit 1 K m/W gewählt. Er gilt für normalfeuchte Sandböden bei warm-gemäßigtem Klima mit maximalen Erdbodentemperaturen bis etwa 25 °C. Niedrigere Werte sind in den kälteren Jahreszeiten bei genügend hohen Niederschlagsmengen und für günstigere Bodenarten möglich. Höhere Werte sind zu wählen in Zonen mit höheren Erdbodentemperaturen, ausgedehnten Trockenperioden oder fast ganz fehlenden Niederschlägen.

Mit Schutt, Asche, Schlacke, Müll oder organischen Bestandteilen durchsetzte Böden weisen sehr hohe spezifische Erdbodenwärmewiderstände auf. Ein Austausch des Bodens um die Kabel in einem durch Messung und Rechnung bestimmten Ausmaß ist gegebenenfalls erforderlich und wirtschaftlich.

Hoch belastete Kabel oder Kabeltrassen können den Boden austrocknen. Zur Berechnung der Tabellenwerte wurde deshalb schematisierend zwischen einem die Kabel umgebenden Trockenbereich und einem Feuchtbereich unterschieden. Die Auswirkung des Trockenbereiches auf die Belastbarkeit wurde bei der Bestimmung der Umrechnungsfaktoren f_1 und f_2 bereits berücksichtigt.

Legetiefe

In Erde werden Kabel in der Regel in eine Sandschicht oder eine Schicht aus gesiebtem Erdreich gebettet und mit Ziegelsteinen abgedeckt. Auf diese Art der Verlegung beziehen sich die Angaben der Belastbarkeit, wobei die Legetiefe mit 70 cm, der spezifische Erdbodenwärmewiderstand mit 1 K m/W angenommen wurde.

Der Einfluß der Legetiefe ist nur gering. Mit zunehmender Legetiefe verringert sich jedoch die Umgebungstemperatur und im allgemeinen auch der spez. Wärmewiderstand, da die tieferen Regionen des Erdbodens meist feuchter sind und gleichmäßiger feucht bleiben als die oberen Lagen. Für die üblichen Legetiefen der Nieder- und Mittelspannungskabel (70 bis 120 cm) ist bei Annahme einer Umgebungstemperatur von 20 °C und einem spez. Erdbodenwärmewiderstand von 1 K m/W ein Umrechnen der Belastbarkeitswerte nicht erforderlich.

Schutzabdeckungen

Luftpolster bei Verlegung in Rohren oder Postformsteinen sowie schlecht verdichtetes Erdreich unterhalb von Abdeckhauben schaffen zusätzliche Wärmewiderstände, die eine Reduktion der Belastbarkeit erfordern (Tabelle 2.2/16) wenn nicht z. B. bei parallelen Kabeln gleichzeitig der lichte Abstand vergrößert wird.

Tabelle 2.2/16   Umrechnungsfaktoren für Schutzabdeckungen

Art der Abdeckung	Gestampfter Sand mit Mauersteinabdeckung	Mit Hauben abgedeckt, Hohlraum mit Sand gefüllt	Abgedeckter Trog, Hohlraum luftgefüllt/Rohre
Umrechnungsfaktor	1,0	0,9	0,85

2.2 Starkstromkabel für Spannungen bis 30 kV

Kreuzungen

Kreuzungen von Kabeltrassen können Schwierigkeiten bereiten, vor allem wenn sie dicht belegt sind. An solchen Stellen sind die Kabel mit einem ausreichend großen senkrechten Abstand zu verlegen. Ferner ist die Wärmeabgabe durch möglichst günstiges Bettungsmaterial zu verbessern. Bei zusätzlich starker Häufung schafft ein an der Kreuzungsstelle gemauerter genügend großer Schacht — der es ermöglicht, die Kabel in Luft zu kreuzen — Abhilfe gegen zu starke Erwärmung.

Kreuzungen mit Heizkanälen

Näherungen oder Kreuzungen von Heizkanälen führen oft zu gefährlich hoher zusätzlicher Erwärmung der Kabel, insbesondere wenn die Kanäle schlecht isoliert sind. Die dauernd in den Boden fließende Verlustwärme der Heizkanäle kann eine beträchtliche Austrocknung des Bodens bewirken. Es sind daher genügend große Abstände einzuhalten (die Abstände zwischen den Kabeln sind gegebenenfalls zu vergrößern) und die Heizkanäle den Erfordernissen entsprechend allseitig zu isolieren. Eine zwischen Heizkanal und Kabeln angeordnete Isolierung dämmt die Wärmeabgabe des Kanals nur ungenügend und behindert zusätzlich die des Kabels.

Projektierungsbeispiele

1) Gegeben: Drei PROTODUR-Kabel NYFGbY 3×185 sm $3,5/6$ kV mit Cu-Leitern

    Kabel in Erde nebeneinander, lichter Abstand 7 cm,
    Abdeckung mit Ziegelsteinen;
    EVU-Last; Belastungsgrad 0,7,
    spezifischer Wärmewiderstand des Erdbodens 1,5 K m/W,
    Umgebungstemperatur 30 °C.

Belastbarkeit unter Normalbedingungen nach Tabelle 2.2/19
    für ein einzelnes Kabel: $I_n = 397$ A.

Zulässige Betriebstemperatur nach Tabelle 2.2/19 70 °C.

Umrechnungsfaktoren:
    $f_1 = 0,8$ nach Tabelle 2.2/13
    $f_2 = 0,75$ nach Tabelle 2.2/15
    bei Abdeckung mit Ziegelsteinen ist nach Tabelle 2.2/16 der Umrechnungsfaktor 1,0.

Die drei Kabel sind mit
    $I = 3 \cdot 397 \text{ A} \cdot 0,8 \cdot 0,75 = 715$ A belastbar.

Die Übertragungsleistung (Scheinleistung S) der Kabelverbindung ist:
    $S = \sqrt{3} \cdot I \cdot U$
    $S = \sqrt{3} \cdot 715 \text{ A} \cdot 6 \text{ kV} \cdot 10^{-3} = 7,43$ MVA

2) Es sind 5 MVA bei 10 kV Betriebsspannung mit PROTODUR-Kabeln zu übertragen.

Umgebungsbedingungen:
    Kabel in Erde nebeneinander, lichter Abstand 7 cm,
    Abdeckung mit Ziegelsteinen,
    Dauerlast; Belastungsgrad 1,0,
    spezifischer Wärmewiderstand des Erdbodens 1 K m/W,
    Umgebungstemperatur 25 °C.

Belastungsstrom:

$$I = \frac{S}{\sqrt{3} \cdot U} = \frac{5\,\text{MVA} \cdot 10^3}{\sqrt{3} \cdot 10\,\text{kV}} \approx 290\,\text{A}$$

Schätzung: Es sind zwei parallele Kabel erforderlich.

Umrechnungsfaktoren:

$f_1 = (0{,}9 + 0{,}83)/2 = 0{,}865$ nach Tabelle 2.2/14
$f_2 = 0{,}76$ nach Tabelle 2.2/15

bei Abdeckung mit Ziegelsteinen ist nach Tabelle 2.2/16 der Umrechnungsfaktor 1,0.

Der fiktive Strom je Kabel beträgt, wenn zwei Kabel parallel geschaltet sind,

$$I_f = \frac{290}{2 \cdot 0{,}865 \cdot 0{,}76} \approx 221\,\text{A}$$

Es sind nach Tabelle 2.2/19 Kabel mit einem Kupferleiterquerschnitt von 95 mm² zu wählen (Belastbarkeit bei Normalbedingungen 275 A).

Tabellen der Strombelastbarkeit

Auf den Seiten 635 bis 642 sind für die gebräuchlichsten Kabelbauarten die Werte der Strombelastbarkeit angegeben.

Den Werten der Strombelastbarkeit der Kabel liegen die Normalbedingungen nach den Tabellen 2.2/9 und 2.2/12 zugrunde.

2.2 Starkstromkabel für Spannungen bis 30 kV

Tabelle 2.2/17 Übersicht der Strombelastbarkeitstabellen

Symbol	Kabelart	Nenn-spannung U_0/U kV	Belastbarkeit Tabelle	Seite
\multicolumn{5}{l}{PROTODUR-Kabel}			
⊙	einadrige Gleichstromkabel einzeln verlegt	0,6/1	2.2/18	635
⊙⊙	zweiadrige Kabel (auch mit Bleimantel)	0,6/1	2.2/18	635
⋮ ⋮	dreiadrige Kabel (für 0,6/1 kV auch mit Bleimantel)	0,6/1 bis 6/10	2.2/19	636
	vieradrige Kabel (auch mit Bleimantel)	0,6/1	2.2/19	636
⊙ ⊙ ⊙	3 einadrige Kabel im Drehstromsystem Verlegung nebeneinander	0,6/1 bis 6/10	2.2/20	637
⋮	3 einadrige Kabel im Drehstromsystem Verlegung im Dreieck	0,6/1 bis 6/10	2.2/20	637
\multicolumn{5}{l}{PROTOTHEN-Kabel}			
⋮	dreiadrige Kabel	6/10	2.2/21	638
⊙ ⊙ ⊙	3 einadrige Kabel im Drehstromsystem Verlegung nebeneinander	6/10 bis 18/30	2.2/22	639
⋮	3 einadrige Kabel im Drehstromsystem Verlegung im Dreieck	6/10 bis 18/30	2.2/22	639
\multicolumn{5}{l}{PROTOTHEN-X-Kabel}			
⋮ ⋮	dreiadrige Kabel	0,6/1 bis 6/10	2.2/21	638
	vieradrige Kabel	0,6/1		
⊙ ⊙ ⊙	3 einadrige Kabel im Drehstromsystem Verlegung nebeneinander	6/10 bis 18/30	2.2/23	640
⋮	3 einadrige Kabel im Drehstromsystem Verlegung im Dreieck	6/10 bis 18/30	2.2/23	640
\multicolumn{5}{l}{Massekabel (Papierisolierung und Metallmantel)}			
⋮	dreiadrige Gürtelkabel	Pb- oder Al-Mantel	0,6/1 bis 6/10	2.2/24	641
	vieradrige Gürtelkabel	Pb- oder Al-Mantel	0,6/1	2.2/24	641
⋮	Dreimantelkabel	Pb-Mantel	3,5/6 bis 18/30	2.2/24	642

PROTODUR-Kabel 1 kV ⊙ ⊙⊙

Tabelle 2.2/18
Einadrige Gleichstromkabel[1]) und zweiadrige Kabel, einzeln verlegt, z.B. NYY, NYCY, NYCWY, NYFGbY, NYKY

Nenn-querschnitt	Nennspannung U_0/U in kV **0,6/1**			
	Zulässige Betriebstemperatur 70 °C			
	Einadrig[1])		**Zweiadrig**	
	Umgebungstemperatur und Verlegeart			
	20 °C Erde	30 °C Luft	20 °C Erde	30 °C Luft
mm²	**Belastbarkeit in A**			
Kupferleiter				
1,5	40	26	32	20
2,5	54	35	42	27
4	70	46	54	37
6	90	58	68	48
10	122	79	90	66
16	160	105	116	89
25	206	140	150	118
35	249	174	181	145
50	296	212	215	176
70	365	269	264	224
95	438	331	317	271
120	499	386	360	314
150	561	442	406	361
185	637	511	458	412
240	743	612	537	484
300	843	707	—	—
400	986	859	—	—
500	1125	1000	—	—
Aluminiumleiter				
25	—	—	117	91
35	192	145	139	113
50	229	176	167	138
70	282	224	206	174
95	339	271	246	210
120	388	314	281	244
150	435	361	316	281
185	494	412	358	320
240	578	484	419	378
300	654	548	—	—
400	765	666	—	—
500	873	776	—	—

[1]) Einadrige Kabel im Drehstromsystem siehe Tabelle 2.2/20

PROTODUR-Kabel 1 bis 10 kV

Tabelle 2.2/19
Drei- und vieradrige Kabel 0,6/1 kV, z.B. NYY, NYCY, NYCWY, NYFGbY, NYKY,
Dreiadrige Kabel 3,5/6 und 6/10 kV, z.B. NYFGbY, NYSEY

Nenn-querschnitt	Nennspannung U_0/U in kV					
	0,6/1		**3,5/6**		**6/10**	
	Zulässige Betriebstemperatur					
	70 °C		70 °C		70 °C	
	Drei- und vieradrig		**Dreiadrig**		**Dreiadrig**	
	Umgebungstemperatur und Verlegeart					
	20 °C Erde	30 °C Luft	20 °C Erde	30 °C Luft	20 °C Erde	30 °C Luft
mm²	**Belastbarkeit in A**					
Kupferleiter						
1,5	26	18,5	—	—	—	—
2,5	34	25	—	—	—	—
4	44	34	—	—	—	—
6	56	43	—	—	—	—
10	75	60	—	—	—	—
16	98	80	—	—	—	—
25	128	106	126	105	133	114
35	157	131	158	131	160	138
50	185	159	187	157	189	165
70	228	202	230	197	230	204
95	275	244	275	241	275	247
120	313	282	313	277	312	284
150	353	324	352	316	350	322
185	399	371	397	362	394	367
240	464	436	460	427	455	430
300	524	481	518	487	512	490
400	600	560	587	565	584	574
Aluminiumleiter						
25	99	83	—	—	—	—
35	118	102	122	101	123	106
50	142	124	145	122	146	128
70	176	158	178	153	179	158
95	211	190	214	187	213	192
120	242	220	243	215	243	221
150	270	252	274	246	272	250
185	308	289	310	283	307	286
240	363	339	361	335	356	336
300	412	377	408	384	402	385
400	475	444	468	450	464	456

2.2 Starkstromkabel für Spannungen bis 30 kV

PROTODUR-Kabel 1 bis 10 kV ⊙ ⊙ ⊙ ⛬

Tabelle 2.2/20
Drei einadrige Kabel im Drehstromsystem, z. B. NYY, NYSY

Nenn-querschnitt mm²	Kabel nebeneinander verlegt						Kabel im Dreieck verlegt					
	Nennspannung U_0/U in kV						Nennspannung U_0/U in kV					
	0,6/1		3,5/6		6/10		0,6/1		3,5/6		6/10	
	Zulässige Betriebstemperatur						Zulässige Betriebstemperatur					
	70 °C		70 °C		70 °C		70 °C		70 °C		70 °C	
	Umgebungstemperatur und Verlegeart											
	20 °C Erde	30 °C Luft	20 °C Erde	30 °C Luft	20 °C Erde	30 °C Luft	20 °C Erde	30 °C Luft	20 °C Erde	30 °C Luft	20 °C Erde	30 °C Luft
	Belastbarkeit in A						Belastbarkeit in A					
Kupferleiter												
16	127	103	—	—	—	—	107	89	—	—	—	—
25	163	137	159	143	155	140	137	118	140	122	138	120
35	195	169	190	174	185	170	165	145	167	147	164	145
50	230	206	223	210	217	205	195	176	198	178	193	174
70	282	261	272	263	264	256	239	224	242	222	236	217
95	336	321	323	321	313	311	287	271	289	271	281	264
120	382	374	364	370	353	359	326	314	328	312	318	304
150	428	428	396	413	384	401	366	361	366	354	354	343
185	483	494	443	472	429	457	414	412	413	406	399	393
240	561	590	505	553	490	536	481	484	478	480	460	464
300	632	678	560	625	543	607	542	549	536	547	515	528
400	730	817	610	711	590	690	624	657	605	643	579	619
500	823	940	—	—	—	—	698	749	—	—	—	—
Aluminiumleiter												
35	151	131	147	135	143	132	127	113	129	114	127	112
50	179	160	174	164	169	159	151	138	154	138	150	135
70	218	202	213	205	207	200	186	174	188	173	183	168
95	261	249	254	251	246	243	223	210	225	210	219	205
120	297	291	287	290	278	281	254	244	256	244	248	237
150	332	333	316	327	306	316	285	281	286	277	277	268
185	376	384	355	375	343	363	323	320	324	318	312	307
240	437	460	409	444	395	429	378	378	377	379	363	365
300	494	530	457	505	441	488	427	433	425	434	408	418
400	572	642	509	587	490	568	496	523	488	517	465	496
500	649	744	—	—	—	—	562	603	—	—	—	—

2.2 Starkstromkabel für Spannungen bis 30 kV

PROTOTHEN-X- und PROTOTHEN-Kabel 1 bis 10 kV

Tabelle 2.2/21
Drei- und vieradrige Kabel 0,6/1 kV, z. B. N2XY, NA2XY
Dreiadrige Kabel 0,6/1 und 6/10 kV, z. B. N2YSY, N2XSY

Nenn-querschnitt	Nennspannung U_0/U in kV					
	0,6/1		**6/10**		**6/10**	
	Zulässige Betriebstemperatur					
	90 °C		90 °C		70 °C	
	Drei- und vieradrig		**Dreiadrig**		**Dreiadrig**	
	PROTOTHEN-X-Kabel				PROTOTHEN-Kabel	
	Umgebungstemperatur und Verlegeart					
	20 °C Erde	30 °C Luft	20 °C Erde	30 °C Luft	20 °C Erde	30 °C Luft
mm²	**Belastbarkeit in A**					
Kupferleiter						
1,5	30	24	—	—	—	—
2,5	40	32	—	—	—	—
4	52	42	—	—	—	—
6	64	53	—	—	—	—
10	86	73	—	—	—	—
16	111	96	—	—	—	—
25	143	130	—	—	—	—
35	173	160	178	173	166	143
50	205	195	210	206	195	170
70	252	247	256	257	238	212
95	303	305	307	313	286	258
120	346	355	349	360	325	297
150	390	407	392	410	364	338
185	441	469	443	469	412	386
240	511	551	513	553	477	455
300	580	638	—	—	—	—
400	663	746	—	—	—	—
Aluminiumleiter						
25	111	100	—	—	—	—
35	132	122	—	—	—	—
50	157	147	162	160	151	132
70	195	189	199	199	185	165
95	233	232	238	242	222	200
120	266	270	271	280	252	231
150	299	308	304	318	283	262
185	340	357	345	365	321	301
240	401	435	401	431	373	356
300	455	501	—	—	—	—
400	526	592	—	—	—	—

2.2 Starkstromkabel für Spannungen bis 30 kV

PROTOTHEN-Kabel 10 bis 30 kV

Tabelle 2.2/22
Drei einadrige Kabel im Drehstromsystem, z. B. N2YSY

Nenn-quer-schnitt	Kabel nebeneinander verlegt						Kabel im Dreieck verlegt					
	Nennspannung U_0/U in kV						Nennspannung U_0/U in kV					
	6/10		12/20		18/30		6/10		12/20		18/30	
	Zulässige Betriebstemperatur						Zulässige Betriebstemperatur					
	70 °C		70 °C		70 °C		70 °C		70 °C		70 °C	
	Umgebungstemperatur und Verlegeart											
	20 °C Erde	30 °C Luft	20 °C Erde	30 °C Luft	20 °C Erde	30 °C Luft	20 °C Erde	30 °C Luft	20 °C Erde	30 °C Luft	20 °C Erde	30 °C Luft
mm²	**Belastbarkeit in A**						**Belastbarkeit in A**					
Kupferleiter												
25	166	158	—	—	—	—	146	133	—	—	—	—
35	197	190	198	193	—	—	174	161	176	164	—	—
50	231	228	233	230	234	232	205	192	208	197	210	199
70	281	284	283	287	284	288	251	240	254	244	257	248
95	333	344	335	347	337	348	299	291	302	295	306	300
120	375	396	378	398	381	400	339	335	343	340	347	344
150	408	440	412	444	416	446	377	378	381	383	386	388
185	455	500	460	504	465	507	425	432	430	438	435	442
240	519	585	525	589	532	590	490	509	496	515	503	520
300	575	660	583	665	590	666	549	579	556	586	564	590
400	618	728	628	734	638	737	614	665	623	671	632	675
500	678	810	689	817	702	821	682	750	692	757	703	763
Aluminiumleiter												
35	153	148	—	—	—	—	135	124	—	—	—	—
50	181	178	181	179	182	180	159	149	161	152	163	155
70	220	222	221	223	222	224	195	186	197	189	199	192
95	261	269	263	271	264	272	232	226	235	230	238	233
120	296	310	297	312	299	313	264	261	267	265	270	268
150	325	348	327	351	330	351	294	295	298	299	302	302
185	365	398	369	400	371	401	333	338	337	342	341	346
240	420	469	423	471	427	471	387	401	391	406	396	408
300	468	534	473	535	477	535	435	459	440	463	446	465
400	514	603	521	604	527	605	493	533	499	536	505	538
500	572	680	579	683	587	683	555	609	562	612	569	615

Protothen-X-Kabel 10 bis 30 kV

Tabelle 2.2/23
Drei einadrige Kabel im Drehstromsystem, z. B. N2XSY

Nenn-querschnitt	Kabel nebeneinander verlegt							Kabel im Dreieck verlegt						
	Nennspannung U_0/U in kV						Nennspannung U_0/U in kV					
	6/10		12/20		18/30		6/10		12/20		18/30	
	Zulässige Betriebstemperatur						Zulässige Betriebstemperatur					
	90 °C		90 °C		90 °C		90 °C		90 °C		90 °C	
	Umgebungstemperatur und Verlegeart											
	20 °C Erde	30 °C Luft	20 °C Erde	30 °C Luft	20 °C Erde	30 °C Luft	20 °C Erde	30 °C Luft	20 °C Erde	30 °C Luft	20 °C Erde	30 °C Luft
mm²	Belastbarkeit in A						Belastbarkeit in A					
Kupferleiter												
25	179	191	—	—	—	—	157	162	—	—	—	—
35	212	231	213	233	—	—	187	195	189	199	—	—
50	249	277	250	279	251	279	220	234	223	238	226	241
70	303	345	304	347	306	348	269	292	273	296	276	299
95	358	418	361	420	363	421	321	354	325	358	329	362
120	404	481	407	483	410	483	364	407	368	412	373	416
150	441	537	445	540	449	540	405	460	410	466	415	469
185	493	612	498	614	503	615	457	527	463	532	468	536
240	563	716	569	718	576	718	528	621	534	627	541	630
300	626	811	633	813	641	812	593	709	601	715	608	717
400	676	901	686	904	697	904	665	815	674	819	684	823
500	743	1006	756	1011	768	1011	739	921	750	927	762	929
Aluminiumleiter												
35	164	178	—	—	—	—	144	151	—	—	—	—
50	194	215	195	217	196	217	171	181	173	184	175	187
70	236	269	237	270	238	270	209	226	211	229	214	232
95	281	327	282	328	284	328	249	275	252	278	256	281
120	318	377	320	378	322	378	283	317	287	320	290	323
150	350	424	353	425	355	425	316	359	320	363	324	365
185	393	485	396	485	400	485	358	412	362	415	366	418
240	453	573	457	573	461	572	416	489	421	493	426	494
300	507	652	511	652	516	649	469	559	474	563	479	564
400	559	741	566	740	572	737	532	651	538	652	545	654
500	622	838	630	838	638	835	599	744	606	746	614	747

2.2 Starkstromkabel für Spannungen bis 30 kV

Massekabel 1 bis 10 kV

Tabelle 2.2/24
Gürtelkabel mit Blei- oder Aluminiummantel, z. B. NKBA, NKLEY[1])

Nenn-querschnitt	Nennspannung U_0/U in kV					
	0,6/1		**3,5/6**		**6/10**	
	Zulässige Betriebstemperatur					
	80 °C		80 °C		65 °C	
	Drei- und vieradrig		**Dreiadrig**		**Dreiadrig**	
	Umgebungstemperatur und Verlegeart					
	20 °C Erde	30 °C Luft	20 °C Erde	30 °C Luft	20 °C Erde	30 °C Luft
mm²	**Belastbarkeit in A**					
Kupferleiter						
25	133	114	133	115	117	99
35	161	140	161	142	143	120
50	191	169	190	169	171	144
70	235	212	234	212	212	181
95	281	259	281	259	257	221
120	320	299	321	301	293	254
150	361	343	362	344	332	290
185	410	397	409	394	377	332
240	474	467	474	465	437	389
300	533	533	532	527	493	442
400	602	611	601	608	561	509
Aluminiumleiter						
25	103	89	103	89	91	76
35	124	108	124	109	110	93
50	148	131	147	131	132	112
70	182	165	182	165	165	140
95	218	201	218	201	200	172
120	249	233	250	234	229	198
150	281	267	281	268	259	226
185	320	310	320	308	295	260
240	372	366	372	365	343	305
300	420	420	419	415	389	349
400	481	488	481	485	449	407

[1]) Nach VDE 0298 Teil 2/11.79 sind Kabel mit Aluminiummantel geringfügig höher belastbar

2.2 Starkstromkabel für Spannungen bis 30 kV

Massekabel 6 bis 30 kV

Tabelle 2.2/25
Dreimantelkabel mit Bleimantel, z. B. NEKBA

Nenn-querschnitt	Nennspannung U_0/U in kV							
	3,5/6		6/10		12/20		18/30	
	Zulässige Leitertemperatur							
	80 °C		70 °C		65 °C		60 °C	
	Umgebungstemperatur und Verlegeart							
	20 °C Erde	30 °C Luft	20 °C Erde	30 °C Luft	20 °C Erde	30 °C Luft	20 °C Erde	30 °C Luft
mm²	**Belastbarkeit in A**							
Kupferleiter								
25	140	125	133	114	126	109	—	—
35	167	152	159	138	151	132	142	124
50	198	182	189	165	180	158	169	147
70	243	227	233	205	222	196	209	183
95	291	276	281	251	268	238	252	221
120	332	320	321	289	304	272	287	254
150	374	364	360	328	343	309	324	288
185	422	415	407	375	388	352	367	328
240	490	491	471	440	453	414	428	385
300	550	554	530	501	511	471	483	437
400	631	653	608	589	591	552	558	512
500	705	740	678	665	661	623	623	576
Aluminiumleiter								
25	108	97	103	89	97	85	—	—
35	129	117	123	106	117	102	110	95
50	154	141	147	128	140	123	131	114
70	189	176	181	160	173	153	163	142
95	226	214	218	195	208	185	196	172
120	256	249	250	225	237	212	224	198
150	291	283	280	256	267	241	252	224
185	329	324	318	293	304	275	287	257
240	384	384	370	345	355	325	336	302
300	432	436	417	394	403	371	380	344
400	503	520	485	470	471	440	445	408
500	570	597	548	537	534	503	504	466

2.2 Starkstromkabel für Spannungen bis 30 kV

Die Kabel kann man entweder direkt an den Kanalwänden befestigen, z. B. mit Hilfe von Schellen, oder auf Gerüste und Kabelpritschen auslegen. Der senkrechte Abstand der Pritschen richtet sich nach deren Breite; er soll jedoch möglichst 20 cm nicht unterschreiten. Sowohl auf den Pritschen und Gerüsten als auch beim Befestigen der Kabel direkt an den Wänden soll zwischen den Kabeln möglichst ein Zwischenraum gleich dem Kabeldurchmesser eingehalten werden, um die direkte Wärmeübertragung von Kabel zu Kabel niedrig zu halten.

Anordnen der Kabel in begehbaren Kanälen

Die Höhe begehbarer Kabelkanäle soll 2,0 m nicht unterschreiten. Die Breite ist so zu wählen, daß der freie Durchgang mindestens 60 bis 80 cm beträgt. Bei einem senkrechten Abstand der Pritschen von etwa 20 cm, sollte deren Breite auf etwa 50 cm begrenzt werden, um die Verlegung nicht zu erschweren.

In unbelüfteten und abgedeckten Kanälen wird die von den Kabeln erzeugte Wärme im wesentlichen nur durch Kanalwände, -decke und -sohle abgeführt. Die dadurch verursachte Wärmestauung erhöht die Temperatur der die Kabel umgebenden Kanalluft, so daß die Belastung gegenüber der Belastbarkeit in freier Luft herabgesetzt werden muß. Die Erwärmung der Kanalluft hängt von der Größe der Verlustleistung der Kabel ab, wobei die Anzahl der Kabel, die diese Verlustleistung erzeugen, und die Verteilung der Kabel im Kanal ohne Einfluß sind.

Unbelüftete Kanäle

In dem Diagramm Bild 2.2/3 ist die Erwärmung der Kanalluft als Funktion der Verlustleistung je Meter Kanallänge mit dem Kanalumfang als Parameter aufgetragen. Dieses Diagramm ermöglicht es, mit Hilfe der in den Tabellen 2.2/18 bis 2.2/25 für Kabel in Luft angegebenen Belastbarkeit entweder die zum Übertragen einer gegebenen Leistung erforderlichen Kabel zu ermitteln oder, wenn Kabelzahl, Leiterquerschnitt und Stromlast sowie die Kanalabmessungen gegeben sind, die dabei auftretende Erwärmung der Kabel zu berechnen.

Beim Ermitteln des Kanalumfanges sind nur die Flächen zu berücksichtigen, durch die tatsächlich Wärme abgeführt werden kann. Kanalwände oder -decken, die z. B. an warme Maschinenräume, Transformatorenzellen oder dgl. grenzen, dürfen in die Berechnung nicht einbezogen werden.

Bei der Projektierung einer Anlage kann wie folgt vorgegangen werden: Zunächst wird in erster Näherung der Leiterquerschnitt eines jeden Kabels gewählt, und zwar etwa 30% höher als dies für eine Verlegung frei in Luft nötig wäre. Bei hohen Strömen sind unter Umständen mehrere Kabel je Verbindung erforderlich. Sodann ist eine Skizze des Kanals zu entwerfen mit der erforderlichen Höhe, Breite, Anzahl der Pritschen und Anordnung der Kabel nach den bereits erwähnten Regeln.

Gemäß der gewählten Anordnung der Kabel nach der angefertigten Skizze kann jetzt der Umrechnungsfaktor f' für Häufung bei Verlegung frei in Luft nach Tabelle 2.2/10 oder 2.2/11 ermittelt werden. Sodann ermittelt man die Gesamtverluste aller Kabel im Kanal und die damit verursachte Erhöhung der Kanallufttemperatur nach Bild 2.2/3. Die Temperatur der Kanalluft bei unbelasteten Kabeln ist um diesen Betrag zu erhöhen und hierfür der Umrechnungsfaktor f'' für erhöhte Umgebungstemperatur nach Tabelle 2.2/8 zu bestimmen. Multipli-

2.2 Starkstromkabel für Spannungen bis 30 kV

ziert man die Belastbarkeit bei Normalbedingungen I_N mit diesen Faktoren, so darf das Produkt nicht kleiner sein als die gewünschte Belastung

$$I_N \cdot f' \cdot f'' \geq I$$

folglich

$$f' \cdot f'' \geq \frac{I}{I_N}. \tag{7}$$

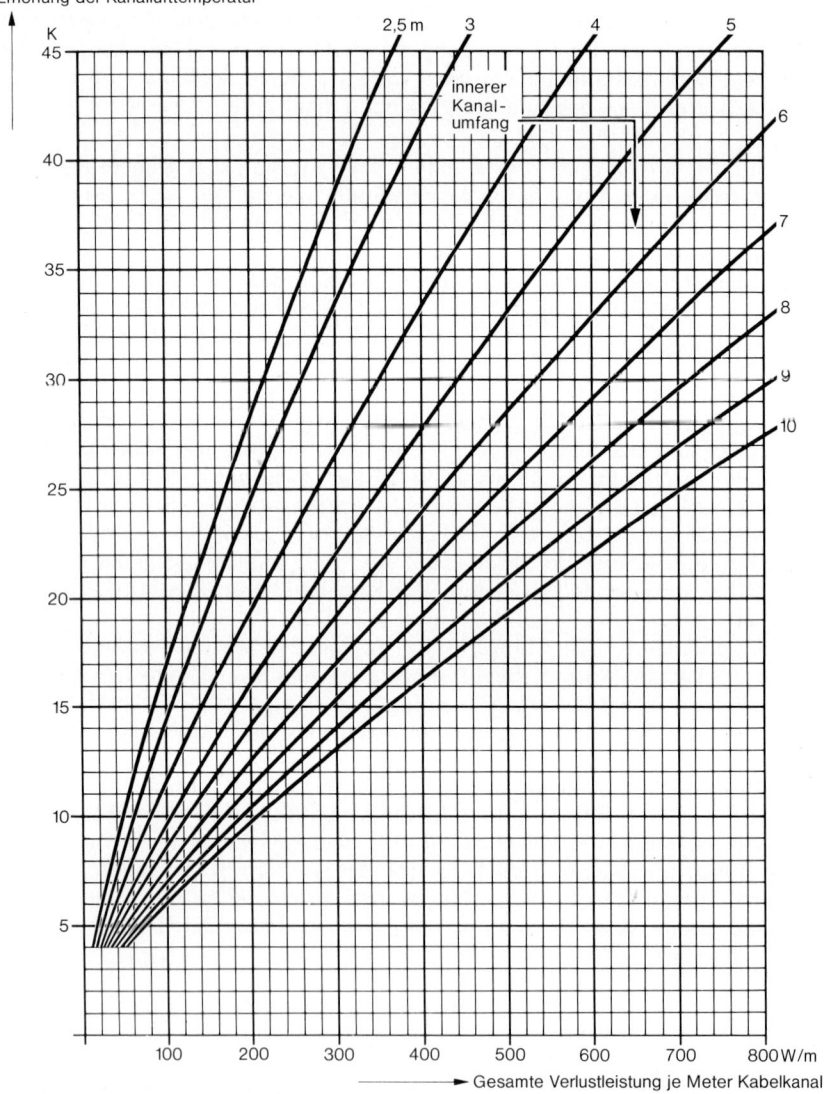

Bild 2.2/3
Erhöhung der Kanallufttemperatur in Abhängigkeit von der Verlustleistung je Meter Kabelkanal

Ist dies nicht der Fall, so sind entweder die Anzahl der Kabel, der Leiterquerschnitt oder der Kanalumfang zu erhöhen (s. Beispiel Seite 646 ff.).

Die Zeitkonstante eines Kanales ist gegenüber der Zeitkonstante der Kabel sehr groß. Die Erwärmung der Kanalluft kann deshalb mit den aus dem quadratischen Mittelwert I_q der Ströme über 24 Stunden errechneten Verlusten bestimmt werden:

$$I_q = \sqrt{\frac{I_1^2 \cdot t_1 + I_2^2 \cdot t_2 + \ldots}{t_1 + t_2 + \ldots}} \text{ A}, \tag{8}$$

$$t_1 + t_2 + \ldots = 24 \text{ h}.$$

Hierin sind $I_1, I_2 \ldots$ die Ströme, die während der Zeiten $t_1, t_2 \ldots$ fließen.

Künstlich belüftete Kanäle

Ist die Wärmeabgabe über die Kanalwände zu gering, d.h. die Kanalluft wird zu warm und die Leitertemperatur überschreitet die Grenztemperatur, so muß belüftet werden, falls nicht ein anderer Weg eingeschlagen werden kann, z.B. Vergrößerung des Kanalumfanges (der Kühlfläche).

Meist legt man der Rechnung die gesamte im Kanal erzeugte Verlustwärme zugrunde. Man berücksichtigt dabei nicht, daß nach wie vor auch über die Kanalwand Wärme abgeführt wird. Die Lüfter werden so nicht zu klein bemessen bzw. es ist für spätere Erweiterungen noch genügend Reserve vorhanden.

Der Luftbedarf Q richtet sich nach der gesamten durch die Kabel im Kanal erzeugten Verlustwärme ΣV, der Kanallänge l und der Erwärmung der Kühlluft $\Delta \vartheta_{Kü}$ zwischen Ein- und Austritt aus dem Kanal und beträgt

$$Q = 0{,}77 \cdot 10^{-3} \frac{\Sigma V \cdot l}{\Delta \vartheta_{Kü}} \text{ m}^3/\text{s}. \tag{9}$$

Die Luftgeschwindigkeit v erhält man mit Hilfe des aus Länge und Breite des Kanals gegebenen Querschnittes A in m²:

$$v = \frac{Q}{A} \text{ m/s}. \tag{10}$$

Sollen störende Geräusche vermieden werden, darf die Luftgeschwindigkeit 5 m/s nicht überschreiten.

Die Erwärmung der Kühlluft ist mit Rücksicht auf die Temperatur der zur Verfügung stehenden Kühlluft an der Eintrittsstelle und die noch zulässige Temperatur an der Austrittsstelle zu wählen. Meist wird die Temperatur der noch nicht erwärmten Kühlluft mit der für die Projektierung gewählten Umgebungstemperatur ϑ_u identisch sein. Für das relativ am stärksten erwärmte Kabel ergibt sich dann mit Rücksicht auf dessen maximal zulässige Leitertemperatur ϑ_{Ln} für die Erwärmung der Kühlluft

$$\Delta \vartheta_{Kü} \leq \vartheta_{Ln} - \vartheta_u - \Delta \vartheta \text{ in K} \tag{11}$$

mit

$$\Delta \vartheta = \Delta \vartheta_n \left(\frac{I}{I_n}\right)^2 \text{ K}. \tag{5}$$

Da die bewegte Luft die Wärmeabgabe der Kabel erheblich verbessert, muß der Umrechnungsfaktor f' hier nicht angewendet werden.

2.2 Starkstromkabel für Spannungen bis 30 kV

Beispiel

In einem Kanal, mit den Abmessungen 2,2 m × 1,5 m sollen die in der Tabelle 2.2/26 aufgeführten Kabel verlegt und mit den dort genannten Strömen belastet werden. Die Betriebsdauer sei zunächst mit 8 Stunden Vollast täglich geplant. Außerdem soll ein Betrieb mit Vollast während 16 Stunden täglich möglich sein, wobei für diesen eine künstliche Belüftung vorgesehen werden kann. Die Umgebungstemperatur des Kanals bei unbelasteten Kabeln wird mit 35 °C angenommen.
Nebenstehende Skizze zeigt die geplante Anordnung der Kabel.

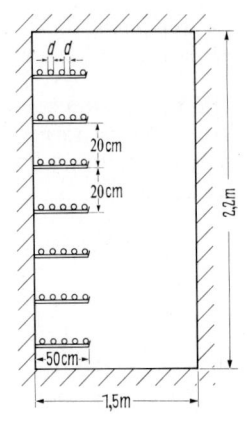

Tabelle 2.2/26 Technische Daten für die Verlegung von Kabeln in einem Kabelkanal

Lfd. Bezeichnung		a	b	c	d
Kabeltyp U_0/U	kV	NYFGbY 3 × 150 sm 3,5/6	NYSEY 3 × 240 rm 6/10	NEKBY 3 × 70 rm 12/20	NEKBY 3 × 120 rm 12/20
Anzahl der Kabel Belastung I	k A	14 205	8 240	6 120	7 165
Normalwerte Luft I_n Luft $\Delta\vartheta_n$ ϑ_{Ln}	A K °C	316 40 70	430 40 70	196 35 65	272 35 65
$\dfrac{I}{I_n}$ (Luft)		0,65	0,56	0,61	0,61
Achtstundenbetrieb V $k \cdot V$	W/m W/m	6,35 89	5,35 42,8	4,83 29	5,5 38,5
f'' $f' \cdot f''$		0,76 0,66	0,7 0,6	0,715 0,62	0,715 0,62
$\Delta\vartheta$ $(\Delta\vartheta_{Kü})_{max}$	K K	16,8 19	12,5 17,4	13,1 18	12,9 17,1

Für die Häufung von je fünf Kabeln auf insgesamt sieben Rosten ist ein Umrechnungsfaktor von $f' \approx 0{,}87$ anzuwenden (vgl. auch Tabelle 2.2/11).

Beim Achtstundenbetrieb ergeben sich für den quadratischen Mittelwert der Ströme der Kabel a:

$$I_q = \sqrt{\frac{I_1^2 \cdot t_1}{t_1 + t_2}} = 205 \text{ A} \cdot \sqrt{\frac{8 \text{ h}}{24 \text{ h}}} = 118 \text{ A}. \tag{8}$$

Für die Verluste erhält man nach Bild 2.2/15 und Tabelle 2.2/39:

$$V = 6{,}55 \cdot 0{,}97 = 6{,}35 \text{ W/m}$$

und

$$\Sigma V = 14 \cdot 6{,}35 = 89 \text{ W/m}.$$

Die Verluste der Kabel b, c und d werden in gleicher Weise ermittelt (Werte s. Tabelle 2.2/26). Die Summe der Verluste aller Kabel beträgt nach Tabelle 2.2/26

$$89 + 42{,}8 + 29 + 38{,}5 = 199{,}3 \text{ W/m}$$

und die Kanalluft erwärmt sich (nach Bild 2.2/3) um 12 K, womit die Lufttemperatur im Kanal auf $35 + 12 = 47\,°C$ ansteigt.

Für die Kabel a ergibt sich der Faktor aus Gleichung (5) und (6)

$$f'' = \sqrt{\frac{\Delta\vartheta}{\Delta\vartheta_n}} = \sqrt{\frac{40 + 30 - 47}{40}} = 0{,}76.$$

Beim Übergang auf den 16-Stunden-Betrieb wird

$$I_q = 205 \text{ A} \cdot \sqrt{\frac{16 \text{ h}}{24 \text{ h}}} = 168 \text{ A} \tag{8}$$

und

$$V = 13{,}1 \cdot 0{,}97 = 12{,}7 \text{ W/m}.$$

Die Gesamtverluste im Kanal werden also verdoppelt

$$\Sigma V = 2 \cdot 199{,}3 = 398{,}6 \text{ W/m}$$

und die Temperatur der Kanalluft wird um 20 K (Bild 2.2/3) auf

$$35 + 20 = 55\,°C$$

angehoben. Der Kanal muß belüftet werden.

Für die Kabel a gilt

$$\Delta\vartheta = 40 \text{ K} \left(\frac{205}{316}\right)^2 = 16{,}8 \text{ K} \tag{5}$$

$$\Delta\vartheta_{Kü} \leq 70 - 35 - 16{,}8 \tag{11}$$
$$\leq 18 \text{ K}.$$

2.2 Starkstromkabel für Spannungen bis 30 kV

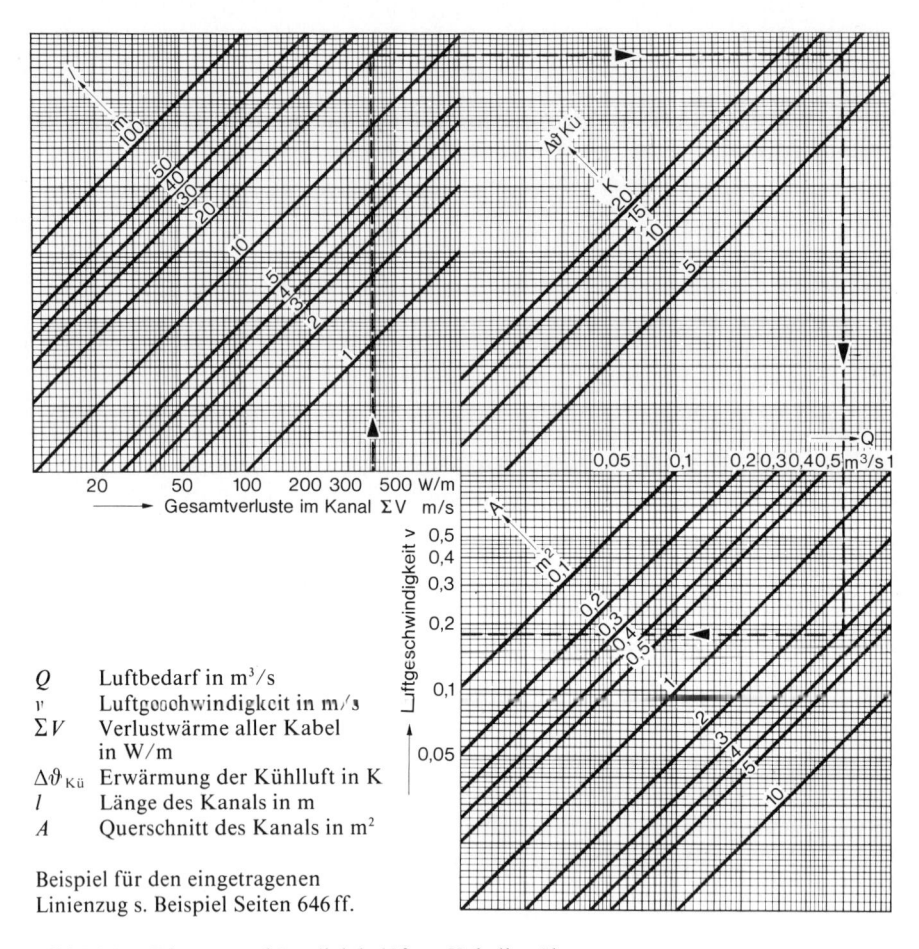

Q Luftbedarf in m³/s
v Luftgeschwindigkeit in m/s
ΣV Verlustwärme aller Kabel in W/m
$\Delta\vartheta_{K\ddot{u}}$ Erwärmung der Kühlluft in K
l Länge des Kanals in m
A Querschnitt des Kanals in m²

Beispiel für den eingetragenen Linienzug s. Beispiel Seiten 646 ff.

Bild 2.2/4 Diagramm, künstlich belüftete Kabelkanäle

Die Werte für die übrigen Kabel können der Tabelle 2.2/26 entnommen werden. Für das Beispiel wird gewählt $\Delta\vartheta_{K\ddot{u}} = 10$ K. Bei einer Kanallänge von 20 m und einem Kanalquerschnitt von 1,5 m × 2,2 m = 3,3 m² ergeben sich für den Luftbedarf

$$Q = 0{,}77 \cdot 10^{-3} \cdot \frac{398{,}6 \cdot 20}{10} = 0{,}6 \text{ m}^3/\text{s} \tag{9}$$

und für die Luftgeschwindigkeit

$$v = \frac{0{,}6 \text{ m}^3/\text{s}}{3{,}3 \text{ m}^2} = 0{,}182 \text{ m/s}. \tag{10}$$

Die gleichen Ergebnisse können auch aus Bild 2.2/4 entnommen werden.

Beanspruchung bei Kurzschluß

Beim Planen von Kabelanlagen ist zu überprüfen, ob die gewählten Kabel und Kabelgarnituren den dynamischen und thermischen Kurzschlußbeanspruchungen genügen.

Für die dynamische Beanspruchung ist der Stoßkurzschlußstrom I_s, für die thermische Beanspruchung der mittlere Effektivwert des Kurzschlußstromes I_{km} (Seite 655) maßgebend.

Man erhält aus der Anfangs-Kurzschlußwechselstromleistung:

Anfangs-Kurzschlußwechselstrom

$$I_k'' = \frac{S_k''}{\sqrt{3} \cdot U_N} \text{ kA}, \tag{12}$$

Stoßkurzschlußstrom (Scheitelwert)

$$I_s = \varkappa \cdot \sqrt{2} \cdot I_k'' \text{ kA}. \tag{13}$$

Die Anfangs-Kurzschlußwechselstromleistung S_k'' ist in MVA und die Nennspannung U_N in kV einzusetzen. $\varkappa$ ist die Stoßziffer nach Seite 655.

Aus Bild 2.2/5 kann für die verschiedenen Nennspannungen aus der Anfangs-Kurzschlußwechselstromleistung S_k'', der Anfangs-Kurzschlußwechselstrom I_k'' (Effektivwert) und der größtmögliche Stoßkurzschlußstrom I_s (Scheitelwert) für $\varkappa = 1,8$ entnommen werden.

Beispiel:

$$S_k'' = 250 \text{ MVA}; \quad U_N = 20 \text{ kV}$$

Anfangs-Kurzschlußwechselstrom

$$I_k'' = \frac{250 \text{ MVA}}{\sqrt{3} \cdot 20 \text{ kV}} = 7,2 \text{ kA (Effektivwert)} \tag{12}$$

Größtmöglicher Stoßkurzschlußstrom

$$I_s = 1,8 \cdot \sqrt{2} \cdot 7,2 \text{ kA} = 18,3 \text{ kA (Scheitelwert)}. \tag{13}$$

Dynamische Beanspruchung

Die auftretenden Kräfte sind dem Quadrat des Stoßkurzschlußstromes (Scheitelwert) proportional. Sie können daher bereits bei mittleren Stoßkurzschlußströmen Kabel und Endverschlüsse mechanisch beanspruchen. Bei bewehrten mehradrigen Kabeln werden die innerhalb des Kabels auftretenden Kurzschlußkräfte von der Verseilung, dem Mantel und der Bewehrung aufgenommen. Nach VDE 0298 Teil 2 werden für mehradrige Kabel folgende Stoßkurzschlußströme I_s zugelassen:

40 kA (Scheitelwert) bei Kabeln für $U_0/U = 0,6/1$ kV
63 kA (Scheitelwert) bei Kabeln für $U_0/U = 6/10$ kV.

Die Kabelgarnituren müssen jedoch stoßfest montiert werden. Einleiterkabel, die nicht in Erde liegen, sind auf ihrer Unterlage zu befestigen. Um eine zusätzliche Erwärmung zu vermeiden, sind Schellen aus unmagnetischem Material oder Stahlschellen, bei denen der magnetische Kreis nicht geschlossen ist, zu wählen.

2.2 Starkstromkabel für Spannungen bis 30 kV

Die bei Kurzschlüssen auf nebeneinander befestigte Einleiterkabel wirkenden Kräfte F_s können nach den Gleichungen (14) bis (16) im Bild 2.2/6 ermittelt werden.

Der ausgefüllte Kreis bezeichnet das jeweilig betrachtete Kabel, es ist:

I_s Stoßkurzschlußstrom in kA (Scheitelwert)
a Achsenabstand des Kabels in cm.

Mit Hilfe der Bilder 2.2/7 und 2.2/8 können die bei zweipoligem Kurzschluß (ungünstigster Fall) auftretenden Kräfte und die bei einadrigen Kabeln erforderlichen Abstände a_s der Befestigungspunkte (Schellenabstände) ermittelt werden.

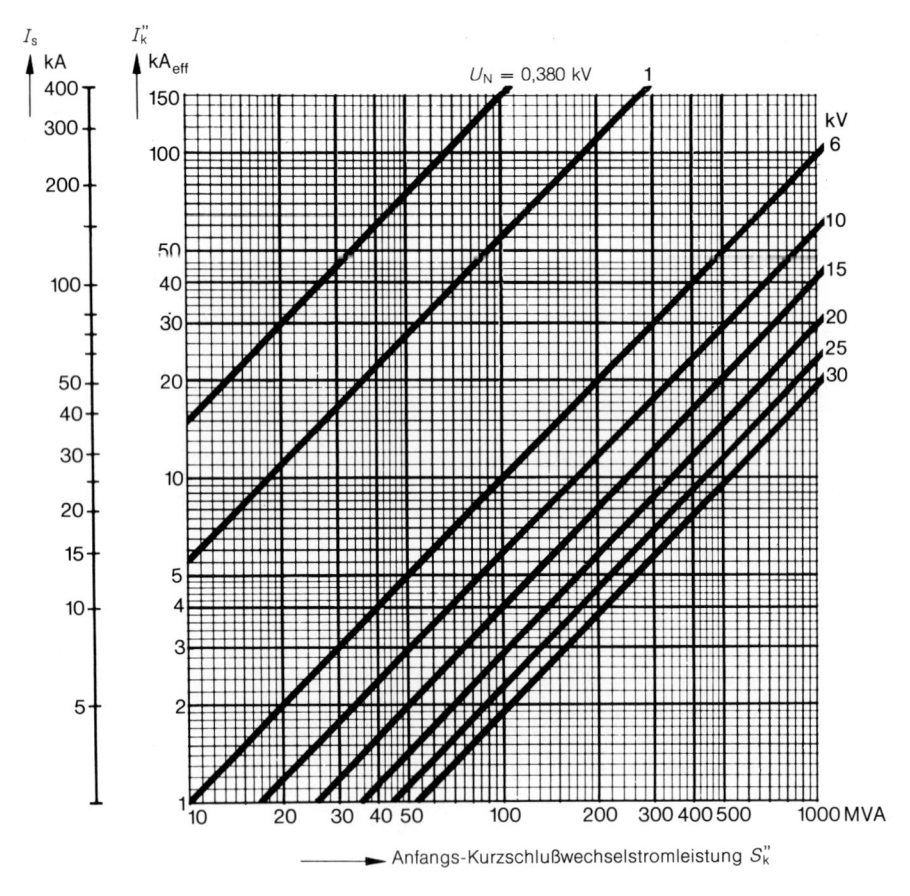

Bild 2.2/5
Anfangs-Kurzschlußwechselstromleistung S_k'', Anfangs-Kurzschlußwechselstrom I_k'' (Effektivwert) und Stoßkurzschlußstrom I_s (Scheitelwert) für $\varkappa = 1,8$ und Nennspannungen von $U_N = 380$ V bis 30 kV in Drehstromanlagen

Dabei wurde für die Durchbiegung der Kabel als zulässig erachtet:

Bei einadrigen Kabeln mit Metallmantel	etwa 1 cm
Bei einadrigen Kabeln mit Kunststoffisolierung und Kunststoffmantel (PROTODUR-Kabel und PROTOTHEN-Kabel) abhängig vom Schellenabstand	etwa 1 bis 2 cm

Aus Bild 2.2/7 entnimmt man den Faktor b, der mit dem Außendurchmesser des Kabels D_a multipliziert, den Schellenabstand a_s ergibt. In Bild 2.2/8 ist der Schellenabstand unmittelbar abzulesen.

Bei Kabeln, die nicht auf Pritschen liegen, sondern mit Schellen an der Wand oder Decke befestigt sind, sollen ferner die auf Seite 702 genannten Abstände nicht überschritten werden. Bei der Auswahl der Schellen ist zu beachten, daß eine geeignete Bauart, z. B. mit Deckschale aus nichtmagnetischem Werkstoff verwendet wird.

Bild 2.2/6
Formeln zur Berechnung der wirksamen Kraft bei zweipoligem oder dreipoligem Kurzschluß

Zweipoliger Kurzschluß		$F_{s2} = 0{,}2 \, \dfrac{I_s^2}{a}$ N/cm	(14)
Dreipoliger Kurzschluß		$F_{s3} = 0{,}808 \cdot F_{s2}$ N/cm	(15)
		$F_{s3} = \dfrac{\sqrt{3}}{2} \cdot F_{s2} = 0{,}87 \cdot F_{s2}$ N/cm	(16)

2.2 Starkstromkabel für Spannungen bis 30 kV

Beispiel für die Wahl der max. zulässigen Abstände der Befestigungspunkte
PROTODUR-Kabel NYSY 1×240 rm/6   6/10 kV

Außendurchmesser $D_a = 34$ mm
Bei Stoßkurzschlußstrom $I_s = 15$ kA und Achsenabstand $a = 10$ cm erhält man aus Bild 2.2/7
die wirksame Kraft $\qquad F_{s2} = 4,6$ N/cm und
den Faktor $\qquad\qquad\qquad b = 8,8$.
Daraus ergibt sich ein maximal
zulässiger Schellenabstand $\qquad a_s = b \cdot D_a = 8,8 \cdot 34$ mm ≈ 300 mm.

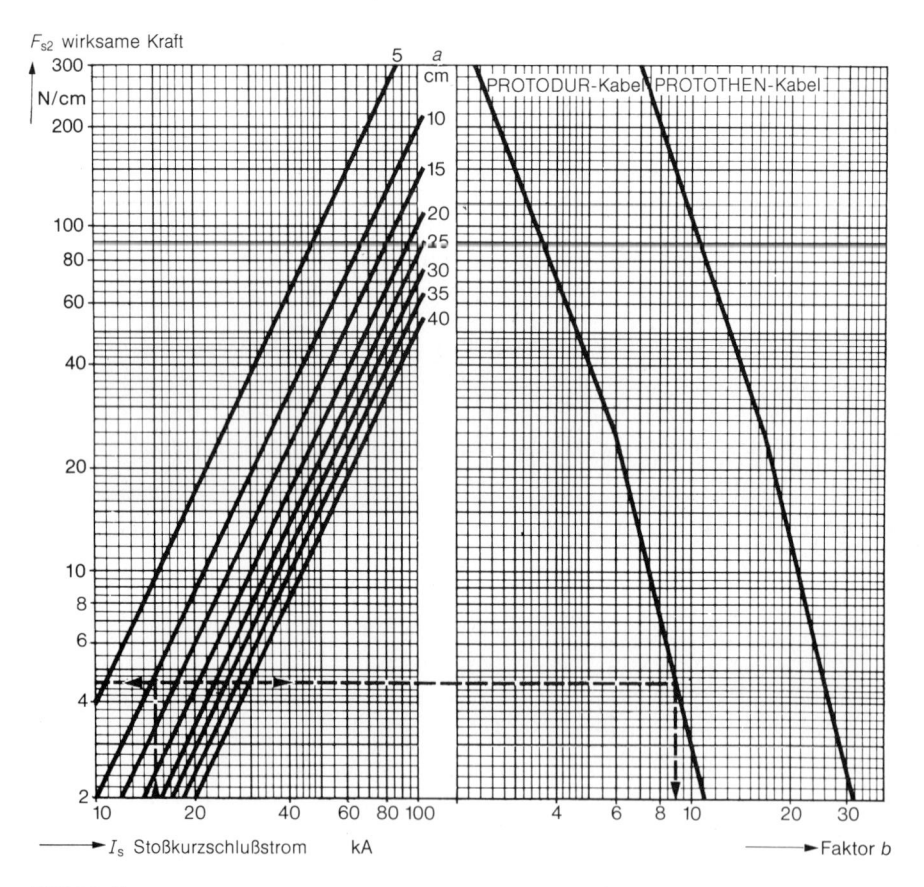

Bild 2.2/7
Maximal zulässige Schellenabstände a_s bei PROTODUR- und PROTOTHEN-Kabeln unter den Bedingungen eines zweipoligen Kurzschlusses.
$a_s = b \cdot D_a$; $D_a =$ Außendurchmesser des Kabels

2.2 Starkstromkabel für Spannungen bis 30 kV

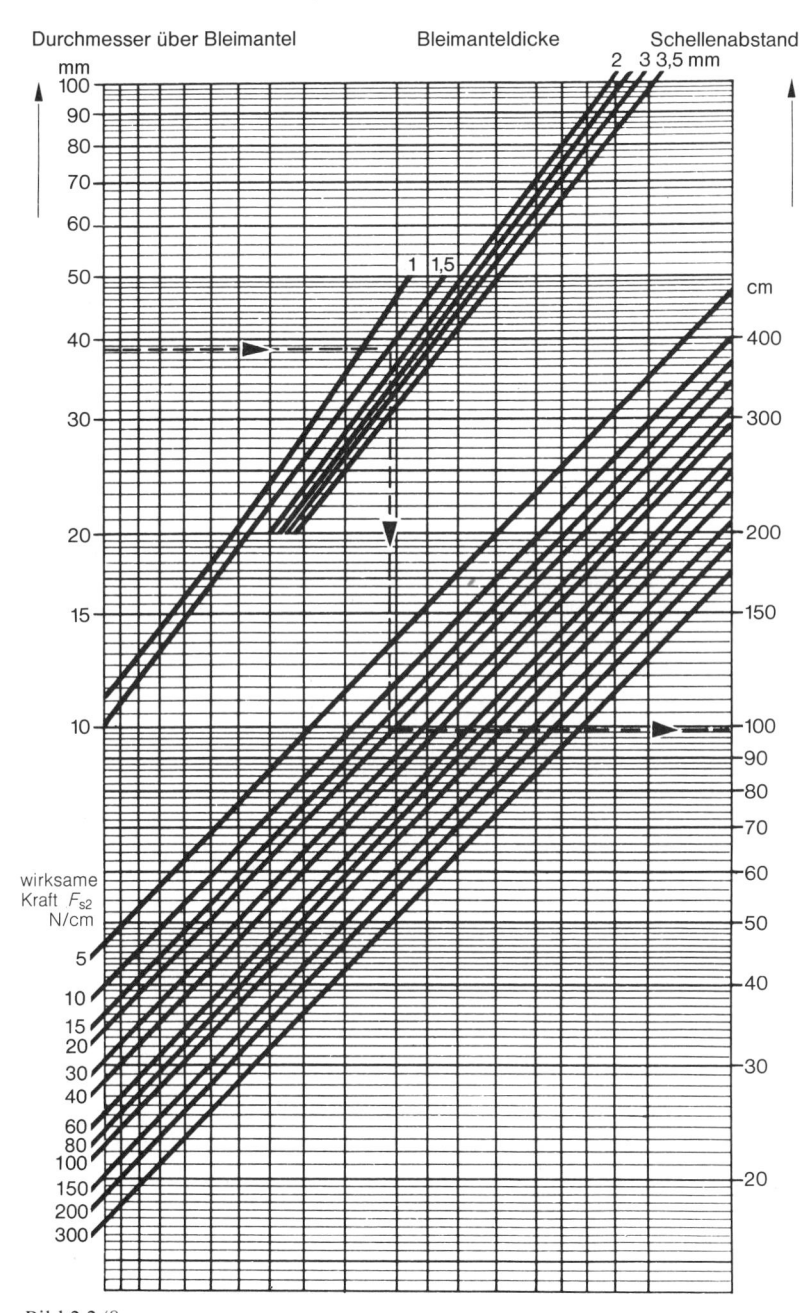

Bild 2.2/8
Maximal zulässige Schellenabstände a_s bei einadrigen Kabeln mit Bleimantel unter den Bedingungen eines zweipoligen Kurzschlusses.
Für Kabel mit Al-Mantel sind die aus dem Diagramm ermittelten Abstände mit dem Faktor 1,4 zu multiplizieren (eingezeichnetes Beispiel gilt für ein Papierbleikabel mit etwa 38,5 mm Durchmesser über Bleimantel und 1,6 mm Dicke des Bleimantels)

2.2 Starkstromkabel für Spannungen bis 30 kV

Thermische Beanspruchung

Für die Auswahl der Kabel ist hauptsächlich die Beanspruchung der Leiter zu untersuchen, in einigen Fällen aber auch die der Mäntel und Schirme.

Beim zweipoligen Kurzschluß ohne Erdberührung und beim dreipoligen Kurzschluß werden nur die Außenleiter thermisch beansprucht.

Der zweipolige Anfangs-Kurzschlußwechselstrom ohne Erdberührung beträgt das $\sqrt{3}/2$fache des dreipoligen Anfangs-Kurzschlußwechselstromes. Beim einpoligen Erdkurzschluß, beim zweipoligen Kurzschluß mit Erdberührung und beim Doppelerdschluß werden auch die Schirme oder Metallmäntel der Kabel in Mitleidenschaft gezogen (Tabelle 2.2/27).

Die größte Beanspruchung der Leiter tritt im allgemeinen bei dreipoligem Kurzschluß auf. Nur in Netzen mit niederohmiger Sternpunkterdung, in denen die Voraussetzungen für die wirksame Sternpunkterdung nach VDE 0111 erfüllt werden, kann der Fehlerstrom bei einpoligem Erdkurzschluß und bei zweipoligem Kurzschluß mit Erdberührung größer werden als bei dreipoligem Kurzschluß.

Die Beanspruchung der Schirme und Metallmäntel wird in dem Siemens-Fachbuch „Kabel und Leitungen für Starkstrom" eingehend behandelt.

Tabelle 2.2/27
Kritische Ströme bei Kurz- und Erdkurzschlüssen für das Bemessen der Leiter und Schirme

Ausführung		Max. Kurzschlußstrom in den Außenleitern	Max Kurzschlußstrom in den Schirmen und Mänteln
Netze mit isoliertem Sternpunkt	mit freiem Sternpunkt	$I_{k\,3polig}$	Doppelerdschlußstrom $I_{k\,2polig} \leq 0{,}87 \cdot I_{k\,3polig}$
	mit Erdschlußkompensation	$I_{k\,3polig}$	Doppelerdschlußstrom $I_{k\,2polig} \leq 0{,}87 \cdot I_{k\,3polig}$
Netze mit niederohmiger Sternpunkterdung	mit starrer Erdung aller Transformatoren	$I_{k\,2polig}$ < $1{,}5\,I_{k\,3polig}$	$I_{k\,1polig} < 1{,}5 \cdot I_{k\,3polig}$
	mit starrer Erdung eines oder mehrerer Transformatoren	$I_{k\,3polig}$	$I_{k\,1polig} < I_{k\,3polig}$
	Erdung mit zusätzlichen Impedanzen	$I_{k\,3polig}$	$I_{k\,1polig} \sim 0{,}1 \cdot I_{k\,3polig}$

$I_{k\,1polig}$ Fehlerstrom bei einpoligem Kurzschluß (Erdkurzschlußstrom)
$I_{k\,2polig}$ Fehlerstrom bei zweipoligem Kurzschluß. $I_{k\,2}$ entspricht dem maximalen Wert des Doppelerdschlußstromes
$I_{k\,3polig}$ Fehlerstrom bei dreipoligem Kurzschluß

2.2 Starkstromkabel für Spannungen bis 30 kV

Für die Erwärmung des Leiters sind der Effektivwert und die Dauer des Kurzschlußstromes maßgebend. Da die Erwärmung kurzzeitig ist und nur in seltenen Störungsfällen auftritt, sind im Kurzschlußfall wesentlich höhere Temperaturen am Leiter zulässig als bei normalem Betrieb. In VDE 0298 Teil 2 werden die in Tabelle 2.2/28 angegebenen zulässigen Kurzschlußtemperaturen und Nenn-Kurzzeitstromdichten (i_N) genannt. **Temperatur und Erwärmung der Leiter**

Die Berechnung des für die thermische Beanspruchung wirksamen Kurzschlußstromes erfolgt aus

$$I_{km} = i_N \cdot \frac{q}{1000 \sqrt{t}} \text{ kA}.$$

I_{km} mittlerer Effektivwert des Kurzschlußstromes in kA
q Querschnitt des Leiters in mm²
t Ausschaltzeit in s
i_N Nenn-Kurzzeitstromdichte in $\frac{A}{mm^2}$

Ergeben sich beim Bestimmen des Leiterquerschnitts Zwischenwerte, so ist stets der nächsthöhere Querschnitt zu wählen. Bereits kleinere Abrundungen auf den nächstniedrigen Leiterquerschnitt ergeben unzulässig hohe Endtemperaturen.

Die Dauer des Kurzschlusses ist durch die Einstellzeit des Schutzes unter Berücksichtigung der Eigenzeit von Schalter und Schutz bestimmt. **Dauer des Kurzschlusses**

Für die thermische Wirkung des Kurzschlußstromes ist der während der Kurzschlußdauer sich ergebende mittlere Effektivwert I_{km} maßgebend, wobei die ungünstigsten Verhältnisse meist bei 3poligem Kurzschluß auftreten (s. Tabelle 2.2/27). Dieser Strom würde während der Dauer des Kurzschlusses die gleiche Wärme erzeugen wie der tatsächlich fließende Strom, der wegen des abklingenden Gleichstromgliedes (Faktor m) und Wechselstromgliedes (Faktor n) zeitlich veränderlich ist. Beim Berücksichtigen dieser Faktoren ergibt sich der mittlere Effektivwert des Kurzschlußstromes **Mittlerer Kurzschlußstrom**

$$I_{km} = I_k'' \cdot \sqrt{m+n} \text{ kA}. \tag{17}$$

Der Faktor m ist eine Funktion der Abschaltzeit t und der Stoßziffer $\varkappa$. Der Faktor n ist eine Funktion der Abschaltzeit t und des Verhältnisses I_k''/I_k (s. Bild 2.2/11). Die Stoßziffer beträgt

$$\varkappa = \frac{I_s}{\sqrt{2} \cdot I_k''}. \tag{18}$$

I_s Stoßkurzschlußstrom in kA (Scheitelwert)
I_k'' Anfangs-Kurzschlußwechselstrom in kA (Effektivwert)
I_k Dauerkurzschlußstrom in kA

Die Kurzschlußströme können nach VDE 0102 ermittelt werden. Berechnungsbeispiele s. Kap. 1.3.1.

Den Verlauf des generatorfernen Kurzschlußstromes zeigt Bild 1.3/2.

2.2 Starkstromkabel für Spannungen bis 30 kV

Tabelle 2.2/28 Zulässige Kurzschlußtemperaturen und Nenn-Kurzzeitstromdichten

Kabel mit Kupferleitern

Bauart und Nennspannung kV	Zulässige Betriebstemperatur °C	Zulässige Kurzschlußtemperatur ϑ_e °C	Leitertemperatur zu Beginn des Kurzschlusses in °C								
			90	80	70	65	60	50	40	30	20
—			Nenn-Kurzzeitstromdichte i_N in A/mm²								
Weichlotverbindungen	—	160	100	108	115	119	123	130	137	143	150
VPE-Kabel	90	250	144	149	155	157	160	165	171	176	182
PE-Kabel	70	150	—	—	110	113	117	124	132	139	146
PVC-Kabel ≤ 300 mm²	70	160	—	—	115	119	123	130	137	143	150
PVC-Kabel > 300 mm²	70	140	—	—	103	107	111	119	126	134	141
Masse- und Gürtelkabel 0,6/1 bis 3,6/6	80	180	—	119	126	129	133	139	146	152	158
6/10	65	165	—	—	—	122	125	132	139	146	152
Einadrige-, Dreimantel- und H-Kabel 0,6/1 bis 3,6/6	80	180	—	119	126	129	133	139	146	152	158
6/10	70	170	—	—	121	124	128	135	141	148	154
12/20	65	155	—	—	—	116	120	127	134	141	148
18/30	60	140	—	—	—	—	111	119	126	134	141

Kabel mit Aluminiumleitern

Bauart und Nennspannung kV	Zulässige Betriebstemperatur °C	Zulässige Kurzschlußtemperatur ϑ_e °C	Leitertemperatur zu Beginn des Kurzschlusses in °C								
			90	80	70	65	60	50	40	30	20
—			Nenn-Kurzzeitstromdichte i_N in A/mm²								
VPE-Kabel	90	250	93	96	100	101	103	107	110	114	117
PE-Kabel	70	150	—	—	71	73	76	80	85	90	94
PVC-Kabel ≤ 300 mm²	70	160	—	—	74	77	79	84	88	93	97
PVC-Kabel > 300 mm²	70	140	—	—	67	69	72	77	82	86	91
Masse- und Gürtelkabel 0,6/1 bis 3,5/6	80	180	—	77	81	83	86	90	94	98	102
6/10	65	165	—	—	—	79	81	85	90	94	98
Einadrige-, Dreimantel- und H-Kabel 0,6/1 bis 3,5/6	80	180	—	77	81	83	86	90	94	98	102
6/10	70	170	—	—	78	80	82	87	91	95	100
12/20	65	155	—	—	—	75	77	82	87	91	96
18/30	60	140	—	—	—	—	72	77	82	86	91

2.2 Starkstromkabel für Spannungen bis 30 kV

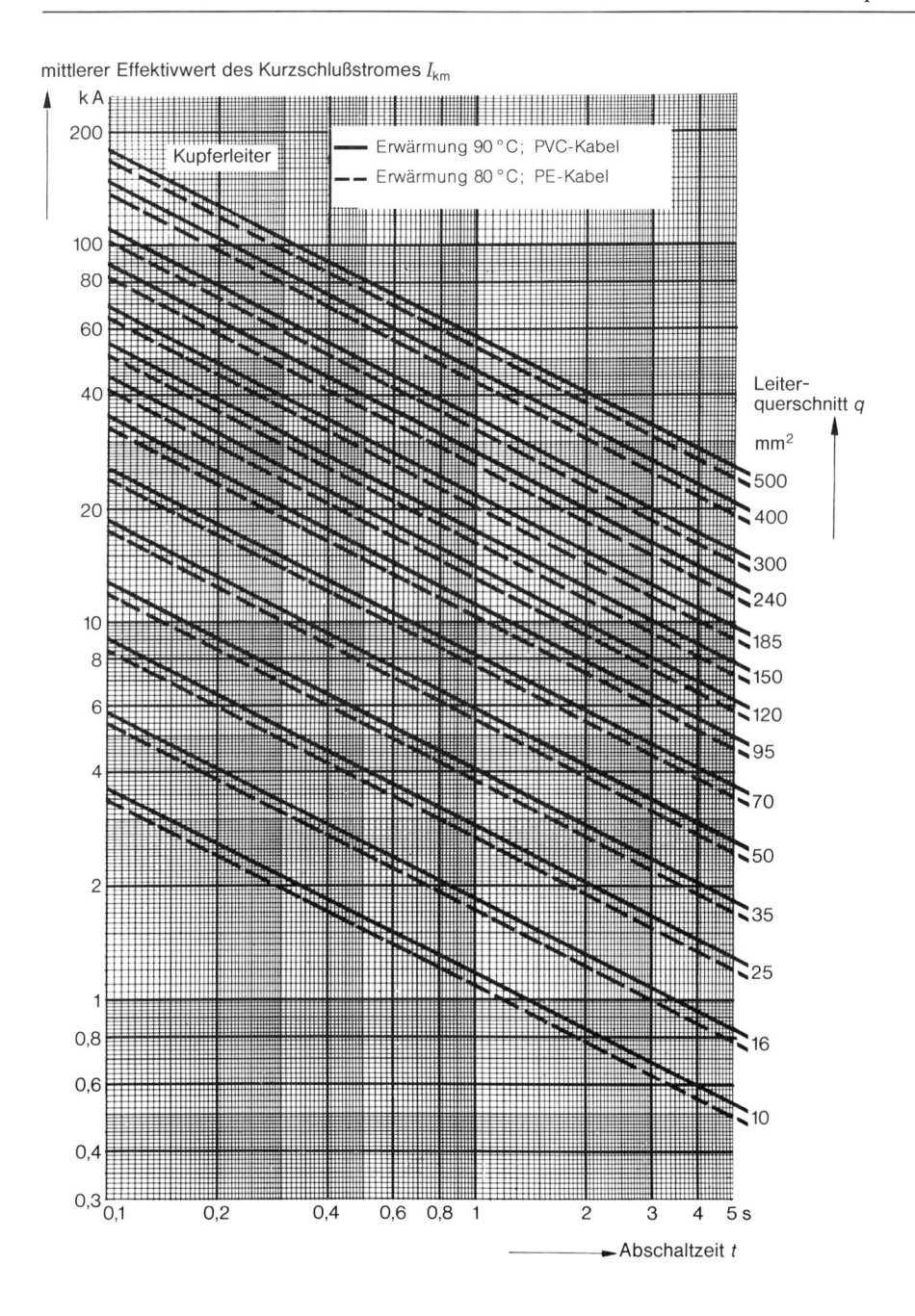

Bild 2.2/9
Thermisch zulässige Kurzschlußströme für PVC- und PE-Kabel mit Kupferleitern

2.2 Starkstromkabel für Spannungen bis 30 kV

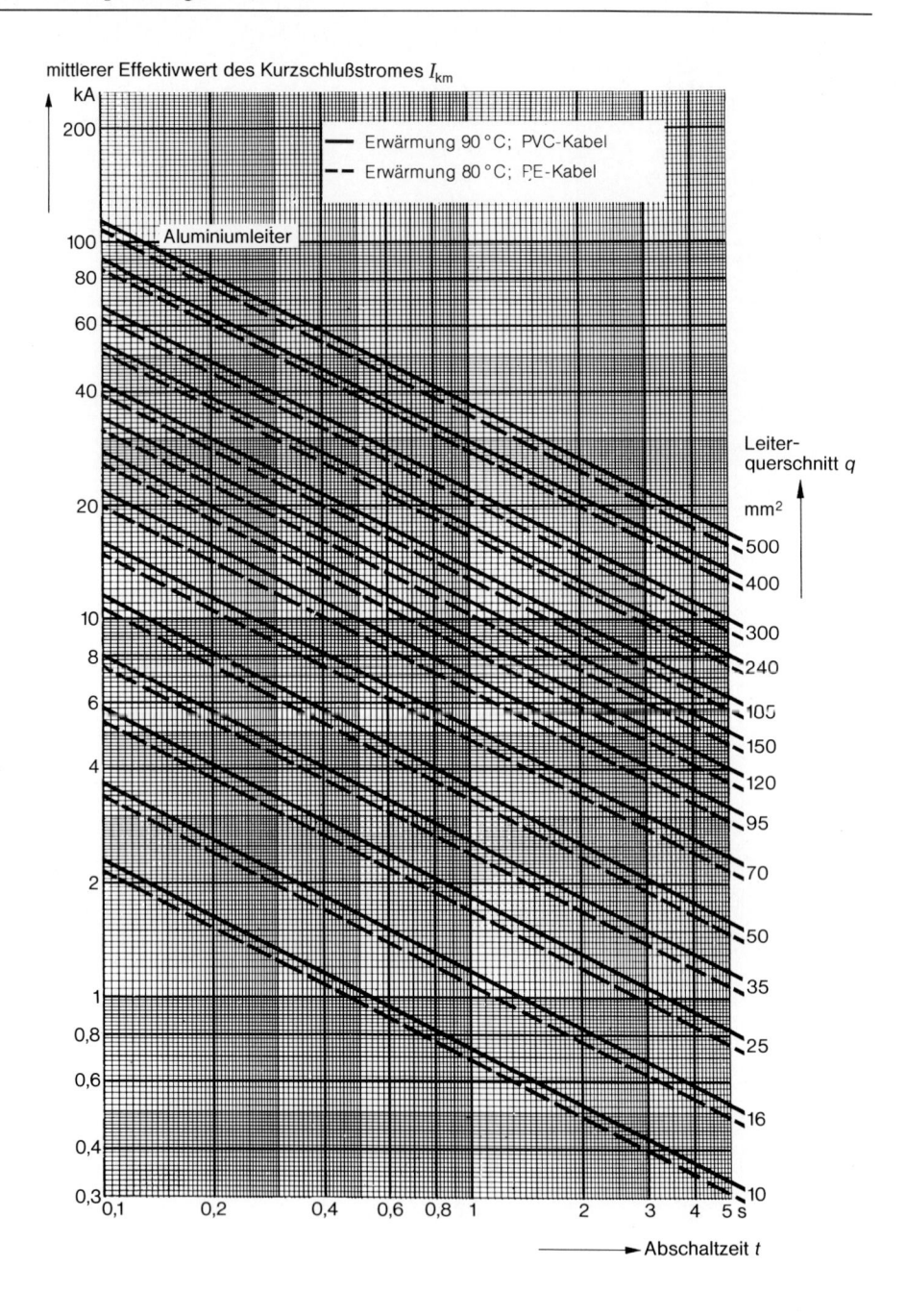

Bild 2.2/10
Thermisch zulässige Kurzschlußströme für PVC- und PE-Kabel mit Aluminiumleitern

2.2 Starkstromkabel für Spannungen bis 30 kV

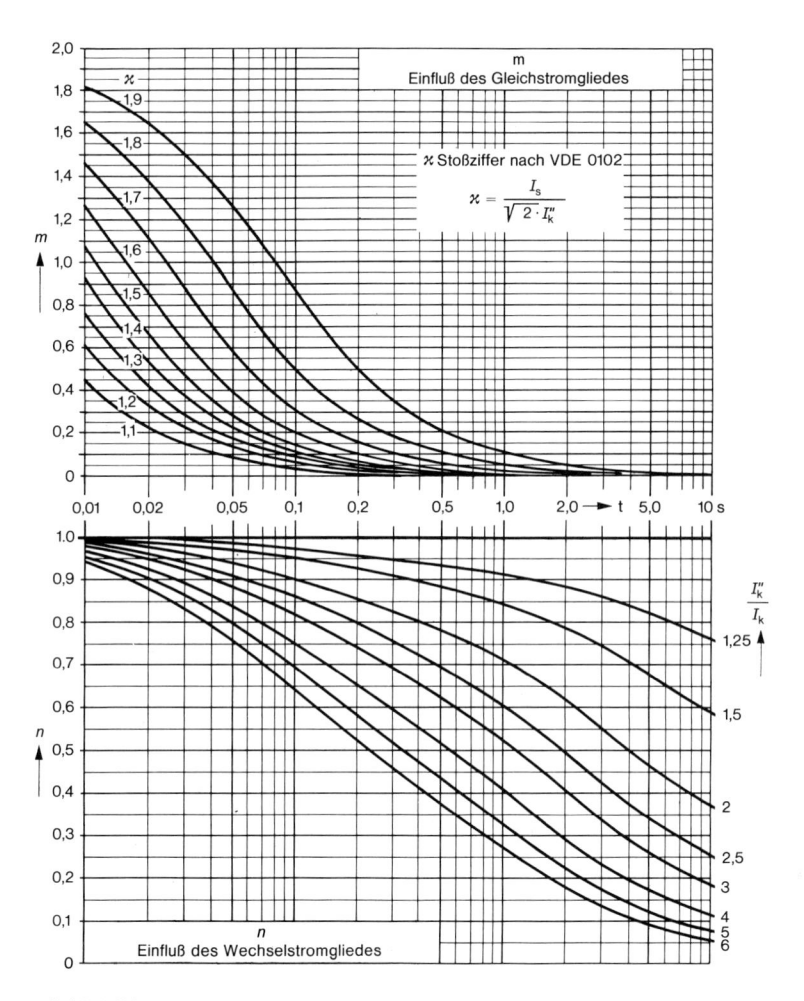

Bild 2.2/11
Ermittlung des für die thermische Beanspruchung wirksamen mittleren Kurzschlußstromes I_{km} bei nicht stationärem Verlauf des Kurzschlußstromes nach VDE 0103

Ein generatorferner Kurzschluß liegt vor, wenn jeder der Generatoren (bzw. Kraftwerk), die den dreipoligen Kurzschluß speisen, mit nicht mehr als dem doppelten seines Nennstromes am Anfangs-Kurzschlußwechselstrom beteiligt ist. Dies trifft in der Regel für Netze zu, die nicht unmittelbar von Generatoren gespeist werden. **Generatorferner Kurzschluß**

Da in diesem Fall $I_k'' = I_a = I_k$ ist, wird das Wechselstromglied $n = 1$ und es ergibt sich

$$I_{km} = I_k'' \cdot \sqrt{m+1} \quad \text{kA} . \tag{19}$$

659

2.2 Starkstromkabel für Spannungen bis 30 kV

I_k'' kann aus der Ausschaltleistung der vorgeschalteten Leistungsschalter bzw. aus der Anfangs-Kurzschlußwechselstromleistung des Netzes nach Gleichung (12) ermittelt werden. Ist der Stoßkurzschlußstrom I_s nicht bekannt, so kann die Stoßziffer mit etwa 1,8 angenommen werden.

Generatornaher Kurzschluß

Während in den EVU-Netzen meist mit generatorfernen Kurzschlüssen zu rechnen ist, können generatornahe Kurzschlüsse in Eigenbedarfsnetzen mit eigenem Kraftwerk (Industrie) und in den Kraftwerken selbst auftreten. Den Verlauf eines generatornahen Kurzschlusses zeigt Bild 1.3/3.

Der Dauerkurzschlußstrom I_k ist kleiner als der Anfangs-Kurzschlußwechselstrom. Somit wird das Wechselstromglied $n < 1$. Ist der Dauerkurzschlußstrom nicht bekannt, rechnet man aus Sicherheitsgründen wiederum mit $n = 1$

$$I_{km} = I_k'' \cdot \sqrt{m+1} \quad \text{kA} . \tag{19}$$

Ist nur der Anfangs-Kurzschlußwechselstrom I_k'' bekannt, so kann die Stoßziffer mit $\varkappa = 1,8$ angenommen werden.

Beispiel

Für die Netzstelle einer 10-kV-Anlage sind folgende Kurzschlußwerte gegeben:

Anfangs-Kurzschlußwechselstrom $I_k'' = 25$ kA (Effektivwert) generatorfern, d.h. I_k'' ist gleich dem Dauerkurzschlußstrom I_k und somit wird das Wechselstromglied $n = 1$

Abschaltzeit $t = 0,5$ s

Da der Stoßkurzschlußstrom nicht bekannt ist, wird für die Berechnung ein ungünstiger Fall, d.h. Stoßziffer $\varkappa = 1,8$ angenommen.

Der mittlere Effektivwert des Kurzschlußstroms beträgt mit $m = 0,1$ aus Bild 2.2/11

$$\begin{aligned} I_{km} = I_k'' \cdot \sqrt{m+n} &= 25 \cdot \sqrt{0,1+1} \\ &= 26,2 \text{ kA (Effektivwert)}. \end{aligned}$$

Nach Bild 2.2/9 und 2.2/10 ist für ein Protodur-Kabel bei einer Kurzschlußerwärmung von 90 °C ein Leiterquerschnitt von 150 mm² Kupfer oder 300 mm² Aluminium erforderlich.

Weitere Angaben zur Berechnung von Kurzschlußströmen vgl. Kap. 1.3 und VDE 0102.

Ermittlung des Spannungsfalles

Hauptsächlich in Niederspannungsnetzen muß überprüft werden, ob der mit Rücksicht auf die Strombelastbarkeit gewählte Querschnitt (s. Seite 615) die Forderungen hinsichtlich des Spannungsfalles erfüllt.

Bei sehr langen Verbindungen in Mittelspannungsnetzen ist eine Überprüfung ebenfalls zu empfehlen (s. hierzu Siemens-Fachbuch „Kabel und Leitungen für Starkstrom").

2.2 Starkstromkabel für Spannungen bis 30 kV

Der Wirkwiderstand R_w in Ω/km und der induktive Widerstand X_L in Ω/km einer Leitung[1]) der Länge l in km, die im Drehstromsystem mit dem Strom I in A betrieben wird, verursachen einen Längsspannungsfall ΔU in V (kurz Spannungsfall), wobei φ der Winkel zwischen dem Strom I und der Spannung U_e am Ende der Leitung ist

$$\Delta U = \sqrt{3} \cdot I \cdot l (R_w \cdot \cos\varphi + X_L \cdot \sin\varphi) \text{ V} \tag{20}$$

für nacheilenden Strom (induktive Belastung).

Bei voreilendem Strom ist das Vorzeichen von X_L umzukehren, wodurch ΔU auch negativ werden kann.

Den auf die Nennspannung U_N in V bezogenen Spannungsfall in % erhält man mit

$$\Delta u = \frac{\Delta U}{U_N} \cdot 100\,\%. \tag{21}$$

Den Phasenwinkel zwischen der Spannung am Anfang und am Ende der Leitung erhält man aus

$$\cos\delta = \frac{U_e + \Delta U \cdot 10^{-3}}{U_a}. \tag{22}$$

U_a und U_e sind die Spannungen (Außenleiter — Außenleiter) am Anfang und am Ende der Leitung in kV.

Zum Ermitteln des Spannungsunterschiedes braucht man bei Kabeln in Gleichstromsystemen und bei Kabeln bis 16 mm² Leiterquerschnitt in Wechsel- und Drehstromsystemen nur mit dem Gleichstromwiderstand bei Betriebstemperatur zu rechnen. Bei Kabeln mit Leiterquerschnitten über 16 mm² sind in Wechsel- und Drehstromsystemen jedoch Wirkwiderstand und induktiver Widerstand zu berücksichtigen. Bei unbewehrten Kabeln und insbesondere bei isolierten Leitungen liegt die Grenze noch wesentlich höher.

---

[1]) Der Begriff „Leitung" gilt hier ganz allgemein für eine elektrische Leitung (isolierte Kabel, isolierte Leitung oder Freileitung)

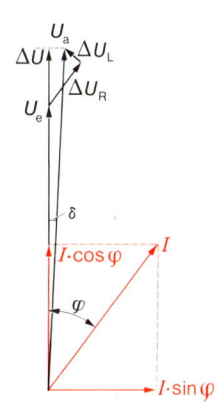

Bild 2.2/12

2.2 Starkstromkabel für Spannungen bis 30 kV

Eine Zusammenstellung aller Formeln für die Errechnung des Spannungsfalles einer einseitig gespeisten Leitung mit einem Abnehmer am Ende enthält die Tabelle 2.2/33.

Die Rechnung wird vereinfacht, wenn man den Ausdruck

$$f(q) = R_w \cdot \cos \varphi + X_L \cdot \sin \varphi \quad \Omega/\text{km} \tag{23}$$

verwendet, für den in den Tabellen 2.2/29 bis 2.2/32 für die jeweiligen Kabel und Leiterquerschnitte die Zahlenwerte angegeben sind. Für das Drehstromsystem erhält man zum Beispiel

$$\Delta U = \sqrt{3} \cdot I \cdot l \cdot f(q) \quad \text{V}. \tag{24}$$

Beispiel

Über eine Länge $l = 0,15$ km soll eine Drehstromleistung von 60 kW bei $\cos \varphi = 0,9$; 380 V und $\Delta u = 2\%$ übertragen werden.

$$\Delta U = \frac{\Delta u \cdot U_N}{100\%} = \frac{2\% \cdot 380 \text{ V}}{100\%} = 7,6 \text{ V}. \tag{21}$$

Nach Tabelle 2.2/33 wird

$$I = \frac{S}{\sqrt{3} \cdot U} = \frac{P}{\sqrt{3} \cdot U \cdot \cos \varphi} = \frac{60 \cdot 10^3 \text{ W}}{\sqrt{3} \cdot 380 \text{ V} \cdot 0,9} = 101,3 \text{ A},$$

$$f(q) = \frac{\Delta U}{\sqrt{3} \cdot l \cdot I} = \frac{7,6 \text{ V}}{\sqrt{3} \cdot 0,15 \text{ km} \cdot 101,3 \text{ A}} = 0,289 \text{ }\Omega/\text{km}.$$

Für ein Kabel NKBA mit Kupferleitern erhält man nach Tabelle 2.2/31 den Querschnitt $3 \times 95/50$ sm mit $f(q) = 0,254$ Ω/km. Der tatsächliche Spannungsfall beträgt demnach

$$\Delta U = \sqrt{3} \cdot I \cdot l \cdot f(q) = \sqrt{3} \cdot 101,3 \text{ A} \cdot 0,15 \text{ km} \cdot 0,254 \text{ }\Omega/\text{km} =$$
$$= 6,68 \text{ V}. \tag{24}$$

$$\Delta u = \frac{\Delta U}{U_N} \cdot 100\% = \frac{6,68 \text{ V}}{380 \text{ V}} \cdot 100\% = 1,76\%. \tag{21}$$

In Tabelle 2.2/34 sind die Formeln für die Berechnung des Spannungsfalles bei einseitiger und zweiseitiger Speisung und mehreren gleichen Abnehmern zusammengefaßt. Diese Formeln können für die Berechnung von Strahlen- und Ringnetzen verwendet werden.

Tabelle 2.2/29
PROTODUR-Kabel für $U_0/U = 0{,}6/1$ kV und isolierte Starkstromleitungen bis 35 mm²
NYY, NYCY, NYCWY — NAYY, NAYCY, NAYCWY

Aderzahl und Leiterquerschnitt mm²	Gleichstromwiderstand bei 70 °C R_ϑ Ω/km	Wirkwiderstand bei 70 °C R_w Ω/km	Induktiver Widerstand X_L Ω/km	$f(q) = R_w \cdot \cos\varphi + X_L \cdot \sin\varphi$ $\cos\varphi =$				
				0,95 Ω/km	0,9 Ω/km	0,8 Ω/km	0,7 Ω/km	0,6 Ω/km
4 × 1,5 re *)	14,47	14,47	0,115	13,8	13,1	11,65	10,2	8,77
4 × 2,5 re	8,71	8,71	0,110	8,31	7,89	7,03	6,18	5,31
4 × 4 re	5,45	5,45	0,107	5,21	4,95	4,42	3,89	3,36
4 × 6 re	3,62	3,62	0,100	3,47	3,30	2,96	2,61	2,25
4 × 10 re	2,16	2,16	0,094	2,08	1,99	1,78	1,58	1,37
4 × 16 re	1,36	1,36	0,090	1,32	1,26	1,14	1,02	0,888
4 × 25 re	0,863	0,863	0,086	0,847	0,814	0,742	0,666	0,587
4 × 35 sm	0,627	0,627	0,083	0,622	0,60	0,55	0,498	0,443
4 × 35 re	1,055	1,055	0,083	1,03	0,986	0,894	0,8	0,699
4 × 50 sm	0,463	0,463	0,083	0,466	0,453	0,42	0,38	0,344
4 × 50 se	0,772	0,772	0,083	0,76	0,731	0,667	0,6	0,53
4 × 70 sm	0,321	0,321	0,082	0,331	0,326	0,306	0,283	0,258
4 × 70 se	0,534	0,534	0,082	0,533	0,516	0,476	0,432	0,386
4 × 95 sm	0,231	0,232	0,082	0,246	0,245	0,235	0,221	0,205
4 × 95 se	0,386	0,386	0,082	0,392	0,383	0,358	0,33	0,3
4 × 120 sm	0,183	0,184	0,080	0,2	0,2	0,195	0,186	0,174
4 × 120 se	0,305	0,305	0,080	0,315	0,309	0,292	0,271	0,247
4 × 150 sm	0,149	0,150	0,080	0,168	0,17	0,168	0,162	0,154
4 × 150 se	0,248	0,249	0,080	0,266	0,259	0,247	0,231	0,213
4 × 185 sm	0,118	0,1202	0,080	0,139	0,143	0,144	0,141	0,136
4 × 185 se	0,197	0,198	0,080	0,213	0,213	0,206	0,196	0,183
4 × 240 sm	0,0901	0,0922	0,079	0,112	0,117	0,121	0,121	0,119
4 × 300 sm	0,0718	0,0745	0,079	0,0954	0,101	0,107	0,109	0,108

*) Gilt auch für 2-, 3- und 3½-Leiterkabel

2.2 Starkstromkabel für Spannungen bis 30 kV

Tabelle 2.2/30
PROTOTHEN-X-Kabel für $U_0/U = 0{,}6/1$ kV
N2XY, NA2XY

	Gleichstromwiderstand bei 90 °C R_ϑ Ω/km	Wirkwiderstand bei 90 °C R_w Ω/km	Induktiver Widerstand X_L Ω/km	$f(q) = R_w \cdot \cos\varphi + X_L \cdot \sin\varphi$				
				\multicolumn{5}{c}{$\cos\varphi =$}				
				0,95 Ω/km	0,9 Ω/km	0,8 Ω/km	0,7 Ω/km	0,6 Ω/km
3 × 25/16 sm¹)	0,921 —	0,921 —	0,081 —	0,900 —	0,864 —	0,785 —	0,703 —	0,617 —
3 × 35/16 sm	0,668 —	0,669 —	0,078 —	0,660 —	0,636 —	0,582 —	0,524 —	0,464 —
3 × 50/25 sm²)	0,494 / 0,822	0,494 / 0,822	0,078 / 0,080	0,494 / 0,806	0,479 / 0,775	0,442 / 0,706	0,401 / 0,633	0,359 / 0,557
3 × 70/35 sm	0,342 / 0,568	0,342 / 0,568	0,076 / 0,079	0,349 / 0,564	0,341 / 0,546	0,319 / 0,502	0,294 / 0,454	0,266 / 0,404
3 × 95/50 sm	0,246 / 0,410	0,247 / 0,411	0,075 / 0,078	0,258 / 0,415	0,255 / 0,404	0,243 / 0,376	0,226 / 0,343	0,208 / 0,308
3 × 120/70 sm	0,195 / 0,324	0,196 / 0,325	0,075 / 0,077	0,210 / 0,333	0,209 / 0,326	0,202 / 0,306	0,191 / 0,282	0,178 / 0,257
3 × 150/95 sm	0,158 / 0,264	0,160 / 0,265	0,074 / 0,078	0,175 / 0,276	0,176 / 0,273	0,172 / 0,256	0,165 / 0,241	0,155 / 0,221
3 × 185/95 sm	0,126 / 0,210	0,128 / 0,212	0,075 / 0,078	0,145 / 0,226	0,148 / 0,225	0,147 / 0,216	0,143 / 0,204	0,137 / 0,190
3 × 240/120 sm	0,0961 / 0,160	0,0988 / 0,162	0,074 / 0,078	0,117 / 0,178	0,121 / 0,180	0,123 / 0,176	0,122 / 0,169	0,118 / 0,160
3 × 300/150 sm	0,0766	0,0799	0,074	0,099	0,104	0,108	0,109	0,107

¹) Gilt auch für 4-Leiterkabel
²) Die Aluminiumleiter sind sektorförmig, eindrähtig

Tabelle 2.2/31
Kabel mit Papierisolierung und Bleimantel für $U_0/U = 0{,}6/1$ kV

NKBA, NAKBA

	Gleich-strom-widerstand bei 80 °C R_ϑ Ω/km	Wirk-widerstand bei 80 °C R_w Ω/km	Induk-tiver Widerstand X_L Ω/km	$f(q) = R_w \cdot \cos\varphi + X_L \cdot \sin\varphi$ $\cos\varphi =$				
				0,95 Ω/km	0,9 Ω/km	0,8 Ω/km	0,7 Ω/km	0,6 Ω/km
3 × 25/16 sm[1])	0,893 1,494	0,894 1,495	0,092 0,092	0,878 1,449	0,845 1,385	0,77 1,25	0,691 1,11	0,61 0,971
3 × 35/16 sm	0,647 1,091	0,649 1,092	0,090 0,090	0,645 1,065	0,623 1,022	0,573 0,928	0,519 0,83	0,461 0,727
3 × 50/25 sm	0,478 0,798	0,480 0,800	0,087 0,087	0,483 0,787	0,47 0,758	0,436 0,692	0,398 0,622	0,358 0,55
3 × 70/35 sm	0,331 0,552	0,334 0,554	0,085 0,085	0,344 0,553	0,338 0,536	0,318 0,494	0,295 0,449	0,268 0,4
3 × 95/50 sm	0,293 0,398	0,242 0,401	0,084 0,084	0,256 0,407	0,254 0,397	0,244 0,371	0,229 0,341	0,212 0,308
3 × 120/70 sm	0,189 0,315	0,193 0,318	0,083 0,083	0,209 0,328	0,21 0,322	0,204 0,304	0,194 0,282	0,182 0,257
3 × 150/95 sm	0,153 0,257	0,158 0,260	0,084 0,084	0,176 0,273	0,179 0,271	0,177 0,258	0,171 0,242	0,162 0,223
3 × 185/95 sm	0,122 0,204	0,128 0,209	0,083 0,083	0,148 0,225	0,151 0,224	0,152 0,217	0,149 0,206	0,143 0,192
3 × 240/120 sm	0,0992 0,156	0,100 0,161	0,082 0,082	0,121 0,179	0,126 0,181	0,129 0,178	0,129 0,171	0,126 0,162
3 × 300/150 sm	0,0742 0,124	0,082 0,131	0,082 0,082	0,103 0,15	0,11 0,154	0,115 0,154	0,116 0,15	0,115 0,144

[1]) Gilt auch für 4-Leiterkabel

Tabelle 2.2/32
Kabel mit Papierisolierung und Aluminiummantel für $U_0/U = 0{,}6/1$ kV
NKLEY, NAKLEY

	Gleichstromwiderstand bei 80 °C R_ϑ Ω/km	Wirkwiderstand bei 80 °C R_w Ω/km	Induktiver Widerstand X_L Ω/km	$f(q) = R_w \cdot \cos\varphi + X_L \cdot \sin\varphi$ $\cos\varphi =$				
				0,95 Ω/km	0,9 Ω/km	0,8 Ω/km	0,7 Ω/km	0,6 Ω/km
3 × 50 sm	0,478 0,798	0,480 0,800	0,071 0,071	0,478 0,782	0,463 0,751	0,427 0,683	0,387 0,611	0,345 0,537
3 × 70 sm	0,331 0,552	0,334 0,554	0,069 0,069	0,339 0,548	0,331 0,529	0,309 0,485	0,283 0,437	0,256 0,388
3 × 95 sm	0,293 0,398	0,242 0,401	0,068 0,068	0,251 0,402	0,247 0,391	0,234 0,362	0,218 0,329	0,2 0,295
3 × 120 sm	0,189 0,315	0,193 0,318	0,067 0,067	0,204 0,323	0,203 0,315	0,195 0,295	0,183 0,27	0,169 0,244
3 × 150 sm	0,153 0,257	0,158 0,261	0,068 0,068	0,171 0,269	0,172 0,265	0,167 0,25	0,159 0,231	0,149 0,211
3 × 185 sm	0,122 0,204	0,128 0,209	0,067 0,067	0,143 0,219	0,144 0,217	0,143 0,207	0,137 0,194	0,1305 0,179
3 × 240 sm	0,0992 0,156	0,100 0,162	0,066 0,066	0,116 0,175	0,119 0,175	0,12 0,169	0,117 0,161	0,113 0,15

2.2 Starkstromkabel für Spannungen bis 30 kV

Tabelle 2.2/33 Einseitig gespeiste Leitung mit einem Verbraucher

	Übertragungsleistung[1]	Spannungsunterschied V	Übertragungsverluste kW
Gleichstrom	$P = I \cdot U$ $P = I^2 \cdot R_B \cdot 10^{-3}$	$\Delta U = 2 \cdot l \cdot R_\vartheta \cdot I$	$V = 2 \cdot l \cdot I^2 \cdot R_\vartheta \cdot 10^{-3}$
Wechselstrom	$S = I \cdot U$ $P = I \cdot U \cdot \cos\varphi$ $Q = I \cdot U \cdot \sin\varphi$ $S = I^2 \cdot Z_B \cdot 10^{-3}$	$\Delta U = 2 \cdot l \cdot I \cdot f(q)$	$V = 2 \cdot l \cdot I^2 \cdot R_w \cdot 10^{-3}$
Drehstrom	$S = \sqrt{3} \cdot I \cdot U$ $Q = \sqrt{3} \cdot I \cdot U \cdot \sin\varphi$ $P = \sqrt{3} \cdot I \cdot U \cdot \cos\varphi$ $S = 3 \cdot I^2 \cdot Z_B \cdot 10^{-3}$	$\Delta U = \sqrt{3} \cdot l \cdot I \cdot f(q)$	$V = 3 \cdot l \cdot I^2 \cdot R_w \cdot 10^{-3}$

[1]) Zur Errechnung der Leistungen kann die Nennspannung U_N der Geräte oder des Netzes gewählt werden

P	entnommene Leistung in kW	R_B	Ohmscher Belastungswiderstand in Ω/km
S	Scheinleistung in kVA		
$P = S \cdot \cos\varphi$	Wirkleistung in kW	X_B	Induktiver Belastungswiderstand in Ω/km
$Q = S \cdot \sin\varphi$	Blindleistung in kvar		
U	Netzspannung in kV	$Z_B = \sqrt{R_B^2 + X_B^2}$	Scheinwiderstand in Ω/km
U_a	Spannung am Anfang der Leitung in kV	$\cos\varphi = \dfrac{R_B}{Z_B}$	(Leistungsfaktor)
U_e	Spannung am Ende der Leitung in kV	$\sin\varphi = \dfrac{X_B}{Z_B}$	
I	Strom in A	R_ϑ	Gleichstromwiderstand der Leitung bei Betriebstemperatur in Ω/km
l	Länge der Leitung in km		
X_L	Induktiver Widerstand der Leitung in Ω/km	R_w	Wirkwiderstand der Leitung bei Betriebstemperatur in Ω/km

2.2 Starkstromkabel für Spannungen bis 30 kV

Tabelle 2.2/34 Ein- und zweiseitig gespeiste Leitung mit gleichmäßig verteilter Last

Einseitige Speisung	Zweiseitige Speisung
$I = n \cdot i \qquad l = n \cdot l'$	$I = n \cdot i \qquad l = n \cdot l'$

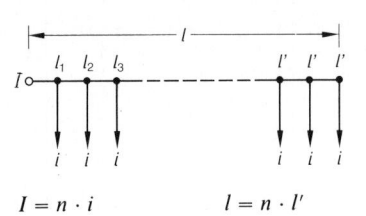

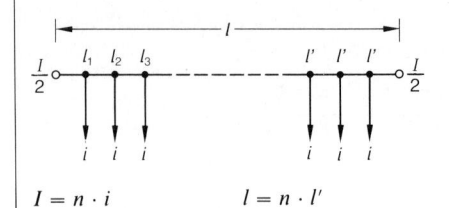

Drehstrom

Einseitige Speisung	Zweiseitige Speisung
$\Delta U = \dfrac{\sqrt{3} \cdot n(n+1)}{2} \, i \cdot l' \cdot f(q)$	$\Delta U = \dfrac{\sqrt{3} \cdot n(n+2)}{8} \, i \cdot l' \cdot f(q)$
$ = \dfrac{\sqrt{3}(n+1)}{2n} \, I \cdot l \cdot f(q)$	$ = \dfrac{\sqrt{3}(n+2)}{8n} \, I \cdot l \cdot f(q)$
$V = \dfrac{n(n+1)(2n+1)}{2} \, i^2 \cdot l' \cdot R_w \cdot 10^{-3}$	$V = \dfrac{n(n+1)(n+2)}{4} \, i^2 \cdot l' \cdot R_w \cdot 10^{-3}$
$ = \dfrac{(n+1)(2n+1)}{2n^2} \, I^2 \cdot l \cdot R_w \cdot 10^{-3}$	$ = \dfrac{(n+1)(n+2)}{4n^2} \, I^2 \cdot l \cdot R_w \cdot 10^{-3}$
für sehr große n wird:	für sehr große n wird:
$\Delta U = \dfrac{\sqrt{3} \cdot n^2}{2} \, i \cdot l' \cdot f(q)$	$\Delta U = \dfrac{\sqrt{3} \cdot n^2}{8} \, i \cdot l' \cdot f(q)$
$ = \dfrac{\sqrt{3}}{2} \, I \cdot l \cdot f(q)$	$ = \dfrac{\sqrt{3}}{8} \, I \cdot l \cdot f(q)$
$V = n^3 \cdot i^2 \cdot l' \cdot R_w \cdot 10^{-3}$	$V = \dfrac{n^3}{4} \, i^2 \cdot l' \cdot R_w \cdot 10^{-3}$
$ = I^2 \cdot l \cdot R_w \cdot 10^{-3}$	$ = \dfrac{1}{4} I^2 \cdot l \cdot R_w \cdot 10^{-3}$

Gleichstrom und Einphasen-Wechselstrom

ΔU: die rechte Seite der Gleichungen ist zu multiplizieren mit $\dfrac{2}{\sqrt{3}}$

V: die rechte Seite der Gleichungen ist zu multiplizieren mit $\dfrac{2}{3}$

ΔU Spannungsunterschied in V
  V Übertragungsverluste in kW

Wirtschaftlicher Querschnitt

Der wirtschaftliche Querschnitt q_w ergibt sich für das Minimum der Jahreskosten, die sich zusammensetzen aus den Kosten für den Kapitaldienst und für die Verluste (Bild 2.2/13). Für eine erste Abschätzung genügt es, den Kapitaldienst für das Kabel allein zu berücksichtigen, wobei das auf Seite 670 beschriebene Rechenverfahren angewendet werden kann. Eingehendere Berechnungsmethoden werden in dem aufgeführten Schrifttum beschrieben[1]).

---

[1]) VDEW, Netzverluste. Eine Richtlinie für ihre Bewertung und ihre Verminderung. 2. Ausgabe Verlags- und Wirtschaftsgesellschaft der Elektrizitätswerke mbH, Frankfurt/Main, 1968

Hans Ruff, Planung und Bau von Stromversorgungsnetzen für Städte. Verlags- und Wirtschaftsgesellschaft der Elektrizitätswerke mbH, Frankfurt/Main, 1966

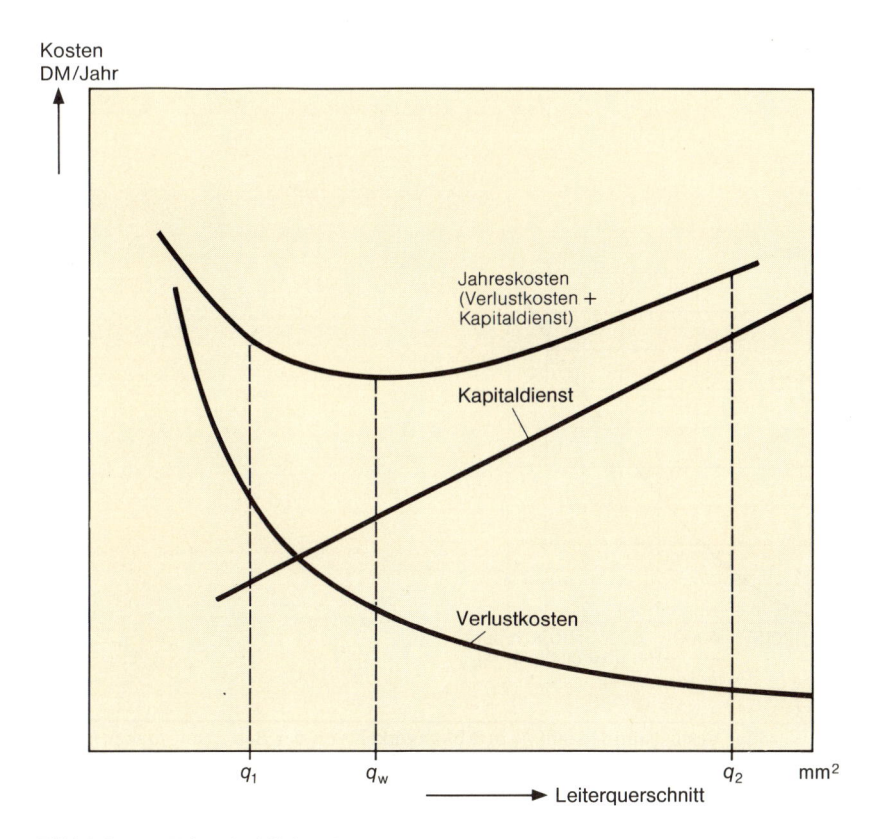

Bild 2.2/13   Wirtschaftlicher Querschnitt

Den wirtschaftlichen Querschnitt erhält man mit

$$q_w = \sqrt{\frac{q_1 \cdot q_2 \cdot h_v \cdot St(V_1 - V_2)}{(P_2 - P_1)p}} \text{ mm}^2 \tag{25}$$

q_1 Mindestleiterquerschnitt bedingt durch die Belastbarkeit oder den geforderten Spannungsfall

q_2 größter Leiterquerschnitt nach der Hersteller-Preisliste

V_1, V_2 Verluste des Kabels bei der geforderten Übertragungsleistung, zu ermitteln nach Bild 2.2/15 und den Tabellen 2.2/19 bis 2.2/25 für die Leiterquerschnitte q_1 und q_2

h_v Verluststundenzahl nach Bild 2.2/14 oder Schätzwert aus Tabelle 2.2/35

St Stromkosten

P_1, P_2 Tagespreise der Kabel mit den Leiterquerschnitten q_1 und q_2 bei gleicher Preiskondition

$p = (T+1)/100\%$ Kapitaldienstfaktor

T jährlicher Tilgungssatz nach Tabelle 2.2/36, wobei für Niederspannungskabel etwa 25, für Mittelspannungskabel etwa 35 Jahre als Nutzungsdauer angesetzt werden können. Im Kapitaldienstfaktor sind weiter 1% für Wartung und Reparatur berücksichtigt.

Beispiel Das Beispiel in Tabelle 2.2/37 zeigt die Anwendung.

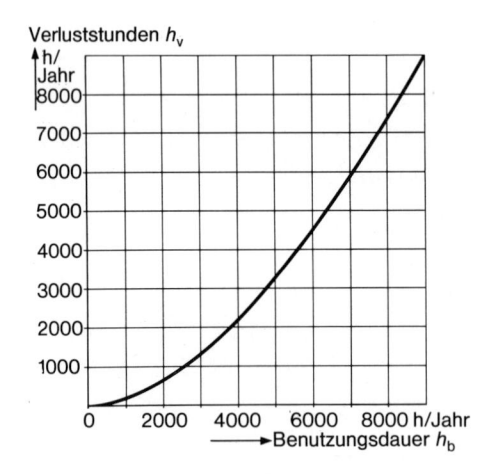

Bild 2.2/14
Mittlerer Wert der Verluststundenzahl h_v in Abhängigkeit von der Benutzungsdauer h_b für quadratisch von der Belastung abhängige Verluste[1]

[1] Das Bild 2.2/14 wurde mit Genehmigung der Verlags- und Wirtschaftsgesellschaft der Elektrizitätswerke mbH, Frankfurt/Main verwendet

2.2 Starkstromkabel für Spannungen bis 30 kV

Tabelle 2.2/35 Verluststundenzahl für verschiedene Betriebsarten

Art des Betriebes	Beispiel	Verluststundenzahl h_v etwa h/Jahr
Gelegentlich eingeschaltet	Steuerantriebe, Servomotoren, landw. Maschinen	bis 500
Ungleichmäßig belastet im Einschichtbetrieb oder zeitweise gleichmäßig belastet	Arbeitsmaschinen (Drehbänke usw.), Pumpenantriebe, Raumheizung	500 bis 1500
Ungleichmäßig belastet im Mehrschichtbetrieb	Arbeitsmaschinen, industrielle Heizung	1500 bis 2500 1500 bis 3500
Gleichmäßig belastet im Mehrschichtbetrieb	Heizung, chemische Industrie, Kraftwerke im Grundlastbetrieb	3500 bis 7000
Vollbelastet, nur gelegentlich ausgeschaltet	Wasserhaltung und Bewetterung von Bergwerken	7000 bis 8000

Tabelle 2.2/36 Tilgungssätze T in % des Anschaffungswertes

Zinsfuß %	Tilgungsdauer in Jahren					
	10	15	20	25	30	35
	Tilgungssatz in %					
0,00	10,000	6,667	5,000	4,000	3,333	2,857
3,00	11,732	8,377	6,722	5,743	5,102	4,654
3,25	11,873	8,529	6,878	5,904	5,268	4,825
3,50	12,024	8,683	7,036	6,067	5,437	5,000
3,75	12,176	8,838	7,196	6,233	5,609	5,177
4,00	12,329	8,994	7,358	6,401	5,783	5,358
4,25	12,483	9,152	7,522	6,571	5,960	5,541
4,50	12,638	9,311	7,688	6,744	6,139	5,727
4,75	12,794	9,472	7,855	6,919	6,321	5,916
5,00	12,950	9,634	8,024	7,095	6,505	6,107
5,50	13,267	9,963	8,368	7,455	6,881	6,497
6,00	13,587	10,296	8,718	7,823	7,265	6,897
7,00	14,238	10,979	9,439	8,581	8,059	7,723
8,00	14,903	11,683	10,185	9,368	8,883	8,580
9,00	15,582	12,406	10,955	10,181	9,734	9,464
10,00	16,275	13,147	11,746	11,017	10,608	10,369

2.2 Starkstromkabel für Spannungen bis 30 kV

Tabelle 2.2/37
Beispiel für das Ermitteln des wirtschaftlichen Leiterquerschnittes
Gewählter Kabeltyp: N2XSY 3×.../... 6/10 kV
Strombelastung: $I = 200$ A

	Einheit	Kleinster Querschnitt nach Belastungs-Tab. 2.2/21	Größter Norm-querschnitt			
Querschnitt	mm²	$q_1 = 70$ Cu	$q_2 = 240$ Cu	$q_1 \cdot q_2 =$	$a =$	16 800
Verluste (s. Seite 67 und 675)	kW/km	$V_1 = 40 \cdot 1{,}03 = 41{,}2$	$V_2 = 12 \cdot 1{,}03 = 12{,}4$	$V_1 - V_2 =$	$b =$	28,8
Tagespreis des Kabels[1])	DM/km	$P_1 = 30\,600$	$P_2 = 74\,100$	$P_2 - P_1 =$	$c =$	43 500
Verluststundenzahl (s. Tab. 2.2/35)	h/Jahr	$h_v =$				2 200
Strompreis	DM/kWh	$St =$				0,09
Kosten der Kabelverluste	DM/kW·Jahr	$h_v \cdot St = 2200 \cdot 0{,}09 =$			$d =$	198
Tilgungssatz (s. Tab. 2.2/36)	% je Jahr	$T =$				8,58
Kapitaldienstfaktor	je Jahr	$p = \dfrac{T+1}{100} = \dfrac{8{,}58+1}{100} =$			$e =$	0,0958
Wirtschaftl. Querschnitt	mm²	$q_w = \sqrt{\dfrac{a \cdot b \cdot d}{c \cdot e}} = \sqrt{\dfrac{16\,800 \cdot 28{,}8 \cdot 198}{43\,500 \cdot 0{,}0958}}$				152 Cu

[1]) Aus Hersteller-Preisliste errechnen, wobei von gleichen Preiskonditionen auszugehen ist

Elektrische Daten der Kabel

Der Gleichstromwiderstand der Leiter ändert sich mit der Temperatur. Hierfür gilt

Gleichstromwiderstand

$$R_\vartheta = R_{20}\,(1 + \alpha_{20} \cdot \Delta\vartheta)\ \Omega/\text{km} \qquad (26)$$

R_ϑ Gleichstromwiderstand bei Betriebstemperatur in Ω/km
R_{20} Gleichstromwiderstand des Leiters bei 20 °C gemäß Tabellen 2.2/40 bis 2.2/41 in Ω/km
α_{20} Temperaturkoeffizient des Widerstandes bei 20 °C in $1/K$
  für Kupfer $\alpha_{20} = 0{,}00393\ 1/K$
  für Aluminium $\alpha_{20} = 0{,}00403\ 1/K$

Die Gleichstromwiderstände wurden aufgrund internationaler (IEC 228/1978) und nationaler (VDE 0295/9.80) Bestimmungen geändert. Die ursprünglichen Werte werden bei der Projektierung noch solange angewendet, bis auch die Bestimmung über die Belastbarkeit der Kabel (VDE 0298 Teil 2/11.79) geändert ist. Für Lieferungen von Kabeln gelten bereits die neuen Werte.

Der Zusatzwiderstand ΔR, der eine meßbare Erhöhung des Leiterwiderstandes bedingt, berücksichtigt die Zusatzverluste von Kabeln in Einphasen-Wechselstrom- und Drehstromsystemen. Werden Kabel mit Gleichstrom betrieben, so ist der Zusatzwiderstand gleich Null.

Zusatzwiderstand

Bei mehradrigen Kabeln ergeben sich die zusätzlichen Verluste durch die Stromverdrängung im Leiter (Näheeffekt, Skineffekt), durch die Wirbelströme im Metallmantel und durch die Wirbelströme und Magnetisierung in der Bewehrung.

Bei einadrigen Kabeln entstehen zusätzlich Verluste infolge des Induktionsstromes im Metallmantel und — falls vorhanden — in der unmagnetischen Bewehrung, wenn die Mäntel und die Bewehrungen wie üblich in den Muffen durchverbunden und an den Endverschlüssen geerdet werden (s. auch Seite 683).

Tabelle 2.2/38 Umrechnungsfaktoren für Leitertemperaturen $> 20\,°C$

Leiter-temperatur °C	Faktor $(1 + \alpha_{20} \cdot \Delta\vartheta)$		Leiter-temperatur °C	Faktor $(1 + \alpha_{20} \cdot \Delta\vartheta)$	
	Kupfer	Aluminium		Kupfer	Aluminium
20	1,0	1,0	65	1,177	1,182
25	1,0196	1,0202	70	1,196	1,204
30	1,0393	1,0403	75	1,216	1,225
35	1,059	1,0604	80	1,236	1,245
40	1,0786	1,0806	85	1,255	1,265
45	1,0982	1,101	90	1,275	1,285
50	1,118	1,121	95	1,293	1,305
55	1,138	1,141	100	1,314	1,325
60	1,157	1,161			

2.2 Starkstromkabel für Spannungen bis 30 kV

Wirkwiderstand R_w ist der wirksame Widerstand bei Betriebstemperatur in Wechsel- und Drehstromsystemen

$$R_w = R_\vartheta + \Delta R \quad \Omega/\text{km} \tag{27}$$

$$R_w = R_{20}\,(1 + \alpha_{20} \cdot \Delta\vartheta) + \Delta R \quad \Omega/\text{km}\,. \tag{28}$$

Verlustleistung Die vom Belastungsstrom abhängigen Verluste V (Verlustleistung) eines dreiadrigen Kabels oder eines Drehstromsystems aus drei einadrigen Kabeln (n = 3) betragen bei gleichförmiger Strombelastung:

$$\begin{aligned}V &= n \cdot I^2 \cdot R_w \cdot 10^{-3} \quad \text{W/m} \\ V &= 3 \cdot I^2 \cdot R_w \cdot 10^{-3} \quad \text{kW/km}\end{aligned} \tag{29}$$
(W/m = kW/km).

Für Überschlagsrechnungen kann die Verlustleistung auch dem Bild 2.2/15 entnommen werden. Es gilt für symmetrisch belastete dreiadrige Massegürtelkabel mit Kupferleitern und Bewehrung mit $U_0/U = 0,6/1$ und $3,5/6$ kV.

Für dreiadrige Kabel anderer Spannung, Kabel mit Aluminiumleitern, PROTODUR-Kabel sowie PROTOTHEN- und PROTOTHEN-X-Kabel kann man mit ausreichender Genauigkeit die in der Tabelle 2.2/39 angegebenen Umrechnungsfaktoren in Verbindung mit Bild 2.2/15 verwenden.

Tabelle 2.2/39 Umrechnungsfaktoren für dreiadrige Kabel zum Bild 2.2/15

Kabelbauart		Nennspannung U_0/U kV	Leitertemperatur °C	Korrekturfaktor bei:	
				Cu-Leiter	Al-Leiter
Mit Papierisolierung	Massegürtelkabel	0,6/1 3,5/6 6/10	80 80 65	1,0 1,0 0,95	1,7 1,7 1,62
	Dreimantelkabel und H-Kabel	6/10 8,7/15 12/20 18/30	70 65 65 60	0,97 0,95 0,95 0,94	1,65 1,62 1,62 1,59
PROTODUR-Kabel und PROTOTHEN-Kabel		0,6/1	70	0,97	1,65
PROTOTHEN-X-Kabel		0,6/1 bis 18/30	90	1,03	1,75

2.2 Starkstromkabel für Spannungen bis 30 kV

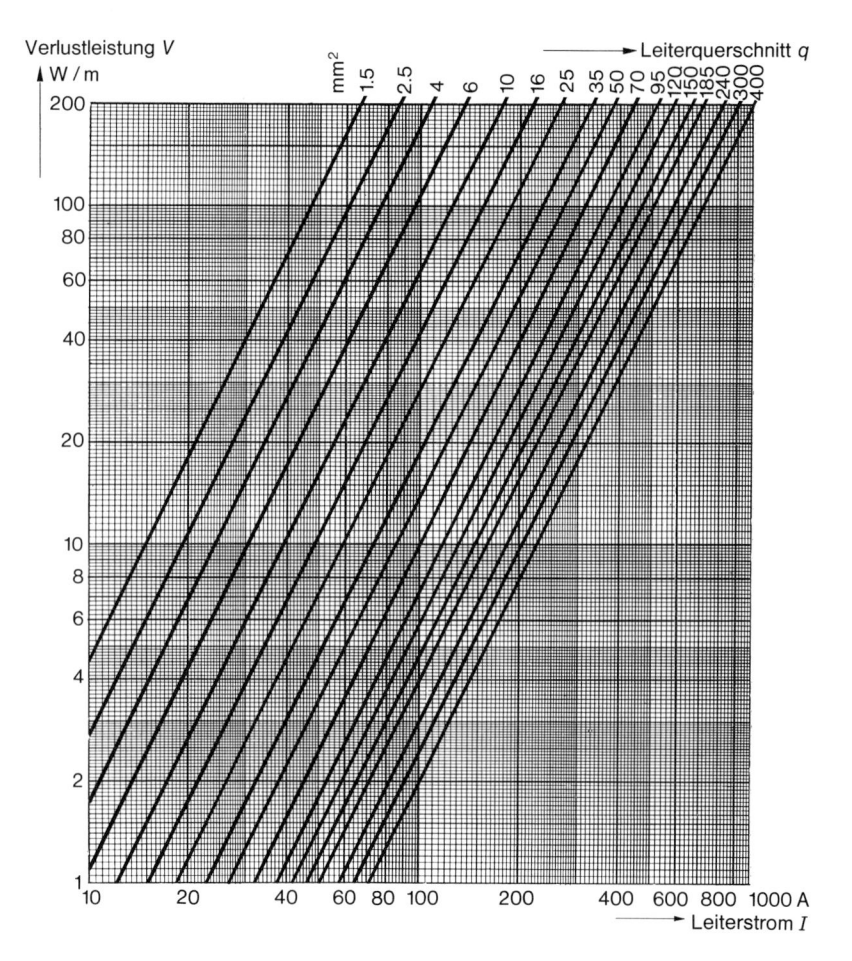

Bild 2.2/15
Verlustleistung symmetrisch belasteter dreiadriger Massekabel mit Kupferleitern und Bewehrung für U_0/U = 0,6/1 kV und 3,5/6 kV bei max. zulässiger Leitertemperatur von 80 °C

2.2 Starkstromkabel für Spannungen bis 30 kV

Tabelle 2.2/40 Widerstände von mehradrigen Kabeln

PROTODUR-Kabel

Aderzahl und Leiterquerschnitt mm²	Gleichstromwiderstand bei 20 °C R_{20} Ω/km	Zusatzwiderstand ΔR $\frac{\Omega}{km} \cdot 10^{-3}$	Wirkwiderstand bei zulässiger Betriebstemperatur R_w Ω/km	Aderzahl und Leiterquerschnitt mm²	Gleichstromwiderstand bei 20 °C R_{20} Ω/km	Zusatzwiderstand ΔR $\frac{\Omega}{km} \cdot 10^{-3}$	Wirkwiderstand bei zulässiger Betriebstemperatur R_w Ω/km
NYFGbY mit Cu-Leitern / **NAYFGbY mit Al-Leitern**				**NYSEY mit Cu-Leitern** / **NAYSEY mit Al-Leitern**			
3,5/6 kV				**6/10 kV**			
3 × 25 re	0,722	—	0,863	3 × 25 re /6	0,722	—	0,849
3 × 35 sm	0,524 / 0,876	1,0 / 0,9	0,628 / 1,056	3 × 35 rm/6 re /6	0,524 / 0,876	0,6 / 0,5	0,617 / 1,036
3 × 50 sm	0,387 / 0,641	1,2 / 1,1	0,464 / 0,773	3 × 50 rm/6	0,387 / 0,641	0,7 / 0,6	0,456 / 0,758
3 × 70 sm	0,268 / 0,443	1,5 / 1,3	0,322 / 0,535	3 × 70 rm/6	0,268 / 0,443	1,0 / 0,7	0,316 / 0,524
3 × 95 sm	0,193 / 0,320	1,9 / 1,6	0,233 / 0,387	3 × 95 rm/6	0,193 / 0,320	1,3 / 0,9	0,228 / 0,379
3 × 120 sm	0,153 / 0,253	2,2 / 1,8	0,185 / 0,306	3 × 120 rm/6	0,153 / 0,253	1,6 / 1,1	0,182 / 0,300
3 × 150 sm	0,124 / 0,206	2,6 / 2,1	0,151 / 0,250	3 × 150 rm/6	0,124 / 0,206	2,0 / 1,4	0,148 / 0,245
3 × 185 sm	0,0991 / 0,164	3,1 / 2,5	0,1216 / 0,200	3 × 185 rm/6	0,0991 / 0,164	2,5 / 1,7	0,1191 / 0,196
3 × 240 sm	0,0754 / 0,125	3,8 / 3,0	0,0939 / 0,154	3 × 240 rm/6	0,0754 / 0,125	3,4 / 2,3	0,0921 / 0,150

Tabelle 2.2/40 Widerstände von mehradrigen Kabeln (Fortsetzung)

PROTOTHEN-Kabel

N2YSY mit Cu-Leitern
NA2YSY mit Al-Leitern

PROTOTHEN-X-Kabel

N2XSY mit Cu-Leitern
NA2XSY mit Al-Leitern

Aderzahl und Leiterquerschnitt mm²	Gleichstromwiderstand bei 20 °C R_{20} Ω/km	Zusatzwiderstand ΔR $\frac{\Omega}{km} \cdot 10^{-3}$	Wirkwiderstand bei zulässiger Betriebstemperatur R_w Ω/km	Aderzahl und Leiterquerschnitt mm²	Gleichstromwiderstand bei 20 °C R_{20} Ω/km	Zusatzwiderstand ΔR $\frac{\Omega}{km} \cdot 10^{-3}$	Wirkwiderstand bei zulässiger Betriebstemperatur R_w Ω/km
6/10 kV				**6/10 kV**			
3 × 35 sm	0,524	0,8	0,6278	3 × 35 sm	0,524	0,8	0,6690
3 × 50 sm	0,387 0,641	0,9 0,8	0,4639 0,7710	3 × 50 sm	0,387 0,641	0,9 0,8	0,4944 0,8226
3 × 70 sm	0,268 0,443	1,1 0,9	0,3218 0,5332	3 × 70 sm	0,268 0,443	1,0 0,9	0,3427 0,5689
3 × 95 sm	0,193 0,320	1,3 1,0	0,2322 0,3855	3 × 95 sm	0,193 0,320	1,2 1,0	0,2473 0,4113
3 × 120 sm	0,153 0,253	1,5 1,2	0,1846 0,3052	3 × 120 sm	0,153 0,253	1,5 1,1	0,1966 0,3255
3 × 150 sm	0,124 0,206	2,2 1,7	0,1506 0,2492	3 × 150 sm	0,124 0,206	2,0 1,6	0,1601 0,2657
3 × 185 sm	0,0991 0,164	2,5 1,9	0,1211 0,1989	3 × 185 sm	0,0991 0,164	2,3 1,8	0,1287 0,2121
3 × 240 sm	0,0754 0,125	3,1 2,3	0,0933 0,1525	3 × 240 sm	0,0754 0,125	2,9 2,1	0,0990 0,1624

2.2 Starkstromkabel für Spannungen bis 30 kV

Tabelle 2.2/40 Widerstände von mehradrigen Kabeln (Fortsetzung)

Kabel mit Papierisolierung und Bleimantel

NKBA mit Cu-Leitern
NAKBA mit Al-Leitern

Aderzahl und Leiterquerschnitt mm^2	Gleichstromwiderstand bei 20 °C R_{20} Ω/km	Zusatzwiderstand ΔR $\dfrac{\Omega}{\mathrm{km}} \cdot 10^{-3}$	Wirkwiderstand bei zulässiger Betriebstemperatur R_w Ω/km	Gleichstromwiderstand bei 20 °C R_{20} Ω/km	Zusatzwiderstand ΔR $\dfrac{\Omega}{\mathrm{km}} \cdot 10^{-3}$	Wirkwiderstand bei zulässiger Betriebstemperatur R_w Ω/km
	3,5/6 kV			**6/10 kV**		
3 × 35 sm	0,524 0,876	1,4 1,7	0,649 1,092	0,524 0,876	1,4 2,0	0,649 1,037
3 × 50 sm	0,387 0,641	1,8 2,2	0,480 0,800	0,387 0,641	2,5 2,5	0,458 0,760
3 × 70 sm	0,268 0,443	2,6 2,6	0,334 0,554	0,268 0,443	2,9 2,8	0,318 0,526
3 × 95 sm	0,193 0,320	3,1 3,0	0,242 0,401	0,193 0,320	3,5 3,3	0,231 0,382
3 × 120 sm	0,153 0,253	3,8 3,5	0,193 0,318	0,153 0,253	4,1 3,8	0,184 0,303
3 × 150 sm	0,124 0,206	4,5 4,2	0,158 0,261	0,124 0,206	4,9 4,4	0,151 0,248
3 × 185 sm	0,0991 0,164	5,2 4,7	0,1276 0,209	0,0991 0,164	5,6 5,0	0,122 0,199
3 × 240 sm	0,0754 0,125	6,3 5,6	0,0994 0,161	0,0754 0,125	6,7 6,0	0,0954 0,154
3 × 300 sm	0,0601 0,100	7,5 6,6	0,0817 0,131	0,0601 0,100	8,0 7,0	0,0787 0,125

Tabelle 2.2/40 Widerstände von mehradrigen Kabeln (Fortsetzung)

Kabel mit Papierisolierung und Bleimantel

NEKBA mit Cu-Leitern
NAEKBA mit Al-Leitern

Aderzahl und Leiterquerschnitt mm²	Gleichstromwiderstand bei 20 °C R_{20} Ω/km	Zusatzwiderstand ΔR $\frac{\Omega}{\text{km}} \cdot 10^{-3}$	Wirkwiderstand bei zulässiger Betriebstemperatur R_w Ω/km	Gleichstromwiderstand bei 20 °C R_{20} Ω/km	Zusatzwiderstand ΔR $\frac{\Omega}{\text{km}} \cdot 10^{-3}$	Wirkwiderstand bei zulässiger Betriebstemperatur R_w Ω/km
	3,5/6 kV			**6/10 kV**		
3 × 25 rm	0,722 1,20	5,6 5,8	0,855 1,424	0,722 1,20	— —	— —
3 × 35 rm	0,524 0,876	6,0 6,2	0,623 1,042	0,524 0,876	8,2 7,7	0,614 1,025
3 × 50 rm	0,387 0,641	7,2 7,6	0,463 0,765	0,387 0,641	9,2 8,9	0,457 0,753
3 × 70 rm	0,268 0,443	8,3 7,8	0,324 0,531	0,268 0,443	9,8 9,4	0,320 0,524
3 × 95 rm	0,193 0,320	8,8 8,3	0,236 0,386	0,193 0,320	10,3 9,8	0,234 0,381
3 × 120 rm	0,153 0,253	9,7 9,1	0,190 0,308	0,153 0,253	10,9 10,4	0,188 0,304
3 × 150 rm	0,124 0,206	10,6 9,9	0,157 0,253	0,124 0,206	12,1 11,5	0,156 0,251
3 × 185 rm	0,0991 0,164	11,3 10,4	0,1279 0,204	0,0991 0,164	12,7 11,9	0,1273 0,206
3 × 240 rm	0,0754 0,125	12,6 11,6	0,1013 0,159	0,0754 0,125	13,9 13,0	0,1011 0,158
3 × 300 rm	0,0601 0,100	13,8 12,6	0,0845 0,131	0,0601 0,100	15,3 14,3	0,0848 0,1304

2.2 Starkstromkabel für Spannungen bis 30 kV

Tabelle 2.2/41 Widerstände von einadrigen Kabeln

PROTODUR-Kabel

NYY mit Cu-Leitern / NAYY mit Al-Leitern (0,6/1 kV)
NYSY mit Cu-Leitern / NAYSY mit Al-Leitern (3,5/6 kV)
NYSY mit Cu-Leitern / NAYSY mit Al-Leitern (6/10 kV)

Anordnung im Drehstromsystem: ⚛ gebündelt / ○○○ nebeneinander

Aderzahl und Leiterquerschnitt mm²	Leitermaterial	R_{20} Ω/km	ΔR (geb./neben.) $\frac{\Omega}{km}\cdot 10^{-3}$ 0,6/1 kV	R_w Ω/km 0,6/1 kV	ΔR $\frac{\Omega}{km}\cdot 10^{-3}$ 3,5/6 kV	R_w Ω/km 3,5/6 kV	ΔR $\frac{\Omega}{km}\cdot 10^{-3}$ 6/10 kV	R_w Ω/km 6/10 kV
1 × 25 rm	Cu	0,708	0,2 / 0,1	0,8473 / 0,8472	3,8 / 23,1	0,8509 / 0,8702	3,4 / 20,3	0,8505 / 0,8674
1 × 35 rm	Cu	0,514	0,3 / 0,1	0,6153 / 0,6151	3,7 / 21,9	0,6187 / 0,6369	3,4 / 19,5	0,6184 / 0,6345
1 × 35 rm	Al	0,859	0,2 / 0,1	1,032 / 1,032	3,6 / 22,0	1,035 / 1,054	3,3 / 19,5	1,035 / 1,051
1 × 50 rm	Cu	0,379	0,5 / 0,2	0,4540 / 0,4537	3,7 / 20,9	0,4572 / 0,4744	3,4 / 18,8	0,4569 / 0,4723
1 × 50 rm	Al	0,628	0,2 / 0,1	0,7547 / 0,7546	3,5 / 20,9	0,7580 / 0,7754	3,3 / 18,7	0,7578 / 0,7732
1 × 70 rm	Cu	0,262	0,7 / 0,3	0,3142 / 0,3138	3,7 / 19,7	0,3172 / 0,3332	3,4 / 17,8	0,3169 / 0,3313
1 × 70 rm	Al	0,435	0,4 / 0,2	0,5231 / 0,5229	3,5 / 19,6	0,5262 / 0,5423	3,3 / 17,7	0,5260 / 0,5404
1 × 95 rm	Cu	0,189	1,0 / 0,4	0,2271 / 0,2265	3,8 / 18,7	0,2299 / 0,2448	3,6 / 17,0	0,2297 / 0,2431
1 × 95 rm	Al	0,313	0,6 / 0,2	0,3767 / 0,3763	3,6 / 18,5	0,3797 / 0,3946	3,3 / 16,8	0,3794 / 0,3929
1 × 120 rm	Cu	0,150	1,4 / 0,5	0,1809 / 0,1800	4,0 / 17,9	0,1835 / 0,1974	3,7 / 16,4	0,1832 / 0,1959
1 × 120 rm	Al	0,248	0,8 / 0,3	0,2988 / 0,2983	3,6 / 17,7	0,3016 / 0,3157	3,3 / 16,2	0,3013 / 0,3142
1 × 150 rm	Cu	0,122	1,7 / 0,6	0,1477 / 0,1466	5,8 / 26,0	0,1518 / 0,1720	5,5 / 24,1	0,1515 / 0,1701
1 × 150 rm	Al	0,202	1,0 / 0,4	0,2437 / 0,2431	5,3 / 25,9	0,2480 / 0,2686	5,1 / 23,9	0,2478 / 0,2666
1 × 185 rm	Cu	0,0972	2,2 / 0,8	0,1185 / 0,1171	6,1 / 25,1	0,1224 / 0,1414	5,8 / 23,3	0,1221 / 0,1396
1 × 185 rm	Al	0,161	1,3 / 0,5	0,1947 / 0,1939	5,4 / 24,8	0,1988 / 0,2182	5,2 / 23,1	0,1986 / 0,2165
1 × 240 rm	Cu	0,0740	2,9 / 1,1	0,0914 / 0,0896	6,6 / 23,9	0,0951 / 0,1124	6,3 / 22,2	0,0948 / 0,1107
1 × 240 rm	Al	0,122	1,8 / 0,6	0,1484 / 0,1472	5,7 / 23,4	0,1523 / 0,1700	5,5 / 21,9	0,1521 / 0,1685
1 × 300 rm	Cu	0,0590	3,6 / 1,4	0,0742 / 0,072	7,2 / 23,0	0,0778 / 0,0936	6,8 / 21,7	0,0774 / 0,0923
1 × 300 rm	Al	0,0976	2,2 / 0,8	0,1195 / 0,1181	6,1 / 22,6	0,1234 / 0,1399	5,7 / 21,2	0,1230 / 0,1385
1 × 400 rm	Cu	0,0461	4,7 / 1,8	0,0599 / 0,057	9,7 / 28,5	0,0649 / 0,0837	9,3 / 27,1	0,0645 / 0,0823
1 × 400 rm	Al	0,0763	3,0 / 1,1	0,0947 / 0,0928	8,2 / 27,9	0,0999 / 0,1196	7,9 / 26,5	0,0996 / 0,1182
1 × 500 rm	Cu	0,0366	5,8 / 2,3	0,0496 / 0,0461	—	—	—	—
1 × 500 rm	Al	0,0605	3,8 / 1,4	0,0765 / 0,0741	—	—	—	—

Tabelle 2.2/41 Widerstände von einadrigen Kabeln (Fortsetzung)

PROTOTHEN-Kabel

N2YSY mit Cu-Leitern
NA2YSY mit Al-Leitern

Aderzahl und Leiterquerschnitt mm²	Anordnung im Drehstromsystem (⚛ gebündelt / ooo nebeneinander)	Gleichstromwiderstand bei 20 °C R_{20} Ω/km	Zusatzwiderstand ΔR $\frac{\Omega}{km} \cdot 10^{-3}$	Wirkwiderstand bei zulässiger Betriebstemperatur R_w Ω/km	Zusatzwiderstand ΔR $\frac{\Omega}{km} \cdot 10^{-3}$	Wirkwiderstand bei zulässiger Betriebstemperatur R_w Ω/km	Zusatzwiderstand ΔR $\frac{\Omega}{km} \cdot 10^{-3}$	Wirkwiderstand bei zulässiger Betriebstemperatur R_w Ω/km
			6/10 kV		**12/20 kV**		**18/30 kV**	
1 × 25 rm	⚛	0,708	3,7 / 20,3	0,8508 / 0,8674	—	—	—	—
	ooo	1,180	3,5 / 20,3	1,421 / 1,438	—	—	—	—
1 × 35 rm	⚛	0,5140	3,6 / 19,5	0,6186 / 0,6345	3,3 / 17,2	0,6183 / 0,6322	—	—
	ooo	0,859	3,5 / 19,5	1,035 / 1,051	3,2 / 17,1	1,035 / 1,049	—	—
1 × 50 rm	⚛	0,379	3,6 / 18,8	0,4571 / 0,4723	3,2 / 16,7	0,4567 / 0,4702	3,1 / 14,8	0,4566 / 0,4683
	ooo	0,628	3,5 / 18,7	0,785 / 0,7732	3,3 / 16,6	0,7578 / 0,7711	3,0 / 14,7	0,7575 / 0,7692
1 × 70 rm	⚛	0,262	3,6 / 17,8	0,3171 / 0,3313	3,4 / 16,0	0,3169 / 0,3295	3,1 / 14,3	0,3166 / 0,3278
	ooo	0,435	3,5 / 17,7	0,5262 / 0,5404	3,2 / 15,9	0,5259 / 0,5386	3,0 / 14,2	0,5257 / 0,5369
1 × 95 rm	⚛	0,189	3,7 / 17,1	0,2298 / 0,2432	3,5 / 15,4	0,2296 / 0,2415	3,2 / 13,9	0,2293 / 0,2400
	ooo	0,313	3,5 / 16,9	0,3796 / 0,3930	3,2 / 15,2	0,3793 / 0,3913	3,0 / 13,7	0,3791 / 0,3898
1 × 120 rm	⚛	0,150	3,8 / 16,4	0,1833 / 0,1959	3,6 / 15,0	0,1831 / 0,1945	3,4 / 13,6	0,1829 / 0,1931
	ooo	0,248	3,5 / 16,3	0,3015 / 0,3143	3,2 / 14,8	0,3012 / 0,3128	3,1 / 13,4	0,3011 / 0,3114
1 × 150 rm	⚛	0,122	5,6 / 24,1	0,1516 / 0,1701	5,3 / 22,0	0,1513 / 0,1680	5,0 / 20,1	0,1510 / 0,1661
	ooo	0,202	5,3 / 23,9	0,2480 / 0,2666	4,9 / 21,8	0,2476 / 0,2645	4,6 / 19,9	0,2473 / 0,2626
1 × 185 rm	⚛	0,0972	5,9 / 23,4	0,1222 / 0,1397	5,5 / 21,5	0,1218 / 0,1378	5,3 / 19,7	0,1216 / 0,1360
	ooo	0,161	5,3 / 23,1	0,1987 / 0,2165	5,0 / 21,2	0,1984 / 0,2146	4,8 / 19,4	0,1982 / 0,2128
1 × 240 rm	⚛	0,0740	6,3 / 22,3	0,0948 / 0,1108	5,9 / 20,6	0,0944 / 0,1091	5,6 / 19,0	0,0941 / 0,1075
	ooo	0,122	5,5 / 21,9	0,1521 / 0,1685	5,2 / 20,3	0,1518 / 0,1669	5,0 / 18,7	0,1516 / 0,1653
1 × 300 rm	⚛	0,0590	6,9 / 21,7	0,0775 / 0,0923	6,5 / 20,2	0,0771 / 0,0908	6,1 / 18,8	0,0767 / 0,0894
	ooo	0,0976	5,8 / 21,2	0,1231 / 0,1385	5,6 / 19,7	0,1229 / 0,1370	5,3 / 18,3	0,1226 / 0,1356
1 × 400 rm	⚛	0,0461	9,2 / 27,8	0,0644 / 0,0830	8,6 / 26,1	0,0638 / 0,0813	8,3 / 24,5	0,0635 / 0,0797
	ooo	0,0763	7,9 / 27,3	0,0996 / 0,1190	7,5 / 25,6	0,0992 / 0,1173	7,3 / 23,9	0,0990 / 0,1156
1 × 500 rm	⚛	0,0366	10,1 / 27,1	0,0539 / 0,0709	9,5 / 25,6	0,0533 / 0,0694	9,0 / 24,0	0,0528 / 0,0678
	ooo	0,0605	8,5 / 26,3	0,0812 / 0,0990	8,1 / 24,8	0,0808 / 0,0975	7,7 / 23,3	0,0804 / 0,0960

2.2 Starkstromkabel für Spannungen bis 30 kV

Tabelle 2.2/41 Widerstände von einadrigen Kabeln (Fortsetzung)

PROTOTHEN-X-Kabel
N2XSY mit Cu-Leitern
NA2XSY mit Al-Leitern

Aderzahl und Leiterquerschnitt mm²	Anordnung im Drehstromsystem ⊗ gebündelt ooo nebeneinander	Gleichstromwiderstand bei 20 °C R_{20} Ω/km	Zusatzwiderstand ΔR $\frac{\Omega}{km} \cdot 10^{-3}$	Wirkwiderstand bei zulässiger Betriebstemperatur R_w Ω/km	Zusatzwiderstand ΔR $\frac{\Omega}{km} \cdot 10^{-3}$	Wirkwiderstand bei zulässiger Betriebstemperatur R_w Ω/km	Zusatzwiderstand ΔR $\frac{\Omega}{km} \cdot 10^{-3}$	Wirkwiderstand bei zulässiger Betriebstemperatur R_w Ω/km
			6/10 kV		**12/20 kV**		**18/30 kV**	
1 × 25 rm	⊗	0,708	3,4 / 19,3	0,9062 / 0,9221	—	—	—	—
	ooo	1,180	3,3 / 19,2	1,516 / 1,532	—	—	—	—
1 × 35 rm	⊗	0,514	3,4 / 18,5	0,6588 / 0,6739	3,2 / 16,4	0,6586 / 0,6718	—	—
	ooo	0,859	3,3 / 18,5	1,104 / 1,119	3,1 / 16,4	1,104 / 1,117	—	—
1 × 50 rm	⊗	0,379	3,4 / 17,8	0,4867 / 0,5011	3,1 / 15,9	0,4864 / 0,4992	2,9 / 14,1	0,4862 / 0,4974
	ooo	0,628	3,3 / 17,7	0,8085 / 0,8229	3,0 / 15,7	0,8082 / 0,8209	2,8 / 14,0	0,8080 / 0,8192
1 × 70 rm	⊗	0,262	3,4 / 16,8	0,3375 / 0,3509	3,1 / 15,1	0,3372 / 0,3492	2,9 / 13,5	0,3370 / 0,3476
	ooo	0,435	3,3 / 16,8	0,561 / 0,5745	3,0 / 15,1	0,5607 / 0,5720	2,9 / 13,3	0,5606 / 0,5712
1 × 95 rm	⊗	0,189	3,5 / 16,2	0,2445 / 0,2572	3,3 / 14,6	0,2443 / 0,2556	3,1 / 13,2	0,2441 / 0,2542
	ooo	0,313	3,3 / 16,0	0,4046 / 0,4173	3,0 / 14,5	0,4043 / 0,4158	2,9 / 13,0	0,4042 / 0,4143
1 × 120 rm	⊗	0,150	3,6 / 15,6	0,1949 / 0,2069	3,4 / 14,2	0,1947 / 0,2055	3,2 / 12,8	0,1945 / 0,2041
	ooo	0,248	3,3 / 15,4	0,3213 / 0,334	3,1 / 14,0	0,3211 / 0,3320	2,9 / 12,7	0,3209 / 0,3307
1 × 150 rm	⊗	0,122	5,3 / 22,9	0,1609 / 0,1785	5,0 / 20,9	0,1606 / 0,1765	4,7 / 19,1	0,1603 / 0,1747
	ooo	0,202	4,9 / 22,6	0,2639 / 0,2816	4,6 / 20,7	0,2636 / 0,2797	4,4 / 18,9	0,2634 / 0,2779
1 × 185 rm	⊗	0,0972	5,6 / 22,1	0,1295 / 0,1460	5,2 / 20,3	0,1291 / 0,1442	5,0 / 18,6	0,1289 / 0,1425
	ooo	0,161	5,0 / 21,8	0,2114 / 0,2282	4,7 / 20,0	0,2111 / 0,2264	4,6 / 18,4	0,2110 / 0,2248
1 × 240 rm	⊗	0,0740	6,0 / 21,1	0,1004 / 0,1155	5,6 / 19,6	0,1000 / 0,1140	5,3 / 18,1	0,0997 / 0,1125
	ooo	0,122	5,3 / 20,8	0,1617 / 0,1772	4,9 / 19,2	0,1613 / 0,1756	4,7 / 17,8	0,1611 / 0,1742
1 × 300 rm	⊗	0,0590	6,5 / 20,4	0,0817 / 0,0956	6,0 / 19,1	0,0812 / 0,0943	5,8 / 17,8	0,0810 / 0,0930
	ooo	0,0976	5,4 / 20,1	0,1305 / 0,1452	5,2 / 18,7	0,1303 / 0,1438	5,0 / 17,3	0,1301 / 0,1424
1 × 400 rm	⊗	0,0461	8,7 / 26,4	0,0675 / 0,0852	8,2 / 24,8	0,0670 / 0,0836	7,8 / 23,2	0,0666 / 0,0820
	ooo	0,0763	7,4 / 25,8	0,1052 / 0,1236	7,1 / 24,2	0,1049 / 0,1220	6,8 / 22,7	0,1046 / 0,1205
1 × 500 rm	⊗	0,0366	9,6 / 25,7	0,0563 / 0,0724	9,0 / 24,1	0,0557 / 0,0708	8,5 / 22,8	0,0552 / 0,0695
	ooo	0,0605	8,0 / 24,9	0,0856 / 0,1025	7,6 / 23,5	0,0852 / 0,1011	7,3 / 22,1	0,0849 / 0,0997

Induktivität

Die Induktivität L in mH/km eines massiven, runden, unendlich langen Leiters bei der Anordnung nach Bild 2.2/16 erhält man mit der Gleichung

$$L = 0{,}2 \cdot \ln \frac{a}{\varrho}, \qquad (30)$$

$$= 0{,}2 \left(\frac{1}{4} + \ln \frac{a}{r} \right) \text{ mH/km} \qquad (31)$$

a Achsenabstand der Leiter in mm
ϱ Ersatzradius des Leiters in mm, $\varrho = 0{,}779 \cdot r$
r Radius des Leiters in mm

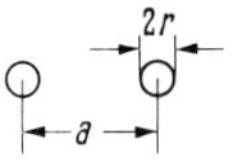

Bild 2.2/16

Einadrige Kabel

Mit der Gleichung (31) kann die Induktivität eines Leiters in einem Einphasenwechselstromsystem errechnet werden, wenn angenommen wird, daß der eine Leiter als Hin- und der andere als Rückleitung dient. Die Gleichungen für die Induktivitäten von Leitern in einem symmetrisch betriebenen Drehstromsystem können der Tabelle 2.2/42 entnommen werden.

Bei einadrigen Kabeln weicht der Leiterradius nur geringfügig vom Radius eines runden, massiven Leiters mit dem gleichen Querschnitt ab, so daß für diese die Gleichungen direkt anwendbar sind.

Die Induktivitäten der einadrigen Kabel werden stark durch den gegenseitigen Achsenabstand bedingt. Für die in der Praxis üblichen Anordnungen und Abstände können die Induktivitäten den Bildern 2.2/20 bis 2.2/22 entnommen werden. Liegen geänderte Voraussetzungen vor, so besteht die Möglichkeit, die Gleichungen nach Tabelle 2.2/42 für die Ermittlung zu verwenden, sofern die Kabel keine Metallmäntel oder Schirme aufweisen oder diese nur einseitig geerdet werden.

Bei Kabeln mit Metallmänteln oder Schirmen aus Kupferdrähten oder -bändern (hier auch als Mantel bezeichnet) werden die Verhältnisse komplizierter. Die Leiter- und Mantelstromkreise wirken wie die Windungen eines Transformators mit dem Übersetzungsverhältnis 1:1. In den Mänteln wird eine Spannung gegen Erde induziert.

Bei der üblichen Montageart mit Durchverbinden der Metallmäntel in den Muffen und Querverbinden bzw. Erden an den Endverschlüssen treten durch die Induktionsspannungen Ströme in den Metallmänteln auf. Die Mantelströme erzeugen ein Magnetfeld, das dem der Leiterströme entgegengerichtet ist. Die Induktivität je Leiter wird dadurch verkleinert und der Widerstand erhöht.

Tabelle 2.2/42
Induktivität L in mH/km je Leiter in symmetrisch betriebenen Drehstromsystemen

(zwei Leiter, Abstand a)	$L = 0{,}2 \cdot \ln\dfrac{a}{\varrho}$
(drei Leiter L1, L2, L3 mit Abständen a_{L1L2}, a_{L2L3}, a_{L3L1})	$L_{L1} = 0{,}2 \left(\ln\dfrac{\sqrt{a_{L1L2} \cdot a_{L3L1}}}{\varrho} + j\sqrt{3} \cdot \ln\sqrt{\dfrac{a_{L1L2}}{a_{L3L1}}} \right)$ $L_{L2} = 0{,}2 \left(\ln\dfrac{\sqrt{a_{L2L3} \cdot a_{L1L2}}}{\varrho} + j\sqrt{3} \cdot \ln\sqrt{\dfrac{a_{L2L3}}{a_{L1L2}}} \right)$ $L_{L3} = 0{,}2 \left(\ln\dfrac{\sqrt{a_{L3L1} \cdot a_{L2L3}}}{\varrho} + j\sqrt{3} \cdot \ln\sqrt{\dfrac{a_{L3L1}}{a_{L2L3}}} \right)$ Mittlere Induktivität: $L_m = 0{,}2 \cdot \ln\dfrac{\overline{a}}{\varrho}$ Mittlerer geometrischer Abstand in mm: $\overline{a} = \sqrt[3]{a_{L1L2} \cdot a_{L2L3} \cdot a_{L3L1}}$
(gleichseitiges Dreieck, $a_{L1L2} = a_{L2L3} = a_{L3L1} = a$)	$L_{L1} = L_{L2} = L_{L3} = L$ $L = 0{,}2 \ln\dfrac{a}{\varrho}$
(drei Leiter L1, L2, L3 in einer Ebene mit Abstand a)	$L_{L1} = 0{,}2 \left(\ln\dfrac{\sqrt{2}\,a}{\varrho} - j\sqrt{3} \cdot \ln\sqrt{2} \right)$ $\phantom{L_{L1}} = 0{,}2 \cdot \ln\dfrac{a}{\varrho} + 0{,}0692 - j\,0{,}12$ $L_{L2} = 0{,}2 \cdot \ln\dfrac{a}{\varrho}$ $L_{L3} = 0{,}2 \left(\ln\dfrac{\sqrt{2}\,a}{\varrho} + j\sqrt{3} \cdot \ln\sqrt{2} \right)$ $\phantom{L_{L3}} = 0{,}2 \cdot \ln\dfrac{a}{\varrho} + 0{,}0692 + j\,0{,}12$ Mittlere Induktivität: $L_m = 0{,}2 \cdot \ln\dfrac{\overline{a}}{\varrho}$ Mittlerer geometrischer Abstand in mm: $\overline{a} = \sqrt[3]{2} \cdot a$

Werden zwei Sammelschienen durch mehrere parallele Systeme aus einadrigen Kabeln miteinander verbunden, so soll die Induktivität der parallelen Kabel innerhalb einer Phase möglichst gleich groß sein, weil davon die Stromverteilung auf die einzelnen Kabel abhängt. Der Abstand zweier einadriger Kabelsysteme soll etwa doppelt so groß sein wie der Achsabstand der einzelnen Kabel eines Systems. Ferner ist die Reihenfolge der Phasen innerhalb des Systems sehr wichtig. Entsprechend der Anzahl der Drehstromsysteme empfiehlt sich folgende Phasenfolge:

    L1 L2 L3   L3 L2 L1   L1 L2 L3   L3 L2 L1   usw.

Bei mehreren Systemen in Dreieckanordnung ist es vorteilhaft, die Phasenfolge wie folgt festzulegen:

    L1 L2 L3   L3 L2 L1   L1 L2 L3   L3 L2 L1   usw.

Weitere Hinweise siehe Siemens-Fachbuch „Kabel und Leitungen für Starkstrom".

Mehradrige Kabel

Grundsätzlich gelten die in der Tabelle 2.2/42 genannten Gleichungen auch für mehradrige Kabel. Deren Leiter sind zumeist nicht rund und die Adern oft unsymmetrisch angeordnet, wie z.B. bei Kabeln mit vier Adern für 0,6/1 kV. Die Bewehrung der Mehrleiterkabel besteht in der Regel aus ferromagnetischem Material, welches durch seine feldkonzentrierende Wirkung die Induktivität vergrößert. Eine Korrektur der Rechenwerte an Hand von Meßergebnissen ist daher erforderlich. Die Induktivitäten der gebräuchlichen Kabeltypen werden daher in den Bildern 2.2/20 bis 2.2/22 angegeben. Ihre Genauigkeit entspricht den Erfordernissen für die praktische Anwendung.

Betriebskapazität

Die Kapazitäten werden durch die Abmessungen der Kabel und die relative Dielektrizitätskonstante ε_r bestimmt (Bild 2.2/17 und 2.2/18). Bei Gürtelkabeln muß wegen der Inhomogenität der Isolierung und besonders der Zwickelräume auf Meßwerte zurückgegriffen werden. Richtwerte für die Betriebskapazitäten sind in den Bildern 2.2/20 bis 2.2/22 angegeben.

2.2 Starkstromkabel für Spannungen bis 30 kV

Radialfeldkabel Bei Radialfeldkabeln (z. B. Einleiterkabel, Dreimantelkabel, H-Kabel und Kunststoffkabel mit Einzeladerabschirmung) ist die Kapazität jedes Leiters gegen die Abschirmung zugleich die Betriebskapazität.

$$C = \frac{5{,}56 \cdot \varepsilon_r}{\ln \frac{D}{d}} \cdot 10^{-2} \; \mu F/km \tag{32}$$

Der Erdschlußstrom bei Radialfeldkabeln beträgt

$$I_e = \sqrt{3} \cdot U \cdot \omega C \cdot 10^{-3} \; A/km \tag{33}$$

$$I_e = 3 \cdot U_0 \cdot \omega C \cdot 10^{-3} \; A/km \,. \tag{34}$$

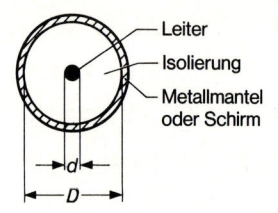

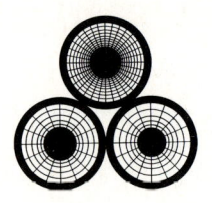

D Durchmesser unter der Abschirmung (Metallmantel, leitfähige Schicht) in mm
d Durchmesser des Leiters bzw. der leitfähigen Schichten über dem Leiter in mm

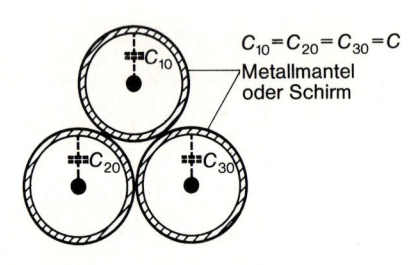

$C_{10} = C_{20} = C_{30} = C$

Schema der Kapazitäten von Radialfeldkabeln im Drehstromsystem

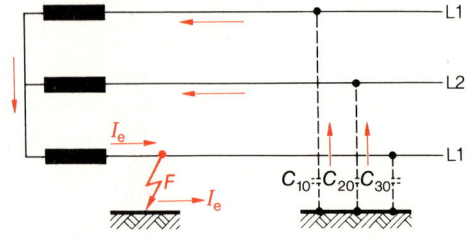

Bild 2.2/17 Radialfeldkabel

2.2 Starkstromkabel für Spannungen bis 30 kV

Bei Gürtelkabeln und Kunststoffkabeln mit nicht radialem Feld und gemeinsamer metallener Umhüllung kann die Betriebskapazität näherungsweise berechnet werden mit

Gürtelkabel

$$C = \frac{0{,}111 \cdot \varepsilon_r}{\ln \frac{a^2(3 \cdot R^2 - a^2)^3}{r^2(27 \cdot R^6 - a^6)}} \ \mu F/km \ . \tag{35}$$

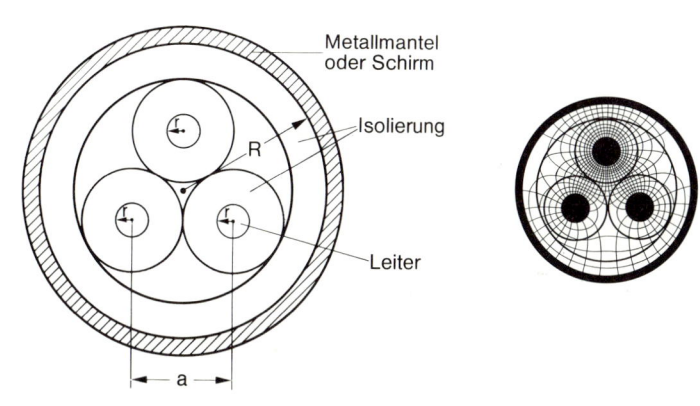

ε_r Relative Dielektrizitätskonstante
r Radius des Leiters bzw. der leitfähigen Schichten über dem Leiter in mm
a Abstand der Leiter in mm
R Radius unter der Abschirmung (Metallmantel, Schirm) in mm

Die Betriebskapazität ergibt sich aus Meßwerten zu

$$C = C_{10} + 3\,C_{12} \tag{36}$$

mit C_{10} als Kapazität Leiter gegen Abschirmung und C_{12} als Kapazität Leiter gegen Leiter.

$C_{12} = C_{23} = C_{13}$
$C_{10} = C_{20} = C_{30}$
$C = C_{10} + 3\,C_{12}$

Schema der Teilkapazitäten eines Gürtelkabels im Drehstromsystem

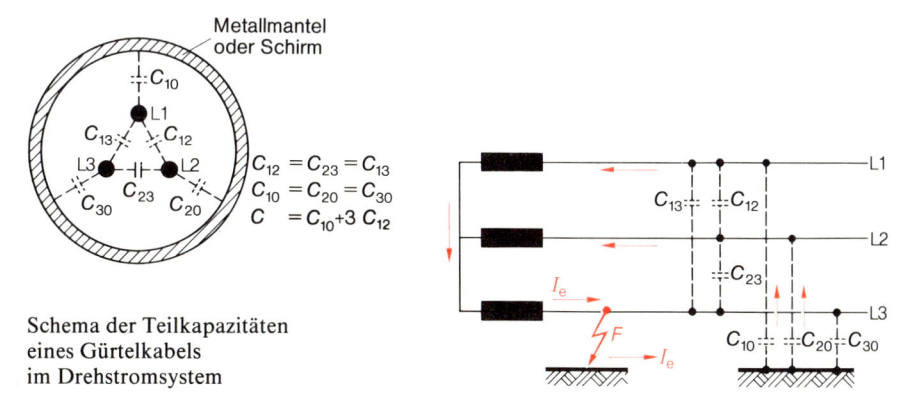

Bild 2.2/18
Gürtel- oder Kunststoffkabel mit gemeinsamen Schirm über den verseilten Adern im Drehstromsystem

Der Erdschlußstrom ist dann

$$I_e = \sqrt{3} \cdot U \cdot \omega\, C_{10} \cdot 10^{-3} \quad \text{A/km} \tag{37}$$

$$I_e = 3 \cdot U_0 \cdot \omega\, C_{10} \cdot 10^{-3} \quad \text{A/km} \tag{38}$$

$$C_{10} \approx 0{,}57\, C \qquad \mu\text{F/km}\,.$$

Für die bei Hochspannungskabeln üblichen Isolierstoffe kann man bei $f = 50$ Hz und 20 °C mit folgenden Mittelwerten für ε_r rechnen:

Werkstoff	ε_r
getränktes Papier	3,4 bis 4
PVC-Mischungen	5 bis 8
PE- und VPE-Isolierungen	2,4

Relative Dielektrizitätskonstante

Die relative Dielektrizitätskonstante ε_r ist abhängig von der Temperatur. Im Bereich der für Kabel üblichen Betriebstemperaturen ist diese Abhängigkeit meist vernachlässigbar. Eine starke Veränderung weisen jedoch PVC-Mischungen auf. Für PROTODUR-Kabel kann als Richtwert zum Umrechnen der Werte für die relative Dielektrizitätskonstante ε_r, und damit für die Betriebskapazität C, den Ladestrom I_c und den Erdschlußstrom I_e das Bild 2.2/19 verwendet werden. Dabei ist der Basiswert C_{20}, das ist die Kapazität bei 20 °C, gleich 1 gesetzt.

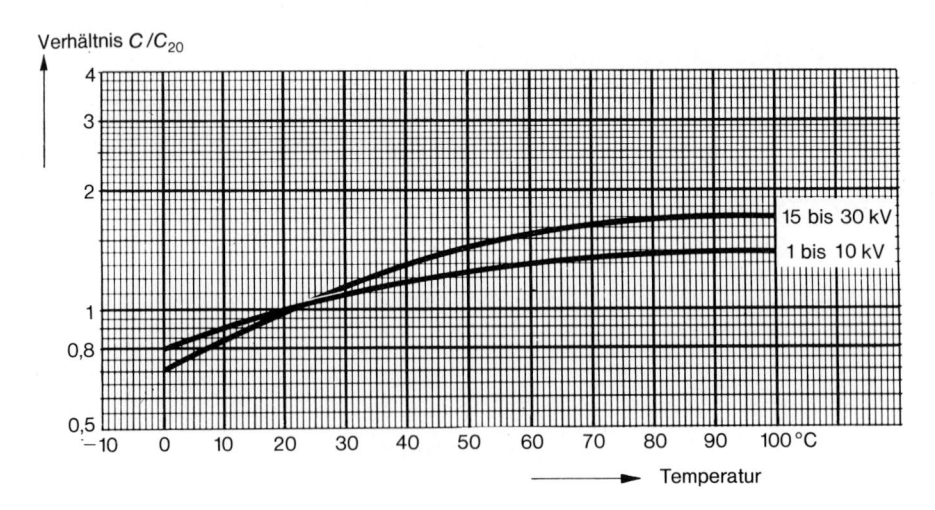

Bild 2.2/19
Temperaturabhängigkeit der relativen Dielektrizitätskonstante ε_r von PROTODUR-Mischungen

Je nach Zusammensetzung einer PVC-Mischung können sich von diesen Werten größere oder kleinere Abweichungen ergeben.

2.2 Starkstromkabel für Spannungen bis 30 kV

In Netzen mit niederohmiger oder starrer Sternpunkterdung wird der Erdschlußstrom zum Erdkurzschlußstrom.   **Erdschlußstrom**

In Netzen mit freiem Sternpunkt ist der Fehlerstrom bei Erdschluß der kapazitive Erdschlußstrom. Er kann mit Hilfe der Gleichungen (33) (34) und (37) (38) ermittelt werden.

Der Ladestrom beträgt bei symmetrischem Drehstrombetrieb   **Ladestrom**

$$I_c = U_0 \cdot \omega C \cdot 10^{-3} \quad \text{A/km} \tag{39}$$

und die Ladeleistung je Phase

$$Q_c = U_0 \cdot I_c \quad \text{kVA/km} \tag{40}$$

$$Q_c = U_0^2 \cdot \omega C \cdot 10^{-3} \quad \text{kVA/km} . \tag{41}$$

In Kabeln treten bei Wechselspannung wie in jedem Kondensator dielektrische Verluste auf. Als Folge einer geringen Ableitung und der Dipolverluste der Isolierung weicht der durch das Dielektrikum fließende Strom I um den kleinen Verlustwinkel δ von dem um 90° voreilenden Blindstrom I_c eines idealen verlustfreien Kondensators ab (Bild 2.2/23).   **Dielektrische Verluste**

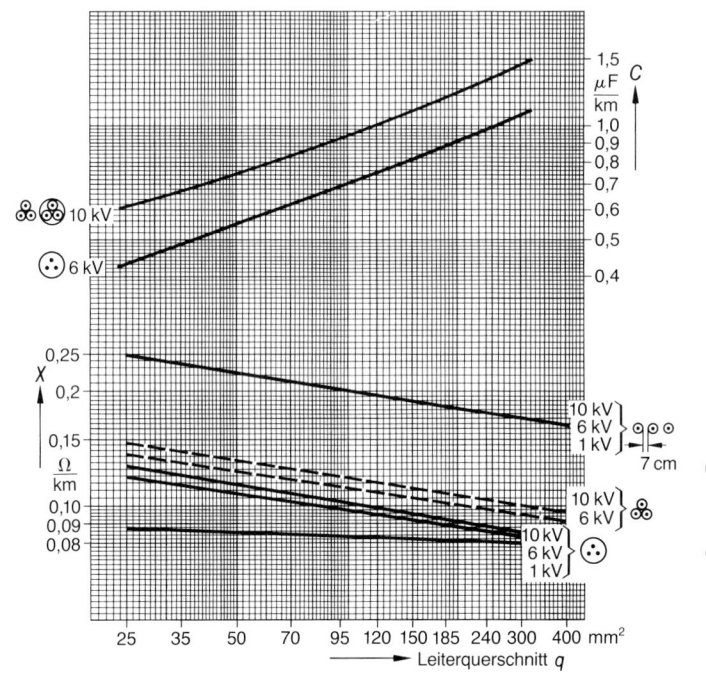

Bild 2.2/20
PROTODUR-Kabel, induktive Widerstände X und Betriebskapazitäten C bei 70 °C Betriebstemperatur

2.2 Starkstromkabel für Spannungen bis 30 kV

Bild 2.2/21 Papierbleikabel, induktive Widerstände X und Betriebskapazitäten C

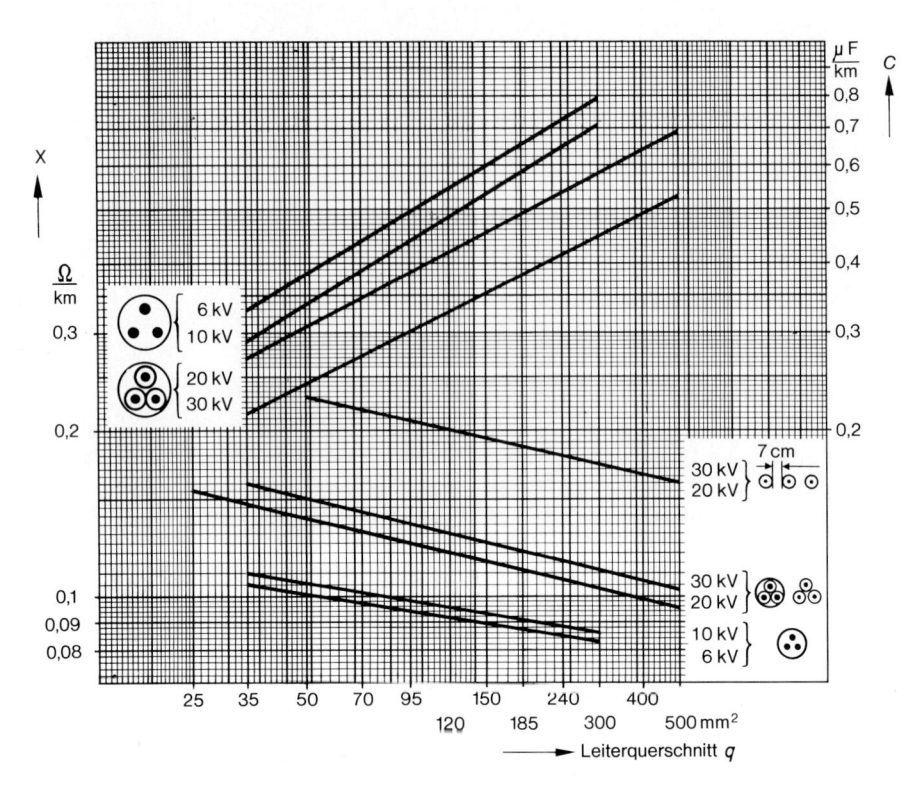

- Gürtelkabel (gemeinsame Abschirmung)
- Dreimantelkabel (Einzelleiterabschirmung)
- Einadrige Kabel

Bild 2.2/22
PROTOTHEN- und PROTOTHEN-X-Kabel, induktive Widerstände X und Betriebskapazitäten C

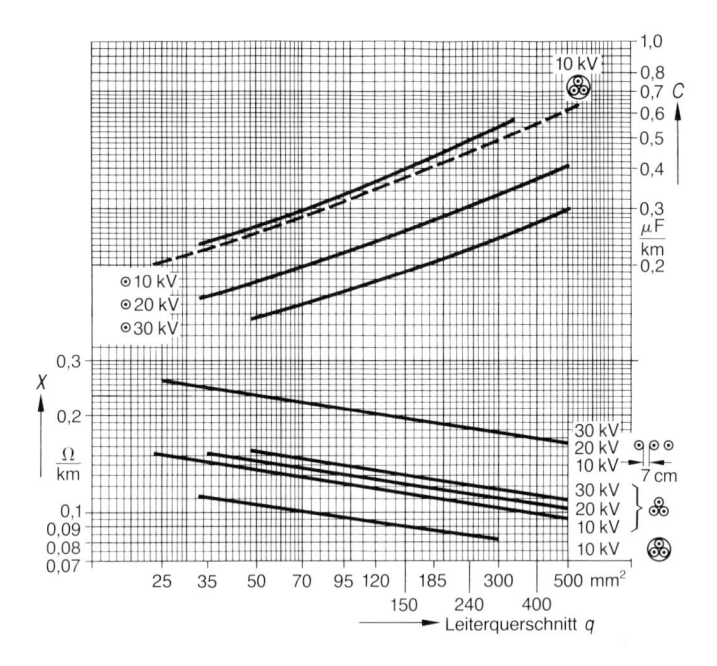

2.2 Starkstromkabel für Spannungen bis 30 kV

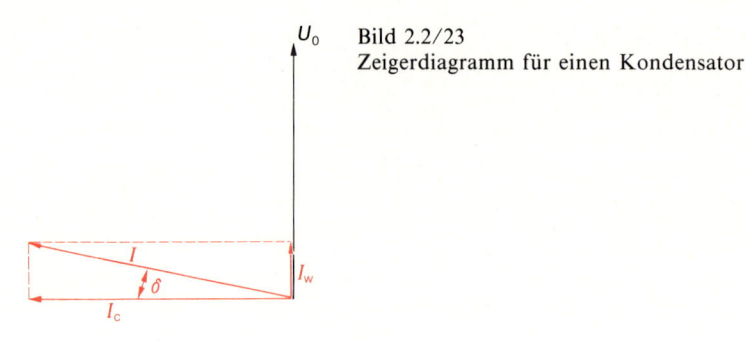

Bild 2.2/23
Zeigerdiagramm für einen Kondensator

Gemäß Bild 2.2/23 ist dann:

$$I_w = I_c \cdot \tan \delta \quad \text{A/km} . \tag{42}$$

Für ein Kabel im Drehstromsystem ergeben sich damit die dielektrischen Verluste

$$V_d = 3 \cdot U_o \cdot I_w \cdot 10^{-3} \quad \text{kW/km} \tag{43}$$

$$V_d = U^2 \cdot \omega C \cdot \tan \delta \cdot 10^{-3} \quad \text{kW/km} . \tag{44}$$

Für die Projektierung der Kabel bis 30 kV ist die Kenntnis der Höhe der dielektrischen Verluste im allgemeinen nicht erforderlich. (Weitere Hinweise siehe Siemens-Fachbuch „Kabel und Leitungen für Starkstrom".)

Hinweise zum Verlegen

Bestimmungen Für das Verlegen von Kabeln gelten grundsätzlich die in VDE 0298 Teil 1 festgelegten Bestimmungen.

Lagepläne Kabellisten Während der Kabellegung sind Lagepläne und Kabellisten zu erstellen, in die für spätere Fehlerortungen oder Erweiterungen Angaben wie Kabeltyp, Fabrikat, Längen-Nr., Trommel-Nr., verlegte Kabellänge in m (Verschnittenden bei Muffen- und Endverschlußmontage abziehen) und Muffenplätze eingetragen werden.

Transport Kabel werden im allgemeinen auf Holztrommeln versandt. Kurze Kabel bis zu 150 m Länge und mit einem Höchstgewicht von 100 kg (unbewehrte Kabel) oder 250 kg (bewehrte Kabel) kann man auch in Ringen, die durch Umwickeln mit Kreppapier oder dergleichen geschützt sind, transportieren.

Es werden bis 1000 m Kabel auf einer Trommel versandt. Bei größeren Längen können beim Abtrommeln Schwierigkeiten auftreten. So besteht die Gefahr, daß das innenliegende Ende wandert und das Auslegen von Zeit zu Zeit unterbrochen werden muß, um das immer länger werdende Kabelende wieder zu befestigen. Versäumt man diesen Arbeitsgang, so können an den Übergangsstellen der Hochlagen Knicke auftreten. Bei schnellem Abziehen ist es ferner möglich, daß die Kabellagen durcheinanderfallen.

Der Landtransport der Kabeltrommeln erfolgt auf Bahnwaggons oder Lastwagen. Damit sie sich während der Fahrt nicht bewegen können, werden sie fachgerecht festgekeilt. Vor dem Abladen der Sendung ist es erforderlich, sich vom einwandfreien Zustand der Trommel und ihrer Befestigung zu überzeugen. Über festgestellte Schäden ist ein Schadensbericht durch den Frachtführer zu veranlassen, um gegebenenfalls eine Forderung auf Schadenersatz geltend machen zu können.

Abladen

Beim Abladen von Kabeltrommeln bedient man sich eines Kranes oder einer Rampe. Wenn keines von beiden zur Verfügung steht, ist eine Behelfsrampe zu errichten (Bild 2.2/24), die aus Holzbohlen oder Trägern besteht und keine größere Neigung als 1:4 haben soll. Die Auswahl der Bohlen und Träger erfolgt nach dem Gewicht der Last. Beim Herunterrollen muß die Trommel an Halteseilen geführt werden, die mit Hilfe von Winden oder Flaschenzügen angezogen oder nachgelassen werden können. Ferner ist es zweckmäßig, am Ende des Ablaufes als Bremse ein oder mehrere etwa 20 cm hohe Sandhügel aufzuschütten.

Weder Ringe noch Trommeln, auch mit kleinen Abmessungen und geringem Gewicht, dürfen vom Wagen herabgeworfen werden. Selbst wenn weiche Unterlagen vorhanden sind, werden dabei die Kabel beschädigt.

Der auf der Trommelscheibe aufgemalte Pfeil gibt die Drehrichtung der Trommel beim Rollen an. Wird die Trommel entgegengesetzt gerollt, so besteht die Gefahr, daß sich die Kabellagen lösen.

Feststellen von Beschädigungen

Nach dem Entfernen der Schalbretter von den Trommeln bzw. der Schutzbewicklung von den Kabelringen sind die Kabel auf äußere Beschädigungen zu untersuchen. Dabei ist zu überprüfen, ob die Verkappungen der Kabelenden einwandfrei und unverletzt sind. Gegebenenfalls müssen die Kappen erneuert werden.

Falls die Gefahr besteht, daß Feuchtigkeit in ein Kabel eingedrungen ist, muß dies sofort durch Isolationsmessung, bei massegetränkten Kabeln auch durch Spratzprobe, festgestellt werden.

Das betroffene Kabel kann notfalls stückweise zurückgeschnitten werden, bis keine Feuchtigkeit mehr festgestellt wird.

Zum Transport an den Montageort ist es zweckmäßig, einen Kabelverlegewagen mit Auf- und Abladevorrichtung zu verwenden. Wenn dieser mit einem Lager für die Trommelwelle ausgestattet ist, kann das Kabel vom Kabelverlegewagen abgezogen oder bei langsamer Fahrt ausgelegt werden (Bild 2.2/25).

Abtrommeln vom Kabelverlegewagen

Falls Kabel nicht direkt vom Kabelverlegewagen aus in den Graben gelegt werden, sind die Trommeln möglichst dort abzuladen, wo die Kabel später abgezogen werden sollen. Ein Transport durch Rollen der Trommel ist zu vermeiden.

Kabel in Ringen möglichst liegend lagern. Stehende Ringe sind abzustützen.

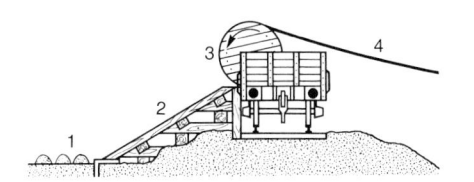

1 Sandschüttung
2 Ablauframpe
3 Trommel
4 Halteseil

Bild 2.2/24   Behelfsmäßige Rampe zum Abladen der Kabeltrommeln

2.2 Starkstromkabel für Spannungen bis 30 kV

Bild 2.2/25   Abziehen des Kabels vom Kabelverlegewagen

Aufbocken und Abtrommeln des Kabels

Das Kabel ist möglichst oben von der Trommel abzuziehen. Hierbei ist die Trommel so aufzustellen, daß der aufgemalte Pfeil entgegengesetzt zur Drehrichtung zeigt. Die Trommel wird mit einer Achse auf Trommelwinden (bei schweren Trommeln auf hydraulischen Trommelböcken) so hoch aufgebockt (Bild 2.2/26), daß sich die zum Bremsen erforderliche Bohle nicht mehr verklemmen kann.

Die Trommel muß jederzeit abgebremst werden können, damit bei einer plötzlichen Stockung ein weiteres Abrollen und damit Einknicken des Kabels verhindert wird. Besonders gefährlich sind sogenannte Kinken (Schlingen), die man

Bild 2.2/26   Abziehen des Kabels

unbedingt vermeiden muß. Als Trommelbremse kann eine einfache Bohle dienen. Beim Abziehen des Kabels wird die Trommel von Hand gedreht, damit unzulässige Zugbeanspruchungen vermieden werden, gegen die besonders dünne Kabel ohne Drahtbewehrung sehr empfindlich sind.

Kleinere Kabelringe können beim Auslegen ausgerollt werden. Größere Ringe sind von einer Haspel oder drehbaren Scheibe liegend abzuziehen. Keinesfalls darf man die Windungen von den Ringen oder von umgelegten Trommeln abheben, da sonst die Kabel verdreht und beschädigt werden.

Bei Temperaturen unter $+5\,°C$ sind massegetränkte Kabel bzw. bei $-5\,°C$ und darunter Kunststoffkabel vor dem Auslegen zu erwärmen, da sonst beim Biegen die Isolierung und der Korrosionsschutz beschädigt werden könnten. Entweder werden die Trommeln einige Tage in einem $25\,°C$ warmen Raum gelagert oder auf andere Weise erwärmt, z.B. in einem Zelt mit Heizkörpern oder einem Trommelheizgerät. Die Kabeltrommeln sind während des Anwärmens in kurzen Zeitabständen zu drehen (Pfeilrichtung auf Kabeltrommel beachten). Es ist darauf zu achten, daß das Kabel auch im Trommelkern ausreichend erwärmt wurde. Das kann durch Messen der Temperatur im Innern der Trommel geprüft werden. Die Temperatur am Kabel darf $40\,°C$ nicht überschreiten. **Temperatur beim Auslegen**

Für den Transport vom Wärmeplatz zur Verlegestelle ist das Kabel durch Zeltplanen gegen Abkühlung zu schützen. Die Legearbeiten müssen sorgfältig vorbereitet und zügig durchgeführt werden, damit das Kabel nicht wieder zu sehr abkühlt.

Tabelle 2.2/43 enthält die zulässigen Biegeradien R beim Verlegen von Kabeln. **Biegeradien**

Bei einmaligem Biegen der Kabel, z.B. vor Endverschlüssen, können die angegebenen zulässigen Biegeradien R bis auf die Hälfte verringert werden, wenn eine fachgemäße Bearbeitung (z.B. Erwärmen auf $30\,°C$, Biegen über eine Schablone) sichergestellt ist.

Im Normalfall sollten die Werte in Tabelle 2.2/43 aber nicht unterschritten werden.

Tabelle 2.2/43 Zulässige Biegeradien R für Kabel

	Papierisolierte Kabel		Kunststoff-Kabel	
	mit Bleimantel	mit glattem Aluminiummantel	$U_0/U \leq$ $0{,}6/1$ kV	$U_0/U >$ $0{,}6/1$ kV
mehradrige Kabel	$15 \cdot d$	$25 \cdot d$	$12 \cdot d$	$15 \cdot d$
einadrige Kabel	$25 \cdot d$	$30 \cdot d$	$15 \cdot d$	$15 \cdot d$

d Außendurchmesser der Kabel (siehe Listenangaben der Hersteller)

2.2 Starkstromkabel für Spannungen bis 30 kV

Tabelle 2.2/44   Maximal zulässige Zugbeanspruchungen für Kabel

Ziehart	Kabelbauart	Formel	Faktor
Mit Ziehkopf an den Leitern	alle Kabeltypen	$F = \sigma \cdot A$	$\sigma = 50$ N/mm² (Cu-Leiter) $\sigma = 30$ N/mm² (Al-Leiter)
Mit Ziehstrumpf	Kunststoffkabel ohne Metallmantel und ohne Bewehrung (z. B. NYY, N2XSY, NYSEY, NYCWY)	$F = \sigma \cdot A$	$\sigma = 50$ N/mm² (Cu-Leiter) $\sigma = 30$ N/mm² (Al-Leiter)
	alle drahtbewehrten Kabel (z. B. NYFGY, NAYFGY)	$F = K \cdot d^2$	$K = 9$ N/mm²
	Kabel ohne zugfeste Bewehrung: Einmantelkabel (z. B. NKBA)	$F = K \cdot d^2$	$K = 3$ N/mm²
	Dreimantelkabel (z. B. NEKEBA, NAEKEBA)	$F = K \cdot d^2$	$K = 1$ N/mm²

F max. Zugkraft in N
A Summe der Leiterquerschnitte in mm² ohne Schirme und konzentrische Leiter
d Kabel-Außendurchmesser in mm
K spezifische Zugfestigkeit bezogen auf das Kabel
σ spezifische Zugfestigkeit bezogen auf den Leiter

Ziehen des Kabels   Zum Ziehen des Kabels wird am Kabelende ein Ziehstrumpf (Bild 2.2/27) oder ein Ziehkopf (Bild 2.2/28) angebracht.

Ziehstrumpf   Nach dem Lösen des Kabelendes von der Trommelscheibe ist ein Ziehstumpf über das Kabelende zu streifen und am Ende durch einen Bund zu befestigen. An der Kausche des Ziehstrumpfes wird ein Hanfseil oder dergleichen befestigt. An der aufgelöteten Verschlußkappe (Bleikappe) der papierisolierten Kabel darf keinesfalls gezogen werden.

Ziehkopf   Beim Ziehen von unbewehrten Kabeln oder stahlbandbewehrten Kabeln mit Winde kann das Windenseil mit einem Ziehkopf unmittelbar an den Leitern befestigt werden. Wenn gewährleistet ist, daß der Ziehkopf alle Leiterdrähte gleich-

Bild 2.2/27   Ziehstrumpf

Bild 2.2/28 Ziehkopf

mäßig erfaßt, sind wesentlich höhere Zugkräfte als beim Ausziehen des Kabels mit Hilfe eines Ziehstrumpfes zulässig. Die maximal zulässigen Zugbeanspruchungen für Kabel können der Tabelle 2.2/44 entnommen bzw. mit deren Angaben errechnet werden. **Zugkraft**

Für die Berechnung der zulässigen Zugkräfte gilt VDE 0298 Teil 1.

Legen der Kabel in Erde

Das Kabel kann in folgender Weise verlegt werden:
- ▷ vom Kabelverlegewagen aus, wenn keinerlei Hindernisse im Graben oder in der Nähe des Grabens vorhanden sind. **Ausfahren vom Kabelverlegewagen aus**

Das Abziehen des Kabels von der Trommel kann erfolgen:
- ▷ durch Hilfskräfte,
- ▷ durch Kabelrollen, Eckrollen und Motorrollen, wenn mehrere Kabel parallel liegen oder bei besonders schwierigem Trassenverlauf, **Abziehen von der Kabeltrommel**
- ▷ durch Seilwinde, wenn die Zugfestigkeit der Kabel ausreichend ist.

Das Kabel ist, sofern es nicht über Rollen geführt wird, in den Händen zu tragen. Die Arbeitskräfte sollen sich hierbei gleichmäßig in Abständen von etwa 4 bis 6 m längs des Kabels verteilen. Bild 2.2/29 zeigt das Auslegen eines Kabels über Rollen in einem Graben. **Einsatz von Hilfskräften**

Außer den üblichen, auch bei der Handverlegung erforderlichen Kabel- und Eckrollen werden Motorrollen in Abständen von 15 bis 30 m, je nach Trasse und Kabelgewicht, aufgestellt. Motorrollen haben einen 380-V-Drehstrom-Käfigläufermotor, der über ein Getriebe eine gummibelegte Treibrolle antreibt. Zwischen Treibrolle und einer federgespannten Druckrolle wird das Kabel mit einer Geschwindigkeit von etwa 10 m/min gezogen. **Einsatz von Motorrollen**

Die erforderliche Betriebsspannung für die Motorrollen ist dem Ortsnetz oder einem Drehstromaggregat von 6 bis 12 kW zu entnehmen. Der Anschlußwert einer Motorrolle beträgt 0,54 kW.

Diese Verlegeeinrichtung verlangt eine aus mindestens drei eingearbeiteten Monteuren bestehende Kolonne, die mit nur etwa 8 bis 10 Hilfskräften auch von schwersten Kabeln bis 600 m und mehr am Tag verlegen kann.

2.2 Starkstromkabel für Spannungen bis 30 kV

Das Kabel wird zuerst von 4 bis 6 Hilfskräften oder mit einer Seilwinde ein Stück von der Trommel abgezogen und mit seinem vorderen Ende durch die Motorrollen geführt. Bei zu geringem Spitzenzug ist Schlaufenbildung möglich und es besteht Knickgefahr für das Kabel.

Bild 2.2/30 zeigt die Einrichtungen zum Auslegen von Kabeln mit Motorrollen sowie einen Plan zum Aufstellen dieser Einrichtungen.

Einsatz einer Seilwinde

Das Ziehen der Kabel mit Seilwinde setzt voraus, daß die hierfür erforderlichen Zugkräfte vom Kabel ohne Schaden aufgenommen werden können.

Verwendung von Kabelrollen

Zur Führung des Zugseiles und des Kabels sind besonders stabile Kabel- und Eckrollen in den Kabelgraben oder -kanal einzubauen, die die wesentlich höheren Seitenkräfte gegenüber der Handverlegung aufnehmen können.

Bei Krümmungen in der Kabeltrasse ist der Biegeradius des Kabels zu beachten.

Die Zugkräfte sind von der Anzahl der Biegungen, vom Kabelgewicht pro Meter, von der Kabellänge und von der Reibung abhängig.

Die während des Einziehens auftretenden Zugkräfte sind mit einem Seilzugmesser oder Zugdynamometer ständig zu kontrollieren. Es sollen möglichst Winden mit Zugbegrenzung und schreibendem sowie registrierendem Dynamometer eingesetzt werden.

Kreuzen von Straßen

Beim Kreuzen von Straßen und Gleisen werden die Kabel in Rohre oder Kabelkanal-Formsteine nach DIN 457 (Bild 2.2/31) eingezogen, die etwa 1 m überstehen sollen. Alle Kreuzungen sind möglichst rechtwinklig auszuführen.

Bild 2.2/29 Auslegen von Kabeln in einem Graben

2.2 Starkstromkabel für Spannungen bis 30 kV

Motorrolle

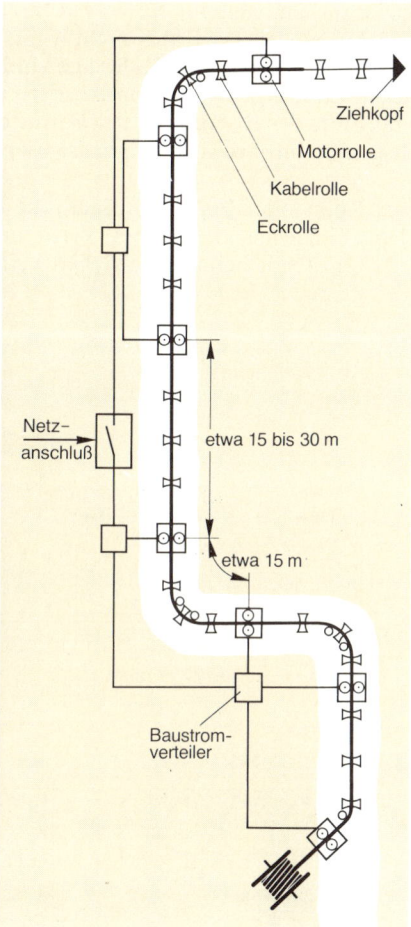

Aufstellung von Motor-, Kabel- und Eckrollen

Kabelrolle 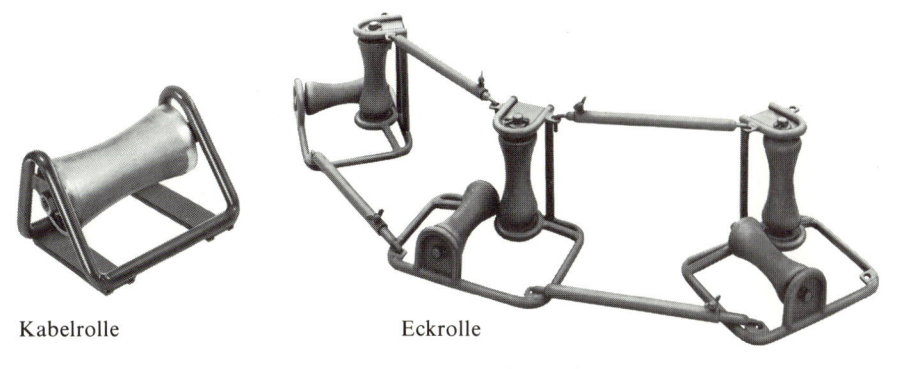   Eckrolle

Bild 2.2/30   Einrichtungen zum Auslegen von Kabeln mit Motorrollen

699

2.2 Starkstromkabel für Spannungen bis 30 kV

Schutz der Kabel an Rohr- und Formsteineinführung

Es ist ratsam, stets für Reserve-Rohrzüge zu sorgen, damit die Straße bei späterem Legen weiterer Kabel nicht wieder aufgerissen werden muß. Nicht sofort in Anspruch genommene Rohrzüge sind mit Kunststoffdeckeln oder Steinplatten gegen Eindringen von Fremdkörpern abzudecken. Die Kabel dürfen am Anfang und Ende der Rohre oder der Formsteine nicht auf der scharfen Rohrkante aufliegen. Stahlrohre sind möglichst trichterförmig aufzubördeln.

Vertiefungen vor Rohr- oder Formsteinzügen

Vor Rohr- oder Formsteinzügen, die in Höhe der Grabensohle liegen, sind vor dem Einziehen der Kabel Vertiefungen im Kabelgraben auszuheben (Bild 2.2/32), damit beim Kabelziehen keine Steine oder grobes Erdreich mit in die

Kabel-Formsteine

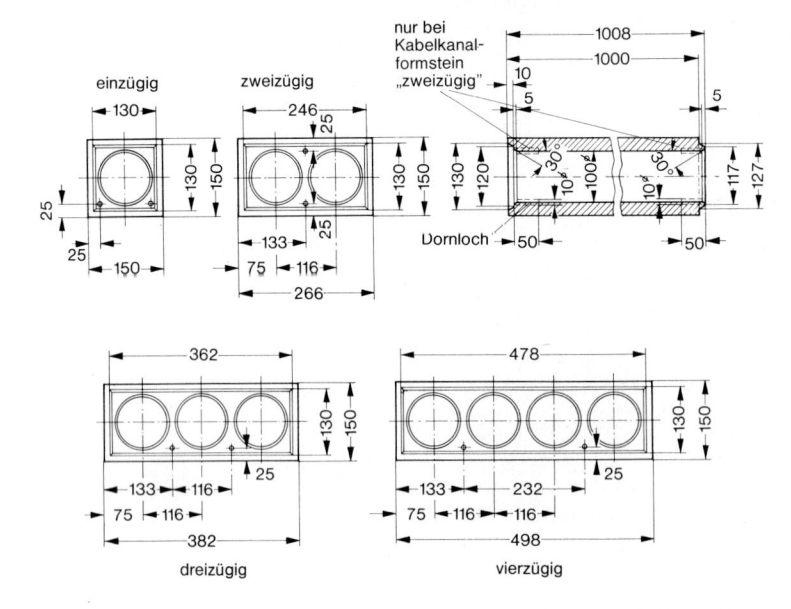

Bild 2.2/31 Maße der Kabelkanal-Formsteine nach DIN 457 (in mm)

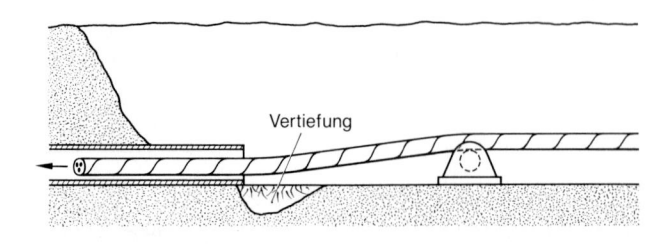

Bild 2.2/32 Einziehen eines Kabels in Rohr- oder Formsteinzüge

2.2 Starkstromkabel für Spannungen bis 30 kV

Rohre gezogen werden und sich dort verklemmen. Die Rohr- oder Formsteinzüge sollen zur Grabensohle hin etwas Gefälle haben. Nach dem Einziehen sind die Kabel an den Rohrenden mit ungetränkter Jute, Kunststoff-Kabelmantelteilen oder steinfreier Erde so zu unterpolstern, daß sie an der oberen Rohrkante anliegen (Bild 2.2/33).

Rohr-Mindestdurchmesser

Der Rohrdurchmesser soll mindestens das 1,5fache des Kabel-Außendurchmessers betragen. Krümmungen der Rohre sind mit Rücksicht auf das spätere Einziehen der Kabel mindestens mit den in Tabelle 2.2/43 genannten Radien auszuführen, wobei für d der Rohr-Außendurchmesser einzusetzen ist.

Hoch- und Niederspannungskabel in einem Graben

Sollen Hoch- und Niederspannungskabel in demselben Graben angeordnet werden, so legt man die Hochspannungskabel zweckmäßigerweise auf die Grabensohle und trennt sie durch Ziegelsteine von den Niederspannungskabeln. Das gilt auch für das Verlegen von Nachrichten- und Steuerkabeln im selben Graben mit den Hoch- und Niederspannungskabeln. Ein Beispiel hierfür mit Mindestmaßen für die Abstände und Verlegetiefen der Kabel zeigt Bild 2.2/34.

Schutz der Kabel an den Rohrenden

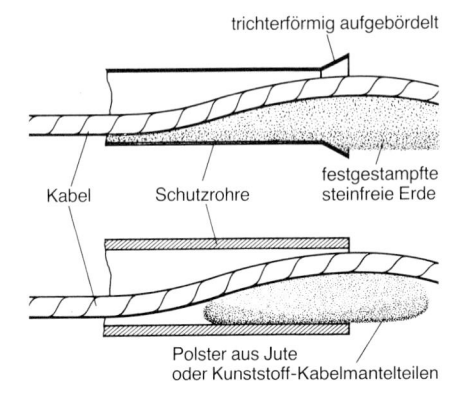

Bild 2.2/33
Beispiele für das Unterpolstern der Kabel am Rohrende

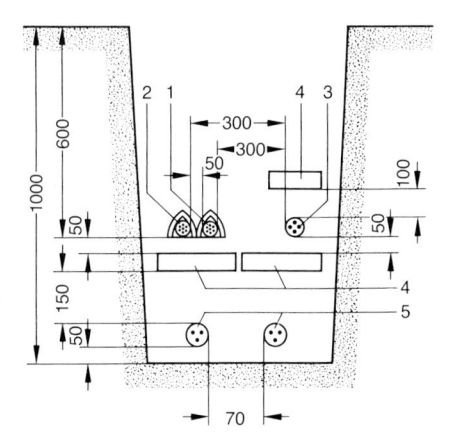

1 Nachrichtenkabel
2 Steuerkabel
3 Energiekabel bis 0,6/1 kV
4 Abdeckplatten, PVC-Schindeln oder Ziegelsteine
5 Energiekabel >0,6/1 kV

Maße in mm

Bild 2.2/34
Mindestmaße für Abstände und Verlegetiefen der Kabel im Kabelgraben

Legen der Kabel in Innenräumen

Falls nicht Kunststoff-Kabel vorgesehen werden, sind bei Häufung in Innenräumen und Kanälen Kabel ohne brennbare Außenhülle (z. B. bewehrte Kabel ohne Jutehülle, jedoch mit Rostschutzanstrich, oder Kabel mit einem PVC-Außenmantel) zu verwenden.

Die Kabel werden an Wänden oder Decken mit Schellen befestigt oder auf Pritschen und Gerüsten ausgelegt.

Befestigung der Kabel mit Schellen

Die Schellenabstände sollen bei waagerechtem Verlauf der Kabel folgende Werte nicht überschreiten:

bei unbewehrten Kabeln	20facher Außendurchmesser
bei bewehrten Kabeln	30- bis 35facher Außendurchmesser
max. Abstand	80 cm

Auf senkrecht verlaufenden Trassen kann man die Schellenabstände je nach dem gewählten Kabel- und Schellentyp vergrößern. Es sollen jedoch Abstände von 1,5 m nicht überschritten werden.

Werden handelsübliche Schellen verwendet, so ist bei Kunststoff-Kabeln und papierisolierten Kabeln mit Kunststoff-Außenmantel ein gebogenes Blech (sogenannte Gegenwanne) zwischen Unterlage und Kabel vorzusehen. Ausführliche Hinweise über geeignete Schellen s. Kap. 2.4.

Legen auf Kabelpritschen

Kabel werden in Innenräumen an Wänden und unter Decken häufig auf Kabelpritschen gelegt. Beim Projektieren sind der Platzbedarf (mit Rücksicht auf die Strombelastbarkeit bei Kabelhäufung und auf die zulässigen Biegeradien) sowie die Festigkeit der Träger und der anderen Bauteile zu berücksichtigen.

Für Kabelpritschen — oft auch Kabelbrücken genannt — sind ausreichende Raumverhältnisse erforderlich. Die Pritschen werden entweder an den Wänden befestigt oder freistehend montiert, so daß die Kabel von der Seite aufgelegt werden können und zu jeder Zeit wieder leicht aufzunehmen und auszutauschen sind. Sie dürfen die Wärmeabfuhr der Kabel durch Konvektion nicht behindern.

Legen in Kanälen

Die Vorteile beim Legen von Kabeln in Kanälen sind vor allem die leichte Auswechselbarkeit und das Erweitern der Anlage ohne größeren Aufwand.

Ferner können bei größeren Kabelhäufungen die Kabel in Kanälen in der Regel höher belastet werden. Dem stehen jedoch die größeren Kosten für das Erstellen der Kanäle gegenüber. Aus diesem Grund erfolgt die Kanalverlegung meist nur in Gebäuden oder in Freiluft-Schaltanlagen.

Mehradrige Kabel, die horizontal auf der Kanalsohle oder auf Kabelpritschen ausgelegt werden, braucht man nicht zu befestigen. In begehbaren Kanälen sind Kabel zweckmäßig auf übereinander angeordnete Pritschen zu legen.

Beim Übergang der Kabel vom Graben in einen Kanal sind die Kabel genau wie bei Mauerdurchführungen oder Straßenkreuzungen in Rohre oder Formsteine einzuziehen. Die lichte Weite der Rohre soll mindestens das 1,5fache des Kabel-Außendurchmessers betragen. Die Rohre sollen mit etwas Gefälle nach der

Grabenseite hin eingesetzt und an den Enden abgedichtet werden, um ein Eindringen von Wasser zu verhindern (Bild 2.2/35). Zum Abdichten sind handelsübliche Dichtungssysteme zu verwenden (z. B. geteilte oder ungeteilte Schrumpfschläuche).

Als Abdichtmasse sind Asphalt oder Kaltvergußmassen (SP oder Sikabit) oder dauerelastische Silikonmasse zu verwenden. Beton darf zum Abdichten nicht benutzt werden. Der Erdboden muß im Bereich der Kabeleintrittsstellen sorgfältig verdichtet werden, damit eine Senkung des Bodens mit Sicherheit vermieden wird.

Kabel mit PVC- oder PE-Außenmantel müssen im Bereich der Durchführung mit Kunststoffband umwickelt werden.

Belastbarkeit von Kabeln im Kanal

Die Belastbarkeit der Kabel im Kanal ist von der Umgebungstemperatur abhängig, die sich aus der Verlustleistung der verlegten Kabel und der an die Kanalwände, -decke und -sohle abgeführten Wärme ergibt. Daher ist für gute natürliche Belüftung der Kanäle zu sorgen. Gegebenenfalls ist eine künstliche Belüftung vorzusehen.

Bei Kabelhäufungen kann die Belastbarkeit der Kabel in gut belüfteten Kanälen günstiger sein als bei Verlegung direkt in Erde.

Um das Ausbreiten von Bränden zu verhindern, sind Kabelkanäle, Kabelschächte und Kabeltrassen an der Eintrittsstelle in elektrische Betriebsräume, Schaltwarten usw. feuerfest abzuschotten. Die einschlägigen Bau- und Konstruktionsrichtlinien sind zu beachten.

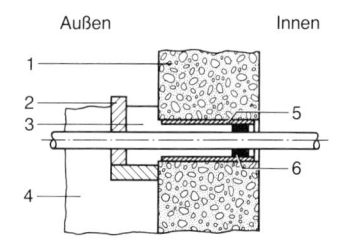

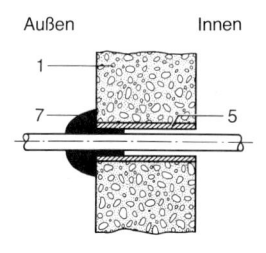

Mauerdurchführung

1 Mauer
2 Ziegelsteine oder Lehmform
3 Abdichtmasse
4 Sandaufschüttung
5 Kunststoff-, Beton- oder Stahlrohr
6 Abdichtung aus ungetränktem Jutestrick, Bitumenbinde oder Kunststoffband
7 Dauerelastische Silikonmasse

Bild 2.2/35   Beispiele für Mauerdurchführungen

2.2 Starkstromkabel für Spannungen bis 30 kV

Verlegen der Kabel im Freien

Schutz bei direkter Sonnenbestrahlung

Kunststoffkabel und -leitungen müssen in Ländern mit starker Sonneneinstrahlung gegen direkte Sonnenbestrahlung geschützt werden. Steigetrassen oder Kabelpritschen müssen mit einer Abdeckung oder einem Sonnenschutz versehen werden. Dabei ist zu beachten, daß auf gar keinen Fall die unbehinderte Luftzirkulation unterbrochen wird.

Hinweise zum Prüfen betriebsfertiger Kabelanlagen

Zur Kontrolle der Betriebssicherheit ist es empfehlenswert, die elektrischen Werte der fertigen Kabelanlage zu messen und in den Kabelplan oder in eine Kabelliste einzutragen, damit sie zum Vergleich herangezogen werden können.

Zu messen sind: Isolationswiderstand, Leiterwiderstand und Kapazität.

Massekabel und kunststoffisolierte Kabel können nach der Montage mit Gleich- oder Wechselspannung geprüft werden. Die anzuwendenden Prüfspannungen enthält Tabelle 2.2/45.

Die o. g. Messungen und die Spannungsprüfungen sind nach den Vorschriften VDE, BS und IEC nicht zwingend vorgeschrieben.

Nach IEC 502 beträgt die Prüfgleichspannung nur $4 \cdot U_0$.

Bei Kabeln mit PE- oder VPE-Isolierungen, die bereits seit einiger Zeit in Betrieb sind, sowie bei Wiederholungsprüfungen ist nicht auszuschließen, daß durch Prüfungen mit hohen Gleichspannungen Fehlerstellen initiiert werden können, während bei Beanspruchungen mit den in Betrieb zu erwartenden Wechselspannungen solche Schäden nicht entstehen würden. Deshalb sollte mit einer deutlich reduzierten Gleichspannung, die der Betreiber in eigener Verantwortung festlegt, geprüft werden.

Endet das Kabel in einem Transformator oder in einer Schaltanlage, so muß die Spannungsprüfung zwischen dem Auftraggeber und dem Lieferanten des Transformators oder der Schaltanlage abgestimmt werden.

Tabelle 2.2/45 Prüfspannungen von Kabelanlagen

Kabel-nennspannung	Prüf-wechselspannung	Prüfgleichspannung in	
		Neuanlagen	Altanlagen mit PE- oder VPE-isolierten Mittelspannungskabeln
U_0/U kV/kV	U kV (nach VDE)	U kV (nach VDE)	U kV (empfohlener Wert)
0,6/1	—	5,6 bis 8	—
3,6/6	7	20 bis 29	—
6/10	12	34 bis 48	12
12/20	24	67 bis 96	24
18/30	36	76 bis 108	36

2.3 Schutz von Leitungen und Kabeln gegen zu hohe Erwärmung durch Überströme

Leitungen und Kabel müssen mit Überstrom-Schutzorganen gegen zu hohe Erwärmung geschützt werden, die sowohl durch betriebsmäßige Überlast als auch durch vollkommenen Kurzschluß auftreten kann. **Regel**

Überstrom-Schutzorgane übernehmen entweder den Schutz bei Überlast und Kurzschluß oder nur eine dieser Schutzaufgaben (Tabelle 2.3/1). **Überstrom-Schutzorgane**

Überstrom-Schutzorgane für den Schutz bei Überlast und/oder Kurzschluß müssen am Anfang jedes Stromkreises sowie an allen Stellen eingebaut werden, an denen die Strombelastbarkeit oder die Kurzschlußstrom-Belastbarkeit gemindert wird, z. B. durch Verjüngung des Querschnittes oder bei geänderten Verlegebedingungen. **Anordnung**

Die Zuordnung der Leitungsschutzsicherungen und der Leitungsschutzschalter zu den Nennquerschnitten isolierter Leitungen und nicht im Erdreich verlegter Kabel kann für Umgebungstemperaturen bis 30 °C aus Tabelle 2.3/2 (gemäß Tabelle 1 aus VDE 0100 Teil 430) entnommen werden. **Schutz bei Überlast**

Tabelle 2.3/1   Einsatz von Überstrom-Schutzorganen

Überstrom-Schutzorgane	Nach VDE	Überlastschutz	Kurzschluß-schutz
NEOZED-/DIAZED-/NH-Schmelzsicherungen der Betriebsklasse gL	0636	x	x
Teilbereichssicherungen zum Geräteschutz	0636		x
Leitungsschutzschalter	0641	x	x
Schutzschalter mit Überstrom- und Überstrom-Schnellauslösern	0660	x	x
Thermisch verzögerter Auslöser in Verbindung mit Schaltgeräten	0660	x	
Überstrom-Schnellauslöser in Verbindung mit Schaltgeräten	0660		x
Motorvollschutz, z. B. bei Motorstromkreisen	0110 und 0660	x	

x für den Schutz geeignet

2.3 Schutz von Leitungen und Kabeln gegen zu hohe Erwärmung durch Überströme

Für die Einstellwerte von Leistungsschaltern und Schutzschaltern nach VDE 0660 kann Tabelle 2.1/5 auf Seite 592 (gemäß Tabelle 2 aus VDE 0100 Teil 523) herangezogen werden.

Liegen andere Bedingungen vor als in dieser Tabelle zugrunde gelegt, z. B. beim Einsatz von anderen Schutzorganen oder bei anderen Verlegebedingungen, d. h.

▷ andere Umgebungstemperaturen,
▷ Häufung von Leitungen oder Kabeln,
▷ Verlegung von Kabeln im Erdreich,

so müssen für die richtige Auswahl der Schutzorgane die folgenden Bedingungen beachtet werden:

(1) $\quad I_B \leq I_N \leq I_Z$

(2) $\quad I_Z \leq \dfrac{I_2}{1{,}45}$

I_B zu erwartender Betriebsstrom des Stromkreises
I_Z Strombelastbarkeit der Leitung oder des Kabels (s. VDE 0100 Teil 523)
I_N Nennstrom des Schutzorgans
Anmerkung:
Bei einstellbaren Schutzorganen entspricht I_N dem Einstellwert
I_2 der Strom, der eine Auslösung des Schutzorgans unter den in den Gerätebestimmungen festgelegten Bedingungen bewirkt (großer Prüfstrom).

Der Bezug dieser einzelnen Kenngrößen zueinander geht auch aus Bild 2.3/1 hervor.

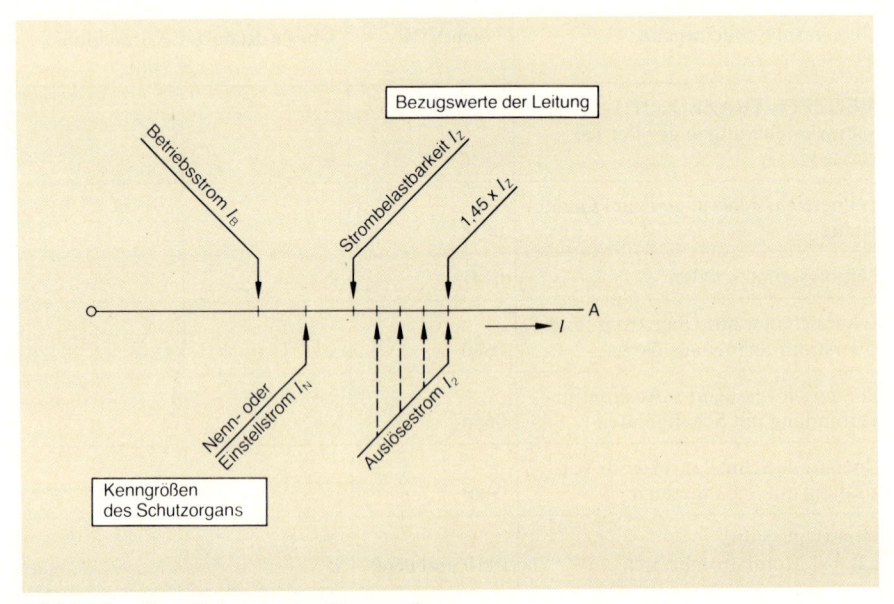

Bild 2.3/1 Koordinierung der Kenngrößen

2.3 Schutz von Leitungen und Kabeln gegen zu hohe Erwärmung durch Überströme

Tabelle 2.3/2
Zuordnung von Leitungsschutzsicherungen nach VDE 0636 und Leitungsschutzschaltern nach VDE 0641

Nennquerschnitt mm²	Gruppe 1 Cu A	Gruppe 1 Al A	Gruppe 2 Cu A	Gruppe 2 Al A	Gruppe 3 Cu A	Gruppe 3 Al A
0,75	—	—	6	—	10	—
1	6	—	10	—	10	—
1,5	10	—	10[1])	—	20	—
2,5	16	10	20	16	25	20
4	20	16	25	20	35	25
6	25	20	35	25	50	35
10	35	25	50	35	63	50
16	50	35	63	50	80	63
25	63	50	80	63	100	80
35	80	63	100	80	125	100
50	100	80	125	100	160	125
70	125	—	160	125	200	160
95	160	—	200	160	250	200
120	200	—	250	200	315	200
150	—	—	250	200	315	250
185	—	—	315	250	400	315
240	—	—	400	315	400	315
300	—	—	400	315	500	400
400	—	—	—	—	630	500
500	—	—	—	—	630	500

[1]) Für Leitungen mit nur 2 belasteten Adern kann ein Schutzorgan von 16 A gewählt werden

Erläuterungen zu Gruppe 1 usw. s. Tabelle 2.1/5

Überlastschutz bei parallel geschalteten Leitern

Parallel geschaltete Leiter können entweder einzeln oder durch ein gemeinsames Schutzorgan abgesichert werden.

Bei der Einzelabsicherung ist das genaue Anpassen von Leiterquerschnitt und Schutzorgan am leichtesten möglich. Bei Ausfall einer Verbindung ist ein eingeschränkter Weiterbetrieb der übrigen Parallelleiter möglich. Die Einzelabsicherung ist jedoch die wirtschaftlich aufwendigere Lösung.

Bei der Absicherung durch ein gemeinsames Schutzorgan sind für die parallel geschalteten Leiter folgende Bedingungen zu erfüllen:

▷ alle Leiter müssen dieselben elektrischen Eigenschaften haben
  (Art, Querschnitt, Länge, Verlegeart)
▷ und in ihrem Verlauf keine Abzweige aufweisen.

Für die Auswahl des gemeinsamen Schutzorgans bei Überlast gilt als Strombelastbarkeit I_Z die Summe der Strombelastbarkeitswerte aller Leiter.

2.3 Schutz von Leitungen und Kabeln gegen zu hohe Erwärmung durch Überströme

Verzicht auf Schutz bei Überlast

In folgenden Fällen darf gemäß VDE 0100 Teil 430 auf ein Schutzorgan zum Schutz bei Überlast verzichtet werden:

▷ in Leitungs- und Kabelverbindungen, in denen mit dem Auftreten von Überlastströmen nicht gerechnet werden muß. Dabei ist Voraussetzung, daß in den Verbindungen weder Abzweige noch Steckvorrichtungen enthalten sind, z. B. Zuleitung zu einem Wärmegerät;

▷ in Verbindungsleitungen zwischen elektrischen Maschinen, Anlassern, Transformatoren, Gleichrichtern, Akkumulatoren, Schaltanlagen oder ähnlichen Anlagenteilen;

▷ in Hilfsstromkreisen;

▷ in öffentlichen Verteilungsnetzen (Freileitungs- oder Kabelnetz).

Auf ein Schutzorgan zum Schutz bei Überlast und Kurzschluß muß gemäß VDE 0100 Teil 430 verzichtet werden, wenn durch die Unterbrechung des Stromkreises eine Gefahr entstehen kann, z. B.

▷ in Erregerstromkreisen von umlaufenden Maschinen;

▷ in Speisestromkreisen von Hubmagneten;

▷ in Sekundärstromkreisen von Stromwandlern;

▷ in Stromkreisen, die der Sicherheit dienen.

Diese Stromkreise sind so auszulegen, daß mit dem Auftreten von Überlastströmen nicht gerechnet werden muß.

Schutz bei Kurzschluß

Schutzorgane zum Schutz bei Kurzschluß sollen Kurzschlußströme in den Leitern eines Stromkreises unterbrechen, ehe sie eine für die Leiterisolierung, die Anschluß- und Verbindungsstellen sowie für die Umgebung der Leitungen und Kabel schädliche Erwärmung hervorrufen können.

Das Ausschaltvermögen des Schutzorgans muß daher mindestens dem größten Strom bei vollkommenem Kurzschluß am Einbauort entsprechen.

Ein nach Abschnitt „Schutz bei Überlast" ausgewähltes Überstrom-Schutzorgan, dessen Ausschaltvermögen mindestens dem Strom bei vollkommenem Kurzschluß an der Einbaustelle entspricht, gewährleistet neben dem Schutz bei Überlast auch den Schutz bei Kurzschluß der nachgeschalteten Leitungs- bzw. Kabelverbindung.

Wird aus besonderen Gründen auf ein gemeinsames Überstrom-Schutzorgan verzichtet, so erfolgt die Auswahl des Schutzorgans für den Schutz bei Kurzschluß in Abhängigkeit vom zu schützenden Leiterquerschnitt, der Stromkreislänge und der Schleifenimpedanz des vorgeschalteten Netzes.

In den Bildern 2.3/2, 2.3/3 und 2.3/4 sind für Sicherungen nach VDE 0636, Leitungsschutzschalter nach VDE 0641 und Leistungsschalter nach VDE 0660 Nomogramme (gemäß VDE 0100 Teil 430) zur Ermittlung der höchstzulässigen Leitungs- bzw. Kabellängen bei Querschnitten bis 16 mm² bei vorgewählter Überstrom-Schutzorgangröße aufgeführt.

Mit Hilfe dieser Nomogramme ist ebenso die Auswahl des max. zulässigen Schutzorgans bei vorgegebener Leitungslänge, Leiterquerschnitt und Schleifenimpedanz möglich.

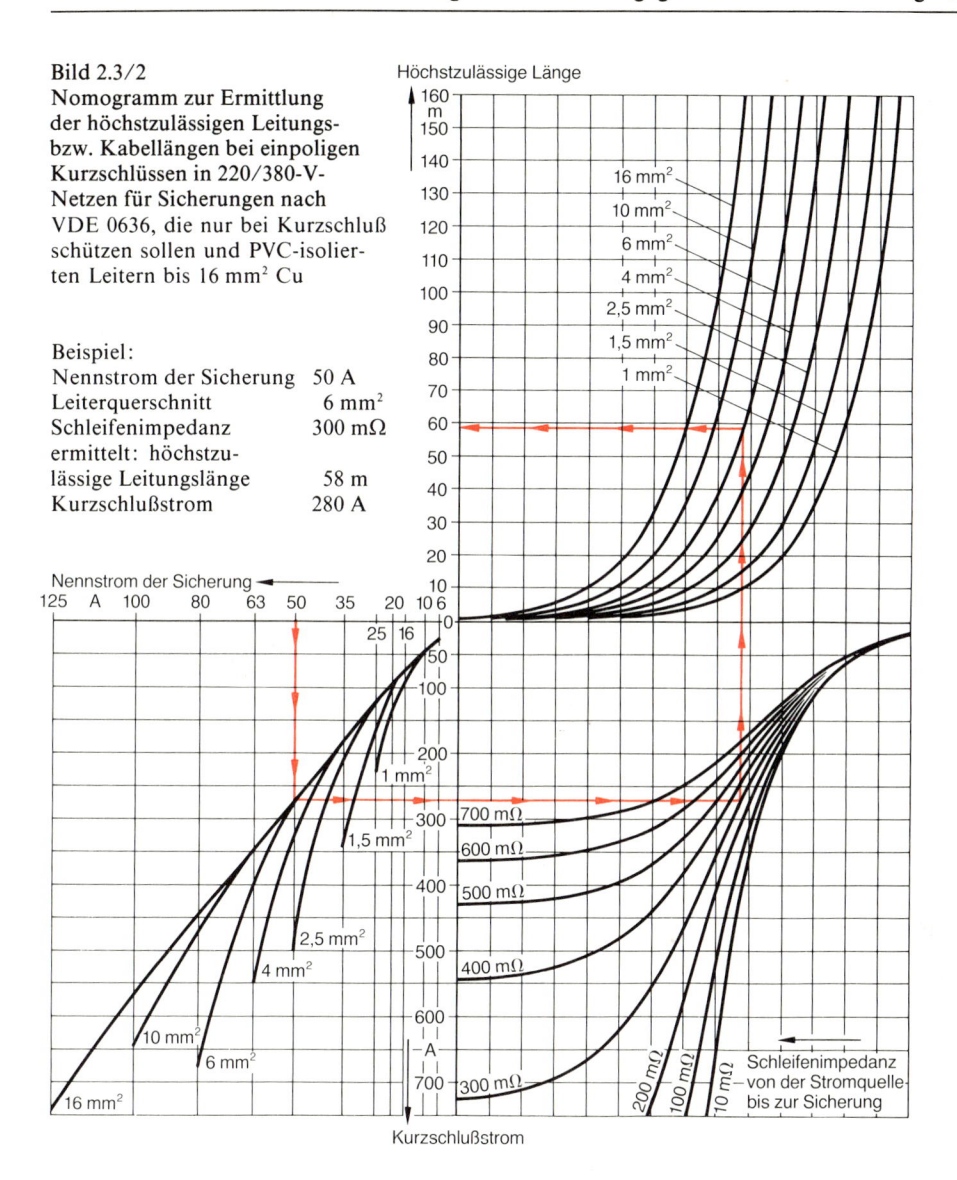

2.3 Schutz von Leitungen und Kabeln gegen zu hohe Erwärmung durch Überströme

Bild 2.3/2
Nomogramm zur Ermittlung der höchstzulässigen Leitungs- bzw. Kabellängen bei einpoligen Kurzschlüssen in 220/380-V-Netzen für Sicherungen nach VDE 0636, die nur bei Kurzschluß schützen sollen und PVC-isolierten Leitern bis 16 mm² Cu

Beispiel:
Nennstrom der Sicherung 50 A
Leiterquerschnitt 6 mm²
Schleifenimpedanz 300 mΩ
ermittelt: höchstzulässige Leitungslänge 58 m
Kurzschlußstrom 280 A

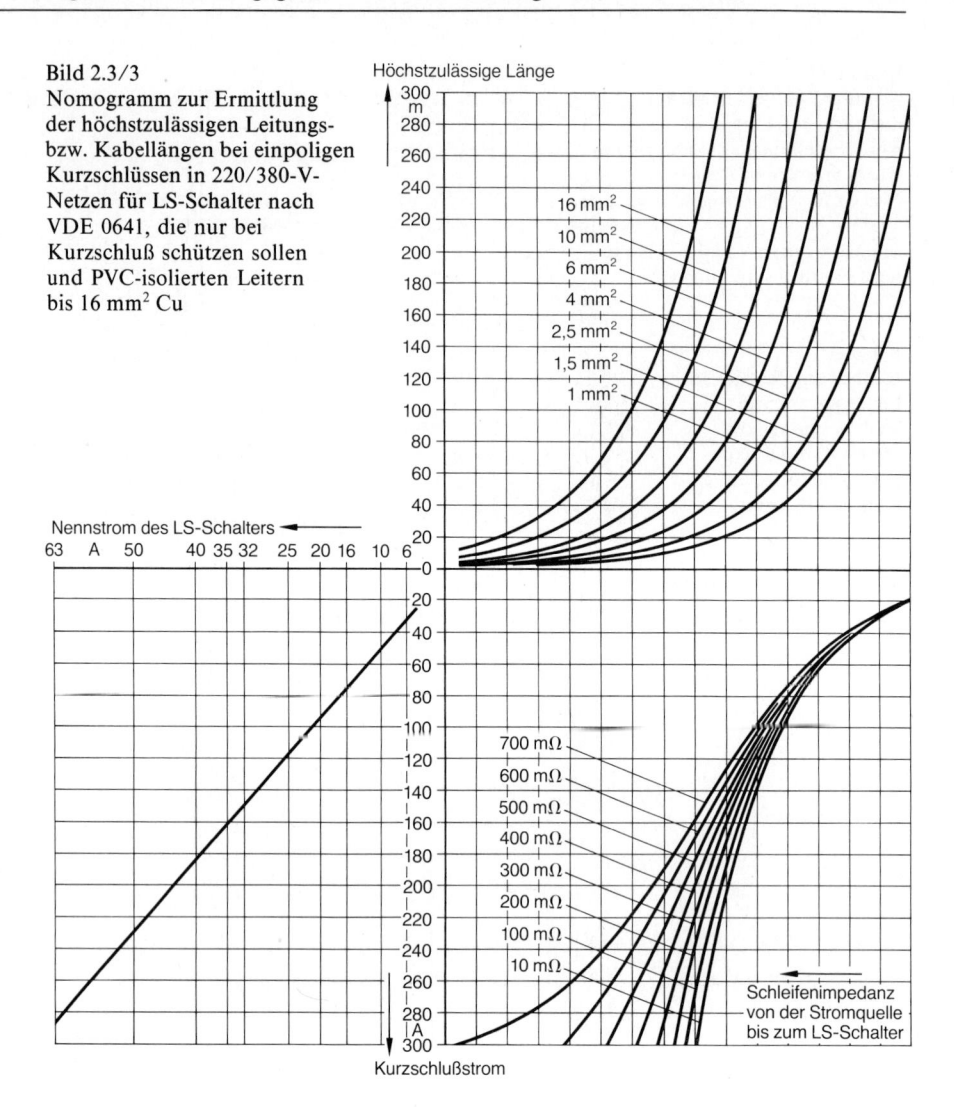

2.3 Schutz von Leitungen und Kabeln gegen zu hohe Erwärmung durch Überströme

Bild 2.3/3
Nomogramm zur Ermittlung der höchstzulässigen Leitungs- bzw. Kabellängen bei einpoligen Kurzschlüssen in 220/380-V-Netzen für LS-Schalter nach VDE 0641, die nur bei Kurzschluß schützen sollen und PVC-isolierten Leitern bis 16 mm² Cu

Höchstzulässige Länge

Nennstrom des LS-Schalters

Kurzschlußstrom

Schleifenimpedanz von der Stromquelle bis zum LS-Schalter

2.3 Schutz von Leitungen und Kabeln gegen zu hohe Erwärmung durch Überströme

Bild 2.3/4
Nomogramm zur Ermittlung der höchstzulässigen Leitungs- bzw. Kabellängen bei einpoligen Kurzschlüssen in 220/380-V-Netzen für Leistungsschalter nach VDE 0660, die nur bei Kurzschluß schützen sollen und PVC-isolierten Leitern bis 16 mm² Cu

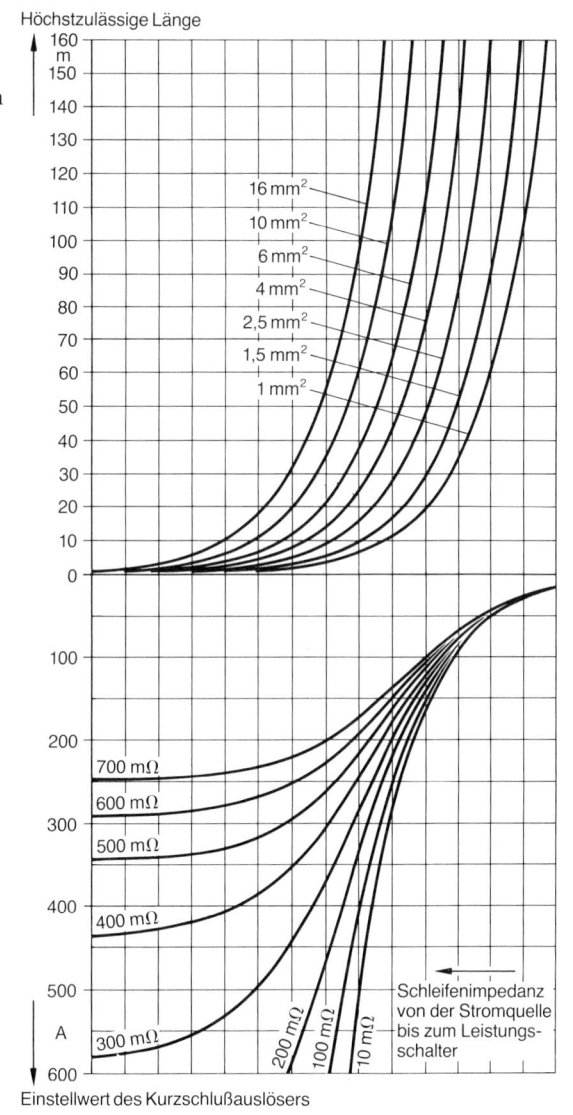

Für größere Querschnitte geben die Tabellen 2.3/3 und 2.3/4 für Cu- und Al-Leitermaterial die Zuordnung von Querschnitt, Nennstrom der Sicherung und größte Leitungslänge an.

2.3 Schutz von Leitungen und Kabeln gegen zu hohe Erwärmung durch Überströme

Tabelle 2.3/3
Höchstzulässige Leitungs- bzw. Kabellänge bei einpoligen Kurzschlüssen in 220/380-V-Netzen für Sicherungen nach VDE 0636, die nur bei Kurzschluß schützen sollen und PVC-isolierten Leitern von 25 bis 150 mm² Cu

Quer-schnitt mm²	Nennstrom der Sicherung A	Kurz-schluß-strom A	Höchstzulässige Länge bei einer Schleifenimpedanz bis zur Sicherung				
			10 mΩ m	50 mΩ m	100 mΩ m	200 mΩ m	300 mΩ m
25	80	450	222	205	183	138	92
	100	560	178	161	139	93	46
	125	740	134	116	94	48	—
	160	960	102	85	62	14	—
35	100	560	248	224	193	129	63
	125	740	186	178	131	66	—
	160	960	142	162	86	20	—
	200	1310	103	78	46	—	—
50	125	740	264	229	185	92	—
	160	960	202	167	121	28	—
	200	1310	146	110	64	—	—
	250	1580	119	84	37	—	—
70	160	960	279	230	167	38	—
	200	1310	201	152	88	—	—
	250	1580	165	115	51	—	—
	315	2070	123	73	8	—	—
95	200	1310	268	201	116	—	—
	250	1580	219	152	67	—	—
	315	2070	163	96	10	—	—
	400	2650	124	56	—	—	—
120	200	1310	331	247	142	—	—
	250	1580	271	187	82	—	—
	315	2070	202	118	13	—	—
	400	2650	153	69	—	—	—
150	250	1580	327	226	99	—	—
	315	2070	244	142	15	—	—
	400	2650	185	83	—	—	—
	500	3550	131	30	—	—	—

2.3 Schutz von Leitungen und Kabeln gegen zu hohe Erwärmung durch Überströme

Tabelle 2.3/4
Höchstzulässige Leitungs- bzw. Kabellänge bei einpoligen Kurzschlüssen in 220/380-V-Netzen für Sicherungen nach VDE 0636, die nur bei Kurzschluß schützen sollen und PVC-isolierten Leitern von 25 bis 150 mm² Al

Quer- schnitt mm²	Nennstrom der Sicherung A	Kurz- schluß- strom A	Höchstzulässige Länge bei einer Schleifenimpedanz bis zur Sicherung				
			10 mΩ m	50 mΩ m	100 mΩ m	200 mΩ m	300 mΩ m
25	63	350	169	159	146	120	94
	80	500	118	108	95	68	41
	100	740	79	69	56	28	—
	125	1170	49	39	25	—	—
35	80	450	183	169	151	114	76
	100	570	144	130	112	75	35
	125	890	91	77	58	19	—
	160	1310	61	46	27	—	—
50	100	570	205	184	159	105	49
	125	740	157	136	110	56	—
	160	1000	115	94	67	11	—
	200	1580	71	50	22	—	—
70	125	740	218	189	153	77	—
	160	960	167	138	101	23	—
	200	1300	121	92	54	—	—
	250	1650	94	65	26	—	—
95	160	960	225	185	135	31	—
	200	1300	163	124	73	—	—
	250	1580	133	93	41	—	—
	315	2070	99	59	6	—	—
120	160	960	281	231	168	38	—
	200	1300	204	154	90	—	—
	250	1580	166	116	51	—	—
	315	2070	124	73	8	—	—
150	200	1300	252	190	111	—	—
	250	1580	205	142	63	—	—
	315	2070	152	90	10	—	—
	400	2650	116	53	—	—	—

2.3 Schutz von Leitungen und Kabeln gegen zu hohe Erwärmung durch Überströme

Verzicht auf Schutz bei Kurzschluß

In folgenden Fällen darf gemäß VDE 0100 Teil 430 auf ein Schutzorgan zum Schutz bei Kurzschluß verzichtet werden:

▷ in öffentlichen Verteilungsnetzen (Freileitungs- oder Kabelnetzen);

▷ für Verbindungsleitungen zwischen elektrischen Maschinen, Anlassern, Transformatoren, Gleichrichtern, Akkumulatoren, Schaltanlagen oder ähnlichen Anlagenteilen und in Meßstromkreisen dann, wenn diese Leitungen oder Kabel kurzschluß- und erdschlußsicher sowie nicht in der Nähe von brennbaren Materialien verlegt sind.

Beleuchtungsstromkreise

Beleuchtungsstromkreise dürfen nur bis 25 A gesichert werden.

Leuchtstofflampen- und Leuchtstoffröhren-Stromkreise sowie Beleuchtungsstromkreise mit Lampenfassungen E 40 nach VDE 0616 Teil 1 können mit höheren Überstrom-Schutzorganen gesichert werden. Dabei ist auf die zulässige Belastung der Leitungen und des Installationsmaterials zu achten.

Beleuchtungsstromkreise in Hausinstallationen dürfen nur mit Überstrom-Schutzorganen bis 16 A gesichert werden.

Steckdosenstromkreise

Der Überstromschutz von Stromkreisen mit Steckdosen muß nicht nur auf die zulässige Belastung der Leitungen, sondern auch auf den Nennstrom der angeschlossenen Steckdosen abgestimmt werden, d.h. jeweils der niedrigere Wert ist maßgebend.

2.4 Montagezeitsparende Werkzeuge und Verlegungsmaterialien

Ob in Industrie, Handel, Verwaltung oder im Wohnungsbau — die intensivere Nutzung der elektrischen Energie und die Entwicklung der modernen Kommunikationstechniken führen zu immer umfangreicheren Installationsanlagen. Ein wesentlicher Teil der Montagearbeiten besteht dabei im Verlegen und Befestigen von Kabeln und Leitungen. Montagezeit sparen bedeutet hier nicht nur, daß wirtschaftlicher gearbeitet werden kann; oft wird zugleich eine Arbeitserleichterung erzielt, die dazu berechtigt, von „Arbeitskomfort" zu sprechen. Die wichtigsten Möglichkeiten zur Rationalisierung und Arbeitserleichterung sind in Bild 2.4/1 zusammengefaßt.

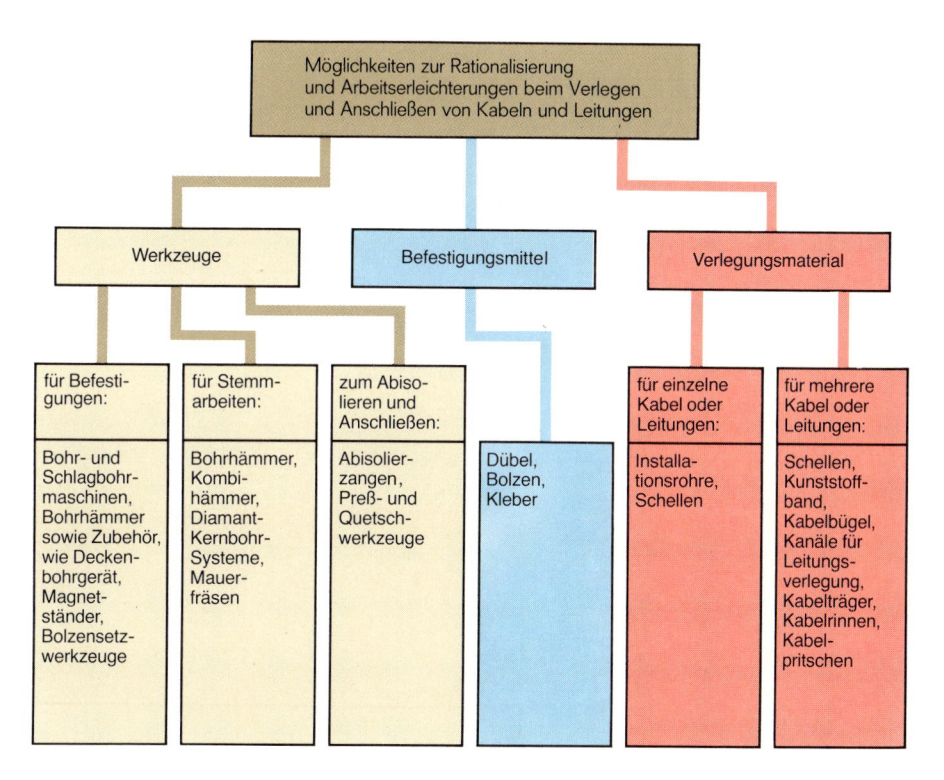

Bild 2.4/1
Rationalisierungsmöglichkeiten beim Verlegen und Anschließen von Kabeln und Leitungen

2.4 Montagezeitsparende Werkzeuge und Verlegungsmaterialien

Werkzeuge

Elektrowerkzeuge sind auf der Baustelle rauhen Betriebsbedingungen ausgesetzt. Damit im Falle von Störungen keine zu hohe Berührungsspannung auftreten kann, empfiehlt es sich, schutzisolierte Werkzeuge (Kennzeichen ☐, vgl. Kap. 29.3) einzusetzen.

Werkzeuge für Befestigungen

Bohr- und Schlagbohrmaschinen
Bohrmaschinen werden zum Bohren in Holz, Metall, Kunststoff u.a. eingesetzt. Für Ziegel, Steine und ähnliche Baustoffe sind Schlagbohrmaschinen, für Beton Bohrhämmer — zum Meißeln auch sogenannte Kombihämmer — erforderlich.

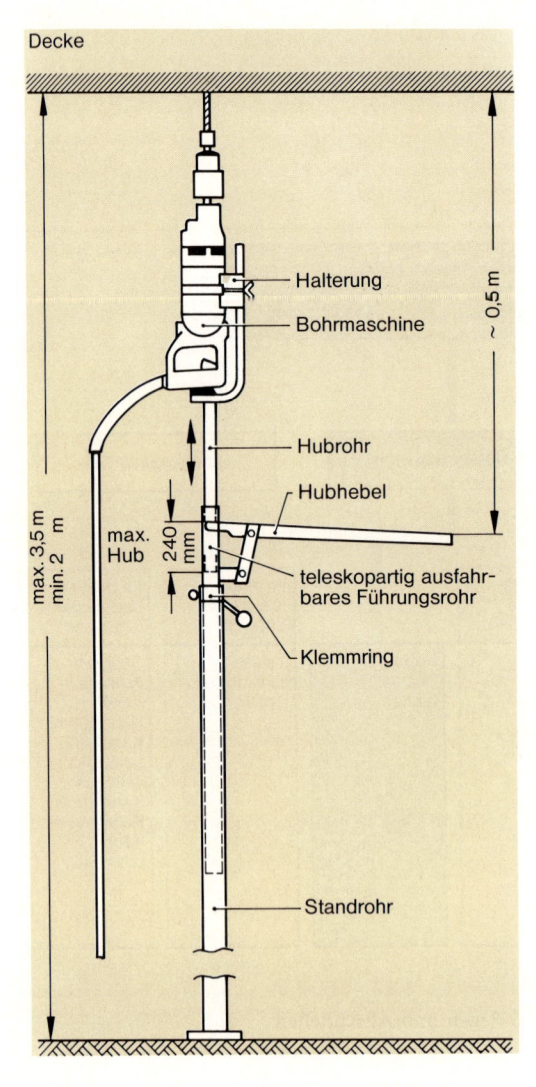

Bild 2.4/2   Deckenbohrgerät

2.4 Montagezeitsparende Werkzeuge und Verlegungsmaterialien

Je nach dem zu bearbeitenden Material müssen geeignete Bohrwerkzeuge, zum Beispiel mit Hartmetallschneiden zum Hammerbohren, verwendet werden.
Bild 2.4/2 zeigt als Beispiel ein Deckenbohrgerät.

Deckenbohrgerät

Das Bohren von Löchern in Decken, vor allem aus Beton, wird mit dem Deckenbohrgerät erleichtert. Da beim Bohren über Kopf auf Gerüsten und Leitern die Standsicherheit beeinträchtigt ist, dient dieses Gerät auch dem Arbeitsschutz. Es besteht aus einem Standrohr, das ein teleskopartig ausfahrbares Führungsrohr zum Ausgleich unterschiedlicher Raumhöhen enthält. Im Führungsrohr steckt das Hubrohr mit der Halterung für die Bohrmaschine.

Über den Hubhebel ist ein Hub der Bohr- oder Schlagbohrmaschine bis zu 240 mm möglich. Durch die Hebelübersetzung ist nur etwa ein Fünftel der normalen Kraft für den Vorschub aufzuwenden.

Magnetständer

Zum Bohren von Löchern in Werkstücke oder in große Konstruktionsteile aus Stahl eignet sich der Magnetständer als Halterung für die Bohrmaschine (Bild 2.4/3). Er haftet in jeder Lage und ist besonders günstig, wenn die Löcher rechtwinklig in eine Fläche gebohrt werden sollen. Um größte Haftkraft zu erzielen, soll die Auflagefläche für den Magnetfuß möglichst plan und metallisch blank sein. Die Stützschraube wirkt einem einseitigen Abkippen des Magnetfußes entgegen. Einstellschrauben ermöglichen es, auch bei eingeschaltetem Elektromagneten, den Bohrer auszurichten. Aus Sicherheitsgründen, z. B. bei einer etwaigen Störung der Stromversorgung, ist der Magnetständer mit einem Seil zu sichern.

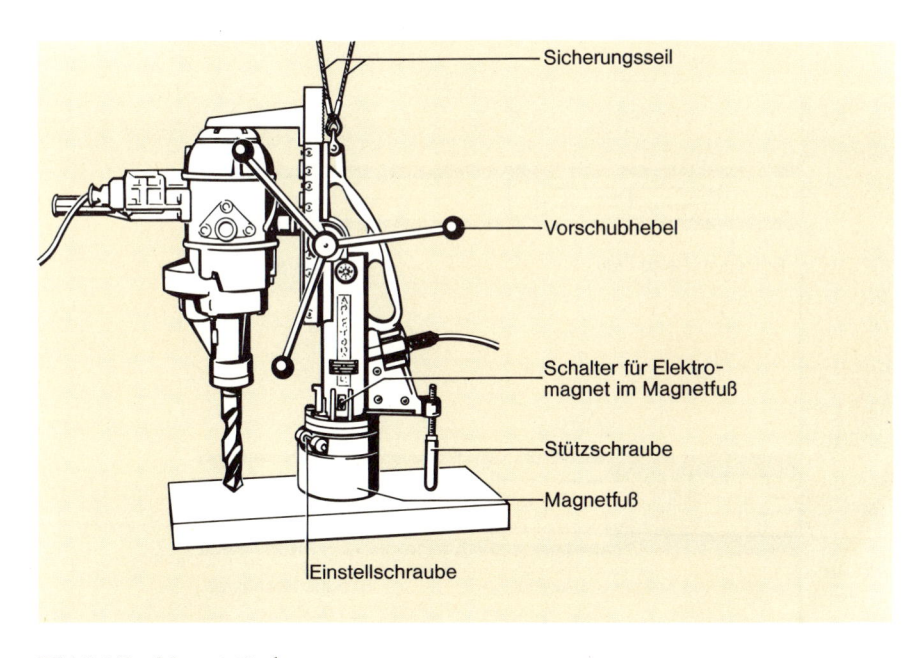

Bild 2.4/3 Magnetständer

2.4 Montagezeitsparende Werkzeuge und Verlegungsmaterialien

Bolzensetz-werkzeuge Bolzensetzwerkzeuge dienen dazu, Gewindebolzen oder Nägel mit der Energie einer Kartusche in einen festen Untergrund wie Beton oder Stahl einzutreiben. Man unterscheidet Schußgeräte und Schubkolbengeräte (Bild 2.4/4).

Schußgeräte Bei Schußgeräten wirkt die Kartuschenenergie unmittelbar auf den Bolzen oder Nagel. Der verläßt das Gerät mit einer relativ hohen Anfangsgeschwindigkeit. Abpraller oder Wanddurchschüsse können je nach Baumaterial bzw. Untergrund vorkommen.

Schubkolbengeräte Bei Schubkolbengeräten (Bild 2.4/5) wird die Kartuschenenergie von einem Schubkolben kontrolliert. Nagel oder Bolzen berühren schon vor Beginn des Eintreibvorgangs das Untergrundmaterial. Die Kartuschenenergie wird nun über den Kolben auf den Nagel oder Bolzen übertragen. Dieser Kolben kann das Gerät nicht nach vorne verlassen. Im Augenblick, wo der Kolben im Gerät abgestoppt wird, ist der Eintreibvorgang beendet. Abpraller oder Durchschüsse sind so praktisch ausgeschlossen. Die Berufsgenossenschaften haben in ihren Unfallverhütungsvorschriften derart arbeitende Bolzenschubwerkzeuge von einer ganzen Reihe von Vorschriften ausdrücklich befreit: so brauchen bei der Arbeit damit weder Spezialschutzhelme noch besondere Augenschutzschirme getragen zu werden und eine Absperrung der Baustelle wird nicht für erforderlich gehalten. Dazu trägt nicht zuletzt bei, daß Bolzenschubwerkzeuge zusätzlich mit Ladesicherung, Anpreßsicherung und Auslösesicherung versehen sind.

Moderne Bolzenschubwerkzeuge bieten die Möglichkeit der Leistungsdosierung (Bild 2.4/6): Die Eintreibkraft der Kartuschen ist auf jede Betonhärte genau einstellbar — eine Kartuschenstärke genügt für fast alle Befestigungen. Der halb-

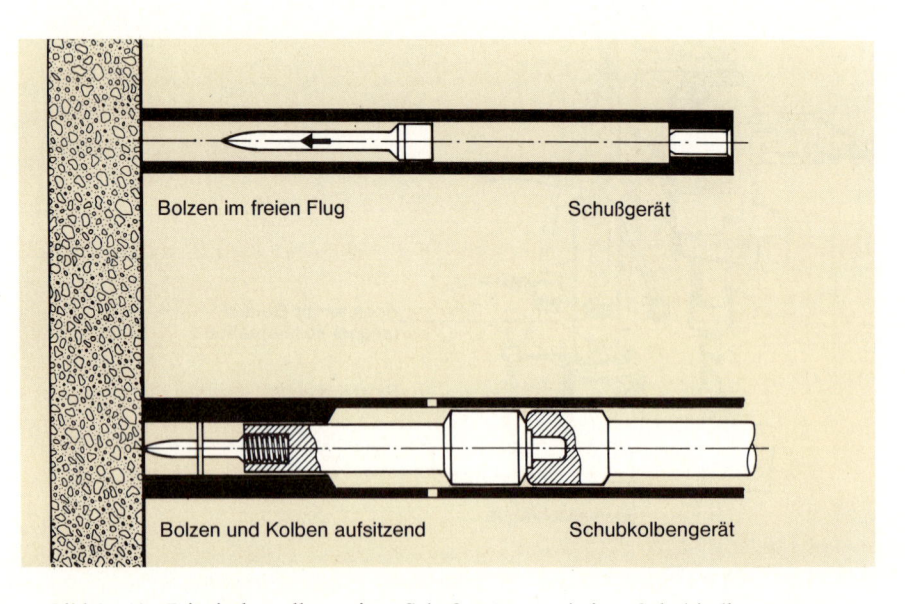

Bild 2.4/4 Prinzipdarstellung eines Schußgerätes und eines Schubkolbengerätes

2.4 Montagezeitsparende Werkzeuge und Verlegungsmaterialien

Bild 2.4/5
Bolzenschubwerkzeug
Typ HILTI DX 450

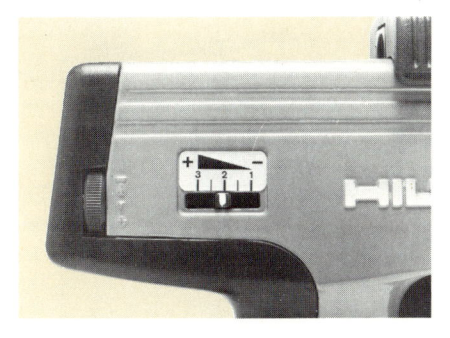

Bild 2.4/6
Hebel zur Energiedosierung am Bolzenschubwerkzeug Typ HILTI DX 450

automatische Ladevorgang für die Befestigungselemente und 10er Kartuschenmagazine bringen hohe Arbeitsleistung bei Serienbefestigungen. Ein wirksamer Schallschutz trägt zum Arbeitskomfort und zum Lärmschutz für die Umwelt bei.

Werkzeuge für Stemmarbeiten

Beim Bohren von Dübellöchern, zum Dosensenken, beim Stemmen von Schlitzen und kleinen Durchführungen finden Bohrhämmer ein breites Anwendungsfeld. Als besonders vorteilhaft hat sich unter verschiedenen Schlagsystemen das „elektropneumatische Prinzip" erwiesen. Bohrhämmer dieser Bauweise arbeiten äußerst vibrationsarm und mit kaum fühlbarem Rückstoß. Was früher Schwerarbeit war, nimmt die Elektropneumatik dem Anwender ab. Das mühsame Anpressen an den Untergrund ist überflüssig geworden — ein leichtes Nachführen des Bohrhammers genügt.

Bohrhämmer

Sicherheit muß Vorrang haben. Das gilt für alle Bohrmaschinen am Bau. Eine gut abgestimmte Rutschkupplung, die beim „Festklemmen" des Bohrers ein „Mitdrehen" des Bohrhammers verhindert, und eine Schutzisolation gegen Elektrounfälle sollten selbstverständlich sein.

Für schnelle, saubere und ermüdungsfreie Arbeit gibt es für jeden Einsatzbereich speziell geeignete Bohrhämmer. Für Serienbefestigungen mit kleinen und mittleren Dübeldurchmessern, für Überkopf-Arbeit wird man einen leichten Bohrhammer (etwa 3 kg) mit dennoch hoher Bohrleistung wählen (Bild 2.4/7). Stufenlose Drehzahlregulierung dient ebenfalls der sauberen, fehlerfreien Arbeit, vor allem beim Anbohren von riß- und bruchempfindlichem Material wie Keramikplatten, Klinkern und Fliesen.

Für Bohrungen im Bereich zwischen 5 und 25 mm und für andere Aufgaben im mittelschweren Bereich — wie Durchführungen erstellen, Verbundanker setzen und Dosen senken — sollte man zu einem stärkeren, einem „Universal-Bohr-

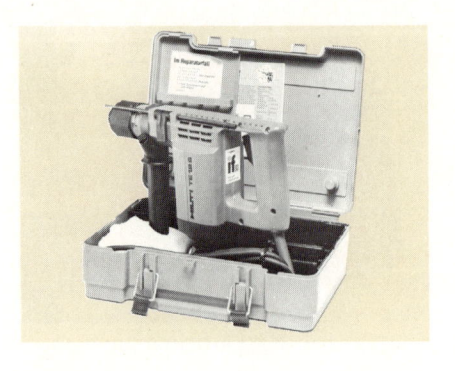

2.4 Montagezeitsparende Werkzeuge und Verlegungsmaterialien

Bild 2.4/7
Leichtbohrhammer Typ HILTI TE 12 S

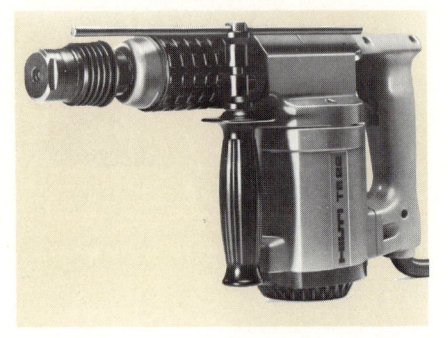

Bild 2.4/8
Universal-Bohrhammer Typ HILTI TE 22

hammer" greifen (Bild 2.4/8). Eine durchkonstruierte Bohreraufnahme, die den Werkzeugwechsel in Sekunden ermöglicht, erweist sich bei oft wechselnder Arbeit als zeitsparend und nützlich. Selbstverständlich kann man mit Bohrhämmern auch Selbstbohrdübel setzen.

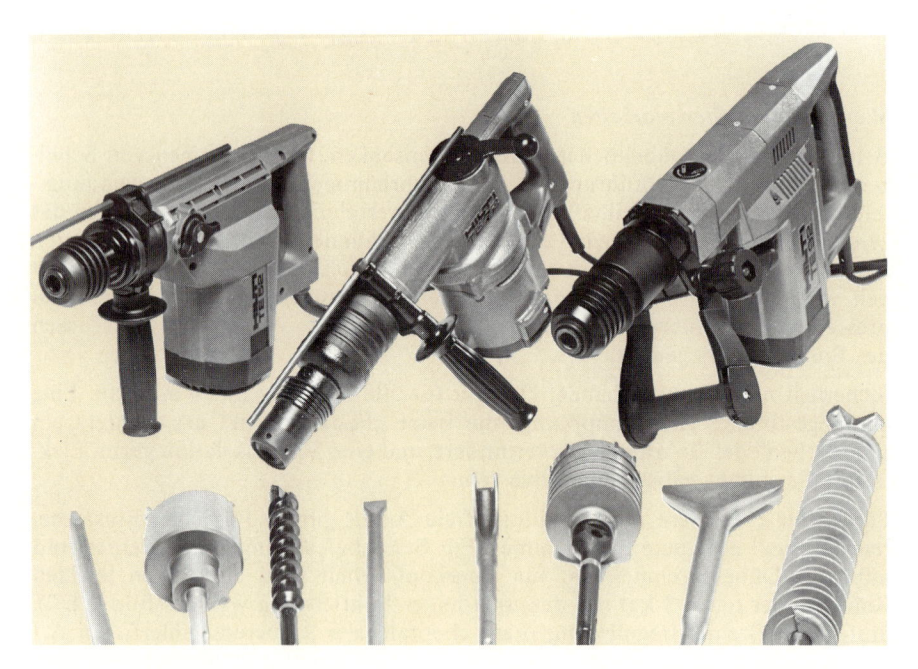

Von links nach rechts:
Leichtkombihammer Typ HILTI TE 52
Standardkombihammer Typ HILTI TE 72
Superkombihammer Typ HILTI TE 92
und verschiedene Werkzeuge

Bild 2.4/9   Kombihämmer für unterschiedliche Aufgaben

2.4 Montagezeitsparende Werkzeuge und Verlegungsmaterialien

Kombihämmer

Der Wunsch nach mehr Vielseitigkeit und größerer Leistung hat dazu geführt, daß aus den Bohrhämmern in technischer Weiterentwicklung die sogenannten Kombihämmer entstanden sind. Mit einer Leistungsaufnahme zwischen 780 und 1100 Watt und einem Gewicht zwischen 6,5 und 9,8 kg sind sie für Schnelligkeit, hohe Leistung und hohe Lebensdauer konstruiert (Bild 2.4/9).

Leichtkombihämmer kommen der ständig wechselnden Arbeit des Elektroinstallateurs besonders entgegen, der hier ein paar Dübellöcher bohren, dort einige Dosen setzen oder eine Durchführung herstellen, einen Kanal schlitzen oder einen Durchbruch spitzen muß. Ständiger Wechsel also zwischen Bohren und Meißeln. Die nächste Leistungsklasse läßt sich bereits bei leichten Abbrucharbeiten, beim Herstellen von Rohrdurchführungen, bei Nacharbeiten und großdimensionierten Ankerbefestigungen einsetzen. Die oberste Leistungskategorie kann auch bei Aufgaben Verwendung finden, die man bisher nur Drucklufthämmern zugetraut hätte. Durchführungen bis 90 mm Durchmesser oder Öffnungen in Beton erstellen, sind für einen solchen Kombihammer kein Problem (Bild 2.4/10).

Für eine komfortable Arbeitsweise spielen bei solchen Leistungen verbesserte Elektropneumatik, elektronische Leerlaufbegrenzung, Prell- und Leerschlagdämpfung, ausgewogene Gewichtsverteilung und gepolsterte Handgriffe eine Rolle.

Das Werkzeugprogramm trägt dazu bei, die angebotene Leistung voll auszuschöpfen: Bohrer können bis zu 66 mm Durchmesser, Hammerbohrkronen bis zu 90 mm Durchmesser eingesetzt werden. Für Ab- und Durchbrucharbeiten werden Spitz-, Flach-, Hohl-, Kanal-, Spat- und Rundmeißel eingesetzt.

Bild 2.4/11 zeigt einen Spezialbohrer, der besonders bei der Altbausanierung eingesetzt wird.

Bild 2.4/10
Kombihammer Typ HILTI TE 92 und einige Werkzeuge mit besonderer Eignung für Meißelarbeiten

Bild 2.4/11
Altbausanierungsbohrer

721

2.4 Montagezeitsparende Werkzeuge und Verlegungsmaterialien

Diamant-Kernbohr-Systeme

Beim Bau von Fabrikanlagen, Büro- und Verwaltungsgebäuden, Krankenhäusern, Schulen und ähnlichen Projekten, für die umfangreiche Elektroinstallationen erforderlich sind, ist eine genaue Vorausplanung der notwendigen Durchführungen und Kanäle oft nicht möglich. In solchen Fällen werden immer häufiger mit Diamant-Kernbohr-Systemen die Durchführungen unmittelbar vor Beginn der Installationsarbeiten hergestellt, und zwar genau dort, wo sie benötigt werden.

Bild 2.4/12 zeigt drei verschiedene Größen von Diamant-Kernbohr-Geräten mit einigen Zubehörteilen aus dem sehr umfangreichen Zubehörprogramm.

Die mit diamant-imprägnierten Segmenten besetzten Bohrkronen schneiden problemlos härtesten Beton und durchtrennen auch starke Armierungen. Der Bohrkronen-Durchmesser reicht von 12 bis 202 mm, die Nutzlängen liegen zwischen 300 und 400 mm, dadurch sind Bohrtiefen bis 750 mm erreichbar. Mit Modularbauweise und Schnelltrenn-Ebenen sind Diamant-Kernbohr-Systeme von einem Mann zu bedienen (und zu transportieren). Die Geräte arbeiten geräuscharm und staubfrei. Sie eignen sich damit auch für Arbeiten in bereits bezogenen Räumen — vor allem in Krankenhäusern, Rechenzentren, Schulen und Laboratorien. Diamant-Kernbohren ist kosten- und zeitsparend. Es macht unabhängig von anderen Dienstleistungsbetrieben, macht Wartezeiten überflüssig und vermeidet Termindruck. Gegenüber anderen Abbautechniken wie Ausstemmen mit Preßlufthämmern oder Ausbrennen mit der Sauerstofflanze sind beim Diamant-Kernbohren keine Nacharbeiten erforderlich. Bei Altbausanierungen

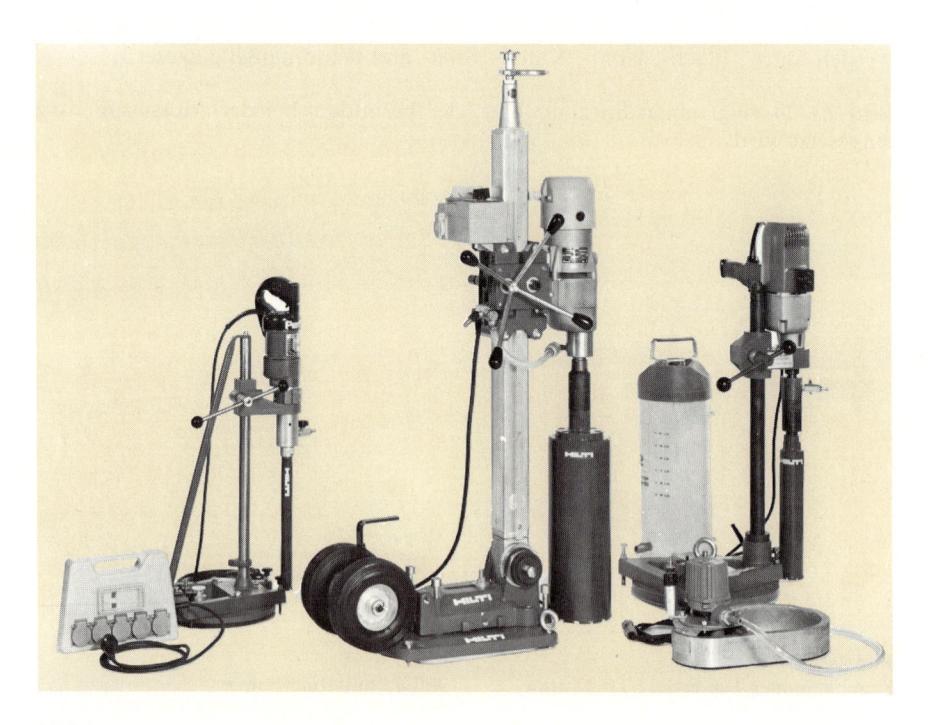

Bild 2.4/12 Drei verschiedene Größen von Diamant-Kernbohr-Geräten mit Zubehör

2.4 Montagezeitsparende Werkzeuge und Verlegungsmaterialien

wird oft „vibrationsarmes Arbeiten" vorgeschrieben, um die übrige Bausubstanz nicht zu strapazieren. In diesen Fällen bleibt nur die Möglichkeit des Diamant-Kernbohrens.

Mit entsprechenden Frässcheiben können Schlitze in der erforderlichen Breite hergestellt werden. In Mauerfräsen lassen sich meist auch Bohrkronen zum Bohren von Öffnungen für Wandgehäuse und Abzweigdosen einsetzen. **Mauerfräsen**

Werkzeuge zum Abisolieren und Anschließen

Abisolierzangen dienen zum Entfernen der Kunststoffisolierung der Leiter. Besonders günstig sind Zangen mit elektrisch beheizten Schneidbacken. Hiermit wird die Isolierung durchgeschmolzen und kann dann leicht vom Leiter abgezogen werden. **Abisolierzange**

Preß- und Quetschwerkzeuge dienen zum Herstellen von Verbindungen mit Hülsen oder zum Anbringen von Kabelschuhen oder Kabel-Endhülsen. Man unterscheidet die in Tabelle 2.4/1 aufgeführten Verbindungsarten. **Preß- und Quetschwerkzeuge**

Tabelle 2.4/1 Verbindungsarten und Beispiele der Anwendung

Verbindungsart		Befestigen durch	Beispiele
Pressen		Preßdruck (allseitige Verformung)	Cu-Preßkabelschuhe nach DIN 46 235 Al-Preßkabelschuhe AMP-„Termashield"-Hülsen
Quetschen		Preßdruck (einseitige Verformung)	Cu-Quetschkabelschuhe nach DIN 46 234/37 Cu-Stiftkabelschuhe nach DIN 46 230/31
Crimpen		Einrollen und Zusammendrücken von zwei seitlichen Metallappen	Nicht isolierte Flachsteckhülsen nach DIN 46 245/47
Andrücken Umgebogener Leiter		Andrücken (Umfassen der Isolierung mit Krallen)	Fernmeldeschnüre der Nachrichtentechnik nach DIN 46 257

Der Ausdruck „Kerben" wird heute nicht mehr verwendet, weil darunter ein Trennen oder Zerteilen verstanden werden könnte.

Die genannten Verbindungsarten sind für mehr-, viel- und feinstdrähtige Leiter geeignet.

Das Pressen oder Quetschen erfolgt von Hand, hydraulisch oder mit Kartuschen. Werkzeuge und Zubehör werden von Spezialfirmen angeboten.

Die Kabelschuhe oder Hülsen müssen vom Werkzeughersteller stammen oder von diesem für seine Werkzeuge zugelassen sein, um eine einwandfreie Verbindung zu gewährleisten.

Befestigungsmittel

Dübel Die Hauptarten von Dübeln sind: Spiraldübel aus Draht, Spreizdübel aus Kunststoff oder Metall (Bilder 2.4/13 und 2.4/14) und eine Vielzahl von Spezialdübeln wie Kombinationen von Metall und Kunststoff und Verbundanker mit Gewindestahl und Mörtelpatronen.

Spreizdübel Spreizdübel gibt es aus Kunststoff oder Metall in einer Vielzahl von Ausführungen. Für Kunststoffdübel werden handelsübliche Holzschrauben verwendet, während Metalldübel gleich mit den erforderlichen Gewindeschrauben geliefert werden.

Um eine zuverlässige und sichere Befestigung zu erzielen, sind die von den Herstellern für die verschiedenen Dübelgrößen angegebenen Bohrlochdurchmesser einzuhalten. Dübel und Schrauben müssen bei verputzten Wänden so lang gewählt werden, daß der Spreizdruck nicht im Putz, sondern im Mauerwerk wirkt. Bei Dübeln mit Faserstoff- oder Kunststoffeinlage soll deshalb die Schraube vorgeschlagen werden; so preßt sich die Einlage in der Dübelspitze zusammen und der Spreizdruck wird tief in die Wand verlegt. Für eine Arbeitszeit sparende Montage gibt es einen Schlagdübel HPS aus Polyamid mit vormontierter Nagelschraube für Befestigungen auf Hart- oder Weichbaustoffen, Durchmesser 5 bis 8 mm, Befestigungshöhen 5 bis 60 mm.

Durchsteckdübel Für Befestigungen an vorgesetzten Plattenwänden, in denen Spreizdübel keinen Halt finden, eignen sich Durchsteckdübel.

Bild 2.4/15 zeigt zwei Arten von Durchsteckdübeln und ihre Montage.

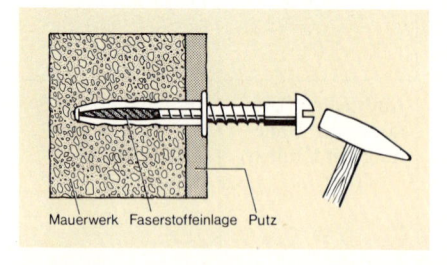

Bild 2.4/13
Metalldübel mit Faserstoffeinlage

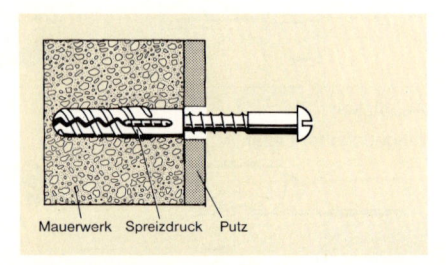

Bild 2.4/14
Kunststoffdübel

2.4 Montagezeitsparende Werkzeuge und Verlegungsmaterialien

Der Tric-Dübel verkrallt sich durch Eindrehen einer Holzschraube mit seinen vier Stützfüßen in der Rückseite der Wand. Er gewährleistet höchste Haltekraft. **Tric-Dübel**

Beim Hohlraum-Dübel werden durch Eindrehen einer Gewindeschraube fünf Stützsegmente zum Spreizen gebracht. Diese gespreizten Stützsegmente werden durch Anziehen der Gewindeschraube gegen die Rückseite der Wand gepreßt und garantieren ebenfalls höchste Haltekraft. **Hohlraum-Dübel**

Für Schwerbefestigungen werden vorzugsweise Metalldübel mit metrischem Innengewinde verwendet (Bild 2.4/16). **Dübel für Schwerbefestigungen**

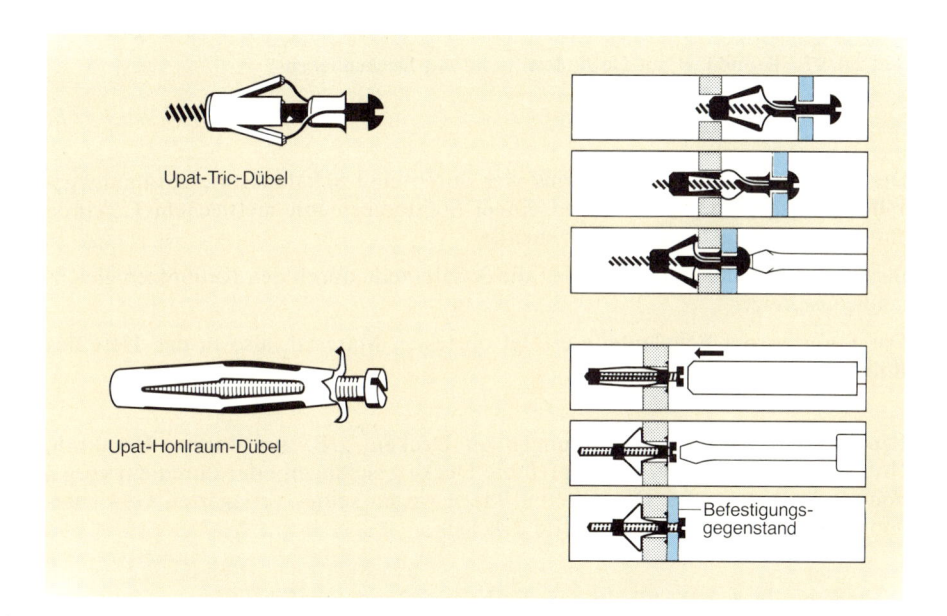

Bild 2.4/15 Durchsteckdübel und Stufen ihrer Montage

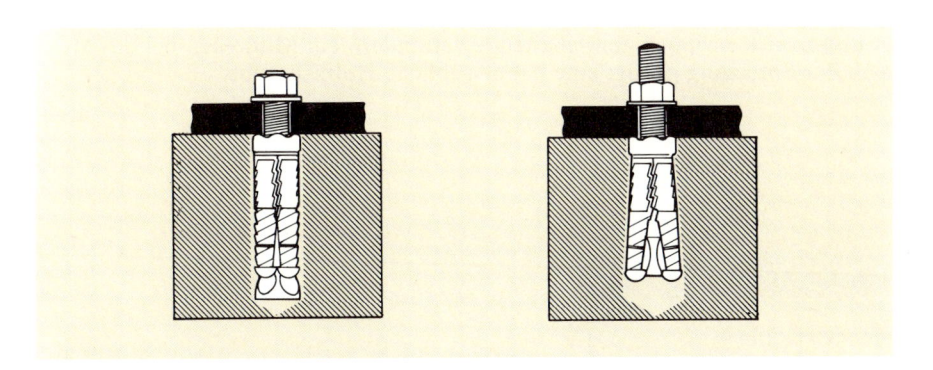

Bild 2.4/16 Befestigung mit Upat-Rawl-Anker

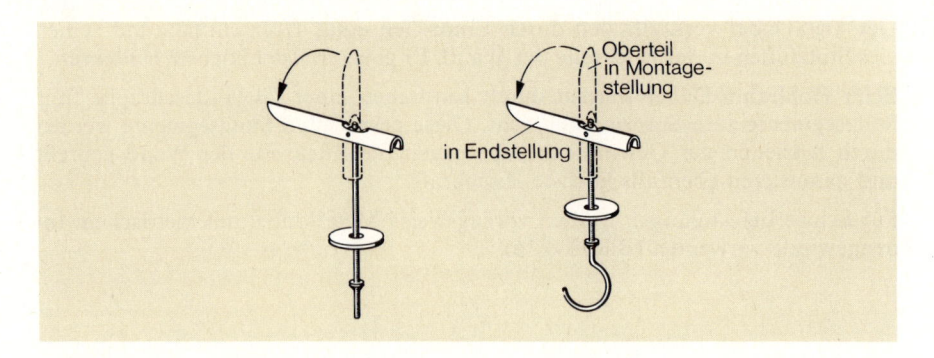

2.4 Montagezeitsparende Werkzeuge und Verlegungsmaterialien

Bild 2.4/17 Kippdübel mit Gewindestift und mit Deckenhaken

Der Upat-Rawl-Anker besteht aus vier durch eine Schalenkrone zusammengehaltene Temperguß-Schalen und einem Stahlbolzen mit metrischem Gewinde und konisch ausgebildetem Bolzenende.

Beim Anziehen der Mutter werden die Schalenteile durch den Keilbolzen gleichmäßig gespreizt.

Das Spreizen der Schalenteile erfolgt im festen Material, also in der Tiefe des Bohrloches.

Kippdübel Kippdübel dienen zu Befestigungen an Decken, z. B. aus Rabitz, Heraklith, Hohlsteinen. Der Dübel wird durch die Decke geschlagen oder durch ein vorgebohrtes Loch gesteckt. Das Oberteil kippt wegen seines verlagerten Gewichtes von selbst in die Waagrechte (Bild 2.4/17).

Weiterhin gibt es bei Dübeln eine Reihe von Sonderausführungen.

Mauerwerkdübel lang FDL Hohlräume in Kammer- und Wabensteinen sind für eine zuverlässige Dübelbefestigung kein Hinderungsgrund mehr. Ein Kunststoff-Spezialdübel mit extrem langem Spreizteil (Bild 2.4/18) durchdringt stets mehrere Stege und gibt trotz der Hohlräume Sicherheit. Zwei Längsrippen entlang des gesamten Dübelschaftes und zwei Keilrippen am Schaftende verhindern ein Mitdrehen bei der Montage. Zur Spreizung genügt eine handelsübliche Holzschraube.

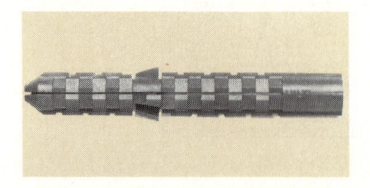

Bild 2.4/18 Kunststoff-Spezialdübel mit extrem langem Spreizteil

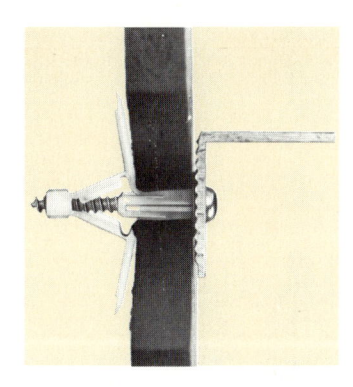

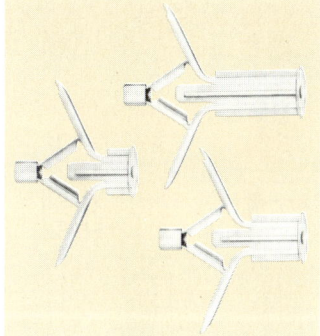

2.4 Montagezeitsparende Werkzeuge und Verlegungsmaterialien

Bild 2.4/19   Leichtdübel als Klapp- oder Knebeldübel verwendbar

Als schnelle und preisgünstige Lösung für Befestigungen leichter Gegenstände auf geringtragendem Untergrund wie Gipskarton, Asbestzement, Preßspanplatten, die für Leichtbautrennwände, Decken- und Wandverkleidungen verarbeitet werden, eignen sich besonders Hohlraumdübel (Bild 2.4/15) und Leichtdübel (Bild 2.4/19). Hohlraumdübel in Ganzmetallausführung sind galvanisch verzinkt. Leichtdübel bestehen aus Polyamid. Sie sind als Klappdübel oder Knebeldübel verwendbar.

Hohlraumdübel HHD und Leichtdübel HLD

Für Befestigungen in Gasbeton wird zunächst mit einem speziellen Hinterschnittbohrer das Bohrloch für den konischen Gasbetondübel (Bild 2.4/20) gebohrt. In diesem konisch erweiterten Bohrloch wird der Gasbetondübel spannungsfrei und formschlüssig fixiert. Er wird als Schraub- oder Gewindestiftverbindung verwendet, ist sofort nach dem Einsetzen voll belastbar und bauaufsichtlich zugelassen.

Gasbetondübel HGS

Für die schnellstmögliche Überkopf-Befestigung wie „Loch bohren, einschlagen, fertig", wird der Keilnagel verwendet. Hiermit werden Loch- und Schlitzbänder, Abzweigdosen, Briden und Laschen befestigt.

Keilnagel DBZ 6 S

Bild 2.4/20
Gasbetondübel

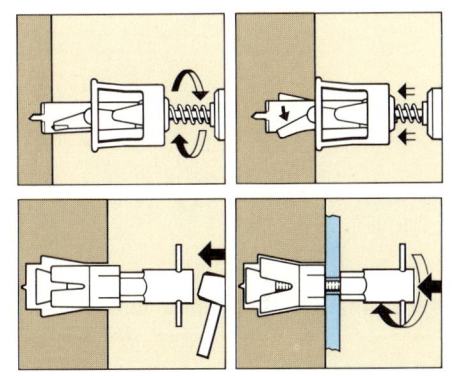

Bild 2.4/21
Einschlagen eines Keilnagels

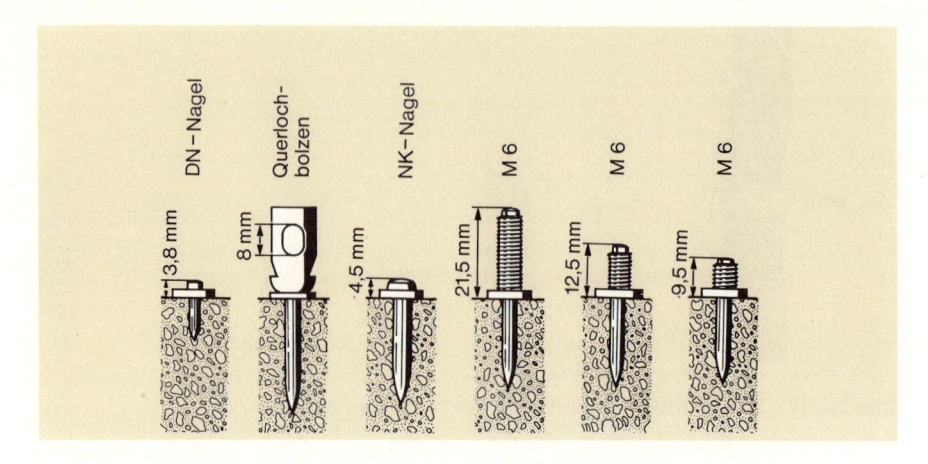

2.4 Montagezeitsparende Werkzeuge und Verlegungsmaterialien

Bild 2.4/22   Auswahl verschiedener Nägel und Bolzen für Bolzensetzwerkzeuge

Bolzen

Die Hersteller von Bolzensetzwerkzeugen stellen ein umfangreiches Programm an Bolzen mit verschiedenen Längen, Durchmessern und Gewindeausführungen zur Verfügung, teilweise auch Sonderausführungen für Befestigungen auf Stahl, sowie Nägel für Direktbefestigungen (Bild 2.4/22).

Um die einwandfreie Funktion der Bolzensetzwerkzeuge und sichere Befestigungen zu gewährleisten, sollen nur die von den Werkzeugherstellern angegebenen Bolzenfabrikate verwendet werden.

Kleber

Kleber werden meist zum Befestigen von Klebeschellen und von Stegleitungen (vgl. Kap. 2.1) auf hartem Untergrund, z. B. Stahl oder Beton, verwendet. Das Kleben auf der Putzschicht ist nicht möglich.

Voraussetzung für eine dauerhafte Befestigung ist ein trockener, staub- und fettfreier Untergrund. Die Herstellerangaben, z. B. Verarbeitungstemperatur und Trocknungszeit, sind zu beachten.

Verlegungsmaterial

Für einzelne Kabel oder Leitungen

Installationsrohre nach VDE 0605

Die Auswahl der Installationsrohre richtet sich nach den Verlegungsbedingungen und der Verlegungsart.

VDE 0605 unterscheidet:

Rohre für schwere Beanspruchung für Verlegung auf Putz, unter Putz und im Putz. Kennzeichen „A";

Rohre für leichte Beanspruchung nur für Verlegung unter Putz und im Putz. Kennzeichen „B";

Rohre mit besonderen elektrischen Eigenschaften. Kennzeichen „C".

2.4 Montagezeitsparende Werkzeuge und Verlegungsmaterialien

Kunststoff- oder Metallrohre

Kunststoffrohre verhindern bei Isolationsfehlern von Leitungen eine Spannungsverschleppung. Metallrohre ohne Auskleidung müssen deshalb in eine zusätzliche Schutzmaßnahme gegen zu hohe Berührungsspannung einbezogen werden, wenn sie nur betriebsisolierte Leitungen, z. B. H07V..., enthalten.

Mechanische Beanspruchung

Entsprechend der mechanischen Beanspruchung wählt man Isolier- oder Panzerrohr.

Thermische Beanspruchung

Wenn bei Kunststoffrohren besondere thermische Beanspruchungen durch Kälte (z. B. im Winterbau) oder Wärme (z. B. bei der Plattenfertigung im Fertigteil-Hochbau, vgl. Kap. 12) auftreten, sind Sonderausführungen, z. B. Polypropylenrohre, zu verwenden.

Verlegungsart

Bei der Unterputzverlegung werden flexible Rohre bevorzugt, bei denen die Bogen leicht von Hand hergestellt werden können. Bei der Aufputzverlegung sind starre Rohre günstiger, da sie weniger Befestigungspunkte erfordern.

Isolierstoffschellen

Für das Befestigen einzelner Kabel oder Leitungen wird ein breites Sortiment an Schellen angeboten. In den Bildern 2.4/23 bis 2.4/26 sind nur einige Beispiele aufgeführt.

Siemens-Kabelschellen

Die Siemens-Kabelschellen sind hauptsächlich für die Montage auf Ankerschienen vorgesehen; sie eignen sich jedoch auch zur Verwendung bei allen handelsüblichen Trägerprofilen sowie zum direkten Befestigen auf Blech, Holz oder Mauerwerk (s. Seite 731).

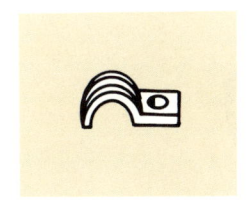

Bild 2.4/23
Isolierstoff-Nagelschelle zum Befestigen mit Stahlnadeln

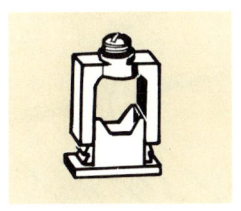

Bild 2.4/25
Isolierstoffschelle mit Langloch, Gewindeloch M 6 und Klebefuß. Das Oberteil wird aufgeschoben und die Druckschraube angezogen

Bild 2.4/24
Isolierstoffschelle mit Klebefuß. Das Oberteil wird aufgeschnappt

Bild 2.4/26
Einzel- und Anreihschelle aus Nylon, mit Langloch. Das Oberteil wird aufgeschnappt. Die Schellen können seitlich aneinandergesteckt werden

2.4 Montagezeitsparende Werkzeuge und Verlegungsmaterialien

Für mehrere Kabel oder Leitungen

Auswahl   Die Vielfalt des zur Verfügung stehenden Verlegungsmaterials und die zum Teil universelle Anwendbarkeit lassen nur die Darstellung des häufig verwendeten Verlegungsmaterials zu. Es muß nach den jeweiligen Gegebenheiten ausgewählt werden. Hierbei sind vor allem maßgebend:

Anzahl und Außendurchmesser der Kabel oder Leitungen;

Verlegungsart in Hinsicht auf mechanische, thermische, chemische Beanspruchung;

Verlegungsart in Hinsicht auf die optische Wirkung (nicht sichtbare Verlegung, z. B. in Zwischendecken; sichtbare Verlegung, z. B. in Betriebsräumen, Büroräumen, Krankenhäusern);

Möglichkeit einfachen Nachverlegens von Kabeln oder Leitungen;

günstiges Verhältnis der Kosten zwischen Verlegungsmaterial und Montage;

erforderliche Trennung von Starkstrom- und Fernmeldeanlage.

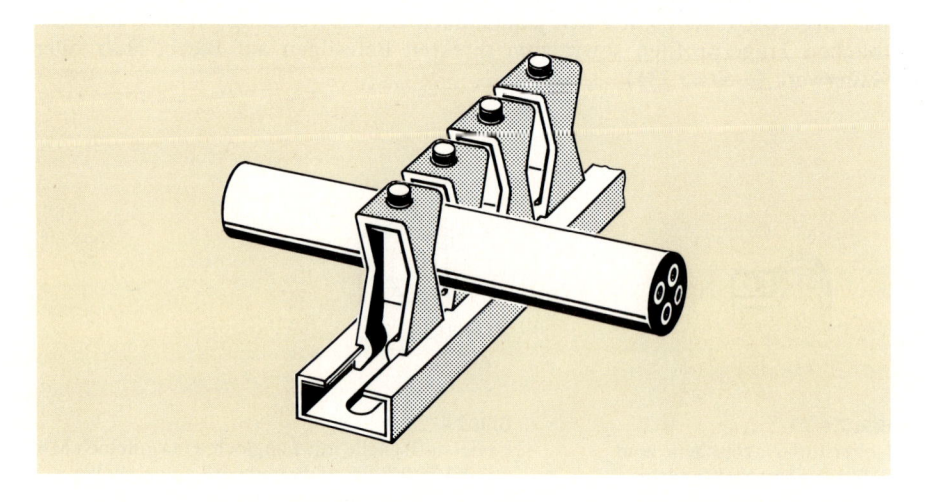

Bild 2.4/27   Iso-Schlagschellen für schraubenloses Befestigen durch Einrasten

Einfachschelle mit einer Lasche   Einfachschelle mit zwei Laschen und Al-Deckschale   Doppelschelle   Mehrfachschelle

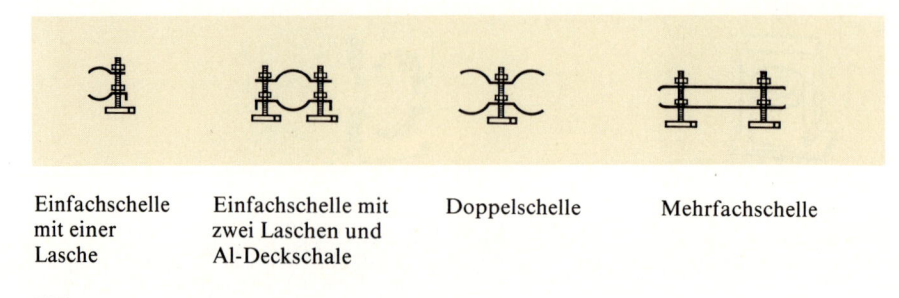

Bild 2.4/28   Siemens-Kabelschellen für ein und mehrere Kabel und Leitungen

2.4 Montagezeitsparende Werkzeuge und Verlegungsmaterialien

Reihenschellen

Vor allem bei sichtbarer Verlegung von meist nicht mehr als fünf Kabeln oder Leitungen werden Reihenschellen verwendet. Es gibt Ausführungen für verschiedene Außendurchmesser in Stufen von etwa 5 mm bis 25 mm und 8 mm bis 38 mm. Die Schellen werden auf Hohlschienen aus Kunststoff oder feuerverzinktem Stahl befestigt (Bild 2.4/27).

Siemens-Kabelschellen

Es lassen sich beliebig viele Kabel auch in mehreren Lagen übereinander verlegen. Die Schellen gibt es gestuft für Außendurchmesser von 10 mm bis 100 mm.

Sie werden als Einfachschellen mit einer oder mit zwei Laschen, als Doppelschellen und als Mehrfachschellen geliefert (Bild 2.4/28).

Die Kabelschelle besteht aus Rückenschale, Deckschale bzw. Rückenschale und Befestigungselement (Bolzen oder Rundbügel mit Muttern). Zum Befestigen von Einleiterkabeln durch Einfachschellen mit zwei Laschen gibt es eine Ausführung mit Aluminium-Deckschale, um Erwärmung durch Wirbelströme zu vermeiden.

Durch die Schellenform und die zwangsweise festzuschraubenden Rückenschalen ist ein Verformen der Kabel, selbst wenn diese druckempfindlich sind, weitgehend ausgeschlossen; auch zum Befestigen von Rohren lassen sich Kabelschellen verwenden.

Mit Verlängerungsbolzen können weitere Kabelschellen auf bereits verlegten Schellen aufgebaut werden.

Bild 2.4/29
Einfachschelle mit zwei Laschen montiert mit Kabel

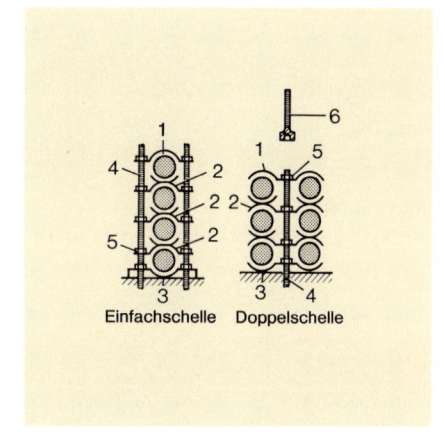

1 Deckschale
2 Zwischenschale
3 Rückenschale
4 Befestigungselement
5 Sechskantmutter
6 Verlängerungsbolzen

Bild 2.4/30
Verlegung mehrerer Kabel übereinander

2.4 Montagezeitsparende Werkzeuge und Verlegungsmaterialien

Kunststoffbänder Kunststoffbänder in verschiedenen Ausführungen werden vor allem bei nicht sichtbarer Verlegung, z. B. in Zwischendecken zum Bündeln von Kabeln und Leitungen, verwendet.

Mit Hilfe von Befestigungsnippeln an Hohlschienen lassen sich — auch lagenweise — Kabel und Leitungen mit PVC-Lochstreifenband „anknöpfen" (Bild 2.4/31).

Kabelbügel Der montagezeitsparende Kabelbügel ist für Außendurchmesser bis 13 mm ausgelegt. Mit einem Bügel lassen sich bis zu etwa 12 Kabel oder Leitungen befestigen (Bild 2.4/32). Zum Einlegen oder Auswechseln der Kabel werden die selbstfedernden, vorgespannten Bügelarme angehoben.

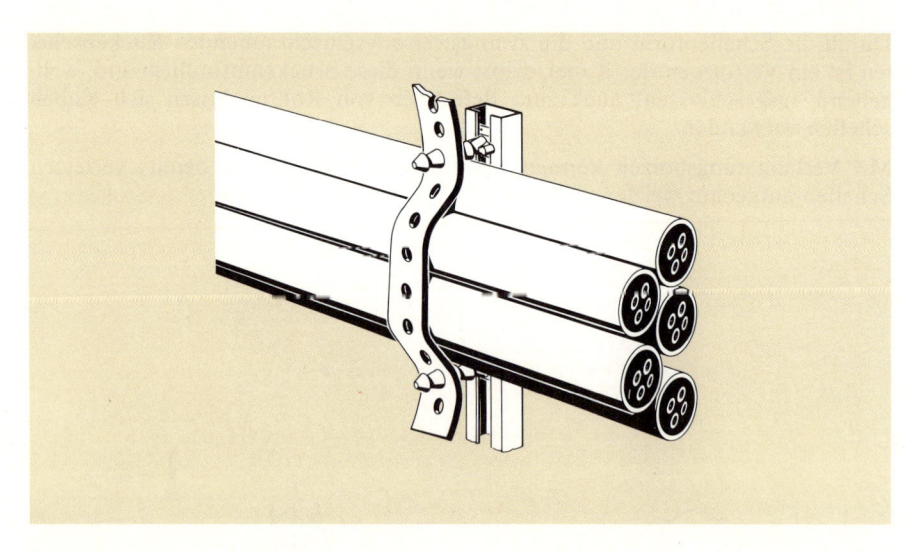

Bild 2.4/31
Verlegung mit Befestigungsnippeln und PVC-Lochstreifenband an Hohlschienen

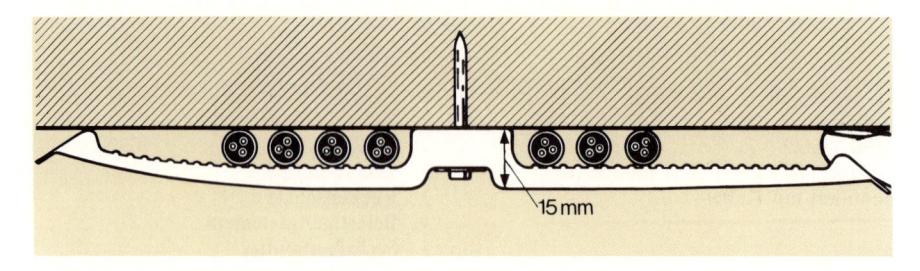

Bild 2.4/32
Kabelbügel zur Befestigung von Kabeln und Leitungen mit maximal 13 mm Außendurchmesser, rechter Bügelarm angehoben

2.4 Montagezeitsparende Werkzeuge und Verlegungsmaterialien

Bei Häufung von Kabeln und Leitungen und in Anlagen, in denen Leitungen oft um- oder nachgelegt werden sollen, sind Leitungskanäle aus Hart-PVC besonders günstig (Bild 2.4/33). Sie können bei nicht sichtbarer Verlegung offen, bei sichtbarer mit einem formschlüssigen Deckel eingesetzt werden. Durch das Einschieben von Trennwänden lassen sich die Kanäle für Starkstrom- und Fernmeldeleitungen unterteilen. Die Auswahlmöglichkeit unter verschiedenen Größen und Zubehörteilen läßt alle Kanalführungen zu.

Leitungskanäle

In besondere Ausführungen, z.B. in den „Fensterbankkanal" (vgl. Kap. 11.2), lassen sich Schalter, Steckdosen u.ä. einbauen (Bild 2.4/34).

Fensterbankkanäle

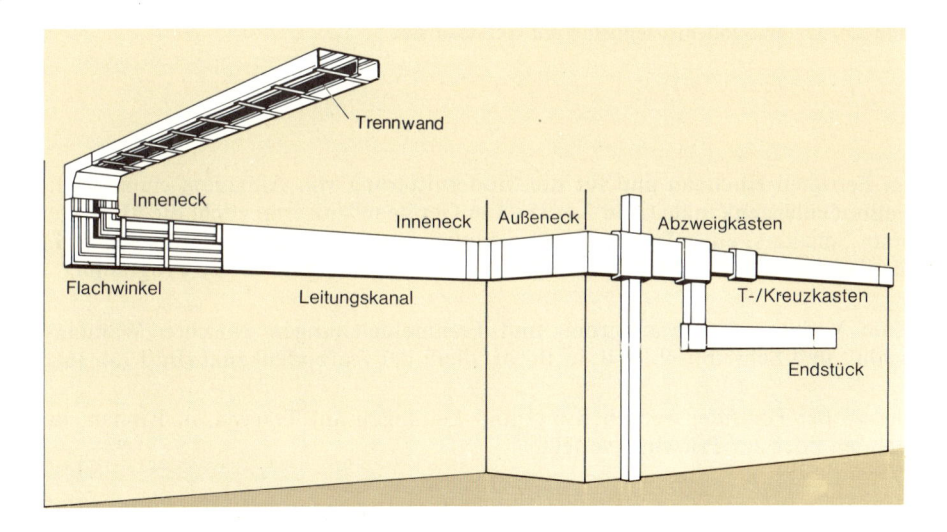

Bild 2.4/33   Verlegung von Kanälen für Kabel und Leitungen

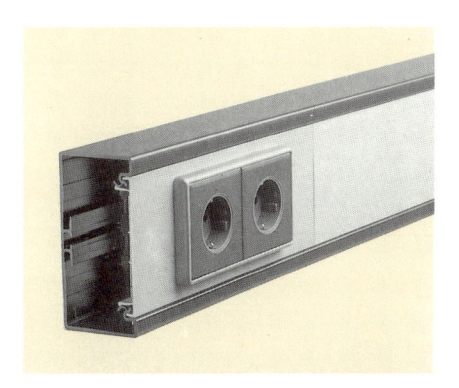

Bild 2.4/34
Fensterbankkanal mit Geräten für
Starkstromanlagen

733

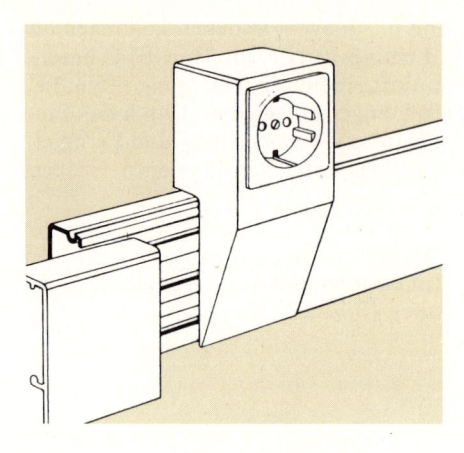

2.4 Montagezeitsparende Werkzeuge und Verlegungsmaterialien

Bild 2.4/35 Fußbodenleistenkanal mit Geräteaufsatz

Fußbodenleisten-kanal

Im Fertigteil-Hochbau und für die Modernisierung von Altbauten eignen sich Fußbodenleistenkanäle (Bild 2.4/35). Ein Geräteaufsatz ermöglicht die Montage eines Schalters, einer Steckdose oder ähnliches an jeder Stelle des Kanals (vgl. Kapitel 12.3). Formstücke für Richtungsänderungen ergänzen das Programm.

Aufbodenkanal

Zum Verlegen von Starkstrom- und Fernmeldeleitungen zwischen Wandanschluß und Schreibtisch, z. B. in Büros, dient der Aufbodenkanal (Bild 2.4/36).

Bei großer Häufung werden Kabel und Leitungen auf Trägern, in Rinnen, in Bahnen oder auf Pritschen verlegt.

Biegsamer Kabelträger

Besonders einfach sind biegsame Kabelträger aus verzinktem Rundstahl (Bild 2.4/37) zu montieren. Sie können auf der Baustelle durch Biegen in jede gewünschte Form gebracht werden.

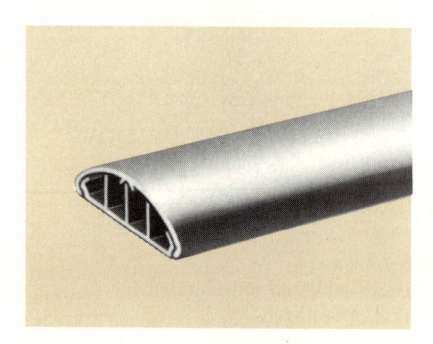

Bild 2.4/36
Aufbodenkanal mit Trennwänden

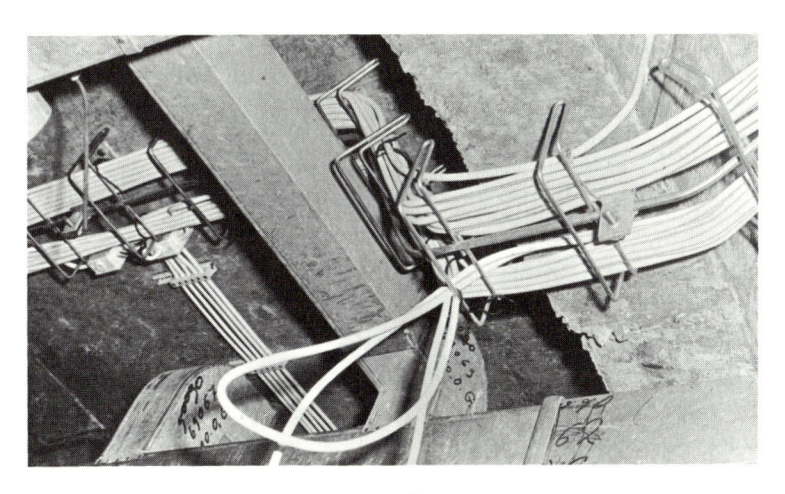

2.4 Montagezeitsparende Werkzeuge und Verlegungsmaterialien

Bild 2.4/37   Biegsamer Kabelträger aus verzinktem Rundstahl

Der Träger ist nach allen Seiten offen und ermöglicht ein beliebiges Rangieren. Diese offene Konstruktion verhindert Staubablagerungen und gewährleistet eine gute Kühlung der Kabel oder Leitungen.

Da die Bügel des Trägers nicht nur zur Aufnahme der Leitungen, sondern auch zum Befestigen dienen, sind besondere Traversen nicht erforderlich.

Kabelrinnen oder Kabelbahnen stehen in verschiedenen Ausführungen aus Kunststoff oder feuerverzinktem Stahlblech zur Verfügung. Als Zubehör gibt es z. B. Bogenstücke, Verbinder u. a. Die Befestigung erfolgt auf Wand-Traversen oder auf besonderen Befestigungselementen (z. B. Hängestiele mit Auslegern), die an die Decke montiert werden. **Kabelrinnen, Kabelbahnen**

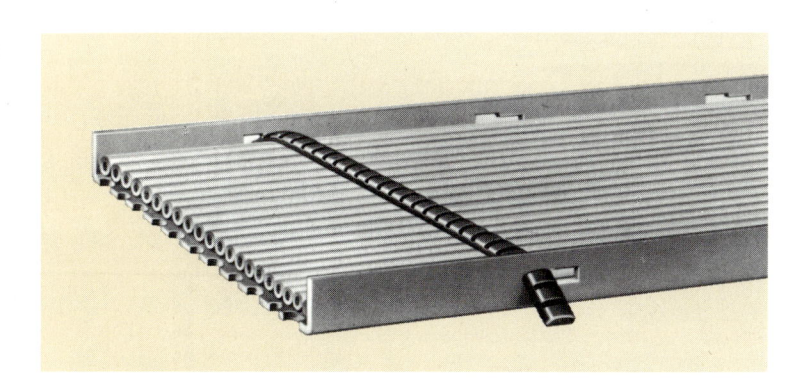

Bild 2.4/38   Befestigen von Kabel und Leitungen mit Kerbband in einer Kabelrinne

2.4 Montagezeitsparende Werkzeuge und Verlegungsmaterialien

Die Kabel und Leitungen werden im allgemeinen nur eingelegt. Ist ein Befestigen erforderlich, z.B. an senkrecht verlaufenden Teilen von Kabelrinnen und -bahnen, so werden die Leitungen mit Kunststoff-Bandschellen oder Kerbband gehalten (Bild 2.4/38).

Kabelpritschen

Kabelpritschen sind in verschiedenen Ausführungen von Spezialfirmen lieferbar. Sie bestehen meist aus einheitlichen, vorgefertigten Bauteilen, die nach einem Bausteinsystem zusammengestellt sind und sich freistehend, hängend oder an Wänden vertikal und horizontal befestigen lassen. Planung und Montage werden häufig auch von den Herstellerfirmen übernommen.

Zum wirtschaftlichen Verlegen der Kabel auf Kabelpritschen gibt es Siemens-Spezialkastenrollen. Die Kabel können damit in Pritschenhöhe verlegt werden. Zum Herausnehmen der Kabel wird die obere Rolle ausgeschwenkt. Das Auslegen der Kabel auf dem Boden und das anschließende Auflegen auf die Pritschen wird somit vermieden.

Bild 2.4/39 Kabelpritschen in einem Kabeltunnel

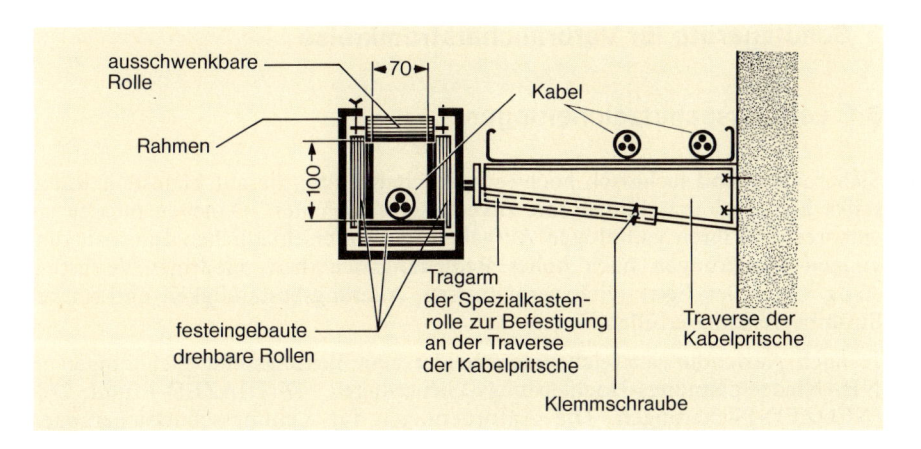

2.4 Montagezeitsparende Werkzeuge und Verlegungsmaterialien

Bild 2.4/40
Siemens-Spezialkastenrolle zum Verlegen von Kabeln auf Kabelpritschen (Maße in mm)

3 Schutzgeräte für Verbraucherstromkreise

3.1 Leitungsschutzsicherungen

Allgemeines

Sicherungen sind technisch hochwertige Schaltgeräte, die auf kleinstem Raum selbst höchste Kurzschlußströme zuverlässig ausschalten. Daneben müssen sie entsprechend ihren vielfältigen Aufgaben und unterschiedlichen Einsatzbedingungen Forderungen nach hoher Bedienungssicherheit, niedriger Verlustleistung, optimalen Selektivitätsverhältnissen, Alterungsbeständigkeit und starker Strombegrenzung erfüllen.

Bestimmungen

Je nach Anwendungsbereich unterscheidet man Leitungsschutzsicherungen in NH-(Niederspannungs-Hochleistungs-)Sicherungen, D-(DIAZED-) und D0-(NEOZED-)Sicherungen. Die Anforderungen für Leitungsschutzsicherungen sind in den Bestimmungen VDE 0636 und in den IEC-Publikationen 269 zusammengefaßt. Daneben gelten die Bestimmungen VDE 0638 für D0-Schaltersicherungseinheiten (N-MINIZED) und VDE 0680 für NH-Sicherungsaufsteckgriffe und Paßeinsatzschlüssel.

Einsatz

Leitungsschutzsicherungen bieten als Ganzbereichssicherungen Schutz vor unzulässigen Überlast- und Kurzschlußströmen. Leitungsschutzsicherungen der Betriebsklasse gL nach VDE 0636 sind den Belastungskennlinien von Kabeln und Leitungen angepaßt und daher vornehmlich für den Kabel- und Leitungsschutz bestimmt.

Darüber hinaus können Sicherungen der Betriebsklasse gL zum Schutz von Motorstromkreisen und zum Kurzschlußschutz von Schaltgeräten wie Schütze und Leistungsschalter verwendet werden. Leitungsschutzsicherungen nach VDE 0636 der Betriebsklasse gL entsprechen auch den IEC-Publikationen 269 und zwar der Betriebsklasse gI und ≥ 100 A der Betriebsklasse gII.

Ausführungen

Leitungsschutzsicherungen werden in Steck- und Schraubsysteme unterteilt.

Das Stecksystem (NH-Sicherungen) ist für die Bedienung durch den Fachmann vorgesehen und bietet keinen Berührungsschutz und keine Nennstrom-Unverwechselbarkeit.

Die Schraubsysteme (D- und D0-Sicherungen) sind auch für die Bedienung durch Laien bestimmt, so daß Berührungsschutz und Nennstrom-Unverwechselbarkeit gewährleistet sein müssen.

NH-Sicherungen

Die NH-Sicherung setzt sich aus dem NH-Sicherungsunterteil und dem NH-Sicherungseinsatz zusammen, der mit dem NH-Sicherungsaufsteckgriff in das NH-Unterteil gesteckt oder herausgezogen wird. Anstelle des NH-Sicherungsunterteils können auch NH-Sicherungsleisten, NH-Sicherungslasttrenner oder Sicherungsmotortrenner verwendet werden.

NH-Sicherungsunterteile werden mit Schrauben befestigt, NH-Reitersicherungsunterteile lassen sich auf Sammelschienen aufstecken.

NH-Sicherungseinsätze mit isolierten (Bild 3.1/1) oder mit spannungführenden Grifflaschen haben einen Anzeiger, der deutlich einen durch Überstrom- oder Kurzschlußstrom ausgeschalteten NH-Sicherungseinsatz kennzeichnet.

Der NH-Sicherungsaufsteckgriff kann mit oder ohne Lederstulpe verwendet werden.

3.1 Leitungsschutzsicherungen

Größe	Nennstrom der Unterteile A	für Sicherungseinsätze A
00	125	≤ 6 bis 160
0	160	≤ 6 bis 160
1	250	≤ 35 bis 250
2	400	≤ 80 bis 400
3	630	≤ 315 bis 630
4a	1250	≤ 500 bis 1250

Tabelle 3.1/1
Zuordnung von NH-Sicherungseinsätzen zu NH-Sicherungsunterteilen für Nennspannung 500 V~

NH-Sicherungen für den Kabel- und Leitungsschutz gibt es in sechs Baugrößen (00, 0, 1, 2, 3 und 4a) für den Nennstrombereich von 6 bis 1250 A bei 500 V~ Nennspannung (Tabelle 3.1/1) und in vier Baugrößen (00, 1, 2 und 3) für den Nennstrombereich von 6 bis 500 A bei 660 V~ Nennspannung. Die Nennstromstärken sind in den jeweiligen Baugrößen überlappend, so daß beispielsweise ein

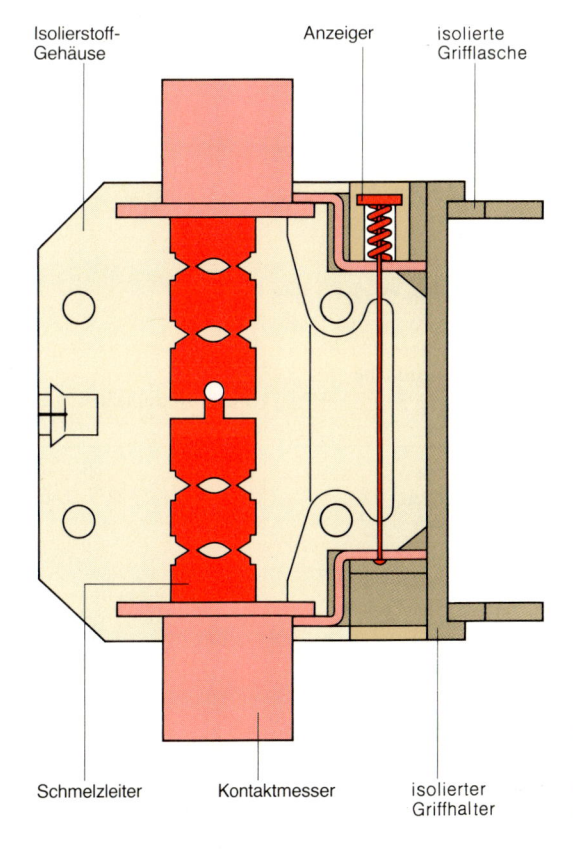

Bild 3.1/1
Schnitt durch einen NH-Sicherungseinsatz (Grifflasche und -halter isoliert: Iso-NH)

3.1 Leitungsschutzsicherungen

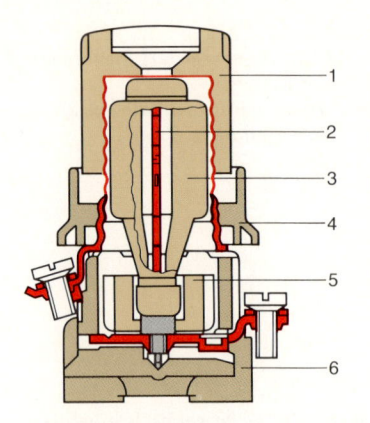

1 Sicherungseinsatzhalter (Schraubkappe)
2 Schmelzleiter
3 DIAZED-Sicherungseinsatz
4 Berührungsschutz-Abdeckung
5 Paßeinsatz
6 DIAZED-Sicherungsunterteil

Bild 3.1/2
Aufbau einer DIAZED-Sicherung

NH-Sicherungseinsatz mit 63 A Nennstrom in Unterteile der Größen 00, 0 und 1 eingesetzt werden kann. Das erleichtert die Planung und später eine evtl. Erweiterung der elektrischen Anlage.

Für den Einsatz in Gleichspannungsanlagen sind von den Herstellern Sonderausführungen erhältlich.

DIAZED-Sicherungen

D- bzw. DIAZED-Sicherungen setzen sich aus dem Sicherungsunterteil (Sicherungssockel), der Berührungsschutzabdeckung, dem Paßeinsatz, dem Sicherungseinsatz und dem Sicherungseinsatzhalter (Schraubkappe) zusammen (Bild 3.1/2). Der DIAZED-Sicherungseinsatz wird mit dem Sicherungseinsatzhalter in das Sicherungsunterteil hinein- oder herausgeschraubt.

DIAZED-Sicherungsunterteile sind zur Schraubenbefestigung, mit Schnappbefestigung zum Aufschnappen auf Hutschienen nach DIN EN 50022 mit 35 mm Breite oder zum Aufstecken auf Sammelschienen geeignet.

Tabelle 3.1/2
Kennfarben der Paßeinsätze und der Anzeiger von DIAZED- und NEOZED-Sicherungseinsätzen

DIAZED-Sicherungseinsätze Größe	Stromstärke A	Kennfarbe	NEOZED-Sicherungseinsätze Größe
D II	2	rosa	D 01
	4	braun	
	6	grün	
	10	rot	
	16	grau	
	20	blau	D 02
	25	gelb	
D III	35	schwarz	
	50	weiß	
	63	kupfer	
D IV H	80	silber	D 03
	100	rot	

3.1 Leitungsschutzsicherungen

Tabelle 3.1/3
Zuordnung von DIAZED- Sicherungseinsätzen zu DIAZED-Sicherungsunterteilen für Nennspannung 500 V~

Größe	Gewinde	Nennstrom der Unterteile A	für Sicherungseinsätze A
—	E16	25	2 bis 25
D II	E27	25	2 bis 25
D III	E33	63	35 bis 63
D IV H	R 1$^{1}/_{4}$"	100	80 bis 100

Die Fußkontaktschiene des Sicherungsunterteiles ist zur Aufnahme des Paßeinsatzes vorgesehen. Der Paßeinsatz in Verbindung mit dem je nach Nennstrom im Durchmesser unterschiedlichen Fußkontaktzapfen des DIAZED-Sicherungseinsatzes stellt die Nennstrom-Unverwechselbarkeit sicher. Unter Nennstrom-Unverwechselbarkeit versteht man, daß Sicherungseinsätze mit einem höheren als dem vorgesehenen Nennstrom nicht verwendet werden können. Damit sind die angeschlossenen Kabel und Leitungen sicher vor unzulässigen Überlastungen geschützt.

Zur schnellen Orientierung ist jedem Nennstrom eine Kennfarbe zugeordnet. Diese Kennfarbe trägt sowohl der Paßeinsatz als auch der Anzeiger des Sicherungseinsatzes (Tabelle 3.1/2).

DIAZED-Sicherungen für den Kabel- und Leitungsschutz gibt es in drei Baugrößen (D II, D III und D IV H) für den Nennstrombereich von 2 bis 100 A bei Nennspannung von 500 V~ und in einer Baugröße (D III) für den Nennstrombereich von 2 bis 63 A bei Nennspannung von 660 V~ bzw. 600 V_ (Tabelle 3.1/3). Die Nennstromstärken der einzelnen Baugrößen überlappen sich nicht, doch können durch Verwendung von Haltefuttern in den Sicherungseinsatzhaltern beispielsweise DIAZED-Sicherungseinsätze der Größe D II auch in Sicherungsunterteile der Größe D III eingesetzt werden.

Außerdem gibt es eine nicht bezeichnete Baugröße mit Gewinde E 16 für den Nennstrombereich 2 bis 25 A bei Nennspannung von 500 V~.

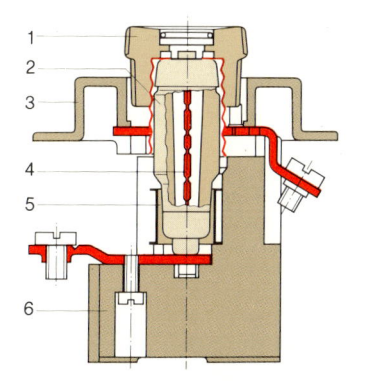

1 Sicherungseinsatzhalter (Schraubkappe)
2 Schmelzleiter
3 NEOZED-Sicherungseinsatz
4 Berührungsschutz-Abdeckung
5 Hülsen-Paßeinsatz
6 NEOZED-Sicherungsunterteil

Bild 3.1/3
Aufbau einer NEOZED-Sicherung

3.1 Leitungsschutzsicherungen

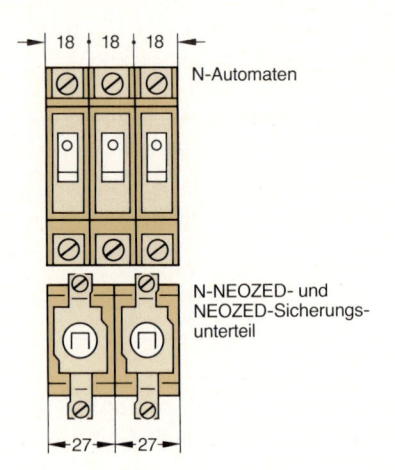

Bild 3.1/4
Teilungsmaße der Einbau-Sicherungsunterteile D01 und D02 bezogen auf die N-Automaten

NEOZED-Sicherungen

D0- bzw. NEOZED-Sicherungen sind im Aufbau identisch mit den DIAZED-Sicherungen (Bild 3.1/3). NEOZED-Sicherungen sind jedoch stärker auf die heutigen Einbauverhältnisse zugeschnitten und zwar dadurch, daß die Abmessungen der Sicherungsunterteile auf das Teilungsmaß der Leitungsschutzschalter und Einbaugeräte von 18 mm abgestimmt sind.

Die NEOZED-Sicherungsunterteile der Größen D01 und D02 haben sowohl gleiches Teilungsmaß als auch gleiche Breiten- und Befestigungsmaße. Das Teilungsmaß beträgt 27 mm und somit das 1,5fache des N-Automaten (Bild 3.1/4). D03-Sicherungsunterteile dagegen haben ein Teilungsmaß von 45 mm, das entspricht dem 2,5fachen des einpoligen N-Automaten.

Die besonders niedrigen N-NEOZED-Sicherungsunterteile sind für die sehr flach gebauten STAB-Wandverteilern des N-Systems (N-Kleinverteiler) entwickelt worden.

NEOZED-Sicherungen für den Kabel- und Leitungsschutz gibt es in drei Baugrößen (D01, D02 und D03) für den Nennstrombereich von 2 bis 100 A bei Nennspannung 380 V~ bzw. 250 V_ (Tabelle 3.1/4).

Tabelle 3.1/4
Zuordnung von NEOZED-Sicherungseinsätzen zu NEOZED-Sicherungsunterteilen für Nennspannungen 380 V~ bzw. 250 V_ (gilt auch für N-NEOZED-Sicherungseinsätze und -unterteile)

Größe	Gewinde	Nennstrom der Unterteile A	für Sicherungseinsätze A
D01	E14	16	2 bis 16
D02	E18	63	20 bis 63
D03	M30 × 2	100	80 bis 100

3.1 Leitungsschutzsicherungen

N-Minized

Der N-Minized ist eine Neozed-Schaltersicherungseinheit, bei der ein Schaltelement mit einer Neozed-Sicherung in der Reihe liegt. Der N-Minized garantiert somit höchsten Berührungsschutz, da im ausgeschalteten Zustand alle zugänglichen Metallteile spannungsfrei sind und der Neozed-Sicherungseinsatz absolut gefahrlos ausgewechselt werden kann.

Der N-Minized läßt sich nur dann einschalten, wenn der Neozed-Sicherungseinsatz oder der zum Lieferumfang gehörende Blindeinsatz fest eingeschraubt und damit die Einschaltsperre freigegeben ist (Bild 3.1/5). Das bedeutet immer ausreichende Kontaktkraft am Sicherungseinsatz, und zwar unabhängig vom Bedienenden.

Der N-Minized ist mit einer Schnappbefestigung versehen und auf die Abmessungen des N-Systems mit 53 mm Einbautiefe abgestimmt. Er hat ein Teilungsmaß von 27 mm je Pol und kann daher jederzeit anstelle eines Neozed-Sicherungsunterteiles der Größe D01 oder D02 eingebaut werden. Besonders einfach ist die Montage auf Sammelschienen 12 × 5 mm bei 40 mm Mittenabstandsmaß mit dem Sammelschienenadapter, der nur aufgesteckt und mit einer Schraube befestigt wird. Der N-Minized ist für Neozed-Sicherungseinsätze D02 von 20 bis 63 A ausgelegt, aber unter Verwendung von Spezial-Haltefeder und -Paßeinsatz auch für Neozed-Sicherungseinsätze D01 von 2 bis 16 A geeignet.

Da der N-Minized stromdiebstahlsicher ist, läßt er sich uneingeschränkt in Verteileranlagen und im Vor-Zählerbereich einsetzen.

Der N-Minized erfüllt die Anforderungen der Gebrauchskategorie AC 22 nach VDE 0638, das bedeutet: Schalten von gemischter ohmscher und induktiver Last einschließlich geringer Überlast.

Das Ausschaltvermögen beträgt in Verbindung mit Neozed-Sicherungseinsätzen 50 kA.

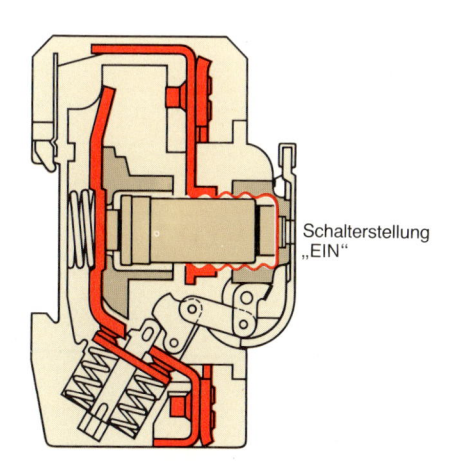

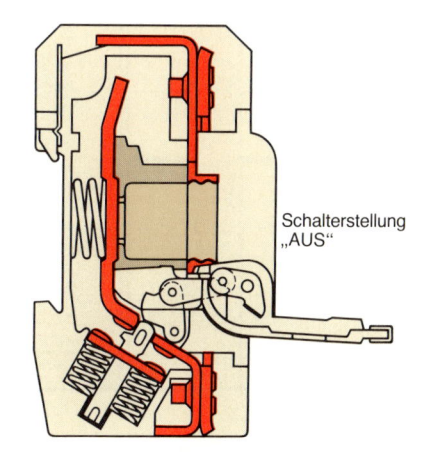

Bild 3.1/5 Schnitt durch den N-Minized

Schalterstellung „EIN"

Schalterstellung „AUS"

3.1 Leitungsschutzsicherungen

Funktion

Sicherungseinsätze für den Kabel- und Leitungsschutz sind so aufgebaut, daß sie in Verbindung mit dem Löschmittel (Quarzsand) vom kleinsten Schmelzstrom bis zum Nennausschaltstrom sicher ausschalten und damit die angeschlossenen Kabel und Leitungen vor unzulässiger Überlastung schützen (Bild 3.1/6).

Zeit-Strom-Kennlinie

Das Arbeitsverhalten (nach welcher Zeit und bei welchem Strom die Sicherung ausschaltet), ist in den Zeit-Strom-Kennlinien dargestellt (Bilder 3.1/7a, 3.1/7b und 3.1/7c). Sie geben die virtuelle Zeit als Funktion des unbeeinflußten Kurzschlußstromes an, d.h. die Schmelzzeit.

Die in den Diagrammen dargestellten Zeit-Strom-Kennlinien sind bei 20°C aufgenommen und gelten für nicht vorbelastete Sicherungseinsätze. Da durch Fertigungstoleranzen bedingte Abweichungen unvermeidbar sind, werden in den Diagrammen mittlere Zeit-Strom-Kennlinien dargestellt, deren maximale Abweichung gemäß den VDE-Bestimmungen ±7% in Richtung der Stromachse betragen darf (Zeit-Strom-Bereiche nach VDE 0636/1). Siemens-Sicherungseinsätze weichen um maximal ±5% ab, was zu besseren selektiven Eigenschaften führt (Bild 3.1/8).

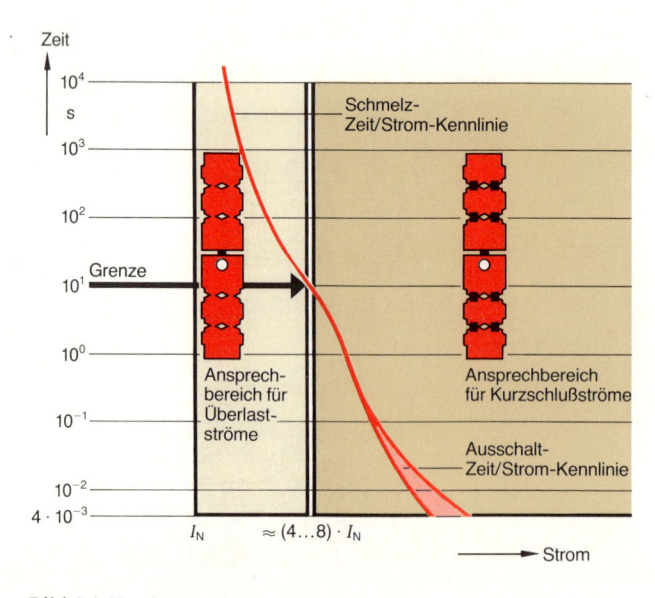

Bild 3.1/6 Ansprechbereiche von Sicherungseinsätzen der Betriebsklasse gL

3.1 Leitungsschutzsicherungen

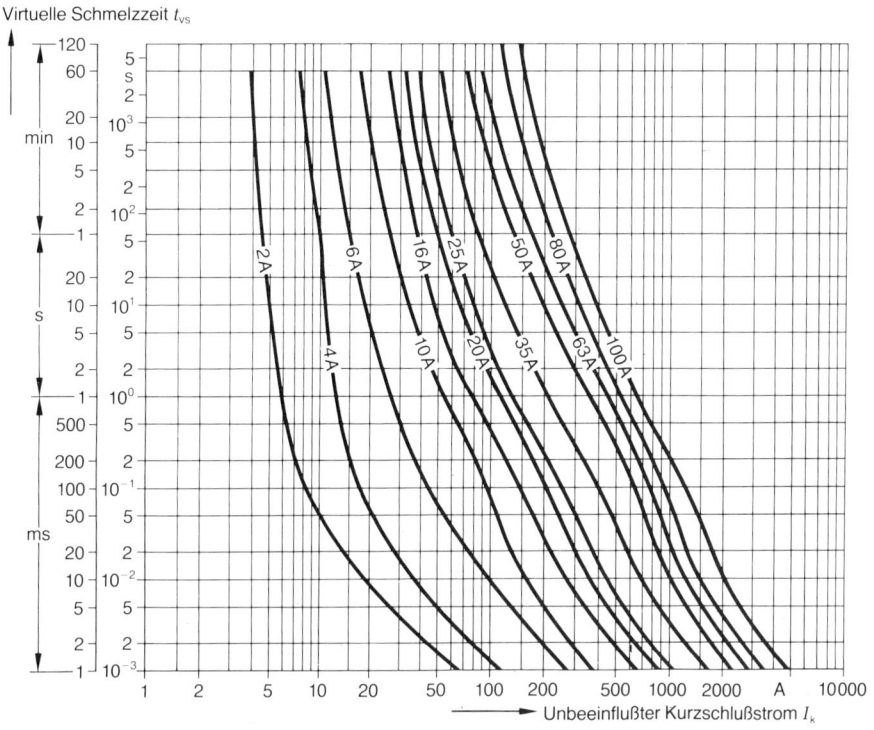

Bild 3.1/7a Zeit-Strom-Kennlinien für NEOZED-Sicherungseinsätze 380 V~ bzw. 250 V⎓ der Betriebsklasse gL

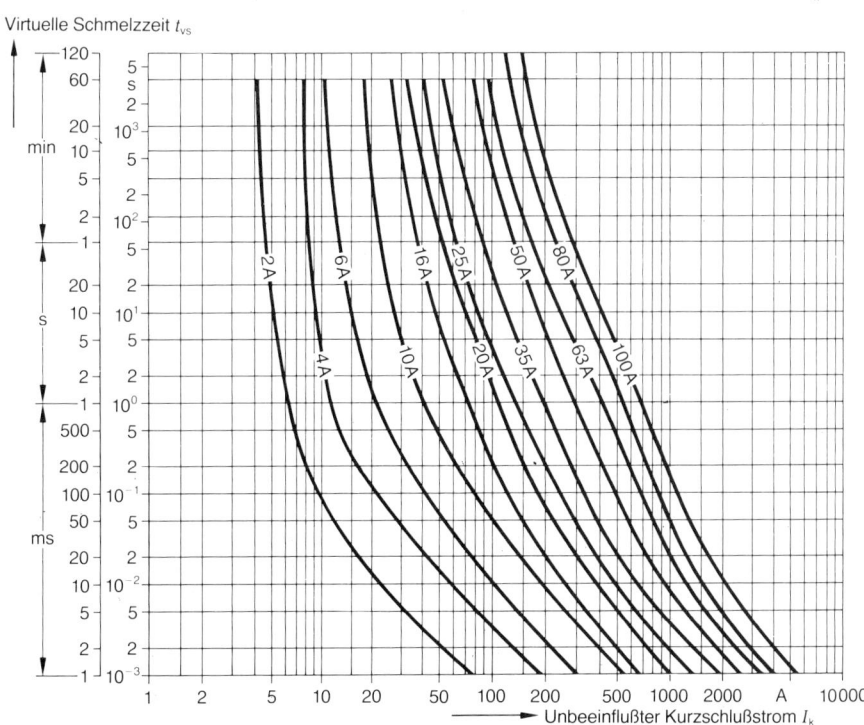

Bild 3.1/7b Zeit-Strom-Kennlinien für DIAZED-Sicherungseinsätze 500 V~ der Betriebsklasse gL

3.1 Leitungsschutzsicherungen

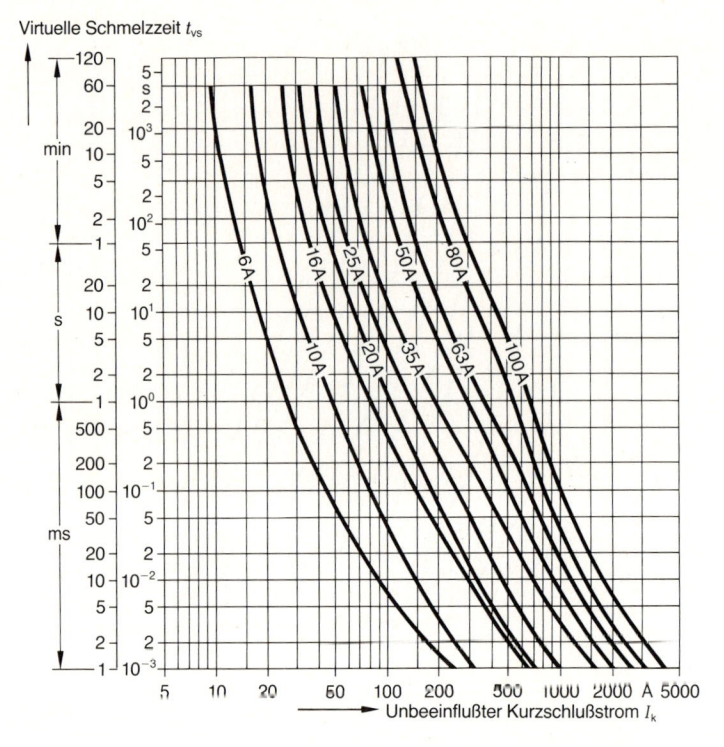

Bild 3.1/7c
Zeit-Strom-Kennlinien für NH-Sicherungseinsätze Gr. 00/500 V~
der Betriebsklasse gL

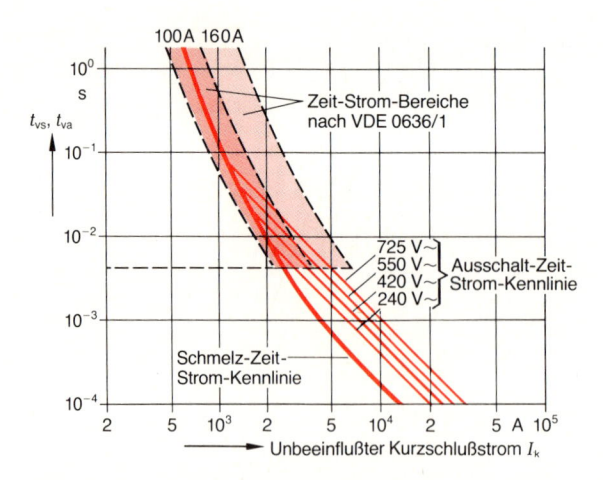

Bild 3.1/8
Ausschalt-Zeit-Strom-Kennlinien bei verschiedenen Prüfspannungen am Beispiel eines NH-Sicherungseinsatzes Gr. 00/100 A

3.1 Leitungsschutzsicherungen

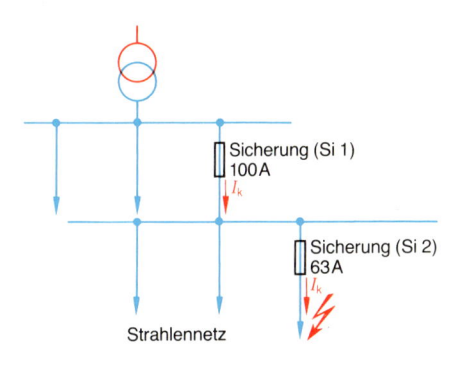

Bild 3.1/9
Selektivität bedeutet, daß im Fehlerfall nur die Sicherung ausschaltet, die dem Netzfehler am nächsten liegt, hier also nur die Sicherung 63 A

Selektivität zwischen in Reihe geschalteten Sicherungen ist immer dann vorhanden, wenn in einem Störungsfall nur die Sicherung ausschaltet, die der Fehlerquelle am nächsten liegt. Vorgeschaltete Sicherungen dürfen also nicht ausschalten, so daß die fehlerfreien Anlagenteile weiter in Betrieb bleiben (Bild 3.1/9).

Selektivität

Anhand von Selektivitätstabellen lassen sich in Strahlennetzen Sicherungen unterschiedlicher Nennströme leicht zuordnen. Liegen Selektivitätstabellen nicht vor, so genügt es, das Selektivitätsverhältnis von 1:1,6 (z. B. 63:100 A) einzuhalten, um eine selektive Staffelung mit Sicherungen zu erreichen (vgl. Kap. 1.4.3), die den einschlägigen Bestimmungen entsprechen (Bild 3.1/10).

Selektivität bei
■ 500 V~
✕ 380 V~

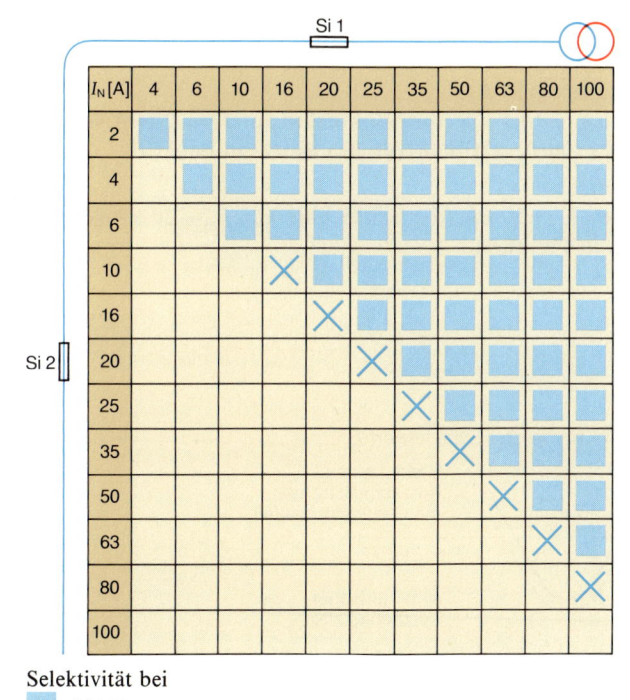

Bild 3.1/10
Selektivitätstabelle am Beispiel von DIAZED-Sicherungseinsätzen

3.1 Leitungsschutzsicherungen

Verlustleistung Die beim Betrieb von Sicherungen entstehenden Verlustleistungen sind zwar unabdingbar, sollten jedoch aus Kosten- und Erwärmungsgründen möglichst gering sein. Siemens-NH-, DIAZED- und NEOZED-Sicherungseinsätze haben extrem niedrige Verlustleistungen, die noch unter den zulässigen Werten nach VDE 0636 liegen.

Ausschaltvermögen Siemens-NH-, DIAZED- und NEOZED-Sicherungseinsätze zeichnen sich durch ihre hohe Schaltsicherheit aus. Bei Überstromausschaltungen führt die Schmelztemperatur an der Stelle zur Ausschaltung, an der die größte Querschnittsverengung des Schmelzleiters ist, während bei Kurzschlußströmen die Schmelztemperatur schlagartig an allen im Schmelzleiter befindlichen Querschnittsengstellen erreicht wird.

Um auch bei höchsten Kurzschlußströmen ein sicheres Ausschalten zu garantieren, wird das nach VDE 0636 geforderte Ausschaltvermögen von 50 kA bei Wechselstrom von Siemens-NH-, DIAZED- und NEOZED-Sicherungseinsätzen zum Teil um mehr als das Doppelte überschritten.

Beispiel

Vorgesehen sind NH-Sicherungseinsätze für 160 A Nennstrom. Unbeeinflußter Kurzschlußstrom $I_k = 20$ kA (berechneter Effektivwert),
Gleichstromanteil = 50% (angenommen).

Bei welchem Kurzschlußstrom wird die begrenzte Stromspitze (vgl. Bild 3.1/12) durch Ansprechen der NH-Sicherungseinsätze erreicht, und wie groß würde der Stoßkurzschlußstrom I_s, wenn die NH-Sicherungseinsätze nicht vorgesehen wären?

 mit NH-Sicherungseinsätzen (160 A):
   begrenzte Stromspitze = 14,5 kA (die Senkrechte auf $I_k = 20$ kA schneidet die Kennlinie des 160-A-NH-Sicherungseinsatzes in Punkt B).

 ohne NH-Sicherungseinsätze:
   Stoßkurzschlußstrom $I_s = 50$ kA (die Senkrechte auf $I_k = 20$ kA schneidet die 50%-Gerade in Punkt A).

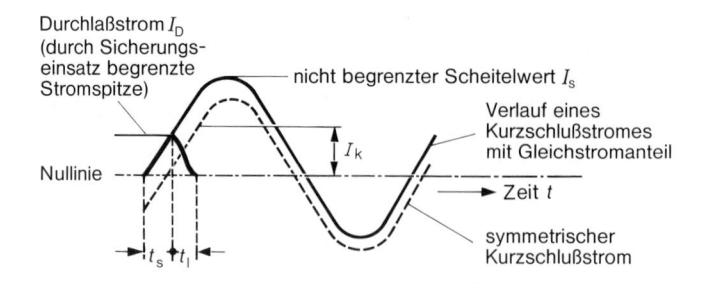

t_s Schmelzzeit
I_k Unbeeinflußter Kurzschlußstrom an der Einbaustelle in kA (Effektivwert)
t_l Löschzeit

Bild 3.1/11 Strombegrenzung durch NH-Sicherungseinsatz

3.1 Leitungsschutzsicherungen

Um elektrische Anlagen sicher vor zu hohen Kurzschlußströmen zu schützen, ist neben einem großen Ausschaltvermögen auch eine starke Strombegrenzung wichtig (Bild 3.1/11). Aufgrund ihrer guten technischen Eigenschaften sind Siemens-Sicherungseinsätze stark strombegrenzend (Bild 3.1/12).

Strombegrenzung

Die in den Bestimmungen zugrunde gelegte Umgebungstemperatur von 20 °C bei Sicherungen läßt bei Siemens-Sicherungseinsätzen selbst langandauernde Überlastströme bis zum 1,15fachen Nennstrom zu, ohne daß dadurch ein Alterungsprozeß eingeleitet wird. Die besondere Konstruktion der Schmelzleiter er-

Umgebungstemperatur

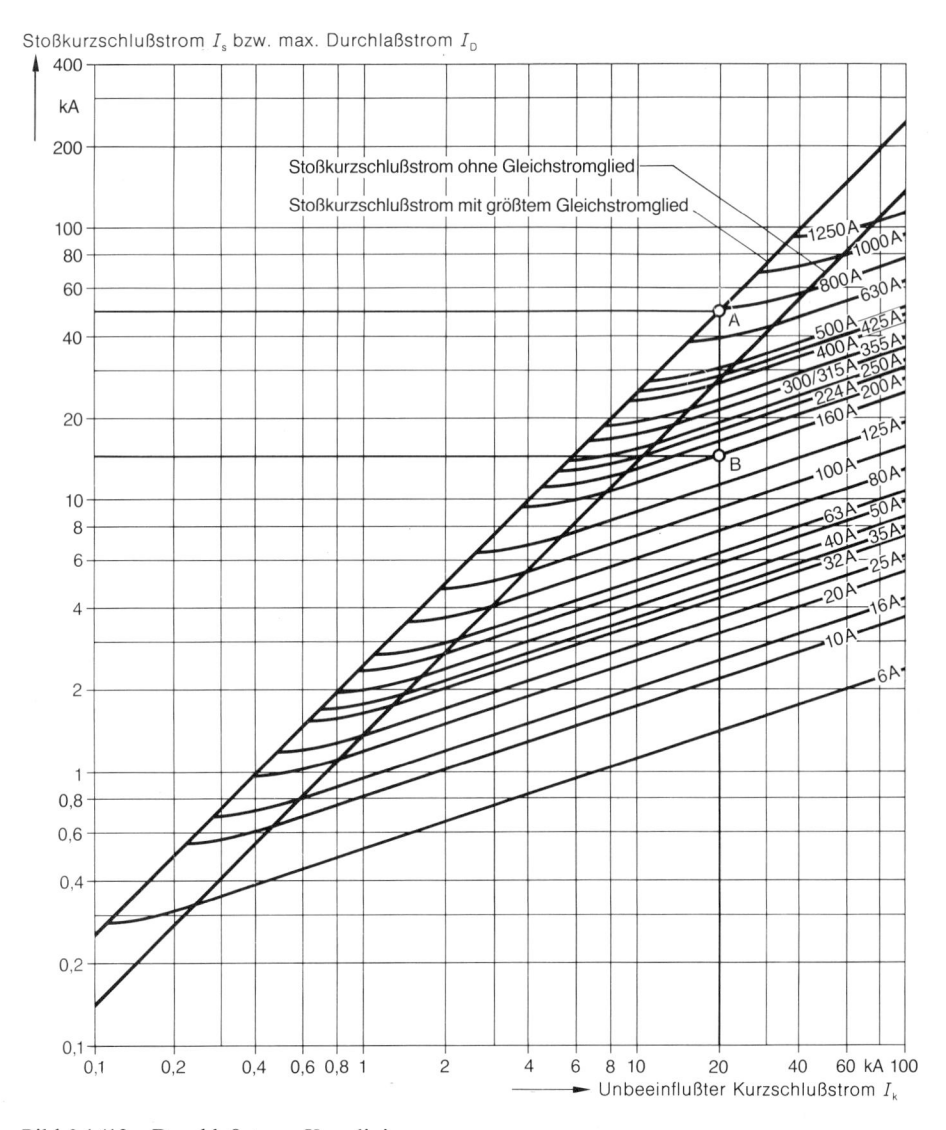

Bild 3.1/12 Durchlaßstrom-Kennlinien

3.1 Leitungsschutzsicherungen

möglichst darüber hinaus, daß Siemens-NH-, DIAZED- und NEOZED-Sicherungseinsätze bei Temperaturen von $-5\,°C$ bis $+45\,°C$ ohne Berücksichtigung von Reduktionsfaktoren verwendet werden können.

Anlagenarten Neben Sicherungen der Betriebsklasse gL zum Schutz von Kabeln und Leitungen gibt es noch Sicherungseinsätze für besondere Anwendungsfälle, wie beispielsweise SILIZED-Sicherungseinsätze, die mit ihrer überflinken Ausschaltcharakteristik an die Belastungskennlinien der Siemens-Leistungsthyristoren und -dioden angepaßt sind (Bild 3.1/13) oder DIAZED-Sicherungseinsätze für den Bergbauanlagenschutz, die bis zum 4fachen Nennstrom eine träge und darüber hinaus eine überflinke Ausschaltcharakteristik haben (Bild 3.1/14), und so die besonderen Verhältnisse im Bergbau berücksichtigen.

3.1 Leitungsschutzsicherungen

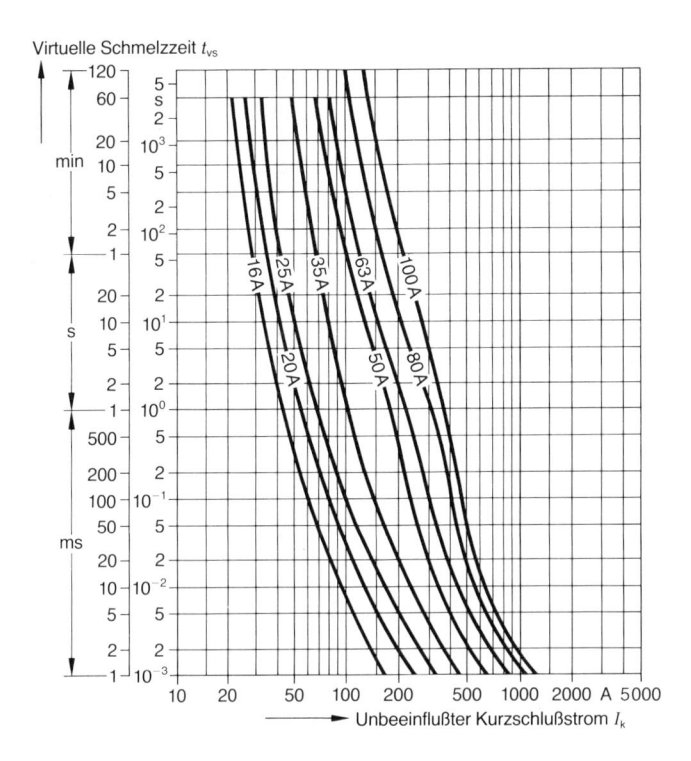

Bild 3.1/13
Schmelz-Zeit-Strom-Kennlinien
für SILIZED-Sicherungseinsätze

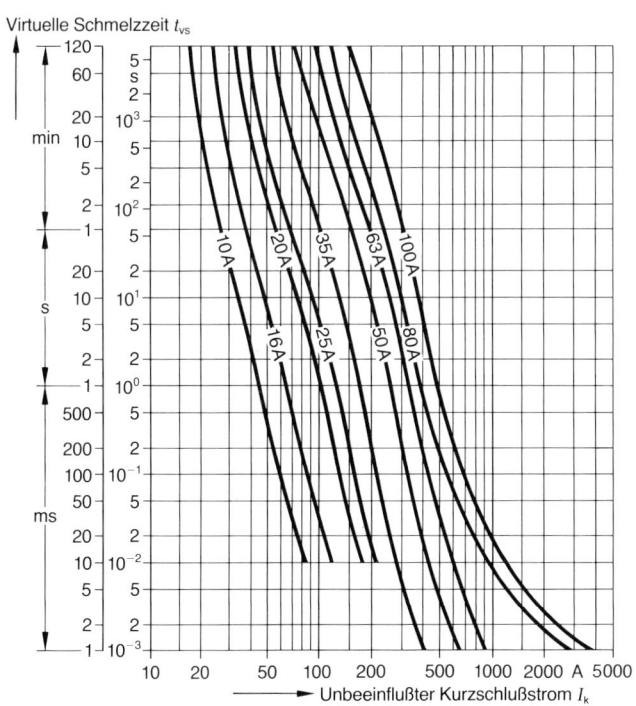

Bild 3.1/14
Schmelz-Zeit-Strom-Kennlinien für Bergbau-anlagenschutz-Sicherungseinsätze

3.2 Leitungsschutz-(LS-)Schalter (Automaten)

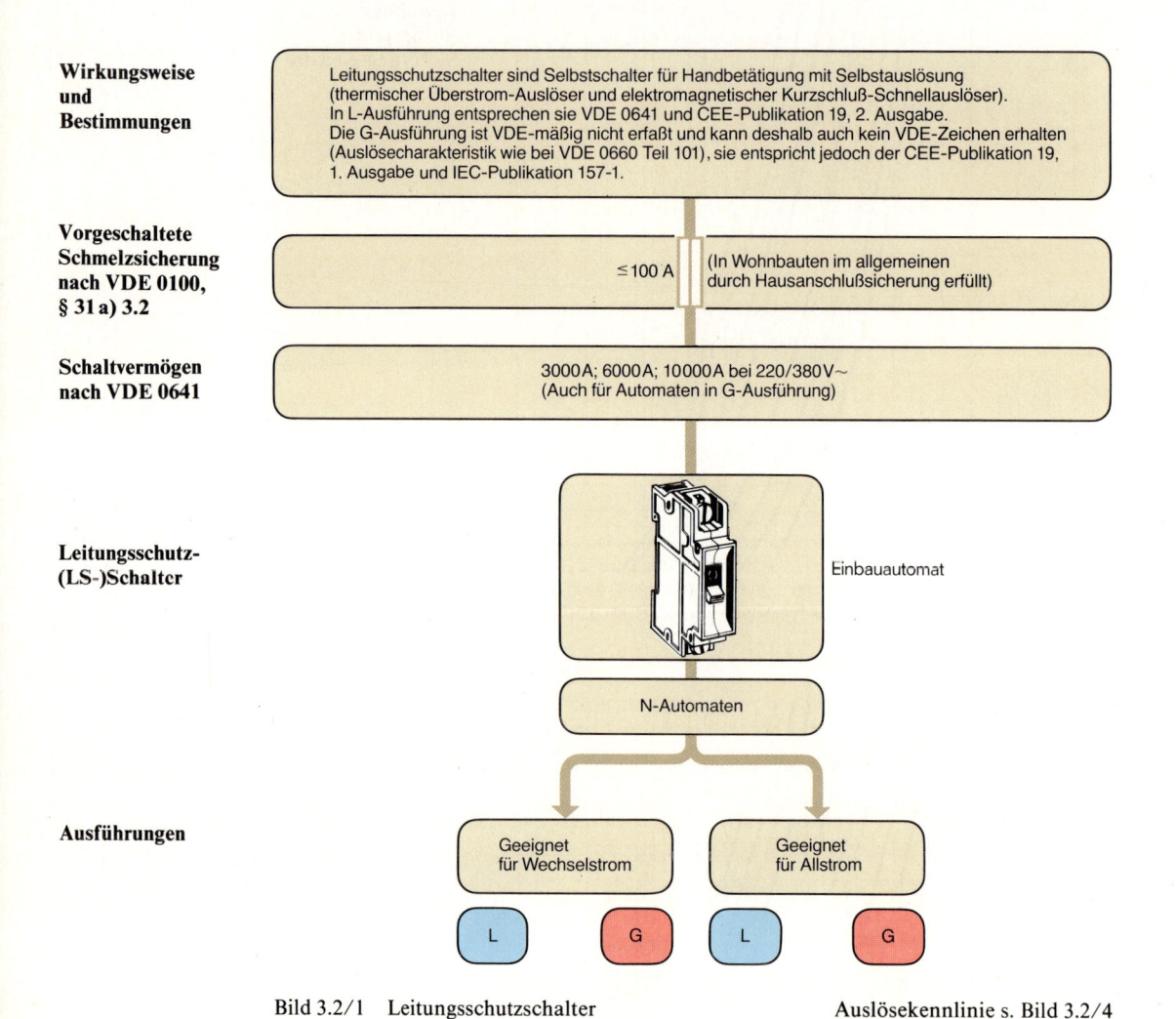

Wirkungsweise und Bestimmungen

Leitungsschutzschalter sind Selbstschalter für Handbetätigung mit Selbstauslösung (thermischer Überstrom-Auslöser und elektromagnetischer Kurzschluß-Schnellauslöser). In L-Ausführung entsprechen sie VDE 0641 und CEE-Publikation 19, 2. Ausgabe. Die G-Ausführung ist VDE-mäßig nicht erfaßt und kann deshalb auch kein VDE-Zeichen erhalten (Auslösecharakteristik wie bei VDE 0660 Teil 101), sie entspricht jedoch der CEE-Publikation 19, 1. Ausgabe und IEC-Publikation 157-1.

Vorgeschaltete Schmelzsicherung nach VDE 0100, § 31 a) 3.2

≤ 100 A (In Wohnbauten im allgemeinen durch Hausanschlußsicherung erfüllt)

Schaltvermögen nach VDE 0641

3000 A; 6000 A; 10000 A bei 220/380 V~
(Auch für Automaten in G-Ausführung)

Leitungsschutz-(LS-)Schalter

Einbauautomat

N-Automaten

Ausführungen

Geeignet für Wechselstrom — L, G
Geeignet für Allstrom — L, G

Bild 3.2/1   Leitungsschutzschalter   Auslösekennlinie s. Bild 3.2/4

Die Automaten werden ein- und mehrpolig, mit abschaltbarem Neutralleiter und mit Hilfsschalter (Schließer und Öffner) gefertigt.

Alle Automaten können in Netzen mit Nennspannungen bis 240/415 V~ eingesetzt werden; die Allstrom-Automaten darüber hinaus auch in Gleichspannungsnetzen, und zwar

die einpolige Ausführung bis 220 V⎓ und
die zweipolige Ausführung bis 440 V⎓.

3.2 Leitungsschutz-(LS-)Schalter (Automaten)

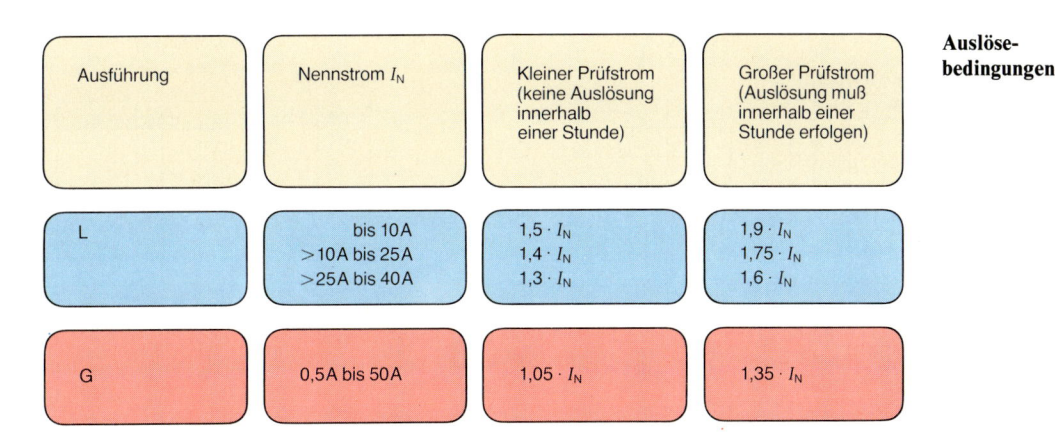

Auslösebedingungen

Ausführung	Nennstrom I_N	Kleiner Prüfstrom (keine Auslösung innerhalb einer Stunde)	Großer Prüfstrom (Auslösung muß innerhalb einer Stunde erfolgen)
L	bis 10 A >10 A bis 25 A >25 A bis 40 A	$1,5 \cdot I_N$ $1,4 \cdot I_N$ $1,3 \cdot I_N$	$1,9 \cdot I_N$ $1,75 \cdot I_N$ $1,6 \cdot I_N$
G	0,5 A bis 50 A	$1,05 \cdot I_N$	$1,35 \cdot I_N$

Bild 3.2/2 Thermische Auslösung

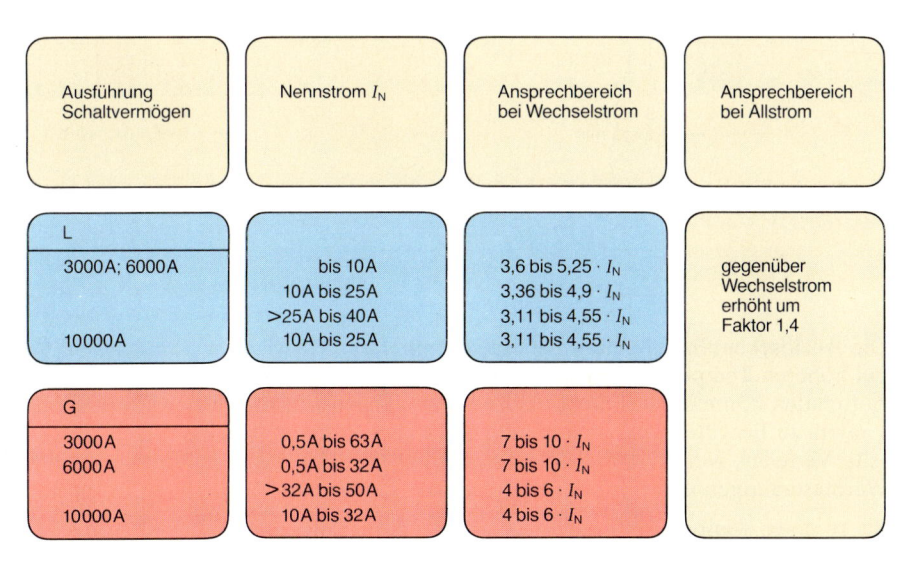

Ausführung Schaltvermögen	Nennstrom I_N	Ansprechbereich bei Wechselstrom	Ansprechbereich bei Allstrom
L 3000 A; 6000 A 10000 A	bis 10 A 10 A bis 25 A >25 A bis 40 A 10 A bis 25 A	$3,6$ bis $5,25 \cdot I_N$ $3,36$ bis $4,9 \cdot I_N$ $3,11$ bis $4,55 \cdot I_N$ $3,11$ bis $4,55 \cdot I_N$	gegenüber Wechselstrom erhöht um Faktor 1,4
G 3000 A 6000 A 10000 A	0,5 A bis 63 A 0,5 A bis 32 A >32 A bis 50 A 10 A bis 32 A	7 bis $10 \cdot I_N$ 7 bis $10 \cdot I_N$ 4 bis $6 \cdot I_N$ 4 bis $6 \cdot I_N$	

Bild 3.2/3
Ansprechströme für die unverzögerte Kurzschluß-Schnellauslösung

3.2 Leitungsschutz-(LS-)Schalter (Automaten)

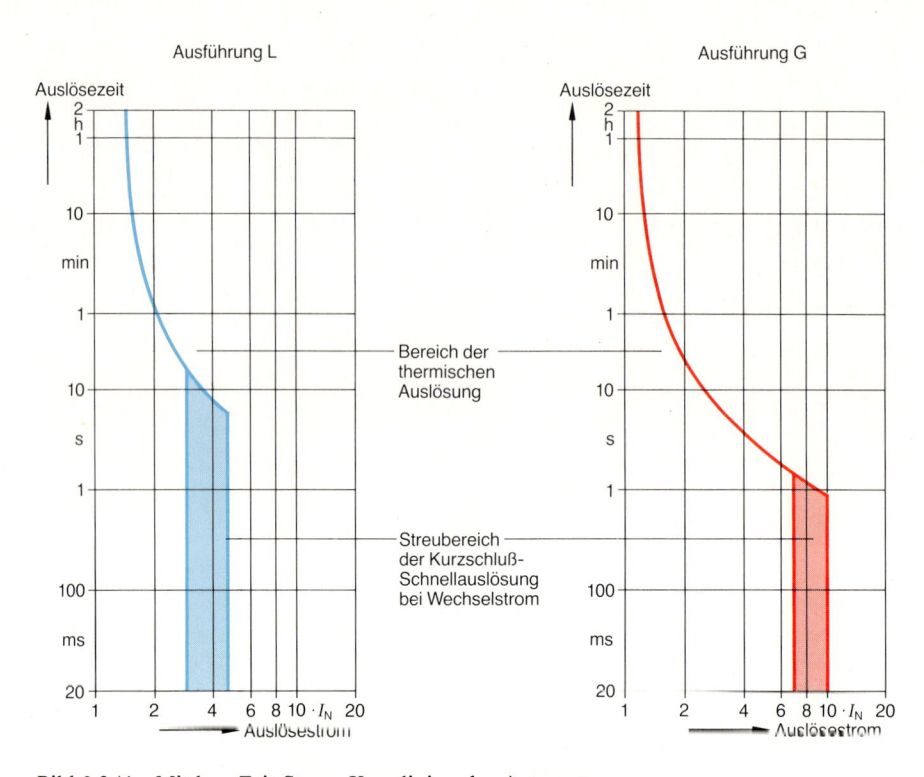

Bild 3.2/4 Mittlere Zeit-Strom-Kennlinien der Automaten

Temperatureinfluß	Die Auslösekennlinien gelten bei Raumtemperaturen zwischen 0 und +35 °C. Bei höheren Temperaturen spricht die thermische Auslösung früher an, d.h. die Automaten können dann nicht bis zum Nennstrom belastet werden. Dies ist besonders zu beachten bei Verwendung in heißen Räumen, bei Einbau in gekapselte Verteiler, wo sich durch die Stromwärmeverluste der eingebauten Geräte Wärmestauungen ergeben können, sowie bei der Verwendung in den Tropen.
Klimabeständigkeit	Bis zu einer Temperatur von +45 °C und einer relativen Luftfeuchte von 95% sind Siemens-Automaten klimabeständig.
Ausführung L	Automaten der Ausführung L dienen dem Leitungsschutz, wobei die Zuordnung zu den Leiterquerschnitten nach VDE 0100 Teil 430 vorzunehmen ist.
Ausführung G	Automaten der Ausführung G sind infolge ihrer Kennlinie vorwiegend für den Geräteschutz geeignet, z.B. für Kleintransformatoren und Motoren. Wegen ihrer sehr engen Nennstrom-Abstufung in dem Bereich 0,5 bis 63 A können sie gut den verschiedenen Gerätenennströmen angepaßt werden. Sie lösen im Gegensatz zu der Ausführung L erst bei höheren Kurzschlußströmen aus und eignen sich daher besonders für Verbraucher mit hohen Einschaltströmen, z.B. Gruppen von Glühlampen oder von Leuchtstofflampen mit parallel zum Netz geschalteten Kondensatoren zur Blindleistungskompensation (Bild 3.2/3).

3.2 Leitungsschutz-(LS-)Schalter (Automaten)

Automaten werden vorwiegend in Verteiler eingebaut, deren Schutzart den Anforderungen der jeweiligen Raumart entsprechen muß. Bei Aufputz-Montage von Automaten mit entsprechenden Klemmenabdeckungen wird die Schutzart IP 30 nach DIN 40 050 erreicht. **Schutzart**

Einbauautomaten haben eine Schnappbefestigung. Damit können sie auf 35 mm breiten Profilschienen (DIN 46 277) zeitsparend montiert werden. Die Kappenhöhe beträgt 45 mm, die Breite 18 mm bzw. ein Mehrfaches davon. Das Teilungsmaß für den Einbau der Automaten in Verteilern ist 18 mm und wird als „Teilungseinheit" bezeichnet (Bild 3.2/6). Die Bestückungsmöglichkeit der Siemens-Verteiler wird in Teilungseinheiten angegeben. **Montage**

Verteiler mit den sehr flach bauenden N-Automaten (N-Verteiler) können auch in den dünnen Wänden moderner Bautechnik verwendet werden. **N-System**

Für Unterputzverteiler mit Tür wird nur eine Nischentiefe von 65 mm benötigt (Bild 3.2/5). Die Tiefe der Aufputz-Schrankverteiler beträgt nur 70 mm. Zusammen mit allen, für die Hausinstallation erforderlichen N-Einbaugeräten und Zubehör bilden die N-Automaten und die N-Verteiler ein komplettes System, das „N-System". **Flachbauweise**

Montage- und Verdrahtungsarbeiten werden durch Verwendung der fabrikfertigen Zusatzteile, z.B. Sammel-, Neutralleiter- und Schutzleiterschienen, erleichtert und abgekürzt. **Zubehör**

Die Zuordnungsbedingungen zum Schutz isolierter Leitungen bei Überlast werden von den Automaten in L- und G-Ausführung immer erfüllt. **Schutz bei Überlast VDE 0100 Teil 430**

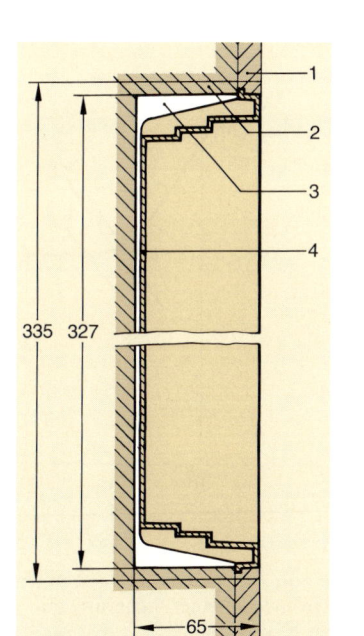

1 Putz
2 Mauerwerk
3 Mauernische
4 Mauereinputzkasten

Bild 3.2/5
Wandquerschnitt mit Mauereinputzkasten des N-Systems, Mauernischentiefe 65 mm

755

3.2 Leitungsschutz-(LS-)Schalter (Automaten)

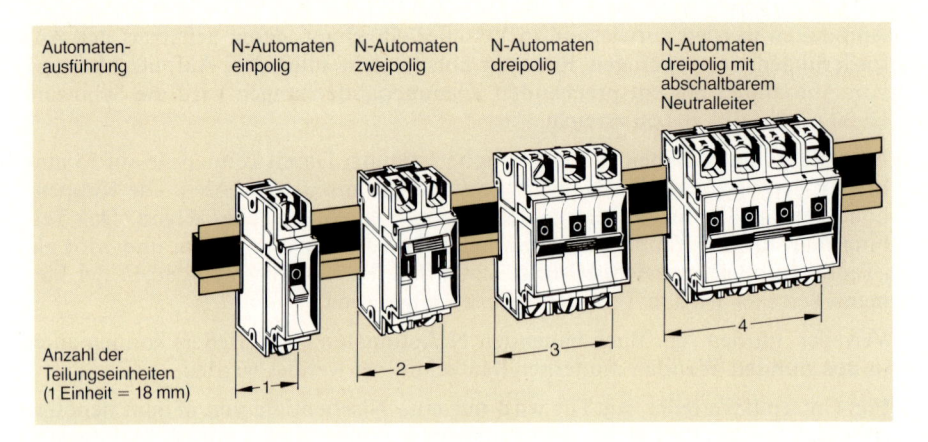

Bild 3.2/6 Teilungseinheiten von Einbauautomaten

Schutz bei Kurzschluß VDE 0100 Teil 430

Im Kurzschlußfall darf das vom Automaten durchgelassene $\int i^2 \, dt$ (Durchlaßstrom) den zulässigen Wert für den Leiterquerschnitt isolierter Leitungen nicht überschreiten. Für Cu-Leiter $\geq 2{,}5$ mm² ist dies immer der Fall. Sofern dem Automaten eine Schmelzsicherung ≤ 100 A vorgeschaltet ist, ist die Forderung im allgemeinen auch für Cu-Leiter 1,5 mm² erfüllt (Bild 3.2/9). Für kleinere Leiterquerschnitte als 1,5 mm² kann der Hersteller angeben, bis zu welchem Kurzschlußstrom die Forderung erfüllt wird. Zeit-Strom-Kennlinien (wie Bild 3.2/4) sind bei Abschaltzeiten unter 20 ms für die Berechnung des Wertes $\int i^2 \, dt$ nicht geeignet; sie führen zu falschen Ergebnissen.

Bild 3.2/7
Selektivität eines Automaten zu Sicherungen mit verschiedenen Nennströmen

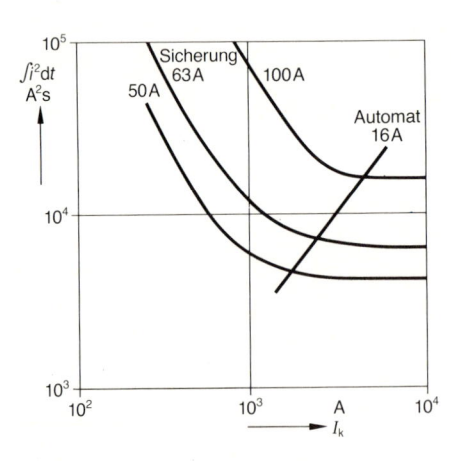

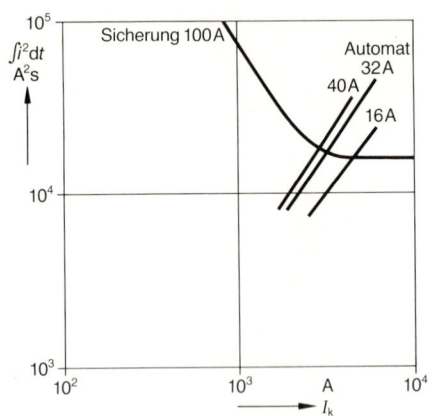

Bild 3.2/8
Selektivität von Automaten mit verschiedenen Nennströmen zu einer Sicherung mit bestimmtem Nennstrom

3.2 Leitungsschutz-(LS-)Schalter (Automaten)

Ein Automat ist zu einem vorgeschalteten Überstrom-Schutzorgan bis zu dem Überlast- und Kurzschlußstrom selektiv, bis zu welchem der Automat im Fehlerfall allein abschaltet und das vorgeordnete Schutzorgan nicht anspricht.

Automaten einer homologen Reihe mit niedrigeren Nennströmen sind selektiver als solche mit höheren Nennströmen (Bilder 3.2/7 und 3.2/8).

Für Automaten in L-Ausführung nach VDE 0641 bis 25 A Nennstrom sind drei Strombegrenzungsklassen festgelegt. Automaten der Strombegrenzungsklasse 3 sind stark strombegrenzend und haben sehr kleine Durchlaß-$\int i^2 \, dt$-Werte. Sie sind daher hoch-selektiv zu vorgeschalteten Schmelzsicherungen (s. Bild 3.2/9).

Das Prinzip der hohen Strombegrenzung wird nur angewandt bei Automaten mit Schaltvermögen 6000 A und 10 000 A. Hohes Schaltvermögen bedeutet jedoch nicht notwendigerweise hohe Strombegrenzung und damit hohe Selektivität.

Die „Technischen Anschlußbedingungen für den Anschluß an das Niederspannungsnetz" (TAB) (s. Kap. 28.8) lassen in Verbraucheranlagen nur Automaten

Selektivität

Strombegrenzungsklassen

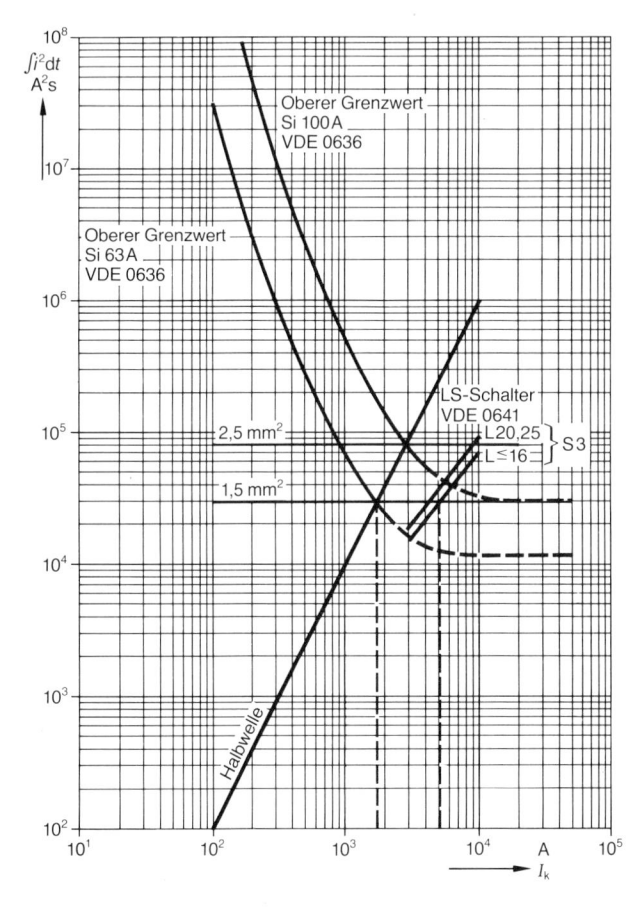

Bild 3.2/9
Schutz bei Kurzschluß für Leitungen bei hohen Kurzschlußströmen durch das Zusammenwirken von Sicherung und LS-Schalter

3.2 Leitungsschutz-(LS-)Schalter (Automaten)

mit einem Schaltvermögen ≥ 6000 A und der Strombegrenzungsklasse drei zu, weil die größtmögliche Mindest-Selektivität zur vorgeschalteten Sicherung erreicht werden soll.

Back-up-Schutz Übersteigt der Kurzschlußstrom an der Einbaustelle des Automaten dessen
VDE 0100 Teil 430 Schaltvermögen, muß ihm ein weiteres Kurzschlußschutzorgan vorgeordnet werden. Dies ist im allgemeinen eine Schmelzsicherung ≤ 100 A. Ohne den Automaten im Kurzschlußfall zu beeinträchtigen, wird das Schaltvermögen der Kombination „Schmelzsicherung plus Automat" im allgemeinen auf ≥ 25 kA erhöht.

3.3 Fehlerstrom-Schutzschalter

Aufbau

Der FI-Schutzschalter besteht im wesentlichen aus dem Summenstromwandler, dem Auslöser und dem Schaltschloß. Die zur Stromführung benötigten Leiter, auch der Neutralleiter, werden durch den Wandler geführt (Bild 3.3/1).

Wirkungsweise

Ist der durch den FI-Schutzschalter geschützte Anlagenteil fehlerfrei, so heben sich für den Summenstromwandler die magnetischen Wirkungen der stromdurchflossenen Leiter nach dem 1. Kirchhoffschen Satz auf. Somit wird in der Sekundärwicklung keine Spannung induziert.

Wenn durch einen Isolationsfehler nach dem FI-Schutzschalter ein Fehlerstrom gegen Erde fließt, wird das „Gleichgewicht" im Wandler gestört. Das im Wandlerkern auftretende Magnetfeld induziert in der Sekundärwicklung eine Spannung, die den mit dem Isolationsfehler behafteten Stromkreis abschaltet (über Auslöser, Schaltschloß, Schaltstücke). Somit wird die gefährliche Berührungsspannung beseitigt (Bild 3.3/2).

VDE-Bestimmungen

Gemäß den Errichtungsbestimmungen VDE 0100, § 13 müssen FI-Schutzschalter VDE 0664 (Fehlerstrom-Schutzschalter bis 500 V Wechselspannung und bis 63 A) entsprechen. Nach diesen Bestimmungen vom Mai 1981 ist festgelegt, daß FI-Schutzschalter nicht nur bei sinusförmigen Wechselfehlerströmen auslösen müssen, sondern auch bei Gleichfehlerströmen, die innerhalb einer Periode der Netzfrequenz Null oder nahezu Null werden. Außerdem ist auch eine Prüfung der Auslösung mit einem Fehlerstrom aus einer Einweggleichrichtung bei Überlagerung mit einem glatten Gleichstrom von 6 mA vorgesehen. Tabelle 3.3/1 zeigt die Auslösebedingungen bei den unterschiedlichen Stromarten.

Der ständig steigende Einsatz von elektronischen Bauelementen in Betriebsmitteln, z. B. Hausgeräten, führt dazu, daß auch von der Sinusform abweichende Fehlerströme auftreten können. Aus diesem Grunde wurde VDE 0664 um entsprechende Prüfbedingungen ergänzt. FI-Schutzschalter, die diese Bedingungen

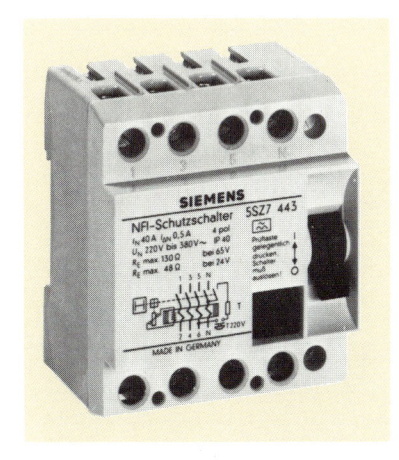

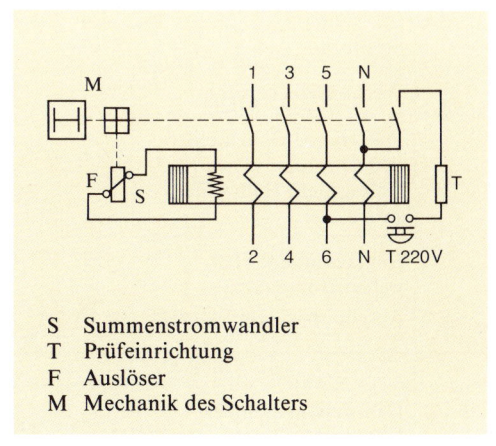

S   Summenstromwandler
T   Prüfeinrichtung
F   Auslöser
M   Mechanik des Schalters

Bild 3.3/1   Prinzipieller Aufbau eines FI-Schutzschalters

3.3 Fehlerstrom-Schutzschalter

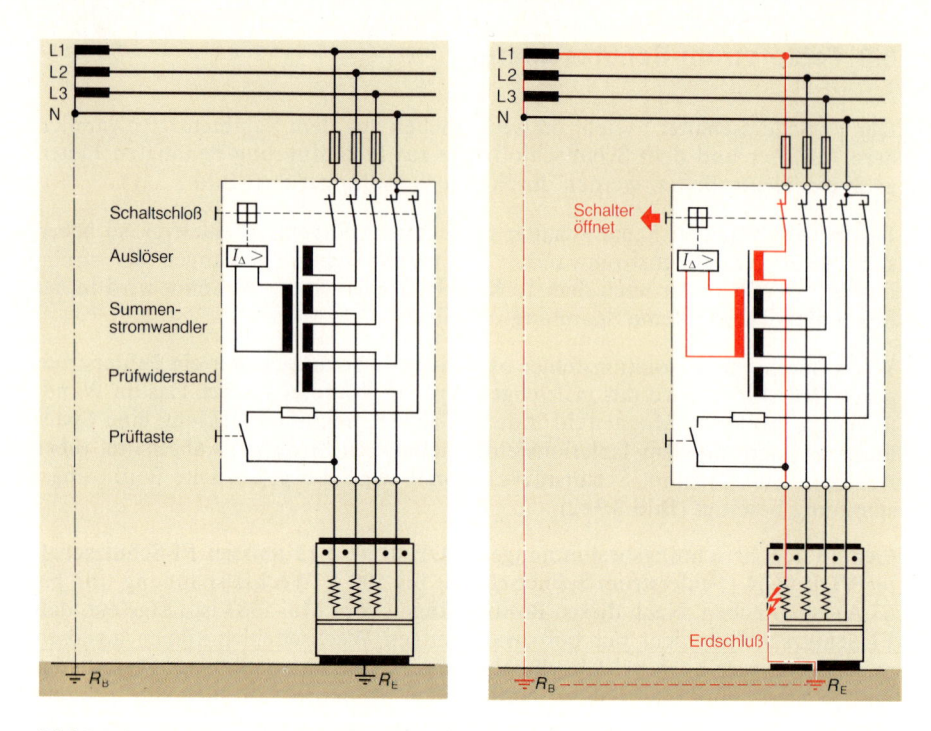

Bild 3.3/2   Anlage ohne und mit Isolationsfehler

Tabelle 3.3/1
Auslöseprüfungen nach VDE 0664 für FI-Schutzschalter für Wechsel- und pulsierende Gleichfehlerströme

	Stromart		Auslösestrom
1	Wechselfehlerströme	∼	$0{,}50 \ldots 1 \cdot I_{\Delta N}$
2	Pulsierende Gleichfehlerströme (pos. und neg. Halbwellen) Halbwellenstrom		$0{,}35 \ldots 1{,}4 \cdot I_{\Delta N}$
	Angeschnittene Halbwellenströme:		
	Anschnittswinkel 90° el		$0{,}25 \ldots 1{,}4 \cdot I_{\Delta N}$
	135° el		$0{,}11 \ldots 1{,}4 \cdot I_{\Delta N}$
3	Halbwellenstrom bei Überlagerung mit glattem Gleichstrom von 6 mA		max. $1{,}4 \cdot I_{\Delta N} + 6$ mA

760

3.3 Fehlerstrom-Schutzschalter

erfüllen, sind mit dem Zeichen [∿] versehen. Tabelle 3.3/2 zeigt die Form des Belastungs- und Fehlerstroms bei verschiedenen Schaltungen.

Zum Überprüfen der Funktionsfähigkeit des Schalters kann über eine Prüftaste der Fehlerfall nachgebildet und damit der Schalter zur Auslösung gebracht werden (Bild 3.3/3). **Prüftaste**

Die 2poligen FI-Schutzschalter 16 und 25 A (Bild 3.3/4) haben ein Kappenmaß von 35 × 45 mm und die 4poligen FI-Schutzschalter 25 bis 63 A (Bild 3.3/1) ein solches von 72 × 45 mm. Das entspricht dem Teilungsmaß von zwei bzw. vier schmalen Leitungsschutzschaltern (N-Automaten). Sie können wie diese mit der Schnappbefestigung auf 35 mm breite Profilschienen aufgebaut werden. **Abmessungen**

Tabelle 3.3/2 Form des Belastungs- und Fehlerstroms bei verschiedenen Schaltungen

Prinzipschaltung mit Fehlerstelle		Form des Belastungsstroms	Form des Fehlerstroms
Einweggleichrichtung			
Grätzbrückenschaltung			
Grätzbrücke mit Glättung			
Symmetrische Phasenanschnittssteuerung			
Unsymmetrische Phasenanschnittssteuerung			
Schwingungspaketsteuerung			

3.3 Fehlerstrom-Schutzschalter

Bei Stromstärken > 224 A sind FI-Relais mit entsprechenden Schaltgeräten zu verwenden.

Selektive Abschaltung Selektive Abschaltung von Fehlerstrom-Schutzschaltern ist möglich. Hierfür stehen die 100-, 160- und 224-A-Schalter mit verzögerter Auslösung zur Verfügung. Diese Verzögerung liegt innerhalb der von VDE 0100, § 13 geforderten Abschaltzeit (Bild 3.3/5).

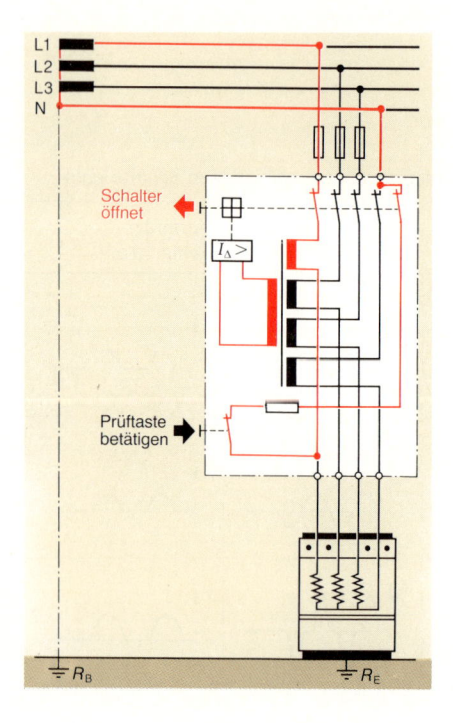

Bild 3.3/3
Überprüfen des FI-Schutzschalters mit Prüftaste

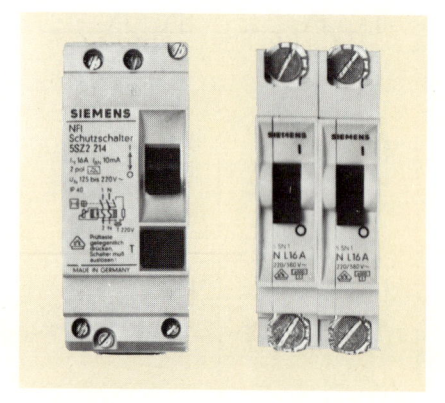

Bild 3.3/4
2poliger FI-Schutzschalter 16 A und daneben zwei N-Leitungsschutzschalter

3.3 Fehlerstrom-Schutzschalter

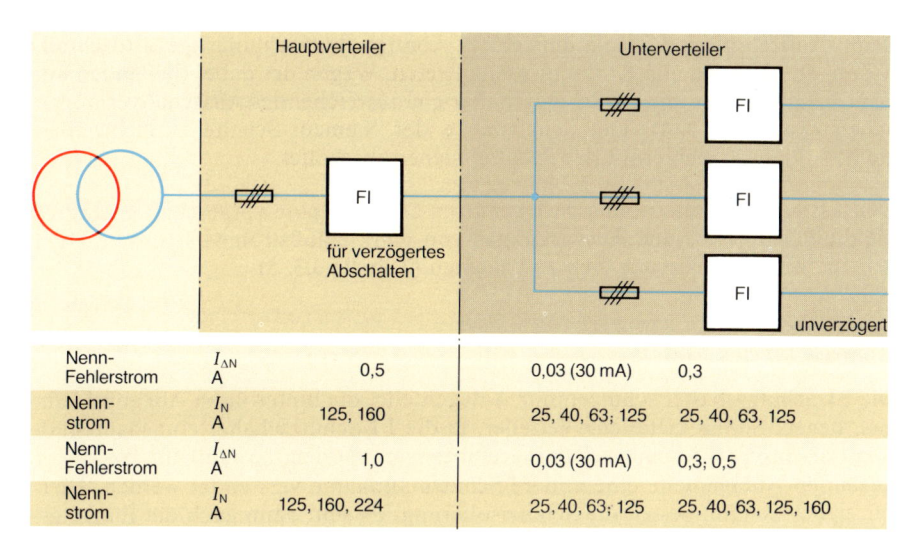

		Hauptverteiler	Unterverteiler
Nenn-Fehlerstrom	$I_{\Delta N}$ A	0,5	0,03 (30 mA)	0,3
Nennstrom	I_N A	125, 160	25, 40, 63; 125	25, 40, 63, 125
Nenn-Fehlerstrom	$I_{\Delta N}$ A	1,0	0,03 (30 mA)	0,3; 0,5
Nennstrom	I_N A	125, 160, 224	25, 40, 63; 125	25, 40, 63, 125, 160

Bild 3.3/5
Mögliche Staffelung von FI-Schutzschaltern für verzögertes Abschalten in Reihenschaltung mit Geräten ohne Zeitverzögerung

Tabelle 3.3/3 Ausführungen von FI-Schutzschaltern

Nenn-Fehlerstrom $I_{\Delta N}$ A	Nennstrom I_N A	Anzahl der Pole	Verwendung	Schutzart nach DIN 40 050	Zubehör
0,01 0,03[1]) 0,3 0,5[1])	16 25, 40 40 40	2	vorwiegend in Zählertafeln und Verteilern	IP 00, mit entsprechendem Zubehör bis IP 54	Klemmenabdeckung für Einbau in metallene Verteiler; Klemmenabdeckung für Aufputzmontage; Wandgehäuse für Unterputzmontage; Isolierstoffgehäuse für Montage im Freien, in feuchten und staubigen Räumen
0,03[1]) 0,3 0,5[1])	25, 40, 63, 125	4			
0,3 0,5	160, 224	4	in Verteilern, im Freien, in feuchten und staubigen Räumen	IP 54	—

Für selektive Abschaltung nachgeordneter Fehlerstrom-Schutzschalter

0,5 1	125, 160 125, 160, 224	4	in verzweigten dezentralen Anlagen	IP 54	—

[1]) Auch mit Hilfsschalterblock (1 Öffner und 1 Schließer), s. auch Seite 768

3.3 Fehlerstrom-Schutzschalter

Ausschaltvermögen

Beim Auftreten eines Isolationsfehlers können kurzschlußartige Erdschlußströme oder gleichzeitig Kurzschlüsse auftreten. Wegen der dabei fließenden hohen Ströme müssen die FI-Schutzschalter ein ausreichendes Ausschaltvermögen haben (Tabelle 3.3/4). Die Schaltstücke der Siemens-Schalter verschweißen nicht, so daß im Fehlerfall der Schalter sicher abschaltet.

Kurzschlußvorsicherung

Den FI-Schutzschaltern müssen Überstrom-Schutzorgane vorgeschaltet werden, die die Schalter vor den Auswirkungen von Kurzschlußströmen schützen. Hierbei sind die Herstellerangaben zu beachten (Tabelle 3.3/5).

Hinweise für den Einsatz

Einbau in metallene Verteiler

Die FI-Schutzschalter schützen nur Anlagenteile, die hinter ihren Abgangsklemmen liegen. Sollen metallene Verteiler, in die FI-Schutzschalter eingebaut sind, ebenfalls in die FI-Schutzschaltung einbezogen werden, so muß für die davor liegenden Anlagenteile eine andere Schutzmaßnahme verwendet werden. Hierfür eignet sich am besten die Schutzisolierung. Es sind dann auch die Eingangsklemmen der FI-Schutzschalter in die Schutzisolierung einzubeziehen.

Getrennte Neutralleiterschienen bei Einbau mehrerer Schalter

Beim Einbau mehrerer FI-Schutzschalter in einen Verteiler ist für jeden Schalter eine getrennte Neutralleiterschiene vorzusehen. Werden die Neutralleiter verschiedener FI-Schutzschalter auf eine gemeinsame N-Schiene geklemmt, so führt dies beim Betrieb von Wechselstromverbrauchern zu Fehlauslösungen (Bild 3.3/6).

Anschluß

Wird ein 4poliger Schalter nur 2polig verwendet, so sind mit Rücksicht auf die Prüfeinrichtung die Klemmen N und 5 sowie N und 6 zu verwenden (Bild 3.3/1).

Tabelle 3.3/4
Ausschaltvermögen der Siemens-FI-Schutzschalter bei Nennspannung und $\cos \varphi = 0{,}9$ bis 1

Schalternennstrom	A	16	25	40	63	125	160	224
Ausschaltvermögen	A	1500	1500	1500	2000	2000	4000	4000

Tabelle 3.3/5 Höchstzulässige Kurzschlußvorsicherungen für Siemens-FI-Schutzschalter

Schalternennstrom	A		16	25	40	63	100	125	160	224
Vorsicherung Betriebsklasse		gL								
DIAZED-Sicherung	A		50	63	63	80	100	–	–	–
NEOZED-Sicherung	A		63	80	80	100	125	–	–	–
NH-Sicherung	A		63	80	80	100	125	125	160	224

3.3 Fehlerstrom-Schutzschalter

Der Neutralleiter darf hinter dem Schalter an keiner Stelle Verbindung mit Erde haben. Andernfalls würde der Schalter wegen des durch Erde fließenden Anteiles des Neutralleiterstromes — der wie ein Erdschlußstrom wirkt — dauernd auslösen.

Neutralleiter ohne Erdverbindung

Wenn ein Fehlerstrom-Schutzschalter in einer Anlage oft auslöst, dann hat entweder der Außenleiter oder der Neutralleiter Erdschluß. Es ist daher die Isolation aller Leiter gegen Erde zu prüfen.

Der Erdungswiderstand R_E am geschützten Betriebsmittel darf nicht größer sein als das Verhältnis von höchstzulässiger Berührungsspannung U_B (s. Kap. 28.2) zum Nenn-Fehlerstrom $I_{\Delta N}$ des vorgeschalteten FI-Schutzschalters:

Erdung der geschützten Betriebsmittel

$$R_E = \frac{U_B}{I_{\Delta N}}.$$

Als Erder können z. B. verwendet werden:

Zulässige Erder

Band-, Stab- und Plattenerder nach VDE 0100, § 20 (s. Kap. 1.12);

Wasserverbrauchsleitungen nach VDE 0190 (hierbei muß sichergestellt sein, daß die Eigenschaft der Wasserverbrauchsleitung als Erder nicht verändert wird, z. B. durch Einbau nichtleitender Rohrstücke);

leitende Bauteile, die das zu schützende Betriebsmittel zwangsläufig erden (z. B. Stahlskelette von Gebäuden);

zum Zwecke des Potentialausgleichs zusammengeschlossene Erdungsanlagen und die Potentialausgleichsschiene.

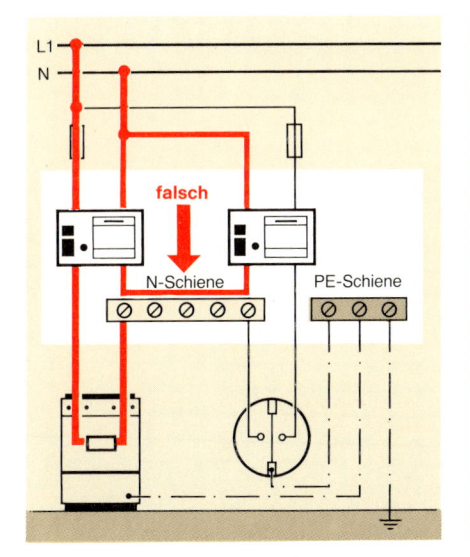

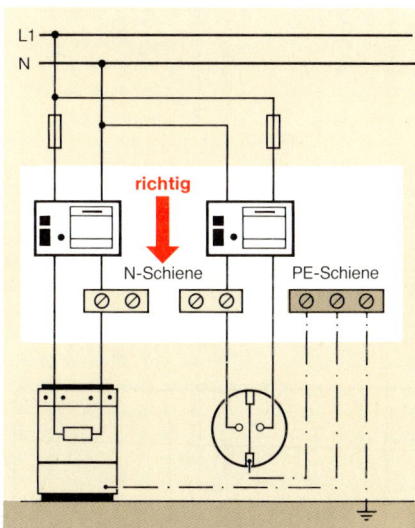

Bild 3.3/6 Einsatz mehrerer FI-Schutzschalter in einen Verteiler

3.3 Fehlerstrom-Schutzschalter

Nicht zulässige Erder

Erder, die auf eine andere Weise als durch Körperschluß eines schutzgeschalteten Betriebsmittels eine Spannung in Höhe der höchstzulässigen Berührungsspannung annehmen können, z. B. Betriebserder, Nulleiter und Neutralleiter, dürfen nicht als Erder verwendet werden.

Verlegung des Schutzleiters

Der Schutzleiter darf mit Leitungen vor dem FI-Schutzschalter nicht in einer gemeinsamen Umhüllung geführt werden. Bei einem Isolationsfehler zwischen Außenleiter und Schutzleiter kann sonst Fehlerspannung auf das schutzgeschaltete Betriebsmittel übertragen werden, ohne daß der Schalter auslöst. Wenn jedoch bei Anschluß des Schutzleiters an den bereits erwähnten Potentialausgleich sichergestellt ist, daß bei einem vollkommenen Kurzschluß zwischen einem Außenleiter und dem Schutzleiter ein Ausschaltstrom von mindestens

$$I_A = k \cdot I_N$$

zum Fließen kommt, ist das Verlegen des Schutzleiters in der gemeinsamen Umhüllung mit Leitern vor dem Schutzschalter möglich. Hierbei ist I_a der Ausschaltstrom und I_N der Nennstrom des vorgeschalteten Überstrom-Schutzorgans, k ein Faktor nach VDE 0100, Tafel 1.

Abriegelung von Gleichströmen

Wenn zur Abriegelung von Gleichströmen aus fremden Stromquellen (z. B. bei galvanotechnischen Anlagen) ein Kondensator in den Schutzleiter eingebaut wird, muß der Kondensator so bemessen sein, daß die Wirksamkeit der FI-Schutzschaltung nicht beeinflußt wird (Bild 3.3/7).

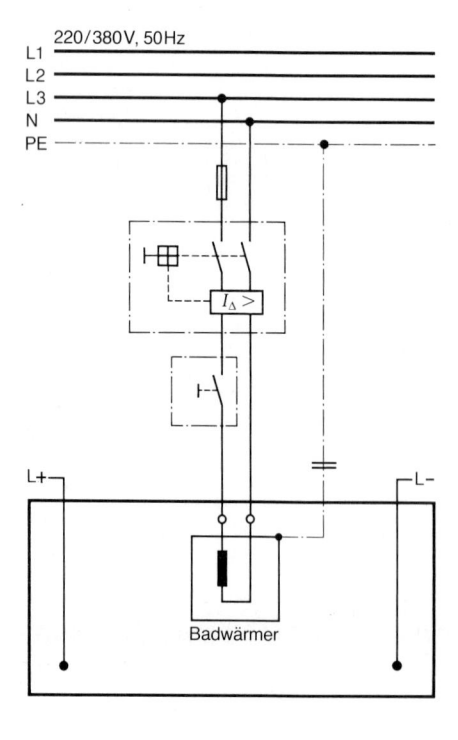

Bild 3.3/7
Abriegelung von Gleichströmen
aus fremden Stromquellen
mit Hilfe eines Kondensators

3.3 Fehlerstrom-Schutzschalter

Die Größe des Kondensators wird von zwei Faktoren bestimmt: vom Nenn-Fehlerstrom des FI-Schutzschalters und vom Erdungswiderstand.

Bemessung des Kondensators zur Abriegelung von Gleichströmen

Es gelten die Beziehungen:

$$Z = \frac{U_B}{I_{\Delta N}}; \quad Z = \sqrt{R_c^2 + R_E^2}; \quad R_c = \frac{1}{\omega \, C}.$$

Z Zulässiger Gesamtwiderstand in Ω
U_B Höchstzulässige Berührungsspannung in V
$I_{\Delta N}$ Nenn-Fehlerstrom in A
R_c Widerstand des Kondensators in Ω
R_E Erdungswiderstand in Ω
C Kapazität des Kondensators in F
$\omega = 2 \pi f \approx 2 \cdot 3{,}14 \cdot 50$ Hz

Hieraus kann entweder die Kapazität C des Kondensators bei gegebenem Erdungswiderstand oder der maximal zulässige Erdungswiderstand R_E bei bekannter Kapazität C des Kondensators errechnet werden.

Beispiel:
In einer galvanischen Anlage ist zur Abriegelung des Gleichstromes in den Schutzleiter ein Kondensator $C = 33$ µF eingebaut. Der Nenn-Fehlerstrom $I_{\Delta N}$ des FI-Schutzschalters beträgt 0,5 A und die höchstzulässige Berührungsspannung $U_B = 65$ V. Es ergibt sich:

$$Z = \frac{U_B}{I_{\Delta N}}, \quad Z = \frac{65 \text{ V}}{0{,}5 \text{ A}} = 130 \, \Omega;$$

$$R_c = \frac{1}{\omega \cdot C}, \quad R_c = \frac{1}{314 \text{ Hz} \cdot 0{,}000033 \text{ F}} = 96{,}5 \, \Omega;$$

$$R_E = \sqrt{Z^2 - R_c^2}, \quad R_E = \sqrt{130^2 - 96{,}5^2} \approx 87{,}1 \, \Omega.$$

Der Erdungswiderstand R_E darf also nicht größer als $\approx 87 \, \Omega$ sein, damit bei einem Kondensator $C = 33$ µF die Auslösebedingungen des Fehlerstrom-Schutzschalters noch gegeben sind.

In elektrischen Steuerungen ist es zum Teil erforderlich, den Schaltzustand des FI-Schutzschalters in die Steuerung einzubeziehen oder zu signalisieren. Hierfür werden FI-Schutzschalter mit Hilfsschalter eingesetzt (Bild 3.3/8).

FI-Schutzschalter mit Hilfsschalter

Der 9 mm breite Hilfsschalterblock ist fest an den FI-Schutzschalter angebaut; er besitzt einen Öffner und einen Schließer. Der Hilfsschalter ist bei einer Wechselspannung von 220 V mit 6 A und bei einer Gleichspannung von 220 V mit 1 A belastbar. Hilfsschalter gibt es für 2polige FI-Schutzschalter bis 40 A und für 4polige FI-Schutzschalter von 25 bis 63 A mit den Nenn-Fehlerströmen $I_{\Delta N}$ 30 mA und 0,5 A.

In elektrischen Anlagen müssen die Leitungen sowohl vor Überlast und Kurzschluß als auch vor zu hoher Berührungsspannung geschützt werden. Diese drei Schutzfunktionen sind in den kombinierten FI-/Leitungsschutzschaltern vereinigt. In diesen Geräten sind z. B. ein schmaler 2poliger FI-Schutzschalter und ein Leitungsschutzschalter elektrisch sowie mechanisch miteinander verbunden

Kombinierte FI-/Leitungsschutzschalter

3.3 Fehlerstrom-Schutzschalter

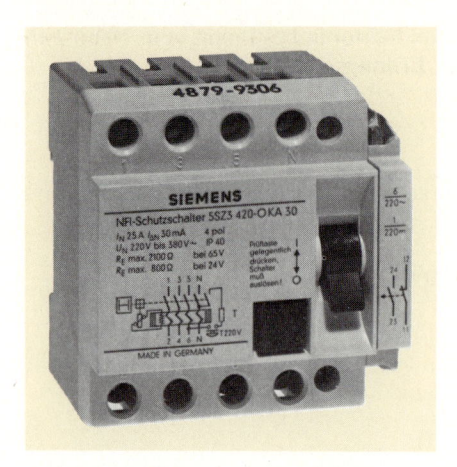

Bild 3.3/8
4poliger FI-Schutzschalter 25 A
mit Hilfsschalterblock

(Bild 3.3/9). Damit können also alle drei Schutzfunktionen jedem einzelnen Stromkreis zugeordnet werden, wodurch sich die Betriebssicherheit der Anlage erhöht. Die Fehlermeldung geschieht getrennt bei Überlast oder Kurzschluß durch die Stellung des Kipphebels des Leitungsschutzschalters und bei Abschaltung aufgrund einer zu hohen Berührungsspannung durch den Kipphebel des FI-Schutzschalters.

FI-Sicherheitssteckdose — auch für nachträglichen Einbau

Nach VDE 0100 Teil 701 müssen in zu errichtenden Anlagen die Steckdosen in Baderäumen mit Fehlerstrom-Schutzschalter geschützt werden. Da die gleiche Gefährdung bei der Verwendung von Elektrogeräten in bestehenden Anlagen

☐ FI-Schutzschalter
▨ Leitungsschutzschalter

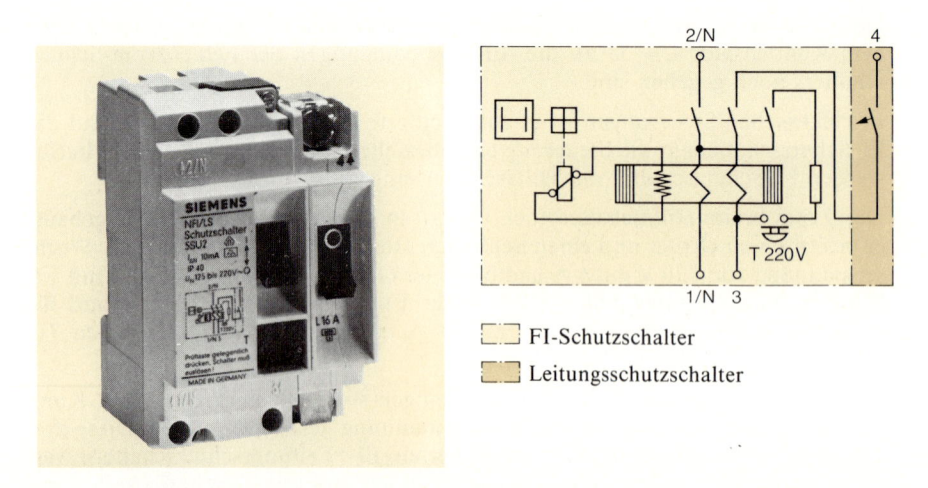

Bild 3.3/9   Kombinierter FI-/Leitungsschutzschalter

vorhanden ist, kann hier der Schutz durch Auswechseln von normalen SCHUKO-Steckdosen durch die FI-Sicherheitssteckdose erreicht werden. In der FI-Sicherheitssteckdose schützt ein FI-Schutzschalter mit $I_{\Delta N} = 10$ mA die SCHUKO-Steckdose und die daran angeschlossenen Geräte.

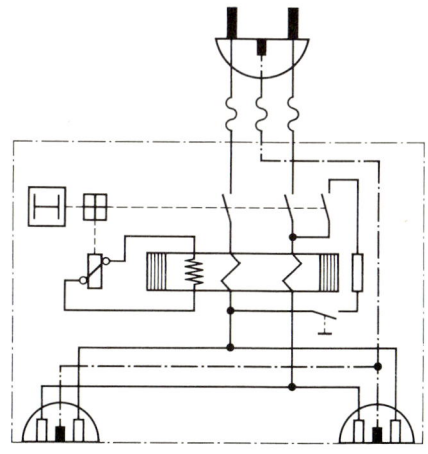

Die Sicherheitssteckdose „SCHUKO plus" ist ein mit Anschlußleitung und SCHUKO-Stecker versehenes Gerät, in dem ein FI-Schutzschalter 16 A mit $I_{\Delta N}$ 10 mA zusammen mit zwei SCHUKO-Steckdosen eingebaut und verdrahtet ist (Bild 3.3/10). Der FI-Schutzschalter ist an der Unterseite des „SCHUKO plus" angebracht und mit einem durchsichtigen Deckel abgedeckt. Dieser FI-Steckdosenverteiler ermöglicht es beispielsweise, an Fertigungslinien direkt am Arbeitsplatz den Schutzpegel durch Anwendung der FI-Schutzschaltung ohne Eingriff in die Anlage zu erhöhen. Der „SCHUKO plus" wird lediglich über seine 1,2 m lange Anschlußleitung an die am Arbeitsplatz vorhandene SCHUKO-Steckdose angeschlossen und die einzelnen Geräte oder Vorrichtungen über ihre steckerfertigen Zuleitungen mit den SCHUKO-Steckdosen des „SCHUKO plus" verbunden.

Sicherheitssteckdose „SCHUKO plus"

Diese einfache Handhabung macht das Gerät besonders auch für den Nichtfachmann einsetzbar.

Trotz Einhaltung der Nullungsbedingungen an den Steckdosen der festen Installationsanlage kann es vor allem bei Zwischenschaltung von Verlängerungsleitungen, z. B. bei Benutzung von Handbohr- oder Handschleifmaschinen, vorkommen, daß die Schutzmaßnahme am Gerät selbst nicht mehr eingehalten wird. Im Fehlerfall wird dann die Abschaltzeit des vorgeschalteten Überstrom-Schutzorgans unzulässig und gefährdend verlängert. Um dies zu vermeiden, ist es zweckmäßig, grundsätzlich für derartige Geräte Sicherheitssteckdosen „SCHUKO plus" mit FI-Schutzschalter einzusetzen.

Bild 3.3/10 Sicherheitssteckdose „SCHUKO plus"

3.4 Isolationswächter

Allgemeines

Wird in einem IT-Netz (s. Kap. 29) das „Schutzleitungssystem" (s. Kap. 29.3) angewendet, so muß der Isolationszustand des isolierten Netzes gegen Erde überwacht werden. Solche Meßgeräte oder Relaiseinrichtungen, die dem Prüfen und Melden der Unterschreitung von festgelegten Mindestwerten des Isolationszustandes der Anlage dienen, müssen einen Innenwiderstand ≥ 15 kΩ haben (s. VDE 0100, § 11).

Für den Einsatz dieser Geräte in medizinisch genutzten Räumen ist es erforderlich, daß eine Unterschreitung des Mindest-Isolationswertes des Netzes von 50 kΩ gegen Erde gemeldet und fortwährend angezeigt wird. Darüber hinaus müssen weitergehende Forderungen erfüllt werden (s. Kap. 28.4, VDE 0107).

Ausführungsarten

Als Überwachungseinrichtung können Isolationswächter in verschiedenen Ausführungen für Wechsel- und Drehstromnetze eingesetzt werden (Tabelle 3.4/1).

Einbau und Wartung

Isolationswächter bedürfen keiner besonderen Wartung. Sie sollen jedoch möglichst in trockenen Räumen, die keine aggressiven Dämpfe aufweisen, erschütterungsfrei eingebaut werden.

Isolationswächter für Wechsel- und Drehstromnetze

Wirkungsweise

Zum Messen des Isolationswiderstandes wird im Isolationswächter durch einen Gleichrichter eine Gleichspannung erzeugt. Ein Pol wird an Erde gelegt und der andere Pol über ein Meßrelais, einen Meßwiderstand und ein Meßinstrument oder eine elektronische Meßschaltung an einen beliebigen Außenleiter des zu überwachenden Netzes (Außenleiter L3 im Bild 3.4/1). Entsprechend dem Isolationszustand der Anlage zwischen Außenleiter und Erde fließt ein Ableitstrom, dessen Größe der Isolationswächter auswertet. Das Meßinstrument bzw. die Leuchtdiodenzeile — in kΩ geeicht — zeigt den Isolationswiderstand an. Beim Erreichen des eingestellten Wertes wird das Meßrelais erregt und schaltet einen Signalkreis.

Meßschaltung

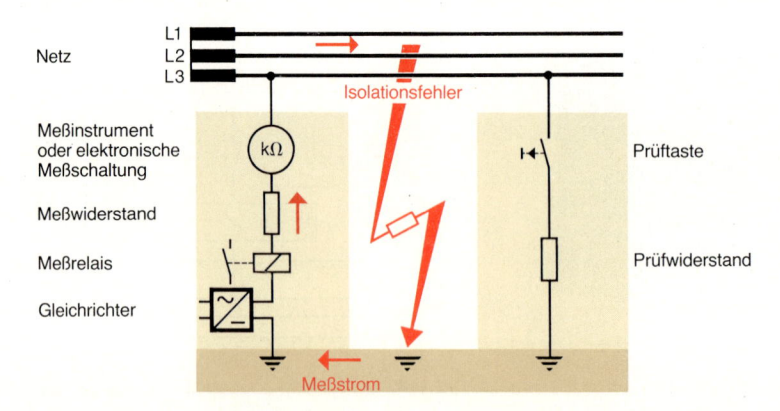

Bild 3.4/1   Meßschaltung eines Isolationswächters für Wechsel- und Drehstromnetze

3.4 Isolationswächter

Tabelle 3.4/1   Technische Werte der Isolationswächter

Ausführung	1	2	3
Einsatzgebiete	ungeerdete Wechsel- und Drehstromnetze 50—60 Hz, Schutzmaßnahme „Schutzleitungssystem" (IT-Netze)		
Anwendungsbeispiele	vor allem in medizinisch genutzten Räumen nach VDE 0107	allgemeine Anwendung in Netzen bis 380 V	bis 660 V
Meßkreise, Anzahl	3	1	
Spannung des überwachten Netzes	220 und 2 × 24 V	bis 380 V	bis 240 V bis 660 V
Versorgungsspannung des Isolationswächters	176—242 V	220/380 V	110—150/180—250 V oder 340—480/500—660 V
Leuchtdiodenzeile	eingebaut	eingebaut	—
Meßinstrument	—	—	wahlweise eingebaut oder getrennt
Meßbereich	0 bis 200 kΩ	0 bis 200 kΩ	
Meßspannung	24 V_		
Ansprechbereich des Meßrelais	50 bis 100 kΩ	2 bis 60 kΩ	
Meßstrom bei Isolationswiderstand 0	≤0,81 mA	≤1 mA	
Wechselstrominnenwiderstand des Isolationswächters	≥ 130 kΩ		
Zulässiger Temperaturbereich	−5 °C bis +50 °C		
Prüfeinrichtung für Funktionsbereitschaft	getrennt und eingebaut	getrennt und eingebaut	getrennt und eingebaut
Gehäuseausführung	Isolierstoff	Isolierstoff	Isolierstoff
Schutzart nach DIN 40 050	IP 30	IP 50	IP 43
Erforderliches Zubehör	Meldekombination für jedes zu überwachende Netz	—	—

3.4 Isolationswächter

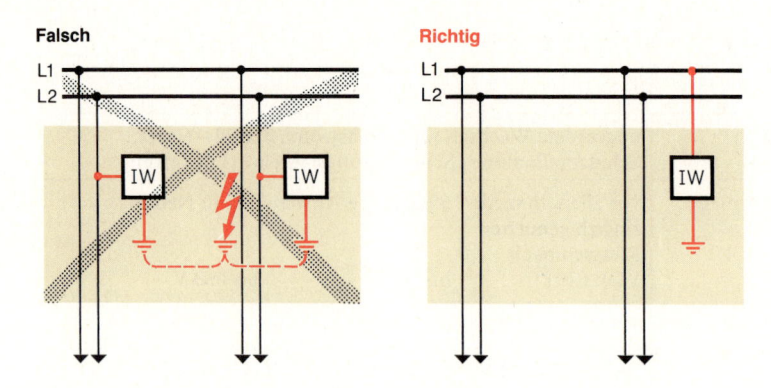

Bild 3.4/2   Betrieb mehrerer Isolationswächter in einer Anlage

Geräteausführung 1 Die Ausführung 1 mit drei Meßkreisen ist für den Einsatz in medizinisch genutzten Räumen nach VDE 0107 bestimmt. Ein Meßkreis überwacht das 220-V-Netz, die anderen Meßkreise dienen zur Überwachung von Netzen mit 24 V, 50 Hz, z. B. bei Operationsleuchten.

Meldekombination Zusätzlich steht je Meßkreis eine nach VDE 0107 erforderliche Meldekombination zur Verfügung. Jede enthält eine grüne Meldeleuchte, die eine betriebsbereite Anlage anzeigt, sowie eine gelbe Meldeleuchte und einen Summer, die bei Isolationsfehler der Anlage ansprechen. Außerdem ist jede Einheit mit einer Prüftaste, die eine Funktionsprüfung des Wächters ermöglicht, und einer zweiten Taste, mit der das akustische Signal gelöscht werden kann, ausgerüstet. Die optische Anzeige der Betriebsbereitschaft ist ständig eingeschaltet, während die Fehleranzeige nach Beseitigen des Fehlers erlischt.

Geräteausführungen 2 und 3 Die Ausführungen 2 und 3 haben nur einen Meßkreis und dienen zur Überwachung von Wechsel- und Drehstromnetzen (s. Tabelle 3.4/1).

Prüfung Zur Prüfung der Funktionsbereitschaft wird mit einer Prüftaste zwischen einem beliebigen Außenleiter und Erde über einen Prüfwiderstand ein Erdschluß hergestellt (Bild 3.4/1).

Betrieb mehrerer Isolationswächter Galvanisch verbundene Anlagenteile dürfen nur von einem Isolationswächter überwacht werden. Bei Anschluß eines zweiten teilt sich der Ableitstrom des Netzes auf beide Isolationswächter auf, denen hierdurch falsche Isolationswerte vorgetäuscht werden (Bild 3.4/2).

Werden zusätzlich Verbraucher über Gleichrichter oder Thyristoren angeschlossen, so können auftretende Fehler auf der Gleichspannungsseite — je nach Gerätetyp — auch angezeigt werden.

4 Schwachstrom-Starkstrom-Fernschaltung (SSF-Schaltung)

In der Installationstechnik ersetzen Fernschaltungen immer mehr die aufwendigen und komplizierten Wechsel- und Kreuzschaltungen (Bild 4/1). Darüber hinaus läßt sich mit Fernschaltern eine Vielzahl weiterer Schaltungen aufbauen. Die Steuerung kann mit Schwach- oder Starkstrom erfolgen (Bild 4/2).

Die Vorzüge der Fernschaltung sind: **Vorzüge**

▷ Impulssteuerung,
▷ Steuerkreis mit geringem Leistungsbedarf,
▷ Betätigung durch Taster von beliebig vielen Schaltstellen,
▷ übersichtliche Leitungsführung und einfache Schaltung,
▷ weniger Leiter als bei Wechsel- und Kreuzschaltungen.

Außerdem sind bei Schwachstromsteuerung isolierte Leitungen und Kabel für Fernmeldeanlagen verwendbar.

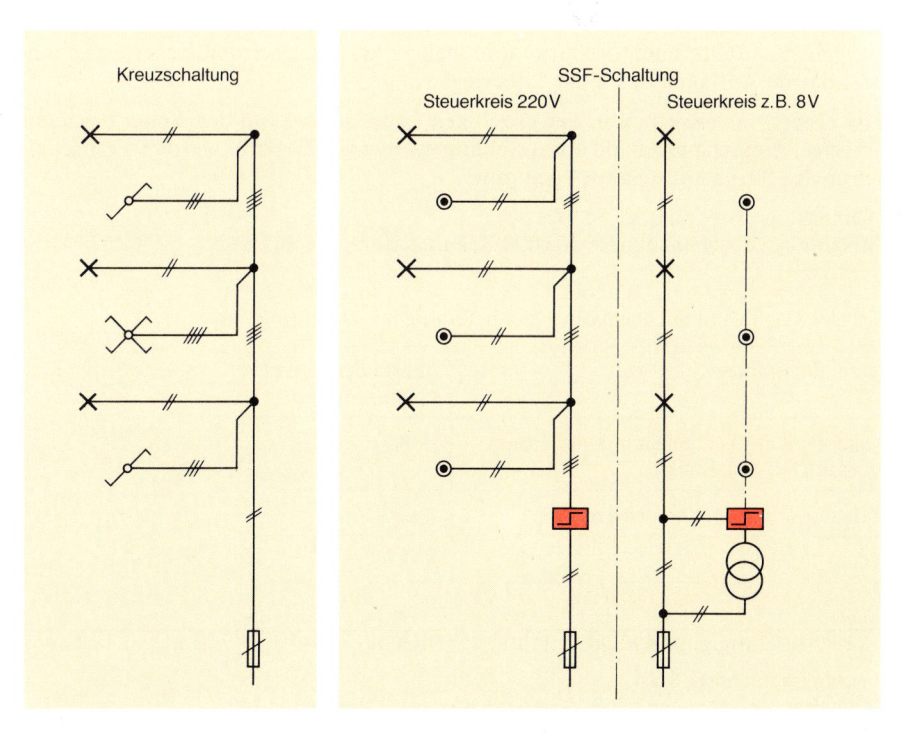

Bild 4/1   Gegenüberstellung einer Kreuzschaltung zu einer SSF-Schaltung

4 Schwachstrom-Starkstrom-Fernschaltung (SSF-Schaltung)

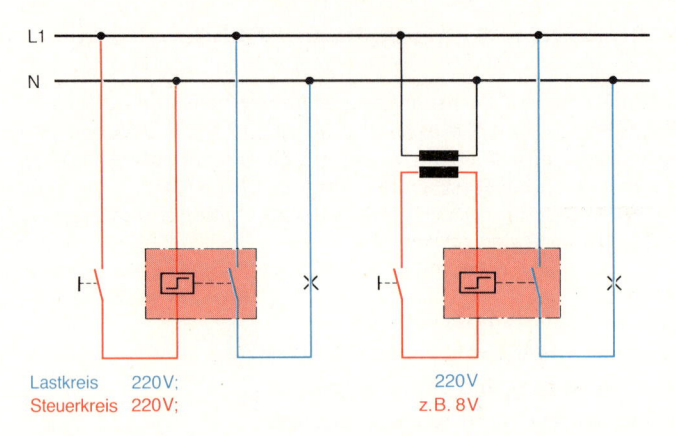

	220V;		220V
Lastkreis	220V;		z.B. 8V
Steuerkreis	220V;		

Bild 4/2   Grundschaltungen für Steuerkreise mit 220 V und mit z. B. 8 V

Fernschalter für Einbau in Verteiler und Unterputzdosen

Aufbau und Wirkungsweise

Wenn in Schaltstellung „Ein" die Magnetspule erregt wird, schaltet ein Schnappschaltwerk durch Anziehen des Ankers um. Durch diese Konstruktion können Siemens-Schalter bis zur Höhe des Nennstromes mit Glüh- und Leuchtstofflampen belastet werden, da eine günstige Lichtbogenlöschung gewährleistet ist. Die Kontakte sind prellarm und haben kräftige, schweißsichere und abbrandarme Auflagen aus einer Silberlegierung.

Die Kontakte verbleiben in der jeweiligen Lage, auch wenn der Anker bei nicht erregter Magnetspule seine Ruhestellung einnimmt. Deshalb werden Fernschalter auch „Stromstoßschalter" genannt.

Technische Werte

Nennstrom 16 A, 220 V, 50 Hz.
Mechanische Lebensdauer: 200 000 Schaltstellungswechsel.

Tabelle 4/1   Mittlere Lebensdauer bei Belastung mit Nennstrom

Verbrauchsmittel	Anzahl der Schaltstellungswechsel
Ohmsche Last, L-Lampen unkompensiert oder in Duo-Schaltung	75 000
L-Lampen parallel kompensiert	40 000
Glühlampen	30 000

Spule:
Normalausführung für 8 V, 24 V, 110 V, 220 V, 50 bis 60 Hz.

Leistungsaufnahme: 8 VA.
Mindestanzugsspannung bei 8-V-Spule: 6,4 V; bei 220-V-Spule: 180 V.
Die Spule ist bei Dauererregung gegen Überlastung geschützt.
Impulsdauer: 0,25 bis 1,0 s.

4 Schwachstrom-Starkstrom-Fernschaltung (SSF-Schaltung)

Gehäuse

Für den Einbau in Verteilern haben die Isolierstoffgehäuse der 1-, 2- und 3poligen Fernschalter eine Breite von 18, 36 und 54 mm bei einer Einbautiefe von 53 mm.

Für den Einbau in Unterputzdosen nach DIN 49 073 stehen 1polige Fernschalter mit Gehäuse-Abmessungen 51 · 51 · 32 mm zur Verfügung.

Einbau

Für Einbau in Verteilern sind die Fernschalter mit einer Schnappbefestigung versehen, mit der sie auf 35 mm breite U-Profilschienen nach DIN/EN 50 022 geschnappt werden können. Bei Montage auf Putz steht zum Schutz gegen die Berührung unter Spannung stehender Teile eine schraubenlos zu befestigende Klemmenabdeckkappe zur Verfügung.

Besondere Betriebsbedingungen für Siemens-Fernschalter

Kritische Parallelkapazität

Bei einer Schaltung mit langen Steuerleitungen kann bei einer bestimmten Betriebskapazität die stromdurchflossene Magnetspule in Dauererregung bleiben und keine weitere Betätigung zulassen (Bild 4/3).

Die kritische, nicht zu überschreitende Kapazität liegt bei der 220-V-Spule bei 0,13 µF. Bei Annahme einer spezifischen Leitungskapazität von 0,3 µF/km beträgt für die 220-V-Spule die maximale Steuerleitungslänge etwa 400 m.

Kritischer Parallelwiderstand

Die Taster zum Betätigen der Fernschalter werden oft mit eingebauten Glimm- oder Glühlampen beleuchtet, deren Gesamtstromaufnahme bei 220 V den Haltestrom des Magnetsystems von 10 mA nicht überschreiten darf. Das entspricht etwa 12 normalen Kontrollampen oder etwa 50 normalen Orientierungslampen (Bild 4/4).

Parallele Ansteuerung

Die äußerst kurzen Schaltzeiten ermöglichen zwar ein paralleles Ansteuern von zwei oder mehreren Fernschaltern mit einem Taster (Bild 4/2), jedoch ist dies nur dann zu empfehlen, wenn die Kontaktbelastung gering ist. Bei starker Belastung (z. B. mit parallelkompensierten L-Lampen) sind Kontaktklebungen nicht

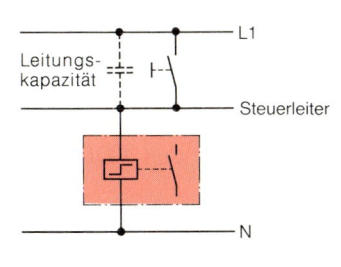

Bild 4/3
Grundschaltung (Leitungskapazität berücksichtigt)

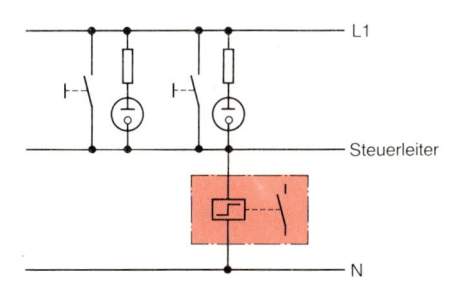

Bild 4/4
Grundschaltung (Stromaufnahme der Glimmlampen berücksichtigt)

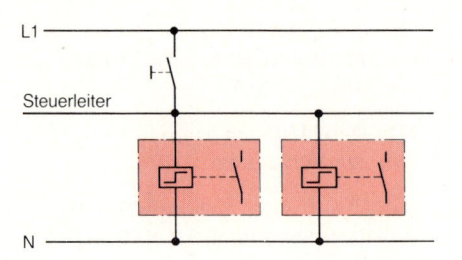

4 Schwachstrom-Starkstrom-Fernschaltung (SSF-Schaltung)

Bild 4/5
Parallele Ansteuerung von zwei Fernschaltern

auszuschließen. Sie werden spätestens bei erneuter Impulsgabe durch die Aufreißvorrichtung aufgetrennt, können aber doch zu asynchroner Arbeitsweise der parallel angeordneten Schalter führen. Günstiger ist die in Bild 4/5 dargestellte Lösung.

Steuerung

Wahl der Spannung

In kleinen Anlagen, z. B. in Wohnungen und Einfamilienhäusern ist die durch den Klingeltransformator gegebene Spannung von 8 V oder 24 V am zweckmäßigsten. In größeren Anlagen können wegen des Spannungsfalles bei längeren Leitungen höhere Steuerspannungen erforderlich sein; dann sind ggf. Fernschalter mit 110-V- oder 220-V-Spulen einzusetzen. Wird bei sehr langen Steuerleitungen die kritische Parallelkapazität erreicht, so ist gegebenenfalls mit Gleichspannung zu steuern. Mit Glimmlampen beleuchtete Taster erfordern eine Steuerspannung von 220 V.

Transformator für den Steuerstromkreis

Wenn zur Steuerung Schwachstrommaterial, z. B. Leitungen für Klingelanlagen und Klingeltaster, verwendet werden soll, ist der Steuerstromkreis über Transformatoren mit elektrisch getrennten Wicklungen, z. B. nach VDE 0551 in kurzschlußfester Ausführung zu speisen. Spartransformatoren sind nicht zulässig.

Hinweise zur Montage

Anlagen mit Fernschaltern sind nach VDE 0100 auszuführen. Hierbei ist besonders § 42 (Verlegung von Leitungen und Kabeln) zu beachten. Wenn mit Schwachstrom gesteuert wird, müssen Starkstrom- und Schwachstromleitungen getrennt voneinander verlegt werden. Kreuzungen und Näherungen beider Anlagenteile sind in Anlehnung an die Bestimmungen VDE 0100 und VDE 0800 (vgl. Kap. 27.2 und 27.7) zu behandeln.

In Verteilern ist z. B. durch Trennstege oder Trennwände sicherzustellen, daß die Netzspannung nicht auf die Schwachstromseite übertreten kann. Die Abmessungen des Fernschalters stellen bei seinem Einbau in Unterputzdosen nach DIN 49 073 mit 58 mm Durchmesser und 40 mm Tiefe die Schottung zwischen Starkstrom- und Schwachstromteil zwangsläufig sicher (Bild 4/6).

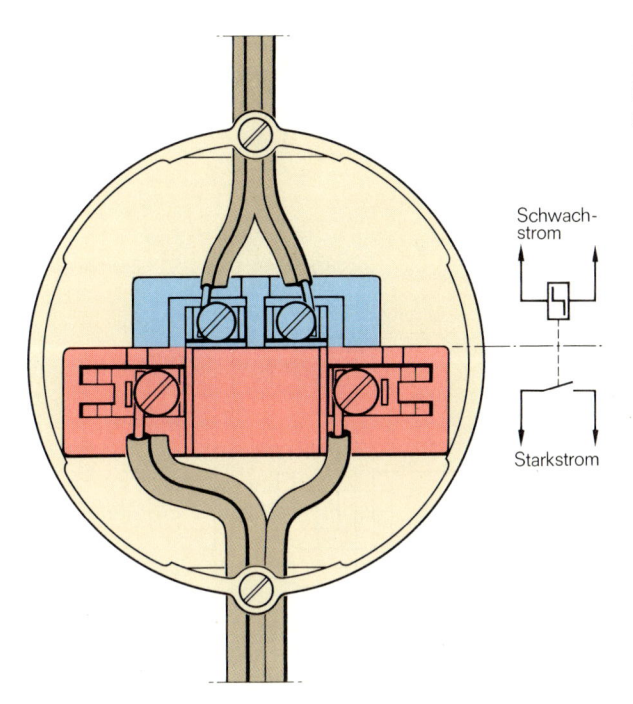

4 Schwachstrom-Starkstrom-Fernschaltung (SSF-Schaltung)

Bild 4/6
Fernschalter für Einbau
in einer Unterputzdose
nach DIN 49073

Schwach-
strom

Starkstrom

Schaltungsbeispiele

Sollen z. B. Leuchten als Lichtbänder mit Verdrahtung für Drehstromanschluß von mehreren Stellen aus bedient werden, empfiehlt es sich, mehrpolige Fernschalter bzw. bei größeren Leistungen außer dem Fernschalter ein Schütz einzusetzen (Bild 4/7).

Schalten von Drehstrom-Verbrauchern

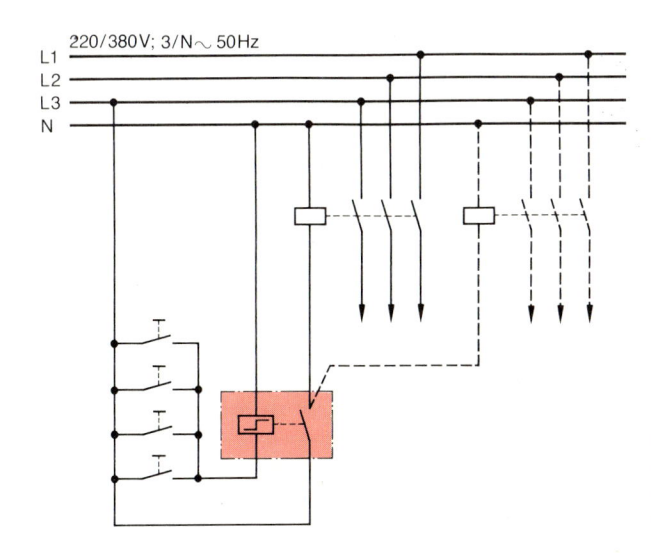

220/380V; 3/N~50Hz
L1
L2
L3
N

Bild 4/7
Drehstrom-Beleuchtungs-
stromkreis mit Schütz
und Fernschalter

777

4 Schwachstrom-Starkstrom-Fernschaltung (SSF-Schaltung)

Örtliches und zentrales Schalten mehrerer Stromkreise

In Verwaltungsgebäuden, Ausstellungsräumen usw. ist es günstig, wenn man von zentraler Stelle aus, z. B. von der Pförtnerloge, alle Beleuchtungsstromkreise schalten kann.

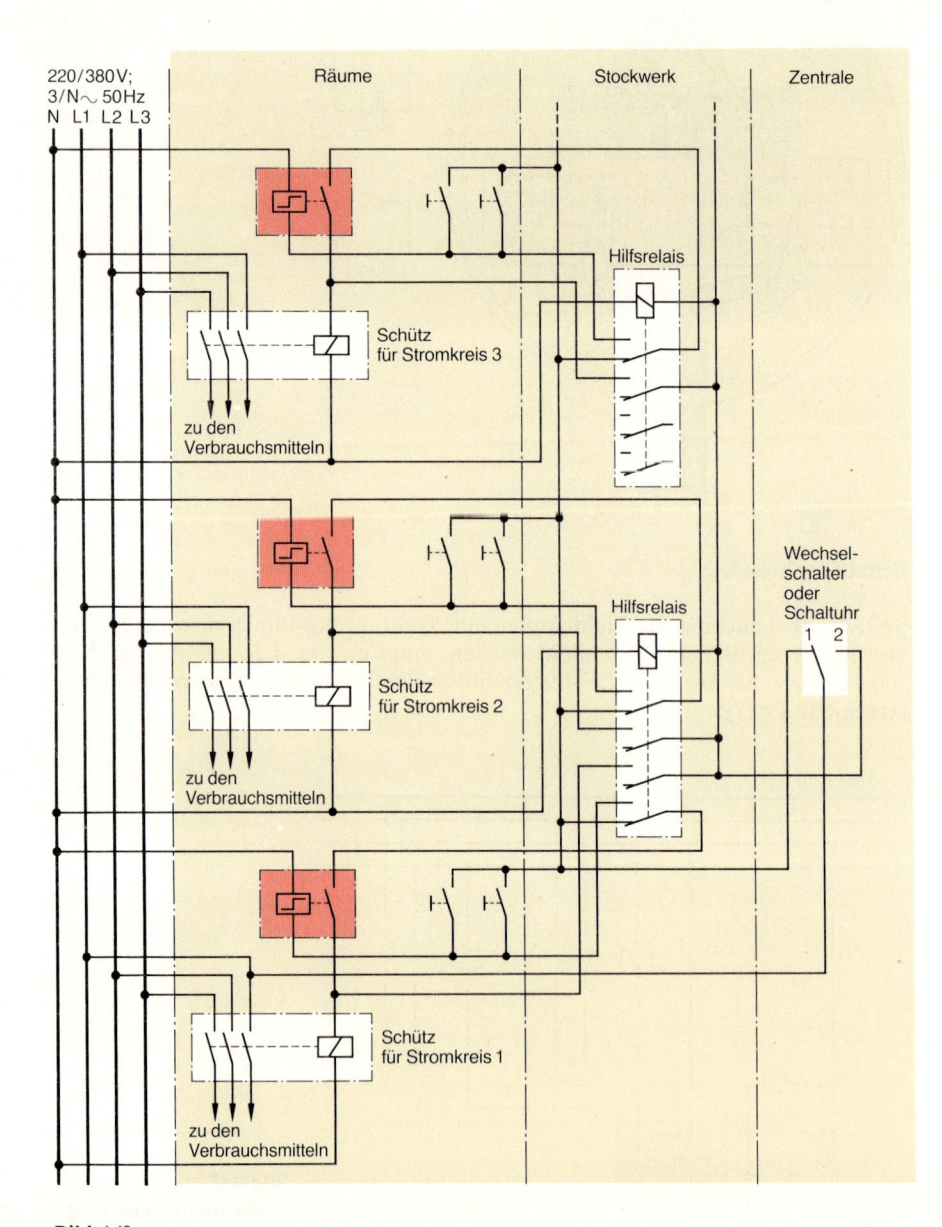

Bild 4/8
Schaltung für örtliches Schalten von Beleuchtungsstromkreisen nach zentraler Freigabe

4 Schwachstrom-Starkstrom-Fernschaltung (SSF-Schaltung)

In der Stellung 1 des Wechselschalters oder während der an der Schaltuhr eingestellten Zeit können die einzelnen Stromkreise örtlich betätigt werden. In der Stellung 2 ziehen die Schütze aller Stromkreise über die Hilfsrelais an. Gleichzei-

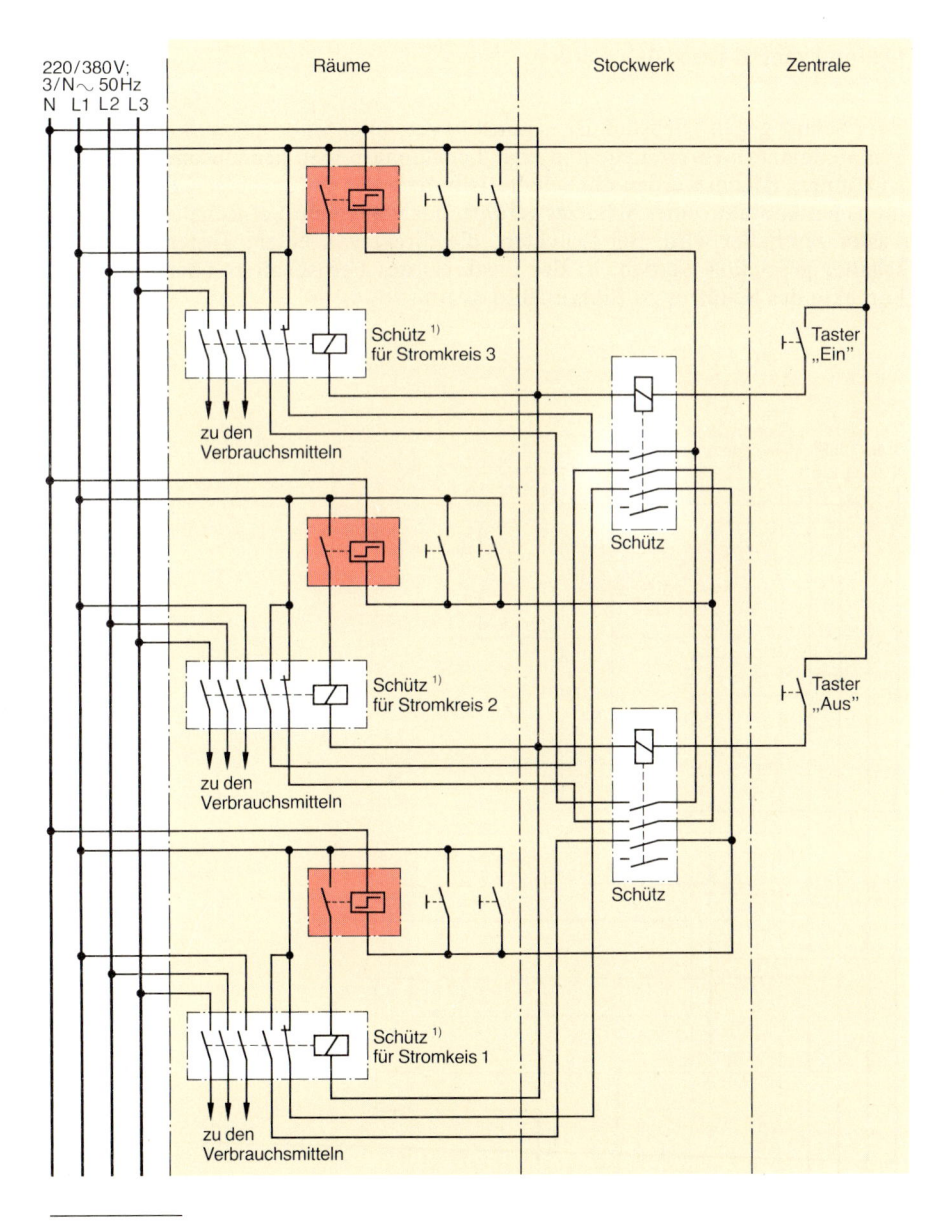

[1]) Schütze mit Ein- und Ausschaltverzögerung

Bild 4/9 Schaltung für örtliches und zentrales Schalten von Beleuchtungsstromkreisen

4 Schwachstrom-Starkstrom-Fernschaltung (SSF-Schaltung)

tig werden nur die Spulen der in „Ein"-Stellung befindlichen Fernschalter erregt. Diese schalten auf „Aus" und unterbrechen dabei die über das Hilfsrelais anstehende Steuerspannung. Ein örtliches Schalten ist in Stellung 2 nicht möglich. Beim Zurückschalten in die Stellung 1 können die Stromkreise wieder örtlich bedient werden (Bild 4/8).

Bei der Schaltung mit zentralen „Ein"- und „Aus"-Tastern (Bild 4/9) kann örtlich und zentral geschaltet werden.

Diebstahlschutz-Beleuchtung

Zum Schutz gegen Diebstahl ist es günstig, von einer Stelle aus, z. B. Wohn- oder Schlafzimmer, mehrere Leuchten oder Leuchtengruppen gemeinsam einschalten zu können. Hierzu werden die Schalterleitungen der gewünschten Leuchten über die Schaltkontakte eines Schützes geführt, das von einem Fernschalter mit einem Taster geschaltet wird. Bei Leuchten, die direkt von einem Taster über Fernschalter geschaltet werden, ist der Lastkreis des Fernschalters über die Schaltkontakte des Schützes zu führen (Bild 4/10).

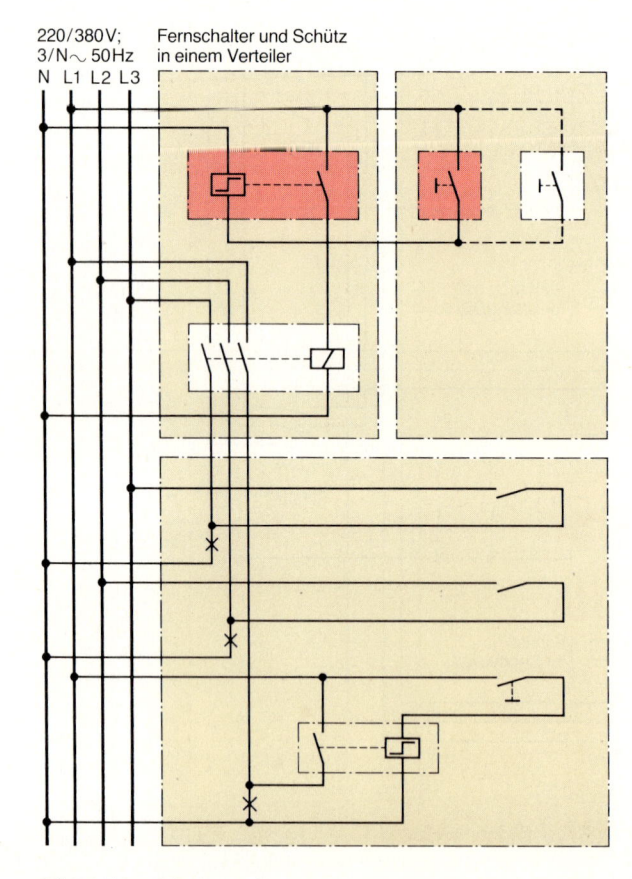

Bild 4/10 Schaltung für zentrales Schalten von Beleuchtungsstromkreisen über Taster

5 Elektrizitätszähler

Elektrizitätszähler dienen zum Zählen der von einem Erzeuger abgegebenen oder von einem Verbraucher aufgenommenen Wirkarbeit in kWh, Scheinarbeit in kVAh oder Blindarbeit in kvarh. Die Zähler lassen sich nach dem Meßprinzip in zwei Gruppen unterteilen, in Motorzähler und statische Zähler. Statische Zähler sind entweder Elektrolytzähler, die früher als Gleichstromzähler verbreitet waren, oder elektronische Wechselstromzähler, die neuerdings als Hochpräzisionszähler bei sehr hohen Genauigkeitsforderungen und als Prüfzähler verwendet werden. **Allgemeines**

Von den Motorzählern haben die Induktions- oder Ferrariszähler für Wechselstrom — mit wicklungslosem Läufer in Form einer einfachen Aluminiumscheibe im Wechselfeld zweier Elektromagneten (Strom- und Spannungseisen) — die **Induktionszähler**

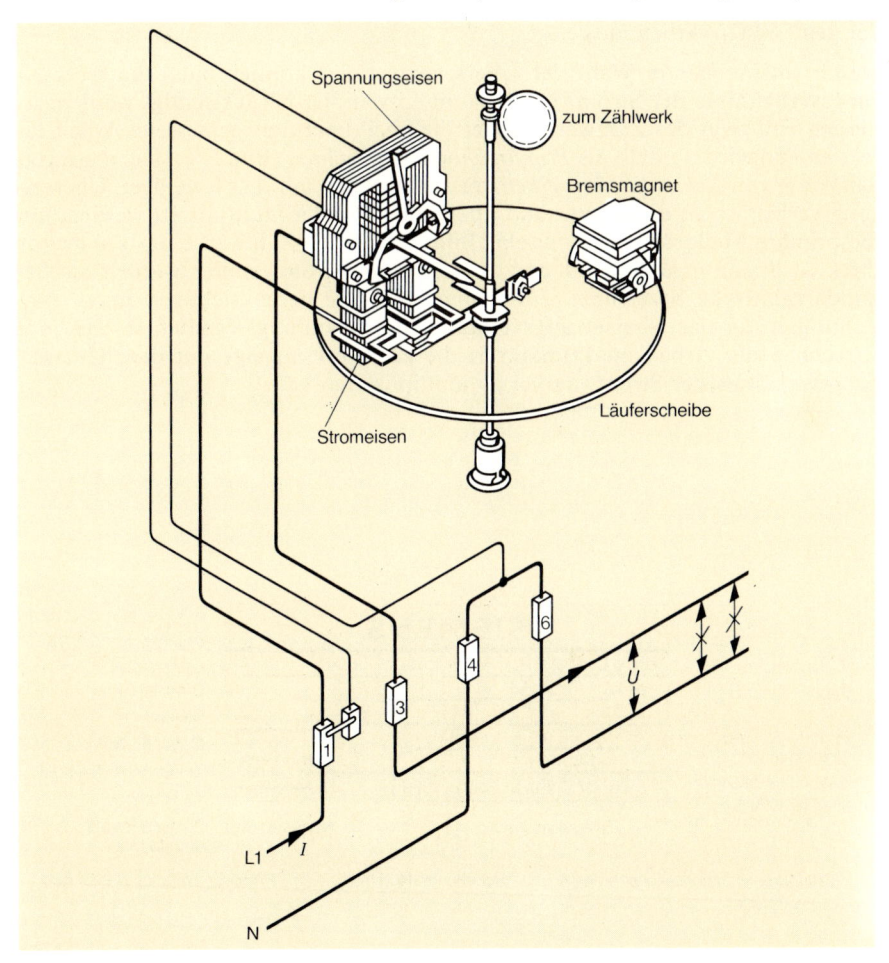

Bild 5/1
Schematische Darstellung eines Induktionszählers mit einem Triebwerk (Wechselstromzähler)

größte Bedeutung erlangt. Drehstromzähler besitzen zwei oder drei Triebwerke, die räumlich versetzt angeordnet sind und meist auf zwei Läuferscheiben mit einer gemeinsamen Läuferachse arbeiten. Die Integration der Leistung über die Zeit erfolgt durch Addition der Läuferumdrehungen — die proportional der Momentanleistungen sind — mittels eines Zählwerkes (Bild 5/1).

In der Regel sind die Zähler mit einem Rollenzählwerk mit sechs oder sieben Rollen ausgerüstet, dessen rechte Rolle über Schnecke und Wechselräder vom Läufer angetrieben wird. Die vom Zählwerk angezeigte Ableseeinheit muß gegebenenfalls mit dem auf dem Zifferblatt angegebenen Faktor (10, 100, 1000 usw.) multipliziert werden.

Primär-, Sekundär- und Halbprimärzählwerke

Zähler können direkt oder, z. B. bei höheren Strömen und Spannungen, über Meßwandler in den zu messenden Stromkreis geschaltet werden. Die Übersetzung des Zählwerkgetriebes wird bei direktem Anschluß für eine direkte Anzeige der gemessenen Arbeit ausgelegt.

Durch entsprechende Wahl der Übersetzungsräder können auch die Übersetzungsverhältnisse der Strom- und Spannungswandler berücksichtigt werden. In diesem Fall zeigt das Zählwerk wieder die im Primärkreis gemessene Arbeit direkt an und wird deshalb als *Primärzählwerk* bezeichnet (Bild 5/2). Die angezeigten Werte von *Sekundärzählwerken* müssen dagegen mit den jeweiligen Übersetzungsverhältnissen der Strom- und Spannungswandler multipliziert werden, um die primäre Meßgröße zu ermitteln (Bild 5/3). Auch Zählwerke der Zähler für direkten Spannungsanschluß und Anschluß an Stromwandler werden als Sekundarzählwerke bezeichnet. *Halbprimärzählwerke* berücksichtigen durch ihre Zahnräder nur das Übersetzungsverhältnis der Spannungswandler, so daß zum Errechnen der Arbeit im Primärkreis die Zählwerksanzeige mit dem Übersetzungsverhältnis der Stromwandler zu multiplizieren ist.

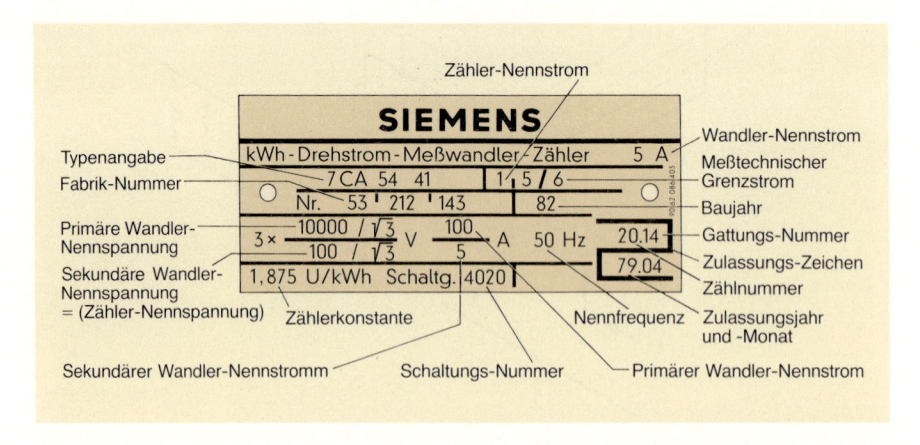

Bild 5/2
Leistungsschild eines Vierleiter-Drehstrom-Meßwandler-Zählers mit Primärzählwerk und Angabe der Übersetzungsverhältnisse der Strom- und Spannungswandler

5 Elektrizitätszähler

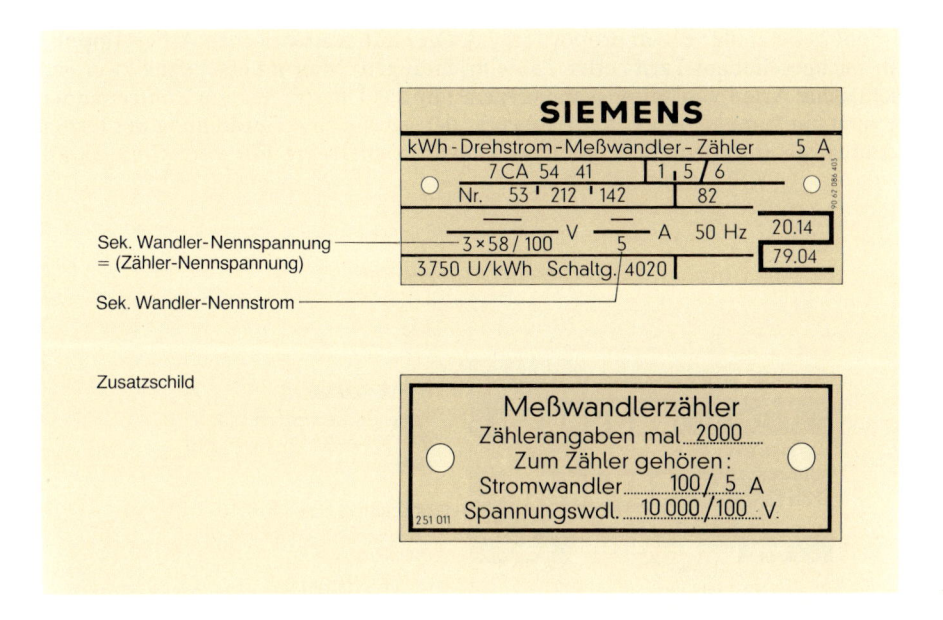

Bild 5/3
Leistungsschild eines Vierleiter-Drehstrom-Meßwandler-Zählers mit Sekundärzählwerk und Zusatzschild mit Angabe der Übersetzungsverhältnisse der Strom- und Spanungswandler und des Multiplikationsfaktors für die Zählwerkanzeige

Zweitarifzählwerke

Wechsel- und Drehstromzähler können auch mit einem Zweitarifzählwerk geliefert werden, um Tag- und Nachtverbrauch oder den Verbrauch während der Hoch- und Niedertarifzeiten getrennt zu erfassen. Die Läuferachse arbeitet hierbei wahlweise — durch einen elektrisch anzusteuernden Auslöser umschaltbar — auf eines der beiden Rollenzählwerke.

An einem Stellungsanzeiger erkennt man, welches Rollenzählwerk im Eingriff ist. Der Auslöser des Zweitarifzählwerkes wird durch eine Schaltuhr oder einen Rundsteuerempfänger umgeschaltet. Das Umschaltgerät wird getrennt neben dem Zähler montiert und vom EVU plombiert (Bilder 5/4 und 5/5).

In Mehrfamilienhäusern genügt eine Schaltuhr oder ein Rundsteuerempfänger zum Steuern sämtlicher Zweitarifzähler im Haus, wenn zu den einzelnen Zählern zweiadrige Steuerleitungen verlegt werden und die Belastbarkeit des Tarifschaltkontaktes ausreicht. Je Zweitarifzähler sind 20 mA Steuerstrom anzusetzen. Auf genauen Anschluß, der nach Schaltbildern nach DIN 43 856 erfolgt, ist zu achten.

5 Elektrizitätszähler

Impulsgeberzähler

Impulsgeberzähler geben proportional der gezählten elektrischen Arbeit Impulse an nachgeschaltete Tarif- oder Zähleinrichtungen. Man unterscheidet zwei verschiedene Arten von Impulsgabewerken. Für das Übertragen von Zählerständen genügt ein Impulskontakt am Zählwerk, der jeweils eine Umdrehung der letzten Zahlenrolle (mit dem niedrigsten Stellenwert) signalisiert. Für Verrechnungszäh-

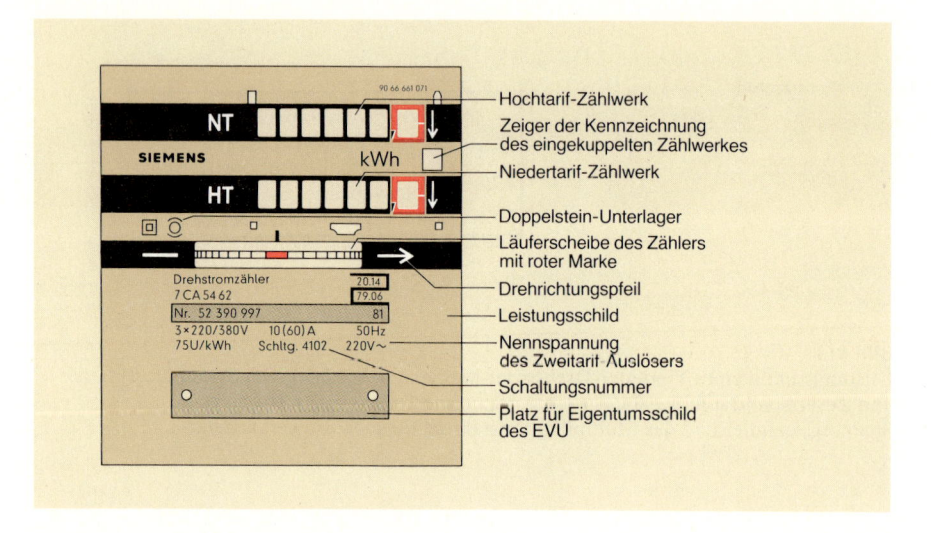

Bild 5/4 Frontplatte eines Zweitarifzählers

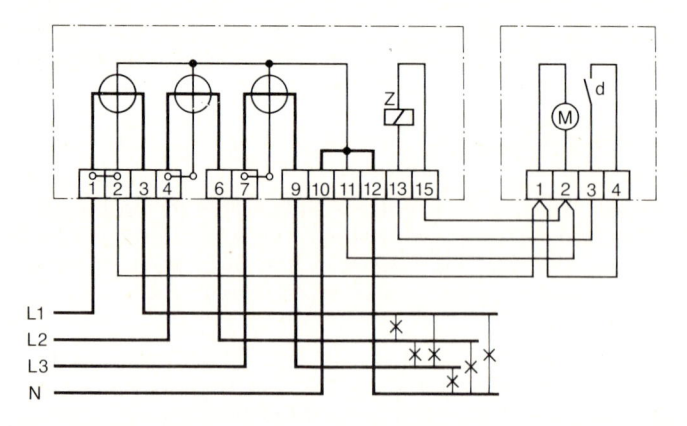

Bild 5/5
Schaltung eines Vierleiter-Drehstromzählers mit Zweitarif-Auslöser und angeschlossener Schaltuhr

lung, insbesondere für das Ansteuern von Tarif- und Überwachungseinrichtungen werden Impulsgabewerke mit höherer Impulsfrequenz verwendet, die direkt vom Zählerläufer angetrieben werden. Auch hier entspricht ein Impuls einem festen Arbeitswert im Wh, kWh (bzw. kVAh oder kvarh) oder Bruchteilen davon.

Auch die Impulsform kann bei der letztgenannten Einrichtung unterschiedlich sein. Allgemein bekannt ist das Wischimpulsverfahren, bei dem ein Impuls ein Stromstoß von konstanter Dauer bei vorgegebener Spannung ist. Beim Doppelstromimpulsverfahren wird ein Gleichstrom von 24 V umgepolt, wobei jede Stromrichtungsänderung einem Impuls entspricht.

VDE-Bestimmungen, Fehlergrenzen

In VDE 0418 Teil 1 bis 6 sind die Bestimmungen für den mechanischen Aufbau und die elektrischen und meßtechnischen Eigenschaften der Zähler festgelegt. So enthält diese Bestimmung unter anderem die Fehlergrenzen der Zähler, deren Klasseneinteilung und die geforderten Aufschriften für die Leistungs- und Zusatzschilder. Weitere Angaben enthalten die Normen DIN 43 850, 43 854 bis 43 857 und 46 300; z. B. sind die Schaltpläne für Zähler in DIN 43 856 enthalten.

Beglaubigung und Zulassung

Zähler, die zum Verrechnen gelieferter elektrischer Arbeit dienen, unterliegen der Eichpflicht („Eichordnung für elektrische Meßgeräte" der PTB[1]). Die PTB übernimmt auf Antrag die Bauartprüfung von Zählern und erteilt das Zulassungszeichen als Voraussetzung für die Eichung oder Beglaubigung durch die „staatlichen anerkannten Prüfstellen für elektrische Meßgeräte".

Der Zähler erhält bei der Eichung oder Beglaubigung eine amtliche Stempelmarke mit Angabe der Prüfstelle und des Datums.

Strom- und Spannungswandler

Für Verrechnungszählung sind mindestens Stromwandler Klasse 0,5 oder Klasse 0,5 G, für Spannungswandler Klasse 0,5 vorgeschrieben. Die Wandler müssen auf dem Leistungsschild das Zulassungszeichen tragen und beglaubigungsfähig sein. Für interne Zählungen können auch Strom- und Spannungswandler der Klasse 1 — z. B. für die Betriebsmessung — eingesetzt werden. Bei Stromwandlern mit mehreren Kernen sind die Zähler an die Meßkerne anzuschließen (vgl. Kap. 1.6).

Leistungsaufnahme

Die sekundäre Belastung in VA der Stromwandler oder der Meßkerne im Zählerkreis setzt sich aus dem Leistungsbedarf der angeschlossenen Zähler und dem Leistungsverlust in den Verbindungsleitungen zusammen. Der Leistungsverlust S_v in VA errechnet sich:

$$S_v = \frac{0{,}018 \cdot l \cdot I_{2N}^2}{q}$$

l Schleifenlänge der Sekundärleitungen in m
I_{2N} Sekundärer Nennstrom des Stromwandlers in A
q Querschnitt der Sekundärleitungen in mm^2
0,018 Spezifischer ohmscher Widerstand für Kupfer in Ω mm^2/m

Die Wirk- und Scheinleistungsaufnahme in jedem Spannungs- oder Strompfad eines Zählers darf bei Nennspannung oder Nennstrom des Zählers die Werte der Tabelle 5/1 nicht überschreiten.

---

[1] Physikalisch Technische Bundesanstalt

5 Elektrizitätszähler

Nennströme, Grenzströme

Zähler sind für verschiedene Nenn- oder Grenzströme lieferbar. Der Grenzstrom ist der größte Strom, mit dem der Zähler dauernd unter Einhaltung der Fehlergrenzen betrieben werden darf. Für höhere Grenzströme als 60 A schreiben die meisten EVU den Anschluß an Stromwandler vor. Es sind jedoch auch Zähler mit Grenzströmen ≥ 100 A für direkten Anschluß lieferbar.

Einsatz von Zählern

Tarifzähler

Der überwiegende Teil der zum Einsatz kommenden Zähler sind Tarifzähler mit Eintarif- oder Zweitarifzählwerken.

Tabelle 5/1 Maximale Leistungsaufnahme

Klasse des Zählers	Leistungsaufnahme höchstens		je Strompfad
	je Spannungspfad W	VA	VA
2,0	2	8	2,5
1,0	3	12	4

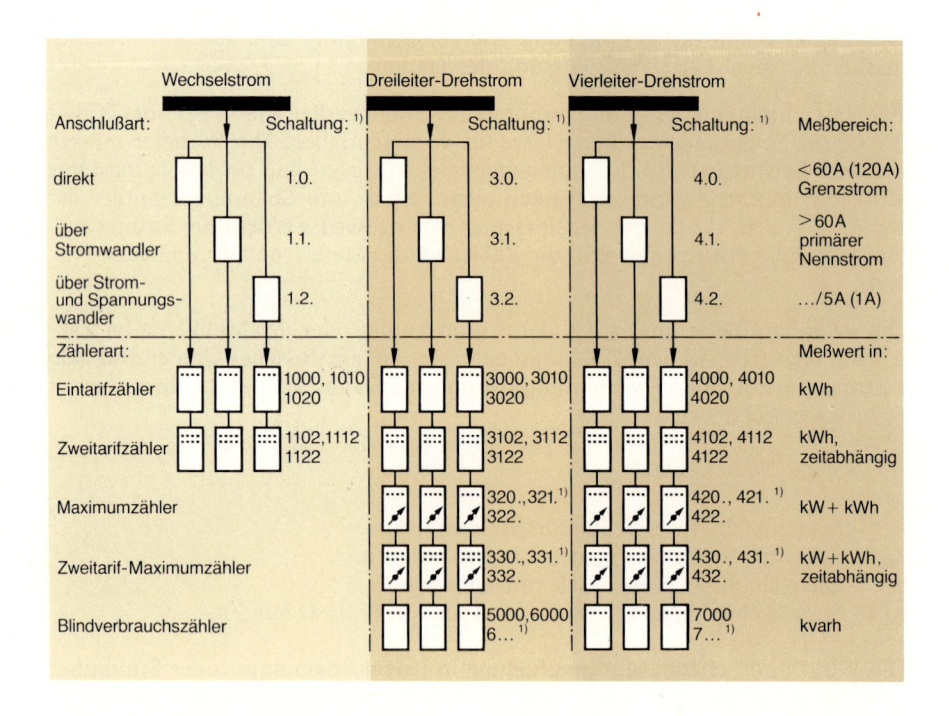

[Bild 5/6: Einsatz von Zählern — Übersicht der Anschlußarten (direkt, über Stromwandler, über Strom- und Spannungswandler) und Zählerarten (Eintarifzähler, Zweitarifzähler, Maximumzähler, Zweitarif-Maximumzähler, Blindverbrauchszähler) für Wechselstrom, Dreileiter-Drehstrom und Vierleiter-Drehstrom mit Schaltungsnummern nach DIN 43 856]

Anschlußart	Wechselstrom Schaltung:[1]	Dreileiter-Drehstrom Schaltung:[1]	Vierleiter-Drehstrom Schaltung:[1]	Meßbereich
direkt	1.0.	3.0.	4.0.	<60A (120A) Grenzstrom
über Stromwandler	1.1.	3.1.	4.1.	>60A primärer Nennstrom
über Strom- und Spannungswandler	1.2.	3.2.	4.2.	.../5A (1A)
Zählerart:				Meßwert in:
Eintarifzähler	1000, 1010 1020	3000, 3010 3020	4000, 4010 4020	kWh
Zweitarifzähler	1102, 1112 1122	3102, 3112 3122	4102, 4112 4122	kWh, zeitabhängig
Maximumzähler		320., 321.[1] 322.	420., 421.[1] 422.	kW + kWh
Zweitarif-Maximumzähler		330., 331.[1] 332.	430., 431.[1] 432.	kW+kWh, zeitabhängig
Blindverbrauchszähler		5000, 6000 6...[1]	7000 7...[1]	kvarh

[1]) Schaltungsnummer nach DIN 43 856

Bild 5/6 Einsatz von Zählern

5 Elektrizitätszähler

Maximumzähler (Bild 5/9) erfassen neben der Wirkarbeit in kWh den höchsten innerhalb des Ablesezeitraums aufgetretenen Leistungsmittelwert in kW. Dieses Maximum dient als Verrechnungsgrundlage von Leistungspreistarifen, wie sie für Großabnehmer allgemein angewendet werden. Bei diesen Tarifen wird neben dem Arbeitspreis für die verbrauchten kWh ein Leistungspreis für die in Anspruch genommene Leistung in kW verrechnet. Das im Zähler zusätzlich eingebaute anzeigende Maximumwerk hat einen Mitnehmer(-zeiger), der für jede Meßperiode (z. B. 15, 30 oder 60 Minuten) den jeweiligen Leistungsmittelwert anzeigt und dann, durch einen Auslöser entkuppelt, in die Nullstellung zurückfällt. Der bei jedem Überschreiten vorhergehender Höchstwerte vom Mitnehmerzeiger weitergeschobene Maximumzeiger gibt dann den höchsten Leistungsmittelwert an und wird nach der Ablesung manuell oder elektrisch zurückgestellt. Maximumzähler können auch mit einem Kumulativzählwerk ausgerüstet werden, das den Rückstellweg des Maximumzeigers auf einem Rollenzählwerk erfaßt und in kW anzeigt. Das Kumulativzählwerk addiert rückgestellte Werte auf, so daß auch eine Kontrolle des abgelesenen Wertes möglich ist.

Maximumzähler

Kumulativzählwerk

Beispiel

Bei unterschiedlicher Leistung beträgt der Verbrauch in der Meßperiode von 15 Minuten 100 kWh; als mittlere Leistung ergeben sich dann 400 kW (vgl. Bild 5/7). Da die Meßperiode eine konstante Zeit ist, wird die Skala in kW geeicht. Bei der Ablesung ist der vom Maximumzeiger oder dem Zählwerk angezeigte Wert eventuell noch mit der am Zifferblatt angegebenen Maximumkonstante C_M zu multiplizieren, um das tatsächliche Maximum in kW zu erhalten.

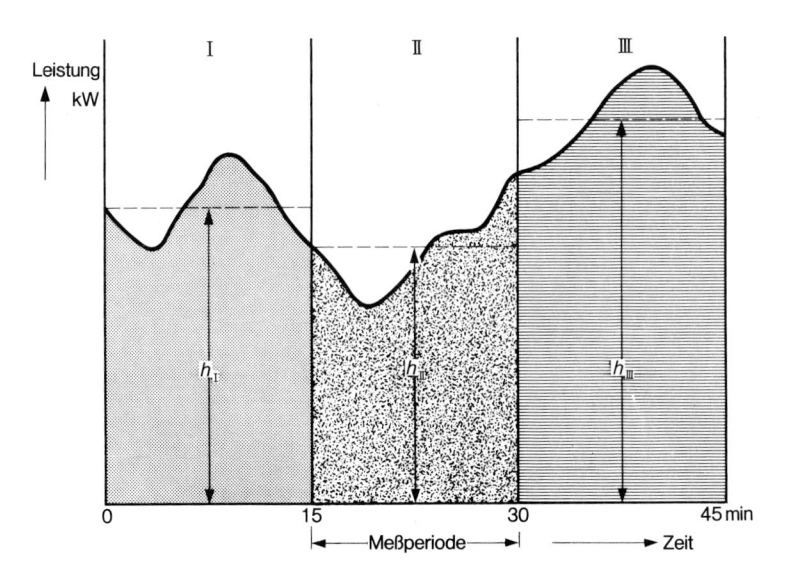

h_I = Mittelwert in Periode I
h_{II} = Mittelwert in Periode II
h_{III} = Mittelwert in Periode III

Bild 5/7 Leistungsmittelwertbildung aus dem Verbrauch

5 Elektrizitätszähler

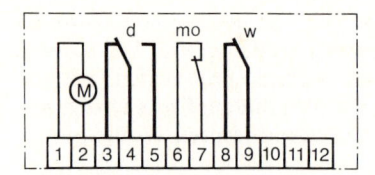

Bild 5/8
Schaltung einer Schaltuhr mit Maximumschalter mo, Zweitarifschalter d und Wochenschalter w

Blindverbrauchszähler Blindverbrauchszähler erfassen bei Industrieabnehmern die induktive Blindarbeit (vgl. Kap. 7). Um bei Überkompensation ein Zurücklaufen des Zählers (kapazitive Blindarbeit) zu vermeiden, werden Blindverbrauchszähler grundsätzlich mit Rücklaufsperre gebaut.

Schaltuhren Schaltuhren können zum zeitabhängigen Schalten von Zwei- oder Mehrfachtarifzählwerken, zum Entkuppeln (meßperiodenabhängig) von Maximumwerken oder zu beiden Zwecken eingesetzt werden.

Sie besitzen je nach Bauform eine oder mehrere Zeitscheiben, die mit einer 24-Stunden-Teilung als Tagesscheibe oder mit einer Tagesteilung als Wochenscheibe ausgebildet sind.

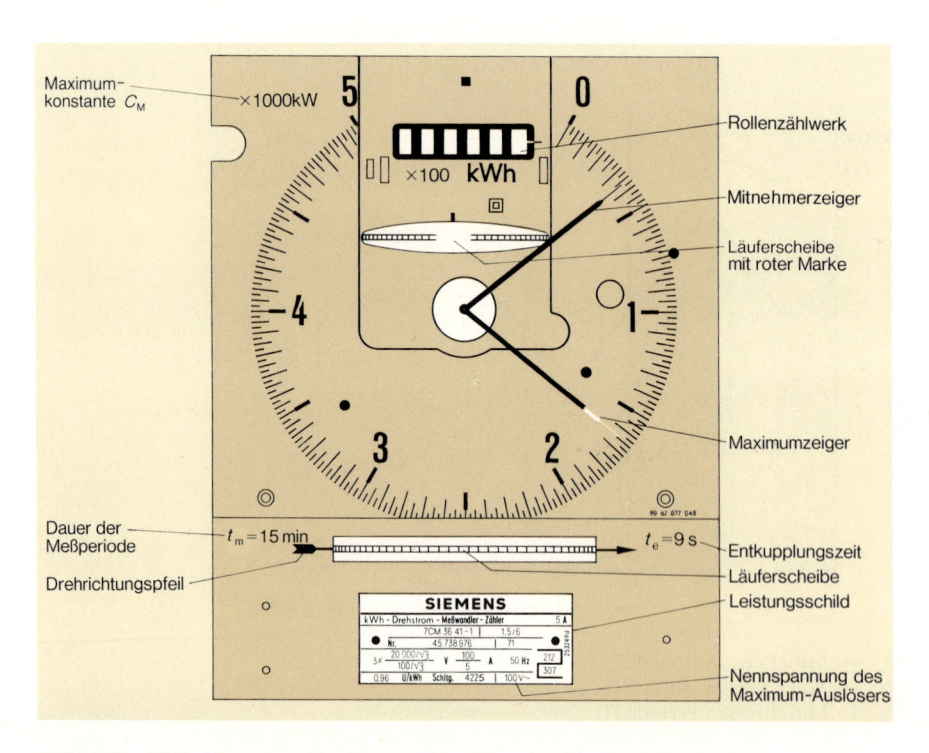

Bild 5/9   Zifferblatt eines Maximumzählers für eine Meßperiode t_m von 15 min

Schaltreiter, die nach dem gewünschten Schaltprogramm (tarifabhängig) auf die Zeitscheiben gesetzt werden, betätigen einen oder mehrere Schalter. Durch Versetzen der Schaltreiter lassen sich bei Tarifänderungen die Schaltzeiten leicht ändern. Der minimale Schaltabstand, z. B. Ein/Aus, beträgt normalerweise 1 Stunde und wird durch die Abmessungen der Schaltreiter bestimmt.

Der Anschluß der Schaltuhr erfolgt nach DIN 43 856.

Maximumwächter dienen zur Überwachung des Leistungsbezuges (Leistungsmittelwert) industrieller Stromabnehmer, um Leistungsüberschreitungen und damit Kostenerhöhungen bei Maximumtarifen durch kurzzeitiges Abschalten der für den Betrieb entbehrlichen Verbraucher zu verhindern. Diese werden hierfür nach ihrer Priorität in bestimmte Abschaltungsgruppen eingeteilt. Der Maximum-Überwachungssatz besteht aus Drehstromimpulsgeberzähler, Maximumwächter (Bild 5/10) und Hilfsrelais zum galvanisch getrennten Anschluß des Wächters an die Schaltuhr des EVU.

Der Drehstromimpulsgeberzähler erfaßt die gleiche elektrische Arbeit wie der Verrechnungszähler des EVU und dient damit auch als Kontrollzähler.

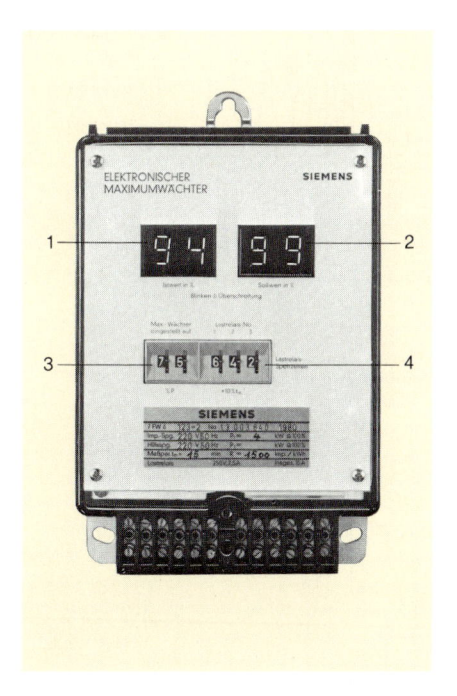

1 Istarbeit — Anzeige von 0 ... 99 %

2 Sollarbeit — Anzeige von 2 ... 99 %
(durch den Vorlauf von 2 % wird erreicht, daß eine zu Beginn der Meßperiode höhere Istarbeit nicht unmittelbar zu einem Warnsignal führt)

3 Einstellbereich für das gewählte Maximum von 10 ... 99 % in Stufen von 1 %

4 drei Lastrelais: Sperrzeiten einstellbar in Stufen von 10 % der Sollwertanzeige

Bild 5/10
Elektronischer Maximumwächter zur Überwachung des Leistungsbezuges

5 Elektrizitätszähler

Der Maximumwächter vergleicht während der Meßperiode den Istverbrauch mit dem am Sollwerteinsteller eingestellten Sollverbrauch. Dieser ist so zu wählen, daß sich das niedrigst mögliche Maximum ohne Störung der Produktion des Betriebes ergibt. Der günstigste Sollwert läßt sich durch „Herantasten", d. h. prozentuale Änderung des vorgewählten Maximums mittels des Sollwerteinstellers, leicht ermitteln.

Visuell ist eine Maximumüberschreitung durch den Vergleich der zweistelligen Digital-Soll-Istwertanzeige erkennbar.

Beim Überschreiten des Sollwertes um 1 Digit wird der im Maximumwächter eingebaute Signalkontakt geschlossen. Über einen angeschlossenen Signalstromkreis kann z. B. ein optischer oder akustischer Alarm ausgelöst werden.

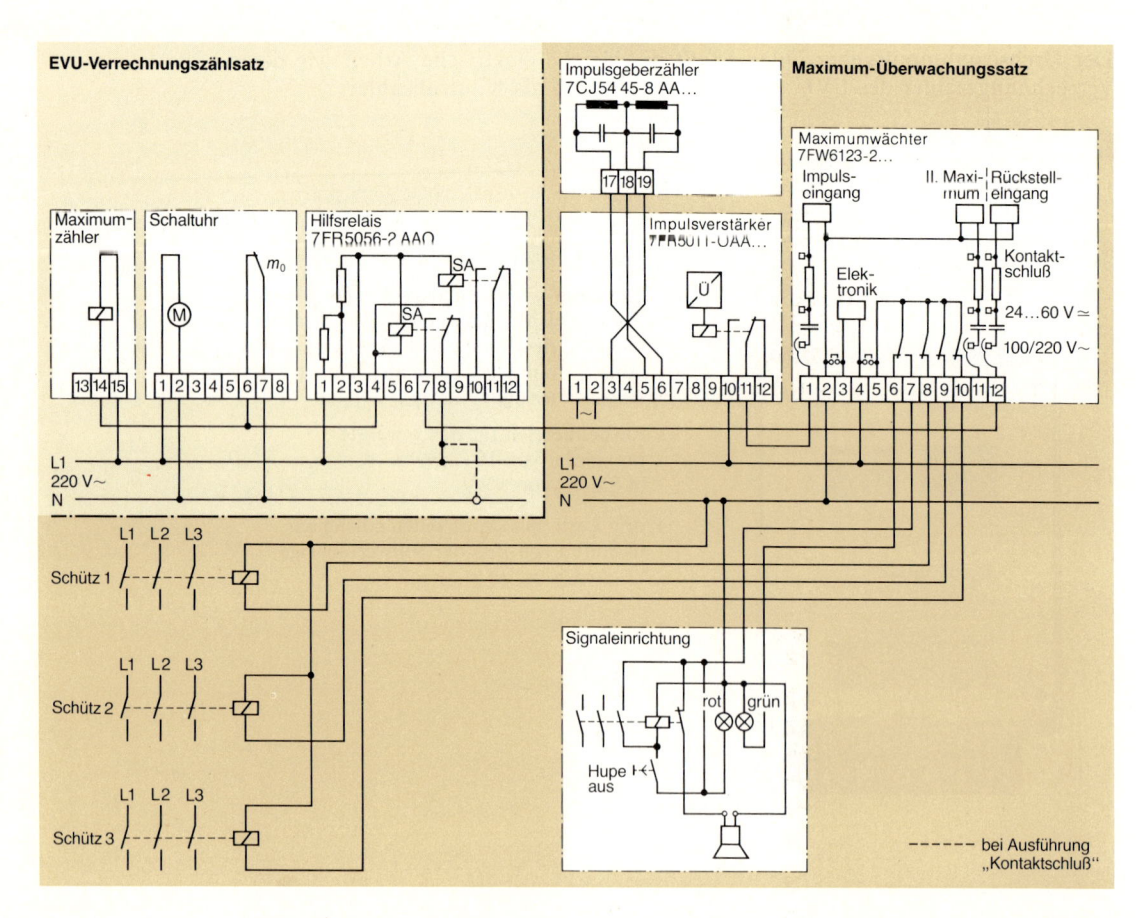

Bild 5/11
Maximumüberwachung mit automatischer Ab- und Wiederzuschaltung von drei Verbrauchergruppen

5 Elektrizitätszähler

Für einen programmierten Lastabwurf sind im Maximumwächter drei Lastrelais eingebaut, die individuell über ihnen zugeordnete Codierschalter auf der Frontplatte zeitabhängig in Stufen von 10% der Sollwertanzeige eingestellt werden können. Nach Ablauf der eingestellten Sperrzeiten und beim Überschreiten der Sollwertanzeige schaltet das betroffene Lastrelais die ihm zugeordnete Verbrauchergruppe ab. Die Wiederzuschaltung der Verbrauchergruppen kann wahlweise noch innerhalb der Meßperiode oder mit Beginn der neuen Meßperiode erfolgen. Sie erfolgt immer zeitverzögert im Abstand von 10 s (Relais 2 10 s nach Relais 1, Relais 3 10 s nach Relais 2).

Zählerplatz

In Mehrfamilienhäusern sollten alle Zähler in einem eigenen trockenen Raum oder außerhalb der Wohnungen in Zählerschränken durch eine Tür geschützt, untergebracht werden, damit der Ableser des EVU jederzeit ablesen kann (vgl. Kap. 13.3). Außerdem empfiehlt es sich, je Abnehmer einen weiteren Platz in den Schränken vorzusehen, um ggf. eine Schaltuhr oder einen Rundsteuerempfänger nachsetzen zu können.

Bei größeren Abnehmern können die Zähler mit Einbaurahmen in Schalttafeln, Stahlblechverteilern oder bei umfangreichen Meßsätzen in Spezialschränken mit Türen mit Sichtscheiben eingebaut werden. Häufig werden Meßsätze auch in abgeschlossenen elektrischen Betriebsstätten, z.B. im Hochspannungsschaltraum, auf Isolierstoffplatten an der Wand montiert.

Fernzählung

Fernzählgeräte dienen zur Wiederabbildung von Zählwerksständen nach Tarif, Summenbildungen, Summenmaximumbildungen sowie zur Registrierung bzw. graphischen Darstellung von Daten. Das Fernzählgerät empfängt elektrische Impulse, die je nach Aufgabenstellung im Gerät gewichtet und verarbeitet werden. Die Impulsgeber, die elektrische Impulse (Arbeits-Mengenquanten) abgeben, können unmittelbar neben dem Fernzählgerät oder in praktisch beliebiger Entfernung angeordnet sein. Die Impulsübertragung kann über eine eigene Impuls-,

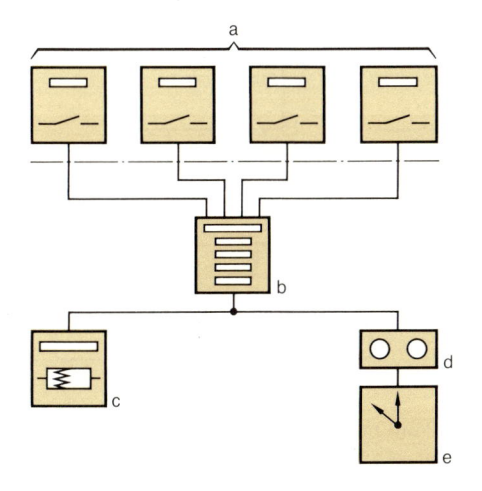

a Impulsgeberzähler
b Summen-Fernzählgerät mit Summen-Impulsgabewerk
c Fernzählgerät mit anzeigendem, schreibendem und druckendem Maximumwerk
d Einstellgetriebe
e Maximumwächter

Bild 5/12
Aufbau einer erweiterten Fernzählanlage mit mechanischen Geräten

5 Elektrizitätszähler

eine Starkstrom- oder über eine Postleitung erfolgen, wobei bei den beiden letztgenannten wegen Störbeeinflussung besondere Vorkehrungen vorzusehen und behördliche Auflagen einzuhalten sind.

Es gibt rein mechanische und statisch mikroprozessorgesteuerte Fernzählgeräte. Mechanische Fernzählgeräte werden noch für einfache Registrieraufgaben mit manueller Auswertung eingesetzt (Bild 5/12), während die mikroprozessor-

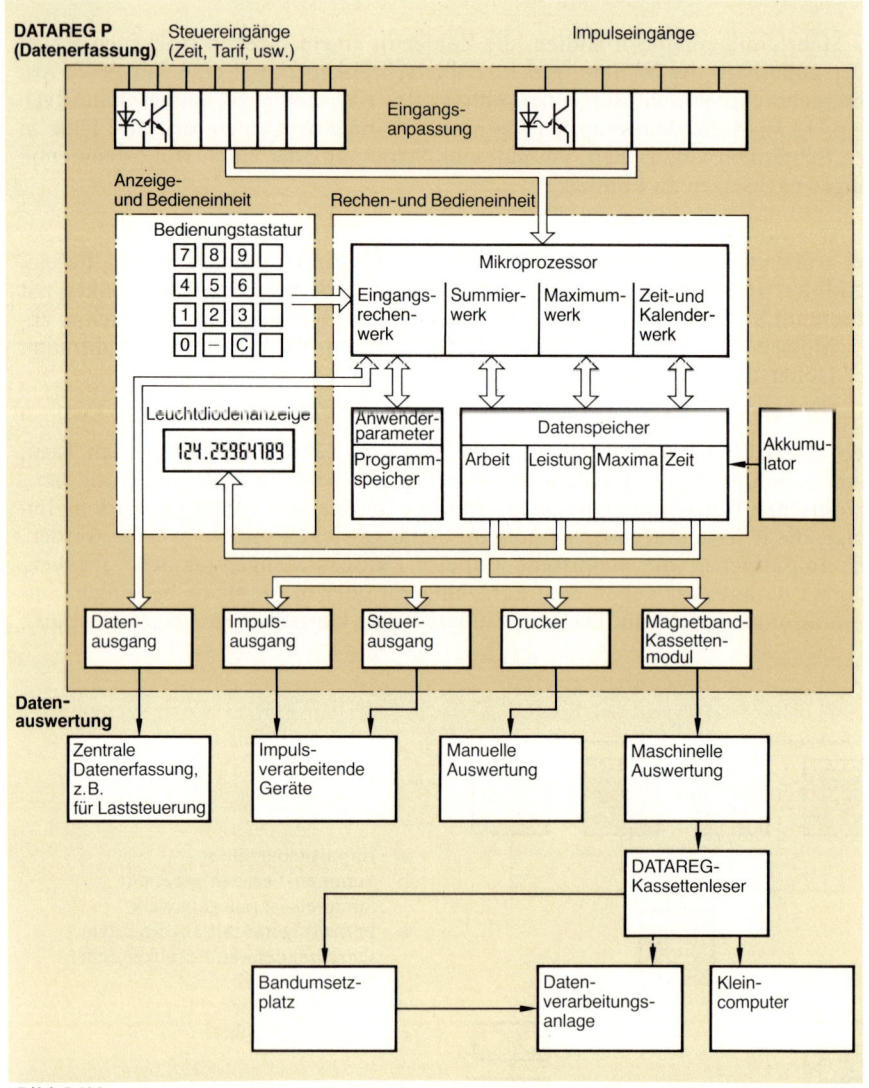

Bild 5/13
Aufbau einer Fernzählanlage System DATAREG P mit mikroprozessorgesteuertem Datenregistriergerät

gesteuerten Fernzählgeräte vor allem für komplexe statistische, graphische und für Verrechnungszwecke (über eine maschinelle Auswertung) zum Einsatz kommen (Bild 5/13).

Als maschinenlesbarer Datenträger dient ein Kompakt-Kassettenmagnetband, das über einen Umsetzplatz (Kassettenleser) gelesen wird. Diese Daten werden auf ein rechnerkompatibles Magnetband geschrieben oder einem Rechner im „On-line-Betrieb" zur Verfügung gestellt. Über den Rechner können tabellarische oder graphische Darstellungen, z. B. für Betriebsanalysen, sowie kundenspezifische Rechnungen wirtschaftlich erstellt werden.

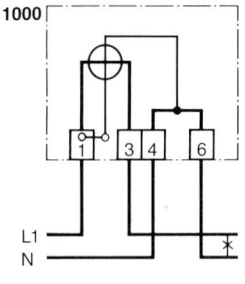

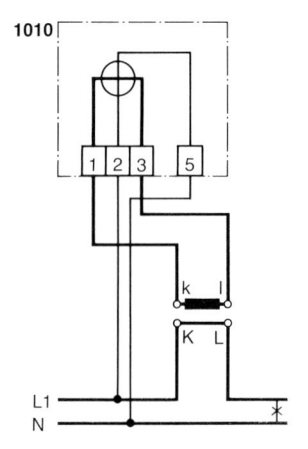

Schaltpläne von Zählern nach DIN 43 856

für direkten Anschluß

für Stromwandleranschluß

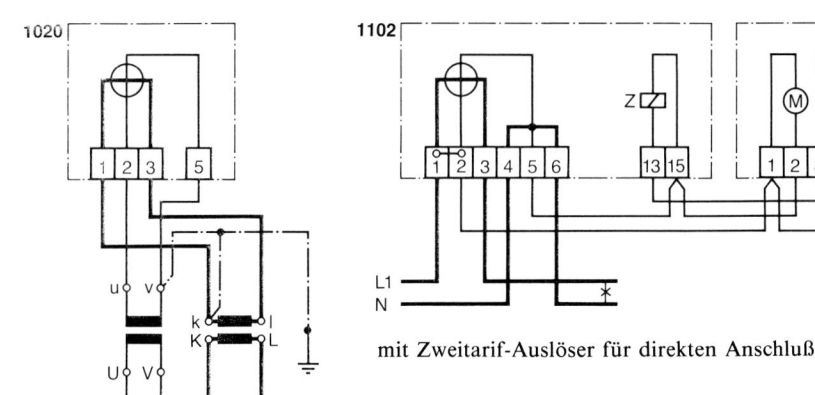

für Strom- und Spannungswandleranschluß

mit Zweitarif-Auslöser für direkten Anschluß

Bild 5/14 Einpolige Einphasenwechselstrom-Zähler

5 Elektrizitätszähler

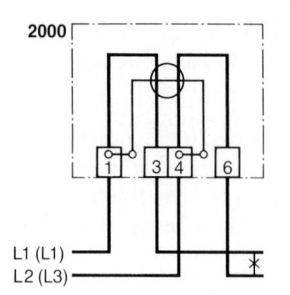

Bild 5/15
Zweipoliger Wechselstromzähler für direkten Anschluß

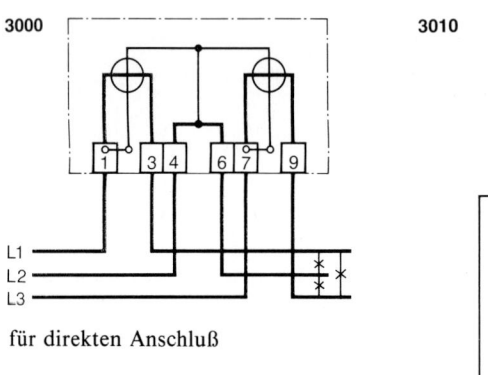

2000

L1 (L1)
L2 (L3)

3000

L1
L2
L3

für direkten Anschluß

3010

L1
L2
L3

für Stromwandleranschluß

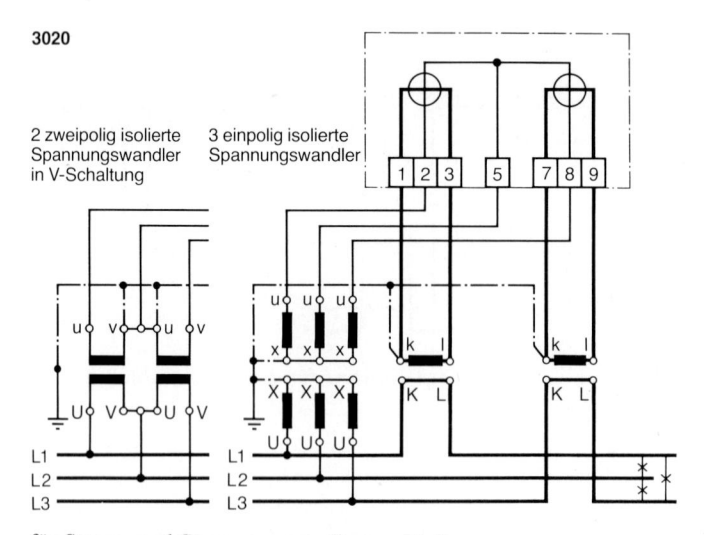

3020

2 zweipolig isolierte Spannungswandler in V-Schaltung
3 einpolig isolierte Spannungswandler

L1
L2
L3

L1
L2
L3

für Strom- und Spannungswandleranschluß

Bild 5/16   Dreileiter-Drehstromzähler ohne Zusatzklemmen

5 Elektrizitätszähler

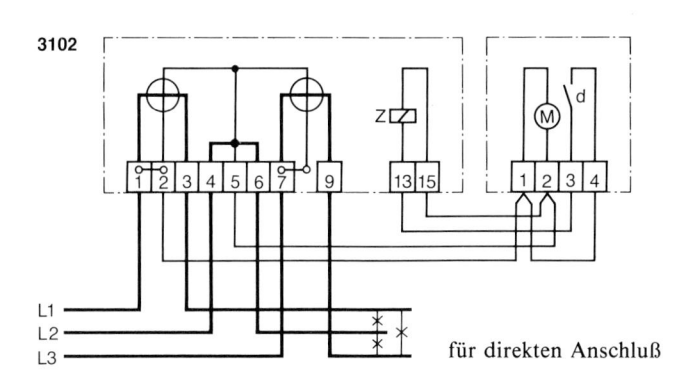

für direkten Anschluß

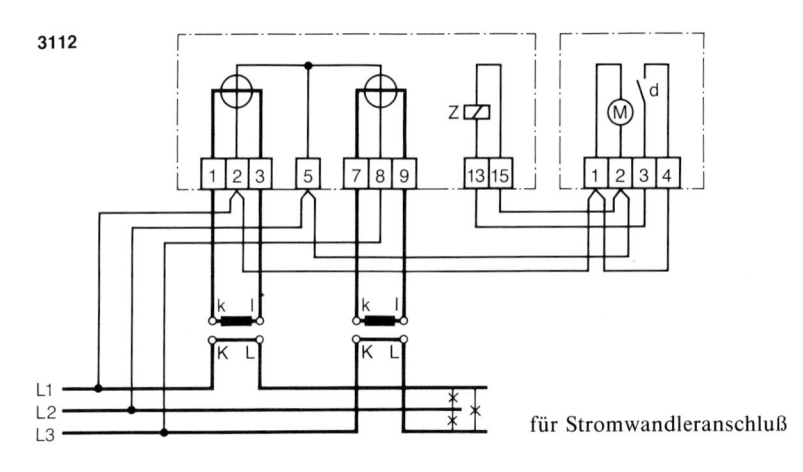

für Stromwandleranschluß

2 zweipolig isolierte Spannungswandler in V-Schaltung

3 einpolig isolierte Spannungswandler

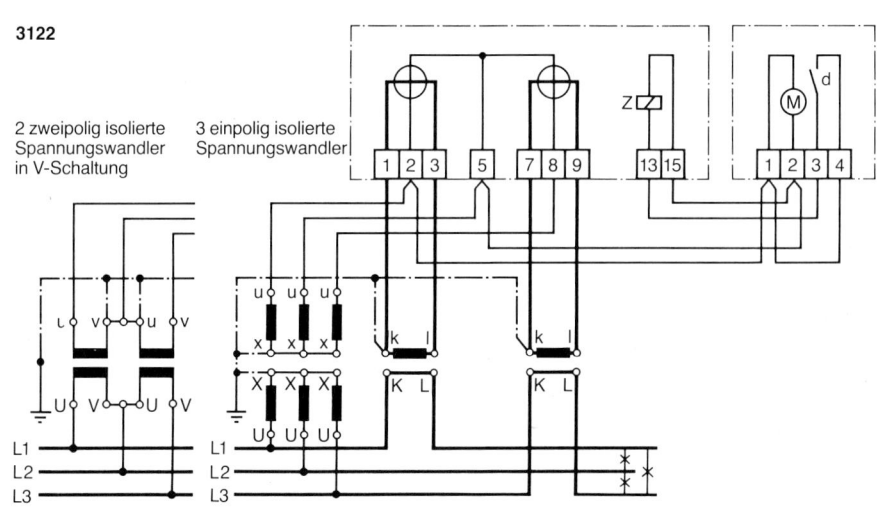

für Strom- und Spannungswandleranschluß

Bild 5/17   Dreileiter-Drehstromzähler mit Zweitarif-Auslöser

795

5 Elektrizitätszähler

3205

für direkten Anschluß

3215

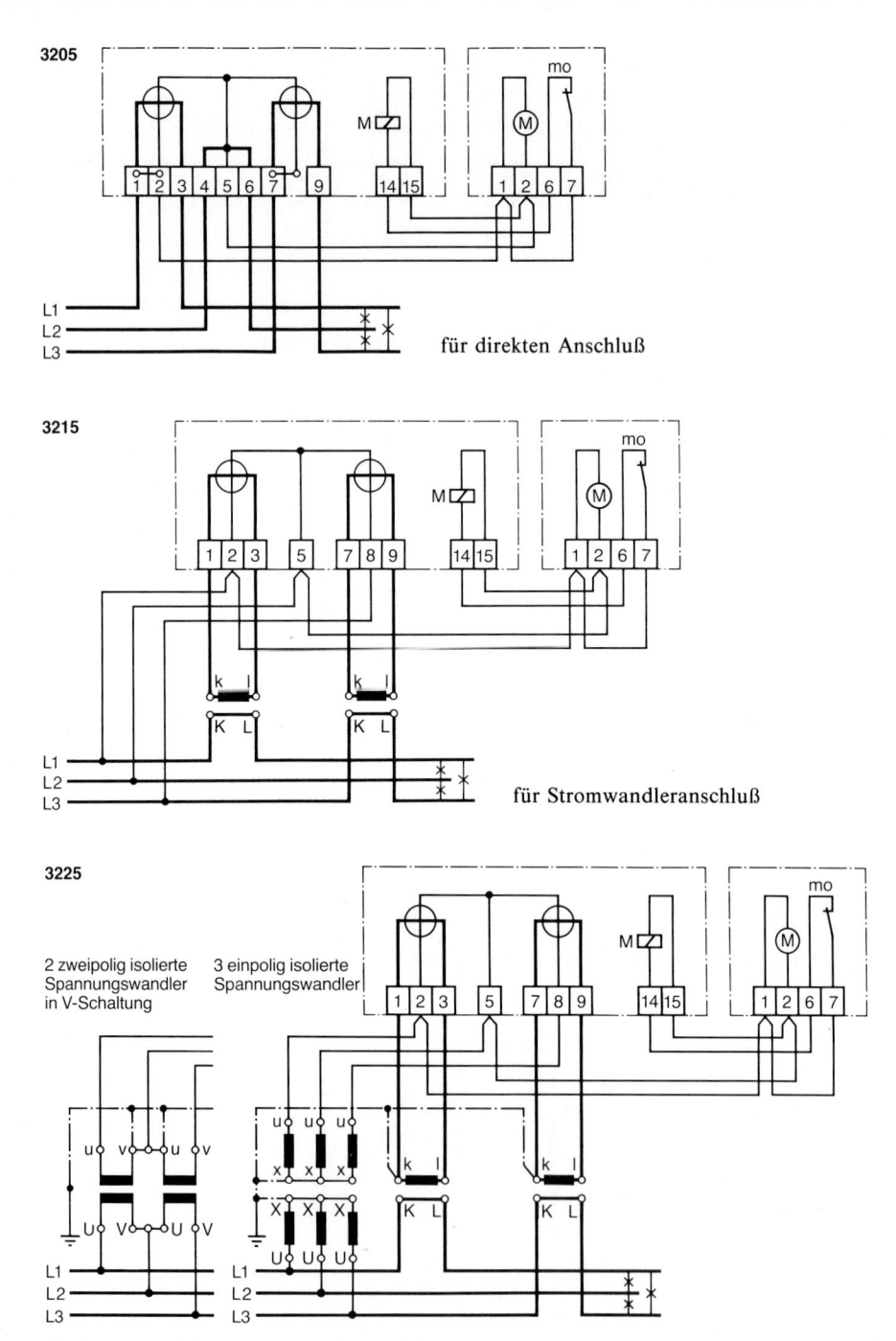

für Stromwandleranschluß

3225

2 zweipolig isolierte Spannungswandler in V-Schaltung

3 einpolig isolierte Spannungswandler

für Strom- und Spannungswandleranschluß

Bild 5/18   Dreileiter-Drehstromzähler mit Maximum-Auslöser

5 Elektrizitätszähler

3305

für direkten Anschluß

3315

für Stromwandleranschluß

3325

3 einpolig isolierte Spannungswandler

für Strom- und Spannungswandleranschluß

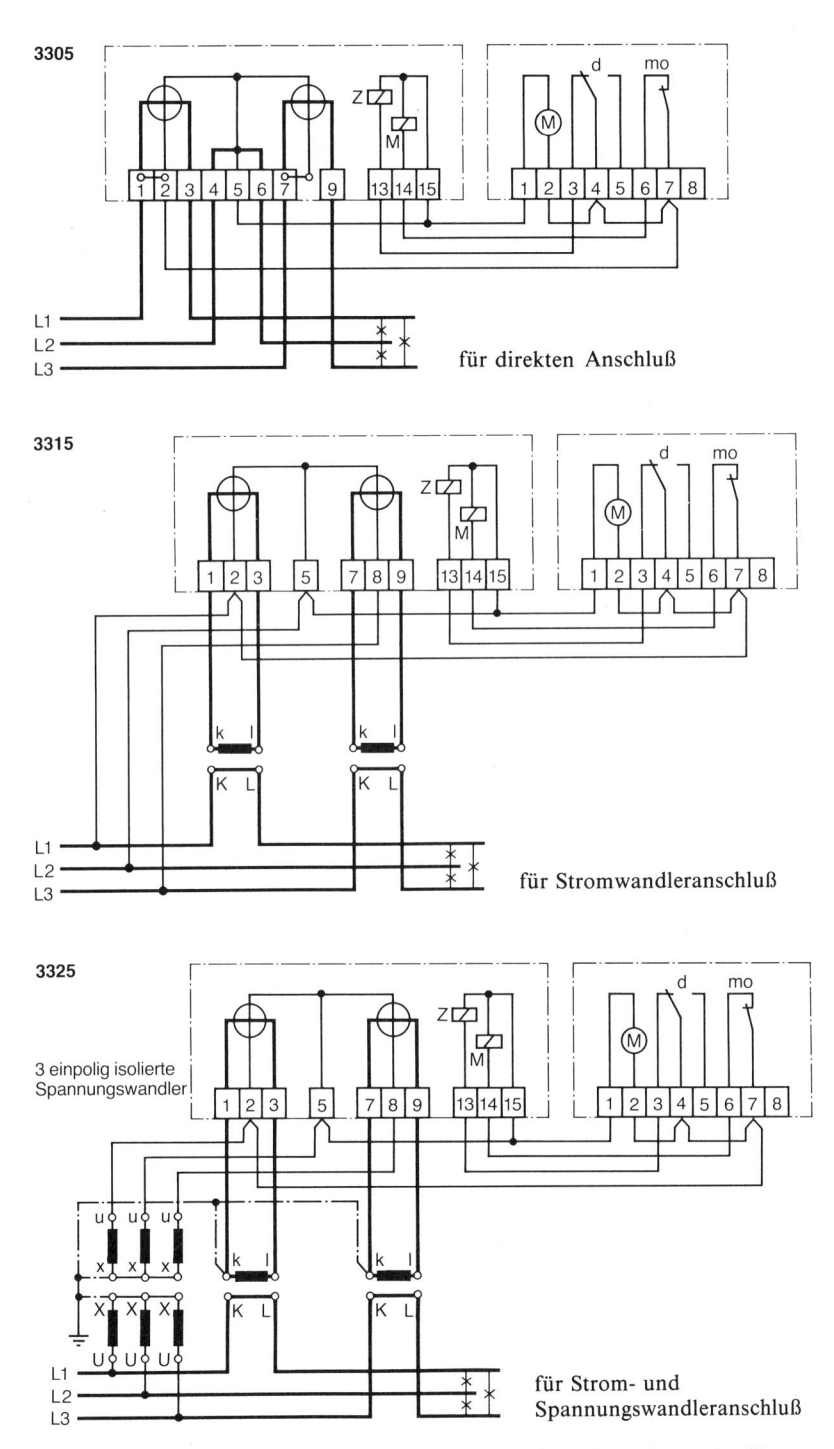

Bild 5/19 Dreileiter-Drehstromzähler mit Zweitarif- und Maximum-Auslöser

5 Elektrizitätszähler

4000 in Vierleiter-Anlagen für direkten Anschluß

4010 in Vierleiter-Anlagen für Stromwandleranschluß

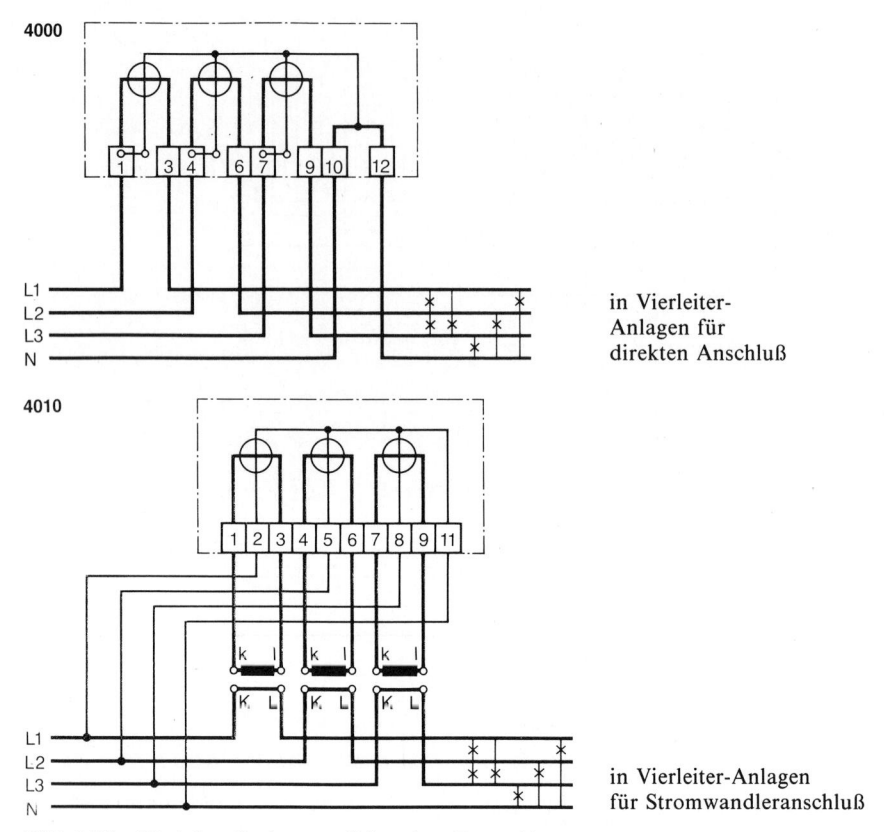

Bild 5/20 Vierleiter-Drehstromzähler ohne Zusatzklemmen

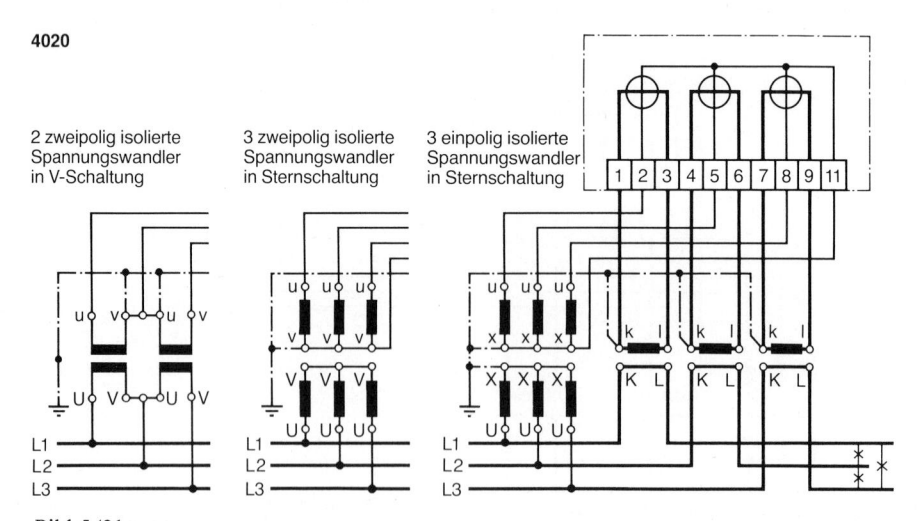

4020
- 2 zweipolig isolierte Spannungswandler in V-Schaltung
- 3 zweipolig isolierte Spannungswandler in Sternschaltung
- 3 einpolig isolierte Spannungswandler in Sternschaltung

Bild 5/21
Vierleiter-Drehstromzähler für Strom- und Spannungswandleranschluß in Dreileiter-Anlagen

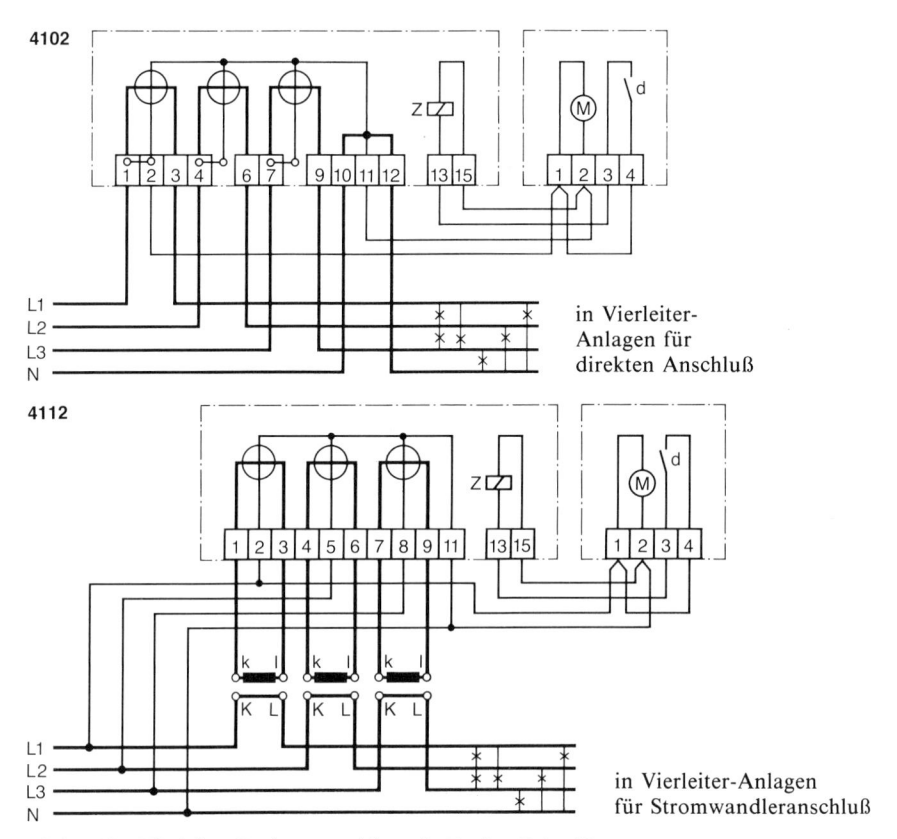

Bild 5/22 Vierleiter-Drehstromzähler mit Zweitarif-Auslöser

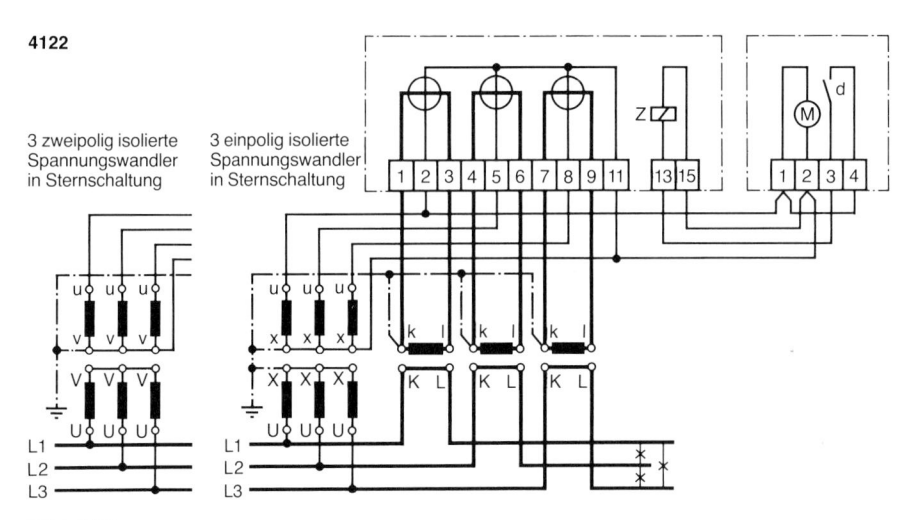

Bild 5/23
Vierleiter-Drehstromzähler für Strom- und Spannungswandleranschluß
in Dreileiter-Anlagen mit Zweitarif-Auslöser

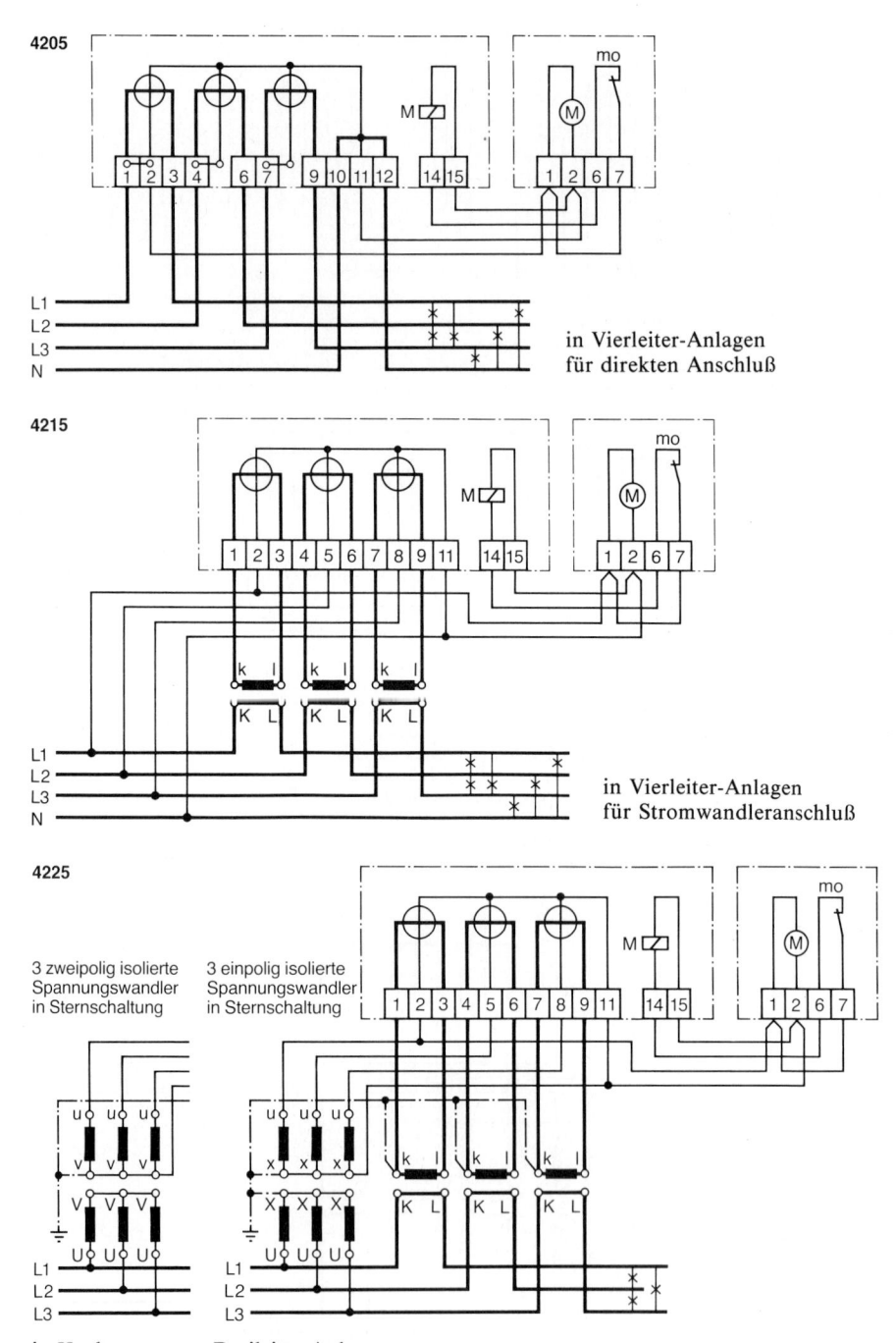

5 Elektrizitätszähler

4205

in Vierleiter-Anlagen
für direkten Anschluß

4215

in Vierleiter-Anlagen
für Stromwandleranschluß

4225

3 zweipolig isolierte Spannungswandler in Sternschaltung

3 einpolig isolierte Spannungswandler in Sternschaltung

in Hochspannungs-Dreileiter-Anlagen
für Strom- und Spannungswandleranschluß

Bild 5/24 Vierleiter-Drehstromzähler mit Maximum-Auslöser

5 Elektrizitätszähler

4305

in Vierleiter-Anlagen für direkten Anschluß

4315

in Vierleiter-Anlagen für Stromwandleranschluß

4325

3 einpolig isolierte Spannungswandler in Sternschaltung

in Hochspannungs-Dreileiter-Anlagen für Strom- und Spannungswandleranschluß

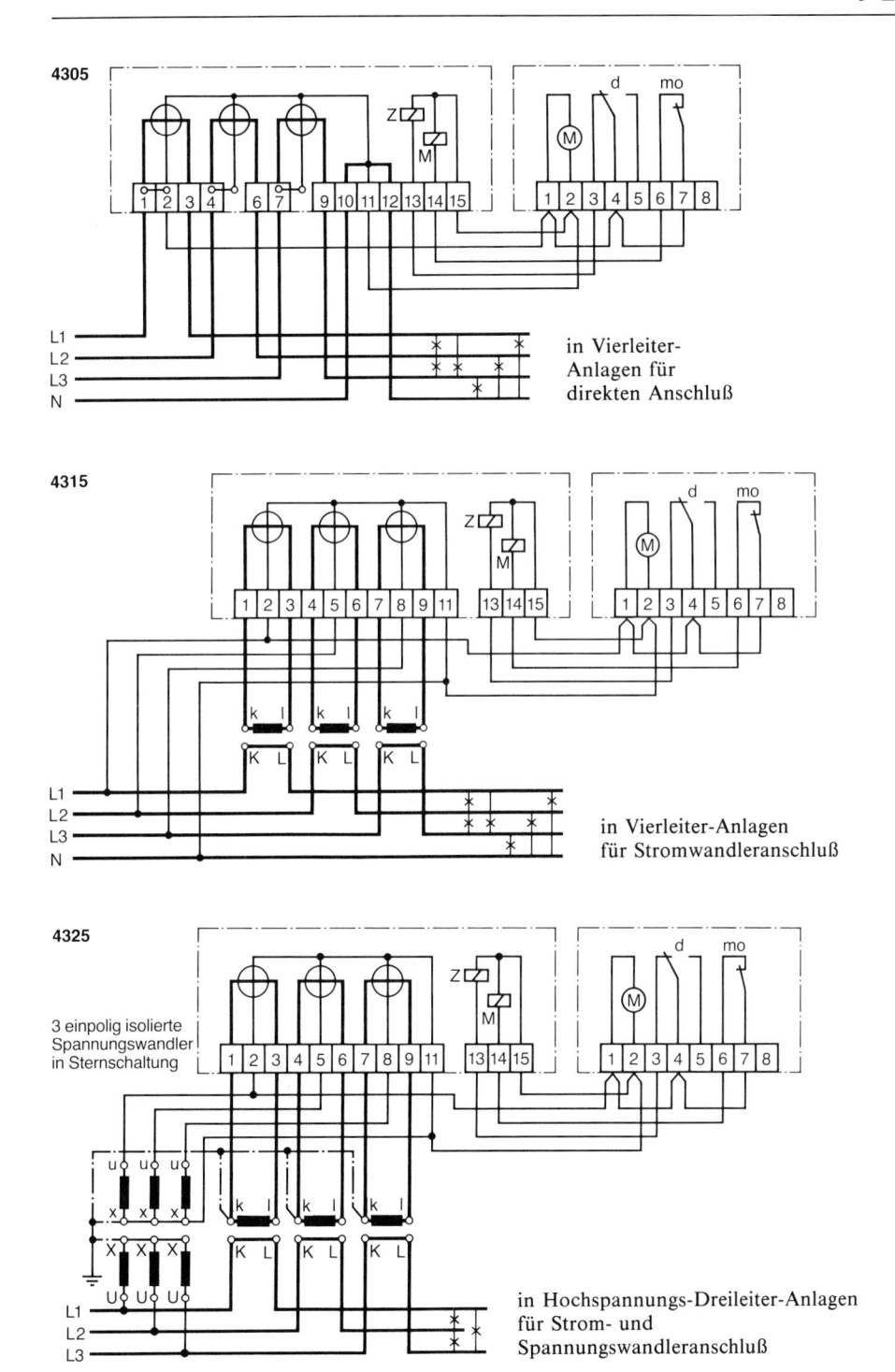

Bild 5/25 Vierleiter-Drehstromzähler mit Zweitarif- und Maximum-Auslöser

801

6 Ersatzstromversorgungsanlagen

Mit Ersatzstromversorgungsanlagen kann überall dort, wo die benötigte oder vorgeschriebene Sicherheit der Stromversorgung aus dem öffentlichen Netz nicht gewährleistet ist, die Versorgung von Verbrauchsmitteln aufrechterhalten werden.

Einsatz

Ersatzstromversorgungsanlagen sind erforderlich

▷ wenn ein öffentliches oder allgemeines Netz nicht vorhanden ist,
▷ wo die benötigte oder vorgeschriebene Sicherheit der Stromversorgung durch das Netz am Verbrauchsmittel nicht gewährleistet ist und
▷ wo das Netz die am Verbrauchsmittel zulässige Toleranz, z. B. Spannungs- und Frequenzverhalten, nicht erfüllt.

Die Kriterien der für die Anforderungen der unterschiedlichen Verbrauchsmittel anzustrebenden Versorgungssicherheit sind in Tabelle 6.1 zusammengestellt.

Tabelle 6.1 Versorgungssicherheit von Verbrauchsmitteln

Art der Verbrauchsmittel	Versorgungssicherheit	Versorgungsnetz	Art der Stromversorgung
Nicht ersatzstromberechtigte Verbrauchsmittel	Netzausfall ist über längere Zeiträume tragbar	Allgemeines Energieversorgungsnetz (EVU-Netz)	Öffentliches Netz (alle Kraftwerkarten)
Allgemeine ersatzstromberechtigte Verbrauchsmittel	Bei Netzausfall erfolgt Wiederaufnahme der Versorgung nach einigen Sekunden	EVU-Netz und Ersatznetz (allgemeinen ausgewählten Verbrauchsmitteln zugeordnet)	Öffentliches Netz und Netzersatzanlagen (NEA)
Besondere ersatzstromberechtigte Verbrauchsmittel	Bei Netzausfall erfolgt Lastübernahme spätestens nach 500 ms	EVU-Netz und Ersatznetz (besonderen Verbrauchsmitteln zugeordnet)	Öffentliches Netz und Schnellbereitschaftsanlagen oder besondere Ersatzstromversorgung (BEV); (gegebenenfalls auch Netzersatzanlagen)
Unterbrechungsfreie ersatzstromberechtigte Verbrauchsmittel	Bei Netzausfall erfolgt Lastübernahme unterbrechungsfrei	EVU-Netz und Ersatznetz (direkt Einzelverbrauchsmitteln zugeordnet)	Öffentliches Netz und Sofortbereitschaftsanlagen oder rotierende bzw. statische unterbrechungsfreie Stromversorgungs-(USV-)Anlagen (gegebenenfalls zusätzliche Netzersatzanlagen)

6 Ersatzstromversorgungsanlagen

Zuverlässigkeit der öffentlichen Stromversorgung

Das öffentliche Netz hat durch den internationalen Verbundbetrieb eine sehr hohe Verfügbarkeit, trotzdem sind Netzausfälle nicht auszuschließen.

Aufgrund der zur Verfügung stehenden Störungsstatistiken der letzten Jahre muß z. B. in der Bundesrepublik Deutschland mit durchschnittlich zwei bis vier Netzausfällen im Minuten- und Stundenbereich (Langzeitausfälle) gerechnet werden.

Berücksichtigt man auch die Netzstörungen im Sekundenbereich und ganz besonders im Bereich unter 0,5 s, so ergeben sich 100 bis 200 Störungen im Jahr.

Netzstörungen unter 0,5 s werden im Sprachgebrauch der Elektrizitätsversorgungs-Unternehmen (EVU) nicht als Netzausfälle bezeichnet, sie sind daher auch in der jährlich veröffentlichten Störungsstatistik der Vereinigung Deutscher Elektrizitätswerke (VDEW) nicht aufgeführt. Störungen unter 0,5 s werden z. B. durch Kurzschlußfortschaltungen und Umschaltungen im öffentlichen Netz hervorgerufen.

Eine Zusammenfassung der Ersatzstromversorgungsanlagen zeigt Bild 6.1.

Arten der Ersatzstromversorgungen

Stromerzeugungsaggregate

Bei den Stromerzeugungsaggregaten ist nach den Einheitsblättern 6280 des Vereins Deutscher Maschinenbau-Anstalten e. V. (VDMA) bei Dieselanlagen zwischen vier Betriebsarten zu unterscheiden (Bild 6.1).

1. Grundlastbetrieb
   Stromerzeugungsaggregate zur Grundlastdeckung
2. Spitzenlastbetrieb
   Stromerzeugungsaggregate zur Deckung zeitweiliger Lastspitzen

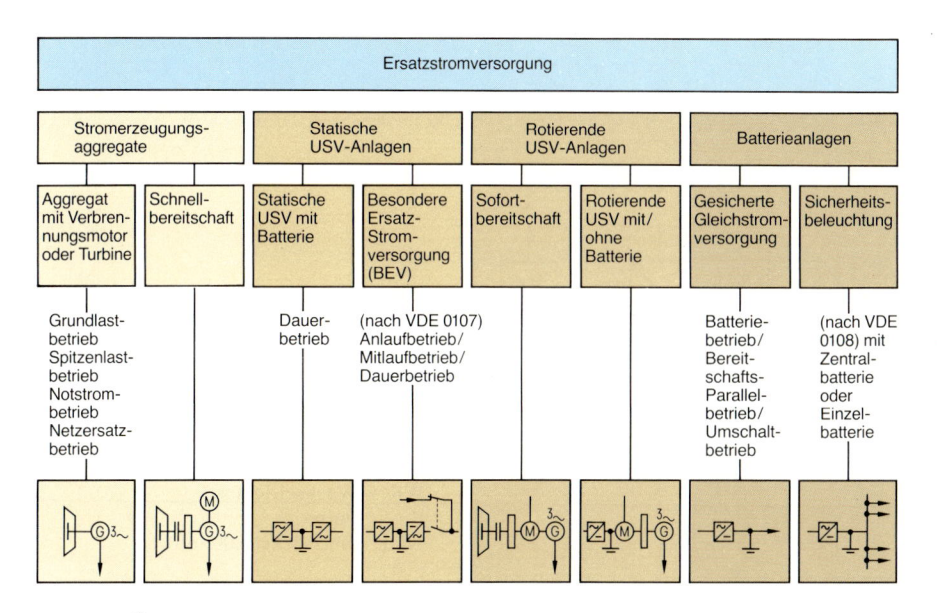

Bild 6.1 Überblick über Arten von Ersatzstromversorgungen

6 Ersatzstromversorgungsanlagen

3. Notstrombetrieb
   Stromerzeugungsaggregate für kurzzeitigen Betrieb zur Notversorgung von Verbrauchsmitteln
4. Netzersatzbetrieb
   Stromerzeugungsaggregate zur netzähnlichen Versorgung von Verbrauchsmitteln.

Je nach Anforderung der Verbrauchsmittel sind vier Ausführungsklassen bei Projektierung und Anwendung zu beachten:

I   ohne besondere Anforderung,
II mit besonderen Anforderungen,
III mit erhöhten Anforderungen,
IV mit Sonderanforderungen.

Statische unterbrechungsfreie Stromversorgung (USV)

Die Entwicklung der Leistungselektronik mit den Möglichkeiten der modernen Informationselektronik haben statische USV-Anlagen eine Spitzenposition gegenüber den übrigen USV-Systemen erringen lassen.

Statische USV-Anlagen werden überwiegend nach der in Bild 6.2 dargestellten Schaltung verwendet.

Im Dauerbetrieb speist der vom öffentlichen Netz versorgte Gleichrichter den Gleichstromzwischenkreis, dem der Wechselrichter seine Energie entnimmt und von dem aus die Batterie geladen und erhaltungsgeladen wird. Der Wechselrichter erzeugt ein neues Drehstromsystem, welches die „sichere Schiene" und die daran angeschlossenen empfindlichen Verbrauchsmittel versorgt. Bei kurzen Netzeinbrüchen und bei Netzausfall gibt die Batterie gespeicherte Energie an den Wechselrichter ab, so daß die Verbrauchsmittelspeisung nicht unterbrochen wird.

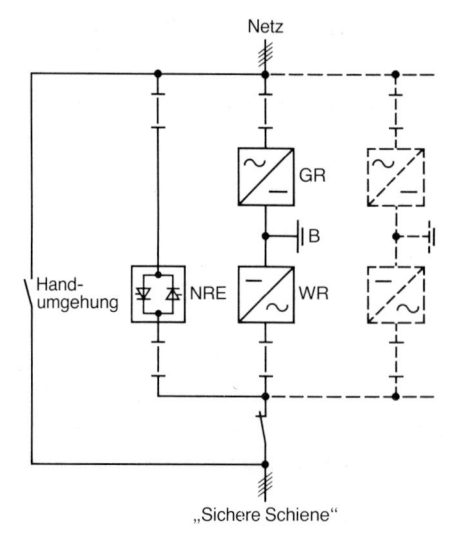

GR   Gleichrichter
WR   Wechselrichter
B   Batterie
NRE Netzrückschalteinheit

Bild 6.2
Übersichtsschaltplan einer USV-Anlage

Das Gleichrichtergerät wird mit dem Wechselrichtergerät und der zugehörigen Batterie als Block bezeichnet. Mehrere Blöcke können zur Leistungserhöhung und zur Verbesserung der Zuverlässigkeit der Stromversorgung parallel geschaltet werden.

Bei unzulässigen Laststößen, Überlastungen und bei Schweranläufen kann bei vorhandenem Netz der Verbrauchsmittel direkt aus dem Netz über die NRE versorgt werden.

Gegenüber der Versorgung aus dem öffentlichen Netz werden die Verbrauchsmittel aus der USV-Anlage sicherer und mit enger tolerierter Spannung und Frequenz gespeist.

Für lebenswichtige Einrichtungen in medizinisch genutzten Räumen, wie Versorgung von Operationsräumen und -leuchten sowie Intensivstationen werden statische Anlagen nach VDE 0107 als „besondere" Ersatzstromversorgungen (BEV) eingesetzt.

Statische Stromversorgung mit zulässiger Unterbrechung ≤ 0,5 s

Von den möglichen Betriebsarten hat heute vor allem der Mitlaufbetrieb (Bild 6.3) Bedeutung erlangt. Dabei werden die Verbrauchsmittel im Normalbetrieb über vorgeschaltete Trenntransformatoren aus dem Netz versorgt. Bei Netzstörungen wird in einer zulässigen Umschaltzeit ≤ 0,5 s (erreicht werden Zeiten um 0,1 s) auf die BEV-Anlage umgeschaltet, die aus Gleichrichter, Batterie und Wechselrichter besteht.

Die Batterien für BEV-Anlagen sind für Überbrückungszeiten von drei Stunden zu bemessen. Die Wiederaufladung einer über drei Stunden entladenen Batterie muß so erfolgen, daß nach sechs Stunden Ladung ein erneuter dreistündiger Netzausfall überbrückt werden kann. Bei der Bemessung von BEV-Anlagen ist besonderer Wert auf einen lastseitigen Selektivschutz zu legen. Auch für BEV-Anlagen hat sich die statische Kompaktbauweise durchgesetzt.

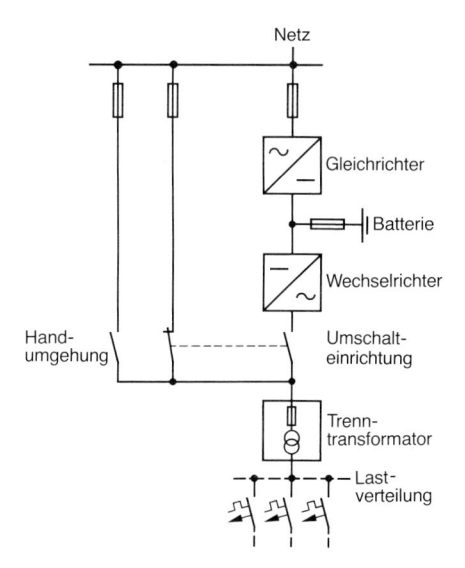

Bild 6.3
Übersichtsschaltplan einer BEV-Anlage, Mitlaufbetrieb

6 Ersatzstromversorgungsanlagen

Rotierende USV-Anlagen

Zu den rotierenden unterbrechungsfreien Stromversorgungen zählen auch Sofortbereitschaftsanlagen. Solche Anlagen werden für die Langzeitversorgung von unterbrechungsfrei zu versorgenden Verbrauchsmitteln eingesetzt.

Sofortbereitschaftsanlagen bestehen aus Dieselmotor, Kupplung, Schwungrad, Elektromotor und Generator (Bild 6.4). Der Energiespeicher ist das Schwungrad, mit dessen kinetischer Energie bei einem Netzausfall der Generator angetrieben und der Dieselmotor hochgerissen wird. Die im Schwungrad gespeicherte kinetische Energie sorgt dafür, daß bis zur Lastübernahme durch den Dieselmotor Generatorspannung und -frequenz innerhalb der geforderten Toleranz bleiben.

Weitere Ausführungen von rotierenden USV-Anlagen sind in Bild 6.5 dargestellt. Bei diesen wird die erforderliche Energie zur Überbrückung von Netzausfällen Schwungrädern bzw. Schwungrädern in Verbindung mit Batterie entnommen.

Als Überbrückungszeiten haben sich für Schwungradspeicher Zeiten von etwa 0,5 s mit 1 bzw. 2% Frequenztoleranz und für Schwungradspeicher mit Batteriezuschaltung Zeiten von 10, 20 und 30 min durchgesetzt.

Eine andere Art der rotierenden USV-Anlagen wird als Hybridanlage bezeichnet. Durch den zunehmenden Einsatz der Leistungselektronik im Elektromaschinenbau wurde hier der Gleichstrommotor (Bild 6.5) durch eine Kombination statischer Wechselrichter mit Drehstrommotor ersetzt.

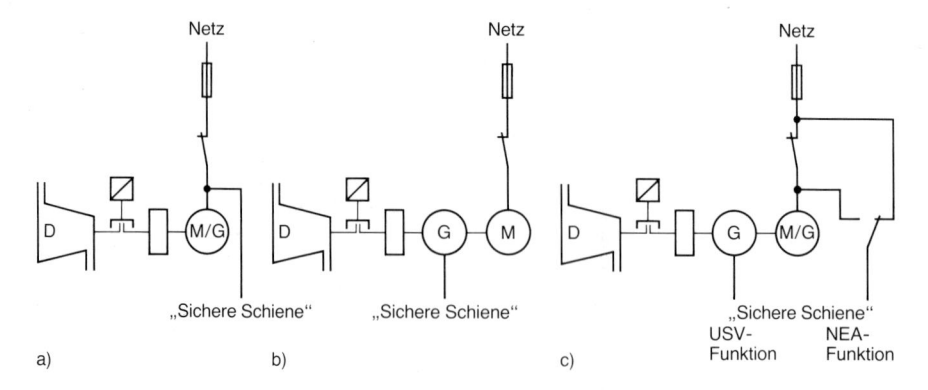

a) 1 Elektromaschine, Wechselbetrieb
b) 2 Elektromaschinen, Motor- und Generatorfunktion getrennt
c) Kombinationsaggregat

Bild 6.4 Ausführungen von Sofortbereitschaftsanlagen

6 Ersatzstromversorgungsanlagen

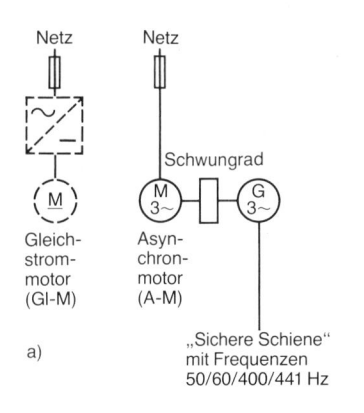

a) Einzel-Umformersatz
für Überbrückungszeiten von 0,4 s
bei Frequenztoleranz
$\Delta f = \pm 1\%$ (Gl-M) bzw. $\pm 2\%$ (A-M),
maximal 2 s bei $\Delta f = \pm 5\%$ (Gl-M)
bzw. $\pm 6\%$ (A-M)

b) Rotierende USV-Einzelblockanlage
mit Batteriebereitschafts-Parallelbetrieb
und NRE

c) Rotierende USV-Einzelblockanlage
mit Batteriezuschaltbetrieb und NRE

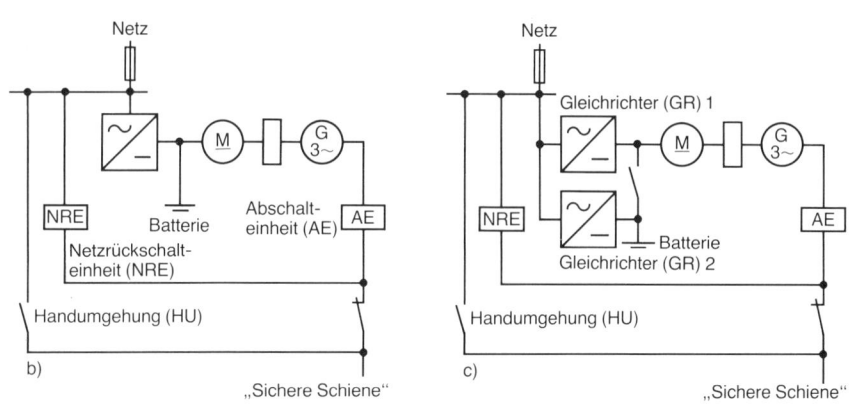

Bild 6.5 Ausführungen von rotierenden USV-Anlagen

Batterieanlagen bestehen aus Gleichrichter, Batterie und gegebenenfalls aus Umschalteinrichtungen und Verteilern. **Batterieanlagen**

Nach VDE 0510 werden folgende Betriebsarten (Bild 6.6) unterschieden:

▷ Batteriebetrieb
d.h., das Verbrauchsmittel wird nur aus der Batterie gespeist,

▷ Batteriebereitschafts-Parallelbetrieb
d.h., die Batterie liefert nur dann Strom, wenn das Lade- und Stromversorgungsgerät infolge Netzstörung bzw. Gerätestörung ausfällt,

▷ Umschaltbetrieb
d.h., ein Teil der Batterie ist dauernd über eine Diode mit dem Verbrauchsmittel verbunden.

807

6 Ersatzstromversorgungsanlagen

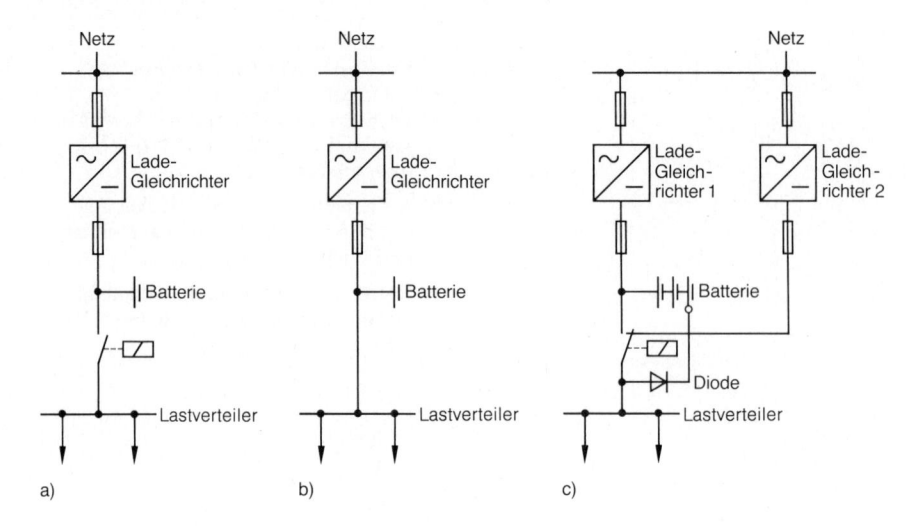

a) Batteriebetrieb
b) Batteriebereitschafts-Parallelbetrieb
c) Umschaltbetrieb mit Batterieabgriff

Bild 6.6   Betriebsarten von Batterieanlagen für Gleichstromversorgungen

Die jeweilige Betriebsart ist abhängig von dem gewünschten Sicherheitsgrad und den Forderungen in bezug auf die zulässigen Schwankungen der Eingangs- und der Ausgangsspannung zu wählen.

6.1 Stromerzeugungsaggregate (Antrieb mit Verbrennungsmotor)

Stromerzeugungsaggregate werden zur elektrischen Energieversorgung von Baustellen und abgelegenen Anwesen, die nicht an die öffentliche Energieversorgung angeschlossen werden können oder zur Ersatzstromversorgung bei Störungen im öffentlichen Netz eingesetzt.

Verwendung

Stromerzeugungsaggregate können aber auch dazu verwendet werden, ganze Regionen mit Strom zu versorgen, wobei sie dann in mehrere kleine, selbständige Inselnetze einspeisen.

In Kraftwerken werden Stromerzeugungsaggregate mit Hubkolbenverbrennungsmotoren als Antrieb für Generatoren bis zu einer Leistung von etwa 200 MVA heute immer noch wirtschaftlich eingesetzt.

Der Betrieb von Stromerzeugungsaggregaten reicht vom Einsatz mit begrenzten Betriebszeiten (begrenzter Dauerbetrieb) bis zum Dauerbetrieb und von einer Leistungsdeckung mit einigen 100 VA bis zum Leistungsbedarf im MVA-Bereich.

Man teilt Stromerzeugungsaggregate zweckmäßig nach folgenden zwei Gesichtspunkten ihrer Verwendung ein:

Einsatz- und Betriebsarten

▷ *nach ihrer Abhängigkeit von einem Versorgungsnetz*

dabei geht es um die Frage, ob die Aggregate zur Stromversorgung bei nicht vorhandenem Netz, parallel zu einem vorhandenen Netz oder zur Ersatzstromversorgung (Notstrom) bei Netzausfall eingesetzt werden sollen;

▷ *nach ihrer Betriebsart*

hier geht es um die Frage, ob die Aggregate mit begrenzten oder mit unbegrenzten Einsatzzeiten betrieben werden sollen.

Für die Stromversorgung als Netzersatz sind je nach Verwendungszweck beide Betriebsarten möglich. Für die Ersatzstromversorgung (Notstrom) wird naturgemäß nur der Betrieb mit begrenzten Einsatzzeiten in Frage kommen.

Ob ein Aggregat einzeln oder parallel mit anderen betrieben wird, ist bedingt durch die Verbraucherleistung und die eventuelle Forderung nach Redundanz.

Tabelle 6.1/1 Verwendung von Stromerzeugungsaggregaten

Stromerzeugungsaggregate
— im Einzelbetrieb oder im Aggregateparallelbetrieb
— mit ortsfester oder ortsveränderlicher Aufstellung

Betriebsart	Netzabhängigkeit	bei nicht vorhandenem Netz	bei vorhandenem Netz	
		Einsatz netzunabhängig	Einsatz netzparallel	Einsatz bei Netzausfall
Dauerbetrieb		Inselbetrieb	Verbundbetrieb	
Begrenzter Dauerbetrieb		Inselbetrieb	Spitzenlastbetrieb	Ersatzstromversorgung (Notstrom)

6.1 Stromerzeugungsaggregate

Ob Aggregate ortsfest oder ortsveränderlich aufgestellt werden, richtet sich danach, ob der Bedarf des Verbrauchsmittels ortsgebunden oder ortsveränderlich ist, und ob der Bedarf langfristig oder vorübergehend besteht. In Tabelle 6.1/1 sind die wesentlichen Kriterien für die Verwendung von Stromerzeugungsaggregaten zusammengestellt.

Bei ortsveränderlicher Aufstellung wird je nach Größe und Gewicht zwischen tragbaren, verladbaren und fahrbaren Aggregaten unterschieden.

Lastübernahmezeit
Entsprechend der geforderten Lastübernahmezeit sind normale Stromerzeugungsaggregate oder solche für Schnell- oder Sofortbereitschaft einzusetzen (Tabelle 6.1/2).

Antrieb
Stromerzeugungsaggregate ab etwa 5 kVA Generator-Leistung werden meist mit dem sehr wirtschaftlich arbeitenden Dieselmotor ausgerüstet. Kleinere Aggregate — meist in ortsveränderlicher Ausführung — haben Benzinmotoren.

Normen
Die Auslegung der Stromerzeugungsaggregate erfolgt nach DIN 6280.

Stromart und Spannung
Stromerzeugungsaggregate sind für jede gebräuchliche Stromart, Spannung und Frequenz lieferbar. Für Leistungen ab etwa 600 kVA ist eine Ausführung mit Hochspannungsgeneratoren möglich.

Nennleistung
Als Nennleistung eines Stromerzeugungsaggregates wird die an den Generatorklemmen verfügbare elektrische Scheinleistung in kVA genannt, normalerweise bei einem Leistungsfaktor $\cos \varphi = 0{,}8$ und bei einer Kühlmitteltemperatur von 40 °C.

Die Nennleistung des Verbrennungsmotors an der Kupplung zum Generator wird in kW angegeben.

Kontrolle und Wartung
Da Stromerzeugungsaggregate ständig betriebsbereit sein müssen, sind zur Kontrolle regelmäßige Probeläufe durchzuführen. Es ist vorteilhaft, für eine ständige Wartung mit der Lieferfirma einen Vertrag abzuschließen.

Tabelle 6.1/2
Einsatz von Stromerzeugungsaggregaten für die Ersatzstromversorgung (Notstrom) bei verschiedenen Lastübernahmezeiten

Ersatzstromversorgung (Notstrom)			
ohne geforderte Lastübernahmezeit	mit geforderter Lastübernahmezeit		
	Längere Unterbrechung z. B. 15 Sekunden	Kurz-unterbrechung z. B. 0,5 Sekunden	Unterbrechungs-frei
Normale Aggregate	Normale Aggregate	Schnellbereit-schaftsaggregate	Sofortbereit-schaftsaggregate
mit manueller Inbetriebsetzung	mit automatischer Inbetriebsetzung		

6.1 Stromerzeugungsaggregate

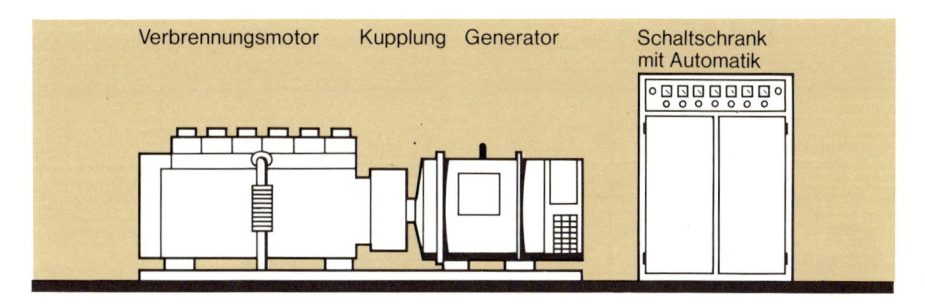

Bild 6.1/1
Prinzipieller Aufbau eines normalen Aggregates mit automatischer Inbetriebsetzung

Einsatzbereitschaft

In Abhängigkeit von den geforderten Lastübernahmezeiten müssen die Einsatzbereitschaften und die davon bestimmten Ausführungen der Stromerzeugungsaggregate festgelegt werden. Es werden vier Einsatzbereitschaften unterschieden, die in den Bildern 6.1/2 bis 6.1/5 dargestellt und beschrieben sind.

Verbrauchsmittel, bei denen im Fall einer Netzstörung eine kurzzeitige Stromunterbrechung (0,5 bis 2 s) zulässig ist, können mit einem Schnellbereitschaftsaggregat versorgt werden (Bild 6.1/4).

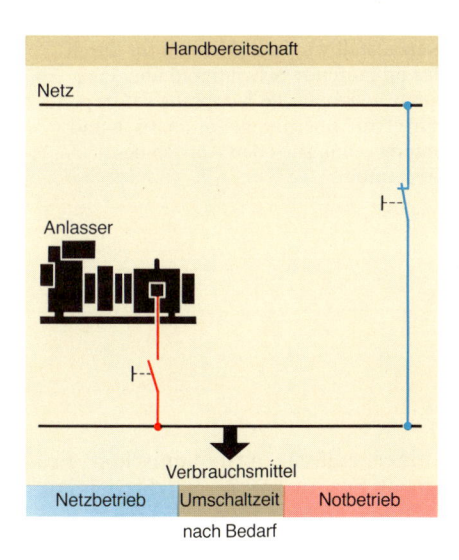

Bild 6.1/2
Das Aggregat wird manuell ein- und ausgeschaltet

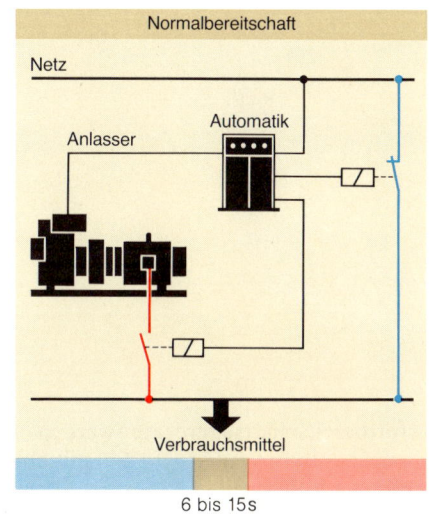

Bild 6.1/3
Anlauf des Aggregates, Umschalten der Verbrauchsmittel und Abstellen des Aggregates bei Netzwiederkehr erfolgen automatisch

811

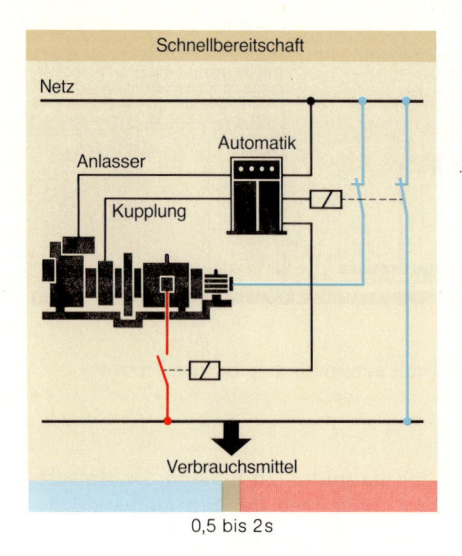

6.1 Stromerzeugungsaggregate

Bild 6.1/4
Über einen kleinen Drehstrommotor wird der Generator mit seinem Schwungrad ständig auf Nenndrehzahl gehalten. Bei Netzausfall übernimmt das Schwungrad über eine elektromagnetische Kupplung das Anlassen des Dieselmotors, der dann den Generator antreibt. Der Vorgang läuft automatisch ab.

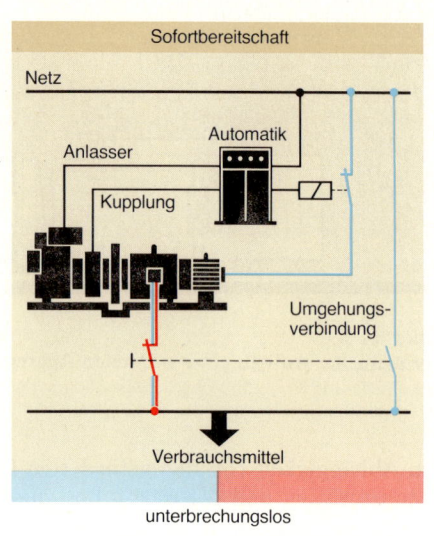

Bild 6.1/5
Sofortbereitschaftsaggregate ermöglichen eine unterbrechungsfreie Stromversorgung für ausgewählte wichtige Ersatz-Verbrauchergruppen bei einer Netzstörung.

Diese Verbrauchsmittel werden ständig über einen Generator gespeist, der bei Netzbetrieb von einem leistungsstarken Drehstrommotor angetrieben wird. Bei Netzausfall wird der Dieselmotor durch das mitlaufende Schwungrad über eine elektromagnetische Kupplung sofort gestartet und übernimmt automatisch und unterbrechungslos den Antrieb des Generators.

Varianten bei Sofortbereitschaft

Sofortbereitschaftsaggregate werden bei einer zulässigen dynamischen Frequenzänderung von $\Delta f = \pm 6\%$ mit einem Asynchronmotor für Netzbetrieb ausgerüstet.

Ist die zulässige Frequenzänderung $\Delta f = \pm 1\%$, dann wird ein Synchron- oder Gleichstrommotor als Antrieb eingesetzt.

Der Synchronmotor kann nach Netzausfall, wenn der Dieselmotor den Antrieb übernommen hat, als Synchrongenerator zur Versorgung weiterer Verbrauchsmittel verwendet werden.

6.1.1 Verbrennungsmotor

Die von den Motorenherstellern genannten Leistungs- und Verbrauchsangaben gelten für die Dauerleistung von Motoren (gemäß DIN 6270) bei 977,3 mbar, das sind 733 Torr ($\approx$ 300 m Höhe über NN), Lufttemperatur von 20 °C und rela-

Leistungs- und Verbrauchsangaben

Tabelle 6.1/3
Prozentuale Abweichung von Leistung und Brennstoffverbrauch für andere Aufstellungshöhen und Temperaturen als 300 m über NN und 20 °C

Höhe über NN	Barometerstand		Temperatur der angesaugten Luft in °C bei relativer Luftfeuchte 60%									
m	Hekto-Pascal, mbar	Torr oder mm Hg	0	5	10	15	20	25	30	35	40	45	50
			Abweichungen in %									
0	1013,3	760	111	110	108	106	103	102	100	97	95	92	89
100	1001,3	751	110	108	106	104	102	100	98	96	93	91	88
200	989,3	742	108	107	105	103	101	99	97	95	92	89	87
300	977,3	733	107	105	104	102	100	98	96	93	91	88	85
400	966,6	725	106	104	102	100	98	96	94	92	90	87	84
500	954,6	716	104	103	101	99	97	95	93	91	88	86	83
600	943,9	708	103	101	99	98	96	94	92	89	87	85	82
700	931,9	699	101	100	98	96	94	92	90	88	86	83	80
800	921,3	691	100	98	97	95	93	91	89	87	85	82	79
900	909,3	682	99	97	95	94	92	90	88	86	83	81	78
1000	898,6	674	97	96	94	92	90	89	87	84	82	80	77
1100	887,9	666	96	94	93	91	89	87	85	83	81	79	76
1200	877,3	658	95	93	91	90	88	86	84	82	80	77	74
1300	866,6	650	93	92	90	88	87	85	83	81	79	76	73
1400	855,9	642	92	91	89	87	86	84	82	80	77	75	72
1500	845,3	634	91	89	88	86	84	82	81	78	76	74	71
1600	834,6	626	90	88	86	85	83	81	79	77	75	73	70
1700	823,9	618	88	87	85	84	82	80	78	76	74	72	69
1800	814,6	611	87	85	84	82	81	79	77	75	73	70	68
1900	805,3	604	86	84	83	81	80	78	76	74	72	69	67
2000	794,6	596	85	83	82	80	78	77	75	73	71	68	66
2100	785,3	589	84	82	81	79	77	76	74	72	70	67	65
2200	775,9	582	82	81	79	78	76	74	73	71	68	66	63
2300	765,3	574	81	80	78	77	75	73	71	69	67	65	62
2400	755,9	567	80	78	77	75	74	72	70	68	65	64	61
2500	746,6	560	79	77	76	74	73	71	69	67	66	63	60
2600	737,3	553	78	76	75	73	72	70	68	66	64	62	59
2700	727,9	546	76	75	74	72	71	69	67	65	63	61	58
2800	718,6	539	75	74	73	71	70	68	66	64	62	60	57
2900	709,3	532	74	73	71	70	68	67	65	63	61	59	56
3000	701,3	526	73	72	70	69	67	66	64	62	60	58	55

Für aufgeladene Motoren ohne und mit Ladeluftkühlung sind die Angaben der Motorenfirmen heranzuziehen

tiver Luftfeuchte von 60%. Sind an der Betriebsstelle des Motors andere Verhältnisse vorhanden, so gelten hierfür die Werte nach Tabelle 6.1/3. Bei anderer relativer Luftfeuchte als 60% gelten die Umrechnungsfaktoren nach DIN 6270.

Dauerleistung Die Motoren werden nach Dauerleistung A oder Dauerleistung B ausgelegt (Bild 6.1/6).

Drehzahlkonstanz Nach DIN 1940 darf bei Lastabwurf die vorübergehende Abweichung von der Nenndrehzahl nicht mehr als 8%, die bleibende nicht mehr als 5% betragen. In der Praxis werden jedoch Werte von etwa 3% erreicht.

Ungleichförmigkeitsgrad Alle Aggregate mit Hubkolbenverbrennungsmotoren haben einen Ungleichförmigkeitsgrad, der Spannungs- und Frequenzschwankungen hervorruft. Die Größe des zulässigen Ungleichförmigkeitsgrades hängt von der Art der Verbrauchsmittel ab. Für Betrieb von Beleuchtungsanlagen genügen im allgemeinen die listenmäßig angebotenen Aggregate. Höhere Forderungen werden z. B. in der Meßtechnik, im Senderbereich, bei Versorgung von Datenverarbeitungsanlagen und dergleichen gestellt.

Luftkühlung Bei Dieselmotoren wird die direkte Luftkühlung bis zu Motorleistungen von etwa 185 kW angewendet. Der Kühlluftbedarf beträgt etwa 68 m³/h je kW.

Wasserkühlung Wassergekühlte Motoren haben meist Wabenkühler mit Ventilatoren oder eine Rückkühlung durch Wärmetauscher.

Wabenkühler mit Ventilator

Der Wabenkühler kann unmittelbar am Motor angebaut sein oder — besonders bei großen Motorleistungen — getrennt aufgestellt werden. Der Ventilator wird dann von einem Elektromotor angetrieben. Da der Kühlluftbedarf bei etwa 80 bis 135 m³/h je kW liegt, ist bei der Auslegung des Aggregates die oft erhebliche Lüfterleistung zu berücksichtigen. Dieses Kühlsystem wird am häufigsten angewendet, weil es von einer zusätzlichen Wasserversorgung unabhängig ist.

Rückkühlung durch Wärmetauscher

Bei der Rückkühlung durch Wärmetauscher wird der Wasserkreislauf im Dieselmotor durch eine Pumpe ständig umgewälzt. Der Wärmetauscher wird durch Rohwasser versorgt, das auch in einem Kühlturm rückgekühlt werden kann. Der Wasserbedarf beträgt je nach Kühlsystem etwa 48 bis 82 l/h je kW.

Anwendung bei Dauerbetrieb		Anwendung bei Notstrombetrieb	
Dauerleistung A	Überleistung	Dauerleistung B	Überleistung
Nutzleistung dauernd 100%	10% 1 Std. innerhalb 12 Std.	Nutzleistung dauernd 100%	nicht möglich

Bild 6.1/6 Auslegung der Motoren nach Dauerleistung A oder B

Der Start erfolgt bei Motoren bis etwa 1000 kW durch einen Anwurfmotor (An- **Anlaß-**
lasser) über eine Starterbatterie (Elektrostart). **einrichtungen**

Motoren mit größeren Leistungen werden mittels einer Druckluftstarteinrichtung angelassen.

Um Start und Anlaufvorgang zu erleichtern, können Dieselmotoren mit Start- **Starthilfen**
hilfen ausgerüstet werden.

6.1.2 Generator und Zubehör

Für Stromerzeugungsaggregate werden überwiegend bürstenlose Synchrongene- **Aufbau**
ratoren mit THYRIPART-Erregungseinrichtungen verwendet, die entweder axial
angebaut oder auf den Generatoren aufgebaut werden.

Bürstenlose Synchrongeneratoren (Bild 6.1/7) haben eine Hauptmaschine und **Beschreibung**
eine Erregermaschine. Die Erregerwicklung der Hauptmaschine wird von der
Läuferwicklung der Erregermaschine über einen rotierenden Gleichrichtersatz
in Drehstrombrückenschaltung gespeist. Die Erregung der Erregermaschine erfolgt durch die THYRIPART-Erregung.

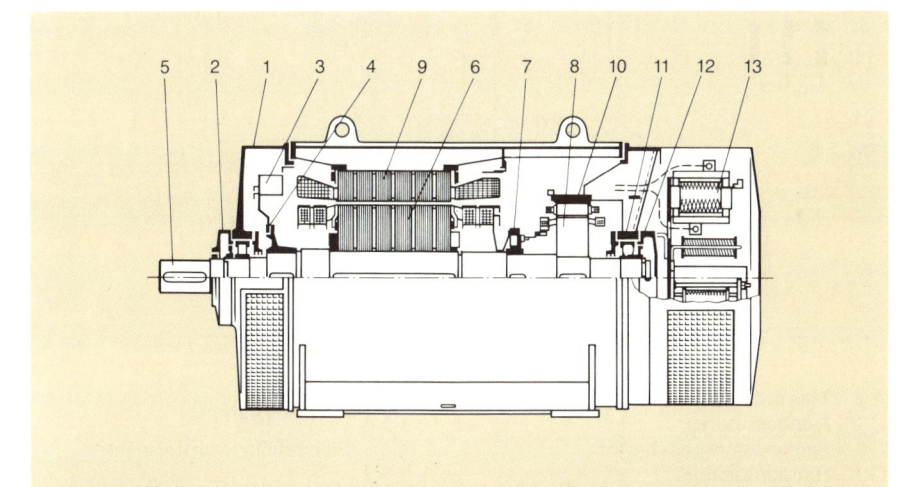

1 Lagerschild	9 Ständergehäuse mit Blechpaket und Wicklung der Hauptmaschine
2 Lagereinsatz	
3 Lüfterrad	10 Ständergehäuse mit Blechpaket und Wicklung der Erregermaschine
4 Lüfternabe	
5 Welle	11 Lagerschild mit Jochring und Polen der Erregermaschine
6 Läuferblechpaket mit Wicklung der Hauptmaschine	
7 Gleichrichterrad	12 Lagereinsatz
8 Läuferblechpaket mit Wicklung der Erregermaschine	13 Erregergerät mit Thyristor-Spannungsregler

Bild 6.1/7 Schnittbild eines bürstenlosen Synchrongenerators

6.1 Stromerzeugungsaggregate

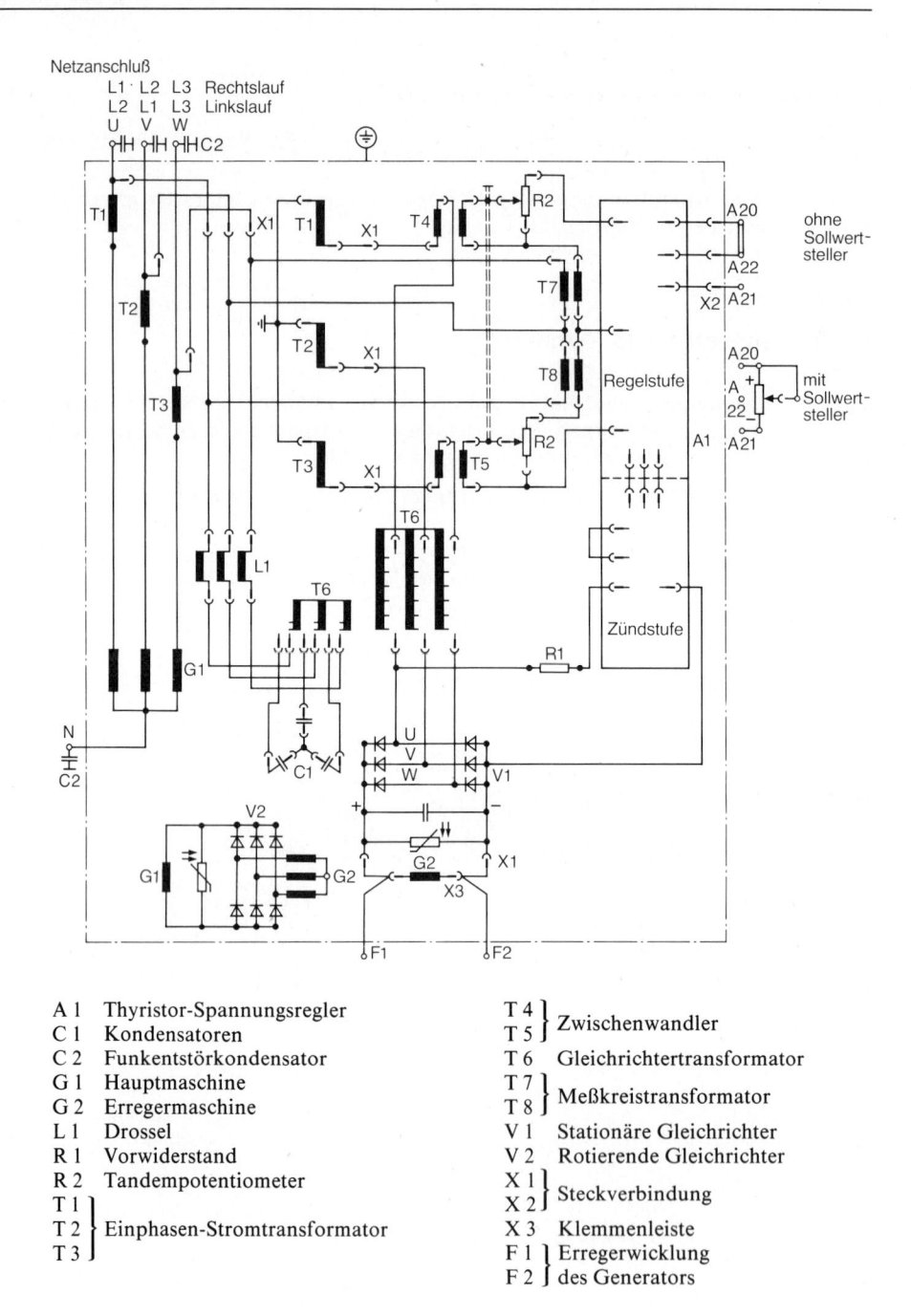

A 1 Thyristor-Spannungsregler	T 4 ⎱ Zwischenwandler
C 1 Kondensatoren	T 5 ⎰
C 2 Funkentstörkondensator	T 6 Gleichrichtertransformator
G 1 Hauptmaschine	T 7 ⎱ Meßkreistransformator
G 2 Erregermaschine	T 8 ⎰
L 1 Drossel	V 1 Stationäre Gleichrichter
R 1 Vorwiderstand	V 2 Rotierende Gleichrichter
R 2 Tandempotentiometer	X 1 ⎱ Steckverbindung
T 1 ⎱	X 2 ⎰
T 2 ⎬ Einphasen-Stromtransformator	X 3 Klemmenleiste
T 3 ⎰	F 1 ⎱ Erregerwicklung
	F 2 ⎰ des Generators

Bild 6.1/8
Prinzipschaltplan einer THYRIPART-Erregereinrichtung (Beispiel für Rechtslauf)

6.1 Stromerzeugungsaggregate

Als THYRIPART-Erregungseinrichtung wird die Kombination von Erregergerät und Thyristor-Spannungsregler bezeichnet. Der jeweils erforderliche Erregerstrom wird über das Erregergerät durch die Hauptmaschine geliefert. Das Erregergerät ist so eingestellt, daß sich bei abgeklemmtem Thyristor-Spannungsregler über den gesamten Lastbereich eine Generatorspannung einstellt, die über der höchsten Sollspannung liegt. Der Thyristor-Spannungsregler leitet einen Teil des vom Erregergerät abgegebenen Erregerstromes an der Erregermaschine vorbei und regelt damit die Generatorspannung. **THYRIPART-Erregungseinrichtung**

Die spannungsabhängige Leerlauferregung durch die Drossel L1 und die stromabhängige Lasterregung durch die Wicklungen am Strom- und Gleichrichtertransformator T 1 bis T 3 und T 6 werden geometrisch addiert und über die Gleichrichterbrücke der Erregerwicklung des Generators zugeführt. Die Kondensatoren C 1 leiten die Selbsterregung ein (Bild 6.1/8).

Die Spannungsgenauigkeit über den gesamten Lastbereich beträgt etwa ±0,5% im Generatoralleinbetrieb. Bei Parallelbetrieb verändert sich die Spannung in Abhängigkeit von der Statikeinstellung. **Spannungsgenauigkeit**

Eine vorübergehende Spannungsänderung bei plötzlichem Belasten oder Entlasten des Synchrongenerators mit THYRIPART-Erregungseinrichtung wird in kürzester Zeit ausgeregelt (Bild 6.1/9), da der Belastungsstrom als Störgröße unmittelbar den Erregerstrom beeinflußt.

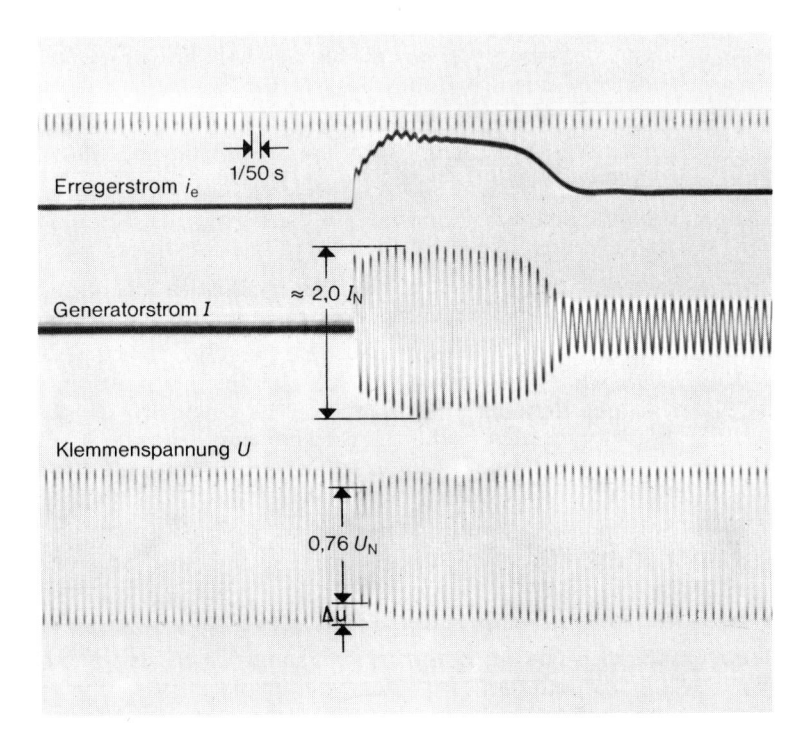

Bild 6.1/9
Aufschalten des zweifachen Generatornennstromes bei $\cos \varphi = 0{,}68$ auf einen leerlaufenden 210-kVA-Synchrongenerator mit THYRIPART-Erregungseinrichtung

Dämpferwicklung — Die Generatoren werden grundsätzlich mit einer Dämpferwicklung ausgerüstet. Dadurch wird in Verbindung mit einer Statikeinrichtung ein einwandfreier Parallelbetrieb ermöglicht. Schieflast ist bis zum Nennstrom je Außenleiter zulässig.

Zubehör — Im Schaltschrank ist die gesamte Automatik für Start und Anlauf bei Netzausfall, für Abstellen und Wiederbereitschaft bei Netzwiederkehr zusammengefaßt. Das Kernstück ist das automatische Steuergerät, das alle Aufgaben des richtigen Einsatzes der Start- und Abstellvorgänge, der Überwachungen, der Starthilfen usw. übernimmt sowie die oft umfangreichen Umschaltungen zum Speisen der angeschlossenen Verbrauchsmittel einleitet.

6.1.3 Aufstellen von Stromerzeugungsaggregaten

Raumgröße und Transportwege — Bereits bei der Bauplanung sollen mit dem Architekten der Raum und die Transportwege für das Stromerzeugungsaggregat festgelegt werden. Richtwerte für den Raumbedarf von Dieselaggregaten zeigt Bild 6.1/10.

Der Raum soll möglichst so angeordnet sein, daß das Geräusch des Aggregates wenig stört. Gegebenenfalls ist eine Schallisolierung vorzusehen.

Fundament — Das Fundament ist entsprechend der Bodenbeschaffenheit zu gründen und soll mit den Gebäudemauern keine Verbindung haben, um Schwingungen nicht zu übertragen.

Fundamentpläne mit der Angabe von Abmessungen, Aussparungen usw. sind von den Lieferfirmen anzufordern.

Schwingungsdämpfer — Schwingungsdämpfer unterbinden weitgehend die Übertragung des Schalls und der Vibration in benachbarte Räume. Außerdem können dadurch schwere Fundamente eingespart werden.

Verlustwärme — Bei Stromerzeugungsaggregaten wird ein Teil der erzeugten Energie — das sind etwa 15 bis 25% der Aggregatleistung — in Verlustwärme umgesetzt, die aus dem Betriebsraum abgeführt werden muß. Hierfür sind ausreichende Belüftungsmöglichkeiten vorzusehen. Bei einer Temperaturdifferenz der Kühlluft von 10 °C beträgt der Luftbedarf zum Abführen der Verlustwärme etwa 43 m^3/h je kVA Aggregatleistung.

Werden vorgebaute Radiatorkühler eingesetzt, so übernehmen deren Lüfter den Abtransport der Warmluft.

Die für den Motor erforderliche Verbrennungsluft (etwa 5,5 bis 6,8 m^3/kWh) kann dem Raum entnommen und in der Bedarfsrechnung vernachlässigt werden, da sie im Verhältnis zur erforderlichen Raumbelüftung klein ist.

Abgase — Als Auspuffleitungen werden vorwiegend Stahlrohre verlegt, bei denen die Wärmedehnung zu beachten ist. Beim Aufstellen des Aggregates auf Schwingungsdämpfer müssen die Rohre über elastische Zwischenstücke angeschlossen werden.

Die Abgase des Dieselmotors werden über Schalldämpfer ins Freie geleitet. Zur Erzielung geringer Abgasgeräusche können Absorptionsschalldämpfer verwendet werden.

Für die Zeit vom Ausfall des Netzes bis zur Lastübernahme durch das Aggregat sollte sich eine Sicherheitsbeleuchtung für den Maschinenraum und gegebenenfalls für den Raum der Schaltanlagen automatisch einschalten. Diese Beleuchtung kann durch die vorhandene Batterie versorgt werden. **Sicherheitsbeleuchtung für Maschinenraum**

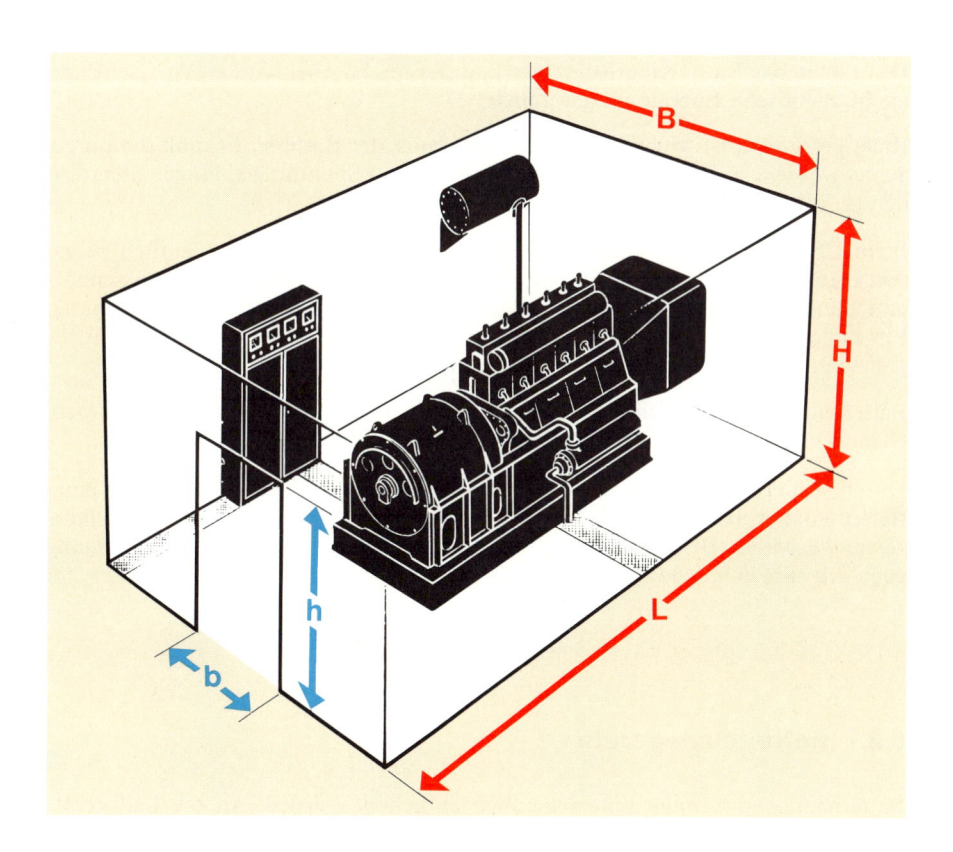

Aggregatleistung	20 bis 60 kVA	100 bis 200 kVA	250 bis 550 kVA	650 bis 1500 kVA
L	5,0 m	6,0 m	7,0 m	10,0 m
B	4,0 m	4,5 m	5,0 m	5,0 m
H	3,0 m	3,5 m	4,0 m	4,0 m
b	1,5 m	1,5 m	2,2 m	2,2 m
h	2,0 m	2,0 m	2,0 m	2,0 m

Bild 6.1/10   Aufstellungsvorschlag für ein Dieselaggregat

6.2 Batterieanlagen

Um eine durchgehende Stromversorgung von wichtigen Verbrauchsmitteln bei Netzunterbrechungen oder einem Ausfall des Versorgungsnetzes sicherzustellen, werden in vielen Anwendungsfällen stationäre Batterien als Energiespeicher eingesetzt.

Während bei Drehstromverbrauchern die Batteriespannung über Umrichter in eine Wechselspannung umgewandelt werden muß (vgl. Kap. 6.3), können Gleichstromverbraucher ihre Energie direkt aus der Batterie beziehen.

Laden Das Laden der Batterien erfolgt über Ladegeräte. Hierbei wird elektrische Energie in chemische Energie umgewandelt.

Richtiges Laden ist wichtig für die Lebensdauer der Batterie. Es muß darauf geachtet werden, daß die zulässigen Ladeströme und Spannungen eingehalten werden (s. Tabelle 6.2/3).

Gasungsspannung Beim Überschreiten der Gasungsspannung beginnt die Batterie deutlich zu gasen. Durch ein Zersetzen des im Elektrolyten enthaltenen Wassers in Wasserstoff und Sauerstoff entstehen vermehrte Verluste und eine verstärkte Erwärmung. Ein Laden in diesem Bereich darf daher nur über eine gewisse Zeit und mit begrenztem Strom erfolgen.

Selbstentladung Batterien, die in geladenem Zustand nicht belastet werden, sind durch innere chemische Vorgänge einer Selbstentladung unterworfen.

Erhaltungsladespannung Durch Anlegen einer Erhaltungsladespannung (s. Tabelle 6.2/3) wird einer Batterie dauernd ein geringer Ladestrom zugeführt. Hierdurch wird der Volladezustand erhalten. Bei Blei-Batterien ist ein Erhaltungsladen mit dieser Spannung ebenfalls möglich, wenn genügend Zeit zur Verfügung steht.

6.2.1 Batterieladegeräte

Batterieanlagen können unterschiedlich aufgebaut werden. An die Ladegeräte werden je nach Batterietyp, Batteriezustand und Betriebsart daher auch verschiedene Anforderungen gestellt.

Umschaltbetrieb Im Umschaltbetrieb (Bild 6.2/1) werden die Verbrauchsmittel über einen Netzgleichrichter aus dem Drehstromnetz gespeist. Bei einem Netzausfall werden sie auf die Batterie umgeschaltet und beziehen von dort ihre Energie bis zur Rückkehr der Netzspannung.

Die Batterie wird dann über ein separates Ladegerät geladen. Ist der Ladevorgang abgeschlossen, wird eine Erhaltungsladung durchgeführt, um die volle Kapazität zu erhalten.

Das Ladegerät ist so auszuwählen, daß die Ladung möglichst schonend durchgeführt wird und zu einer vorgegebenen Zeit beendet ist.

6.2 Batterieanlagen

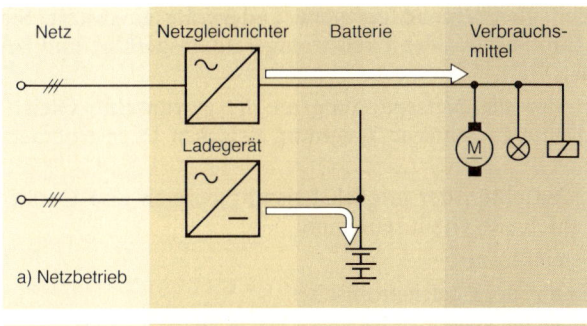

Bild 6.2/1
Umschaltbetrieb

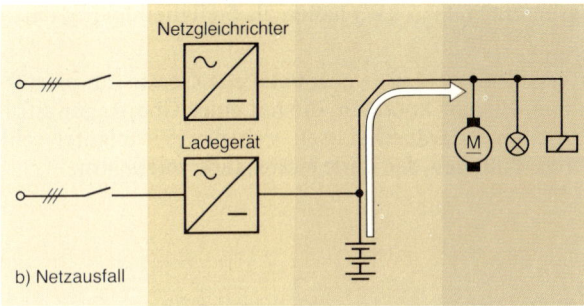

a) Netzbetrieb

b) Netzausfall

Parallelbetrieb

Im Parallelbetrieb (Bild 6.2/2) sind Batterie und Verbrauchsmittel ständig parallel geschaltet und werden über ein gemeinsames Ladegerät versorgt. Bei Netzausfall erfolgt die Stromversorgung der Verbrauchsmittel unterbrechungsfrei über die Batterie.

Das Ladegerät muß im ungestörten Betrieb:

▷ den Verbraucherstrom liefern,
▷ die Batterie nach einem Netzausfall laden,
▷ den Ladezustand der Batterie erhalten.

Die Ladegeräte werden daher nach dem möglichen Verbraucherstrom ausgewählt. Hierbei ist eine Ladestromreserve von mindestens 10 A je 100 Ah Batterie-Nennkapazität zu berücksichtigen. Bei der Wahl der Nennspannung ist darauf zu achten, daß die Spannungstoleranz der Verbrauchsmittel eingehalten wird.

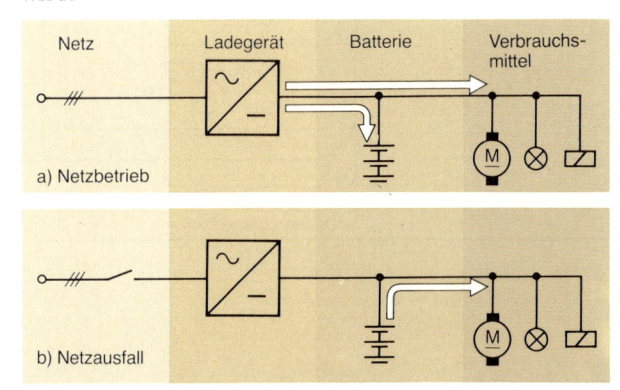

a) Netzbetrieb

b) Netzausfall

Bild 6.2/2
Parallelbetrieb

6.2 Batterieanlagen

Geregelte Ladegeräte

Beim Parallelbetrieb werden überwiegend geregelte Ladegeräte eingesetzt. Sie sind je nach Leistung als Einphasen- oder Drehstromgeräte ausgeführt und bestehen im wesentlichen aus:
- einem Transformator, der die Netzspannung an die gewünschte Gleichspannung anpaßt und eine galvanische Trennung zwischen Drehstromnetz und Batterie herstellt,
- einem steuerbaren Stromrichter, der je nach Leistungsbereich und Geräteausführung unterschiedlich aufgebaut sein kann,
- einer Steuer- und Regelelektronik,
- sowie Glättungsmitteln auf der Gleichstromseite.

Ladegeräte kleiner Leistung

Geräte im unteren Leistungsbereich (<0,5 kW) haben als Stellglied häufig einen Transistor-Längsregler.

Hier werden in Zukunft in verstärktem Maße neuentwickelte Geräte mit primärgetakteten Schaltnetzteilen zum Einsatz kommen, die mit einer Übertragungsfrequenz von etwa 20 kHz arbeiten. Hierdurch lassen sich die Wickelgüter sehr klein halten und Gewicht und Volumen der Ladegeräte stark verringern.

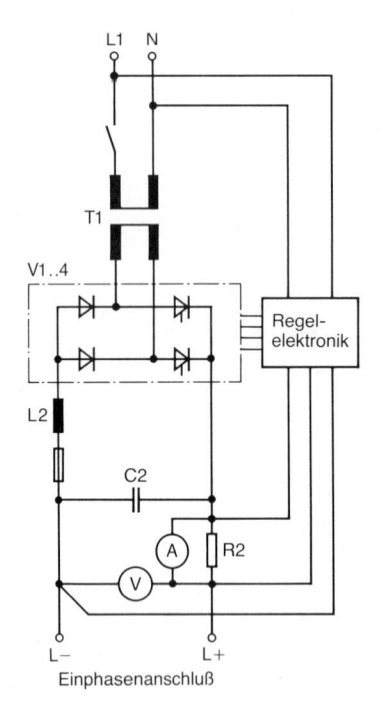

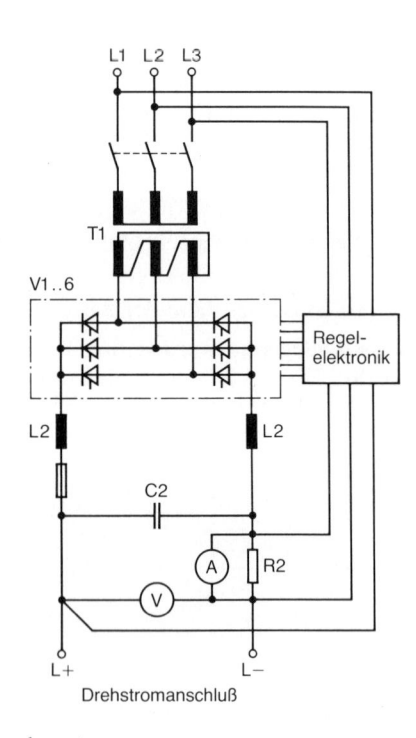

Einphasenanschluß   Drehstromanschluß

T1 Transformator C2 Glättungskondensator
V1... Stromrichter   R2 Meßshunt
L2 Glättungsdrossel

Bild 6.2/3 Thyristorgeregelte Ladegeräte

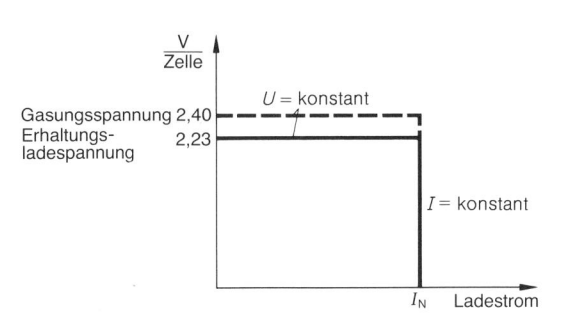

Bild 6.2/4
IU-Kennlinie einer Blei-Batterie
nach DIN 41 772

Im Bereich größerer Leistungen werden fast ausschließlich thyristorgeregelte Geräte mit Silizium-Halbleitern eingesetzt (Bild 6.2/3). **Thyristorgeregelte Ladegeräte**

Drehstromgeräte werden vorzugsweise in vollgesteuerter Brückenschaltung und Einphasengeräte in halbgesteuerter Brückenschaltung ausgeführt.

Über einen Regler und einen nachgeschalteten Steuersatz werden die Thyristoren so angesteuert, daß die Ausgangsspannung der Ladegeräte unabhängig von Netz- und Lastschwankungen ist. **Steuer- und Regelelektronik**

Die Regelung erfolgt über eine IU-Kennlinie nach DIN 41 772 (Bild 6.2/4). Während die Ausgangsspannung unterhalb des Ladegerätenennstromes konstant gehalten wird (U-Stufe), wird sie bei größerer Belastung abgesenkt. Das Gerät liefert einen konstanten Strom, der gleich dem Ladegerätenennstrom ist (I-Stufe). **IU-Kennlinie**

Der Stromrichter überlagert der Gleichspannung im gesamten Steuerbereich eine Wechselspannung, deren Amplitude von der Stromrichterschaltung und dem Steuerwinkel abhängig ist (Bild 6.2/5). **Glättungsmittel**

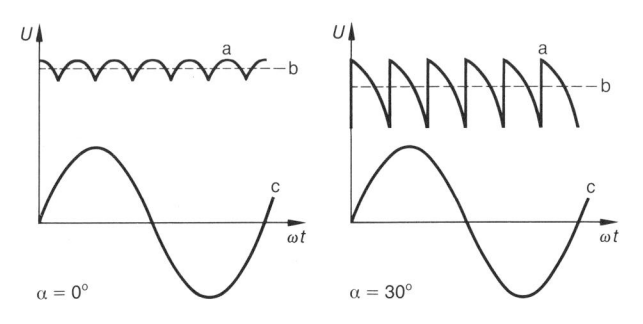

a ungeglättete Gleichspannung
b geglättete Gleichspannung
c Netzspannung, Außenleiter L1
α Steuerwinkel

Bild 6.2/5   Drehstrom-Brückenschaltung

6.2 Batterieanlagen

Damit sich für die Batterie und die angeschlossenen Verbrauchsmittel keine unzulässige Belastung ergibt, wird die Wechselspannung durch Glättungsinduktivitäten am Ladegeräte-Ausgang begrenzt.

Bei erhöhter Anforderung, wie dem Einsatz der Geräte in Stromversorgungsanlagen mit kleinen Batterien oder empfindlichen Verbrauchsmitteln, sind oft zusätzliche Glättungskondensatoren erforderlich.

Überwachungs-einrichtungen

Um auftretende Fehler schnell zu erkennen, die Batterie und die angeschlossenen Verbrauchsmittel zu schützen und somit einen sicheren Betrieb der Anlagen zu gewähren, werden Ladegeräte mit speziellen Überwachungseinrichtungen ausgerüstet.

Die wichtigsten sind in Tabelle 6.2/1 dargestellt.

Ladeautomatik

Zur schnellen Wiederaufladung nach einem Netzausfall werden Batterien häufig mit einer erhöhten Spannung geladen, die bei Pb-Batterien zwischen 2,3 und 2,4 V/Zelle und bei NiCd-Batterien bei etwa 1,6 V/Zelle liegt.

Das Umschalten auf erhöhte Spannung kann über eine Ladeautomatik erfolgen, die nach einer vorgegebenen Zeit wieder auf die Erhaltungsladespannung zurückschaltet.

Ungeregelte Ladegeräte

Ungeregelte Ladegeräte bestehen aus einem Transformator und einem ungeregelten Stromrichter.

Als Ventile werden Silizium-Dioden verwendet (Bild 6.2/6). Ihre Ausgangsspannung ist von Netzspannungsschwankungen und Laständerungen abhängig.

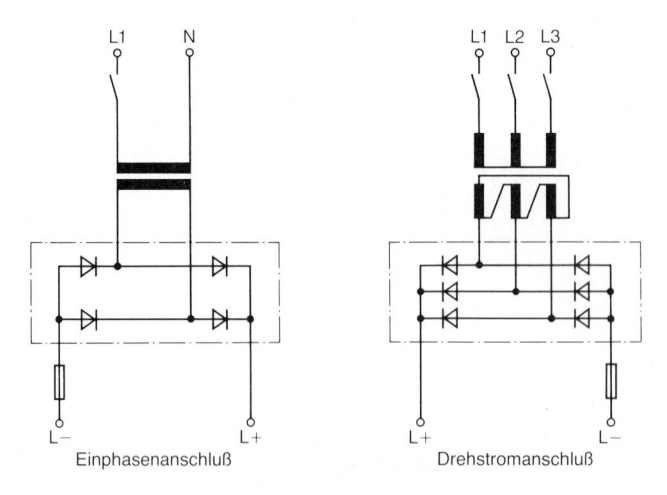

Bild 6.2/6   Ungeregelte Ladegeräte

6.2 Batterieanlagen

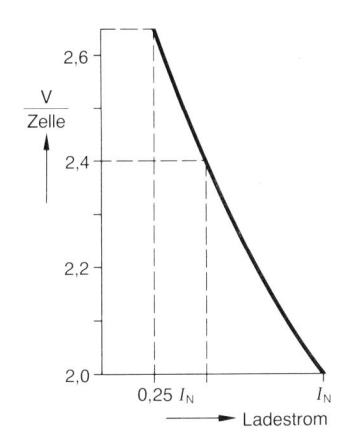

Bild 6.2/7
W-Kennlinie einer Blei-Batterie nach DIN 41 772

Als Ladekennlinie ist die W-Kennlinie DIN-mäßig genormt (Bild 6.2/7). Sie durchläuft für Blei-Batterien folgende Punkte: **W-Kennlinie**

2,0 V/Zelle bei 1,0 I_N
2,4 V/Zelle bei 0,5 I_N
2,64 V/Zelle bei 0,25 I_N.

Ungeregelte Ladegeräte arbeiten mit W-Kennlinie und werden deshalb häufig nur für das Laden oder Erhaltungsladen kleiner Batterien eingesetzt.

Für Anlagen, die im Parallelbetrieb arbeiten, sind sie jedoch weitgehend ungeeignet.

Da zwischen Gasungsspannung und Entladeschlußspannung bei Pb-Batterien und vor allem bei NiCd-Batterien eine große Spannungsdifferenz liegt (s. Tabelle 6.2/2), muß bei der Projektierung von Anlagen, die im Parallelbetrieb arbeiten, besonders darauf geachtet werden, daß die Spannungstoleranz der angeschlossenen Verbrauchsmittel nicht überschritten wird. **Stabilisierung der Verbraucherspannung**

Tabelle 6.2/1   Überwachungseinrichtungen für Batterieladegeräte

Überwachungseinrichtung		Auswirkung
Netzüberwachung	Unterspannung/ Netz- oder Außenleiterausfall	Abschalten des Gerätes Meldung der Störung
	Überspannung	Abschalten des Gerätes Meldung der Störung
Gleichspannungs- überwachung	Überspannung	Abschalten des Gerätes Meldung der Störung
	Unterspannung	Meldung der Störung
	Welligkeit	Meldung der Störung
Sicherungsüberwachung	Sicherungsauslösung	Abschalten des Gerätes Meldung der Störung

6.2 Batterieanlagen

Tabelle 6.2/2 Spannungen von Pb- und NiCd-Batterien

Spannung	Pb-Batterien		NiCd-Batterien	
	V/Zelle	Abweichung	V/Zelle	Abweichung
Gasungsspannung	2,4	+20%	1,55	+29%
Erhaltungsladespannung	2,23	+11,5%	1,4	+17%
Nennspannung	2,0	± 0%	1,2	± 0%
Entladeschlußspannung	1,75	−12,5%	1,0	−17%

Beim Einsatz von Pb-Batterien wird dies in vielen Anwendungsfällen bereits durch richtige Wahl der Zellenzahl und Batterie-Kapazität sowie durch die Begrenzung der Ladespannung auf Erhaltungsladespannung erreicht.

Beim Einsatz von NiCd-Batterien sowie beim Laden von Pb-Batterien oberhalb der Erhaltungsladespannung sind jedoch zur Stabilisierung der Verbraucherspannung zusätzliche Maßnahmen, wie

▷ Einsatz von Gegenzellen,
▷ Unterteilung der Batterie in Stamm- und Zusatzzellen oder
▷ Einsatz von Gleichstromwandlern

erforderlich (Bild 6.2/8).

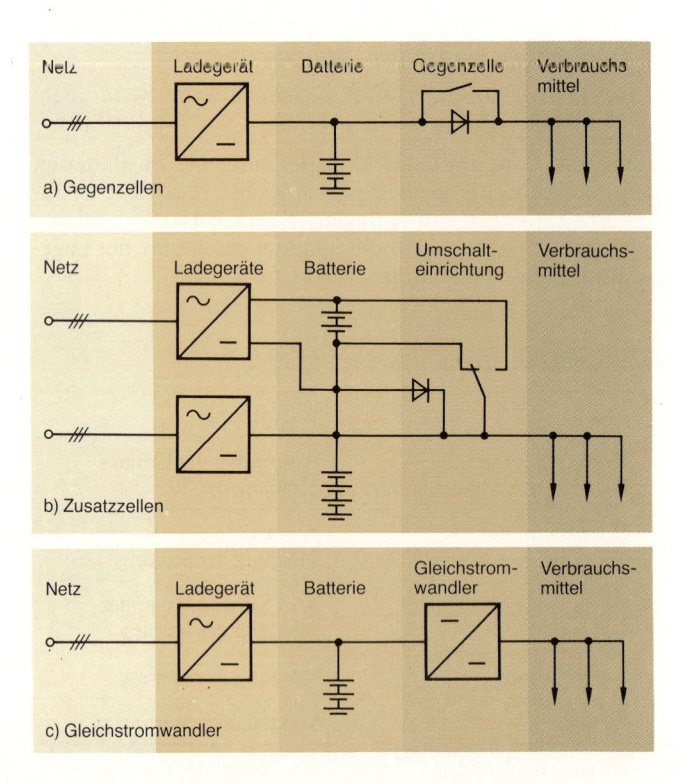

Bild 6.2/8 Schaltungen zur Stabilisierung der Verbraucherspannung

6.2.2 Batterien

Bei ortsfesten Anlagen kommen heute fast ausschließlich Blei(Pb)- oder Nickel-Cadmium(NiCd)-Batterien zum Einsatz. Die Batterien sind aus Zellen aufgebaut, die aus einem Zellengefäß, positiven Platten, negativen Platten und dem Elektrolyt bestehen (Bild 6.2/9).

Aufbau

Bei Pb-Batterien kann man im wesentlichen zwischen Gro E-H-Batterien (**Groß**oberflächenplatten **E**ngeinbau-**H**ochstrombelastbarkeit) mit positiven Großoberflächenplatten und negativen Gitterplatten und Bloc-Batterien unterscheiden. Bloc-Batterien gibt es in zwei Ausführungen.

Bleibatterien

Vb(**V**arta **b**loc)-Batterien mit positiven Stabplatten und negativen Gitterplatten und OGi(**o**rtsfeste **Gi**tterplatten)-Batterien mit positiven und negativen Gitterplatten.

Gro E-H-Batterien haben eine größere Lebenserwartung und geringfügig bessere Eigenschaften bei Hochstromentladung. Bloc-Batterien haben einen niedrigeren Anschaffungspreis. Ansonsten bestehen zwischen beiden Batterietypen anwendungstechnisch keine wesentlichen Unterschiede.

Technische Werte und Kapazitätsreihe s. Tabellen 6.2/3 und 6.2/4. Blei-Batterien verschiedener Kapazität zeigt Bild 6.2/10.

Bei NiCd-Batterien gibt es folgende Typen: VSM(Varta Spezial Mittelbelastung)-Batterien für Normalbelastung, Entladezeit ≥ 1 h.

Nickel-Cadmium-Batterien

VSX(Varta Spezial Höchststrombelastung)-Batterien für Hochstrombelastung, Entladezeit ≤ 1 h.

Die Zellen haben positive und negative Sinterplatten und bei gleicher Kapazität nur etwa 60% des Volumens von Pb-Batterien. Technische Werte s. Tabelle 6.2/3. Während der Lebensdauer ist im allgemeinen ein 2- bis 3maliger, bei erhöhten Temperaturen jedoch noch häufigerer Laugenwechsel erforderlich.

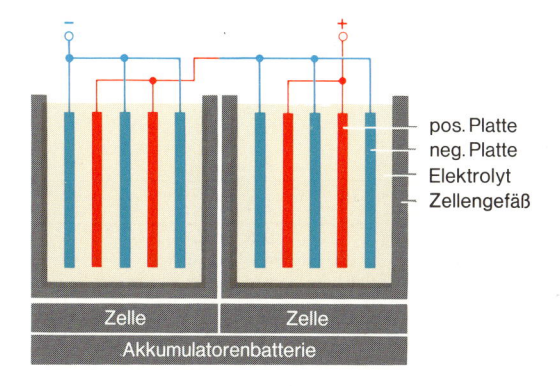

Bild 6.2/9 Aufbau einer Batterie

6.2 Batterieanlagen

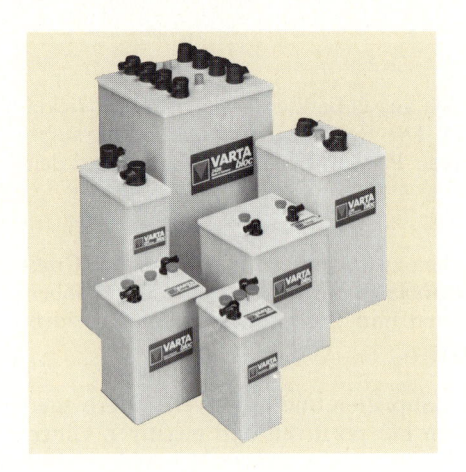

Bild 6.2/10
Blei-Batterien verschiedener Kapazität

Tabelle 6.2/3 Technische Werte von Batterien

		Blei-Batterien		Nickel-Cadmium-Batterien	
		Bloc	Gro E-H	VSM	VSX
Nennspannung	V/Zelle	2,0	2,0	1,2	1,2
Erhaltungslade-spannung Dauerladespannung/ Pufferspannung	V/Zelle	2,23 ± 1 %	2,23 ± 1 %	1,4 ± 1 %	1,4 ± 1 %
Gasungsspannung	V/Zelle	2,40	2,40	1,55	1,55
Starkladespannung	V/Zelle	2,35 ... 2,40	2,35 ... 2,40	1,50 ... 1,55	1,50 ... 1,55
Entladeschlußspannung (10 h ... ½ h)	V/Zelle	1,8 ... 1,72	1,8 ... 1,72	1,10 ... 0,80	1,10 ... 1,05
Nennkapazität[1]	Ah	K_{10}	K_{10}	K_5	K_5
Kapazität bei verschiedenen Entladezeiten in % von Nennkapazität 10 h		100 %	100 %	103 %	103 %
5 h		90 %	90 %	100 %	100 %
3 h		81 %	82 %	96 %	99 %
1 h		63 %	64 %	83 %	95 %
½ h		50 %	52 %	80 %	90 %
maximal zulässige Ladeströme					
ab Gasung	A/100 Ah	8,0	8,0	10	10
am Schluß	A/100 Ah	4,0	4,0	5	5
Ladefaktor		1,1	1,1	1,4	1,2
Energiewirkungsgrad (ca.)		0,75	0,77	0,6	0,75
Elektrolyt		verdünnte Schwefelsäure		verdünnte Kalilauge	
Dichte (ca.)	g/cm³	1,24	1,22	1,17 ... 1,20	1,17 ... 1,20

[1] Definition siehe Seite 832

6.2 Batterieanlagen

NiCd-Batterien verlieren trotz Anlegen der Erhaltungsladespannung im Gegensatz zu Pb-Batterien im Laufe der Zeit Kapazität, die durch regelmäßige Ausgleichsladung wieder eingeladen werden muß. Hierbei ist eine Spannung von 1,50 bis 1,55 V/Zelle anzulegen. Der Kapazitätsverlust ist temperaturabhängig. Er nimmt mit steigender Temperatur zu. **Erhaltungsladung**

Die Entscheidung für eine Pb- oder NiCd-Batterie ist im wesentlichen von der Temperatur am Aufstellungsort abhängig und sollte wie folgt getroffen werden: **Wahl der Batterieart**

Tieftemperaturbereich ($-40\,°C \ldots -10\,°C$) — NiCd-Batterien,
Normaltemperaturbereich ($-10\,°C \ldots +20\,°C$) — Pb-Batterien,
Hochtemperaturbereich ($+20\,°C \ldots +55\,°C$) — Pb-Batterien.

Pb-Batterien können im Tieftemperaturbereich nicht eingesetzt werden. Ein Betrieb von NiCd-Batterien im Hochtemperaturbereich hingegen ist möglich, jedoch nicht empfehlenswert.

Die Lebenserwartung von Batterien ist vom Ladezyklus und der Umgebungstemperatur abhängig. Unter normalen Betriebsbedingungen kann von folgenden Lebenserwartungen ausgegangen werden: **Lebenserwartung**

Gro E-H-Batterien   etwa 18 bis 20 Jahre,
Bloc-Batterien   etwa 12 bis 15 Jahre,
NiCd-Batterien   etwa 12 bis 15 Jahre.

Tabelle 6.2/4   Kapazitätsreihe von Pb-Batterien

Bloc-Batterien			Gro E-H-Batterien		
Kapazität in Ah	Stufung in Ah	Zellenzahl je Bloc	Kapazität in Ah	Stufung in Ah	Zellen
12,5 ⋮ bis 75	12,5	3 ≙ 6 V ⋮ bis 150 Ah			Einzelzellen ≙ 2 V
100 ⋮ bis 200	25		200 ⋮ bis 450	25	
250 ⋮ bis 600	50	2 ≙ 4 V ⋮ bis 250 Ah	500 ⋮ bis 2800	100	
700 ⋮ bis 2000	100	1 ≙ 2 V ⋮ bis 2000 Ah			

6.2 Batterieanlagen

Wartung

Um Korrosion und Kapazitätsverlust durch Kriechströme zu vermeiden, sollte die Anlage in festgelegten Zeitabständen gereinigt werden. Der durch Verdunstung und Gasung verbrauchte Wasseranteil des Elektrolyten muß regelmäßig ersetzt werden. Der Flüssigkeitsspiegel darf nicht unter die Plattenoberkante absinken und muß durch gereinigtes Wasser ergänzt werden, das den Bestimmungen VDE 0510 entspricht. Bei NiCd-Batterien ist eine Wartung in 6monatigen und bei Pb-Batterien in 3jährigen Abständen erforderlich.

Zellenzahl und Kapazität

Die Anzahl und die Art der benötigten Zellen für eine Anlage richtet sich nach der Nennspannung, der Entladezeit und dem Entladestrom. Die Kapazität der Batterie ist so zu wählen, daß innerhalb einer vorgegebenen Entladezeit ein bestimmter Strom entnommen werden kann, ohne die zulässigen Spannungsgrenzen zu unterschreiten.

Mit Rücksicht auf die Alterung der Batterie und etwaige Erweiterungen der Anlage sollte die Kapazität reichlich bemessen werden.

Batterieräume

Räume, in denen Batterieanlagen mit Nennspannungen bis 220 V untergebracht sind, gelten nach VDE 0510 als elektrische Betriebsstätten, solche mit Nennspannungen über 220 V als abgeschlossene elektrische Betriebsstätten. Beim Errichten elektrischer Anlagen in Batterieräumen ist den in VDE 0100 für „feuchte und ähnliche Räume" enthaltenen Forderungen zu entsprechen (Bild 6.2/11).

Türen in Batterieräumen müssen nach außen aufgehen und ein Verbotsschild tragen, welches das Betreten mit offener Flamme und das Rauchen untersagt.

Batterien dürfen auch in Maschinenräumen, Werkstätten und Büroräumen aufgestellt werden, wenn die in VDE 0510, § 6 gemachten Einschränkungen berück-

Bild 6.2/11   Batterieraum

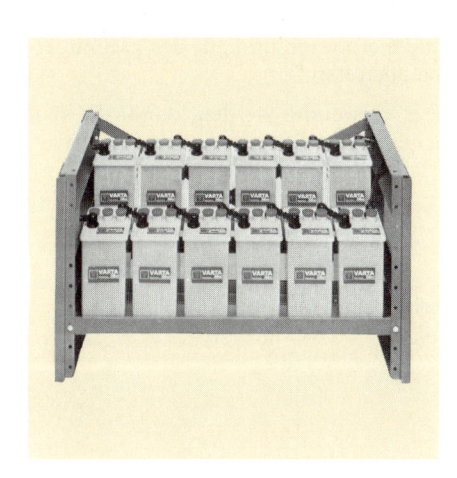

Bild 6.2/12
Blei-Batterien auf Etagengestellen

sichtigt werden. Die Räume gelten dann nicht als explosionsgefährdet. Funkenbildende Geräte müssen jedoch einen Mindestabstand von 1 m von der Batterie haben.

Batterien werden je nach Größe der Anlagen in Schränken, auf Bodengestellen (Bild 6.2/12) oder einzeln auf Isolatoren aufgestellt. **Aufstellung**

Bei einer Ladeleistung < 2 kW können Batterie und Ladegerät auch in einen gemeinsamen Schrank eingebaut werden.

Beim Laden, Entladen und im Ruhezustand der Batterie entstehen Gase, die von der Luft aufgenommen werden. Es muß darauf geachtet werden, daß das Gasgemisch durch natürliche oder künstliche Belüftung so verdünnt wird, daß es mit Sicherheit seine Explosionsfähigkeit verliert. Räume, Behälter oder Schränke mit Batterien gelten als ausreichend belüftet, wenn das gemäß der nachstehenden Gleichung errechnete Luftvolumen V_L stündlich gewechselt wird. **Lüftung**

$$V_L = 55 \cdot n \cdot I \quad \text{in l/h}$$

n Anzahl der Zellen
I Strom in A, der die Entwicklung des Wasserstoffes verursacht
55 Faktor für erforderliche Luftmenge in $\frac{1}{h \cdot A}$

In Abhängigkeit von Batterie und Ladeverfahren ergeben sich folgende Werte für I:

Blei-Batterien:
IU-Kennlinie bis 2,23 V: $I = 1$ A/100 Ah
IU-Kennlinie bis 2,40 V: $I = 2$ A/100 Ah

Nickel-Cadmium-Batterien:
IU-Kennlinie bis 1,4 V: $I = 1$ A/100 Ah
IU-Kennlinie bis 1,55 V: $I = 4$ A/100 Ah.

Nähere Angaben siehe VDE 0510.

Die Frischluft soll möglichst in Fußbodennähe eintreten und auf der gegenüberliegenden Seite des Raumes in Deckennähe austreten.

Beim Einsatz von Lüftern müssen Sauglüfter verwendet werden, damit die säurehaltige Luft durch Überdruck nicht in benachbarte Räume eindringen kann.

Beispiel:

Blei-Batterie 24 V/250 Ah, 12 Zellen
Erhaltungsladespannung 2,23 V

Für eine ausreichende Belüftung des Batterieraumes wird ein Luftvolumen

$$Q = 55 \cdot 12 \cdot \frac{1}{100} \cdot 250$$
$$= 1650 \frac{l}{h}$$

benötigt.

Der Motor ist explosionsgeschützt nach Zündgruppe G1 zu wählen. Das Ladegerät darf erst dann Strom abgeben, wenn der Lüfter in Betrieb ist.

6.2.3 Begriffserklärungen

Nennspannung — Die Nennspannung einer Batterie ist das Produkt aus der Anzahl der in Reihe geschalteten Zellen und der Nennspannung einer Zelle (s. Tabelle 6.2/3).

Kapazität — Die Kapazität ist die einer Batterie entnehmbare Strommenge und wird in Amperestunden (Ah) angegeben. Sie ist abhängig vom Entladestrom, der Entladezeit, der Entladeschlußspannung, der Dichte und Temperatur des Elektrolyten und vom Zustand der Batterie.

Nennkapazität — Die Nennkapazität ist die vom Hersteller genannte Kapazität, die eine Batterie über eine festgelegte Entladedauer mit dem zugehörigen Nennentladestrom abgeben kann. Das Kurzzeichen K wird durch Angabe der Entladedauer in Stunden im Index ergänzt.

Angabe bei stationären Pb-Batterien:

$K_{10} \triangleq$ 10stündiger Entladezeit

Angabe bei NiCd-Batterien:

$K_5 \triangleq$ 5stündiger Entladezeit.

Kapazitätswerte bei anderen Entladezeiten sind Tabelle 6.2/3 zu entnehmen.

Die Kapazitätsangaben bei ortsfesten Batterien beziehen sich auf eine Temperatur des Elektrolyten von 20 °C. Bei höheren Temperaturen wird die Kapazität größer, bei niedrigeren Temperaturen kleiner.

Richtwerte für die Kapazitätsänderung:

Pb-Batterien etwa 0 % je 1 °C von 0 bis +60 °C
etwa 1,5% je 1 °C von 0 bis −10 °C
NiCd-Batterien etwa 0,6% je 1 °C von 0 bis +30 °C
etwa 1,5% je 1 °C von 0 bis −20 °C

Der Entladenennstrom ist der vom Hersteller angegebene Entladestrom, der der Nennkapazität zugeordnet ist. Die Höhe des Entladestromes ist grundsätzlich nicht begrenzt, jedoch soll die dem Strom zugeordnete Entladeschlußspannung nicht unterschritten werden, um eine Tiefentladung der Batterie zu vermeiden. **Entladestrom**

Die zum Laden erforderliche Strommenge ist wegen der Verluste größer als die entnommene Strommenge. **Ladefaktor**

$$\text{Ladefaktor} = \frac{\text{zugeführte Strommenge in Ah}}{\text{entnommene Strommenge in Ah}}$$

(s. Tabelle 6.2/3)

Das Verhältnis der entnommenen Energie zu der zum Volladen erforderlichen Energie ist der Energiewirkungsgrad. **Energiewirkungsgrad**

$$\text{Energiewirkungsgrad} = \frac{\text{entnommene Energie in Wh}}{\text{zugeführte Energie in Wh}}$$

(s. Tabelle 6.2/3)

Der Kurzschlußstrom, den die Batterie liefert, errechnet sich aus: **Kurzschlußstrom**

$$I_k = \frac{U_B}{n \cdot R_i + R_a} \text{ in A}$$

U_B Batteriespannung in V
n Anzahl der in Reihe geschalteten Zellen
R_i innerer Widerstand der parallelgeschalteten Zellen in Ω
$n \cdot R_i$ innerer Widerstand der gesamten Batterie in Ω
R_a äußerer Widerstand der Kurzschlußbahn in Ω.

Während der äußere Widerstand R_a durch Addition der Leitungswiderstände und der in der Kurzschlußbahn liegenden Geräte ermittelt werden kann, ist der innere Widerstand R_i stark von den Batterietypen abhängig. Er ist umgekehrt proportional der Kapazität, d.h. je größer die Kapazität einer Batterie, um so kleiner ist R_i. Beim Entladen steigt der innere Widerstand an und hat beim Erreichen der Entladeschlußspannung etwa den doppelten Anfangswert. **Widerstand**

Nähere Angaben über den Innenwiderstand der Batterie im Kurzschlußfall sind beim Batteriehersteller zu erfragen.

6.3 Statische USV-Anlagen

Statische USV-Anlagen werden dort eingesetzt, wo eine hochwertige und sichere Versorgung empfindlicher Verbrauchsmittel notwendig ist.

Sie finden für einphasige Verbrauchsmittel bis etwa 70 kVA und für dreiphasige Verbrauchsmittel bis etwa 1000 kVA und größer Anwendung.

Statische USV-Anlagen haben einen hohen Wirkungsgrad, geringe Abmessungen, geringen Wartungsaufwand und hohe Zuverlässigkeit.

Einsatz

Statische USV-Anlagen werden zur Versorgung von EDV-Anlagen, Prozeßsteuerungen, Netzleitzentralen, medizinischen Geräten, Einsatzzentralen für Polizei und Feuerwehren, Richtfunkanlagen und besonders wichtigen Fertigungseinrichtungen verwendet.

Schaltung

USV-Anlagen bestehen aus Gleichrichter, Batterie, Wechselrichter und Netzrückschalteinheit (NRE). Diese Anordnung (Bild 6.3/1) gilt für einphasige und für dreiphasige Systeme.

Die absolut unterbrechungsfreie Stromversorgung wird mit der heute allgemein üblichen Schaltungstechnik (Bild 6.3/1) „USV-Anlagen im Dauerbetrieb" verwirklicht.

Dauerbetrieb heißt in diesem Zusammenhang, daß bei ungestörtem Netz der Leistungsfluß zur Last dauernd über Gleichrichter und Wechselrichter geführt wird.

Der Gleichrichter erfüllt bei dieser Betriebsart zwei Funktionen:

▷ Versorgung des Wechselrichters mit Energie,
▷ Laden bzw. Dauerladen der Batterie.

Die Batterie arbeitet im Bereitschaftsparallelbetrieb, d. h. bei ungestörtem Netz im Dauerladebetrieb und bei Ausfall des Netzes versorgt sie unterbrechungslos, ohne zusätzliche Schalthandlung, den Wechselrichter. Sie ist zur Erfüllung dieser Aufgaben fest mit dem Gleichstromzwischenkreis verbunden.

Der Wechselrichter bezieht seine Energie aus dem Gleichstromzwischenkreis und liefert am Ausgang je nach System einphasige oder dreiphasige Wechselspannung. Im allgemeinen besteht jeder Wechselrichter aus Thyristorteil, Transformator und Filter.

Die Netzrückschalteinheit ist heute Bestandteil jeder USV-Anlage mit gleichen Frequenzen und Spannungen auf der Netz- und Lastseite. Sie schaltet das einspeisende Netz unter Berücksichtigung eines zulässigen Toleranzbereiches auf die „sichere Schiene", wenn:

▷ der Wechselrichter überlastet wird,
▷ Kurzschlüsse auf der Lastseite auftreten,
▷ der Einschaltstrom von Transformatoren zu groß ist,
▷ Einschaltspitzen auftreten,
▷ der Wechselrichter ausfällt.

Die in Bild 6.3/1 dargestellte Anlagenkonfiguration ist die Standardlösung einer USV-Einblockanlage.

6.3 Statische USV-Anlagen

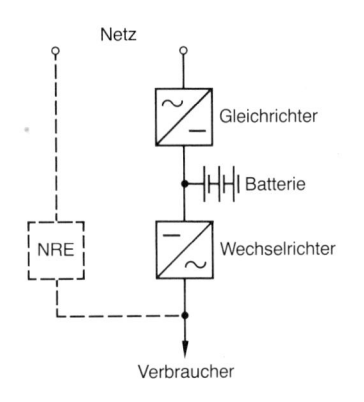

Bild 6.3/1
Übersichtsschaltbild einer USV-Einblockanlage

Der modulare Aufbau heutiger USV-Anlagen ermöglicht jederzeit
▷ Leistungserhöhung,
▷ spätere Erweiterung,
▷ Redundanz zur Erhöhung der Zuverlässigkeit.

Bild 6.3/4 zeigt die Anlagenkonfiguration eines Zweifach-Parallelbetriebes für Halblastparallelbetrieb. Eine nachträgliche Leistungserhöhung durch Zuschaltung weiterer USV-Anlagen ist jederzeit möglich.

Die nächste Stufe führt zum Mehrfach-Parallelbetrieb, der beim Aufbau von USV-Anlagen großer Leistung (Leistung der Einzelanlage >330 kVA) Anwendung findet.

Alle Anlagenkonfigurationen haben eines gemeinsam:
Sie haben eine Schnittstelle zum Netz, zur Batterie und zum Verbraucher.
Die USV-Anlage ist somit als Teil einer Gesamtanlage zu betrachten und zu planen.

Für USV-Anlagen werden fast ausschließlich Gleichrichter in Drehstrombrückenschaltung verwendet (s. Kap. 6.2/1). Im unteren Leistungsbereich (5 bis 120 kVA) wird ein 6pulsiger, halb-vollgesteuerter Gleichrichter, im oberen Leistungsbereich (>200 kVA) ein 12pulsiger Gleichrichter eingesetzt. **Gleichrichter**

Die Batterien sind für die gewünschte Überbrückungszeit zu dimensionieren, im Normalfall wird eine Batterie für 10 min Überbrückungszeit ausreichen. **Batterien**

Der Wechselrichter erzeugt ein Einphasen- bzw. Drehstromsystem mit geregelter Spannung und Frequenz. Er wird gleichstromseitig vom Gleichrichter bzw. aus der Batterie versorgt. **Wechselrichter**

Moderne Wechselrichter sind als Pulswechselrichter aufgebaut.

Die beiden Teilwechselrichter WR1 und WR2 sind jeweils in Dreiphasen-Brückenschaltung ausgeführt (Bild 6.3/2). Die von beiden Systemen erzeugten Spannungen sind um 30 Grad (elektr.) gegeneinander phasenverschoben und werden über die Transformatoren T1 und T2 zu einer 12pulsigen Ausgangsspannung addiert (Bild 6.3/3).

6.3 Statische USV-Anlagen

Der Wechselrichter ist über eine Pulsbreitenmodulation in der Lage, trotz variabler Batteriespannung und wechselnder Belastung stets eine konstante Ausgangsspannung zu liefern.

Ein Filter, bestehend aus LC-Saugkreisen, bringt die Ausgangsspannung auf den erforderlichen Klirrfaktor und kompensiert teilweise nichtlineare Rückwirkung der Verbraucherlast.

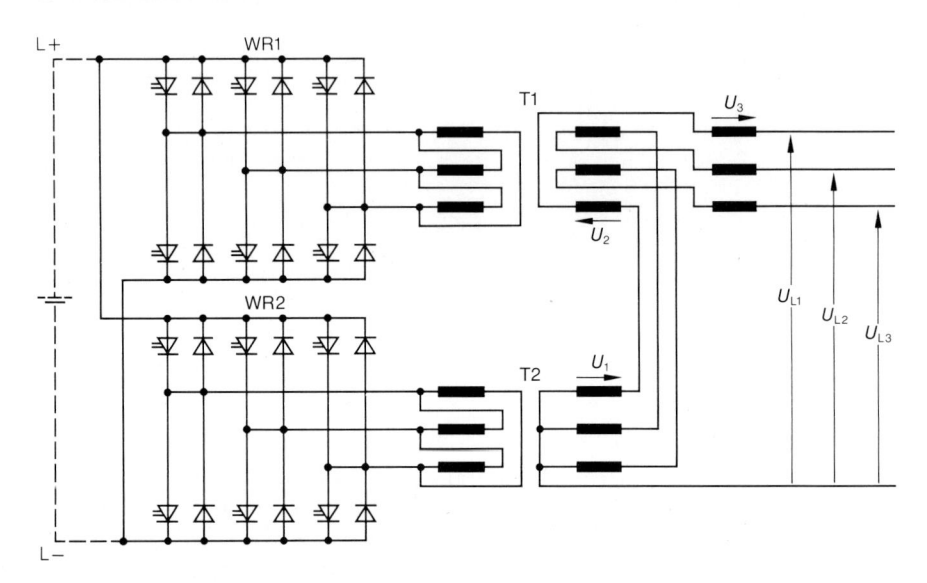

Bild 6.3/2 Zusammenschaltung der Teilwechselrichter

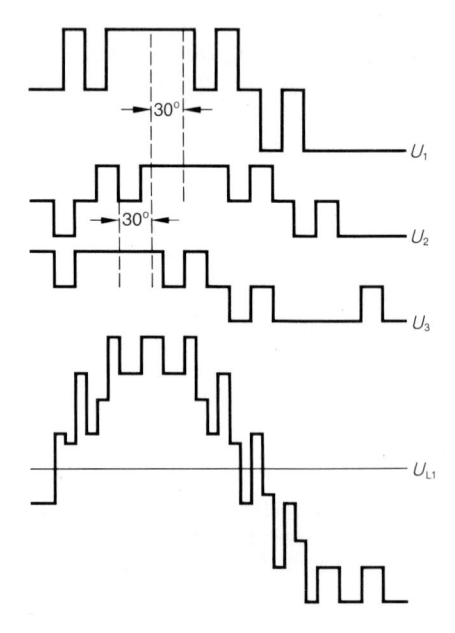

Bild 6.3/3
Bildung der Wechselrichterspannung

Der Wechselrichter kann jederzeit von der Steuerelektronik nahezu unverzögert abgeschaltet werden. Hierbei werden alle gezündeten Hauptthyristoren gelöscht und alle weiteren Ansteuerimpulse gesperrt.

Die Netzrückschalteinheit hat die Aufgabe, im Bedarfsfall das Netz direkt auf die „sichere Schiene" zu schalten.   **Netzrückschalt-einheit (NRE)**

Sie besteht im wesentlichen aus einem zur USV-Anlage parallel geschalteten Schütz.

Durch einen zusätzlichen Thyristorschalter erfolgt die unterbrechungsfreie Zuschaltung und nach etwa 50 ms übernimmt das Parallelschütz den Laststrom.

Der Thyristorschalter und die dazugehörige Absicherung sind so bemessen, daß Selektivität zu verbraucherseitigen Sicherungen mit Nennströmen bis etwa 30% des NRE-Nennstromes besteht.

Für Service- bzw. Wartungszwecke ist es üblich, die Verbrauchsmittel über eine Handumgehung direkt aus dem Netz zu versorgen (s. Bild 6.3/2).   **Handumgehung**

Mehrblockanlagen werden aus folgenden Gründen eingesetzt: **Parallelbetrieb Mehrblockanlagen**

▷ Erhöhung der Zuverlässigkeit der USV-Anlage durch Bildung einer Redundanz,

▷ Leistungserhöhung.

In redundanten Anlagen versorgen $n+k$ gleiche USV-Blöcke im Parallelbetrieb die „sichere Schiene". Hierbei ist n die Zahl der zur Versorgung der Verbrauchsmitte erforderlichen Blöcke und k die Zahl der zusätzlichen Blöcke. Tritt in einem Block ein Fehler auf, wird er automatisch aus dem Verband herausgetrennt, ohne daß der Betrieb der intakten Blöcke gestört wird.

In der Regel erreicht man mit $(n+1)$ Blöcken eine ausreichend hohe Zuverlässigkeit.

Jeder USV-Block erhält eine eigene Batterie, um auch in dieser Hinsicht eine konsequente Trennung der einzelnen Blöcke zu gewährleisten.

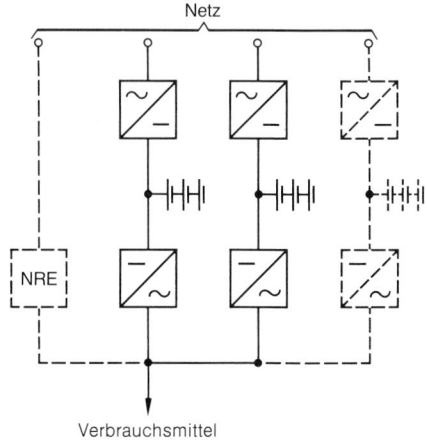

Bild 6.3/4
USV-Mehrblockanlagen, Parallelbetrieb

6.3 Statische USV-Anlagen

Gesamtleistung Die Leistung der USV-Anlage ist für die aufgenommene Dauerleistung des Verbrauchsmittels (z. B. EDV-Anlage) unter Berücksichtigung des Gleichzeitigkeitsfaktors und eventueller nachträglicher Erweiterungen festzulegen. Anlaufströme, Einschaltströme sind beim Ermitteln der Gesamtleistung zu berücksichtigen. Dieses gilt besonders bei Anlagen kleinerer Leistung. Dabei sollte davon ausgegangen werden, daß das Netz zur Deckung dieser Überlastspitzen und Anlaufströme nicht herangezogen wird, sondern daß die Spannung der USV-Anlage beim Einschalten des Gerätes mit dem höchsten Einschaltstrom noch innerhalb der zulässigen Toleranzen bleibt.

Überlastfähigkeit Die Überlastfähigkeit ist auf einen Zeitbereich bezogen und gibt an, welche Überlast eine USV-Anlage beherrscht, ohne die Spannungstoleranzen zu verlassen. Standardwerte sind 1,5fache Überlast für 30 Sekunden.

Kurzschluß-festigkeit Die Kurzschlußfestigkeit ermöglicht es, die Lastverteilung selektiv aufzubauen. Dabei sollte je Abzweig eine Sicherung der Betriebsklasse gL mit maximal $^1/_3$ des Anlagennennstromes eingesetzt werden.

Nennausgangs-spannung Die statischen Toleranzgrenzen sind ohne wesentliche Bedeutung für die Planung. Aber die dynamischen Toleranzgrenzen geben an, wie sich die Wechselrichterausgangsspannung bei Lastsprüngen verhält. Eine Mindestforderung muß heute der 50%-Laststoß bei Einhaltung der zulässigen dynamischen Spannungsabweichungen sein. Diese ist für Halblastparallelbetriebsanlagen erforderlich.

Außerdem ist auf kurze Ausregelzeit von etwa 50 ms zu achten.

Standardwerte:
Spannungstoleranz statisch   220/380 V $\pm 1\%$
Spannungstoleranz dynamisch 220/380 V $+10\%$ bis -8%.

Die dynamische Spannungstoleranz wird von Siemens-USV-Anlagen auch bei 100%-Laststoß eingehalten.

Nennfrequenz Bei Eigentaktung liegt die Frequenztoleranz heutiger USV-Anlagen im Promillebereich. Bei netzgeführter Eigentaktung bewegt sich die Wechselrichterfrequenz innerhalb der zulässigen Netztoleranz 50 Hz $\pm 1\%$. Die Wechselrichter sind in diesem Bereich immer phasensynchronisiert mit dem Netz, um die NRE schalten zu können.

Konstruktive Ausführung USV-Anlagen werden heute in Kompaktausführung gefertigt, d.h. Gleichrichter, Wechselrichter und NRE sind nicht mehr in separaten Schränken nach Funktionen aufgebaut, sondern alle Funktionen sind in einem Gehäuse zusammengefaßt. Die Abmessungen einer USV-Anlage mit einer Leistung von 120 kVA betragen z. B. nur
  Höhe: 1900 mm
  Breite: 1200 mm
  Tiefe: 830 mm.

Die Geräte eignen sich für das Aufstellen auf Doppelböden, über einem Kabelkanal oder direkt auf ebenem Boden. Aufstellen an einer Wand ist zulässig, da alle Wartungsarbeiten von der Bedienungsseite ausgeführt werden können.

Verluste Wirkungsgrad Bild 6.3/5 zeigt den Wirkungsgrad η der USV-Anlagen in Abhängigkeit vom Verhältnis der abgegebenen Leistung zur Nennleistung $\frac{P}{P_N}$.

6.3 Statische USV-Anlagen

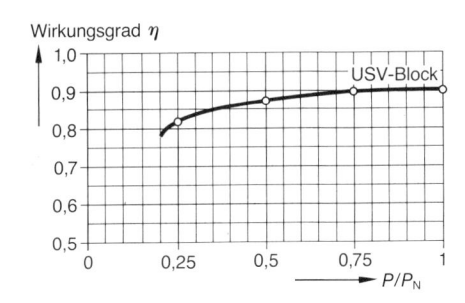

Bild 6.3/5
Prinzipieller Wirkungsgradverlauf

Der Klirrfaktor bezieht sich normalerweise auf lineare Last, er sollte ≤5% der Ausgangsspannung sein, wobei eine der Harmonischen einen Anteil von ≤3% haben darf.	**Klirrfaktor der Ausgangsspannung**
EDV-Anlagen oder andere empfindliche Verbrauchsmittel sind in ihrer Lastaufteilung nicht immer auf die drei Phasen des Drehstromsystems aufgeteilt. Die dadurch bedingte Schieflast ist bei der Leistungsbemessung der USV-Anlage zu berücksichtigen.	**Schieflast**
Die internen Stromversorgungen der elektrischen Geräte bestehen heute aus getakteten Netzgeräten, Drehstrombrückenschaltungen, hochgesättigten Transformatoren, zusammengefaßt aus nichtlinearen Verbrauchsmitteln. Die Eingangsströme dieser Geräte sind stark verzerrt und stellen für die USV-Anlage eine zusätzliche Last dar. Der prozentuale Anteil dieser Last am Gesamtstrom der USV-Anlage bestimmt die Verträglichkeit.	**Nichtlineare Last**
Als Grenzwert sollten 60% Drehstrombrückenlast bei einem Klirrfaktor von max. 8% gelten.	
Ausgang und Eingang der USV-Anlage können durch zusätzlichen Einbau von Funkentstörmitteln bis unter die Grenzwerte der Funkstörgrade G, N oder K entstört werden (VDE 0875).	**Funkentstörung**
An viele Verbrauchsmittel, besonders auf dem EDV-Gebiet, werden extrem hohe Zuverlässigkeitsforderungen gestellt, die gleichermaßen auf die Stromversorgung übertragen werden können. Bei besonderen Anforderungen an die Stromversorgung reicht die Zuverlässigkeit der in Bild 6.3/1 dargestellten USV-Einblockanlage nicht mehr aus. Diese Bedingungen können nur noch mit redundanten USV-Anlagen nach Bild 6.3/4 erfüllt werden.	**Zuverlässigkeit Verfügbarkeit**

Hinweise zur Planung

USV-Anlagen und Batterien werden getrennt oder können bei kleinen Leistungen zusammen mit in Schränken eingebauten Batterien aufgestellt werden.	**Aufstellung**
Die beim Betrieb der USV-Anlage entstehende Verlustleistung muß durch geeignete Belüftungseinrichtung aus dem USV-Raum abgeführt werden. Hierbei ist zu beachten, daß die zulässige Kühllufttemperatur nicht überschritten wird.	

6.3 Statische USV-Anlagen

Kühlung

Berechnungsformel für die benötigte Kühlluftmenge V_K

$$V_K = \frac{P_V}{\varrho \cdot c_p \cdot \Delta T_K} \text{ in } \frac{m^3}{s}$$

V_K Kühlluftmenge in $\frac{m^3}{s}$

P_V Verluste der USV-Anlage in kW

ϱ Dichte der Luft (1,128 $\frac{kg}{m^3}$ bei 40 °C) in $\frac{kg}{m^3}$

c_p spez. Wärmekapazität bei konstantem Druck in $\frac{kJ}{kg \cdot K}$
(für Luft $c_p = 1{,}1 \frac{kJ}{kg \cdot K}$ bei 40 °C)

ΔT_K Temperaturdifferenz zwischen Raumabluft und Raumzuluft in K.

Batterie

Bei Netzausfall wird für die Bemessung der Batterie die auf der Wechselrichtereingangsseite aufgenommene Leistung (in kW) und die benötigte Überbrückungszeit zugrunde gelegt.

Bei USV-Anlagen werden im Zeitbereich ≤ 10 Minuten überwiegend Blei-Batterien eingesetzt.

Bei der Gestaltung des Batterieraumes sind die Bestimmungen nach VDE 0510 zu beachten.

7 Blindleistungskompensation

7.1 Einführung

Viele elektrische Verbrauchsmittel nehmen neben der nutzbaren Wirkleistung P auch Blindleistung Q auf, die am Energieumsatz nicht beteiligt ist. — **Wirkleistung / Blindleistung**

Wird die Blindleistung vom Netz geliefert, verursacht sie an Generatoren, Transformatoren, Schaltanlagen, Freileitungen und Kabeln einen erhöhten Spannungsfall und zusätzliche Verluste. — **Spannungsfall / Verluste**

Durch Kompensationsmittel, die die Blindleistung direkt beim Verbrauchsmittel bereitstellen, können die Netzspannung stabilisiert und die Übertragungsverluste gesenkt werden. Die Betriebsmittel für Erzeugung und Transport der elektrischen Energie werden entlastet und können somit mehr Wirkleistung abgeben bzw. übertragen (Bild 7.1/1). — **Kompensation**

Die Elektrizitätsversorgungs-Unternehmen (EVU) verlangen daher von ihren Abnehmern, daß das Verhältnis von abgenommener Wirkleistung zu abgenommener Blindleistung einen gewissen Wert nicht unterschreitet. — **Forderung der EVU**

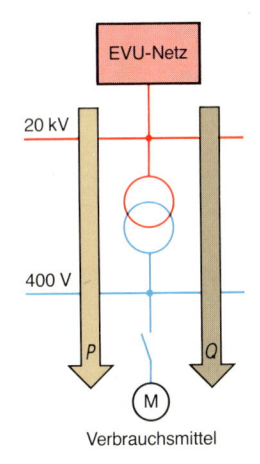

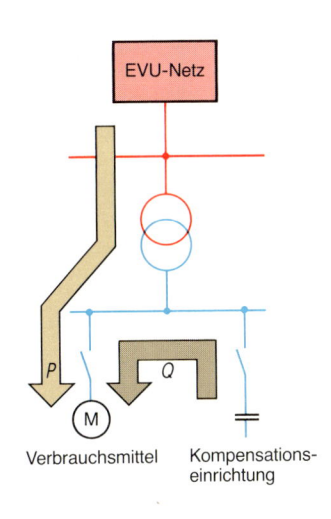

P Wirkleistung
Q Blindleistung

a) Unkompensiertes Netz   b) Kompensiertes Netz

Bild 7.1/1   Leistungsfluß in Niederspannungsnetzen

7.2 Kompensation linearer Verbrauchsmittel mit Leistungskondensatoren

Allgemeine Grundlagen

Strom

Drehstromverbrauchsmittel, wie Motoren und Drosselspulen, entnehmen dem Netz einen annähernd sinusförmigen Strom.

Da sie zum Aufbau ihrer magnetischen Felder induktive Blindleistung benötigen, eilt er der Netzspannung um den Verschiebungswinkel φ nach (Bild 7.2/1).

Scheinleistung

Sie nehmen daher eine Scheinleistung S auf, die stets größer ist als die benötigte Wirkleistung und die sich aus der geometrischen Summe von Wirk- und Blindleistung ergibt.

$$S = \sqrt{P^2 + Q^2}.$$

Leistungsfaktor

Das Verhältnis von Wirkleistung zu Scheinleistung wird als Leistungsfaktor ($\cos \varphi$) bezeichnet.

$$\cos \varphi = \frac{P}{S}.$$

Zwischen Wirk- und Blindleistung besteht der Zusammenhang

$$Q = P \cdot \tan \varphi.$$

Einsatz von Leistungskondensatoren

Zur Kompensation der Blindleistung werden überwiegend Leistungskondensatoren eingesetzt. Sie können einzelnen Verbrauchsmitteln oder Verbrauchergruppen zugeordnet werden oder zentral angeordnet die Kompensation einer gesamten Anlage übernehmen.

Erforderliche Kondensatorleistung

Um bei einem vorhandenen Leistungsfaktor $\cos \varphi_1$ einen verbesserten Leistungsfaktor $\cos \varphi_2$ zu erreichen, benötigt man eine Kondensatorleistung Q_c von

$$Q_c = P \cdot (\tan \varphi_1 - \tan \varphi_2).$$

Bild 7.2/2 zeigt das Leistungsdiagramm für eine unkompensierte und eine kompensierte Anlage.

Mit den Werten ($\tan \varphi_1 - \tan \varphi_2$) aus Tabelle 7.2/1 kann die Kondensatorleistung zur Kompensation von $\cos \varphi_1$ auf $\cos \varphi_2$ bestimmt werden.

Angestrebter $\cos \varphi_2$

Für eine kompensierte Anlage sollte ein Leistungsfaktor von 0,9 bis 0,98 induktiv angestrebt werden.

Überkompensation

Eine Überkompensation ($Q_c > Q$) sollte weitgehend vermieden werden, um den Transport kapazitiver Blindleistung und eine Erhöhung der Netzspannung zu vermeiden.

Von den EVU wird häufig ein Leistungsfaktor größer 0,9 vorgeschrieben.

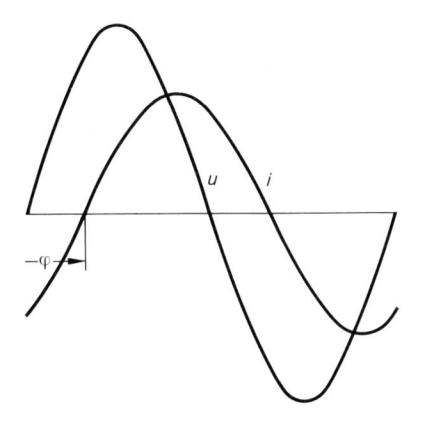

7.2 Kompensation linearer Verbrauchsmittel

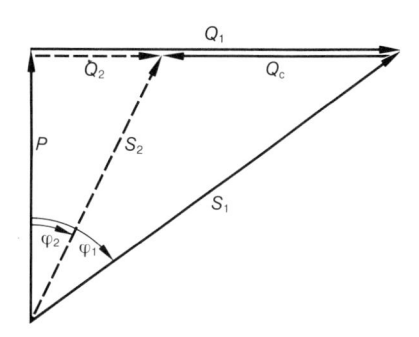

$Q = P \cdot \tan \varphi$

$S = P \cdot \dfrac{1}{\cos \varphi}$

P Wirkleistung
Q Blindleistung
S Scheinleistung
φ Phasenwinkel

Bild 7.2/1
Phasenverschiebung von Strom und
Spannung bei einem
ohmisch-induktiven Verbrauchsmittel

Bild 7.2/2
Leistungsdiagramm für eine
umkompensierte (Index 1) und eine
kompensierte (Index 2) Anlage

Tabelle 7.2/1
Tabelle zur Bestimmung der Kondensatorleistung bei Kompensation von $\cos \varphi_1$ auf $\cos \varphi_2$

$\cos \varphi_1$ \ $\cos \varphi_2$	1,00	0,98	0,96	0,94	0,92	0,90	0,85	0,80	0,75	0,70
0,40	2,29	2,09	2,00	1,93	1,86	1,81	1,67	1,54	1,41	1,27
0,45	1,99	1,79	1,70	1,63	1,56	1,51	1,37	1,24	1,11	0,97
0,50	1,73	1,53	1,44	1,37	1,30	1,25	1,11	0,98	0,85	0,71
0,55	1,52	1,32	1,23	1,16	1,09	1,04	0,90	0,77	0,64	0,50
0,60	1,33	1,13	1,04	0,97	0,90	0,85	0,71	0,58	0,45	0,31
0,65	1,17	0,97	0,88	0,81	0,74	0,69	0,55	0,42	0,29	0,15
0,70	1,02	0,82	0,73	0,66	0,59	0,54	0,40	0,27	0,14	—
0,75	0,88	0,68	0,59	0,52	0,45	0,40	0,26	0,13	—	—
0,80	0,75	0,55	0,46	0,39	0,32	0,27	0,13	—	—	—
0,85	0,62	0,42	0,33	0,26	0,19	0,14	—	—	—	—
0,90	0,48	0,28	0,19	0,12	0,05	—	—	—	—	—

Vorhandener Leistungsfaktor
Gewünschter Leistungsfaktor
$(\tan \varphi_1 - \tan \varphi_2)$

7.2 Kompensation linearer Verbrauchsmittel

Bestimmung der Kondensatorleistung

Anlagen im Projektierungsstadium

Um die Kondensatorleistung beim Projektieren einer Neuanlage zu bestimmen, muß der Blindleistungsbedarf der einzelnen Verbrauchsmittel unter Berücksichtigung eines angemessenen Gleichzeitigkeitsfaktors a addiert werden.

Der Berechnung müssen die im Betrieb tatsächlich auftretenden Werte von Wirkleistung und Leistungsfaktor zugrunde gelegt werden. Sie können bei Antrieben beispielsweise von den Nennwerten beträchtlich abweichen.

Überschlagsrechnung

Häufig ist es ausreichend, die Kondensatorleistung überschlägig zu ermitteln. Als Faustformel kann angenommen werden

$$Q_c = 0{,}3 \cdot a \cdot S$$

a Gleichzeitigkeitsfaktor
S installierte Verbraucher-Scheinleistung.

Hierbei wird eine Kompensation auf $\cos \varphi_2 = 0{,}9$ und ein mittlerer Leistungsfaktor der Verbrauchsmittel von $\cos \varphi_1 = 0{,}75$ zugrunde gelegt.

Nachträgliche Kompensation

Bei Anlagen, die bereits in Betrieb sind, kann die erforderliche Kondensatorleistung durch Messungen festgestellt werden.

Messung mit Zählern

Sind Wirk- und Blindarbeitszähler vorhanden, kann der Bedarf an Kondensatorleistung aus der monatlichen Stromrechnung entnommen werden. Er wird berechnet aus

$$Q_c = \frac{W_b - W_w \cdot \tan \varphi_2}{t}$$

W_b Blindarbeit (kvarh)
W_w Wirkarbeit (kW)
t Betriebszeit (h).

Meßgeräte

Sind keine Blindarbeitszähler vorhanden, kann über Blind- und Wirkleistungsschreiber die Kondensatorleistung ebenfalls ermittelt werden, wenn diese über einen angemessenen Zeitraum am Netz angeschlossen sind.

Leistungskondensatoren

Kondensatoren werden für Einphasen- oder Drehstromanschluß hergestellt.

Einphasenkondensatoren

Für Einphasenkondensatoren gilt

$$Q_c = U^2 \cdot \omega \cdot C \cdot 10^{-3}$$
$$I_c = \frac{Q_c}{U}$$
$$X_c = \frac{U \cdot 10^3}{I_c}$$

7.2 Kompensation linearer Verbrauchsmittel

Drehstromkondensatoren sind in Y oder △ geschaltet.

**Drehstrom-
kondensatoren**

Es gilt für

Sternschaltung

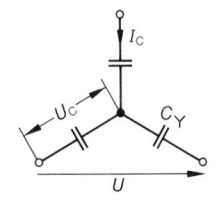

$$Q_c = U^2 \cdot \omega \cdot C_Y \cdot 10^{-3}$$

$$I_c = \frac{Q_c}{U \cdot \sqrt{3}}$$

$$X_c = \frac{U \cdot 10^3}{I_c \cdot \sqrt{3}}.$$

Dreieckschaltung

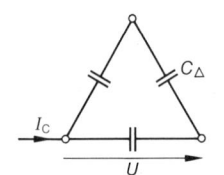

$$Q_c = 3 \cdot U^2 \cdot \omega \cdot C_\Delta \cdot 10^{-3}$$

$$I_c = \frac{Q_c}{U \cdot \sqrt{3}}$$

$$X_c = \frac{U \cdot \sqrt{3} \cdot 10^3}{I_c}.$$

Aus den drei Gleichungen für Q_c ergibt sich bei gleicher Blindleistung Q_c

$$C = C_Y = 3\, C_\Delta,$$

d.h. um gleiche Blindleistung zu erreichen, muß bei der Dreieckschaltung der Kondensator C_Δ nur ⅓ der Kapazität von C_Y bzw. von C haben.

Q_c Kondensatorleistung   in kvar
U Kondensatorspannung in kV
I_c Kondensatorstrom   in A
X_c Blindwiderstand des Kondensators in Ω
C Kapazität in µF
ω $2\pi f$, Kreisfrequenz.

Es ist darauf zu achten, daß die Kondensator-Nennspannung der Betriebsspannung des Netzes an der Einsatzstelle entspricht.

**Spannung und
Frequenz**

Ist die Betriebsspannung niedriger als die Kondensator-Nennspannung und hat eine von ihr abweichende Frequenz, gilt für die abgegebene Kompensationsleistung

$$Q_{c1} = Q_{cN} \cdot \left(\frac{U_1}{U_{cN}}\right)^2 \cdot \frac{f_1}{f_N}\,; \quad U_1 \leq U_{cN}.$$

7.2 Kompensation linearer Verbrauchsmittel

Kompensationsarten

Es besteht prinzipiell die Möglichkeit, Verbrauchsmittel einzeln, in Gruppen oder zentral zu kompensieren (Bild 7.2/3). Bei der Wahl der Kompensationsart müssen wirtschaftliche und anlagentechnische Überlegungen angestellt werden.

Zentralkompensation

Zur Zentralkompensation werden überwiegend Blindleistungs-Regeleinheiten eingesetzt, die direkt einem Haupt- oder Unterverteiler zugeordnet werden.

Entscheidungs-kriterien

Dies ist vor allem dann günstig, wenn

▷ viele kleinere Verbrauchsmittel mit
▷ unterschiedlichem Leistungsbedarf
▷ und wechselnder Einschaltdauer

am Netz installiert sind.

Vorteile

Eine Zentralkompensation hat weiterhin den Vorteil, daß

▷ die Kompensationseinrichtungen infolge ihrer zentralen Anordnung leicht überprüfbar sind,
▷ eine nachträgliche Installation oder Erweiterung relativ einfach ist,
▷ die Kondensatorleistung dem Blindleistungsbedarf der Verbrauchsmittel stets angepaßt wird und
▷ unter Berücksichtigung eines Gleichzeitigkeitsfaktors oft eine geringere Kondensatorleistung installiert werden muß als bei der Einzelkompensation.

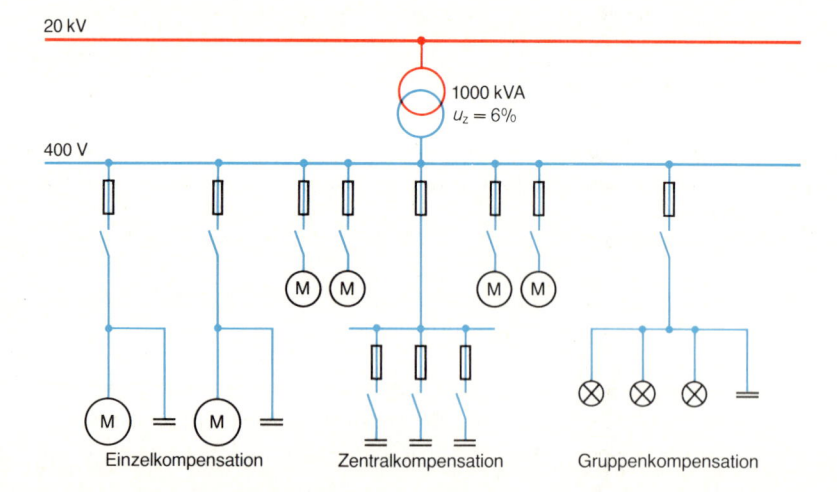

Bild 7.2/3   Kompensationsarten

Blindleistungs-Regeleinheiten

Blindleistungs-Regeleinheiten bestehen aus einem Regler und einem Leistungsteil mit **Aufbau Leistungsteil**

▷ Leistungskondensatoren,
▷ Schützen zum Schalten der Kondensatoren,
▷ Sicherungen für die Kondensatorabzweige,
▷ Einrichtungen zum Entladen der Kondensatoren nach dem Abschalten vom Netz.

Der Regler mißt die anstehende Blindleistung an der Einspeisestelle über Strom- und Spannungswandler. Bei Abweichungen vom eingestellten Sollwert gibt er Steuerbefehle an die Kondensatorschütze und schaltet sie je nach Bedarf stufenweise zu oder ab. **Regler**

Charakteristisch für eine Regeleinheit ist deren Leistung und Stufenzahl. **Stufenzahl**

Bei einer fünfstufigen Einheit mit z. B. 250 kvar kann die Kondensatorleistung in Schritten von 50 kvar geschaltet werden.

Um eine hinreichend genaue Regelung zu erreichen und gleichzeitig ein zu häufiges Schalten der Schütze zu vermeiden, ist es in der Praxis sinnvoll, die Anzahl der Stufen zwischen fünf und maximal zehn zu wählen.

Beim Einsatz verlustarmer Kondensatoren und moderner Schaltgeräte können Regeleinheiten komplett in Schaltschränke eingebaut und somit in Schaltanlagen und Verteilern integriert werden. **Verlustarme Kondensatoren**

Einzelkompensation

Eine Einzelkompensation ist dann empfehlenswert, wenn **Entscheidungskriterien**

▷ große Verbrauchsmittel mit
▷ konstantem Leistungsfaktor und
▷ langer Einschaltdauer

kompensiert werden müssen.

Sie hat den Vorteil, daß auch die Zuleitungen zu den Verbrauchsmitteln entlastet werden. **Vorteile**

Die Kondensatoren können häufig direkt an den Klemmen der einzelnen Verbrauchsmittel angeschlossen und mit einem gemeinsamen Schaltgerät ein- und ausgeschaltet werden.

Transformatoren

Transformatoren nehmen bei einer Belastung mit der Scheinleistung S eine Blindleistung Q_{Tr} auf, die sich aus der Leerlaufblindleistung Q_0 und der Streufeldblindleistung an der Kurzschlußreaktanz zusammensetzt. **Blindleistungsaufnahme**

$$Q_{Tr} = Q_0 + \frac{u_z}{100\%} \cdot \left(\frac{S}{S_N}\right)^2 \cdot S$$

7.2 Kompensation linearer Verbrauchsmittel

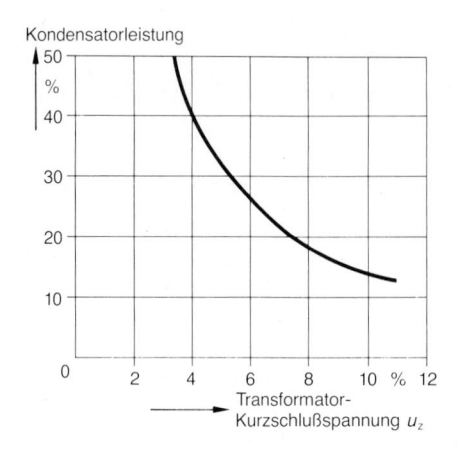

Bild 7.2/4
Bei Schwachlast zulässige Kondensatorleistung in % der Transformatorleistung S_N

Kondensatorleistung

Bei der Kompensation eines Transformators mit einer Feststufe wird die Kondensatorleistung nach der Blindleistungsaufnahme bei Vollast ausgewählt.

Resonanzen

Vielfach wird eine größere Kondensatorleistung gewünscht, um damit auch einen Teil der Blindleistung der angeschlossenen Verbrauchsmittel zu decken. Hierbei muß die Kondensatorleistung jedoch auf die im Bild 7.2/4 angegebenen Werte begrenzt werden, um in Schwachlastzeiten Resonanzen mit der 5. und 7. Oberschwingung zu vermeiden, die in Netzen im allgemeinen am stärksten hervortreten.

Tabelle 7.2/2 Blindleistungsaufnahme von Transformatoren

Transformator-Nennleistung S_N kVA	u_z %	Transformator-Blindleistung Q_{Tr} bei Leerlauf (Q_0) kvar[1])	bei Vollast (Q_{TrN}) kvar	Kondensatorleistung Q_C kvar
100	4	3,5	7,5	7,5
160	4	5,0	11,4	12,5
250	4	7,0	17,0	15,0
400	4	10,0	26,0	25,0
500	4	12,0	32,0	30,0
630	4	14,5	40,0	40,0
800	6	17,0	49,0	50,0
1000	6	20,0	80,0	75,0
1250	6	24,0	99,0	100,0
1600	6	28,0	124,0	125,0
2000	6	33,0	153,0	150,0

[1]) Mittelwerte

S_N Transformator-Nennleistung in kVA
u_z Transformator-Kurzschlußspannung in %
Q_0 Transformator-Leerlaufblindleistung in kvar
Q_{Tr} Transformator-Blindleistung in kvar
Q_{TrN} Transformator-Blindleistung bei Vollast in kvar

7.2 Kompensation linearer Verbrauchsmittel

Die durch eine Überkompensation verursachte Spannungserhöhung an den Sekundärklemmen eines Transformators hingegen ist unkritisch. Für einen nur mit Kondensatorleistung belasteten Transformator gilt

Spannungserhöhung bei Überkompensation

$$\Delta U = u_z \cdot \frac{Q_C}{S_N}.$$

Aus der Tabelle 7.2/2 kann für Transformatoren von 100 bis 2000 kVA die zur Festkompensation erforderliche Kondensatorleistung entnommen werden.

Asynchronmotoren

Schließt man den Kondensator direkt an den Motorklemmen an, darf die Kondensatorleistung nicht größer als 90% der Leerlaufblindleistung des Motors sein. Bei größeren Werten kann beim Auslaufen Selbsterregung und somit eine hohe Überspannung an den Klemmen auftreten. Als Anhaltspunkt für die Leerlaufblindleistung von Asynchronmotoren mit Käfigläufer dienen die Diagramme in Bild 7.2/5.

Selbsterregung

Wird der Motor über eine Stern-Dreieck-Schützkombination hochgefahren, schaltet man den Kondensator über ein eigenes Schütz ans Netz. Die Kondensatorleistung ist während des Anlaufes voll wirksam.

Stern-Dreieck-Schützkombination

Beim Einsatz handbetriebener Stern-Dreieck-Schalter sollten nur Schalter in Ausführung für kompensierte Motoren eingesetzt werden. Der Kondensator bleibt beim Umschalten von Stern auf Dreieck am Netz und gibt ebenfalls während des Anlaufs seine volle Leistung ab.

Stern-Dreieck-Schalter

Es sollte vermieden werden, Kondensatoren in offener Schaltung an jede der drei Motorwicklungen anzuschließen, da beim Anlaufen nur $\frac{1}{3}$ der Kondensatorleistung wirksam wird und während des Umschaltens die Verbindung zum Netz kurz unterbrochen wird.

Offene Schaltung

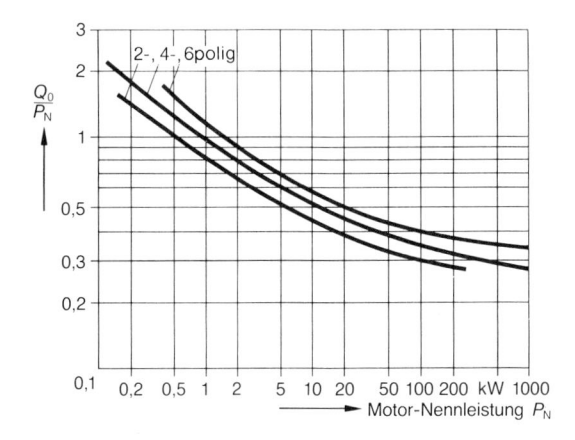

Bild 7.2/5
Verhältnis der Leerlaufblindleistung Q_0 zur Motor-Nennleistung P_N für Motoren mit Käfigläufer (Mittelwerte)

7.2 Kompensation linearer Verbrauchsmittel

Hierbei bleibt der Kondensator geladen und kann bei Phasenopposition wieder zur Netzspannung zugeschaltet werden, was zu hohen Ausgleichsströmen führt.

Die Bilder 7.2/6 und 7.2/7 zeigen die Kompensation von Motoren für Direkt- und Stern-Dreieck-Anlauf.

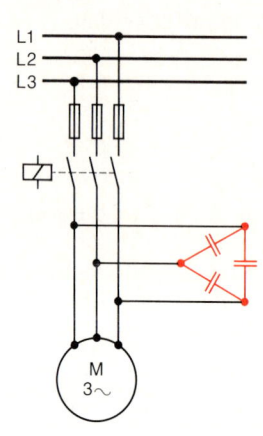

Bild 7.2/6
Gemeinsames Schalten von Motor und Kondensator

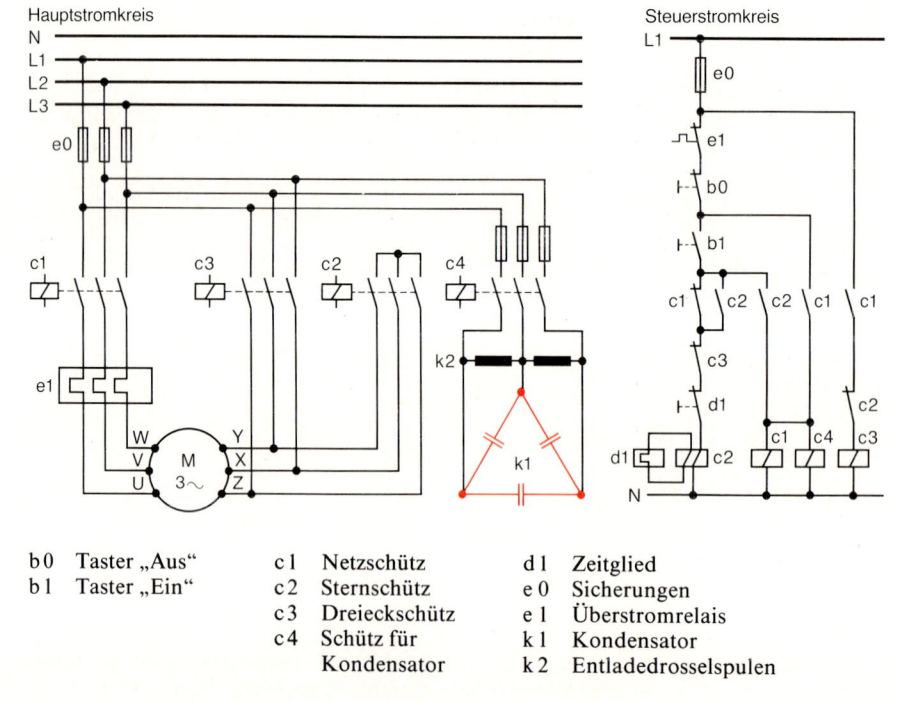

b0 Taster „Aus"
b1 Taster „Ein"
c1 Netzschütz
c2 Sternschütz
c3 Dreieckschütz
c4 Schütz für Kondensator
d1 Zeitglied
e0 Sicherungen
e1 Überstromrelais
k1 Kondensator
k2 Entladedrosselspulen

Bild 7.2/7 Schaltbild einer Stern-Dreieck-Schützkombination

Leuchtstofflampen

Leuchtstofflampen benötigen aufgrund ihrer negativen Strom-Spannungs-Kennlinie Strombegrenzungsmittel. Bei Wechselstrombetrieb werden hierfür häufig Drosselspulen als Vorschaltgeräte eingesetzt. **Drosselspulen als Vorschaltgeräte**

Bei einer Einzelkompensation der Lampen (Tabelle 7.2/3) muß bei der Auswahl der Schaltgeräte der Ladestromstoß der Kondensatoren berücksichtigt werden.

Da Ausfälle von Kondensatoren oft erst durch ansteigenden Blindleistungsbedarf festgestellt werden und das Auffinden der defekten Kondensatoren sehr aufwendig ist, ist für größere Beleuchtungsanlagen eine Gruppen- oder Zentralkompensation oft zweckmäßig.

Moderne elektronische Vorschaltgeräte haben einen Leistungsfaktor von annähernd 1 und müssen somit nicht kompensiert werden. **Elektronische Vorschaltgeräte**

Gruppenkompensation

Bei einer Gruppenkompensation wird die Kompensationseinrichtung jeweils einer Verbrauchergruppe zugeordnet. Diese kann aus Motoren oder auch aus Leuchtstofflampen bestehen, die gemeinsam über ein Schütz oder einen Schalter ans Netz geschaltet werden. Wie bei der Einzelkompensation sind auch hier zum Schalten der Kondensatoren oft keine getrennten Schaltgeräte erforderlich.

Einsatz von Tonfrequenzsperrkreisen

In Netzen mit Tonfrequenz-Rundsteueranlagen werden dem Versorgungsnetz Tonfrequenzimpulse überlagert, welche die im Netz angeschlossenen Empfangsrelais ansteuern. **Tonfrequenz-Rundsteueranlagen**

Tabelle 7.2/3 Kondensatorleistung für Leuchtstofflampen

Leuchtstofflampe		Erforderliche Kondensatorleistung
Nennspannung V~	Nennleistung W	var
110	20	30
220	10	30
	2 · 15[1])	55
	16	40
	20	80
	25	55
	40	70
	2 · 20[1])	70
	65	110

[1]) Zwei Lampen in Reihenschaltung

7.2 Kompensation linearer Verbrauchsmittel

Belastung durch Kondensatoren

Bei hochfrequenten Signalen können bei verhältnismäßig kleinen Spannungen bereits große Tonfrequenzströme in den am Netz angeschlossenen Kondensatoren fließen, da die Reaktanz von Kondensatoren umgekehrt proportional der Frequenz ist. Diese belasten die Sendeanlagen zusätzlich und lassen u. U. im Umkreis eines Kondensators die Tonfrequenzspannung unter den erforderlichen Ansprechwert sinken. In solchen Fällen sind die Kondensatoren mit Tonfrequenzsperren zu versehen.

Tonfrequenzsperren

Ein Sperren der Tonfrequenz kann durch

▷ Parallel-Sperrkreise, die vor die Kondensatoren geschaltet werden oder durch

▷ Teilverdrosselung der Kondensatoren erreicht werden.

Das zuständige EVU gibt Auskunft darüber, welche Einrichtungen einzusetzen sind.

7.3 Kompensation stromrichtergespeister Verbrauchsmittel mit Filterkreisen

Mit fortschreitender Entwicklung der Leistungselektronik ist auch die Anzahl der stromrichtergespeisten Verbrauchsmittel ständig gestiegen. Stromrichter entnehmen dem speisenden Drehstromnetz induktive Blindleistung und einen nicht sinusförmigen Strom.

Netzrückwirkungen bei der Drehstrombrückenschaltung

Die Netzrückwirkung von Stromrichtern soll im folgenden anhand der Drehstrombrückenschaltung erläutert werden, die bei größeren Verbrauchsmitteln am häufigsten eingesetzt wird.

Grundschwingungsblindleistung

Die Ausgangsspannung eines Stromrichters kann mit einer Anschnittsteuerung kontinuierlich verändert werden. Hierbei werden die Ventilströme mit zunehmendem Steuerwinkel α immer stärker in den induktiven Bereich verschoben. Der Stromrichter entnimmt dem Netz eine Blindleistung, die auch als Steuerblindleistung bezeichnet wird. Hinzu kommt noch die Kommutierungsblindleistung, die durch den endlichen Anstieg der Ventilströme verursacht und auch von ungesteuerten Stromrichtern aufgenommen wird. Bei einem Überlappungswinkel u entnimmt ein Stromrichter dem Netz eine Grundschwingungsblindleistung von

Steuerblindleistung
Kommutierungs-
blindleistung

$$Q_{(1)} = P_{(1)} \tan(\alpha + u/2).$$

Oberschwingungsströme und Resonanzen

Der netzseitige Stromrichterstrom ist nicht sinusförmig, kann jedoch in sinusförmige Anteile zerlegt werden, in eine Grundschwingung und in eine Reihe von Oberschwingungen (Bild 7.3/1). Bei der Drehstrom-Brückenschaltung treten Oberschwingungen der Ordnungszahl

Grundschwingung
Oberschwingungen

$$v = 6k \pm 1 \text{ auf } (k = 1, 2, 3, \ldots).$$

Die Amplituden der Oberschwingungsströme sind, außer von der Höhe des Grundschwingungsstroms, von ihrer Ordnungszahl, den Reaktanzen in den Kommutierungszweigen, der Glättung des Gleichstroms und vom Steuerwinkel abhängig.

Man kann in der Praxis mit folgenden Werten rechnen:

$$I_{(5)} = 0{,}25\, I_{(1)},\ I_{(7)} = 0{,}13\, I_{(1)},\ I_{(11)} = 0{,}09\, I_{(1)} \text{ und } I_{(13)} = 0{,}07\, I_{(1)}.$$

Während die Amplitude der 5. Harmonischen bei geringer Glättung des Gleichstroms wesentlich höhere Werte annehmen kann, sind die höher harmonischen Ströme im allgemeinen von weniger großer Bedeutung. Die Oberschwingungsströme verzerren die Netzspannung, verursachen Verluste und können Resonanzerscheinungen hervorrufen.

Verzerrung der
Netzspannung

7.3 Kompensation stromrichtergespeister Verbrauchsmittel

I_L Gesamt-Laststrom	U Netzspannung (Außenleiterspannung)
$I_{(1)}$ Grundschwingung	φ_1 Phasenverschiebung zwischen Netz-
$I_{(5)}$ 5. Oberschwingung	spannung und Grundschwingung
$I_{(7)}$ 7. Oberschwingung	

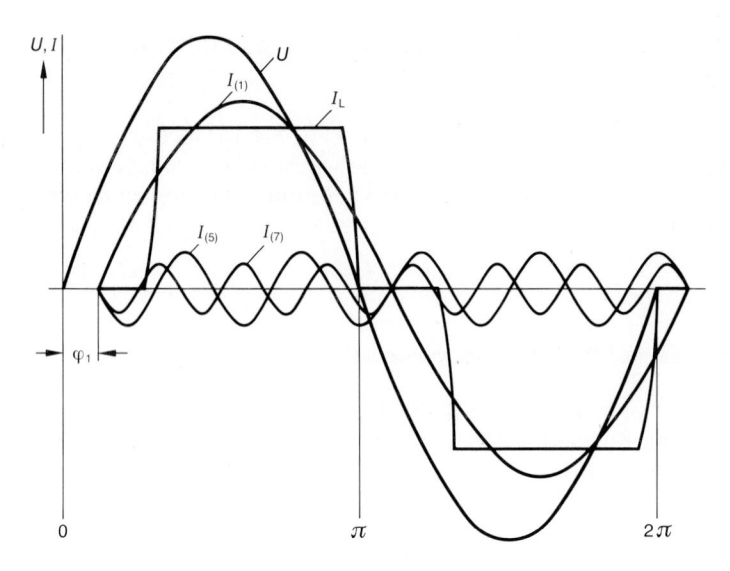

Bild 7.3/1 Zerlegung des Stromrichterstroms in Grund- und Oberschwingungen

Resonanzen

Vorsicht ist geboten, wenn in Netzen mit Stromrichtern Leistungskondensatoren zur Blindleistungskompensation eingesetzt sind (Bild 7.3/2). Die Kondensatoren bilden nämlich mit der Reaktanz des einspeisenden Netzes einen Schwingkreis, in dem die einzelnen Oberschwingungsströme je nach der Leistung der angeschlossenen Kondensatoren beträchtlich verstärkt werden können.

Einsatz verdrosselter Kondensatoren

Vermeidung von Resonanzerscheinungen

Zur Blindleistungskompensation in Netzen mit Stromrichtern werden daher den Kondensatoren Drosseln vorgeschaltet (verdrosselte Kondensatoren). Man erhält einen Reihenschwingkreis, der so abgestimmt wird, daß seine Resonanzfrequenz unterhalb der 5. Harmonischen liegt, etwa bei 200 bis 220 Hz. Hierdurch wird die Kompensationseinrichtung für alle im Stromrichterstrom auftretenden Oberschwingungen induktiv, und es können somit keine Resonanzen mehr entstehen (Bild 7.3/3).

Kompensation von induktiver Blindleistung und Oberschwingungen

Da auch ein Teil der Oberschwingungsströme, vor allem Ströme der 5. Harmonischen, in die Kompensationseinrichtung fließt, wird das Netz nicht nur von induktiver Blindleistung, sondern auch von Oberschwingungen entlastet.

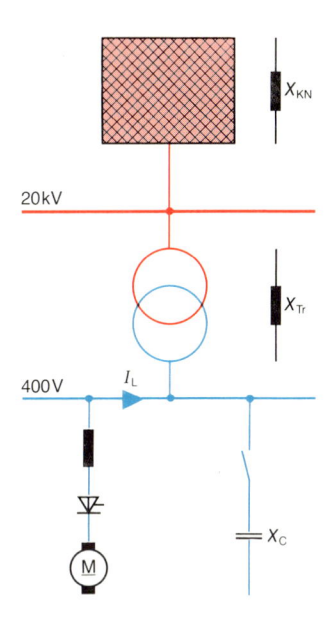

7.3 Kompensation stromrichtergespeister Verbrauchsmittel

Bild 7.3/2
Resonanzerscheinungen bei der Kompensation mit Kondensatoren

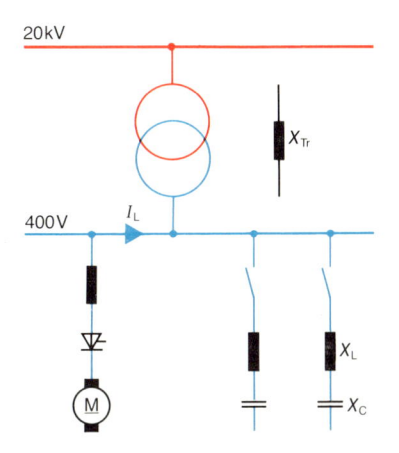

Bild 7.3/3
Verdrosselte Kondensatoren zur Kompensation der Grundschwingungsblindleistung

Verdrosselte Kondensatoren können zur Einzelkompensation und zur zentralen Kompensation in Blindleistungs-Regeleinheiten nach den gleichen Kriterien wie bei der Kompensation linearer Verbrauchsmittel eingesetzt werden.

Einsatz abgestimmter Filterkreise

Durch den Einsatz abgestimmter Filterkreise können die Oberschwingungsströme, die ins Netz fließen, abermals beträchtlich verringert werden.

Auch Filterkreise sind Reihenschwingkreise, die jedoch genau auf die einzelnen Harmonischen des Stromrichterstroms abgestimmt sind und daher für diese eine nur sehr kleine Impedanz darstellen. Hierdurch fließen die Oberschwingungsströme weitgehend in die Filterkreise und werden so vom übergeordneten Netz ferngehalten. Da sie für die Grundschwingung kapazitiv sind, verringern sie nicht nur die Verzerrungsleistung, sondern tragen gleichzeitig zur Kompensation der Grundschwingungsblindleistung bei. Filterkreise müssen immer von der niedrigsten Ordnungszahl an aufwärts aufgebaut werden. Sie werden häufig für die 5., 7., 11. und 13. Oberschwingung eingesetzt (Bild 7.3/4).

Abstimmung auf einzelne Harmonische

Kompensation von Oberschwingungsströmen und induktiver Blindleistung

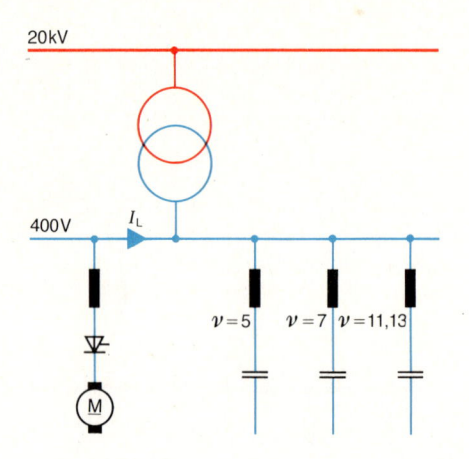

7.3 Kompensation stromrichtergespeister Verbrauchsmittel

Bild 7.3/4
Abgestimmte Filterkreise
zum Verringern der
Oberschwingungen

In vielen Fällen sind Filterkreise jedoch allein für die 5. Oberschwingung bereits ausreichend. Die im Netz fließenden Oberschwingungsströme lassen sich um 70 bis 90% reduzieren.

Eine Kompensation mit Filterkreisen wird am günstigsten zentral vorgenommen.

Netz mit gemischter Last

In elektrischen Betriebsnetzen werden Stromrichter häufig zusammen mit linearen Verbrauchsmitteln über einen gemeinsamen Transformator gespeist (Bild 7.3/5). Die Resonanzkreise werden durch diese Verbrauchsmittel gedämpft.

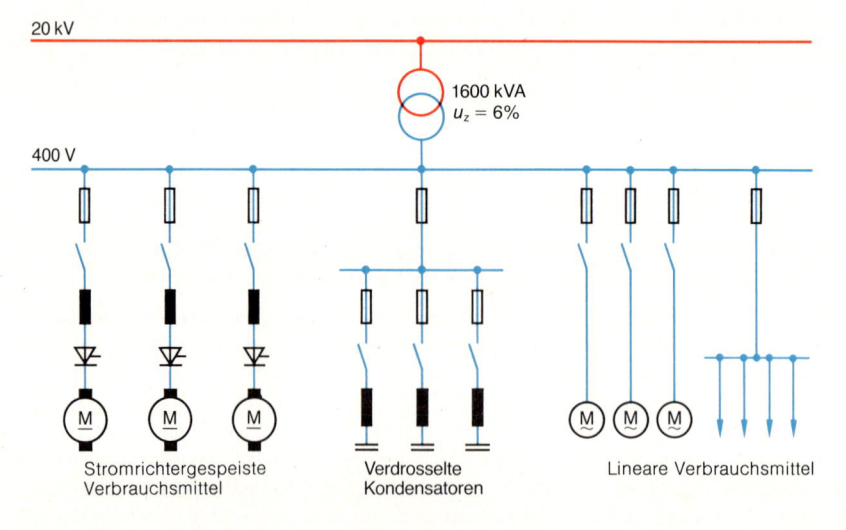

Bild 7.3/5   Kompensation in einem Netz mit gemischter Last

7.3 Kompensation stromrichtergespeister Verbrauchsmittel

Der Einsatz verdrosselter Kondensatoren oder abgestimmter Filterkreise wird daher erst ab einer gewissen Stromrichterlast erforderlich. Es gibt keine festen Regeln, ab welcher Stromrichterleistung Kondensatoren verdrosselt werden müssen. Als Orientierungshilfe können die in Bild 7.3/6 angegebenen Werte dienen.

Kondensatoren oder Filterkreise

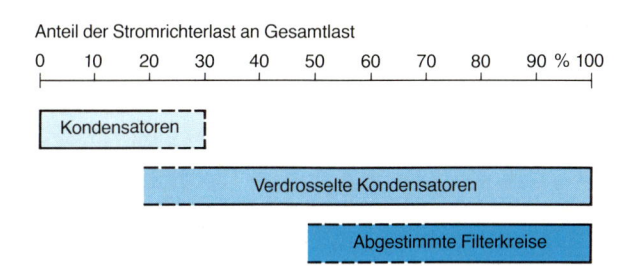

Bild 7.3/6
Orientierungshilfe zur Auswahl der Kompensationsmittel in Netzen mit gemischter Last

8 Beleuchtungstechnik

8.1 Lichtquellen

Tabelle 8.1/1   Die wichtigsten Lichtquellen für allgemeine Beleuchtungszwecke

	Allgebrauchs-glühlampen	Leuchtstofflampen	Quecksilberdampf-Hochdrucklampen	Natriumdampf-Niederdruck-lampen	Natriumdampf-Hochdrucklampen
Wirkungsweise	Lichterzeugung durch Temperatur-strahlung eines auf etwa 2600 °C er-hitzten Wolfram-drahtes. Verdamp-fen des Wolframs wird durch Gasfül-lung des Kolbens reduziert, Kolben-schwärzung bei Ha-logenglühlampen verhindert	Entladung in Quecksilberdampf zwischen erhitzten Elektroden bei niedrigem Druck. Erzeugte UV-Strah-lung regt den in das Glasrohr einge-brachten Leucht-stoff zum Leuchten an. Lichtfarbe je nach Leuchtstoff-Kombination	Lichterzeugung durch Entladung in reinem oder mit Zusätzen (Halo-gene) versehenen Quecksilberdampf in Quarzbrenner bei einigen bar Be-triebsdruck. Der schützende Glas-kolben kann zu-sätzlich mit Leucht-stoff versehen sein	Entladung in Na-triumdampf bei niedrigem Betriebs-druck erzeugt mo-nochromatisches Licht (gelborange). Wärmeschutzkol-ben umgibt das zu-meist U-förmige Entladungsrohr	Natriumdampf-Hoch-druckentladung in Keramikbrenner, des-sen Kristallgitter in heißem Zustand Licht durchläßt, erzeugt starke Na-Linienstrah-lung und Nebenspek-trum im gesamten sichtbaren Bereich
Licht-ausbeute	Etwa 8 bis 20 lm/W, je nach Lei-stungsaufnahme (vgl. Tab. 8.1/2)	Etwa 30 bis 94 lm/W, je nach Lichtfarbe und Lei-stungsaufnahme mit Vorschaltgerät (vgl. Tab. 8.1/4)	Etwa 34 bis 92 lm/W, je nach Lampenart und Leistungsaufnahme mit Vorschaltgerät (vgl. Tab. 8.1/7)	Etwa 72 bis 150 lm/W, je nach Lampenaufbau und Leistungsaufnahme mit Vorschaltgerät (vgl. Tab. 8.1/11)	Etwa 53 bis 120 lm/W, je nach Lei-stungsaufnahme mit Vorschaltgerät (vgl. Tab. 8.1/10)
Nutzbrenndauer	Standardlampen i. allg. 1000 h. Sonderlampen meist weniger	Standardlampen i. allg. 7500 h	6000 bis 9000 h je nach Typ	10 000 h	9000 h
Lichtfarbe, Farbwiedergabe (FW)	warmweiß (gelbro-ter Spektralbereich stark betont) FW-Stufe 1	mehrere Typen für tageslichtweiß, neu-tralweiß und warm-weiß, Sonderlicht-farben. FW-Stufen 1 bis 3 je nach Typ	i. allg. neutralweiß oder tageslichtweiß FW-Stufen 1 oder 3 je nach Typ	monochromatisch (gelborange), keine Farberkennung möglich FW-Stufe 4	warmweiß (überwie-gend gelbrot), Farb-erkennung begrenzt möglich FW-Stufe 4
Leuchtdichte	bis etwa 2000 cd/cm² bei Klarglas-lampen	etwa 0,4 bis 1,5 cd/cm² je nach Typ	etwa 4 bis 23 cd/cm² bei Ellipsoid-kolben mit Leucht-stoff, 530 bis 1600 cd/cm² bei Lampen mit Klarglaskolben	etwa 10 cd/cm²	etwa 4 bis 30 cd/cm² bei Lampen mit Streu-glaskolben, etwa 300 bis 550 cd/cm² bei Klarglaslampen
Temperaturab-hängigkeit des Lichtstromes	Der Lichtstrom ist sehr stark von der Temperatur des Glühdrahtes ab-hängig, doch hat die Umgebungs-temperatur um die Lampe praktisch keinen Einfluß	Normale Lampen sind für 20 °C, Amalgam-Lampen für 40 °C ausgelegt. Bei anderen Tem-peraturen ändert sich der Betriebs-druck und der Lichtstrom sinkt (vgl. Bild 8.1/2)	Die Umgebungs-temperatur beein-flußt den Licht-strom praktisch nicht	Die Umgebungs-temperatur beein-flußt den Licht-strom praktisch nicht	Die Umgebungstem-peratur beeinflußt den Lichtstrom praktisch nicht

8.1 Lichtquellen

Tabelle 8.1/1 (Fortsetzung)

	Allgebrauchsglühlampen	Leuchtstofflampen	Quecksilberdampf-Hochdrucklampen	Natriumdampf-Niederdrucklampen	Natriumdampf-Hochdrucklampen
Lichtwelligkeit	Bei Leistungen über 40 W und Netzfrequenz 50 Hz oder mehr ist Lichtwelligkeit praktisch nicht mehr bemerkbar	Welligkeit des Lichtstromes (doppelte Netzfrequenz), durch Leuchtstoffe begrenzt, i. allg. praktisch nicht störend. Gegen stroboskopische Effekte Abhilfe durch geeignete Schaltungen (vgl. Kap. 8.2.1)	Welligkeit stärker als bei L-Lampen. Abhilfe durch geeignete Schaltungen	Welligkeit wesentlich stärker als bei L-Lampen. Abhilfe durch geeignete Schaltungen	Welligkeit stärker als bei L-Lampen. Abhilfe durch geeignete Schaltungen
Voraussetzungen für Netzbetrieb	Netzbetrieb ohne besondere Maßnahmen möglich (auch an Gleichstrom)	Bei Standardlampen Starter und Vorschaltgerät (Drosselspule), meist auch Kondensator für Kompensation erforderlich. Neuentwicklung dafür: Elektronisches Vorschaltgerät	Bei allen Typen Vorschaltgerät (Drosselspule), bei einigen Halogen-Metalldampflampen auch Starter oder Hochspannungs-Zündgerät erforderlich	Für die meisten Typen Streufeldtransformator als Vorschaltgerät erforderlich	Drosselspule als Vorschaltgerät bei allen, Zündgerät bei den meisten Typen erforderlich
Einschalt- bzw. Anlaufverhalten	Voller Lichtstrom sofort nach Einschalten, Einschaltstrom bis zum 14fachen des Nennstromes (vgl. Bild 8.1/1)	Bei Zündung annähernd voller Lichtstrom. Vorheizstrom bis Zündung (wenige Sek.) etwa doppelter Nennstrom	Voller Lichtstrom erst 1 bis 4 Min. nach Einschalten. Anlaufstrom 1,5- bis 1,7facher Nennstrom	Voller Lichtstrom erst 5 bis 10 Min. nach Einschalten. Anlaufstrom nicht größer als Nennstrom	Voller Lichtstrom erst nach 5 bis 7 Min. nach Einschalten. Anlaufstrom 1,2- bis 1,3facher Nennstrom
Anwendungsgebiete	Vielseitige Anwendbarkeit durch große Leistungsstufung und kleine Abmessungen. Heimbeleuchtung. Gerichtetes Licht	Universell anwendbar für allgemeine Beleuchtungszwecke. Hinweise hierzu Tab. 8.1/5 und Tab. 8.1/6	Außenbeleuchtung: Verkehrsanlagen, Sportanlagen, Anstrahlungen. Innenbeleuchtung: Industrie, insbesondere hohe Hallen	Anwendung, wo extrem hohe Lichtausbeute wichtig ist, aber Einfarbigkeit nicht stört: Tunnel (oft als Mischlicht), Schnellstraßen, Schleusen, Lagerplätze, Anstrahlung	Straßenbeleuchtung. Bei geringen Ansprüchen an Farbwiedergabe auch Industriebeleuchtung (hohe Hallen)

8.1 Lichtquellen

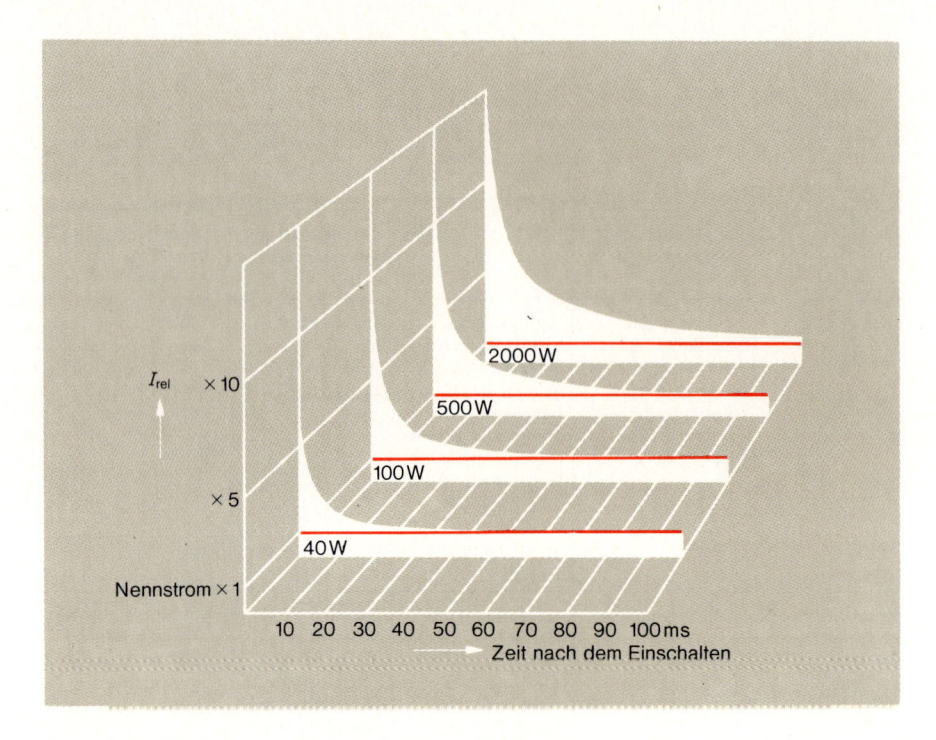

Bild 8.1/1   Einschaltstrom bei Allgebrauchsglühlampen

8.1 Lichtquellen

Tabelle 8.1/2
Nennlichtstrom und Lichtausbeute von Allgebrauchsglühlampen bei einer mittleren Lebensdauer von 1000 Stunden

Leistungsaufnahme W	Nennspannung 220 bis 230 V	
	Nennlichtstrom bei 225 V lm	Lichtausbeute bei 225 V lm/W
25	230	9,2
40	430	10,8
60	730	12,2
75	960	12,8
100	1 380	13,8
150	2 220	14,9
200	3 150	15,8
300	5 000	16,7
500	8 400	16,8
1 000	18 800	18,8

Lampen von 25 W bis 300 W haben Doppelwendeln.

Tabelle 8.1/3
Abhängigkeit der Lebensdauer und des Lichtstromes von der Spannung bei Allgebrauchsglühlampen nach Tabelle 8.1/2

Spannung in % der Nennspannung	Lebensdauer in % der mittleren Lebensdauer	Lichtstrom in % des Nennlichtstromes
90	440	70
95	200	85
100	100	100
105	50	120
110	25	145

Tabelle 8.1/4 Die wichtigsten Leuchtstofflampen

Leistungsaufnahme ohne Vorschaltgerät (W)		Leistungsaufnahme mit Vorschaltgerät (W)				Nennlichtstrom je nach Lichtfarbe bis (lm)	Lichtausbeute mit Vorschaltgerät bis etwa (lm/W)		Länge (mm)	Rohrdurchmesser (mm)
1)	2)	3)	4)	5)	6)		3)/4)	5)/6)		
Stabform										
4		10				120	12		136	16
6		12				240	20		212	16
8		14				350	25		288	16
10		14				630	45		470	26
13		19				950	50		517	16
15		25	19,5			1000	40/51		438	26
16		21				1300	62		720	26
18	16	30	23	19	35	1450	48/63	71/77	590	26
20		32	26			1150	36/44		590	38
30		40				2400	60		895	26
36	32	46		36	69	3450	75	89/93	1200	26
38	34	50		38	75	3200	64	78/79	1047	26
40		50				3000	60		1200	38
58	50	71		55	109	5400	76	95/95	1500	26
65		78				5000	64		1500	38
U-Form										
7		11,2				400	36		112	12
9		12,8				600	47		144	12
11		14,8				900	61		212	12
16		21				1050	50		370	26
20		32				950	30		310	38
40		50				3000	60		570	38
40		50				2900	58		607	38
65		80				4500	56		570	38
65		78				4800	62		765	38
Kolbenform										
—		9 [7])				425	47		148	72
—		13 [7])				600	46		158	72
—		18 [7])				900	50		168	72
—		25 [7])				1200	48		178	72
Ringform									Durchmesser mm	
—		12 [7])				700	58		165	29
—		18 [7])				1000	56		165	29
—		24 [7])				1350	56		216	29
22		34				1000	29		216	29
32		43				2150	50		311	32
40		50				3000	60		413	32

8.1 Lichtquellen

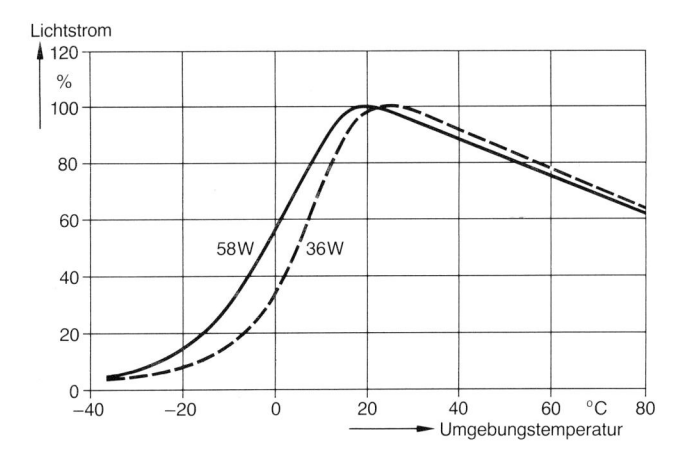

Bild 8.1/2
Temperaturabhängigkeit des Lichtstromes bei freibrennenden Leuchtstofflampen

◀ Anmerkungen zu Tabelle 8.1/4:

1) Nenn-Leistungsaufnahme
2) Leistungsaufnahme der Lampe bei HF-Betrieb
3) Leistungsaufnahme/Lichtausbeute mit konventionellem Vorschaltgerät im Einzelbetrieb
4) Leistungsaufnahme/Lichtausbeute bei Reihenschaltung zweier Lampen an einem Vorschaltgerät
5) Leistungsaufnahme/Lichtausbeute mit vollelektronischem Vorschaltgerät für eine Lampe
6) Leistungsaufnahme/Lichtausbeute mit vollelektronischem Vorschaltgerät für zwei Lampen
7) Lampen mit eingebautem Vorschaltgerät
Alle Lampendaten entsprechen den OSRAM-Angaben, Stand 10/83.

8.1 Lichtquellen

Tabelle 8.1/5
Lichtfarben und Farbwiedergabe-Eigenschaften von Leuchtstofflampen nach DIN 5035

Farbwiedergabe-(FW-)Eigenschaften		Lichtfarben-			Erläuterung
Stufe	FW-Index R_a	Nr.	Gruppe	ähnlichste Farbtemperatur	
1	85...100	11 19	tageslichtweiß	> 5000 K	Vereinen sehr gute Farbwiedergabe-Eigenschaften mit sehr hoher Lichtausbeute. Besonders wirtschaftlich für Einsatz in Textil- und Holzindustrie sowie im graphischen Gewerbe.
		21	neutralweiß	3300 bis 5000 K	Gute Farbwiedergabe-Eigenschaften und hohe Lichtausbeute lassen vielseitigen Einsatz in Verwaltungs-, Industrie- und Verkaufsräumen zu.
		31 41	warmweiß	< 3300 K	Bei hoher Lichtausbeute und guten Farbwiedergabe-Eigenschaften wirtschaftlicher Einsatz in Räumen von Verwaltung, Schulen, Geschäften und Gaststätten.
2	70...84	25	neutralweiß	3300 bis 5000 K	Universell einsetzbar für viele Aufgaben der Innen- und Außenbeleuchtung.
		36	neutralweiß	3300 bis 5000 K	Besonders gute Farbwiedergabe-Eigenschaften bei Beleuchtung von Lebensmitteln, besonders Fleischwaren.
3	40...69	20 30	neutralweiß	3300 bis 5000 K	Der hellweiße und warmweiße Lichtfarbton mit weniger guter Farbwiedergabe ist besonders für Außenbeleuchtungs- und Industrieanlagen geeignet.

Die verwendeten Lichtfarben-Nummern sind OSRAM-Bezeichnungen.

Es gibt außerdem Leuchtstofflampen für Spezialzwecke mit besonders dafür geeigneten Lichtfarben.

8.1 Lichtquellen

Tabelle 8.1/6
Geeignete Lichtfarben von Leuchtstofflampen für verschiedene Einsatzgebiete

Bereich	Anwendungsgebiet	OSRAM-Lichtfarbe								
		11	19	20	21	25	30	31	36	41
Büro, Verwaltung, Unterricht	Büro, Großraumbüro, Flure				•	•		•		
	Sitzungsräume				•	•		•		•
	Hörsäle, Klassenräume,				•	•		•		
	Kindergärten				•	•		•		
Industrie, Handwerk, Gewerbe	Chemie	•			•	•				
	Maschinenbau, Elektrotechnik			•	•	•				
	Nahrungs- und Genußmittel				•	•		•		
	Textilfabrikation	•	•		•					
	Holzbearbeitung	•	•		•			•		
	Hütten- und Walzwerke				•		•			
	Graphisches Gewerbe, Labor	•	•		•	•				
	Farbprüfung				•					
	Lager, Versand				•	•	•			
Verkaufshäuser und Ladengeschäfte	Lebensmittel, Bäckerei, Feinkost				•	•		•	•	
	Fleisch							•	•	
	Textilien, Lederwaren		•		•	•		•		
	Möbel, Teppiche				•	•		•		
	Papierwaren, Spielwaren,				•	•		•		•
	Sportartikel				•	•		•		•
	Uhren, Schmuck, Photo, Optik	•	•		•			•		
	Friseur, Kosmetik				•			•		
	Blumen			•	•			•	•	
	Kaufhäuser, Supermärkte				•	•		•		
	Schaufenster	•			•			•		•
Gastronomie, Veranstaltungsräume	Hotels, Gaststätten, Theater, Säle, Foyers							•		•
	Museen, Galerien	•	•		•			•		
	Ausstellungs- und Messehallen				•	•		•		
	Sport- und Mehrzweckhallen				•	•				
Krankenbehandlung	Diagnose- und Behandlungsräume		•		•			•		
	Krankenzimmer, Warteräume				•			•		
Wohnung	Wohnzimmer							•		•
	Küche, Bad, Hobby, Keller				•	•		•		
Außenbeleuchtung	Straßen, Plätze, Fußgängerzonen				•		•	•		

8.1 Lichtquellen

Tabelle 8.1/7 Quecksilberdampf-Hochdrucklampen

Leistungsaufnahme ohne Vorschaltgerät W	mit W	Nennlichtstrom bis [1] lm	Lichtausbeute mit Vorschaltgerät bis etwa lm/W	Kapazität für Kompensation µF
50	59	1 800	31	7
80	89	3 700	42	8
125	137	6 300	46	10
250	266	13 000	49	18
400	425	22 000	52	25
700	735	40 000	54	40
1 000	1 045	58 000	56	60

[1] Je nach Bauart und Lichtfarbe

Tabelle 8.1/8
Quecksilberdampf-Mischlichtlampen

Leistungs- aufnahme W	Nenn- lichtstrom lm	Lichtausbeute etwa lm/W
160	3 100	19
250	5 600	22
500	14 000	28
1 000	32 500	33

Tabelle 8.1/9 Halogen-Metalldampflampen

Leistungsaufnahme ohne Vorschaltgerät W	mit W	Nennlichtstrom bis [1] lm	Lichtausbeute mit Vorschaltgerät bis etwa lm/W	Kapazität für Kompensation µF
75	88	5 000	57	12
150	170	11 250	66	20
250	275	20 000	73	32
360	385	28 000	73	35
1 000	1 050	90 000	86	85
2 000	2 080	190 000	91	37/60 [2]
3 500	3 650	300 000	82	100

[1] Je nach Bauart und Lichtfarbe
[2] Je nach Bauart

8.1 Lichtquellen

Tabelle 8.1/10 Natriumdampf-Hochdrucklampen

Leistungsaufnahme ohne Vorschaltgerät	mit	Nennlichtstrom bis [1])	Lichtausbeute mit Vorschaltgerät bis etwa	Kapazität für Kompensation
W	W	lm	lm/W	µF
50	62	3 500	56	8
70	83	6 100	73	12
100	115	10 000	87	12
150	170	17 000	100	20
210[2])	232	18 000	78	—
250	275	25 500	93	32
350[2])	385	34 000	88	—
400	450	48 000	107	50
1 000	1 090	130 000	119	100

[1]) Je nach Bauart
[2]) Diese Lampen sind zum Austausch gegen Quecksilberdampf-Hochdrucklampen 250 W bzw. 400 W in bestehenden Anlagen geeignet. Sie benötigen kein Zündgerät.

Tabelle 8.1/11 Natriumdampf-Niederdrucklampen

Leistungsaufnahme ohne Vorschaltgerät	mit	Nennlichtstrom	Lichtausbeute mit Vorschaltgerät	Kapazität für Kompensation
W	W	lm	lm/W	µF
18	25	1 800	72	5
35	56	4 800	86	20
55	76	8 000	105	20
90	113	13 500	119	26
135	175	22 500	129	45
180	220	33 000	150	40

8.2 Schaltungen von Entladungslampen

8.2.1 Allgemeines

Stabilisierung des Lampenstromes

Vorschaltgerät Ohmscher Widerstand

Drosselspule

Elektronisches Vorschaltgerät

Streufeldtransformator

Zulässige Umgebungstemperatur

Bei Gas- und Metalldampfentladungen wird der Spannungsfall an der Entladungsstrecke mit zunehmendem Strom kleiner. Ohne Begrenzung würde der Strom rasch ansteigen und zur Zerstörung der Lampe führen. Zur Stabilisierung des Stromes ist deshalb ein zusätzlicher Widerstand im Stromkreis erforderlich, der als „Vorschaltgerät" bezeichnet wird. Ohmsche Widerstände kommen wegen ihrer relativ hohen Verluste nur bei Gleichstrombetrieb in Betracht. Bei Mischlichtlampen wird jedoch eine Glühwendel, die gleichzeitig Licht abgibt, als ohmscher Vorschaltwiderstand verwendet. Mit geringeren Verlusten arbeiten die bei Wechselstrombetrieb verwendeten Drosselspulen als induktive Widerstände. Eine weitere Reduzierung der Vorschaltgeräteverluste ist mit dem Einsatz elektronischer Bauelemente gelungen. Elektronische Vorschaltgeräte übernehmen außer der Strombegrenzung noch mehrere andere Betriebsfunktionen (s. Kap. 8.2.2). Wenn wie bei Natriumdampf-Niederdrucklampen die zum Betrieb erforderliche Lampenspannung höher als die Netzspannung liegt, verwendet man Streufeldtransformatoren, die außer der Spannungserhöhung gleichzeitig die Strombegrenzung bewirken.

Die zum Betrieb einer Lampe erforderlichen Vorschaltgeräte und Bauteile werden normalerweise für eine Umgebungstemperatur von 40 °C gefertigt. Ausführungen für höhere Umgebungstemperaturen können durch die Bauart der Leuchten, in die die Geräte eingebaut werden, erforderlich sein. Innenleuchten für normale Verwendungszwecke sind nach VDE 0710 für 30 °C, Außenleuchten

Tabelle 8.2/1   Grundschaltungen von Entladungslampen

Schaltung	Art der Kompensation	Maßnahme	Leistungsfaktor cos φ
Induktive Schaltung ohne Kondensator	unkompensiert	ohne Kondensator	0,4 bis 0,6 induktiv
Induktive Schaltung mit Kondensator	kompensiert	Kondensator (s. Tab. 8.1/7, 8.1/9, 8.1/10, 8.1/11) parallel zum Netz geschaltet	>0,9 induktiv
Kapazitive Schaltung	überkompensiert	Kondensator (s. Tab. 8.2/2) in Reihe mit Drosselspule	etwa 0,5 kapazitiv
Duo-Schaltung	ausgeglichen kompensiert	Zusammenschaltung einer induktiv (ohne Kondensator) und einer kapazitiv geschalteten Lampe	≈ 1
Reihenschaltung ohne Kondensator	unkompensiert	ohne Kondensator	0,4 bis 0,6 induktiv
Reihenschaltung mit Kondensator	kompensiert	Kondensator (s. Tab. 8.2/2)	>0,9 induktiv

Tabelle 8.2/2   Kondensatoren für Leuchtstofflampen

Lampen-Nennleistung W	Kondensator für Parallelkompensation		Reihenschaltung (Duo-)	
	Kapazität µF	Nennspannung V~	Kapazität µF	Nennspannung V~
4; 6; 7; 8; 9;	2,0	220	—	—
10; 11; 13	2,0	220	—	—
15	4,5	220	—	—
16	2,5	220	—	—
18; 20	4,5	220	2,9	440
22	5,0	220	3,2	440
30	4,5	220	3,0	420
32	5,0	220	3,6	420
36; 38; 40	4,5	220	3,6	420
58; 65	7,0	220	5,7	420
65 UK[1]	9,0	220	6,8	440

[1]) U-Form, kurz

für 15 °C ausgelegt. Der Leuchtenhersteller hat darauf zu achten, daß die Vorschaltgeräte den dabei auftretenden Umgebungstemperaturen entsprechen. Für den Einsatz der Leuchten bei höheren Umgebungstemperaturen (z. B. Tropen) müssen geeignete Vorschaltgeräte eingebaut sein.

Die zur Begrenzung des Lampenstromes verwendeten induktiven Vorschaltgeräte (Drosselspulen) verursachen einen Blindstrom mit induktivem Leistungsfaktor, der durch parallel oder in Reihe geschaltete Kondensatoren kompensiert werden kann. Bei Betrieb an Wechselspannung unterscheidet man daher in Hinsicht auf den Leistungsfaktor die in Tabelle 8.2/1 angegebenen Grundschaltungen. **Blindstrom Leistungsfaktor**

Bei der kapazitiven Schaltung liegt die am Kondensator auftretende Spannung über der Netzspannung. Deshalb sind für diese Schaltung Kondensatoren mit entsprechender Nennspannung zu verwenden. Damit im Lampenstrom keine zu hohen Oberschwingungen auftreten, die die Lebensdauer der Lampe verkürzen würden, müssen die Kondensatoren genau auf die Drosselspulen abgestimmt sein. Ihre Kapazität soll nicht mehr als ±4% vom Nennwert abweichen und so bemessen sein, daß sich ein Leistungsfaktor cos $\varphi \approx 0{,}5$ kapazitiv ergibt. **Kondensatorspannung**

Die Duo-Schaltung zweier Lampen in einer Leuchte oder auch in ganzen Anlagen hat den Vorteil, daß die Gesamtlichtwelligkeit durch Phasenverschiebung der Lichtausstrahlung der einzelnen Lampen verbessert und die möglichen stroboskopischen Effekte dadurch praktisch vermieden werden. Eine nahezu vollkommene Aufhebung der Lichtwelligkeit kann bei Drehstromanschluß von Lichtbändern durch Verteilen benachbarter Lampen auf die einzelnen Außenleiter erreicht werden. **Lichtwelligkeit** **Stroboskopischer Effekt**

Gelegentlich werden von den EVU Tonfrequenz-Rundsteueranlagen verwendet. Damit bei der Parallelkompensation die Tonfrequenz durch den Kondensator nicht kurzgeschlossen wird, ist eine Sperrdrossel einzubauen. **Tonfrequenzsperre**

8.2 Schaltungen von Entladungslampen

Funkstörungen

Beim Einschalten und beim Betrieb von Gasentladungslampen können Funkstörungen auftreten, die jedoch, abgesehen von kurzzeitigen Störungen durch Starter, im allgemeinen den Funkstörgrad N nicht überschreiten. Bei höheren Anforderungen kann durch zusätzliche Entstörmittel eine noch bessere Funkentstörung erreicht werden.

Temperaturabhängigkeit

Gasentladungslampen, vorwiegend diejenigen mit niedrigem Gasdruck, z. B. Leuchtstofflampen, sind hinsichtlich Lichtausbeute und Betriebssicherheit temperaturabhängig. Hierbei ist auch die Art der Schaltung von Einfluß. Sollen Lampen bei außergewöhnlichen Temperaturen, z. B. in Kühlräumen oder bei Deckenstrahlungsheizung, betrieben werden, sind besondere Maßnahmen erforderlich und gegebenenfalls beim Hersteller zu erfragen.

8.2.2 Leuchtstofflampen

Lampenelektroden

Man unterscheidet Lampen mit beheizten und mit unbeheizten Elektroden. Sie können entsprechend der Elektrodenart in verschiedenen Schaltungen bei 220 V$\sim$ betrieben werden.

Bei Verwendung in Gleichspannungsanlagen sind die Hinweise der Hersteller zu beachten.

Beheizte Elektroden

Bei beheizten Elektroden mit zweipoligen Sockeln soll der Heizstrom die Elektroden auf eine Temperatur von 600 bis 800 °C vorwärmen. Bei Zündung der Lampe ohne ausreichende Elektrodentemperatur wird das Aktivierungsmaterial zerstört und die Lebensdauer herabgesetzt. Der Vorheizstrom kann bis etwa das 2fache des Nennstromes der Lampe betragen.

Unbeheizte Elektroden

Lampen mit unbeheizten Spezialelektroden haben einpolige Sockel und Innenzündstreifen.

Die Tabelle 8.2/3 gibt eine Übersicht über die gebräuchlichen Schaltungen für Leuchtstofflampen.

Lampen mit beheizten Elektroden

Schaltungen mit Starter

Glimmstarter

Die am häufigsten verwendeten Leuchtstofflampen mit beheizten Elektroden werden meist mit Glimmstarter betrieben (Bilder 8.2/2 bis 8.2/5). Dabei wird ein „Starter" zum Zünden der Lampe verwendet. Der im Starter eingebaute Glimmzünder besitzt eine feste und eine aus Bimetall bestehende Elektrode. Der nach dem Einschalten fließende Glimmstrom von 20 bis 40 mA erwärmt das Bimetall, das als Kontakt arbeitet. Beim Schließen erlischt die Glimmentladung und die Elektroden der Lampe werden vorgeheizt. Das Bimetall kühlt wieder ab und öffnet nach 2 bis 4 s den Kontakt. Der Heizstromkreis wird unterbrochen, die magnetische Energie der Drosselspule erzeugt einen Spannungsstoß, durch den die vorgeheizte Lampe gezündet wird. Die Zündung tritt nicht immer schon beim ersten Startversuch ein, so daß sich der Vorgang wiederholen kann.

8.2 Schaltungen von Entladungslampen

Tabelle 8.2/3 Schaltungsarten für Leuchtstofflampen

Ausführung		Schaltung Art	Bild-Nr.	Nennleistung W	Zündhilfe
mit beheizten Lampenelektroden					
mit Sicherungsschnellstarter		induktiv kapazitiv Duo in Reihe	8.2/1	18 bis 65	ohne
mit Glimmstarter		induktiv kapazitiv Duo in Reihe	8.2/2 8.2/3 8.2/4 8.2/5	4 bis 65 4 bis 22	ohne
ohne Starter	RS-Schaltung (Rapid-Start)	induktiv kapazitiv Duo	8.2/6 8.2/7 8.2/8	20 40 65	Außenzündstreifen oder metallisches Leuchtengehäuse
	RD-Schaltung (Rapid-Start)	Resonanzschaltung	8.2/9	40; 65	Außenzündstreifen
	Wechselrichterschaltung	Transistor	8.2/10	4 bis 40	metallisches Leuchtengehäuse
	Vollelektronisches Vorschaltgerät	HF-Betrieb, kompensiert	8.2/11	18; 36; 38; 58	ohne
	Helligkeitssteuerung	Phasenanschnittsteuerung	8.2/12	40; 65	Außenzündstreifen oder Metallnetz
mit unbeheizten Lampenelektroden					
ohne Starter	für explosionsgeschützte Leuchten	induktiv	8.2/13 8.2/14	20 40 65	Innenzündstreifen

Eine weiterentwickelte Ausführung des Glimmstarters ist der Sicherungsschnellstarter (OSRAM-DEOS, Bild 8.2/1). Dieser bewirkt durch einen zusätzlichen Dioden-Gleichrichter eine stärkere Vorheizung der Lampenelektroden und einen schnelleren Startvorgang mit zuverlässiger Zündung. Außerdem wird durch einen URDOX-Widerstand und einen Bimetallschalter die Lampe am Ende ihrer Lebensdauer abgeschaltet und vergebliche Startversuche sowie das damit verbundene Flackern vermieden. Der Bimetallschalter kann nach dem Einsetzen einer neuen Lampe wieder geschlossen werden, der Schnellstarter ist wieder betriebsfähig.

Sicherungsschnellstarter

Bei allen Glimmstartern ist die Ansprechspannung (etwa 180 V) höher als die im Betrieb anliegende Brennspannung der Lampe (etwa 110 V). Der parallel zur Glimmstrecke geschaltete Kondensator verhindert ein schleichendes Schalten des Bimetallkontaktes und dient gleichzeitig zur Funkentstörung.

Funkentstörung

8.2 Schaltungen von Entladungslampen

Schaltungen ohne Starter RS-Schaltung (Rapid-Start) Zündhilfe

Bei der RS-Schaltung (Bilder 8.2/6 bis 8.2/8) werden die Lampenelektroden durch einen Heiztransformator beheizt. Die Zündspannung wird dadurch soweit herabgesetzt, daß nach etwa 1 bis 2 s die Lampe durch die anstehende Netzspannung gezündet wird. Darüber hinaus ist eine kapazitive Zündhilfe erforderlich, die durch einen an der Lampe angebrachten Außenzündstreifen, durch das geerdete metallene Leuchtengehäuse oder durch ein über die Lampe gezogenes Metallnetz erzielt wird. Die Lichtausbeute ist gegenüber Schaltungen mit Starter etwas geringer, weil die Elektroden auch bei brennender Lampe weiter beheizt werden.

Lichtausbeute

RD-Schaltung (Rapid-Start)

Für den Betrieb in RD-Schaltung (Bild 8.2/9) sind Lampen mit Außenzündstreifen erforderlich. Durch die Streuinduktivität der Doppeldrossel und den Kondensator ergibt sich ein Reihenresonanzkreis. Hierdurch steht an den Lampenelektroden eine gegenüber der Netzspannung höhere Spannung an und die Elektroden werden ausreichend vorgeheizt. Nach etwa 1,5 s zündet die Lampe flakkerfrei. Die Lampe dämpft durch ihren Widerstand den Resonanzkreis, so daß die Spannung bis auf die Lampenbrennspannung zurückgeht. Eine Wicklung der Drosselspule begrenzt den Lampenstrom. Die Lichtausbeute liegt bei Lampen mit RD-Schaltung etwas niedriger als bei Lampen mit Starter-Schaltung.

Lichtausbeute

Wechselrichterschaltung mit Transistoren

Die Wechselrichterschaltung wird bei Gleichspannungen, z. B. Fahrzeugbatterien mit 12 V oder 24 V verwendet (Bild 8.2/10). Das Wechselrichtervorschaltgerät formt die Gleichspannung in eine Wechselspannung um. Der Streufeldtransformator erhöht die Spannung, beheizt die Lampenelektroden und begrenzt den Lampenstrom. Die Wechselrichterfrequenz beträgt mehrere kHz, dadurch wird eine hohe Lichtausbeute erreicht. Auch bei Schwankungen der Betriebsspannung von ±20% ist die Wechselrichterschaltung betriebssicher. Die zulässige Umgebungstemperatur der Transistorvorschaltgeräte liegt bei Nennspannung zwischen $-10\,°C$ und $+50\,°C$.

Hohe Lichtausbeute

Zulässige Umgebungstemperatur

Elektronische Vorschaltgeräte

Der heutige Stand der Technik elektronischer Bauelemente und Schaltungen führte zur Entwicklung vollelektronischer Vorschaltgeräte (EVG) für Leuchtstofflampen (Bild 8.2/11). Diese Geräte erfüllen sämtliche Funktionen der konventionellen Bauteile in den zuvor beschriebenen Lampenschaltungen und bewirken ebenso gut oder besser flackerfreien Schnellstart, Begrenzung des Lampenstromes, Leistungsfaktor nahe 1, völlig flimmerfreien Betrieb, Abschaltung der Lampe am Ende ihrer Lebensdauer.

Hochfrequenzbetrieb

Lichtausbeute

Darüber hinaus wird durch den Hochfrequenzbetrieb mit etwa 30 kHz und durch geringere Verlustleistung gegenüber konventionellen Vorschaltgeräten eine deutliche Steigerung der Systemlichtausbeute bis etwa 25% erreicht.

Geräuschfreiheit, kleiner Querschnitt, geringes Gewicht, geringe Wärmeentwicklung und elektronische Schaltung zur Oberschwingungsbegrenzung sind weitere Vorteile der vollelektronischen Vorschaltgeräte. Die von Siemens entwickelten Geräte eignen sich für den Betrieb normaler Leuchtstofflampen mit 26 mm Rohrdurchmesser, wie sie auch für den Starterbetrieb üblich sind, an Netzen mit Betriebsspannungen 220 V~, 50 bis 60 Hz und 220 V⎓. Es gibt Geräte für den Betrieb einer Lampe und solche für den Anschluß von zwei Lampen.

Gleichstrombetrieb

Helligkeitssteuerung

Für Beleuchtungsanlagen, bei denen die Helligkeit stetig geändert werden soll (z. B. bei Lichtbild- und Filmvorführungen), werden Leuchtstofflampen mit Lichtsteuergeräten (Dimmern) betrieben (Bild 8.2/12). Dazu werden Lampen mit Außenzündstreifen verwendet. Dieser kann in Form eines breiten Aluminiumstreifens gleichzeitig als Lichtreflektor dienen (Dämmerungsschaltung-(DS-) Lampen). Die Lampenelektroden müssen wegen des veränderlichen Lampenstromes dauernd durch Heiztransformatoren fremd beheizt werden. Die Stromänderung wird im allgemeinen mit elektronischen Steuergeräten durch Phasenanschnittsteuerung bewirkt. Annähernd linear mit dem Lampenstrom ändert sich auch der Lampenlichtstrom.

Lampen mit unbeheizten Elektroden

In explosionsgeschützten Leuchten werden vorwiegend Leuchtstofflampen verwendet, bei denen nach dem Einschalten zwischen dem Ende des Innenzündstreifens, der mit einer Elektrode verbunden ist, und der gegenüberliegenden Lampenelektrode zuerst eine kleine Glimmentladung auftritt, die sich auf die ganze Länge des Zündstreifens ausbreitet und nach etwa 0,3 bis 1 s die Gasentladung zwischen den Elektroden einleitet. Zum sicheren Zünden sind bei 40-W-Lampen Vorschaltgeräte mit erhöhter Zündspannung erforderlich (Bild 8.2/13).

Schaltung für explosionsgeschützte Leuchten

8.2.3 Metalldampflampen

Quecksilberdampf-Hochdrucklampen

Diese Lampen werden bis 1000 W in induktiver Schaltung an 220 V Wechselspannung betrieben (Bild 8.2/14). Sie zünden in kaltem Zustand ohne besondere Zündhilfe bei Nennspannung. Zur Strombegrenzung dient eine Drosselspule als Vorschaltgerät. Die Lampen erreichen etwa 1 bis 4 min nach der Zündung ihre Betriebswerte. Betriebswarme Lampen zünden nach kurzer Stromunterbrechung nicht sofort wieder, sondern müssen erst einige Minuten abkühlen.

Induktive Schaltung

Wiederzündung nach Unterbrechung

Halogen-Metalldampflampen

Diese Lampen unterscheiden sich von den Quecksilberdampf-Hochdrucklampen dadurch, daß sie zur Zündung Starter (Bild 8.2/15) oder Zündgeräte (Bild 8.2/16) benötigen, während sie in den übrigen Betriebseigenschaften weitgehend übereinstimmen. Lampen mit zweiseitigem Anschluß können mit Zündgeräten (Bilder 8.2/17, 8.2/18 und 8.2/19) betrieben werden, die höhere Zündspannungen (bis 60 kV) liefern und dadurch ein sofortiges Wiederzünden der Lampen nach Unterbrechung auch im betriebswarmen Zustand ermöglichen. Die Lampen mit 2000 W und 3500 W Leistungsaufnahme sind für Nennspannung 380 V~ ausgelegt.

Sofort-Wiederzündung der betriebswarmen Lampen

Quecksilberdampf-Mischlichtlampen

Bei den wegen ihrer niedrigen Lichtausbeute selten verwendeten Quecksilberdampf-Mischlichtlampen dient die zur Quecksilberdampf-Hochdruck-Entladungsstrecke in Reihe geschaltete Glühwendel als Vorschaltgerät. Zum Betrieb

8.2 Schaltungen von Entladungslampen

Tabelle 8.2/4 Schaltungsarten für Metalldampflampen

Lampenart und -ausführung	Nennleistung W	Vorschaltgerät/ Nennspannung	Art der Zündhilfe	Schaltung Bild-Nr.
Quecksilberdampf-Hochdrucklampen				
Alle Ausführungen	50 bis 1000	Drosselspule 220 V~	ohne	8.2/14
Halogen-Metalldampflampen				
Ellipsoidform, beschichtet	75 bis 1000	Drosselspule 220 V~	Starter Zündgerät	8.2/15 [1]) 8.2/16 [1])
Röhrenform	75 bis 1000	Drosselspule 220 V~	ohne Starter Zündgerät	8.2/14 [1]) 8.2/15 [1]) 8.2/16 [1])
	2000, 3500	Drosselspule 380 V~		
Röhrenform, zweiseitiger Anschluß	75 bis 1000	Drosselspule 220 V~	Starter Zündgerät Zündgerät	8.2/15 [1]) 8.2/16 [1]) 8.2/17 [1])
	2000, 3500	Drosselspule 380 V~	Zündgerät Zündgerät	8.2/18 [1]) 8.2/19 [1])
Quecksilberdampf-Mischlichtlampen				
Alle Ausführungen	160 bis 1000	ohne 220 V~	ohne	—
Natriumdampf-Niederdrucklampen				
Röhrenform mit infrarotreflektierender Schicht	18	Drosselspule 220 V~	Kondensator	8.2/20
	35 bis 180	Streufeldtransformator 220 V~	ohne	8.2/21
Natriumdampf-Hochdrucklampen				
Ellipsoidform, beschichtet	50, 70, 210, 350	Drosselspule 220 V~	ohne	8.2/14
Ellipsoidform und Röhrenform	150 bis 1000	Drosselspule 220 V~	Zündgerät	8.2/16
Röhrenform, zweiseitiger Anschluß	250, 400	Drosselspule 220 V~	Zündgerät	8.2/16 oder 8.2/17

[1]) Je nach Lampenleistung wird Schaltung (Bild-Nr.) vom Hersteller angegeben

an 220 V Wechselspannung ist deshalb weder ein zusätzliches Vorschaltgerät, noch eine Zündhilfe erforderlich. Der Leistungsfaktor beträgt nahezu 1. Diese Lampen geben nach dem Einschalten sofort Licht ab, da die Glühwendel den zunächst höheren Anlaufstrom aufnimmt, bis die Entladung im Quecksilberdampf normale Betriebswerte erreicht hat. Ein sofortiges Wiederzünden nach Unterbrechung ist allerdings auch bei Mischlichtlampen nicht möglich, sie benötigen ebenfalls Abkühlzeit.

Kein Vorschaltgerät, keine Zündhilfe erforderlich

Wiederzündung nach Unterbrechung

Natriumdampf-Niederdrucklampen

Während die 18-W-Lampe in induktiv-kompensierter Schaltung mit Kondensatorzündhilfe und mit einer Drosselspule als Vorschaltgerät (Bild 8.2/20) an 220 V Wechselspannung betrieben werden kann, benötigen alle anderen Lampen dieser Art einen Streufeldtransformator zum Betrieb (Bild 8.2/21). Dieser liefert die erforderliche Zündspannung und dient gleichzeitig zur Strombegrenzung für die Entladung. Die Anlaufzeit bis zum normalen Betrieb beträgt 5 bis 10 min. Die 18-W-Lampe ist nach Unterbrechung sofort wieder betriebsbereit, während die anderen Lampen einige Minuten Abkühlzeit benötigen.

Drosselspule als Vorschaltgerät der 18-W-Lampe

Betrieb an Streufeldtransformator

Wiederzündung nach Unterbrechung

Natriumdampf-Hochdrucklampen

Ähnlich wie Halogen-Metalldampflampen benötigen auch Natriumdampf-Hochdrucklampen zum Betrieb an 220 V Wechselspannung eine Drosselspule als Vorschaltgerät und ein Zündgerät (Bild 8.2/16). Nur die 50-W-, 70-W-, 210-W- und 350-W-Typen können in der Schaltung nach Bild 8.2/14 mit nur einer Drosselspule ohne Zündgerät betrieben werden. Die Lampen erreichen nach etwa 5 bis 7 min Anlaufzeit ihre normalen Betriebswerte. Die Wiederzündzeit nach Unterbrechung beträgt bei Lampen ohne Zündgerät einige Minuten, bei Lampen mit Zündgerät etwa 1 min. Die Lampen mit zweiseitigem Anschluß können auch mit Zündgeräten für höhere Zündspannung betrieben werden (Bild 8.2/17). Sie zünden dann im betriebswarmen Zustand nach Unterbrechung sofort wieder.

Drosselspule als Vorschaltgerät

Lampen mit und ohne Zündgeräte

Wiederzündung nach Unterbrechung

8.2.4 Schaltbilder

In den Schaltbildern (Bilder 8.2/1 bis 8.2/21) haben die Abkürzungen folgende Bedeutung:

A	Bimetallschalter mit Auslöseknopf	WR	Wechselrichter
D	Drosselspule	Z	Zündgerät
DD	Doppeldrosselspule	Z_a	Außenzündstreifen
Ds_p	Sperrdrosselspule	Z_i	Innenzündstreifen
Di	Diode	Z_h	Kapazitive Zündhilfe
E	R-C-Einschwingglied	Z_K	Zündgerät mit Kondensator
G	Glimmzünder		
H	Heiztransformator		
HZ	Hochspannungszündleitung		
K	Kondensator für Kompensation		
K_E	Entstörkondensator		
K_R	Reihenkondensator		
KS	Kurzzeitschalter und Schütz		
L	Lampe		
L_1, L_2, L_3, N	Netzanschlüsse		
R_a	Abgleichwiderstand		
R_h	Hochohmwiderstand		
Si	Sicherung		
St	Starter		
Str	Streufeldtransformator		
T	Transistor		
U	URDOX-Widerstand		
V	Vorschaltgerät		

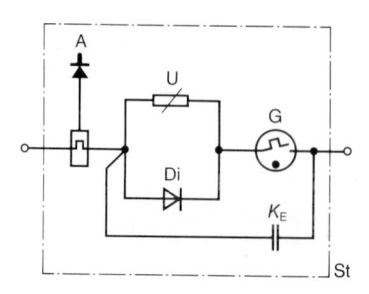

Bild 8.2/1
Sicherungsschnellstarter

8.2 Schaltungen von Entladungslampen

Schaltungen für Leuchtstofflampen mit beheizten Lampenelektroden

Starterschaltungen

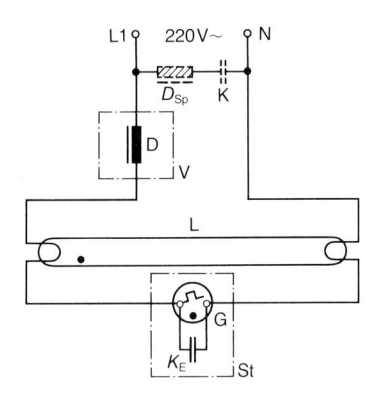

Bild 8.2/2
Induktive Schaltung
(gestrichelt: kompensiert,
mit Sperrdrosselspule)

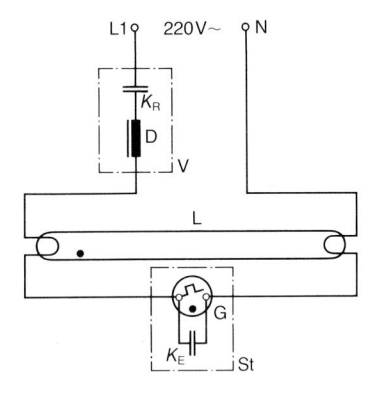

Bild 8.2/3
Kapazitive Schaltung

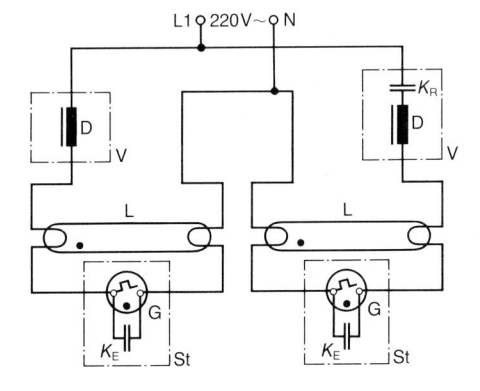

Bild 8.2/4
Duo-Schaltung, Kombination aus
induktiver und kapazitiver Schaltung

8.2 Schaltungen von Entladungslampen

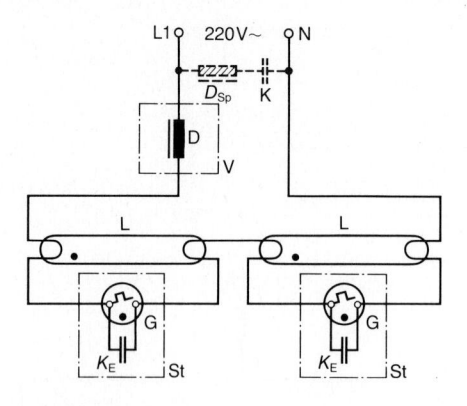

Bild 8.2/5
Reihenschaltung für zwei Lampen
4 W, 6 W, 7 W, 8 W, 9 W,
15 W, 18 W, 20 W, 22 W an 220 V~

Starterlose Schaltungen

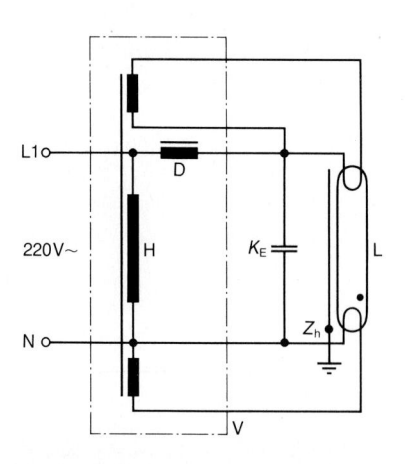

Bild 8.2/6
Induktive Rapid-Start-(RS-)Schaltung

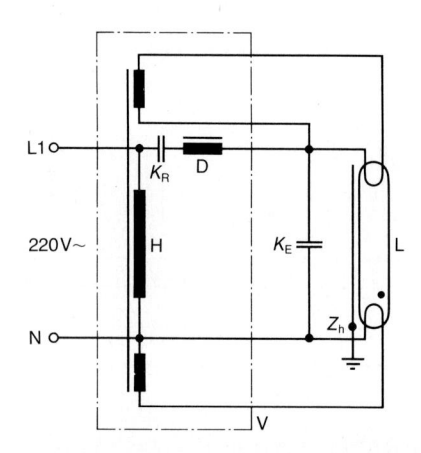

Bild 8.2/7
Kapazitive Rapid-Start-(RS-)Schaltung

8.2 Schaltungen von Entladungslampen

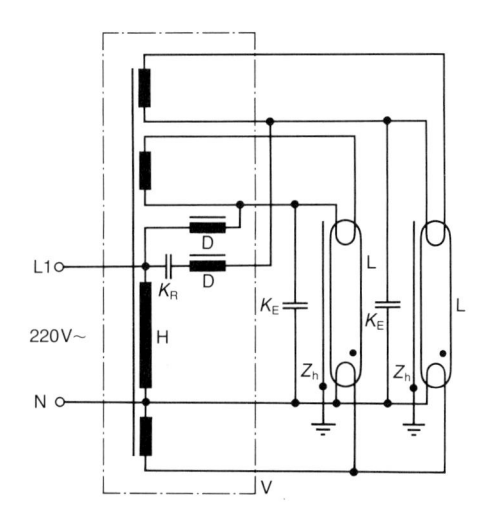

Bild 8.2/8
Duo-Rapid-Start-(RS-)Schaltung

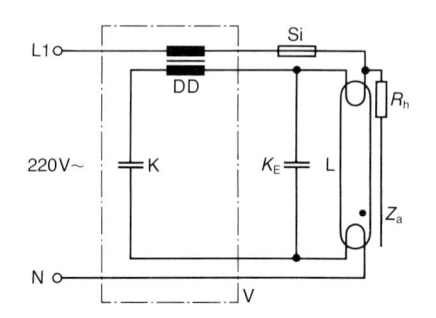

Bild 8.2/9
Resonanz-Rapid-Start-(RD-)Schaltung

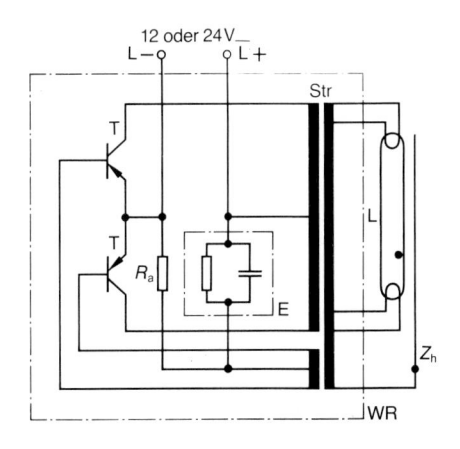

Bild 8.2/10
Wechselrichterschaltung für
Batteriebetrieb

879

8.2 Schaltungen von Entladungslampen

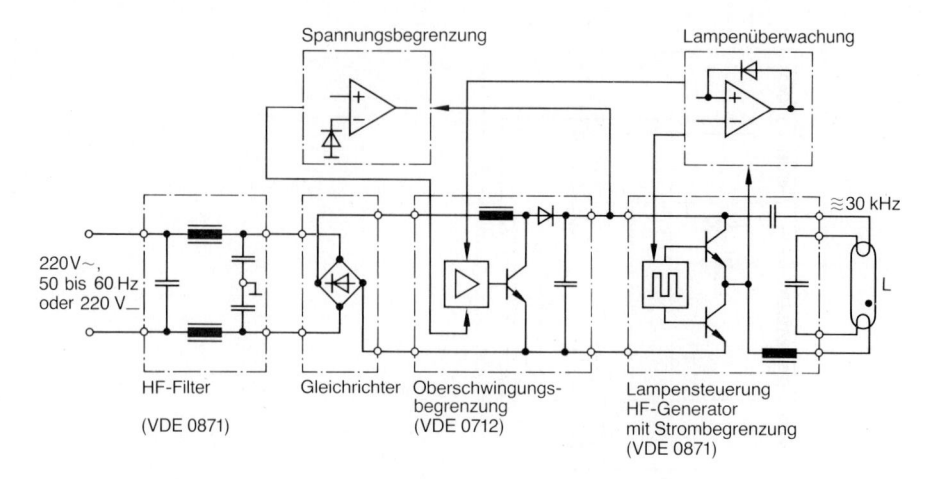

Bild 8.2/11 Vollelektronisches Vorschaltgerät, Funktionsschaltbild

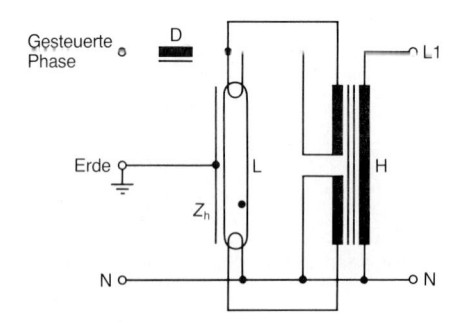

Bild 8.2/12 Lampenschaltung für Anschluß an Helligkeitssteuergerät mit Phasenanschnittsteuerung

Schaltungen für Lampen mit unbeheizten Lampenelektroden

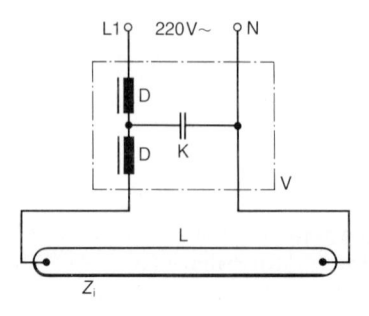

Bild 8.2/13 Induktive Schaltung für explosionsgeschützte Leuchten (Kaltstart)

8.2 Schaltungen von Entladungslampen

Schaltungen für Metalldampflampen

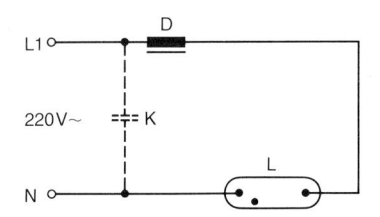

Bild 8.2/14

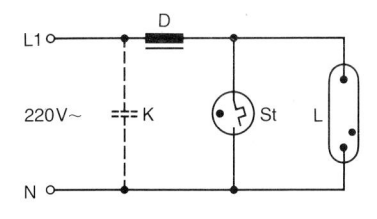

Bild 8.2/15

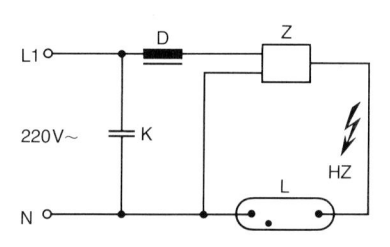

Bild 8.2/16

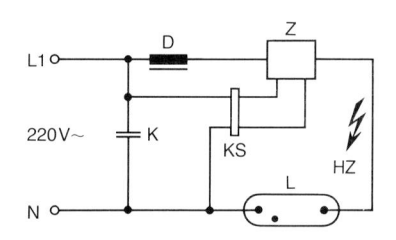

Bild 8.2/17

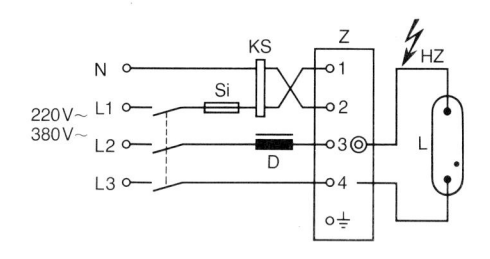

Bild 8.2/18

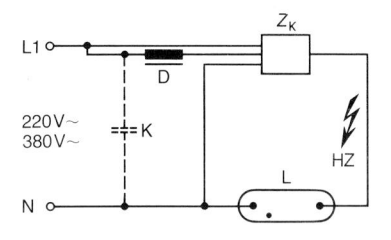

Bild 8.2/19

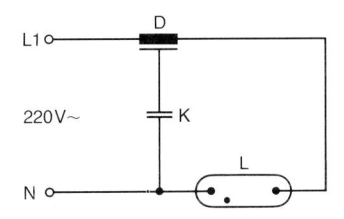

Bild 8.2/20

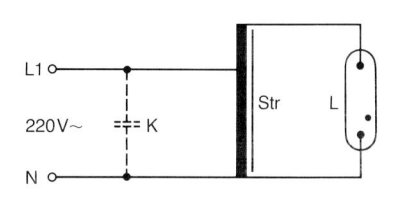

Bild 8.2/21

8.3 Lichtsteuerung

Anwendungsgebiet Vielfach soll die Helligkeit einer Beleuchtungsanlage nach Belieben verändert oder eingestellt werden können, z. B. in Theater- und Lichtspielhäusern, Film- und Fernsehstudios, Hörsälen und Vortragsräumen und bei Flugplatzbefeuerungsanlagen. Hierfür werden Lichtsteuergeräte eingesetzt, da durch Zu- oder Abschalten von Lampen oder Lampengruppen die Gleichmäßigkeit der Beleuchtung leidet. Man unterscheidet bei diesen Geräten verschiedene Arten der Lichtsteuerung, und zwar:

▷ Spannungssteuerung,
▷ Stromsteuerung,
▷ Anschnittsteuerung.

Für jede Steuerungsart sind bestimmte Steuergeräte erforderlich (Tabelle 8.3/1).

Tabelle 8.3/1
Übersicht der Steuerungsarten, der dazugehörigen Steuergeräte und deren Eigenschaften

Steuerungsart	Spannungssteuerung	Stromsteuerung	Anschnittsteuerung	
Verwendetes Steuergerät	Stelltransformator	Veränderlicher ohmscher oder induktiver Widerstand	Magnetverstärker	Thyristor- oder Triac-Gerät
Eigenschaften	Guter Wirkungsgrad; motorisch oder von Hand verstellbar; Verschleißteile	Schlechter Wirkungsgrad; abhängig von Laständerungen; Verschleißteile	Guter Wirkungsgrad; lastunabhängig; keine Verschleißteile	Guter Wirkungsgrad; lastunabhängig; klein; leicht; keine Verschleißteile
Leistungsbereiche	bis 5 kVA; früher Bordoni-Transformatoren bis 6 kVA je Stromkreis	Nur für einzelne Lampen	Bis 10 kVA; übliche Größen: 2; 5; 10 kVA	Bis über 10 kVA; übliche Größen: 2; 5; 7,5 kVA
Besondere Merkmale	Nicht für alle steuerbaren Lampen geeignet	Wird nur in Sonderfällen, z. B. bei Gleichstrombetrieb, verwendet	Vorwiegend für Glühlampen. Wird durch Thyristor-Geräte verdrängt	Für alle steuerbaren Lampen geeignet

8.3.1 Spannungssteuerung

Außer Stelltransformatoren (z. B. Ringkerntransformatoren) werden zum Steuern von Lichtquellen kleinerer Leistungen auch Vierecksteller verwendet.

Glühlampen

Bei einer Betriebsspannung der Glühlampe von etwa 12% ihrer Nennspannung beträgt der Strom etwa 30% des Nennwertes und der Lichtstrom wird Null (Bild 8.3/1).

Leuchtstofflampen

Bei Leuchtstofflampen mit vorgeheizten Elektroden muß der Scheitelwert der Betriebsspannung in jeder Halbwelle größer sein als etwa 200 V. Wird dieser Wert unterschritten, erlischt die Lampe. Daher ist bei Spannungssteuerung nur ein unzureichender Lichtsteuerbereich von etwa 1:10 des Lichtstromes möglich. Ähnliches gilt für andere steuerbare Entladungslampen.

Leuchtröhren

Bei Röhren mit Argon- und Quecksilberdampffüllung (Blauentladung, vgl. Kap. 8.5.3) kann die Helligkeit durch Verändern der Primärspannung des Streufeldtransformators eingestellt werden. Wird die Primärspannung auf etwa 50% ihrer Nennspannung herabgesetzt, so beträgt der Lichtstrom nur noch einige Prozent vom Anfangswert. Bei weniger als 50% der Nennspannung brennen die Röhren unruhig und erlöschen. Röhren mit Neonfüllung (Rotentladung) eignen sich nicht für eine Lichtsteuerung.

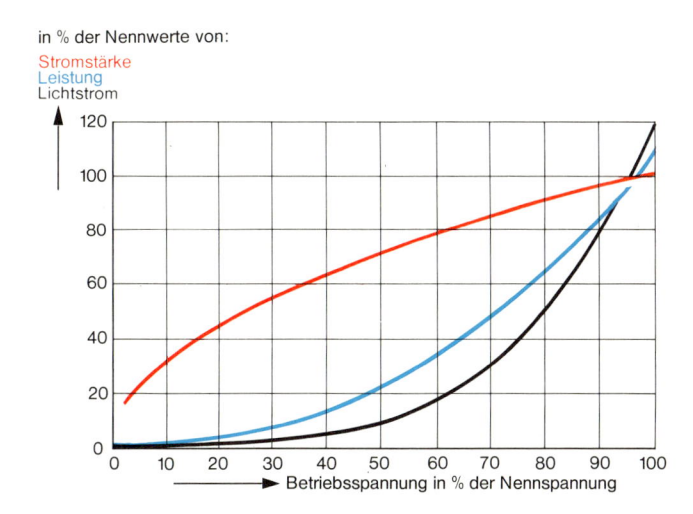

Bild 8.3/1
Änderung der elektrischen und lichttechnischen Werte von gasgefüllten Glühlampen durch die Betriebsspannung

8.3.2 Stromsteuerung

Die Steuerung mit veränderlichen Vorwiderständen ist unwirtschaftlich und lastabhängig. Es werden deshalb heute vorwiegend Geräte für Anschnittsteuerungen (Thyristor-Lichtsteuergeräte) eingesetzt.

Glühlampen   Die Stromsteuerung von Glühlampen hat, abgesehen von Sonderfällen (z. B. bei Gleichstrombetrieb), keine Bedeutung.

Leuchtstofflampen   Gute Eigenschaften beim Steuern von vorgeheizten Leuchtstofflampen ergeben sich durch Verändern des Lampenstromes bei genügend hoher Spannung an der Lampe. In besonderen Fällen (z. B. Tunnelbeleuchtung) wird diese Steuerung durch stufenweises Verändern der Induktivität der Strombegrenzungsdrossel (Reduzierschaltung) angewendet.

Leuchtröhren   Steuerbare Leuchtröhren mit Argon- und Quecksilberdampffüllung lassen sich über einen Vorwiderstand vor dem Streufeldtransformator einwandfrei betreiben.

8.3.3 Anschnittsteuerung mit Magnetverstärker

Magnetverstärker   Magnetverstärker werden für neu zu errichtende Lichtsteuerungsanlagen nicht mehr eingesetzt. Sie wurden durch Thyristor- bzw. Triac-Lichtsteuergeräte abgelöst. Infolge der robusten Bauweise von Magnetverstärkern sind jedoch noch zahlreiche Anlagen in Betrieb.

Der Wechselstrom-Magnetverstärker (Bild 8.3/2) wird in Reihe mit der zu steuernden Last (z. B. Glühlampen) geschaltet. Er besteht im wesentlichen aus zwei Drosselspulen D mit je einer Lastwicklung, einer Steuerwicklung und mehreren Hilfswicklungen.

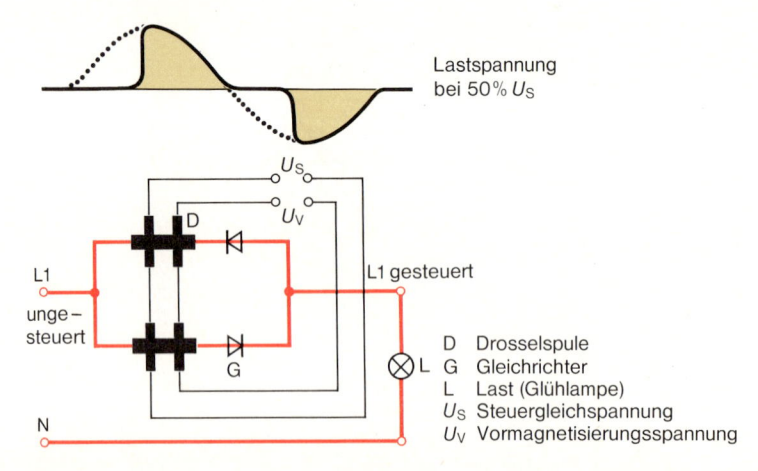

Bild 8.3/2
Prinzipschaltung einer Anschnittsteuerung mit Magnetverstärker

D   Drosselspule
G   Gleichrichter
L   Last (Glühlampe)
U_S Steuergleichspannung
U_V Vormagnetisierungsspannung

Jeder Drosselspule ist ein Gleichrichter G so zugeordnet, daß durch jeden Zweig nur eine Halbwelle des Laststromes fließen kann.

Aufbau und Wirkungsweise

Zum Steuern dient eine Gleichspannung U_S. Mit zunehmendem Steuerstrom wird der Wechselstromwiderstand des Magnetverstärkers kleiner und damit der Strom im Lastkreis größer.

Um den Magnetverstärker weitgehend unabhängig von Laständerungen zu machen (z. B. beim Zu- oder Abschalten von Lampen), sind außer der Hilfswicklung für die Vormagnetisierungsspannung U_V zum Einstellen des Arbeitspunktes noch weitere Hilfswicklungen erforderlich. Der verbleibende Unterschied der Steuerkurven bei voller Last oder minimaler Last eines 5-kVA-Magnetverstärkers ist gering.

Bei voller Aussteuerung beträgt der Leistungsfaktor cos φ des Magnetverstärkers etwa 0,9; bei kleinerer Aussteuerung geht er etwas zurück.

Leistungsfaktor des Magnetverstärkers

Die Steuerung von Glühlampen — auch solcher mit Kleinspannung unter Zwischenschalten eines Transformators — bietet keine Schwierigkeiten.

Glühlampen

Für Leuchtstofflampen und Leuchtröhren werden Magnetverstärker kaum verwendet. Hierfür sind Thyristorgeräte besser geeignet.

Leuchtstofflampen und Leuchtröhren

8.3.4 Anschnittsteuerung mit Thyristor- oder Triac-Lichtsteuergeräten

Die Anschnittsteuerung wird mit Thyristor- oder Triac-Lichtsteuergeräten erreicht. Bei Thyristor-Geräten wird, wie im Bild 8.3/3 gezeigt, durch die beiden antiparallel geschalteten Thyristoren T im Laststromkreis in jeder Halbwelle der Wechselspannung ein dem Zündzeitpunkt der Thyristoren entsprechender Teil der Halbwelle gesperrt.

Aufbau und Wirkungsweise

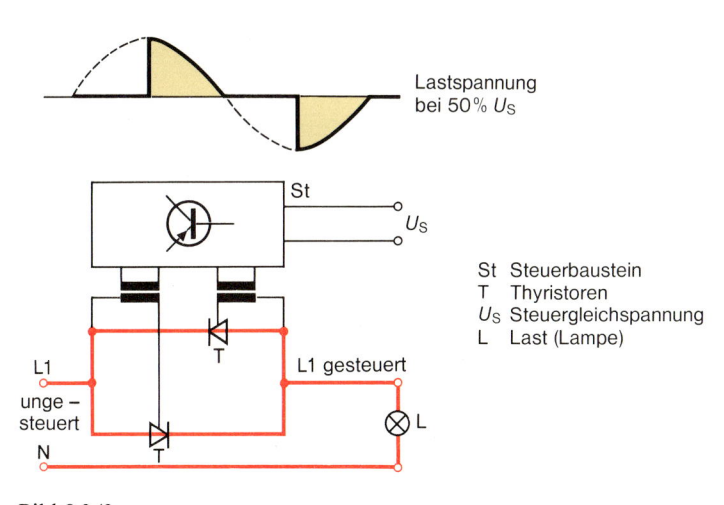

Bild 8.3/3
Prinzipschaltung einer Anschnittsteuerung mit Thyristor- oder Triac-Lichtsteuergeräten

8.3 Lichtsteuerung

Die Helligkeit der Lampen ist von dem noch verbleibenden Teil der Halbwellen abhängig. Die Zündimpulse für die Thyristoren liefert ein mit Transistoren bestückter Steuerbaustein (St). Je nach Größe der Steuergleichspannung U_S werden im Steuerbaustein die Zündimpulse in ihrer Lage zur Netzspannung so verschoben, daß der Phasenanschnitt an jeder beliebigen Stelle der Halbwelle möglich ist. Damit lassen sich die angeschlossenen Lampen stufenlos von Hell bis Dunkel steuern. Ein eingebauter Regelverstärker stabilisiert bei kurzzeitiger Netzspannungsänderung die Ausgangsspannung des Gerätes.

Thyristor-Lichtsteuergeräte können bis zu Leistungen von 10 kVA und größer hergestellt werden. Zur gleichmäßigen Belastung der Außenleiter ist es jedoch zweckmäßig, mehrere kleinere Geräte auf die Außenleiter verteilt und z. B. von einem Motorpotentiometer gesteuert, zu verwenden.

Triac-Lichtsteuergeräte

Die Anschnittsteuerung kann auch mit Triac-Lichtsteuergeräten ausgeführt werden. Bei diesen Geräten übernimmt der Triac — ein Zweiwegthyristor — die Funktion der beiden antiparallel geschalteten Thyristoren.

Zunehmende Bedeutung gewinnen kleine, einfache Lichtsteuergeräte mit Triac, auch Dimmer genannt, die anstelle von Unterputzschaltern in deren Wandgehäuse gesetzt werden. Dimmer gibt es für Glühlampen und für Leuchtstofflampen, zumeist bis zu einer Leistung von 400 VA.

Leistungsfaktor

Bei voller Aussteuerung beträgt der Leistungsfaktor cos φ der Geräte etwa 0,98; bei kleinerer Aussteuerung geht er etwas zurück.

Glühlampen

Verschiedentlich tritt beim Steuern großer Glühlampen mit Thyristor- oder Triac-Lichtsteuergeräten ein „Lampenklirren" (mechanisches Schwingen durch die Magnetfelder der Oberwellen) auf, das durch entsprechende Drosselspulen oder Filter im Laststromkreis gedämpft werden kann.

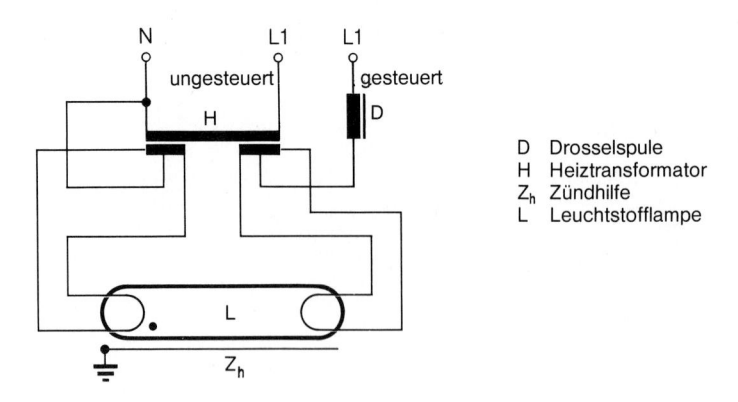

Bild 8.3/4
Lichtsteuerung von Leuchtstofflampen mit Heiztransformator zum Vorheizen der Lampenelektroden

D Drosselspule
H Heiztransformator
Z_h Zündhilfe
L Leuchtstofflampe

8.3 Lichtsteuerung

Leuchtstofflampen

Grundsätzlich sollen an einem Thyristor- oder Triac-Gerät nur Leuchtstofflampen gleicher Ausführung und Leistung (z. B. 40 W) betrieben werden. Unterschiedliche Lampenausführungen haben meist auch abweichende Steuereigenschaften, so daß die Lampen verschieden hell brennen. Am besten eignen sich Leuchtstofflampen in Stabform mit 20, 40 oder 65 W bei einem Rohrdurchmesser von 38 mm. Lampen mit 26 mm Durchmesser sind für Lichtsteuerung nicht vorgesehen.

Heiztransformator

Außer dem induktiven Vorschaltgerät ist ein Heiztransformator für das Vorheizen der Lampenelektroden erforderlich (Bild 8.3/4). Dieser soll jeweils an den gleichen, jedoch ungesteuerten Außenleiter wie der Laststromkreis angeschlossen werden. Der Starter entfällt.

Zündhilfe

Als kapazitive Zündhilfe muß jede Lampe einen Außenzündstreifen, besser ein übergeschobenes Zündnetz haben. Die Zündhilfe ist zu erden oder an den Zündgenerator anzuschließen.

Zündgenerator

Bei besonders hohen Anforderungen an die Güte der Lichtsteuerung können zusätzlich Zündgeneratoren verwendet werden. Diese erzeugen, angeregt durch den steilen Anstieg der gesteuerten Spannung, eine zusätzliche hochfrequente Spannung, die dem Zündnetz zugeführt wird.

Kompensation

Leuchtstofflampen dürfen bei Anschluß an das Lichtsteuergerät nicht einzeln kompensiert werden. Gruppenkompensation (vgl. Kap. 7.2) ist möglich; sie wird bei Dunkelsteuerung mit einem im Lichtsteuergerät eingebauten Hilfsschalter abgeschaltet (Bild 8.3/5).

Leuchtröhren

Leuchtröhren mit Argon- und Quecksilberdampf-Füllung lassen sich mit Thyristor- und Triac-Geräten sehr gut steuern.

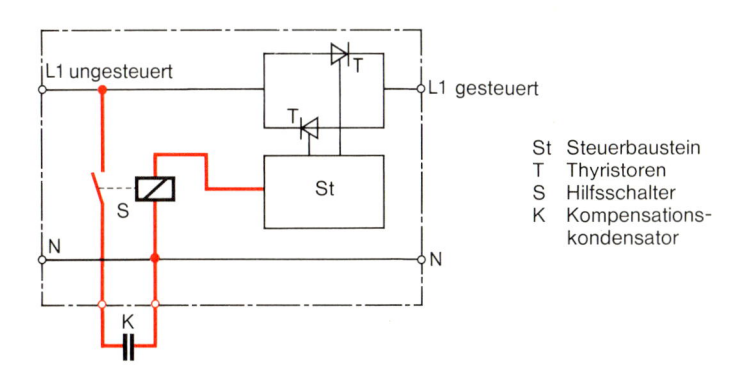

Bild 8.3/5   Gruppenkompensation von anschnittgesteuerten Leuchtstofflampen

St Steuerbaustein
T   Thyristoren
S   Hilfsschalter
K   Kompensationskondensator

8.4 Leuchten

8.4.1 Allgemeines

Aufgaben der Leuchten

Leuchten sind elektrische Betriebsmittel, die das zum Betrieb einer Lampe erforderliche Zubehör enthalten, z. B. Fassungen, Vorschaltgeräte. Darüber hinaus haben Leuchten die folgenden Aufgaben zu erfüllen. Sie sollen

▷ den von den Lampen abgestrahlten Lichtstrom lenken und in gewünschter Weise im Raum verteilen. Dazu werden lichttechnische Baustoffe eingesetzt, wie streuende und spiegelnde Reflektoren, streuende und optisch lenkende Gläser;

▷ mit denselben Mitteln dafür sorgen, daß Blendung auf ein erträgliches Maß begrenzt wird;

▷ Lampen und Betriebszubehör vor schädlichen mechanischen und chemischen Einflüssen schützen (Staub, Wasser usw.), wobei auch die Wärmeentwicklung im Betrieb zu berücksichtigen ist. Hierzu müssen geeignete Baustoffe mit der notwendigen mechanischen, thermischen und chemischen Beständigkeit verwendet werden;

▷ einen hohen Betriebswirkungsgrad haben, um einen wirtschaftlichen Betrieb zu ermöglichen;

▷ ästhetischen Ansprüchen an die Gestaltung der Form gerecht werden und damit als architektonisches Gestaltungsmittel dienen können.

Schmuckleuchten

Obwohl zwischen Schmuckleuchten und Zweckleuchten unterschieden wird, ist eine scharfe Abgrenzung nicht möglich. Bei Schmuckleuchten steht die Formgestaltung und dekorative Wirkung im Vordergrund. Sie sollen z. B. einen Wohnraum behaglich machen oder einem Theaterfoyer den festlichen Glanz verleihen.

Zweckleuchten

Bei Zweckleuchten haben die licht- und betriebstechnischen Eigenschaften den Vorrang. Von ihnen erwartet man, daß sie arbeits- und zeitsparend montiert (z. B. Durchverdrahtung von Montageschienen, Steckverbindungen u. ä.) und einfach gewartet werden können.

Lichtstärkeverteilung

Die lichttechnischen Eigenschaften einer Leuchte werden weitgehend durch ihre Lichtstärkeverteilungskurve (LVK) gekennzeichnet (Bild 8.4/1). Daraus kann man die Art der Lichtstromverteilung im Raum sowie die bevorzugte Lichtab-

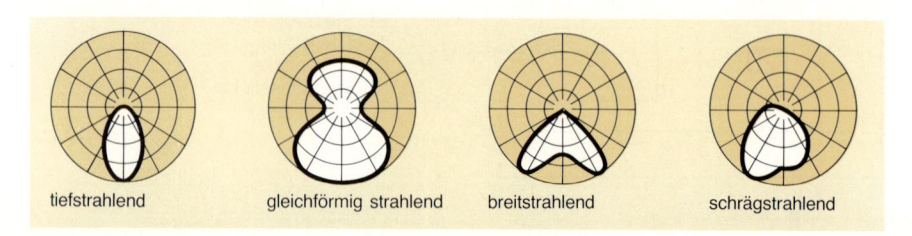

tiefstrahlend — gleichförmig strahlend — breitstrahlend — schrägstrahlend

Bild 8.4/1 Lichtstärkeverteilungskurven (typische Beispiele)

strahlungsrichtung erkennen. Die Lichtstärkeverteilung ist im allgemeinen auf einen Lichtstrom von 1000 lm bezogen. Sie dient der Auswahl von Leuchten für einen bestimmten Verwendungszweck und — vorzugsweise bei Außenleuchten — zu beleuchtungstechnischen Berechnungen.

Leuchten müssen den Vorschriften VDE 0710 entsprechen. **VDE-**
Für das Zubehör von Leuchten für Entladungslampen gelten außerdem VDE **Bestimmungen**
0560 Teil 6 und VDE 0712.

Bei der Errichtung von Beleuchtungsanlagen müssen die Errichtungsbestimmungen VDE 0100, 0107 und 0108 und bei Leuchtröhrenanlagen (s. Kap. 8.5.3) VDE 0128 eingehalten werden.

Leuchten, die vom VDE geprüft und zugelassen sind, wie z. B. die Leuchten der **VDE-Prüfzeichen**
Siemens AG, tragen das VDE-Prüfzeichen.

Schutzarten

Leuchten werden gemäß dem Einsatzbereich, für den sie geeignet sind, nach **Kennzeichnung**
Schutzarten unterteilt. Zur Kennzeichnung werden nach VDE 0710 Kurzzeichen **nach DIN,**
(Symbole), nach DIN 40 050 und nach der IEC-Publikation 144 die Kennbuch- **VDE und IEC**
staben IP und zwei Ziffern verwendet (s. Tabelle 8.4/1).

Schutzklassen

Nach VDE 0710 werden Leuchten entsprechend den zusätzlichen Schutzmaßnahmen gegen zu hohe Berührungsspannung in Schutzklassen unterteilt:

Schutzklasse I	Schutzklasse II	Schutzklasse III
Zum Anschluß an einen Schutzleiter	mit Schutzisolierung	für Betrieb mit Schutzkleinspannung

Zum überwiegenden Teil werden Leuchten der Schutzklasse I verwendet. Alle **Schutzklasse I**
der Berührung zugänglichen Teile, die im Fehlerfall unmittelbar Spannung annehmen können, müssen untereinander und mit dem Schutzleiter gut leitend verbunden sein. In die Schutzmaßnahme sind auch die Gehäuse von Vorschaltgeräten und Kondensatoren einzubeziehen. Die einzelnen Leuchtenteile können nicht nur durch den Schutzleiteranschluß, sondern auch durch konstruktive Maßnahmen (z. B. Verwendung von Fächerscheiben bei der Verschraubung) leitend verbunden werden. Bei Verbindungen über Trennkupplungen muß der Schutz durch voreilenden Schutzleiterkontakt gewährleistet sein.

Schutzisolierte Leuchten werden z. B. in landwirtschaftlichen Betriebsstätten, in **Schutzklasse II**
Baderäumen und Duschecken und zum Teil für die Außenbeleuchtung empfohlen. Sie können aber auch überall dort angewendet werden, wo keine Schutzleiter-Schutzmaßnahmen zur Verfügung stehen. Leuchten der Schutzklasse II dürfen keine Anschlußmöglichkeit für einen Schutzleiter haben.

8.4 Leuchten

Schutzklasse III   Diese Leuchten werden mit Schutzkleinspannung bis 42 V, im Geltungsbereich von VDE 0107 bis 24 V (vgl. Kap. 28.4), betrieben, z. B. ortsveränderliche Backofenleuchten und Faßleuchten.

(Ex)-Kennzeichen   Leuchten, die für die Verwendung in schlagwetter- und explosionsgefährdeten Räumen und Betriebsanlagen geeignet sein sollen, müssen das (Ex)-Kennzeichen tragen.

Brandschutzzeichen

F-Kennzeichen   Für die Montage auf normal oder leicht entflammbaren Baustoffen, deren Entzündungstemperatur nicht unter 200 °C liegt (z. B. Holz oder Styropor), sind gemäß DIN 4102 Leuchten mit F-Kennzeichen nach VDE 0710 zu verwenden. Diese Leuchten sind so gebaut, daß sie auch bei gestörtem Betrieb (z. B. wiederholte Zündversuche am Ende der Lampen-Lebensdauer oder am Ende der Lebensdauer der Drosselspule) keine zu hohen Temperaturen annehmen können.

F F-Kennzeichen   Noch höhere Anforderungen werden an Leuchten für feuergefährdete Betriebsstätten (Staub oder Faserstoffe) gestellt. Dafür geeignete Leuchten müssen das F F-Kennzeichen tragen.

SILUTHERM-Kombischutz   Diese Anforderungen werden sehr wirkungsvoll durch den SILUTHERM-Kombischutz erfüllt, der die eventuell fehlerhafte Drosselspule durch eine Mikrotemperatursicherung und die Lampe durch den OSRAM-DEOS-Sicherungsschnellstarter abschaltet (s. Bild 8.2/1). Damit können auch Räume mit sehr wertvollen Gütern, wie z. B. Computeranlagen, vor Brandschäden durch Leuchten geschützt werden.

Funkentstörung

Funkschutzzeichen ⓕ oder ⓕₙ   Leuchten, welche die Grenzwerte für den oft geforderten Funkstörgrad N nach VDE 0875 einhalten, sind mit dem Funkschutzzeichen ⓕ oder ⓕₙ gekennzeichnet. Wenn in Sonderfällen höhere Ansprüche an die Funkentstörung gestellt werden, sind zusätzliche Maßnahmen erforderlich. Die Industrie liefert hierzu geeignete Filter.

8.4.2 Innenleuchten

Innenleuchten für Leuchtstofflampen

Diese Leuchten (Bild 8.4/2) werden z. B. in Bürogebäuden, Verkaufs- und Versammlungsräumen, Krankenhäusern, Hotels und in steigendem Maße auch zur Beleuchtung in Wohnhäusern verwendet. Viele Ausführungen lassen sich auch in Industrieanlagen mit mäßigem Schmutzanfall und geringer Korrosionsbeanspruchung einsetzen. **Einsatz**

Innenleuchten werden in vielen Ausführungen hergestellt, von der einfachen Lichtleiste über die dekorativ wirkende Decken- oder Pendelleuchte bis zur optisch präzise geformten Spiegel-Einbauleuchte mit Abluftführung. **Arten**

Innenleuchten müssen mindestens der Schutzart „abgedeckt" nach VDE 0710 bzw. IP 20 nach DIN 40 050 bzw. IEC-Publikation 144 entsprechen. Leuchten mit Kunststoff-Glaswannen haben meist Schutzart IP 40 oder IP 50 (s. Tabelle 8.4/1). Dichtungen erschweren das Eindringen von Staub in das Leuchteninnere, so daß größere Wartungsintervalle erreicht werden. **Schutzarten**

Innenleuchten müssen nach VDE 0710 für eine Umgebungstemperatur von +30 °C ausgelegt sein. Dadurch wird sichergestellt, daß auch im Hochsommer oder unter anderen ungewöhnlichen Bedingungen an den wärmeempfindlichen Teilen der Leuchte keine unzulässigen Temperaturen auftreten. **Umgebungstemperatur**

Wenn Umgebungstemperaturen über 30 °C zu erwarten sind (z. B. Tropen, Kesselhäuser), so muß durch Rückfrage beim Hersteller geklärt werden, ob die vorgesehenen Leuchten den Bedingungen noch genügen, oder ob besondere Maßnahmen (z. B. Drosselspulen für höhere Umgebungstemperatur) erforderlich sind. Leuchtstofflampen in Rapid-Start-Schaltung sind z. B. in solchen Fällen nicht mehr unbedingt betriebssicher. Bei Gebäuden mit Deckenstrahlungsheizung ist die höhere Wärmebelastung der Leuchten bei der Planung zu berücksichtigen, auch im Hinblick auf die dadurch verminderte Lichtausbeute der Lampen. **Höhere Umgebungstemperaturen**

Deckenstrahlungsheizung

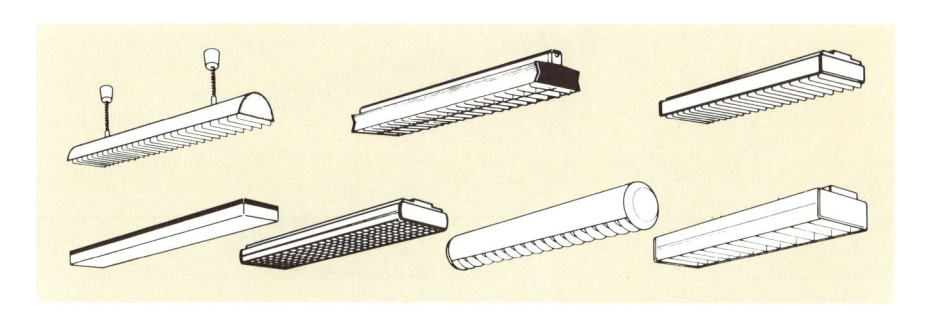

Bild 8.4/2   Ausführungen von Innenleuchten für Leuchtstofflampen

8.4 Leuchten

Lichttechnik der Innenleuchten

Die lichttechnischen Eigenschaften von Innenleuchten werden hauptsächlich durch die Anforderungen bestimmt, die sich aus den in DIN 5035 festgestellten Merkmalen für die Güte der Beleuchtung ergeben (vgl. Kap. 8.5.1). Hierbei sind besonders die Leuchtdichteverteilung im Raum und die Begrenzung der Blendung wichtig. Die zwingende Forderung, Energie sparsam einzusetzen, hat ebenfalls Einfluß auf die Leuchtenentwicklung. Darüber hinaus haben neue Technologien im Arbeitsbereich — z.B. die Bildschirmarbeitsplätze — und gleichzeitig das Streben nach höherem Beleuchtungskomfort, besserem Kontrastsehen und angenehmerer Raumatmosphäre zu neuen Entwicklungsrichtungen geführt, z.B. zu der SiDEKO-Leuchtenreihe der Siemens AG.

Decken-Anbauleuchten

Decken-Anbauleuchten setzen sich meist aus einem Baukastensystem zusammen (Bild 8.4/3). Dabei dient ein Grundelement (z.B. Lichtleiste oder Bodenplatte mit Fassungen und Vorschaltgeräten) als Träger für eine Anzahl verschiedenartiger Gehäuse und lichttechnisch wirksamer Abdeckungen. Diese sind z.B. Lamellenblenden und Raster, weiß oder verspiegelt, zusätzliche lichtlenkende Spiegel, Streugläser und Kunststoff-Gläser mit berechneter optischer Wirkung. Durch Verwendung verschiedenfarbiger Rahmen hat der Architekt ein zusätzliches Element für die Raumausgestaltung.

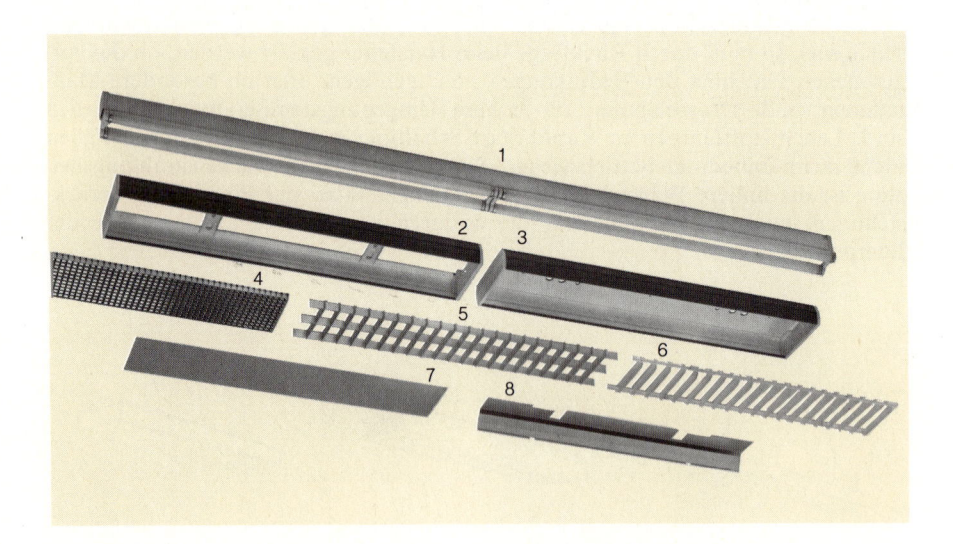

1 DUS-Kombileuchte 5LJ 170
2 Farbrahmen
3 Reflektor
4 Kunststoff-Spiegelraster
5 Aluminium-Profilraster
6 Lamellenblende weiß
7 Prismenscheibe
8 Spiegel

Bild 8.4/3 Baukastensystem für Decken-Anbauleuchten

8.4 Leuchten

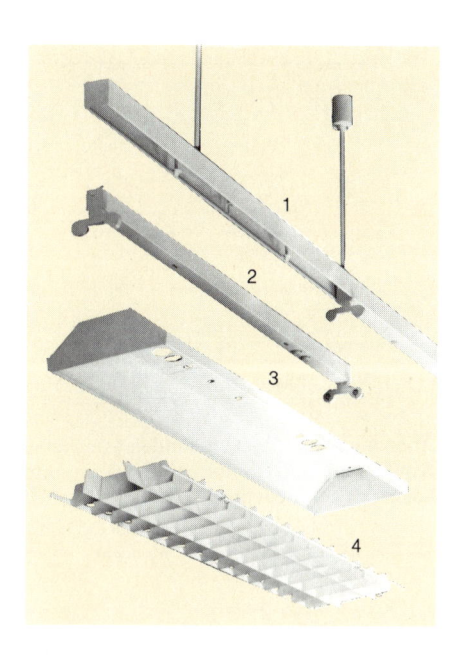

1 abgehängtes Lichtband
2 DUS-Kombileuchte 5LJ170
3 Reflektor
4 Aluminium-Profilraster

Bild 8.4/4
Baukastensystem für abgehängte Leuchtensysteme

Abgehängte Leuchtensysteme

Die meisten Decken-Anbauleuchten lassen sich auch einzeln oder mittels Tragschienen als Lichtbänder an Pendeln oder Ketten von der Decke abhängen. Beispiele dafür sind das Siemens-DUS-Rapid-Leuchtensystem (Bild 8.4/4) und SiDEKO-KM-Leuchtensystem (Bild 8.4/5). Durch veränderbare Verbindungsstücke lassen sich Pendelschienen auch zu beliebig abgewinkelten Lichtlinien und -ornamenten zusammenfügen.

Decken-Einbauleuchten

In modernen Neubauten gibt es viele Gründe, abgehängte Decken einzuplanen. In dem darüber entstehenden Hohlraum lassen sich Installationen verschiedener Art, Luftkanäle usw. unterbringen. Um das so entstandene einheitliche Bild der Decke und auch die Luftführung nicht zu stören, werden die Leuchten meist in die Decken so eingebaut, daß sie bündig damit abschließen oder nur wenig herausragen. Dazu werden Decken-Einbauleuchten mit Befestigungsvorrichtungen geliefert, die an das jeweilige Deckensystem angepaßt sind (Bild 8.4/6).

Lichttechnik der Decken-Einbauleuchten

Verschiedenartige Abdeckungen der Leuchten lassen eine große Vielfalt lichttechnischer Möglichkeiten zu, insbesondere durch Einsatz verschiedener Spiegelkonstruktionen (Beispiele: SiDEKO-Spiegelleuchten). Bei eingebauten Leuchten ist eine direkte Deckenaufhellung nicht möglich, auch nicht, wenn die Leuchtenabdeckungen etwas herausragen. So können störend hohe Kontraste zwischen Decke und Leuchten entstehen. Das kann durch helle, also gut reflektierende Bodenbeläge und Möbel und durch Erhöhung der Deckenleuchtdichte verhindert oder gemildert werden oder, was wirkungsvoller ist, wenn die Leuchtdichte der Leuchten sehr stark herabgesetzt wird, z.B. durch geeignete Spiegelraster, wie bei den SiDEKO-Darklight-Leuchten. SiDEKO-Leuchten mit Batwing-Spiegelrastern verbessern das Kontrastsehen auf Schreibtischen. Für Räume mit Bildschirmarbeitsplätzen sind SiDEKO-Leuchten mit BAP-Spiegelrastern geeignet, da sie keine störenden Spiegelungen auf den Bildschirmen erzeugen. Die Lichtstärkeverteilungskurven von SiDEKO-Leuchten zeigt Bild 8.4/7.

8.4 Leuchten

Rohrpendelaufhängung im Knotenpunkt

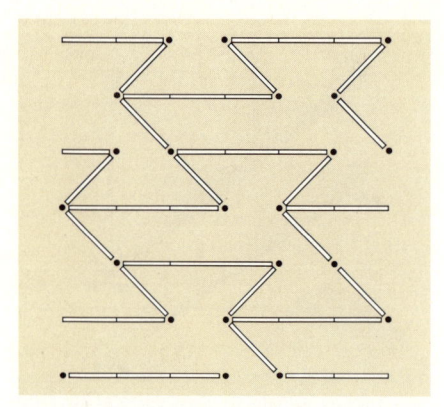

Anordnung mit objektgebunden gefertigten Knotenpunkten. Kombination mit ein- und mehrlängigen Leuchten

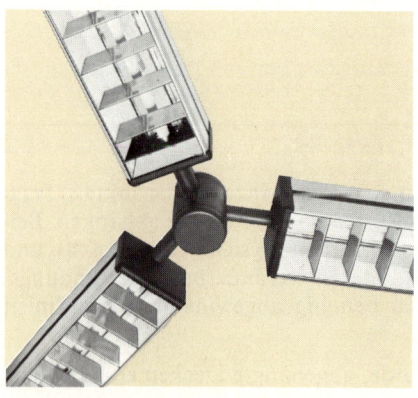

Knotenpunktverbindung
120°-Knotenpunkt, drei Arme

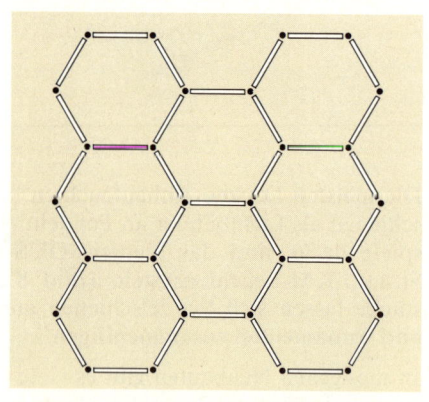

Sechseck-Anordnung mit 120°-Knotenpunkten und gleichlängigen Leuchten

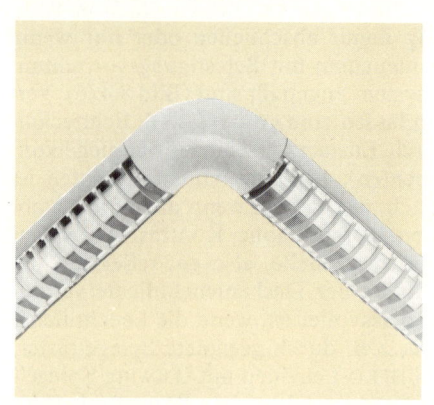

Rohrbogenverbindung
90°-Rohrbogen

Sechseck-Anordnung mit 120°-Rohrbogen und gleichlängigen Leuchten

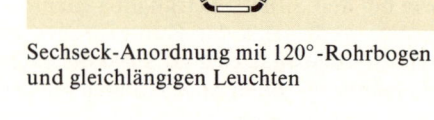

Bild 8.4/5   SiDEKO-KM-Leuchtensystem

8.4 Leuchten

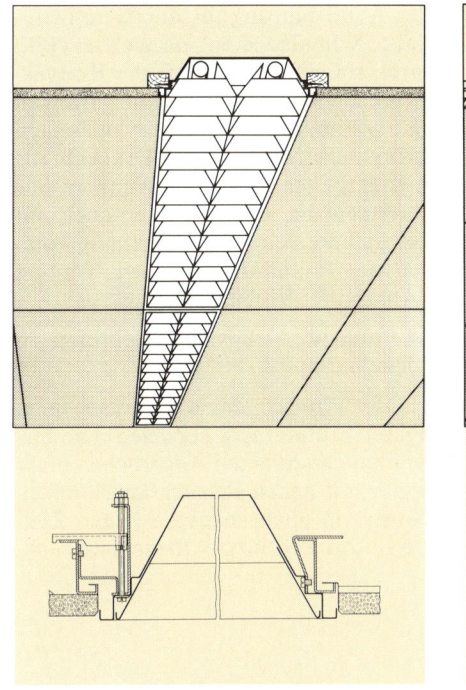

Einbau in Metallkassettendecke,
Platten in Tragschienen eingehängt

Einbau in Gipsplattendecke an
Metallschienen

Bild 8.4/6   Decken-Einbauleuchten

Mit Batwing-Spiegelraster, symmetrisch   Mit Batwing-Spiegelraster, asymmetrisch   Mit Darklight-Spiegelraster   Mit BAP-Spiegelraster

Bild 8.4/7   Lichtstärkeverteilungskurven von SiDEKO-Leuchten

895

8.4 Leuchten

Klimaleuchten

Decken-Einbauleuchten, die gleichzeitig der Abluftführung für die Raumbelüftungsanlage dienen können, werden meist als „Klimaleuchten" bezeichnet (Bild 8.4/8). Sie sind so ausgebildet, daß die durch sie geführte Abluft die Konvektionswärme von Lampen und Vorschaltgeräten mitnimmt, Staubablagerungen vermieden werden und von der Luft erzeugte Strömungsgeräusche in zulässigen Grenzen bleiben. Zur Steuerung des Abluftvolumenstroms und des Druckabfalls werden die Leuchten mit einstellbaren Vorrichtungen versehen. Wenn es aus architektonischen Gründen erwünscht ist, können die Klimaleuchten auch mit Zuluftverteilern zusammengebaut werden, so daß die Leuchten gleichzeitig komplette Elemente für das Zu- und Abführen der Raumluft darstellen. Weitere Angaben hierzu enthält das Kapitel 8.5.1, Abschnitt „Verbundtechnik".

Arbeitsplatzleuchten

Energiesparmaßnahmen und die Humanisierung der Arbeitsplätze führten zu einer Wiedereinführung der Arbeitsplatzbeleuchtung.

Dazu kam aus beleuchtungstechnischer Sicht der Wunsch, das Kontrastsehen zu verbessern und mehr Sehleistung bei geringerer Ermüdung zu erzielen. Die bisher gebräuchlichen Arbeitsplatzleuchten konnten den höheren Ansprüchen nicht gerecht werden. Mit neuen Leuchtentypen und mit neuen Beleuchtungskonzepten konnten in letzter Zeit sehr gute Ergebnisse in allen angesprochenen Zielrichtungen erreicht werden. Beispiele dafür sind die SiDEKO-Arbeitsplatzleuch-

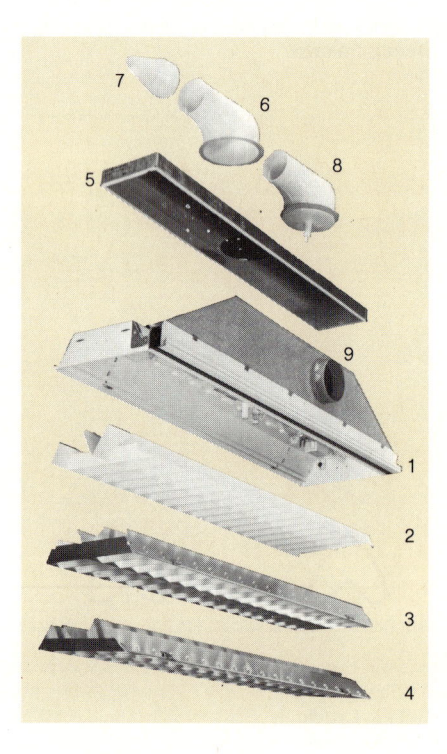

1 Leuchtengehäuse mit Abluftschlitzen; bei Abluftführung in den freien Deckenhohlraum mit zusätzlichen Schlitzschiebern.
Leuchtenabschluß wahlweise mit
2 weißem Großraster,
3 Spiegel-Großraster, symmetrisch,
4 Spiegel-Großraster, asymmetrisch
5 Abluftdom für Abluftführung in ein Kanalsystem, wahlweise mit
6 Abluftwinkelstutzen mit zusätzlicher
7 Festwiderstandsdüse oder
8 Abluftwinkelstutzen mit Tellerventil
9 Zuluftverteiler

Bild 8.4/8
Baukastensystem für Klimaleuchten

8.4 Leuchten

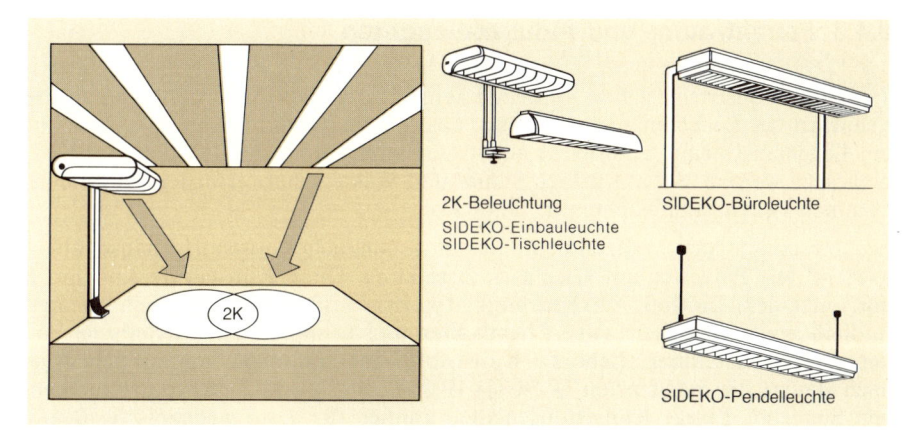

Bild 8.4/9   Ausführungen der SIDEKO-Arbeitsplatzbeleuchtung

ten für die Zweikomponenten-(2K-)Beleuchtung und die direkt und indirekt wirkenden SIDEKO-Büroleuchten (Bild 8.4/9). Beide Systeme können am Schreibtisch befestigt oder über dem Schreibtisch aufgehängt werden. In allen Fällen ist jedoch eine Allgemeinbeleuchtung des Raumes als Grundbeleuchtung erforderlich, die entweder eine direkte Beleuchtung durch Leuchten mit Batwing-Spiegelrastern sein kann oder eine indirekte Raumbeleuchtung, wie sie durch die SIDEKO-Büro- und Pendelleuchten gleichzeitig erzeugt wird.

2K-Beleuchtung SIDEKO-Büroleuchten

Innenleuchten für Glühlampen

Innenleuchten für Glühlampen werden vorwiegend in Nebenräumen wegen der sofortigen Betriebsbereitschaft der Lampen verwendet oder als Punktstrahler zum Hervorheben einzelner Gegenstände, z. B. in Schaufenstern.

8.4.3 Feuchtraum- und Industrieleuchten

In vielen Industriebetrieben, in denen keine besonderen Anforderungen an die Schutzart der Leuchten zu stellen sind, können die schon im Kap. 8.4.2 erwähnten Leuchtensysteme, von denen auch staubgeschützte Varianten lieferbar sind, eingesetzt werden. Sobald jedoch Staub- und Wasserschutz erforderlich werden, kommen Feuchtraumleuchten in Betracht.

Staub

Feuchtigkeit

Feuchtraumleuchten besitzen heute fast ausschließlich Kunststoffgehäuse, überwiegend aus Polyester mit Glasfaserverstärkung. Diese Kunststoffe sind nicht nur unter dem Einfluß von Feuchtigkeit korrosionsfest, sondern auch unempfindlich gegen viele aggressive Chemikalien und Dämpfe (z. B. galvanische Bäder, Papierherstellung, Labors). Kunststoff-Feuchtraumleuchten erreichen je nach Bauart die Schutzarten IP 54 bis IP 65 (z. B. SiPLAST-Feuchtraumleuchten von Siemens). Einige Kunststoffleuchten können für harte mechanische Beanspruchung auch mit erhöhter Stoßfestigkeit ausgeführt werden.

Aggressive Chemikalien

Hohe Schutzarten

Stoßfestigkeit

Hohe Hallen

Spiegelleuchten für Metalldampflampen

Bestückung mit Lampen hoher Leistung

Schutzart bis IP 54

Für hohe Werkhallen und andere hohe Räume sind tief- oder breitstrahlende Spiegelleuchten für Hochdruck-Metalldampflampen besonders geeignet. Einsetzbar sind SiFAB-Spiegelleuchten von Siemens mit verschiedenen Spiegelarten und -größen für Bestückung mit Quecksilberdampf- und Natriumdampf-Hochdrucklampen sowie Halogen-Metalldampflampen von 250 W bis 1000 W Leistungsaufnahme. Diese Leuchten entsprechen ohne Abschlußglas der Schutzart IP 20, mit Abschlußglas im Oberteil IP 20, im Lampenraum IP 50 und in Sonderausführung IP 54. Diese Sonderausführung ist auch für Umgebungstemperaturen bis 50 °C geeignet.

Bei der Planung von Anlagen mit Spiegelleuchten für Metalldampflampen sind folgende Vor- und Nachteile zu beachten:

▷ Vorteile:
durch hohe Lichtstromkonzentration in einer Leuchte auch in hohen Hallen gute Beleuchtungswirkungsgrade;
gute Blendungsbegrenzung;
auch für große Flächen relativ wenige Lichtpunkte erforderlich (Vorteil für Montage und Wartung).

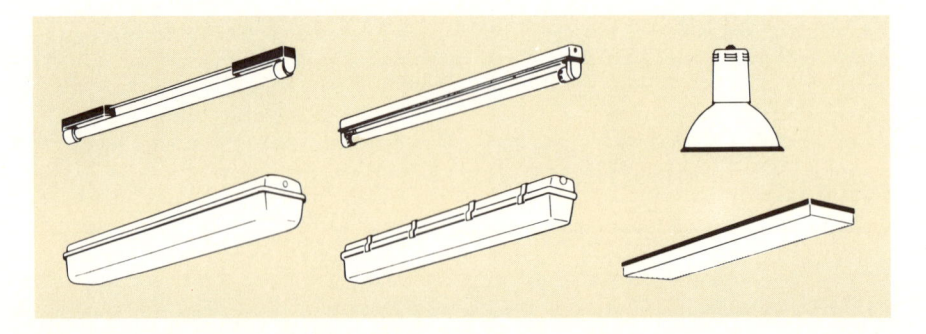

Bild 8.4/10   Beispiele für Feuchtraum- und Industrieleuchten

▷ Nachteile:
harte Schatten, geringe Vertikalbeleuchtungsstärken;
bei Ausfall schon von einer Lampe starke Ungleichmäßigkeiten;
kein sofortiges Wiederzünden nach Spannungsabsenkung oder Netzunterbrechung;
stärkeres Flimmern als bei Leuchtstofflampen.

In Betriebsstätten mit Explosionsgefahr müssen nach VDE 0165 Leuchten verwendet werden, die mindestens der Schutzart IP 54 entsprechen und darüber hinaus explosionsgeschützt sind gemäß den vorkommenden Explosionsklassen und Zündgruppen. Die Lampen müssen dabei mit Glas oder Kunststoff abgedeckt und bei mechanischer Gefährdung zusätzlich mit einem Schutzkorb versehen sein (Bild 8.4/11). Der Schutzkorb kann entfallen, wenn Kunststoffabdeckungen mit besonders hoher Festigkeit verwendet werden. Für ortsfeste explosionsgeschützte Leuchten werden Glühlampen mit Sicherung oder Leuchtstofflampen mit Einstiftsockel in starterloser Schaltung (siehe Kap. 8.2.2) verwendet. Es gibt auch (Ex)-Innenleuchten für Bestückung mit Mischlichtlampen und für Hochdruck-Metalldampflampen.

Explosionsgeschützte Leuchten

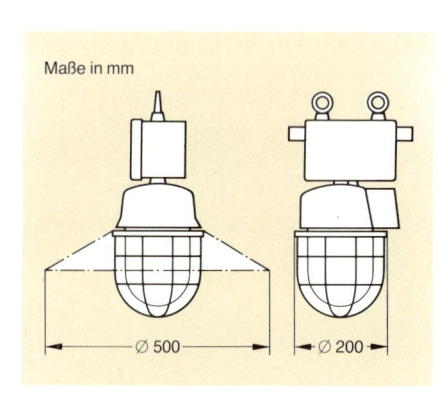

Bild 8.4/11
Explosionsgeschützte Leuchte
mit Vorschaltgerätekasten, Schutzart IP 54

8.4.4 Außenleuchten und Scheinwerfer

Anwendung

Außenleuchten dienen fast ausschließlich der Verkehrsbeleuchtung auf Straßen, Plätzen, Tunneln und Wasserstraßen (Bild 8.4/12). Scheinwerfer und Lichtfluter werden zur Beleuchtung von Sportanlagen, Industrieanlagen im Freien und zur Anstrahlung von Bauwerken eingesetzt.

Lichtquellen

Für die Verkehrsbeleuchtung werden nur noch Entladungslampen, hauptsächlich Natriumdampf-Hochdrucklampen verwendet. Mit diesen wird eine hohe Lichtausbeute erzielt, und die Möglichkeit einer exakten Lichtlenkung mit Spiegeln, Prismen usw. führt zu einem hohen Anlagen-Wirkungsgrad. Weil dieses mit langgestreckten Leuchtstofflampen nicht möglich ist, kommen solche nur zur Beleuchtung bebauter Straßen in Betracht, wo eine Aufhellung des Straßen-„Raumes" durch das Streulicht erwünscht ist.

Ausführungsformen

Außenleuchten gibt es in verschiedenen Ausführungsformen als Mastansatz- und Mastaufsatzleuchten sowie als Hängeleuchten für Überspannungen. Um Verschmutzung von Lampen und Reflektoren zu vermeiden, werden Außenleuchten überwiegend in geschlossener Ausführung hergestellt. (Bei Leuchten für Leuchtstofflampen ist dies aus thermischen Gründen notwendig.) Die abschließenden Gläser oder Kunststoffglaswannen können auch mit Prismen versehen sein (Bild 8.4/13) und somit Aufgaben der Lichtlenkung erfüllen (SiOPTA-Spiegeloptikleuchten von Siemens).

Die damit erzielbare, exakt berechnete, breitstrahlende Lichtstärkeverteilung ermöglicht einerseits eine sorgfältige Abschirmung gegen Blendung und andererseits eine optimale Verteilung des Lichtstromes auf der Straßenfläche entsprechend der genormten Leuchtdichte- und Gleichmäßigkeitswerte.

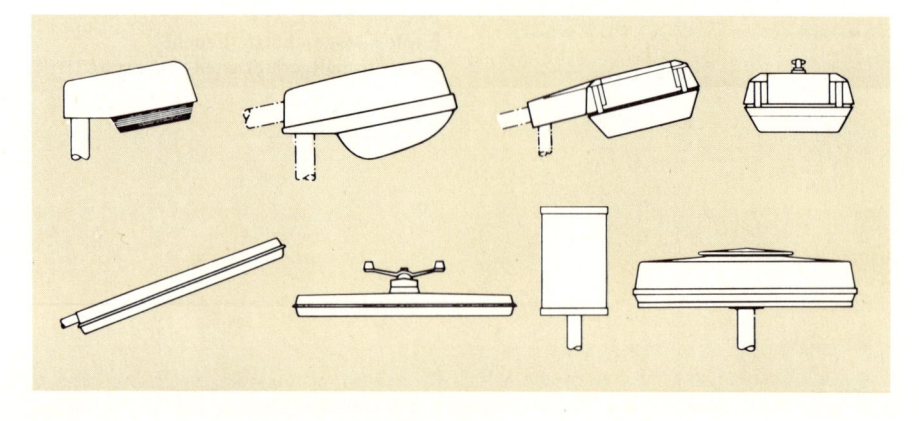

Bild 8.4/12 Ausführungen von Außenleuchten

8.4 Leuchten

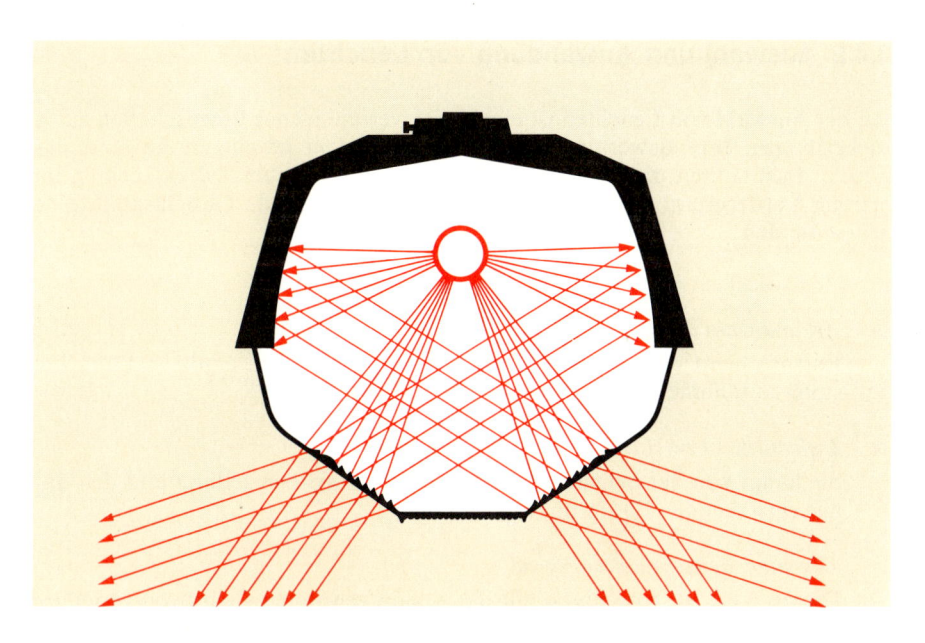

Bild 8.4/13   Leuchte mit Spiegel- und Prismenoptik

Bei abnehmender Verkehrsdichte kann eine Anpassung des Leuchtdichteniveaus zur Senkung des Energiebedarfs und damit der Kosten führen, ohne daß dadurch die Gleichmäßigkeit der Beleuchtung und damit der Verkehrssicherheit beeinträchtigt wird. Dies läßt sich durch Abschaltung einer Lampe in zweilampigen Leuchten geeigneter Bauart, oder durch die „Reduzierschaltung" (Absenkung des Lampenstromes um etwa 40 % durch Vergrößerung des Drosselspulen-Scheinwiderstandes) erreichen. Beide Verfahren können entweder in Verbindung mit Zeitschaltern oder in Abhängigkeit von der tatsächlichen Verkehrsdichte angewendet werden.

Senkung des Energiebedarfs

Ob Scheinwerfer oder Lichtfluter verwendet werden, hängt von der Beleuchtungsaufgabe ab. Für die Beleuchtung kleiner Objekte in großer Entfernung ist starke Lichtbündelung erforderlich, wie sie bei Scheinwerfern mit rotationsparabolischen Spiegeln in Verbindung mit kleinen Leuchtsystemen (z. B. Glühlampen) erreichbar ist. Ein breiteres, kegelförmiges Lichtbündel geben diese Scheinwerfer ab, wenn größere Leuchtsysteme (z. B. Entladungslampen) verwendet werden. Bandförmige Bündelung erhält man bei Lichtflutern mit parabol-zylindrischen Spiegeln, sog. „Rinnenspiegeln", in Verbindung mit stabförmigen Leuchtsystemen, wie Halogen-Glühlampen und Halogen-Metalldampflampen. Geräte dieser Art eignen sich besonders für die Beleuchtung größerer Flächen, wie Sportanlagen, Anstrahlung größerer Gebäudefronten, industriell und gewerblich genutzte Flächen (Lager- und Verladeplätze, Baustellen), Parkplätze.

Scheinwerfer, Lichtfluter

8.4.5 Auswahl und Anwendung von Leuchten

Bei der Auswahl von Leuchten ist eine Reihe verschiedener Eigenschaften zu berücksichtigen. Ihre Bewertung richtet sich nach dem jeweiligen Anwendungszweck, doch sollten die lichttechnischen Eigenschaften bei Zweckleuchten immer im Vordergrund stehen. Im einzelnen sollen folgende Gesichtspunkte beachtet werden:

▷ *Art und Zahl der Lampen*
Entsprechend dem erforderlichen Lichtstrom. Daraus ergibt sich die Leistungsaufnahme einer Leuchte.

▷ *Lichtstärke- bzw. Lichtstromverteilung im Raum*
Sie hängt von der beleuchtungstechnischen Aufgabenstellung und den daraus entstehenden Forderungen ab.

▷ *Leuchten-Betriebswirkungsgrad*
Dieser Wert ist, zusammen mit der richtig gewählten Lichtstromverteilung von Einfluß auf den in einer Anlage erzielbaren Beleuchtungs-Wirkungsgrad und damit auch auf die Wirtschaftlichkeit.

▷ *Leuchtdichteverteilung*
Diese ist maßgebend für die Blendungsbegrenzung nach DIN 5035. Für Innenleuchten von Siemens stehen leicht zu handhabende Anwendungs-Grenzkurven zur Verfügung.

▷ *Schutzmaßnahmen*
Entsprechend den Einsatzgebieten der Leuchten (Berührungs-, Staub- und Wasserschutz usw.). Schutzarten, Schutzklassen und weitere Kennzeichnungen s. Kap. 8.4.1 und Tabelle 8.4/1.

▷ *Art der Anbringung*
Innenleuchten: Einzelleuchten oder Lichtbänder, Deckenanbau, Deckeneinbau oder Abhängung an Pendeln, Ketten, Spannteilen.
Außenleuchten: Mast-Ansatzleuchten, Mast-Aufsatzleuchten, Leuchten für Seilüberspannungen.

▷ *Erleichterungen für Montage, Installation und Wartung*
Decken- und Pendelmontageschienen, ohne und mit Verdrahtung, Steckverbindungen für Verdrahtung, Schnellverschlüsse für Leuchtenanschluß bei Innen- und Außenleuchten, abhängbare Abschlußwannen mit Schnellverschlüssen. Einfache Handhabung für die Wartung (s. Kap. 8.4.6).

▷ *Form, Material*
Über den eigentlichen Zweck einer Leuchte oder eines Leuchtensystems hinaus können deren Form, Material und Farbe als Elemente der Raumgestaltung eingesetzt werden.

8.4 Leuchten

Tabelle 8.4/1
Kennzeichnung der Schutzgrade, Schutzarten und Schutzklassen für Leuchten durch IP-Nummern oder Bildzeichen

IP-Nummer 1. Kennziffer	Schutzgrad Kurzbeschreibung	Bildzeichen	Schutzgrad, /-art, /-klasse Kurzbeschreibung
0	ungeschützt		
1	Schutz gegen Fremdkörper >50 mm		
2	Schutz gegen Fremdkörper >12 mm		
3	Schutz gegen Fremdkörper >2,5 mm		
4	Schutz gegen Fremdkörper >1 mm		
5	Staubschutz	◇	Staubgeschützt
6	Staubdicht	◆	Staubdicht
2. Kennziffer			
0	ungeschützt		
1	Schutz gegen Tropfwasser	▲	Tropfwassergeschützt
2	Schutz gegen Tropfwasser unter 15°		
3	Schutz gegen Sprühwasser	▣	Regengeschützt
4	Schutz gegen Spritzwasser	▲	Spritzwassergeschützt
5	Schutz gegen Strahlwasser	▲ ▲	Strahlwassergeschützt
6	Schutz gegen schwere See		
7	Schutz gegen Eintauchen	▲▲	wasserdicht (Eintauchen)
8	Schutz gegen Untertauchen	▲▲...m	Druckwasserdicht (unter Wasser) bis ... m Tiefe
		□	Schutzklasse II
		⟨Ⅲ⟩	Schutzklasse III
		▽F/	Geeignet zur Befestigung auf normal entflammbarem Material
		▽F/ ▽F/	Geeignet zur Verwendung in feuergefährdeten Betriebsstätten
		(Ex)	Geeignet zur Verwendung in explosions- und schlagwettergefährdeten Räumen
		ⓕ	Funkentstört
		ⓕN	Funkstörgrad N

8.4 Leuchten

Tabelle 8.4/2
Schutzanforderungen an Leuchten gemäß ihrem Einsatzgebiet und den Errichtungsbestimmungen[1])

Raumart	zusätzliche Angaben	Schutzart	Schutzgrad	Sonstige Forderungen
Innenräume ohne besondere Beanspruchung			IP 20	
Feuchte und nasse Räume (z. B. Badeanstalten)	normal	tropfwassergeschützt	IP 21	
	Wenn Wände und Leuchten abgespritzt werden	staub- und strahlwassergeschützt	IP 55	auch für Handleuchten
Baderäume und Duschecken	in Wohnungen und Hotels: normal,	spritzwassergeschützt	IP 20	Schutzisolierung empfohlen
	im Sprühbereich	spritzwassergeschützt	IP 44	
	in Badeanstalten	staub- und strahlwassergeschützt	IP 55	
Anlagen im Freien	geschützte oder ungeschützte Orte	regengeschützt	IP 23	
Baustellen		regengeschützt	IP 23	Schutz gegen Erschütterungen und Beschädigungen
Feuergefährdete Betriebsstätten	ohne brennbaren Staub oder Faserstoffe		IP 40	Gehäuse aus schwer entflammbaren Baustoffen und mit Schutzglas
	mit brennbarem Staub oder Faserstoffen	staubgeschützt	IP 50	
	zusätzlich mit mechanischer Beanspruchung	staubgeschützt	IP 50	zusätzlich Schutzgitter oder -korb
Landwirtschaftliche Betriebsstätten	feuchte Räume (z. B. Ställe)	strahlwassergeschützt	IP 25	Korrosionsschutz
	feuergefährdete Räume (Scheunen, Heuboden)	staubgeschützt	IP 50	Schutzisolierung empfohlen

8.4 Leuchten

Tabelle 8.4/2 (Fortsetzung)

Raumart	zusätzliche Angaben	Schutzart	Schutzgrad	Sonstige Forderungen
Innenräume ohne besondere Beanspruchung	Leuchten mit eingebauten Vorschaltgeräten, montiert an normal oder leicht entflammbaren Baustoffen, Entzündungstemperatur > 200 °C		▽F	
Feuergefährdete Betriebsstätten mit brennbarem Staub oder Faserstoffen			▽F ▽F	

[1]) Diese Tabelle stellt einen vereinfachten, nicht vollständigen Auszug aus den Errichtungsbestimmungen VDE 0100 dar. Über VDE 0100 hinaus müssen von Fall zu Fall auch andere einschlägige Vorschriften (z. B. Bauordnungen der Länder, Vorschriften der EVU) berücksichtigt werden.

Bei der Anwendung von Leuchten sind nicht nur die Normen DIN 5035 — Innenraumbeleuchtung mit künstlichem Licht — und DIN 5044 — Straßenbeleuchtung — zu beachten, sondern auch die einschlägigen Errichtungsbestimmungen des VDE (s. auch Tabellen 8.4/1 und 8.4/2). Darüber hinaus wird der Anwender von Leuchten besonderen Wert auf montagezeitsparende Konstruktionen legen, um die Montagekosten möglichst niedrig zu halten. Die Bilder 8.4/14 bis 8.4/18 zeigen einige solcher vorteilhaften Montage- und Anschlußerleichterungen bei Siemens-Innenraum- und -Feuchtraumleuchten.

Außenleuchten

Bei Außenleuchten ist eine Vormontage möglich, um die Arbeiten am Aufstellungsort abzukürzen. Bei der in Bild 8.4/14 gezeigten Mastansatzleuchte für Quecksilberdampf-Hochdrucklampen kann z. B. in der Werkstatt die entsprechend der Masthöhe erforderliche Anschlußleitung zugeschnitten, angeschlossen und die Leuchte mit Lampe zusammengesetzt werden. Von der Leiter aus wird nur die Leitung in den Mastausleger eingeführt, die Leuchte auf den Rohrstutzen aufgeschoben und die Feststellschraube am Mastansatzstutzen angezogen.

Vormontage

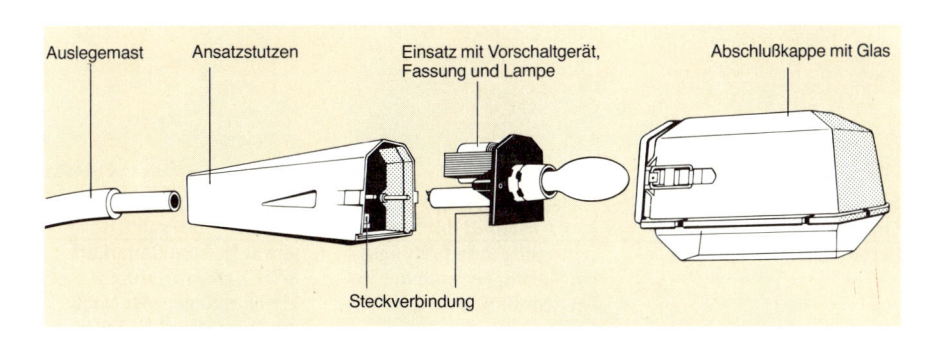

Bild 8.4/14 Aufbau einer leicht montierbaren Mastansatzleuchte

8.4 Leuchten

Leuchtengehäuse am Drehverschluß abgehängt

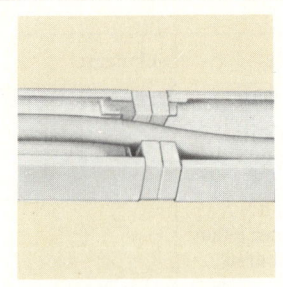

Durchverdrahtung im Abdeckblech

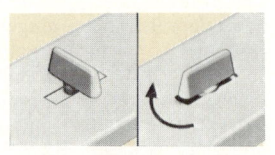

Leuchtenbefestigung mit Drehverschluß

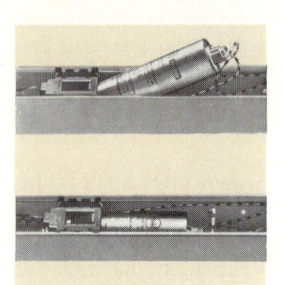

Werkzeuglose Kondensatorbefestigung. Anschlußklemme (mit Entladewiderstand) für kapazitive Schaltung oder Duo-Schaltung ist in der Leuchte vorhanden

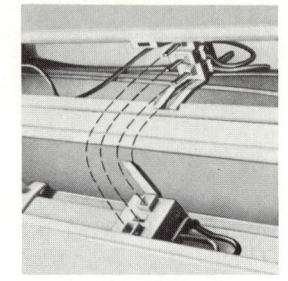

Die elektrische Verbindung von Leuchteneinsatz und Tragschiene wird durch eine 3polige Steckkupplung mit stabilen Kontakten, mit voreilendem Schutzleiterkontakt und einer sicheren, mechanischen Führung der Kontakte zueinander hergestellt

Pendel-, Ketten- und Deckenaufhänger können an jedem beliebigen Punkt der Tragschiene befestigt werden

Bild 8.4/15   Montagezeitsparende Konstruktionsdetails bei Innenleuchten

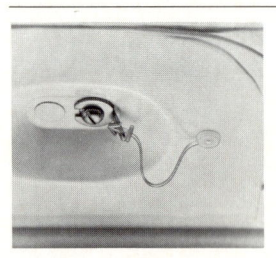

Einmann-Montage der Grundplatten mit unverlierbaren Schlitzscheiben

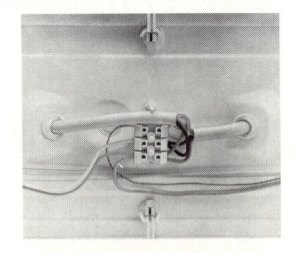

Zeitsparender und bequemer Anschluß durch zwei schrägliegende Leitungseinführungen nahe der Anschlußklemme in Leuchtenmitte

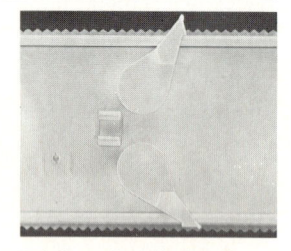

Leicht zu handhabende Drehriegelverschlüsse gewährleisten dauerhaft hohe Schutzart durch gleichmäßigen Andruck der Wanne auf die Dichtung

Bild 8.4/16   Montagezeitsparende Konstruktionsdetails bei Decken-Anbauleuchten

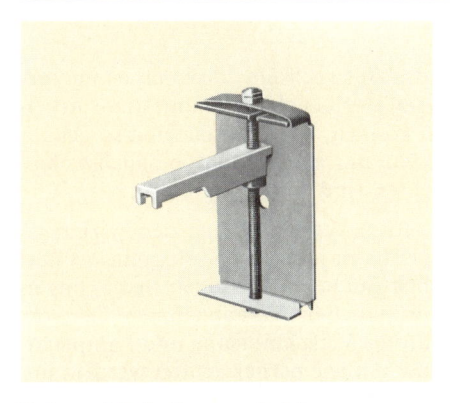

8.4 Leuchten

Universal-Befestigungszubehör für Einbauleuchten

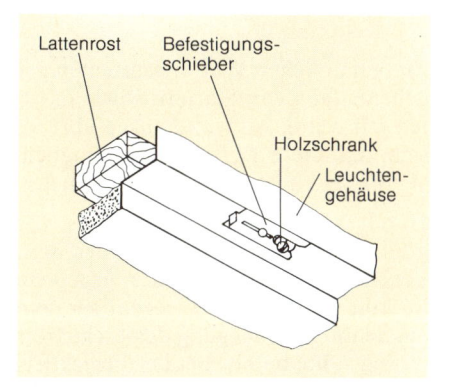

Erhebliche Montageerleichterung und Einmann-Montage durch Befestigungsschieber

Bild 8.4/17   Montagezeitsparende Konstruktionsdetails bei Decken-Einbauleuchten

Eingeknöpfte Dichtung hält die Schraube; Einmann-Montage

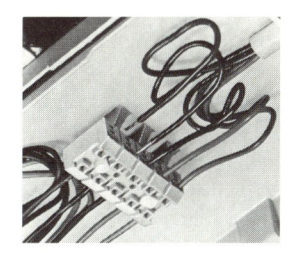

Anschluß über Steckklemme

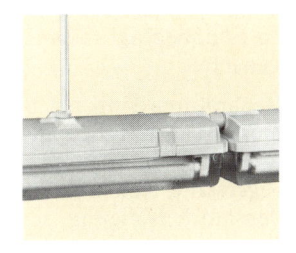

Bandmontage mit Zwischenstück; je Leuchte nur 1 Pendel

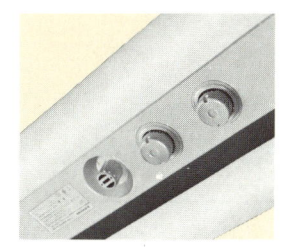

Starterwechsel von außen

Wanne abhängbar

Bild 8.4/18   Montagezeitsparende Konstruktionsdetails bei Feuchtraumleuchten

907

8.4.6 Wartung

Zu den üblichen Wartungsarbeiten gehört das Auswechseln von Lampen und gegebenenfalls von Startern sowie das Reinigen der Leuchten. Damit diese Arbeiten mit wenig Aufwand ausgeführt werden können, müssen Leuchten so gebaut sein, daß diese Teile leicht zugänglich und von nur einem Mann möglichst ohne Werkzeug zu bedienen sind. Siemens-Leuchten sind wartungsgerecht.

Verschlechterung des Wirkungsgrades durch Verschmutzen

Durch Verstauben und sonstiges Verschmutzen verringert sich der Wirkungsgrad einer Leuchte im Laufe der Zeit. Dabei kann je nach Anbringungsort und Leuchtenkonstruktion der abgegebene Lichtstrom bei ungünstigen Bedingungen im Jahr um 20 bis 50% gegenüber dem ursprünglichen Wert abnehmen. Der voraussichtliche Rückgang des Lichtstromes infolge Verschmutzung und Lampenalterung sollte bereits bei der Projektierung der Anlage berücksichtigt werden, um die gewünschte Beleuchtungsstärke auch nach längerer Betriebszeit zu erhalten. Dabei kann sowohl an Anlagekosten als auch an laufenden Betriebskosten gespart werden, wenn von vornherein eine regelmäßige, in festgelegten Abständen erfolgende Reinigung der Leuchten eingeplant wird. Je nach Schmutzanfall ist eine ein- bis zweimalige Reinigung im Jahr oder in zwei Jahren anzustreben.

Reinigung von Kunststoffteilen

Kunststoffteile, wie Kunststoffglaswannen und -raster, sind im allgemeinen bei Lieferung gegen statische Aufladung vorbehandelt. Wenn diese Teile nach entsprechender Betriebszeit gesäubert werden, sollen sie wieder mit Antistatikmitteln behandelt werden. So wird eine elektrostatische Aufladung des Kunststoffes und damit ein Anziehen von Staubteilchen verhindert. Die Mittel bleiben etwa 6 bis 10 Monate wirksam.

Reinigung von Spiegeln

Beim Reinigen der optisch wirksamen Teile der Leuchten, vor allem der Spiegel, ist es unbedingt ratsam, die in den Betriebsanleitungen gegebenen Hinweise zu beachten.

Gelegentliche Reparaturen

Reparaturen sind bei hochwertigen Leuchten selten erforderlich. Gelegentlich müssen aber Teile mit begrenzter Lebensdauer, wie z. B. Drosselspulen oder Kondensatoren, ausgewechselt werden. Auch diese Arbeiten sind durch montagegerechte Konstruktionen, z. B. mit Steckverbindung und werkzeugloser Kondensatorbefestigung, sehr vereinfacht (s. Bilder 8.4/15 bis 8.4/18). Wenn einige Leuchteinsätze oder Leuchten als Ersatzteile gehalten werden, kann man im Fehlerfall das defekte Teil austauschen, in der Werkstatt überholen und dann wieder als Ersatzteil auf Lager nehmen.

8.5 Beleuchtungsanlagen

8.5.1 Anlagen in Innenräumen

Projektierung der Innenraumbeleuchtung

Beleuchtungsanlagen in Innenräumen sollen beleuchtungstechnisch der Norm DIN 5035 und anderen einschlägigen Normen, bzw. den Arbeitsstätten-Richtlinien ASR 7/3 sowie elektrotechnisch den Bestimmungen VDE 0100 und 0710 entsprechen.

Gütemerkmale

Zur Planung einer Anlage sind erforderlich:
▷ Grundriß- und Schnittpläne der Räume bzw. Raumabmessungen,
▷ Angaben über Deckenausführung,
▷ Farben bzw. Reflexionsgrade von Decke, Wänden, Boden und Möbeln,
▷ Zweckbestimmung des Raumes, vorkommende Sehaufgaben,
▷ Möblierung oder Maschinenanordnung,
▷ Betriebsbedingungen wie Temperatur, Feuchtigkeit, Staub usw.

Für die Planung erforderliche Angaben

Aufgrund dieser Angaben kann man die geeignete Lichtquelle und den Leuchtentyp auswählen (s. Kap. 8.4.5). Bevor man die Anzahl der Lampen für die geforderte Beleuchtungsstärke berechnet, ist zu überlegen, wie die Leuchten am zweckmäßigsten angeordnet werden können. Hierbei sind beleuchtungs-, montage- und wartungstechnische wie auch architektonische Gesichtspunkte entscheidend. Wünsche des Architekten hinsichtlich Leuchtenart und Leuchtenanordnung sollen mit den Erkenntnissen der Beleuchtungstechnik und der Arbeitsphysiologie in Übereinstimmung gebracht werden.

Auswahl der Leuchten

In DIN 5035 werden die Faktoren behandelt, welche die Güte einer Beleuchtungsanlage bestimmen:
▷ Beleuchtungsniveau,
▷ Leuchtdichteverteilung,
▷ Begrenzung der Blendung,
▷ Lichtrichtung und Schattigkeit,
▷ Lichtfarbe und Farbwiedergabe.

Neben den beleuchtungstechnischen Gesichtspunkten muß man auch die Wirtschaftlichkeit einer Anlage in Betracht ziehen.

Für die genannten Gütemerkmale gibt DIN 5035 Richtwerte und Planungshinweise. Weil das Beleuchtungsniveau den größten Einfluß auf die Sehleistung der Augen hat, müssen die dafür in der Norm und den damit übereinstimmenden Arbeitsstätten-Richtlinien für verschiedene Sehaufgaben geforderten Mindest-Richtwerte in einer Beleuchtungsanlage erreicht werden. Die Anzahl der dazu

8.5 Beleuchtungsanlagen

Wirkungsgradverfahren zur Beleuchtungsberechnung

notwendigen Lampen und Leuchten wird entsprechend der Empfehlung der Norm durch das Wirkungsgradverfahren ermittelt. Aus den Werten für

E Nennbeleuchtungsstärke in Lux (lx)
A zu beleuchtende Grundfläche in m^2
Φ Lichtstrom einer Lampe in Lumen (lm)
η_B Beleuchtungswirkungsgrad

Lampenzahl

kann die Anzahl n der Lampen aus

$$n = \frac{1{,}25 \cdot E \cdot A}{\Phi \cdot \eta_B}$$

Leuchtenzahl

und die Anzahl der Leuchten aus $\dfrac{n}{\text{Lampen je Leuchte}}$ berechnet werden.

Bedeutung der Formelwerte

Der Faktor 1,25 ist der Wert, um den der Neuwert der Beleuchtungsstärke höher sein muß, als die nach DIN geforderte Nennbeleuchtungsstärke E. Er berücksichtigt durchschnittliche Lampenalterung und Verschmutzung der Beleuchtungsanlage im Betrieb. E ist der Nennwert der mittleren Beleuchtungsstärke im eingerichteten Raum, auf einer Bezugsebene von 0,85 m über dem Boden, bei einem mittleren Alterungszustand der Anlage. Die Richtwerte für E sind der Norm DIN 5035 Teil 2 oder der Arbeitsstätten-Richtlinie ASR 7/3 zu entnehmen. Die Fläche A wird dem Grundrißplan entnommen oder ausgemessen. Der Lichtstrom Φ der gewählten Lampe wird in der Liste des Lampenherstellers genannt. Der Beleuchtungswirkungsgrad η_B erfaßt den Leuchten-Betriebswirkungsgrad η_{LB} und einen Raumwirkungsgrad η_R, der von der Lichtstromverteilung der Leuchte, der Raumgeometrie und den Reflexionsgraden im Raum abhängt. Tabellen der Raumwirkungsgrade η_R wurden von der Lichttechnischen Gesellschaft e. V. (LiTG) veröffentlicht. Daraus kann man die in Tabelle 8.5/1 zusammengefaßten Richtwerte für die Beleuchtungswirkungsgrade entnehmen.

Richtwerte für Beleuchtungswirkungsgrade

Wirkungsgradtabellen für Siemens-Innenleuchten

Für Siemens-Innen- und -Fabrikleuchten steht ein umfangreiches Tabellenwerk von Beleuchtungswirkungsgraden zur Verfügung, das mit modernen Rechenanlagen in gleicher Weise wie die LiTG-Tabellen, jedoch unter Verwendung der genauen, vom Labor ermittelten LVK-Werte berechnet wurde. Es ist in der Druckschrift „Planen mit Siemens-Innenleuchten" enthalten.

Nachdem die Anzahl der Lampen und Leuchten berechnet wurde, muß eine beleuchtungstechnisch zweckmäßige und architektonisch gut wirkende Anordnung

Tabelle 8.5/1   Beleuchtungswirkungsgrade

Art der Lichtstromverteilung (Beleuchtungsart)	Beleuchtungswirkungsgrad η_B etwa
direkt	0,60 bis 0,45
vorwiegend direkt	0,55 bis 0,40
gleichförmig	0,50 bis 0,35
vorwiegend indirekt	0,45 bis 0,35
indirekt	0,35 bis 0,20
indirekt (Voutenbeleuchtung)	0,20 bis 0,10

der Leuchten im Raum gefunden werden. Die Siemens-Zeichenschablonen für Leuchten, Lichtbänder und ornamentale Anordnungen sind dafür gute Hilfsmittel. **Siemens-Zeichenschablonen**

Mit Rücksicht auf eine gute Gleichmäßigkeit der Beleuchtung auf der Nutzebene soll bei Leuchtstofflampen der Abstand von Leuchten oder Lichtbändern im allgemeinen nicht mehr als 1- bis 1,5mal so groß sein, wie die Höhe der Leuchten über der Nutzebene. **Gleichmäßigkeit der Beleuchtung**

Oft wird es nicht möglich sein, genau die errechnete Leuchtenzahl anzuordnen. Man kann dann unbedenklich die Leuchtenzahl etwas erhöhen oder verringern, um ein gutes Bild der Beleuchtungsanlage zu erreichen. Eine Probebeleuchtung sollte mit nicht zu wenigen Leuchten durchgeführt werden. Weitere Hinweise für die Projektierung von Beleuchtungsanlagen, insbesondere auch Anwendungs-Grenzkurven zur Blendungsbegrenzung, Beleuchtungsstärke-Verteilungen, zur Bestimmung der Gleichmäßigkeit und viele andere Planungsdaten, enthalten die Druckschriften „Planen mit Siemens-Innenleuchten", „Planen mit Siemens-Klimaleuchten" sowie die Leuchten-Kataloge. Bei allen schwierigen und umfangreichen Beleuchtungsaufgaben ist die Beratung durch einen Beleuchtungs-Fachingenieur zu empfehlen.

Leuchtenanordnung

Probebeleuchtung

Arbeitshilfen

Planungsbeispiele

Die nachfolgenden Planungsbeispiele gehen von typischen und in der Praxis oft vorkommenden Fällen aus. Sie können deshalb als Anregung dienen. Die Übertragung der Daten auf andere Fälle ist aber nicht immer möglich und setzt zumindest eine sorgfältige Überprüfung voraus. **Praktische Planungsbeispiele**

8.5 Beleuchtungsanlagen

**Beispiel:
Büro**

Bild 8.5/1   Beleuchtungsanlage mit Decken-Einbauleuchten in einem Büro

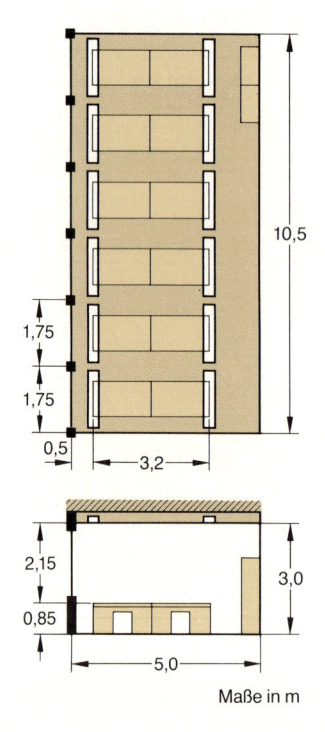

Der Büroraum soll nach DIN 5035 mit einer Nennbeleuchtungsstärke von 500 lx beleuchtet werden. Danach soll außerdem die Lichtfarbe der Gruppe warmweiß oder neutralweiß zugehören und die Farbwiedergabe mindestens der Stufe 2 entsprechen. Die Leuchten müssen den Anforderungen der Güteklasse 1 der Blendungsbegrenzung genügen. Gewählt wurde eine einlampige Deckeneinbauleuchte mit weißen Lamellenblenden und eingebautem Spiegel, dazu die Leuchtstofflampe LUMILUX-Weiß. Die zugehörigen Daten wurden der Druckschrift „Planen mit Siemens-Innenleuchten" entnommen. Sie sind in dem Arbeitsblatt enthalten, aus dem auch der Gang der Berechnung zu ersehen ist (Bild 8.5/2).

Das Ergebnis zeigt, daß die vorgegebenen Normwerte erreicht oder überschritten werden. Infolge des hohen Betriebswirkungsgrades der Leuchten und die hohe Lichtausbeute der Lampen werden die geforderten Werte mit einem Leistungsbedarf von nur 828 W (entspricht 15,8 W/m²) erreicht.

Die Leuchten werden in zwei unterbrochenen Reihen, jeweils den Fensterachsen zugeordnet, etwa über den äußeren Schreibtischkanten eingebaut. Damit werden eine sehr gute Begrenzung der Direktblendung, eine gleichmäßige Ausleuchtung und Betonung der Arbeitsfläche sowie günstiger Lichteinfall und Vermeidung von Reflexblendung erzielt.

SIEMENS

Planen mit Siemens-Innenleuchten

Projekt _Büro_

Bearbeiter	Aktenzeichen	Datum

Raum				Büro		
Maße: Breite		a	m	5,0		
Länge		b	m	$6 \cdot 1{,}75 = 10{,}5$		
Fläche		$A = a \cdot b$	m²	52,5		
Raumhöhe		h_R	m	3,0		
Leuchtenhöhe über Nutzebene h (für Deckenleuchten $h = h_R - 0{,}85$)			m	2,15		
Raumindex $k = \dfrac{a \cdot b}{h(a+b)}$				1,58		
Reflexionsgrade ϱ für Decke/Wände/Nutzebene				0,8 / 0,3 / 0,1		
Raumzweck/Sehaufgabe				Büroarbeiten		
Nennbeleuchtungsstärke E nach DIN 5035 / nach Planung			lx	500	543	
Lichtfarbe-Gruppe nach DIN 5035 / gewählte Lampe				ww, nw	nw	
Farbwiedergabeeigenschaft-Stufe nach DIN 5035 / gewählte Lampe				2	1	
Gütekl. der Blendungsbegrenzung nach DIN 5035 / Leuchte nach Kurve zulässig bis				1	1700 lx	
Leuchtentyp (nach Siemens-Katalog I 4)				5LJ 4321-1E		
Befestigungsart				Deckeneinbau		
Lampentyp				L58W/21		
Nennlichtstrom Φ (nach Siemens-Katalog I 4)			lm	5400		
Anpassungsfaktor f_1				1,01		
Amalgamlampen-Faktor f_2				—		
evtl. weitere Faktoren				—		
Tabellenwert η_B' (Tabelle ...)				(119) 0,54	( )	( )
Beleuchtungswirkungsgrad $\eta_B = \eta_B' \cdot f_1 \cdot f_2$				0,55		
Lampenzahl $n = \dfrac{1{,}25 \cdot E \cdot A}{\Phi \cdot \eta_B} = \dfrac{1{,}25 \cdot E \cdot a \cdot b}{\Phi \cdot \eta_B' \cdot f_1 \cdot f_2}$				11,05		
Leuchtenzahl nach Rechnung (Lampenzahl n gerundet)				11		
Leuchtenzahl nach Planung (Lampenzahl n')				12		
Planungswert der Beleuchtungsstärke $E = \dfrac{n' \cdot \Phi \cdot \eta_B}{1{,}25 \cdot A}$			lx	543		
Elektrische Leistung (Lampen und Vorschaltgeräte)			W	$12 \cdot 71 = 852$		
Spezifische Anschlußleistung			W/m²	15,8		
Leuchtenanordnung				2 Reihen mit je 6 Leuchten		

Bestell-Nr. J-235/1426

Bild 8.5/2   Arbeitsblatt mit Berechnung der Beleuchtungsanlage eines Büros

8.5 Beleuchtungsanlagen

Beispiel: Schule

Bild 8.5/3 Beleuchtungsanlage mit einzelnen Deckenanbauleuchten in einer Schule

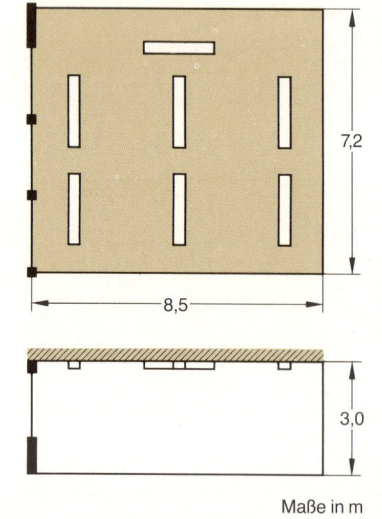

Maße in m

In dem Volksschul-Klassenzimmer soll eine freie Sitzordnung möglich sein (Bild 8.5/3). Die Nennbeleuchtungsstärke muß nach DIN 5035 Teil 4 300 lx betragen. Es sollen verwendet werden warmweiße oder neutralweiße Lampen mit einer Farbwiedergabe der Stufe 2 und Leuchten, die eine Begrenzung der Direktblendung bis mindestens 500 lx (nächsthöhere Stufe der Nennbeleuchtungsstärke) gewährleisten und zwar in jeder Blickrichtung.

Aus der Berechnung im Arbeitsblatt (Bild 8.5/4) geht hervor:

Mit sechs Deckenanbauleuchten mit Aluminium-Profilraster und gelbem Farbrahmen in Verbindung mit Leuchtstofflampen LUMILUX-Warmton werden die Bedingungen einwandfrei erfüllt. Die Leuchten werden gleichmäßig an der Decke verteilt, so daß der Raum überall gleich gute Beleuchtungsverhältnisse erhält. Zur zusätzlichen Beleuchtung der Tafel wird noch eine schrägstrahlende, nach dem Raum gut abgeschirmte einlampige Flachleuchte mit Prismenwanne und Spiegel angebracht.

SIEMENS

Planen mit Siemens-Innenleuchten

Projekt	*Volksschule*		
Bearbeiter	Aktenzeichen		Datum
Raum	*Klassenzimmer, freie Sitzordnung*		
Maße: Breite a m	8,5		
Länge b m	7,2		
Fläche $A = a \cdot b$ m²	61,2		
Raumhöhe h_R m	3,0		
Leuchtenhöhe über Nutzebene h m (für Deckenleuchten $h = h_R - 0{,}85$)	2,15		
Raumindex $k = \dfrac{a \cdot b}{h(a+b)}$	1,8		
Reflexionsgrade ϱ für Decke/Wände/Nutzebene	0,7/0,5/0,2		
Raumzweck/Sehaufgabe	*Lesen, Schreiben*		
Nennbeleuchtungsstärke E lx nach DIN 5035 | nach Planung	300 | 339		
Lichtfarbe-Gruppe nach DIN 5035 | gewählte Lampe	ww,nw | ww		
Farbwiedergabeeigenschaft-Stufe nach DIN 5035 | gewählte Lampe	2 | 1		
Gütekl. der Blendungsbegrenzung nach DIN 5035 | Leuchte nach Kurve zulässig bis	1 | 800 lx	lx	lx
Leuchtentyp (nach Siemens-Katalog I 4)	5LJ 262 1-2EA1		
Befestigungsart	*Deckenanbau*		
Lampentyp	L58W/31		
Nennlichtstrom Φ lm (nach Siemens-Katalog I 4)	5400		
Anpassungsfaktor f_1	1,00		
Amalgamlampen-Faktor f_2	—		
evtl. weitere Faktoren	—		
Tabellenwert η_B' (Tabelle ...)	(106) 0,40	( )	( )
Beleuchtungswirkungsgrad $\eta_B = \eta_B' \cdot f_1 \cdot f_2$	0,40		
Lampenzahl $n = \dfrac{1{,}25 \cdot E \cdot A}{\Phi \cdot \eta_B} = \dfrac{1{,}25 \cdot E \cdot a \cdot b}{\Phi \cdot \eta_B' \cdot f_1 \cdot f_2}$	10,6		
Leuchtenzahl nach Rechnung (Lampenzahl n gerundet)	5		
Leuchtenzahl nach Planung (Lampenzahl n')	6 + *Tafel-Zusatzbeleuchtung*		
Planungswert der Beleuchtungsstärke $E = \dfrac{n' \cdot \Phi \cdot \eta_B}{1{,}25 \cdot A}$ lx	339		
Elektrische Leistung (Lampen und Vorschaltgeräte) W	12·71= 852+71=923		
Spezifische Anschlußleistung W/m²	13,5		
Leuchtenanordnung	*Einzelleuchten, gleichmäßig verteilt*		

Bestell-Nr. J-235/1426

Bild 8.5/4 Arbeitsblatt mit Berechnung der Beleuchtungsanlage eines Klassenzimmers

8.5 Beleuchtungsanlagen

Beispiel: Werkstatt

Bild 8.5/5
Beleuchtungsanlage mit Reflektorleuchten in Lichtbandanordnung an Pendeln in einer Werkstatt

Die Werkstatt (Bild 8.5/5), in der feine Metallarbeiten ausgeführt werden, erfordert nach DIN 5035 eine Nennbeleuchtungsstärke von 500 lx. Die Lichtfarbe soll warmweiß oder neutralweiß sein, dabei genügt die Stufe 3 der Farbwiedergabe. Für die Blendungsbegrenzung wird die Güteklasse 1 gefordert.

Für die Beleuchtung werden einlampige Leuchten mit geschlitzten Reflektoren gewählt, die an Montageschienen mit Pendeln unter die Deckenunterzüge abgehängt werden. Dadurch können ununterbrochene Lichtbänder längs durch den Raum geführt werden und durch die Schlitze in den Reflektoren wird eine Aufhellung der relativ hohen Raumdecke erreicht.

Aus der Berechnung im Arbeitsblatt (Bild 8.5/6) geht hervor:

Die Bedingungen sind zu erfüllen mit 3 Lichtbändern aus je 13 einlampigen Reflektorleuchten mit einer Gesamtlänge von $13 \times 1{,}52$ m $= 19{,}76$ m.

Die in der Norm geforderten Grenzwerte lassen sich recht genau erreichen, somit ist eine gute Wirtschaftlichkeit gewährleistet. Falls an die Farbwiedergabe höhere Ansprüche als Stufe 3 gestellt werden sollten, wären Leuchtstofflampen LUMILUX-Weiß anstelle der Lichtfarbe „Hellweiß" einzusetzen. Das Beleuchtungsniveau würde dadurch noch etwas angehoben werden.

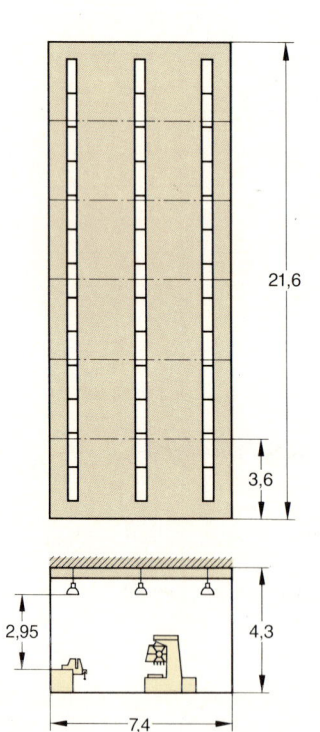

Maße in m

8.5 Beleuchtungsanlagen

SIEMENS

Planen mit Siemens-Innenleuchten

Projekt: *Metallverarbeitender Betrieb*

Bearbeiter	Aktenzeichen	Datum

Raum				Werkstatt		
Maße: Breite		a	m	7,4		
Länge		b	m	21,6		
Fläche	$A = a \cdot b$		m²	160		
Raumhöhe		h_R	m	4,3		
Leuchtenhöhe über Nutzebene (für Deckenleuchten $h = h_R - 0{,}85$)		h	m	2,95		
Raumindex $k = \dfrac{a \cdot b}{h(a+b)}$				1,9		
Reflexionsgrade ϱ für Decke/Wände/Nutzebene				0,5 / 0,3 / 0,1		
Raumzweck/Sehaufgabe				*Feine Maschinen- und Montagearbeiten*		
Nennbeleuchtungsstärke E nach DIN 5035 | nach Planung			lx	500	507	
Lichtfarbe-Gruppe nach DIN 5035 | gewählte Lampe				ww,nw	nw	
Farbwiedergabeeigenschaft-Stufe nach DIN 5035 | gewählte Lampe				3	3	
Gütekl. der Blendungsbegrenzung nach DIN 5035 | Leuchte nach Kurve zulässig bis				1	800 lx	lx
Leuchtentyp (nach Siemens-Katalog I 4)				5LJ 8131-1E		
Befestigungsart				*Montageschienen an Pendeln*		
Lampentyp				L58W/20		
Nennlichtstrom Φ (nach Siemens-Katalog I 4)			lm	5000		
Anpassungsfaktor f_1				0,98		
Amalgamlampen-Faktor f_2				—		
evtl. weitere Faktoren				—		
Tabellenwert η_B' (Tabelle ...)				(10) 0,53	( )	( )
Beleuchtungswirkungsgrad $\eta_B = \eta_B' \cdot f_1 \cdot f_2$				0,52		
Lampenzahl $n = \dfrac{1{,}25 \cdot E \cdot A}{\Phi \cdot \eta_B} = \dfrac{1{,}25 \cdot E \cdot a \cdot b}{\Phi \cdot \eta_B' \cdot f_1 \cdot f_2}$				38,5		
Leuchtenzahl nach Rechnung (Lampenzahl n gerundet)				39		
Leuchtenzahl nach Planung (Lampenzahl n')				3 · 13 = 39		
Planungswert der Beleuchtungsstärke $E = \dfrac{n' \cdot \Phi \cdot \eta_B}{1{,}25 \cdot A}$			lx	507		
Elektrische Leistung (Lampen und Vorschaltgeräte)			W	39·71 = 2769		
Spezifische Anschlußleistung			W/m²	16,8		
Leuchtenanordnung				*3 Lichtbänder unter den Unterzügen*		

Bestell-Nr. J-235/1426

Bild 8.5/6 Arbeitsblatt mit Berechnung der Beleuchtungsanlage einer Werkstatt

8.5 Beleuchtungsanlagen

Beispiel: Shedbau

Bild 8.5/7
Beleuchtungsanlage mit Reflektorleuchten in Lichtbandanordnung in einem Shedbau

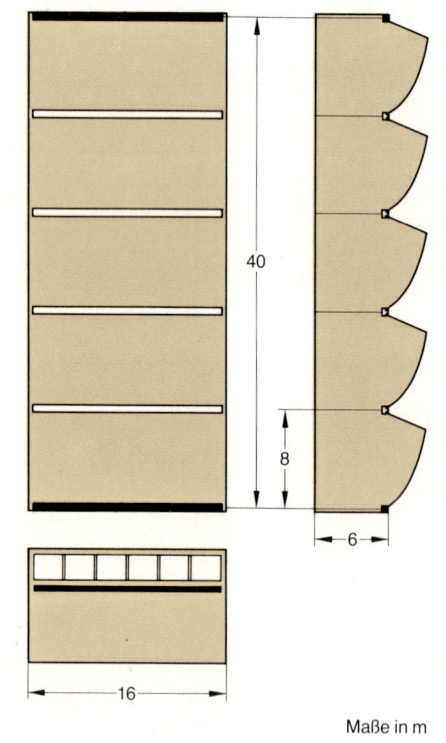

Die Wartungshalle für Kraftfahrzeuge ist ein Shedbau mit 8 m Shedspannweite bei 6 m Höhe (Bild 8.5/7). Für die Arbeiten an den Fahrzeugen wird in DIN 5035 eine Nennbeleuchtungsstärke von 300 lx gefordert, die Farbwiedergabeeigenschaft der warmweißen oder neutralweißen Lampen braucht nur der Stufe 3 zu genügen und für die Blendungsbegrenzung kann Güteklasse 2 angewendet werden.

Aus der Berechnung im Arbeitsblatt (Bild 8.5/8) geht hervor:

Die Bedingungen sind zu erfüllen mit 4 Lichtbändern aus je 10 zweilampigen Reflektorleuchten mit einer Gesamtlänge von 10 × 1,52 m = 15,20 m, die an Montageschienen direkt an den Unterkanten der Shedträger angebracht werden. Die Leuchten können mit 58-W-Leuchtstofflampen der Lichtfarbe hellweiß bestückt werden. Bei dem gegebenen Verhältnis von Lichtbandabstand zu Leuchtenhöhe ist noch eine ausreichende Gleichmäßigkeit in der Arbeitsebene zu erwarten. Wegen der guten Leuchten- und Beleuchtungswirkungsgrade ist für die ganze Halle ein Anschlußwert von nur 5,52 kW (entspricht 8,6 W/m²) erforderlich.

Maße in m

8.5 Beleuchtungsanlagen

SIEMENS
Planen mit Siemens-Innenleuchten

Projekt	*Shedbau*		
Bearbeiter	Aktenzeichen		Datum

Raum			*Kfz-Wartungshalle*	
Maße: Breite	a	m	*16*	
Länge	b	m	*40*	
Fläche	$A = a \cdot b$	m²	*640*	
Raumhöhe	h_R	m	*6*	
Leuchtenhöhe über Nutzebene (für Deckenleuchten $h = h_R - 0{,}85$)	h	m	*5*	
Raumindex $k = \dfrac{a \cdot b}{h(a+b)}$			*2,3*	
Reflexionsgrade ϱ für Decke/Wände/Nutzebene			*0,5 / 0,3 / 0,1*	
Raumzweck/Sehaufgabe			*Wartungsarbeiten*	
Nennbeleuchtungsstärke E nach DIN 5035 | nach Planung		lx	*300* *310*	
Lichtfarbe-Gruppe nach DIN 5035 | gewählte Lampe			*ww,nw* *nw*	
Farbwiedergabeeigenschaft-Stufe nach DIN 5035 | gewählte Lampe			*3* *3*	
Gütekl. der Blendungsbegrenzung nach DIN 5035 | Leuchte nach Kurve zulässig bis			*2* *1300* lx	lx lx
Leuchtentyp (nach Siemens-Katalog I 4)			*5LJ812 1-2E*	
Befestigungsart			*mit Montageschienen, direkt an Shedträger-Unterkanten*	
Lampentyp			*L58W/20*	
Nennlichtstrom Φ (nach Siemens-Katalog I 4)		lm	*5000*	
Anpassungsfaktor f_1			*1,0*	
Amalgamlampen-Faktor f_2			—	
evtl. weitere Faktoren			—	
Tabellenwert η_B' (Tabelle ...)			(*9*) *0,62*	( ) ( )
Beleuchtungswirkungsgrad $\eta_B = \eta_B' \cdot f_1 \cdot f_2$			*0,62*	
Lampenzahl $n = \dfrac{1{,}25 \cdot E \cdot A}{\Phi \cdot \eta_B} = \dfrac{1{,}25 \cdot E \cdot a \cdot b}{\Phi \cdot \eta_{B'} \cdot f_1 \cdot f_2}$			*77,4*	
Leuchtenzahl nach Rechnung (Lampenzahl n gerundet)			*39*	
Leuchtenzahl nach Planung (Lampenzahl n')			*40*	
Planungswert der Beleuchtungsstärke $E = \dfrac{n' \cdot \Phi \cdot \eta_B}{1{,}25 \cdot A}$		lx	*310*	
Elektrische Leistung (Lampen und Vorschaltgeräte)		W	*80·71 = 5680*	
Spezifische Anschlußleistung		W/m²	*8,6*	
Leuchtenanordnung			*4 Lichtbänder mit je 10 Leuchten*	

Bestell-Nr. J-235/1426

Bild 8.5/8 Arbeitsblatt mit Berechnung der Beleuchtungsanlage einer Kfz-Wartungshalle

8.5 Beleuchtungsanlagen

Beispiel: Fabrikhalle

Bild 8.5/9
Beleuchtungsanlage mit Spiegelleuchten für Quecksilberdampf-Hochdrucklampen in einer hohen Fabrikhalle

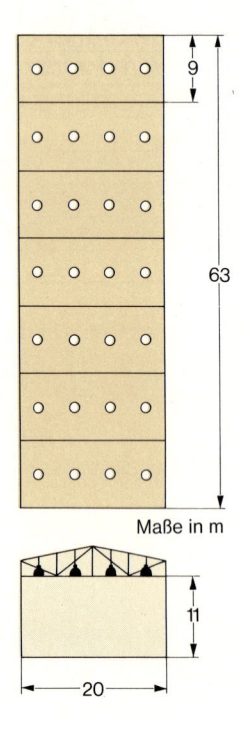

Maße in m

In einer Fabrikhalle mit einer freien Höhe von 11 m (Bild 8.5/9) werden grobe und mittelfeine Arbeiten an Werkzeugmaschinen durchgeführt. Die Norm DIN 5035 sieht dafür eine Nennbeleuchtungsstärke von 300 lx, neutral- oder warmweiße Lichtfarbe und Farbwiedergabe-Stufe 3 vor; für die Blendungsbegrenzung kann Güteklasse 2 angewendet werden. Bei der relativ großen Raumhöhe sprechen ein hoher Beleuchtungswirkungsgrad und niedrige Wartungskosten dafür, Spiegelleuchten mit Quecksilberdampf-Hochdrucklampen einzusetzen. Die beleuchtungstechnischen Bedingungen lassen sich erfüllen mit nur 28 Leuchten, bestückt mit 400-W-Lampen mit DE LUXE-Leuchtstoff. Die Leuchten werden an Ketten von den Dachpfetten so weit abgehängt, daß sie mit der Unterkante der Dachbinder bündig sind. Das gibt optisch ein gutes Bild und ermöglicht die Wartung von einem vorhandenen Kran aus. In jedem der durch die Binderteilung entstehenden Deckenfeld werden 4 Leuchten angeordnet. Der Gang der Berechnung für diese sehr wirtschaftliche Beleuchtungsanlage ist aus dem Arbeitsblatt (Bild 8.5/10) zu entnehmen.

SIEMENS

Planen mit Siemens-Innenleuchten

Projekt *Metallwarenfabrik*

Bearbeiter			Aktenzeichen		Datum	
Raum			*Fabrikhalle*			
Maße: Breite	a	m	*20*			
Länge	b	m	*7·9=63*			
Fläche	$A = a \cdot b$	m²	*1260*			
Raumhöhe	h_R	m	*11 bis UK Dachbinder*			
Leuchtenhöhe über Nutzebene h (für Deckenleuchten $h = h_R - 0{,}85$)		m	*10,15*			
Raumindex $k = \dfrac{a \cdot b}{h(a+b)}$			*1,5*			
Reflexionsgrade ϱ für Decke/Wände/Nutzebene			*0,5/0,3/0,1*			
Raumzweck/Sehaufgabe			*grobe und mittlere Maschinenarbeiten*			
Nennbeleuchtungsstärke E nach DIN 5035 I nach Planung		lx	*300*	*316*		
Lichtfarbe-Gruppe nach DIN 5035 I gewählte Lampe			*ww,nw*	*nw*		
Farbwiedergabeeigenschaft-Stufe nach DIN 5035 I gewählte Lampe			*3*	*3*		
Gütekl. der Blendungsbegrenzung nach DIN 5035 I Leuchte nach Kurve zulässig bis			*2*	*3200* lx	lx	lx
Leuchtentyp (nach Siemens-Katalog I 4)			*5NJ 7431-1F*			
Befestigungsart			*an Kette abgehängt bis UK Dachbinder*			
Lampentyp			*HQL 400W De Luxe*			
Nennlichtstrom Φ (nach Siemens-Katalog I 4)		lm	*24000*			
Anpassungsfaktor f_1			*1,01*			
Amalgamlampen-Faktor f_2			—			
evtl. weitere Faktoren			—			
Tabellenwert η_B' (Tabelle …)			*(63) 0,73*	( )	( )	
Beleuchtungswirkungsgrad $\eta_B = \eta_B' \cdot f_1 \cdot f_2$			*0,74*			
Lampenzahl $n = \dfrac{1{,}25 \cdot E \cdot A}{\Phi \cdot \eta_B} = \dfrac{1{,}25 \cdot E \cdot a \cdot b}{\Phi \cdot \eta_B' \cdot f_1 \cdot f_2}$			*26,6*			
Leuchtenzahl nach Rechnung (Lampenzahl n gerundet)			*27*			
Leuchtenzahl nach Planung (Lampenzahl n')			*28*			
Planungswert der Beleuchtungsstärke $E = \dfrac{n' \cdot \Phi \cdot \eta_B}{1{,}25 \cdot A}$		lx	*316*			
Elektrische Leistung (Lampen und Vorschaltgeräte)		W	*28·425=11900*			
Spezifische Anschlußleistung		W/m²	*9,4*			
Leuchtenanordnung			*4 Leuchten je Deckenfeld*			

Bestell-Nr. J-235/1426

Bild 8.5/10   Arbeitsblatt mit Berechnung der Beleuchtungsanlage einer Fabrikhalle

8.5 Beleuchtungsanlagen

Verbundtechnik

Räume mit Komfort-Klimaanlagen

Bürogebäude, Hörsäle, Verkaufsräume und spezielle Arbeitsräume werden vielfach mit Komfort-Klimaanlagen ausgestattet. Hierzu sind Geräte für den Lufttransport, für die Regelung von Temperatur und Feuchte sowie für die Staubausfilterung erforderlich. Zum Wohlbefinden und zu gutem Leistungsvermögen tragen darüber hinaus Maßnahmen zur Beherrschung der Raumakustik und nicht zuletzt eine gute Beleuchtung bei. Da Klima- und Beleuchtungsanlage ebenso wie die Raumakustik Deckenfläche und Deckenhohlraum beanspruchen, und da auch technische Abhängigkeiten bestehen, kann die Planung und Ausführung solcher Anlagen nur mit Hilfe einer Verbundtechnik geschehen, bei der die Planer der einzelnen technischen Gebiete gemeinsam mit dem Architekten von Anfang an eng zusammenarbeiten, um eine sorgfältig abgestimmte Lösung von größtmöglicher Wirksamkeit und Wirtschaftlichkeit zu erreichen.

Verbundtechnik Decke — Beleuchtung — Klima — Akustik

Leuchtenwärme ist Kühllast

Bei der Auslegung der Klimaanlage muß man davon ausgehen, daß die von der Beleuchtungsanlage aufgenommene elektrische Leistung letztlich vollkommen in Wärme umgesetzt wird. Ein Beleuchtungsniveau von 750 lx erfordert etwa 15 bis 30 W/m², entsprechend etwa 54 bis 108 kJ/h m². Da diese Wärmemenge aber — je nach den baulichen Verhältnissen — bis zu ziemlich niedrigen Außentemperaturen überschüssig ist, muß zur Sicherstellung normaler Raumtemperatur die Klimaanlage diese als Kühllast abführen. Werden Klimaleuchten verwendet und die Abluft der Anlage durch die Leuchten geführt, wird die Konvektionswärme der Leuchten mitgenommen, bevor sie in den Raum gelangen kann. Die Zuluft kann deshalb mit weniger Kühlung zugeführt werden, wodurch Kühlleistung eingespart wird. Durch den Einsatz von Klimaleuchten kann nicht nur eine Energie-, sondern auch eine erhebliche Investitions- und Betriebskostenersparnis erreicht werden. Hierzu können ebenfalls Lampen mit hoher Lichtausbeute beitragen, z.B. Lampen mit Dreibanden-Leuchtstoff wie OSRAM-LUMILUX, Leuchten mit hohem Betriebswirkungsgrad, wie SIDEKO-Spiegelraster-Klimaleuchten und Großrasterleuchten von Siemens.

Energie- und Kostenersparnis

Abluft durch Unterdruckdecke

Für die Abluftführung gibt es zwei grundsätzliche Möglichkeiten. Bei der einen wird der Deckenhohlraum als Sammler verwendet. Man spricht von einer „Unterdruckdecke". Dafür sind Klimaleuchten mit Abluftschlitzen geeignet, durch die die Luft aus dem Raum in den Deckenhohlraum durch Unterdruck abgezogen wird. Zur Strömungsregulierung kann die Zahl der offenen Schlitze verändert, oder der Querschnitt durch Schlitzschieber variiert werden.

Abluft durch Kanalsystem

Bei der anderen ergeben sich wärmetechnisch wesentlich günstigere Verhältnisse durch die Führung der Abluft in Rohren und Kanälen. Dazu wird die durch die Abluftschlitze strömende Luft in einem „Abluftdom" gesammelt, an dem ein seitlicher Stutzen oder ein Winkelstutzen für den Anschluß des Abluftrohres angebracht ist (Bild 8.5/11).

Einstellorgane für die Abluft

Die Regelung des Druckabfalls bzw. des Abluftvolumenstroms kann z.B. durch einstellbare Lochblenden oder Tellerventile erfolgen, oder durch die strömungstechnisch und akustisch vorteilhafteren Festwiderstandsdüsen, deren Öffnungsquerschnitt beim Bau der Anlage durch Abtrennen eines Teiles festgelegt werden kann (Bild 8.5/12).

8.5 Beleuchtungsanlagen

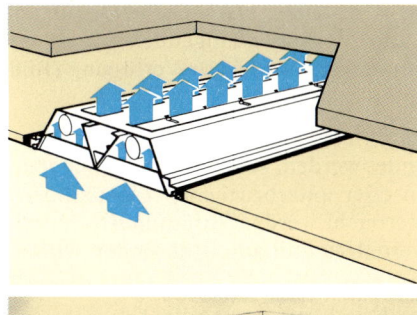

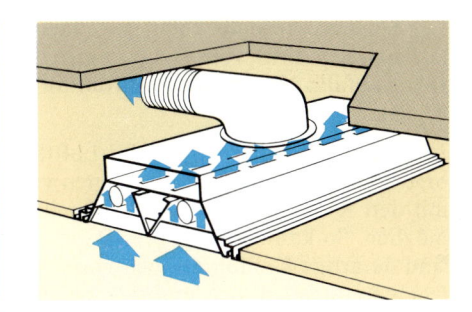

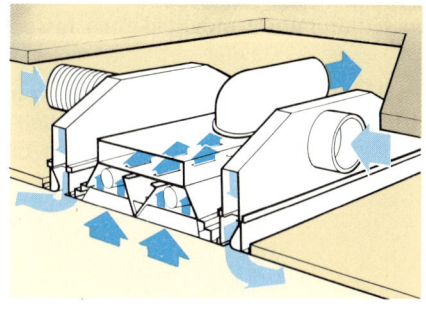

Bild 8.5/11
Ausführungsarten von Klimaleuchten

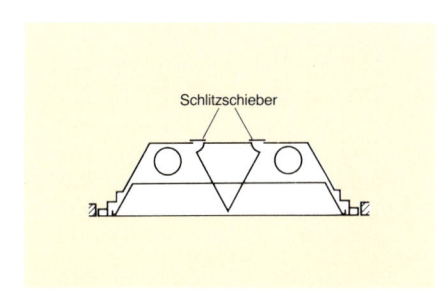

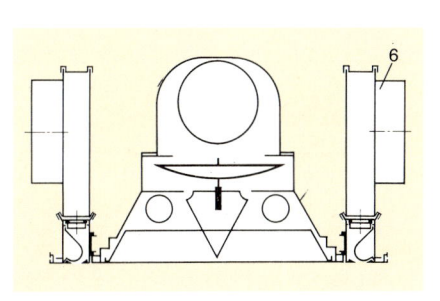

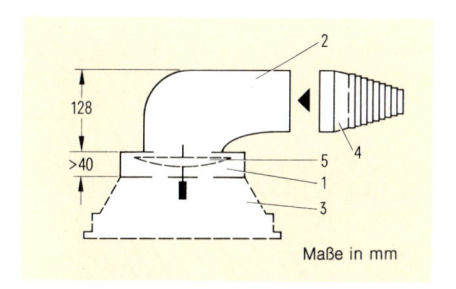

1 Abluftdom
2 Abluftwinkelstutzen
3 Leuchte
4 Festwiderstandsdüse mit abtrennbaren Düsenrillen
5 Tellerventil
6 Zuluftverteiler

Bild 8.5/12
Klimaleuchte mit Einstellorganen für die Abluft

923

8.5 Beleuchtungsanlagen

Dokumentation in Diagrammen
Für Siemens-Klimaleuchten mit allen Varianten stehen ausführliche Dokumentationen in Form von Diagrammen über die zusammenhängenden Daten für Druckabfall, Abluftvolumenstrom und Strömungsrauschen zur Verfügung (Bild 8.5/13).

Zuluft
Die Zuluft wird mit den in der Lufttechnik üblichen Geräten in den Raum gebracht. Wenn Schlitzauslaßschienen verwendet werden, so ist ein Zusammenbau mit den Klimaleuchten bei durchgehenden oder unterbrochenen Lichtbändern möglich. So kann ein besseres Deckenbild erreicht werden. Strömungstechnisch sind derartige Kombinationen von Zuluftverteilern und abluftführenden Klimaleuchten unbedenklich und beherrschbar.

Vorteile von Klimaleuchten
Die Vorteile von Klimaleuchten und ihren Kombinationsmöglichkeiten lassen sich folgendermaßen zusammenfassen:

▷ Das äußere Bild der Klimaleuchten mit Abluftführung stimmt mit dem von entsprechenden Leuchten ohne Abluftführung völlig überein. Beide Leuchtenarten können im gleichen Raum kombiniert werden. Sie lassen sich in fast alle Deckensysteme einbauen.

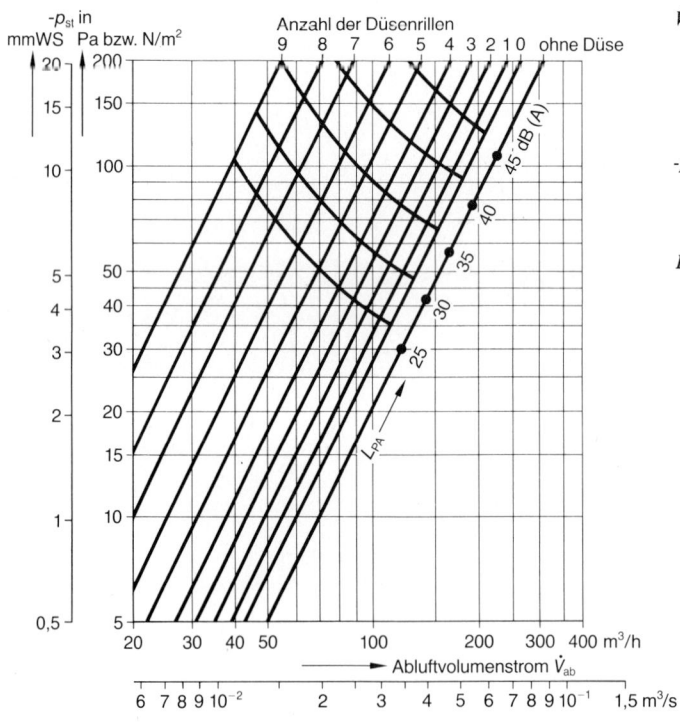

Bild 8.5/13
Diagramm zur Ermittlung des Druckabfalls und Strömungsrauschens in Abhängigkeit vom Abluftvolumenstrom

▷ Die unsichtbar in den Klimaleuchten befindlichen Abluftöffnungen beanspruchen keinen zusätzlichen Platz an der Decke.

▷ Auch bei Kombination mit Leuchten mit Zuluftverteilern fallen die Luftöffnungen an der Decke kaum auf.

▷ Mit der durch die Klimaleuchten geführten Abluft wird der größte Teil der Leuchtenwärme beseitigt, bevor sie im Raum wirksam werden kann. Das bedeutet eine spürbare Herabsetzung der Kühllast, was sich direkt auf die Dimensionierung der klimatechnischen Anlagen und deren Betriebskosten auswirkt.

▷ Die Abluftorgane der Leuchten können sehr einfach auf die örtlichen Bedingungen für den Druckabfall eingestellt werden. Sie sind strömungstechnisch so ausgebildet, daß das Strömungsrauschen auch bei hohem Luftdurchsatz gering ist. Dadurch sind die Anforderungen an die Lufttechnik ebenso wie die an die Raumakustik ohne Schwierigkeiten zu erfüllen.

▷ Als Klimaleuchten werden nur lichttechnisch hochwertige Konstruktionen verwendet, wie z. B. die SiDEKO-Spiegelleuchten und SiLUZET-Großrasterleuchten. Die hervorragenden Eigenschaften dieser Leuchten machen sie besonders geeignet für die Beleuchtung großer Räume mit hohem Lichtbedarf und hohen Ansprüchen an den Beleuchtungskomfort.

Planung in Verbundtechnik

Bei der Planung von Anlagen in Verbundtechnik sind in ein Deckensystem mit gestalterischen Aufgaben und akustischen Funktionen die Leuchten und die klimatechnischen Bauteile zu integrieren. Dazu ist eine rechtzeitige und gute Zusammenarbeit der Fachleute für Architektur, Produktdesign, Beleuchtung, Deckensystem, Klimatechnik und Akustik erforderlich. Da die komplizierten Aufgabenstellungen der Verbundtechnik oft nicht theoretisch-rechnerisch lösbar sind, hat es sich als zweckmäßig erwiesen, Versuchsanordnungen im Maßstab 1:1 und in nicht zu kleinen Räumen aufzubauen, um durch Beleuchtungs- und Strömungsversuche die Meßdaten zu ermitteln, die der Dimensionierung einer Großanlage zugrunde gelegt werden müssen. Hierzu ist allerdings ein erheblicher maschineller und meßtechnischer Aufwand erforderlich. Die Siemens AG verfügt in ihrem Leuchtenwerk über ein solches Verbundlabor, in dem alle licht-, klima- und strömungstechnischen Versuche und Messungen durchgeführt werden können.

Verbundlabor

8.5.2 Anlagen im Freien

Wegen der beleuchtungstechnisch verschiedenartigen Bedingungen sind bei den Anlagen für Außenbeleuchtung zu unterscheiden:
- Verkehrsbeleuchtung für Straßen und Plätze,
- Anstrahlungen,
- Flutlichtanlagen für Sportplätze und andere große Areale.

Verkehrsbeleuchtung für Straßen und Plätze

Die Straßenbeleuchtung dient der Verkehrssicherheit auf der Straße bei Dunkelheit. Dabei müssen Grenzwerte für die wichtigsten Sehfunktionen erreicht werden, die es dem Kraftfahrer ermöglichen, Form, Bewegung und Abstand von Personen und Gegenständen im Verkehrsraum in einer Entfernung, die seiner Fahrgeschwindigkeit entspricht, sicher und schnell zu erkennen. Die Richtlinien für die Beleuchtung von Straßen für den Kraftfahrzeugverkehr sind in der Norm DIN 5044 zusammengefaßt. Daten und Hinweise für das Errichten von Straßenbeleuchtungsanlagen vgl. Kap. 21.

Merkmale der Beleuchtungsgüte

Bei der Planung von Anlagen ist — ähnlich wie bei der Innenbeleuchtung — auf die Merkmale zu achten, die für die Güte der Beleuchtung maßgebend sind. Da aber bei der Straßenbeleuchtung Sehaufgaben, Bewertungskriterien und Leuchtdichteniveau anders sind als bei der Innenbeleuchtung, stimmen auch die Gütemerkmale nur teilweise überein und sind anders gewichtet. Für die wichtigsten Gütemerkmale, wie z.B. Leuchtdichteniveau, Längsgleichmäßigkeit und Blendungsbegrenzung, gibt die Norm Richtwerte an. Allerdings können nur untergeordnete Straßen mit geringer Verkehrsbelastung allein nach diesen Kriterien bewertet werden. Meistens sind noch folgende Merkmale zu beachten: optische Führung einer Anlage, Lichtfarbe und Farbwiedergabeeigenschaft der Lichtquellen, guter Übergang (Adaptationsstrecke) von unbeleuchteten zu beleuchteten Straßenabschnitten und umgekehrt. Die jeweiligen Daten der Beleuchtungsgüte sind den verkehrstechnischen Kriterien, insbesondere der Verkehrsdichte, anzupassen.

Beleuchtungsplanung

Ziel der Beleuchtungsplanung ist es, die entsprechend den verkehrstechnischen Voraussetzungen in DIN 5044 geforderten Daten für Nennleuchtdichte, Längsgleichmäßigkeit und Blendungsbegrenzung zu erreichen. Dabei soll ein gutes Bild entstehen, das den Straßenverlauf deutlich erkennen läßt. Die Anlage-, Betriebs- und Wartungskosten sollen niedrig sein und eine gute Wirtschaftlichkeit der Beleuchtungsanlage ergeben. Hierzu ist eine Optimierung zwischen der Geometrie der Straße, der Leuchtenanordnung, der Leuchtart und -bestückung erforderlich. Bei der Auswahl geeigneter Leuchten führen Leuchten mit Spiegeloptik für Hochdruck-Entladungslampen, z.B. SiOPTAL- und die SISTELLAR-City-Leuchten von Siemens zu den günstigsten Lösungen. Für die Bestückung haben sich Natriumdampf-Hochdrucklampen (z.B. OSRAM VIALOX) als besonders vorteilhaft erwiesen. Quecksilberdampf-Hochdruck-, Halogen-Metalldampf-, Natriumdampf-Niederdruck- und Leuchtstofflampen werden dagegen meist aus wirtschaftlichen Gründen immer weniger eingesetzt.

Wahl der Leuchten und Lampen

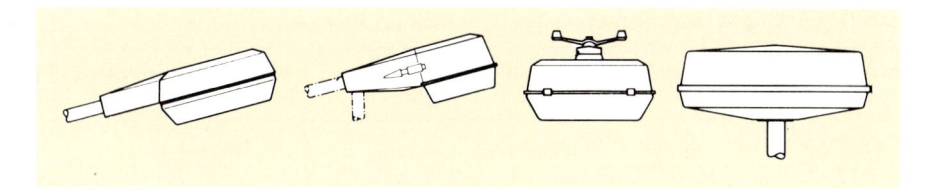

Bild 8.5/14   Ausführungen von Leuchten zur Beleuchtung von Straßen und Plätzen

Zur Berechnung der mittleren Fahrbahnleuchtdichte und der Leuchtdichtegleichmäßigkeit müssen die Lichtstärkeverteilung der Leuchte, der Lichtstrom der Lampe, die Anlagengeometrie und die Reflexionseigenschaften der Straßenoberfläche bekannt sein. Letztere können Erfahrungswerte für bestimmte Fahrbahnbeläge sein, oder Meßwerte, die mit einem Straßenreflektometer ermittelt wurden. Der Gang der sehr umfangreichen Berechnung entspricht einem von der Lichttechnischen Gesellschaft e.V. empfohlenen Verfahren. Wegen des erheblichen Rechenaufwands werden solche Berechnungen üblicherweise mit Computern ausgeführt. Die Leuchtenhersteller und die lichttechnischen Institute verfügen über entsprechende Rechenprogramme.

Berechnung der lichttechnischen Daten

Rechenprogramm

Anstrahlungen

Um während der Dunkelheit besonders markante Bauwerke aus der Umgebung hervorzuheben, werden diese mit Scheinwerfern oder Lichtflutern (Bild 8.5/15) angestrahlt. Es sollten hierfür folgende Regeln beachtet werden:

Die erforderliche mittlere Leuchtdichte ist von der Umgebungshelligkeit und der Größe des Objektes abhängig. Für kleinere Bauwerke wird eine höhere, für große Objekte eine geringere Leuchtdichte benötigt (Tabelle 8.5/2).

Erforderliche Leuchtdichten

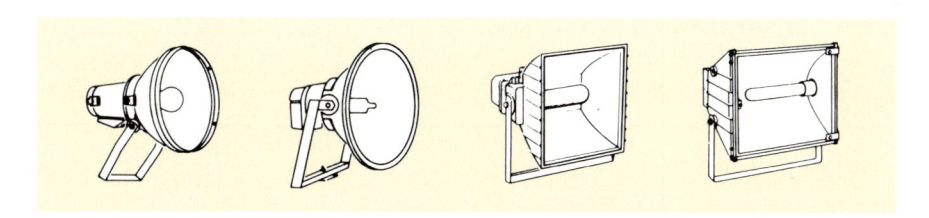

Bild 8.5/15   Ausführungen von Scheinwerfern und Lichtflutern

8.5 Beleuchtungsanlagen

Tabelle 8.5/2 Empfohlene mittlere Leuchtdichten bei Anstrahlungen

Art und Lage des anzustrahlenden Objektes	Mittlere Leuchtdichte $\overline{L}$ in cd/m² etwa
Freistehende Bauwerke oder Denkmäler	3 bis 6,5
Bauten auf Straßen oder Plätzen	
bei dunkler Umgebung	6,5 bis 10
bei mittelheller Umgebung	10 bis 13
bei sehr heller Umgebung	13 bis 16

Berechnung des Lichtstromes

Der Lichtstrom Φ, der erforderlich ist, um die mittlere Leuchtdichte $\overline{L}$ nach Tabelle 8.5/2 zu erzielen, wird nach der Gleichung

$$\Phi = \frac{\pi \cdot \overline{L} \cdot A}{\varrho \cdot \eta_B} \text{ berechnet.}$$

Φ Lichtstrom in lm (Lumen)
$\overline{L}$ mittlere Leuchtdichte in cd/m²
A angestrahlte Fläche in m²
ϱ Reflexionsgrad nach Tabelle 8.5/3
η_B Beleuchtungswirkungsgrad
π Faktor 3,14

Beleuchtungswirkungsgrad

Der Beleuchtungswirkungsgrad η_B hat bei geeigneten Scheinwerfern etwa folgende Werte:

$\eta_B = 0{,}4$ für große Flächen, z. B. Fassaden großer Bauwerke;

$\eta_B = 0{,}3$ für kleine Flächen oder große Entfernungen, z. B. Teile historischer Bauten;

$\eta_B = 0{,}2$ für Türme und dergleichen.

Tabelle 8.5/3   Reflexionsgrade einiger Baustoffe bei Anstrahlungen   **Reflexionsgrad**

Baustoff	Reflexionsgrad ϱ
Weiß glasierte Ziegel	0,85
Weißer Marmor	0,6 bis 0,65
Mörtelputz, hell	0,35 bis 0,55
Mörtelputz, dunkel	0,2 bis 0,3
Sandstein, hell	0,3 bis 0,4
Sandstein, dunkel	0,15 bis 0,25
Ziegel, hell	0,3 bis 0,4
Ziegel, dunkel	0,15 bis 0,25
Holz, hell	0,3 bis 0,5
Holz, dunkel	0,1 bis 0,25
Granit	0,1 bis 0,2
Beton und Sandstein, verschmutzt	0,05 bis 0,1

Die Anstrahlgeräte werden nach Art, Größe und Entfernung des Objektes ausgewählt, wobei für kleine und weit entfernte Bauwerke nur Hochleistungsscheinwerfer mit Scheinwerfer-Glühlampen oder kleinen Halogen-Metalldampflampen in Betracht kommen. Für größere Objekte kann man diese Scheinwerfer auch mit anderen geeigneten Lampen, z. B. Allgebrauchsglühlampen, Natriumdampf- oder Quecksilberdampf-Hochdrucklampen, bestücken oder breitstrahlende Rinnenspiegel-Lichtfluter für Halogen-Metalldampflampen, für Halogen-Glühlampen oder für Natriumdampf-Niederdrucklampen einsetzen. **Anstrahlgeräte**

Bei der Auswahl der Lichtfarbe für eine Anstrahlung muß man von der Farbe des anzustrahlenden Objektes ausgehen, um eine lebhafte Wirkung zu erreichen (Bild 8.5/16). So werden z. B. rötliche Flächen durch Glühlampen, gelbliche durch Glühlampen oder Natriumdampflampen, grünliche und bläuliche Flächen durch Quecksilberdampf-Hochdruck- oder Halogen-Metalldampflampen besonders zur Geltung gebracht. Mit einer geeigneten Lichtfarbe kann auch ein Farbkontrast zur Umgebung und damit eine verstärkte Hervorhebung des Objektes erzielt werden. Verschiedenfarbige Anstrahlung ist zu vermeiden oder nur mit großer Vorsicht anzuwenden. **Lichtfarbe**

Farbe des anzustrahlenden Objektes	(rot)	(gelb)	(grün)	(blau)
Lampenart	Glühlampen	Glühlampen oder Natriumdampflampen	Quecksilberdampf-Hochdruck- oder Halogen-Metalldampflampen	

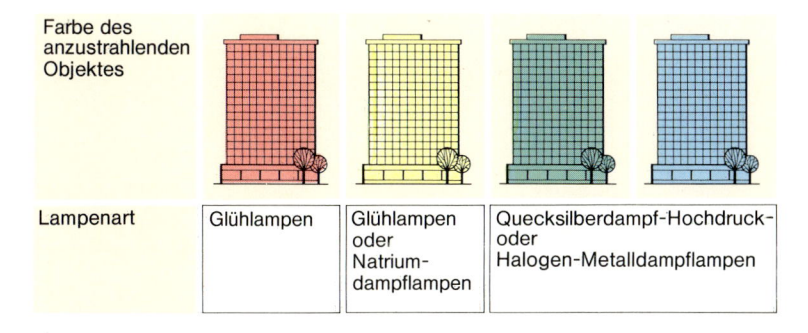

Bild 8.5/16
Zu verwendende Lampenart in Abhängigkeit von der Farbe des anzustrahlenden Objektes

8.5 Beleuchtungsanlagen

Wahl der Standorte

Hauptblickrichtung und Hauptanstrahlungsrichtung sollen einen Winkel von 45° bis etwa 90° bilden, damit die Schatten bei einer profilierten Fassade kräftig hervortreten. Standorte und Einstellung der Anstrahlgeräte sind so zu wählen, daß eine Blendung vermieden wird.

Die Anstrahlrichtungen der Geräte sollen sich nicht kreuzen, sondern ungefähr parallel verlaufen, damit die Schatten nicht aufgehoben werden und die Anstrahlung möglichst effektvoll wirkt (Bild 8.5/17).

Vorzugs-Anstrahlrichtung

Wenn Bauwerke — besonders solche mit starker Gliederung der Fassade — aus allen Richtungen betrachtet werden können, so sind möglichst zwei sich entgegenstehende Vorzugs-Anstrahlrichtungen, etwa in der Diagonale des Bauwerkes, zu wählen.

Das angestrahlte Bauwerk wirkt besonders reizvoll, wenn der obere Teil und nicht der Sockel betont wird, wobei Türme und Turmspitzen möglichst hervorgehoben werden sollten. Bei schwierigen Beleuchtungsaufgaben ist eine Beratung durch einen Lichtingenieur empfehlenswert.

8.5 Beleuchtungsanlagen

Bild 8.5/17
Anstrahlrichtungen für Scheinwerfer bei der Anstrahlung von profilierten Fassaden

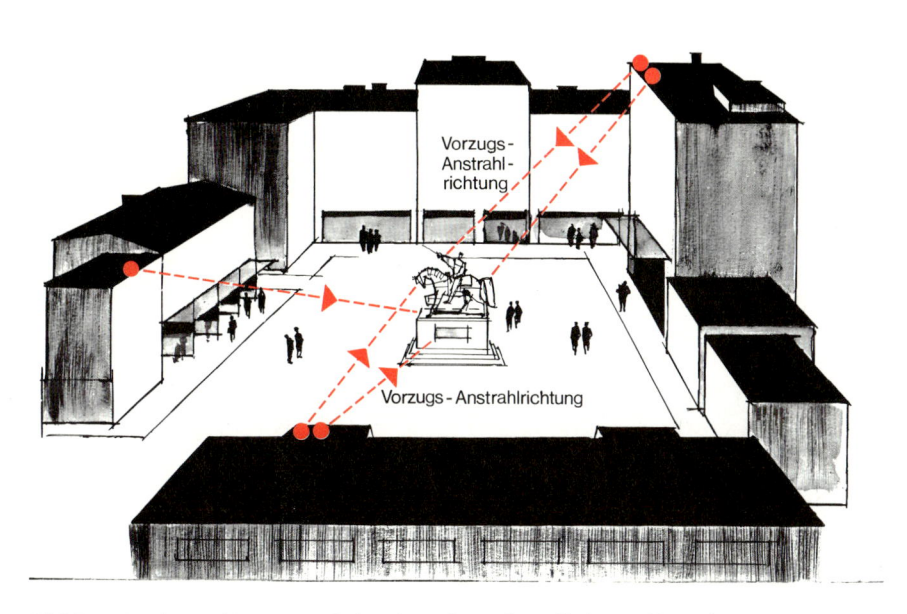

Bild 8.5/18 Anstrahlung von Gebäuden mit stark gegliederten Fassaden

8.5 Beleuchtungsanlagen

Beleuchtungsanlagen für Sportplätze

Planungsarbeiten

Während Flutlichtanlagen für große Sportstadien mit mehreren tausend Zuschauerplätzen sehr umfangreiche und sorgfältige Planungsarbeiten durch den Lichtingenieur verlangen, sind Flutlichtanlagen für kleine Sportplätze, besonders solche für Trainingszwecke und Erholungssport relativ einfach zu planen und auszuführen.

Anforderungen an eine Sportplatzbeleuchtung

Auf Sportplätzen sollen nicht nur die Sportler, sondern das Geschehen auf dem gesamten Spielfeld gut erkennbar sein. Es soll z. B. der Weg des Balles nicht nur am Boden, sondern auch in der Luft verfolgt werden können. Hierzu muß ein ausreichend hohes Beleuchtungsniveau gleichmäßig auf dem gesamten Spielfeld zur Verfügung stehen und die Sehleistung der Sportler und Zuschauer darf durch Blendung nicht beeinträchtigt werden. Um diese Forderungen zu erfüllen, werden nicht nur an die lichttechnischen Eigenschaften der Scheinwerfer oder Lichtfluter hohe Ansprüche gestellt, sondern es sind auch in bezug auf Standort und Höhe der Maste bestimmte Grenzen einzuhalten (Bild 8.5/19).

Mastanordnung

Bei Fußballplätzen sollen die Maste etwa 6 m von der Längsseitenlinie des Spielfeldes und die Eckmaste mindestens 5 m hinter der Torauslinie angeordnet werden (Bild 8.5/21).

Bild 8.5/19   Sportplatzbeleuchtung mit Lichtfluter

8.5 Beleuchtungsanlagen

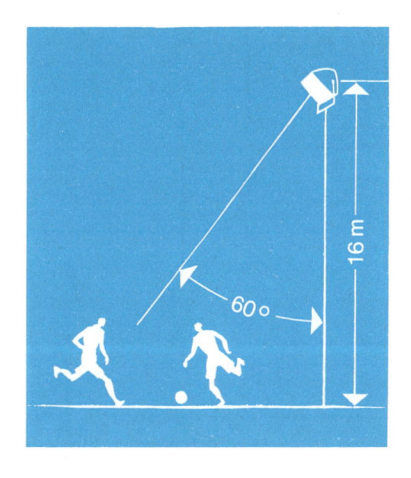

Bild 8.5/20
Anordnung der Lichtfluter
bei Trainingsanlagen

Für Trainingsanlagen hat sich eine Lichtpunkthöhe von 16 m als zweckmäßig erwiesen. Hierbei sollen die Lichtfluter nicht mehr als 60° gegen die Senkrechte geneigt sein (Bild 8.5/20). Dadurch wird eine genügend große Gleichmäßigkeit der Ausleuchtung bei sehr geringer Blendung erreicht. **Lichtpunkthöhe**

Für Trainingsanlagen sind Rinnenspiegel-Lichtfluter für 1000- oder 2000-W-Halogen-Metalldampflampen zu empfehlen (vgl. Kap. 8.1). Diese Lampen gewährleisten aufgrund ihrer sehr hohen Lichtausbeute eine gute Wirtschaftlichkeit. Anlagen, die mit solchen Geräten ausgeführt sind, haben folgende Vorzüge: **Flutlichtgeräte**

▷ wenige Lichtfluter;
▷ niedrige Anschlußleistung;
▷ geringer Aufwand für die elektrische Anlage und die Maste;
▷ hohe Lebensdauer von Lichtflutern und Lampen;
▷ wenig Wartungsaufwand;
▷ zweckmäßige Lichtfarbe mit ausreichender Farbwiedergabe.

Bild 8.5/21 und 8.5/22 zeigen Beispiele für die Beleuchtung eines Fußball-Trainingsplatzes und eines Tennisfeldes. **Beispiele**

Die in den Beispielen dargestellten Beleuchtungsanlagen erfüllen die Forderungen, die von den zuständigen Fachverbänden an Trainingsplatzbeleuchtungen gestellt werden. In ähnlicher Weise können auch andere Spielplätze beleuchtet werden. Bei allen schwierigen Aufgabenstellungen empfiehlt es sich, den Rat eines Lichtingenieurs einzuholen.

Große Areale anderer Art, wie z. B. Lagerplätze, Industrieanlagen, Großbaustellen, Flughafen-Vorfelder, verlangen zwar die Berücksichtigung der jeweils gegebenen besonderen Bedingungen, doch sind die einzusetzenden Geräte und die Beleuchtungstechnik oft übereinstimmend oder ähnlich wie bei der Sportplatzbeleuchtung. **Beleuchtung großer Flächen**

8.5 Beleuchtungsanlagen

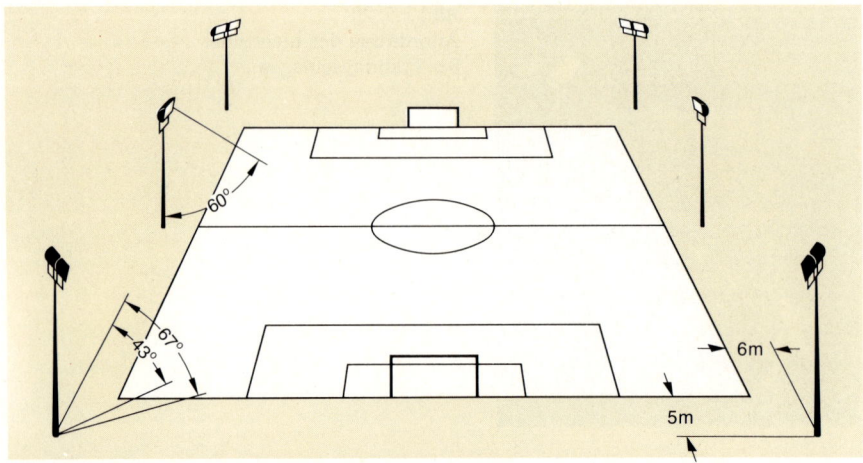

Bild 8.5/21
Fußball-Trainingsplatz mit 6 Masten, Lichtpunkthöhe 16 m;
10 Lichtfluter, bestückt mit 2000-W-Halogen-Metalldampflampen; Einstellwinkel 60° zur Senkrechten; Einstellwinkel 67° und 43° zur Parallelen der Spielfeldlängskante; mittlere horizontale Beleuchtungsstärke $\overline{E} \approx 100$ lx;
Gleichmäßigkeit $E_{min} : E_{max} = 1:2$

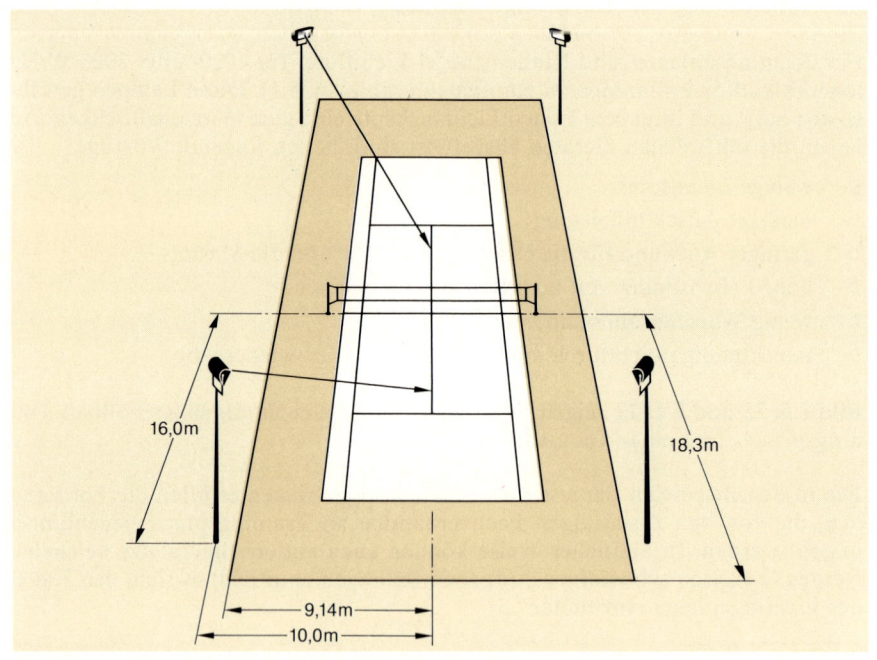

Bild 8.5/22
Tennisplatz 18,3 × 36,6 m, mit 4 Masten, Lichtpunkthöhe 16 m; 4 Lichtfluter, bestückt mit 2000-W-Halogen-Metalldampflampen; Einstellwinkel 45° zur Senkrechten; mittlere Horizontalbeleuchtungsstärke $\overline{E}$: Spielfeld 620 lx, $E_{min} : E_{max} = 1:1,44$
Gesamtfeld 405 lx, $E_{min} : E_{max} = 1:5,8$

8.5.3 Anlagen mit Leuchtröhren

Bei dem Errichten von Leuchtröhrenanlagen sind die Vorschriften VDE 0128 und VDE 0713 Teil 1 bis 5 zu beachten. — **VDE-Bestimmungen**

Leuchtröhren benötigen zum Zünden und zum Betrieb höhere Spannungen als die Netzspannung. Sie werden in Reihenschaltung mit Hilfe von Hochspannungs-Streufeldtransformatoren betrieben. Die Leerlaufspannung der Transformatoren muß der Summe der benötigten Zündspannungen aller angeschlossenen Röhren entsprechen. — **Streufeldtransformator** / **Zündspannung**

Jede einzelne Leuchtröhre beliebiger Abmessung und Form wird als „System" bezeichnet. Einen Teil einer Anlage, der sowohl primär- als sekundärseitig von etwa vorhandenen weiteren Anlageteilen baulich und elektrisch getrennt ist, nennt man „Leuchtgruppe". Eine „Leuchtgruppe" kann mehrere Hochspannungs-Stromkreise enthalten. — **System** / **Leuchtgruppe**

Die Gruppen-Spannung ist die höchste Spannung, die zwischen zwei beliebigen unter Spannung stehenden Teilen einer Leuchtgruppe ansteht. Nach VDE 0128, § 4 sind die größten zulässigen Gruppen-Spannungen: 7,5 kV bei Leuchtgruppen mit ungeerdeten Hochspannungsstromkreisen, 15 kV bei Leuchtgruppen mit im Mittelpunkt geerdeten Hochspannungsstromkreisen. — **Gruppen-Spannung**

Die Gruppen-Erdspannung ist die größte mögliche Spannung gegen Erde, die in einer Leuchtgruppe auftreten kann. — **Gruppen-Erdspannung**

Nach VDE 0128/6.81 sind Leuchtröhrenanlagen mit einer Erdschlußschutzschaltung auszuführen. Bei bestehenden Anlagen mit Reliefkörpern, die ganz oder teilweise mit brennbaren Materialien (z. B. Kunststoffglas) abgedeckt sind, mußte eine Nachrüstung mit der Erdschlußschutzschaltung bereits erfolgen. — **Erdschlußschutzschaltung**

Die gebräuchlichen Nennspannungen für das Zubehör, ausgenommen die Leuchtröhren und Vorschaltgeräte, sind 3,75 kV und 7,5 kV. Als Zubehör gelten alle zum Betrieb einer Leuchtröhrenanlage erforderlichen Einrichtungen, wie Vorschaltgeräte, Leitungen, Leuchtröhren und Kleinmaterial (z. B. Leuchtröhrenhalter). — **Gebräuchliche Nennspannungen**

Wenn die Röhren gezündet haben, genügt zum Betrieb die Brennspannung, die etwa 60 % der Zündspannung beträgt. Dieser erhebliche Spannungsfall wird in den Transformatoren mit verhältnismäßig starken, regelbaren oder festeingestellten Streufeldern herbeigeführt. Sie bewirken gleichzeitig die erforderliche Strombegrenzung der Gasentladung. — **Brennspannung**

Die Tagesfarbe nicht eingeschalteter Leuchtröhren kann je nach Art des Glases und des Leuchtstoffes farblos, weiß oder farbig sein. Als Leuchtfarbe wird die Farbe der in Betrieb befindlichen Leuchtröhren bezeichnet. Die Leuchtfarben, in denen Leuchtröhren hergestellt werden, umfassen nahezu das ganze Spektrum des Tageslichtes. Leuchtfarbe und Tagesfarbe sind bei vielen Röhrenarten unterschiedlich. — **Tagesfarbe** / **Leuchtfarbe**

Die Farbwiedergabe von beleuchteten Objekten kann nicht anhand der Leuchtfarbe beurteilt werden. Hierfür ist die spektrale Zusammensetzung maßgebend, die jedoch mit dem Auge nicht erkennbar ist. Bei Leuchtröhrenanlagen, bei denen es besonders auf die Farbwiedergabe ankommt, empfiehlt es sich deshalb, die günstigste Leuchtfarbe durch Beleuchtungsversuche zu ermitteln. — **Farbwiedergabe**

8.5 Beleuchtungsanlagen

Entladungsart Je nach Art des verwendeten Füllgases unterscheidet man Leuchtröhren mit
▷ Rotentladung (Füllgas Neon — rot oder orange leuchtend),
▷ Blauentladung (Füllgas Argon mit Quecksilberdampf — blau leuchtend).

Andere Leuchtfarben entstehen durch Verwendung von Filtergläsern, durch zusätzliches Einschlämmen von Leuchtstoffen oder durch beides. Leuchtröhren mit Rotentladung erfordern eine wesentlich höhere Zündspannung als solche mit Blauentladung.

Spannungsbedarf Für die Projektierung von Anlagen mit Leuchtröhren kann aus Tabelle 8.5/4 der Spannungsbedarf je Meter Röhrenlänge und je Elektrodenpaar zum Ermitteln der Zündspannung bei verschiedenen Röhren entnommen werden.

Belastbarkeit der Elektroden und Transformatoren Bei der Auswahl der Streufeldtransformatoren ist zu beachten, daß ihre Nenn-Sekundärstromstärke den Elektroden angepaßt ist. Übliche Sekundärstromstärken sind z. B. 15, 25, 40 bis 400 mA. Die Elektroden sollen, wenn überhaupt, nicht mehr als 5 % über den Nennstrom belastet werden. Der Nennstrom kann durch Veränderung des Transformator-Streufeldes eingestellt werden.

Gebräuchliche Stromstärken von Leuchtröhren bei Werbeanlagen Die Nenn-Sekundärstromstärke richtet sich nach dem Verwendungszweck der Leuchtröhre. Für Werbeanlagen im Freien sind, abhängig von der Umgebungshelligkeit, Stromstärken von 35, 50 und 75 mA am gebräuchlichsten. Stromstärken über 100 mA werden fast ausschließlich für Werbeanlagen in Innenräumen verwendet.

Tabelle 8.5/4 Spannungsbedarf von Leuchtröhren

Entladungsart	Erforderliche Transformator-Leerlaufspannung						Zusätzlicher Spannungsbedarf für jedes Elektrodenpaar	Art der Anlage		
	für jeden Meter Röhrenlänge bei einem Röhrendurchmesser von									
	10 mm	13 mm	17 mm	22 mm	28 mm	35 mm				
	V	V	V	V	V	V	V			
blau	760	580	460	370	330	310	300	für Außenanlagen		
	—	—	—	320	275	250	260	für Innenanlagen		
rot	1150	850	700	580	520	490	300	Für Außen- und Innenanlagen	bei mehr als 2 Systemen	je Transformator
	2400	1800	1400	1200	1100	1000	300		bei 2 Systemen	
	3000	2250	1800	1500	1300	1200	300		bei 1 System	

8.5 Beleuchtungsanlagen

Die gebräuchlichste Form von Werbeanlagen ist die stehende Schrift, aber auch figürliche und sich bewegende Darstellungen sind möglich. Für den Entwurf solcher Anlagen werden Abbildungen der betreffenden Fassade (Bauzeichnungen oder Fotos) benötigt. Die Vorschriften der örtlichen Baupflegeämter müssen beachtet werden.

Ausführungsarten von Werbeanlagen

Bei drehbaren Anlagen soll die Drehzahl nicht größer als 2 U/min sein. Die Transformatoren werden am drehbaren Teil montiert und vom Netz über Schleifringe versorgt.

Alle Elektroden sind bei Innen- und Außenanlagen durch Kaschierungen oder Reliefkörper abzudecken. Die elektrischen Anschlüsse für Hochspannungs-Zuleitung und Reihenschaltung müssen berührungssicher innerhalb der Kaschierung oder des Reliefkörpers ausgeführt werden. Das Umwickeln der Anschlüsse mit selbstverschweißendem Wickelband verhindert das Eindringen von Feuchtigkeit.

Elektrodenanschluß

Die Elektrodenstellungen bei Leuchtröhren und ihre Kennbuchstaben zeigt Bild 8.5/23.

Elektrodenstellungen

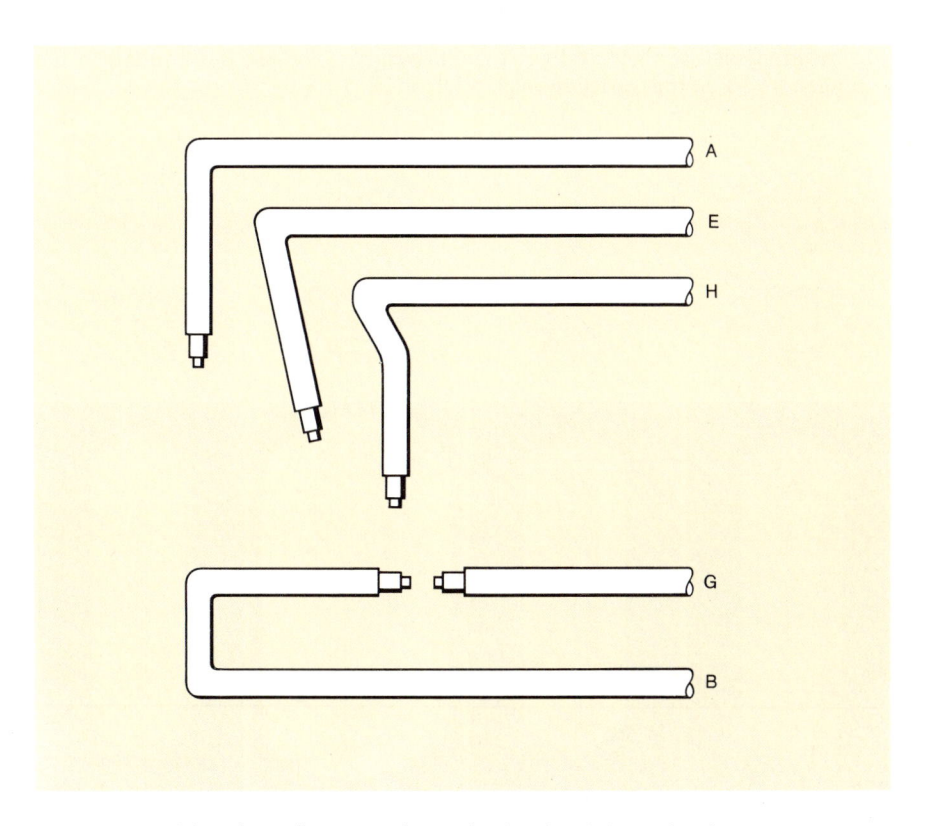

Bild 8.5/23   Elektrodenstellungen und Kennbuchstaben bei Leuchtröhren

937

8.5 Beleuchtungsanlagen

Reliefkörper Reliefkörper erhöhen die Wirkung von Werbeanlagen bei Tageslicht. Sie werden aus Stahlblech in vielfältigen Ausführungen hergestellt, z. B. mit seitlichen Blenden oder mit Kanalprofil, bei dem die Röhren vertieft angeordnet sind (Bild 8.5/24). Diese Ausführungen verhindern bei Dunkelheit eine seitliche Überstrahlung des Reliefkörpers. Die Reliefkörper können mit einer Röhre oder bei größerer Breite auch mit mehreren Röhren belegt werden. Häufig werden auch Abdeckungen aus Kunststoffglas verwendet.

Als Herstellungsunterlagen für Reliefkörper sind Zeichnungen im Maßstab 1:1 erforderlich, die nach Schriftvorlagen, Entwürfen oder Angaben des Bestellers angefertigt werden.

Leuchtröhrenleitungen Entsprechend VDE 0128 dürfen auf der Sekundärseite der Vorschaltgeräte nur Leuchtröhrenleitungen nach VDE 0250 verwendet werden. Sie sind an der gelben Umhüllung kenntlich, auf der in einem Abstand von höchstens 20 cm die Nennspannung mit schwarzer Farbe aufgedruckt sein muß. Leuchtröhrenleitungen werden für Nennspannungen (höchstzulässige Betriebsspannung gegen Erde) von 3,75 und 7,5 kV hergestellt. Der flexible Leiter besteht aus Kupferdrähten von etwa 0,3 mm Durchmesser.

Schutzrohr Bei fester Verlegung unter Putz empfiehlt es sich, die Leitungen in Schutzrohren zu führen, um sie ggf. auswechseln zu können. Leuchtröhrenleitungen verschiedener Leuchtgruppen dürfen nicht in einem gemeinsamen Schutzrohr verlegt werden. Als Schutzrohre sind Stahlrohre nach DIN 49 020 oder flexible Stahlpanzerrohre gleichwertiger Festigkeit zu verwenden. Weitere Bestimmungen für Leitungen und Leitungsverlegung vgl. VDE 0128, § 10.

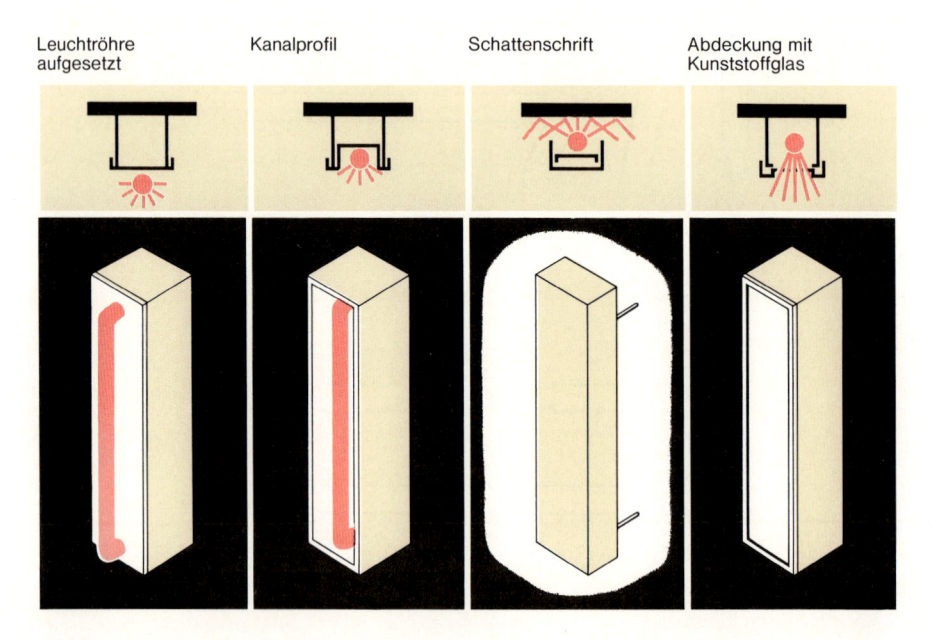

Bild 8.5/24 Ausführungsarten von Reliefkörpern

8.5 Beleuchtungsanlagen

Hin- und Rückleitung zu einer Leuchtgruppe sollen zusammen nicht länger als 10 m sein, damit kapazitive Aufladungen vermieden werden, die unter Umständen zu Spannungserhöhungen, Leitungsbrummgeräuschen oder Röhrenbrummen führen können.

Streufeldtransformatoren für Leuchtröhren haben einen Leistungsfaktor cos φ von etwa 0,55 bis 0,66. Kondensatoren zur Verbesserung des Leistungsfaktors dürfen nur auf der Primärseite der Streufeldtransformatoren parallel zum Netzanschluß eingebaut werden, erforderlichenfalls mit Tonfrequenz-Sperrdrossel.   **Leistungsfaktor**

II Elektrische Installationstechnik zur Raumheizung, Raumklimatisierung und Raumlüftung

9 Raumheizung, Raumklimatisierung und Raumlüftung

Einführung

Obwohl es viele klimaphysiologische und -biologische Umwelteinflüsse gibt, gilt der Luftzustand als ausreichend bestimmt durch:

▷ Raumtemperatur,
▷ Luftbewegung,
▷ Luftreinheit,
▷ Raumluftfeuchte.

Wesentliche Komponenten des Klimas

Die Raumtemperatur ist ein Mittelwert aus der Raumluft- und der Umgebungsflächentemperatur.

Raumtemperatur

Für das menschliche Wohlbefinden ist dabei eine ausgeglichene Wärmebilanz von größter Bedeutung, sie ist Voraussetzung für eine behagliche Raumtemperatur.

Je nach Außenlufttemperatur wird die behagliche Raumtemperatur durch Heizen, Kühlen oder Lüften erreicht.

Die Lüftung ist für die Luftbewegung und Luftbehandlung (Konditionierung) wesentlich, wobei die Luftreinheit durch Filtern und Zusetzen von frischer Luft, die Raumluftfeuchte durch Befeuchten oder Trocknen technisch beeinflußt wird.

Luftbewegung Luftreinheit Raumluftfeuchte

Vorteile der elektrischen Energie bei der Raumheizung

Verwendet man zur Raumheizung elektrische Energie, so ist es ein wesentlicher Vorteil, daß nur ein Versorgungsnetz — nämlich das elektrische — erforderlich ist. Außerdem sinken die Stromerzeugungskosten bei steigendem *Energiebedarf* und gleichmäßig hohem Auslastungsgrad der Kraftwerke. Auch lassen sich Brennstoffe, in Strom umgewandelt, leichter und billiger transportieren.

Wirtschaftliche Vorteile

Die allelektrische Versorgung heizungstechnischer Einrichtungen trägt wesentlich zum Umweltschutz bei. Luftverunreinigung durch Hausbrandstellen und Gefährdung des Grundwassers durch auslaufendes Heizöl werden vermieden.

Umweltschutz

Außerdem bestehen gegenüber anderen Energieträgern im wesentlichen folgende Vorteile:

▷ Hygiene,
▷ Vorratshaltung entfällt,
▷ nachträgliche Bezahlung des Verbrauchs,
▷ hohe Betriebssicherheit und stetige Betriebsbereitschaft,
▷ hervorragende Regelbarkeit,
▷ zusätzliche Wirtschaftlichkeit durch Sondertarife der EVU.

9 Raumheizung, Raumklimatisierung und Raumlüftung

Vorteile des Einsatzes elektrisch betriebener Geräte

Zur Beheizung von Räumen können alle nachfolgend beschriebenen Geräte einzeln oder zu Anlagen kombiniert verwendet werden.

Sowohl die einzelnen Geräte als auch die Anlagen erfordern zum automatischen und wirtschaftlichen Betrieb Regelgeräte, die sich zu Systemen erweitern lassen. Bei sehr großen Anlagen, z. B. in Bürohochhäusern, Universitäten usw., können diese Systeme mit Prozeßrechnern zu übergeordneten Leitsystemen zusammengefaßt werden.

9.1 Raumheizgeräte und Anlagenteile

Bemessen des Anschlußwertes

Eine Wärmebedarfsrechnung nach DIN 4701 Teil 1 und 2 sollte selbstverständlich sein. **Vorschriften**

Um den Wärmebedarf bzw. die Anschlußleistung auf das erforderliche und vom Bau her bestimmte Maß zu beschränken, muß geprüft werden, ob die Wärmedämmung des Gebäudes ausreichend bemessen ist. **Bauliche Voraussetzungen**

In Tabelle 9.1/1 sind Durchschnittswerte des spezifischen Wärmebedarfs enthalten, die bei normalen Geschoßhöhen von 2,75 m nicht überschritten werden sollten.

Die EVU's bieten unterschiedlich lange Ladezeiten in verschiedenen Techniken an. Die dadurch entstehenden Auswirkungen auf die Höhe der Investitionskosten kann durch überschlägige Dimensionierungen abgeschätzt werden.

Die Einhaltung der in Tabelle 9.1/1 genannten Wärmebedarfswerte kann erreicht werden, wenn beim Bauen Wärmedurchgangszahlen k nach Tabelle 9.1/2 angestrebt werden.

Tabelle 9.1/1 Wärmebedarfswerte für verschiedene Gebäudearten

Gebäudeart	Wärmebedarf q_h
freistehendes Einfamilienhaus	115 bis 146 W/m²
Eckreihenhaus	100 bis 115 W/m²
innenliegendes Reihenhaus	90 bis 100 W/m²
Mehrfamilienhaus bis zu 3 Etagen	90 W/m²

Tabelle 9.1/2 Wärmedurchgangszahl k für die wichtigsten Bauteile eines Hauses

Bauteil	Wärmedurchgangszahl k in W/(m² · K)
Außenwand	etwa 0,5 bis 0,6
oberste Geschoßdecke	etwa 0,4 bis 0,5
Zwischendecke	etwa 0,6 bis 0,7
Fenster	etwa 2,5 bis 2,7
Fußboden nicht unterkellert	etwa 0,5
Fußboden unterkellert	etwa 0,6

9.1 Raumheizgeräte und Anlagenteile

Bemessung

Bei der Direktheizung sind Anschlußleistung P in W und Wärmebedarf q_h in W identisch. Wird zum Ausnutzen von Tarifvorteilen der Wärmebedarf in Niedertarifen ganz oder teilweise gespeichert, ist eine möglichst genaue Dimensionierung der Elektro-Speicherheizgeräte unerläßlich.

Die Dimensionierung muß nach DIN 44 572 oder nach den Heizleistungstabellen, die der Gerätehersteller zur Verfügung stellt, erfolgen.

Geräteübersicht und Anwendung

Tabelle 9.1/3 Siemens-Elektroheizgeräte, Geräteübersicht und Anwendung

Art	Anschlußleistung kW	Wärmeabgabe	Anwendung	
Speicherheizgeräte				
Mit statischer Wärmeabgabe	1,0	Gespeicherte Wärme wird über die Oberfläche durch Strahlung und natürliche Konvektion abgegeben	In Räumen untergeordneter Bedeutung, z. B. Fluren, Treppenhäusern, Bädern, WC und Nebenräumen	In allen Räumen, mit Ausnahme explosions- und feuergefährdeter Betriebsstätten, bei mindestens täglich fünfstündiger Benutzung, wenn der Heizstrom in der Nacht freigegeben und am Tag nur kurze Nachladezeit gewährt wird
Mit dynamischer Wärmeabgabe	1,25 bis 8,0	Gespeicherte Wärme wird z. T. über die Oberfläche, überwiegend jedoch an die Raumluft, die vom Ventilator über den Speicherkern gefördert wird, abgegeben	In allen übrigen Räumen	

9.1 Raumheizgeräte und Anlagenteile

Tabelle 9.1/3   Siemens-Elektroheizgeräte (Fortsetzung)

Art	Anschluß-leistung kW		Wärmeabgabe	Anwendung	

Direktheizgeräte

Art	Anschluß-leistung kW		Wärmeabgabe	Anwendung	
Konvektoren	0,6 bis 2,0		Wärme wird überwiegend durch Konvektion abgegeben. Raumluft durchströmt den Konvektor, nimmt an den Heizelementen Wärme auf und tritt am oberen Auslaß ohne Wirbelbildung aus. Leistungseinstellung durch Stufenschalter oder Temperaturregler mit Ausschalter	Wenn eine schnelle Erwärmung der Raumluft gewünscht wird. Bevorzugt in Verbindung mit Fußbodenheizung	In allen Räumen, mit Ausnahme explosions- und feuergefährdeter Betriebsstätten, wenn der Heizstrom ständig zur Verfügung steht. Gleiche Gerätetiefe und gleiche Bauhöhe ermöglichen ein Aneinanderreihen von Geräten verschiedener Anschlußleistung
Rippen-heizrohre	Standard-ausführung	1,0 bis 2,0	Die Wärme wird überwiegend konvektiv abgegeben. Raumluft strömt über das Gerät und nimmt an den heißen Rippen Wärme auf	In Räumen mit rauhen Betriebsbedingungen, z. B. Werkstätten, Garagen, in Schaltanlagen und landwirtschaftlich genutzten Räumen	
	Sonder-ausführung	1,1		In feuergefährdeten Betriebsstätten	
Infrarot-Strahler	1,0 bis 4,2		Die Wärme wird ausschließlich durch Strahlung abgegeben. Hierbei wird nicht die Luft, sondern lediglich die Fläche erwärmt, auf die die Strahlen auftreffen. Die Wärmestromdichte nimmt mit dem Quadrat der Entfernung zwischen Strahler und bestrahlter Fläche ab. Mit dem schwenkbaren Reflektor läßt sich die Strahlungsrichtung einstellen	Wenn nur ein bestimmter Aufenthaltsbereich im Raum beheizt werden soll oder zur Beheizung von Aufenthaltsbereichen im Freien, z. B. Sitzplätzen, Veranden, Terrassen, Liegehallen oder in selten benutzten Räumen, wie Wandelhallen, Kegelbahnen, Schießständen, Ausstellungshallen, Kiosken usw.	

9.1 Raumheizgeräte und Anlagenteile

Tabelle 9.1/3 Siemens-Elektroheizgeräte (Fortsetzung)

Art	Anschlußleistung kW	Wärmeabgabe	Anwendung
Direktheizgeräte (Fortsetzung)			
Luftheizgeräte	12 bis 18	Die Wärme wird von der Luft an den heißen Rohrheizelementen aufgenommen. Die Luftströmung durch das Luftheizgerät wird durch einen Axialventilator erzwungen	Zur Beheizung großer Räume, wie Werkstätten, Läger, Versammlungs- und Ausstellungshallen sowie zur Trocknung von Bauwerken im Winterbaubetrieb. Wegen der hohen Oberflächentemperatur der Rohrheizkörper nicht in explosions- und feuergefährdeten Betriebsstätten verwendbar
Zentral-Heizgeräte			
Zentralspeicher für Warmwasser Zentralheizungen			
System Wasser	11 bis 50	Im Durchlauferhitzer auf 100 °C erhitztes Wasser wird im isolierten Stahlbehälter gespeichert	In kleinen Hallen, Sälen, Werkstätten, Lägern, Versammlungsräumen usw. mit einem Raumvolumen von 200 m³ bis 600 m³. Für Turnhallen, Kirchen u. ä. Großräume mit einem Raumvolumen bis 5000 m³ werden Sonderausführungen verwendet. In Wohnobjekten, für die eine Warmwasser-Zentralheizung vorgesehen ist
System Keramik	12 bis 120	Die gespeicherte Wärme wird von der Luft, die vom Ventilator durch den Speicherkern gefördert wird, aufgenommen	

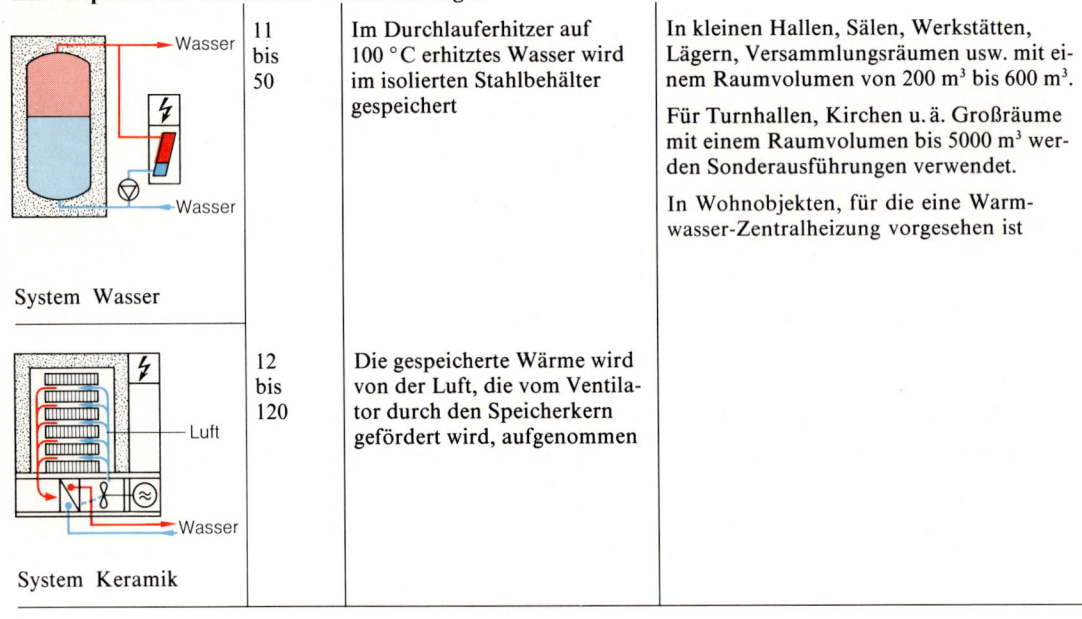

Speicherheizgeräte

In tarifgünstigen Zeiten (Freigabedauern) wird Elektrizität in Wärme umgewandelt, gespeichert und meist während des Tages zur Raumheizung verwendet. Die Freigabedauern werden vom EVU festgelegt, wobei es sich meistens um die Nachtstunden handelt. Außerdem werden teilweise bestimmte Tagesstunden, in denen die Kapazität der Kraftwerke nicht ausgelastet ist, als Zusatzladedauer freigegeben.	Wirkungsweise
Als Speichermasse dient ein Kern aus keramischen Stoffen, im allgemeinen Magnesit. Je kW Anschlußwert werden etwa 40 kg Speichermasse benötigt.	Speichermasse
Der Speicherkern enthält die elektrischen Heizelemente, meist Rohrheizkörper.	
Die Nennspeicherkapazität ist dann erreicht, wenn das Gerät ununterbrochen acht Stunden mit Nennanschlußwert in Betrieb war und nur Wärme während dieser Zeit über die Oberfläche abgegeben wurde.	Nennspeicherkapazität
Dabei steigt die Kerntemperatur auf etwa 650 °C an. An der Geräteoberfläche hält die den Speicherkern umgebende Wärmeisolierung die Temperatur auf maximal 90 °C. Die äußere Verkleidung ist ein einbrennlackiertes Stahlblechgehäuse.	Kerntemperatur
Mit Hilfe eines Ladereglers läßt sich von Hand die Leistungsaufnahme einstellen und über einen eingebauten Temperaturregler gleichzeitig die gewünschte Kerntemperatur wählen. Meist jedoch regulieren getrennte Aufladesteuerungen — automatisch und witterungsabhängig — die Kerntemperatur.	Laderegler
Außerdem ist ein Sicherheitstemperaturbegrenzer angebracht, der die Stromzufuhr abschaltet, wenn die maximale Kerntemperatur erreicht ist.	Sicherheitstemperaturbegrenzer

Speicherheizgeräte werden je nach Art der Wärmeabgabe in zwei Bauarten unterteilt.

Geräte mit statischer Wärmeabgabe

Die Wärmeabgabe ist nicht beeinflußbar und geht ausschließlich durch Strahlung und Konvektion von der Gehäuseoberfläche aus (statische Wärmeabgabe).	Statische Wärmeabgabe

Geräte mit dynamischer Wärmeabgabe

Die Wärmeabgabe erfolgt nur teilweise über die Oberfläche, hauptsächlich jedoch über einen Ventilator, der die Raumluft durch oder um den Speicherkern herum fördert (statische und dynamische Wärmeabgabe).	Statische und dynamische Wärmeabgabe
Der eingebaute Ventilator wird über den Raumtemperaturregler intermittierend in Betrieb genommen.	Ventilator
Nach DIN 44 572 ist ein Geräuschpegel von 35 dB(A) zulässig; bei Siemens-Geräten liegt dieser unter diesem Wert.	Geräuschpegel
Über einen eingebauten Bimetall-Bypass (s. Bild 9.1/1) wird temperaturabhängig so viel Raumluft beigemischt, daß auch bei voll aufgeladenem Gerät niedrige Austritt-Temperaturen entstehen. Der Einbau einer Zusatzdirektheizung von 1,0; 1,5 oder 2,0 kW ist auch nachträglich möglich. Sie wird hinter dem Ausblasgitter angebracht. Ein Anlegethermostat verhindert das Einschalten der Zusatzheizung, wenn noch genügend Wärme gespeichert ist.	Bimetall-Bypass Zusatzheizung

9.1 Raumheizgeräte und Anlagenteile

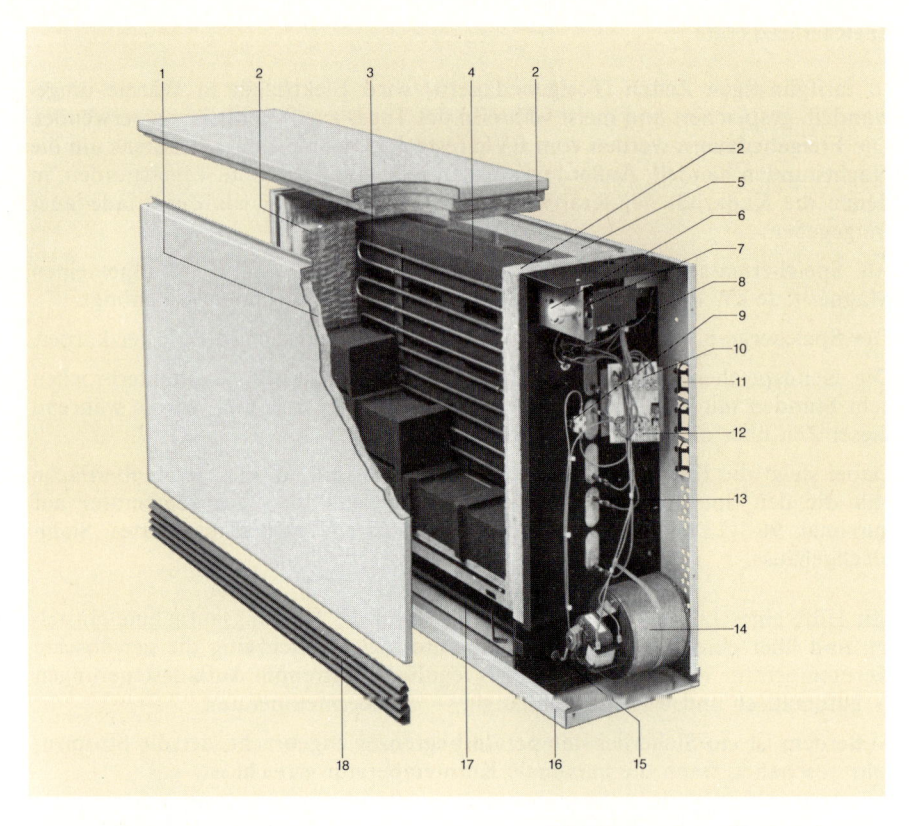

1 Vorderwand mit eingeklebter MICROTHERM-Isolierung	10 Anschlußklemmen für Aufladeteil
2 Steinwollisolierung	11 Leitungseinführung mit Zugentlastung
3 Heizelemente	12 Anschlußklemmen für Entladeteil
4 Speichersteine	13 Anschluß für Heizelemente
5 MICROTHERM-Isolierung	14 Ventilator
6 Aufladewahlknebel	15 Anschluß für Zusatzheizung
7 Temperaturregler für Laderegelkreis	16 Typenschild
8 Sicherheitstemperaturbegrenzer	17 Bimetall-Bypass
9 Anlegethermostat für Zusatzheizung	18 Luftaustrittsgitter

Bild 9.1/1   Schnittbild eines PERMATHERM-Speicherheizgerätes

RAL-Testat   Speicherheizgeräte werden einer neutralen Prüfung nach Bestimmungen des RAL (Ausschuß für Lieferbedingungen und Gütesicherung beim deutschen Normenausschuß) unterzogen. Das Ergebnis wird in einem RAL-Testat niedergelegt, in dem alle wichtigen Gütemerkmale aufgeführt sind.

Direktheizgeräte

Wegen der tageszeitlich unterschiedlichen Kraftwerkbelastung und der sich daraus ergebenden Tarifgestaltung in Deutschland ist eine breite Anwendung der elektrischen Direktheizung als Dauerheizung von Gebäuden, wie sie beispielsweise in Skandinavien und in einigen Bundesländern von Österreich gebräuchlich ist, nicht wirtschaftlich. Wegen der niedrigen Anschaffungskosten eignen sie sich jedoch auch während der Hochtarifzeit zum Beheizen von selten oder nur zeitweise benutzten Räumen.

PROTOTHERM-Konvektoren

Bei den PROTOTHERM-Konvektoren durchströmt die Luft die ganze Breite des Heizgerätes, erwärmt sich an den Heizelementen und tritt ohne Wirbelbildung oben wieder aus. Die gewünschte Raumtemperatur kann über einen Thermostaten geregelt werden. Schalter und Temperaturregler sind von vorne zugänglich angeordnet. Ein Überhitzungsschutz schließt Brandunfälle aus. Für das Bad gibt es auch Kompaktkonvektoren in spritzwassergeschützter Ausführung.

PROTOTHERM-Rippenheizrohre

Das sind besonders robuste Geräte, bei denen nicht so sehr auf elegante Form, sondern mehr auf optimale Wirtschaftlichkeit und Funktion Wert gelegt wird. Die Geräte strahlen Wärme ab und beheizen die Luft, die durch die Heizrippen strömt. Das PROTOTHERM-Rippenheizrohr mit geringer Oberflächentemperatur entspricht den Anforderungen für feuergefährdete Betriebsstätten und ist als Garagenheizung zugelassen.

Infrarot-Strahler

Als Heizstab eines Infrarot-Strahlers wird entweder ein Quarzheizrohr oder ein Rohrheizkörper aus Chromnickelstahl eingesetzt. Er ist in einem schwenkbaren Reflektor (z. B. aus Reinstaluminium) gelagert, der die Strahlen bündelt und sich auf die zu beheizende Fläche richten läßt. Der Abstand zwischen dem Strahler und dem Kopf des Menschen soll bei dauerndem Aufenthalt mindestens 2 m und bei kurzzeitigem 1,50 m betragen. *Abstand des Strahlers vom Menschen*

In Räumen, in denen lediglich Sitz- oder Arbeitsplätze beheizt werden, ist eine spezifische Anschlußleistung von 150 W/m² bis 250 W/m² ausreichend. Sollen geschlossene Räume oder Freiplätze beheizt werden, sind besondere Berechnungsverfahren anzuwenden. *Erforderliche Heizleistung*

Luftheizgeräte

Bei Luftheizgeräten führt ein eingebauter Ventilator die Raumluft innerhalb des Stahlblechgehäuses über Rohrheizkörper (Bild 9.1/2). Die Anschlüsse von Ventilator und Rohrheizkörpern sind getrennt und elektrisch verriegelt, damit die

9.1 Raumheizgeräte und Anlagenteile

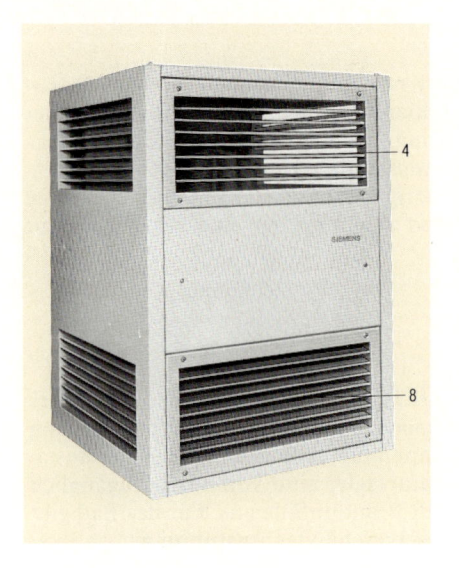

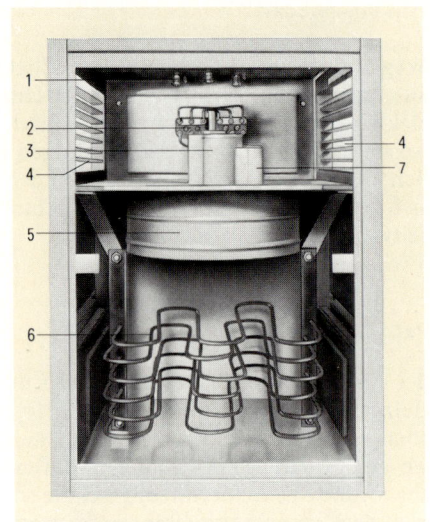

1 Stopfbuchsverschraubung
2 Klemmenleiste für Rohrheizkörper
3 Ventilatormotor
4 Lufteintrittsöffnungen mit verstellbarem Lamellengitter
5 Ventilator
6 Rohrheizkörper
7 Anschlußkasten des Motors
8 Luftaustrittsöffnungen mit verstellbarem Lamellengitter

Bild 9.1/2 Luftheizgerät, geschlossen und mit abgenommener Frontseite

Rohrheizkörper nur gleichzeitig mit dem Ventilator in Betrieb sein können. Der Lufteinritt und -austritt ist wahlweise durch verstellbare Lamellengitter direkt am Gerät oder über angeschlossene Luftkanäle regulierbar.

Anschlußleistung Die Anschlußleistung errechnet sich näherungsweise aus der Beziehung:

$$P = \frac{V_\text{L} \cdot c_\text{p} \cdot \Delta t}{1000}$$

P Anschlußleistung in kW
V_L Luftvolumenstrom in m³/h (vom Gerät vorgegeben oder nach Kap. 9.6.1 bestimmt)
c_p Spez. Wärmekapazität der Luft in Wh/(m³ · K); $c_\text{p} \approx 0{,}36$ Wh/(m³ · K)
Δt Temperaturerhöhung der Luft in K.

Zentralheizgeräte

Elektro-Zentralspeicher für Warmwasser-Zentralheizungen

Wirkungsweise Das Prinzip des Elektro-Zentralspeichers besteht im wesentlichen darin, daß in den kostengünstigen Nachtstunden ein Speichermedium aufgeladen (erwärmt) wird.

Diese gespeicherte Wärme wird bei Bedarf direkt (z. B. über das Medium Wasser) oder indirekt (z. B. über einen Luft-Wasser-Wärmetauscher) an das Heizungssystem abgegeben. Die Aufladesteuerung und Entladeregelung erfolgt in Abhängigkeit von der Außentemperatur und der Restwärme.

Elektro-Zentralspeicher werden in Warmwasser-Zentralheizungsanlagen mit Radiatoren oder Fußbodenheizung eingesetzt. Sie eignen sich zur Vollheizung von Ein- und Mehrfamilienhäusern, Bürohäusern, Krankenhäusern, Schulen, Sporthallen, Kindergärten oder Werkhallen. *(Einsatzmöglichkeiten)*

Auch in Altbauten ist eine Umrüstung bestehender Ölzentralheizungen auf Elektro-Zentralspeicherheizung vorteilhaft, da die vorhandene Heizungsanlage in vielen Fällen unverändert bestehen bleiben kann. Außerdem besteht jederzeit die Möglichkeit, die Zentralspeicher mit anderen Wärmeerzeugern zu kombinieren. So kann z. B. ein Heizkessel für feste Brennstoffe seine überschüssige Wärme an einen Zwischenspeicher oder beim Zentralspeicher-System „Wasser" direkt in die Speicherbehälter abgeben.

Nach der Art des Speichermediums stehen zwei unterschiedliche Systeme zur Verfügung, deren Auswahl sich nach dem jeweiligen Wärmebedarf und den örtlichen Gegebenheiten richtet: *(Speichermedium)*

▷ Zentralspeicher-System „Wasser",
▷ Zentralspeicher-System „Keramik".

Beim System „Wasser" wird das Heizwasser wie bei einem Tauchsieder durch elektrische Rohrheizkörper über eine Ladeeinheit mit Durchlauferhitzer auf eine Temperatur von etwa 100 °C erwärmt und in isolierten Stahlbehältern gespeichert. Die Ladeeinheiten für dieses System werden mit 7 Nennleistungen von 11 bis 50 kW geliefert. Durch verschiedene Kombinationen der Standardteile sind insgesamt 56 serienmäßige Aufstellvarianten möglich. *(System „Wasser")*

Das System „Keramik" ermöglicht den Bau kompakter Elektro-Zentralspeicher. Die Wärmeerzeugung wird direkt in dem von Isoliermaterial umschlossenen Keramikkern (Magnesit) vorgenommen, in dem auch die Wärme gespeichert wird. Hierbei erwärmen die Rohrheizkörper die sie umgebenden Magnesitsteine, ähnlich wie zu Omas Zeiten der auf dem Ofen erhitzte Backstein das Bett vorwärmte. Nur benötigt man zum Heizen der Wohnung höhere Speichertemperaturen (bis zu 650 °C). Ein Ventilator führt die im Kern bis auf etwa 650 °C erwärmte Luft über einen Luft-Wasser-Wärmetauscher. Hier wird das durchfließende Heizwasser erwärmt. Durch die hohe Speicherkapazität und Speichertemperatur des Keramikkerns hat das System „Keramik" gegenüber dem System „Wasser" bei gleicher Anschlußleistung kleinere Abmessungen. *(System „Keramik")*

Der Elektro-Zentralspeicher „Keramik" ist in 7 Baugrößen mit Anschlußleistungen von 12 bis 120 kW lieferbar, wobei 47 Geräte im Leistungssprung von 3 kW zur Verfügung stehen. Größere Leistungen können durch Parallelschaltung erreicht werden.

Heizleitungen

Alle für die Raumheizung verwendeten Heizleitungen haben einen mehrdrähtigen Heizleiter, auf dem die Isolierhülle aus Silikon-Kautschuk mit einer Wanddicke von 0,6 mm aufgebracht ist. Silikon-Kautschuk hat eine Dauertemperaturbeständigkeit von 180 °C. Als Mantelwerkstoff wird PVC verwendet, das eine Dauertemperaturbeständigkeit von 105 °C aufweist. Die Wanddicke beträgt 1,2 mm. Damit ist nicht nur eine hohe thermische Beständigkeit gegeben, sondern auch ein guter mechanischer Schutz, der im Fehlerfall z. B. durch Wärmestau oder durch Ausfall eines Schaltgerätes sowie bei der Verlegung hohe Sicherheit garantiert. *(Heizleiter)*

9.1 Raumheizgeräte und Anlagenteile

Heizmatte

Aus diesen Heizleitungen werden Heizmatten gefertigt. Jede Heizmatte hat zwei Kaltleitungen (Kaltenden), 4 m lang und farblich gekennzeichnet. Die PVC-Isolierung der Kaltleitungen ist ebenfalls 105 °C dauertemperaturbeständig. Die Verbindungsstelle zwischen Heizleitung und Kaltleitung besteht aus einer hochtemperaturbeständigen Schrumpfmuffe, die absolut wasserdicht und zugentlastet ist. Mit den 4 m langen Kaltleitungen wird meistens die nächste Abzweigdose erreicht. Nach VDE 0253 ist die Nenntemperatur der Heizleitung auf 90 °C festgelegt. Durch die allseitige Einbettung im Speicherestrich können Heizleitungen entsprechend der DIN 44 576 „Fußboden-Speicherheizung" eingesetzt werden.

Die Anwendungsgebiete für Heizleitungen und ihre spezifischen technischen Daten können der Tabelle 9.1/4 entnommen werden.

PROTOTHERM-Heizleitung, Typ 5DP2...

Diese Leitungen haben über einer besonderen wärmebeständigen und gummielastischen Isolierung einen Bleimantel, der wiederum durch eine Umhüllung aus wärmebeständigem PROTODUR vor Korrosion und Beschädigungen geschützt wird. Der Bleimantel kann in eine zusätzliche Schutzmaßnahme gegen zu hohe Berührungsspannung einbezogen werden (vgl. Kap. 29.2).

Tabelle 9.1/4 Einsatz von Heizleitungen

Anwendungsgebiete	Erforderlicher spezifischer Leistungsbedarf etwa
Typ 5DP2... und 5DP5...	
Frostschutz von Wasserleitungen je Zoll Rohrdurchmesser: bei 20 mm Wärmedämmung	15 W/m
Dachrinnenheizung	40 bis 60 W/m
Fundamentheizung in Kühlhäusern	15 bis 25 W/m
Frühbeetheizung	80 bis 120 W/m
Anzuchtbeetheizung	80 bis 120 W/m
Typ 5DP7...	
ohne Schutzumflechtung	
mit Schutzumflechtung	
Fußbodenheizung: Direktheizung	250 W/m
Speicherheizung	160 bis 200 W/m
Freiflächenheizung für Garagenvorplätze, Gehwege und Treppenstufen	200 bis 400 W/m

9.1 Raumheizgeräte und Anlagenteile

Tabelle 9.1/5   Technische Daten der Heizmatten Typ 5DP7...

Ausführung	schutzisoliert
Mattengröße	1 bis 11 m²
Leistungsbereich	200 bis 2000 W
Betriebsspannung	220 V~
Nennspannung	500 V~
Prüfspannung	3 kV, 50 Hz
Nenntemperatur	90 °C (VDE 0253)
Verbindung Heizleiter-Kaltleiter	wasserdichte, zugentlastete Muffe
Kaltenden je Matte 2 × 4 m	farblich gekennzeichnet

Heizschleifen, Typ 5DP5...

Diese PVC-umhüllten Heizschleifen mit Bleimantel gibt es für Nennleistungen 84 W bis 2010 W bei einer Anschlußspannung von 220 V, 50 Hz in 18 verschiedenen Schleifenlängen. Sie werden angewendet für Dachrinnenheizung, Rohrbegleitheizung, Fundamentheizung in Kühlhäusern und Tiefkühlräumen und für elektrische Heizungen im Gartenbau.

Heizschleifen, Typ 5DP7...

Diese Heizschleifen werden ausschließlich für die Elektro-Fußbodenheizung verwendet. Heizschleifen vom Typ 5DP70.. werden für trockene, feuchte, nasse und durchtränkte Räume, für Schwimmbäder, feuergefährdete Betriebsstätten, landwirtschaftliche Betriebsstätten (außer Viehställe), für Baderäume in Wohnungen und Hotels sowie für Bettenräume in Krankenhäusern und Kliniken eingesetzt.

Für landwirtschaftliche Betriebsstätten (Viehställe) sowie für medizinisch genutzte Räume werden dagegen Heizschleifen vom Typ 5DP71.. verwendet, weil diese für den Einsatz der FI-Schutzschaltung geeignet sind.

Heizmatten

Heizmatten für Flächenheizungen bestehen aus Heizschleifen, die in gleichmäßigem Abstand in Kunststoff eingearbeitet sind. Es gibt Matten mit unterschiedlichen spezifischen Heizleistungen (Nennspannung 220 V~, Breite 0,5; 0,75; 1,0 m, Länge bis 11 m).

Die Heizmatten können in verschiedenen Längen und Breiten fertig konfektioniert bezogen werden. Bild 9.1/7 zeigt als Beispiel verschiedene Verlegemöglichkeiten für konfektionierte Standard-Heizmatten.   *Verlegemöglichkeiten*

Aufstellen und Anschließen der Raumheizgeräte

Um den Kaltlufteinfall an Fenstern oder der Abkühlung an Außenwänden entgegenzuwirken, sollen Heizgeräte in ihrer unmittelbaren Nähe aufgestellt oder angebracht werden.

9.1 Raumheizgeräte und Anlagenteile

PERMATHERM-Speicherheizgeräte

Aufstellen der Elektro-Speicherheizgeräte

Bei der Auswahl der Geräte sind die baulichen Gegebenheiten zu beachten. Die Geräte sollen sich mit ihren Abmessungen gut in die Raumgestaltung einfügen und eine gleichmäßige Wärmeverteilung gewährleisten. Die Aufstellung der Geräte z. B. unter den Fenstern erhöht die Behaglichkeit, weil der Kaltlufteinfall vermindert wird (Bild 9.1/3).

Mehrere kleine Geräte

Um eine optimale Behaglichkeit zu erreichen, ist es in vielen Fällen sinnvoll, anstatt eines einzigen Elektroheizgerätes zwei oder auch mehrere kleine Geräte mit gleicher Gesamtleistung zu verwenden.

Aufstellen auf Teppichboden

PERMATHERM-Speicherheizgeräte können auf jeden herkömmlichen Fußbodenbelag gestellt werden. Bei Wollvelour ist unter dem Gerät eine Metall- oder Isolierstoffplatte zu empfehlen, um Eindrücke zu vermeiden.

Mindestabstände

Zu Wänden, Vorhängen und Möbeln sind Mindestabstände einzuhalten.

Bild 9.1/4 zeigt verschiedene Beispiele für die Aufstellung von Elektro-Speicherheizgeräten.

Anlieferungszustand

Aus Gewichtsgründen werden Heizgeräte ab 1,5 kW getrennt in Speicherkern und Gehäuse geliefert und am Aufstellungsort zusammengebaut.

Erforderliche Stromkreise

Der elektrische Anschluß erfolgt über Geräteanschlußdosen und bewegliche Anschlußleitungen. Für das Aufladen und das Entladen (Ventilator) sind getrennte Stromkreise zu verlegen, weil der Aufladestromkreis nur während der Freigabedauer Spannung führt.

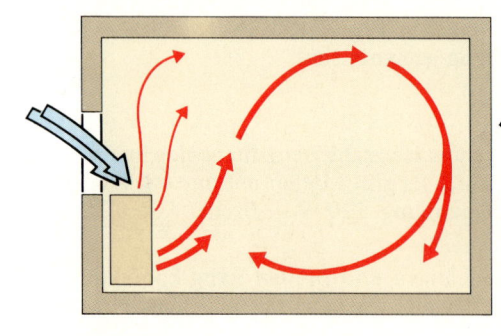

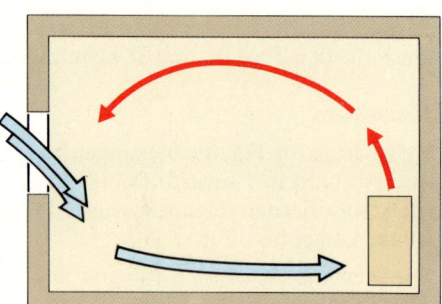

Richtig
Aufstellung unter dem Fenster,
Kaltluft wird aufgefangen, daher
am Fußboden keine kalte Strömung

Falsch
Aufstellung im Raum,
Kaltluft wird nicht aufgefangen,
daher fußkalt

Bild 9.1/3
Luftströmung bei richtiger und falscher Aufstellung der Elektro-Speicherheizgeräte im Raum

9.1 Raumheizgeräte und Anlagenteile

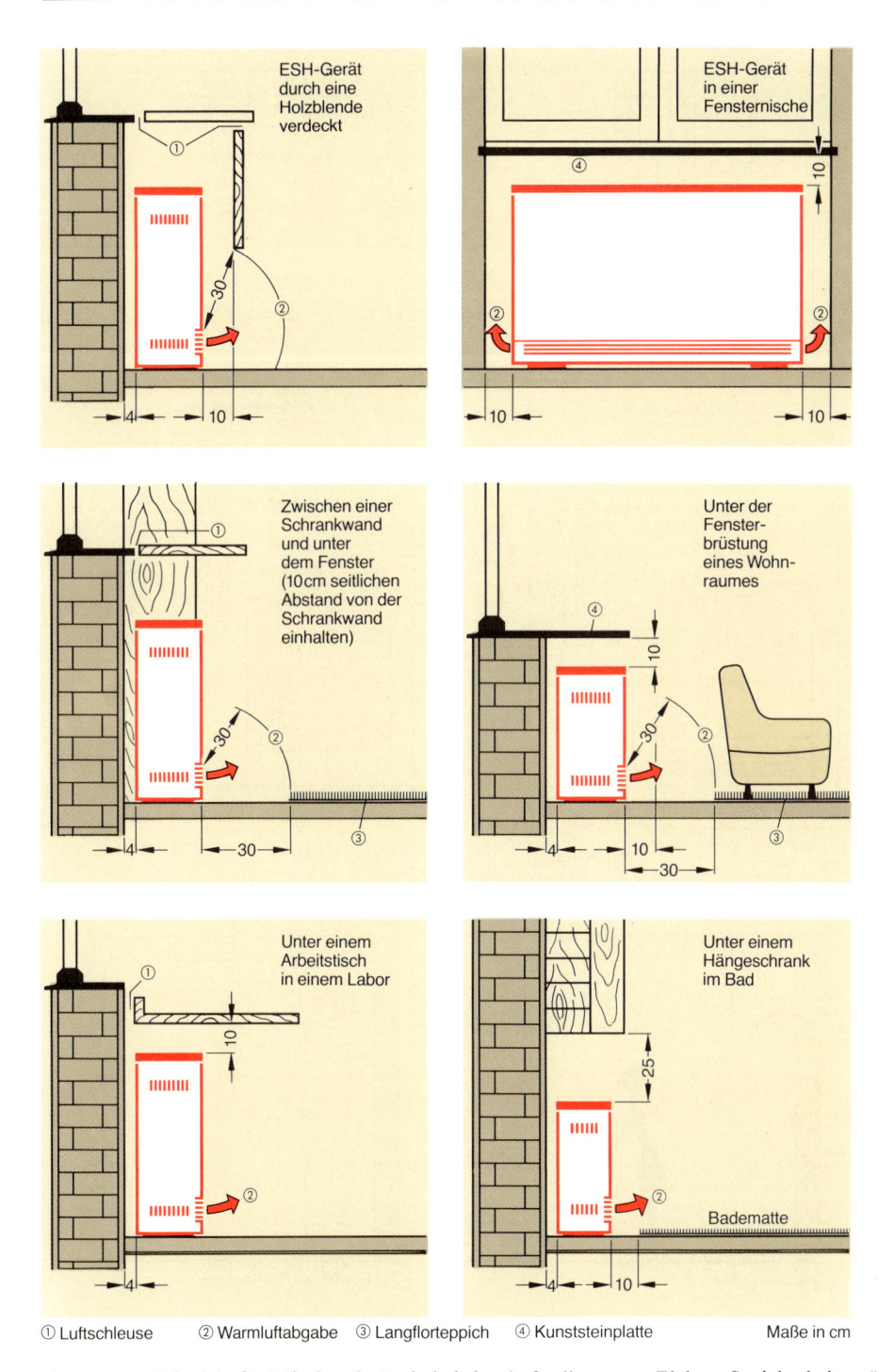

① Luftschleuse   ② Warmluftabgabe   ③ Langflorteppich   ④ Kunststeinplatte   Maße in cm

Bild 9.1/4 Beispiele für Mindestabstände bei der Aufstellung von Elektro-Speicherheizgeräten

9.1 Raumheizgeräte und Anlagenteile

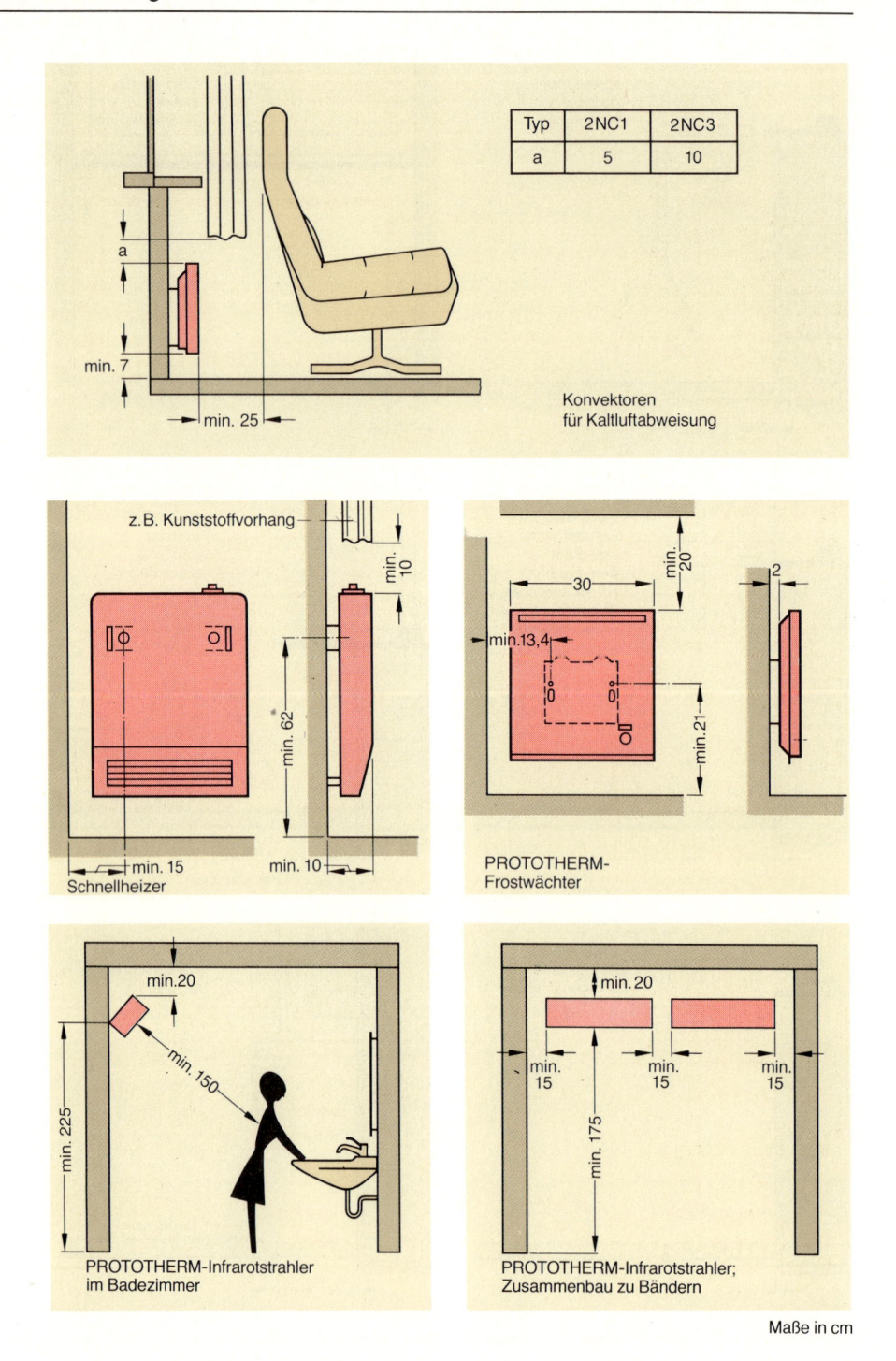

Bild 9.1/5   Beispiele für Mindestabstände bei Einbau von Elektro-Direktheizgeräten

9.1 Raumheizgeräte und Anlagenteile

Tabelle 9.1/6   Einbauhinweise für PROTOTHERM-Direktheizgeräte

Gerät	Montage	Hinweis
Konvektoren	Direkt an der Wand befestigen	Elektrischer Anschluß über SCHUKO-Steckvorrichtungen oder Geräteanschlußdosen
Rippenheizrohre	Auf dem Fußboden aufstellen oder waagerecht an die Wand montieren	
Infrarot-Strahler	Einbauort nach den jeweiligen Erfordernissen wählen, waagerecht befestigen	Gerät nicht dem Regen aussetzen

PROTOTHERM-Direktheizgeräte

PROTOTHERM-Direktheizgeräte sollen möglichst über Geräteanschlußdosen an einen eigenen Stromkreis angeschlossen werden. Beim Einbau von Siemens-Geräten sind die Mindestabstände nach Bild 9.1/5 einzuhalten.

Luftheizgeräte mit Axialventilator

Luftheizgeräte können entweder senkrecht an der Wand, an Säulen oder Tragkonstruktionen eines Raumes befestigt werden. Dazu sind nur drei Stück M-8-Schrauben erforderlich. Um das Übertragen von Körperschall zu verringern, können an den Halterungen Schwingmetallelemente eingesetzt werden. — Montage

Wegen der verschiedenen Anschluß- und Schaltmöglichkeiten werden keine Schalt- und Bedienungsgeräte eingebaut. Diese sind in einem getrennten Schaltkasten eingebaut, der nach den örtlichen Gegebenheiten gesondert angebracht werden kann. — Anschluß

Eine Möglichkeit, Ventilator und Rohrheizkörper elektrisch zu verriegeln, ist in einem Schaltplan (Bild 9.1/6) gezeigt.

Zur Beheizung von Räumen mit brennbaren bzw. explosiblen Gasen und Stäuben sind die Heizgeräte nicht geeignet, da die eingebauten Rohrheizkörper eine Temperatur von etwa 500 °C annehmen. In Grenzfällen ist gemäß VDE 0165, § 5b zu verfahren. — Verwendung

9.1 Raumheizgeräte und Anlagenteile

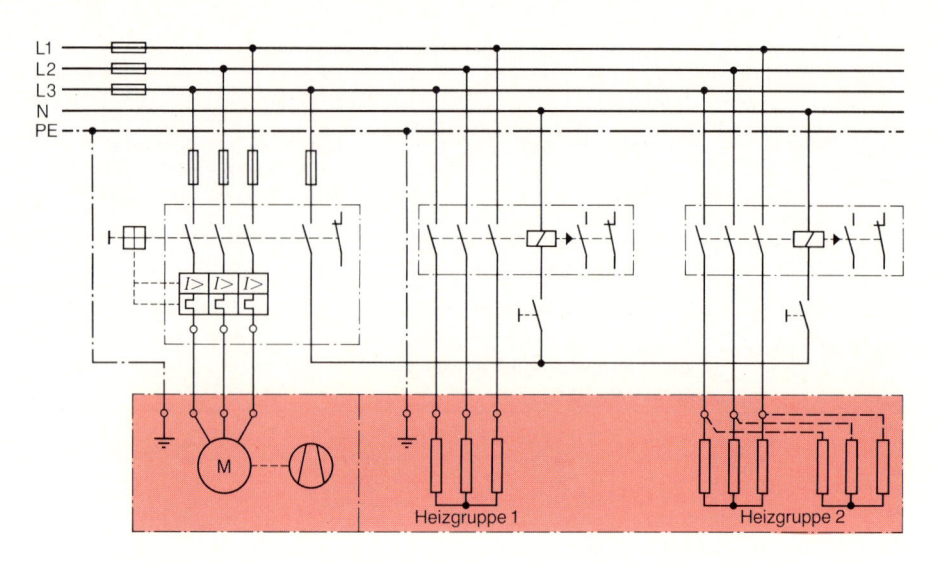

Bild 9.1/6
Prinzipschaltplan für die elektrische Verriegelung von Ventilator und Rohrheizkörper bei Luftheizgeräten

Elektro-Zentralspeicher

System „Wasser" Die zweckmäßige Ausführung der Bauteile des Systems „Wasser" gewährleistet eine einfache und zeitsparende Montage vor Ort.

Nachdem die Speicher aufgestellt und isoliert sind, müssen nur noch folgende Anschlüsse vorgenommen werden:

Wasserseitig:
Heizungsvorlauf,
Heizungsrücklauf,
Ausdehnungsgefäß (nach DIN 4751, Blatt 2, für geschlossene Anlagen).

Elektrisch:
Ladeeinheit,
Witterungsfühler der Aufladesteuerung und ggf. die Entladeregelung.

Wartungsarbeiten und evtl. Reparaturen können ausgeführt werden, ohne daß der Heizbetrieb gestört wird oder das Wasser der Heizungsanlage abgelassen werden muß. Dazu sind werksseitig zwischen Ladeeinheit und Speicherbehälter Absperrschieber eingebaut, damit die Ladeeinheit vom aufgeheizten Speicher getrennt werden kann.

System „Keramik" Der Zentralspeicher „Keramik" wird im Werk komplett montiert (ohne Speicherkern und Wärmedämmung) und geprüft. Am Einsatzort wird das Gerät auf dem LKW demontiert und die Einzelteile zum Aufstellungsort getragen.

9.1 Raumheizgeräte und Anlagenteile

Nach der Aufstellung des Zentralspeichers ist wasserseitig der Anschluß des Heizungsvorlaufs und -rücklaufs mit den Sicherheitsarmaturen nach DIN 4751 vorzunehmen.

Der elektrische Anschluß der Haupt- und Steuerleitung sowie der Witterungsfühler erfolgt am gut zugänglichen Anschlußraum.

PROTOTHERM-Heizleitungen

Vor dem Verlegen der konfektionierten Heizmatten sollte ein Mattenplan ausgearbeitet werden. Beispiele für verschiedene Verlegemöglichkeiten zeigt Bild 9.1/7. Die Verlegung einer Elektro-Fußbodenheizung nach einem Mattenplan erfordert kürzeste Montagezeit. **Mattenplan**

Vor dem Verlegen der Heizmatten muß zuerst der Estrichleger die Feuchtesperre, die Isolierung und die untere Estrichschicht auf die Rohbetondecke aufbringen. Nach Verlegen der Heizmatten kann dann die zweite Estrichschicht aufgetragen werden. **Fußbodenaufbau**

Die Bilder 9.1/8 und 9.1/9 zeigen Einbaubeispiele für Heizmatten.

Bei der Fußbodenheizung für Direktheizung ist eine Estrichhöhe von etwa 4 cm anzuwenden. Die Heizmatten werden etwa 2 cm über der Feuchtesperre zwischen Estrich und darunterliegendem Fußbodenaufbau eingelegt. Ein Einbaubeispiel für Heizmatten bei Direktheizung zeigt Bild 9.1/8. **Direktheizung**

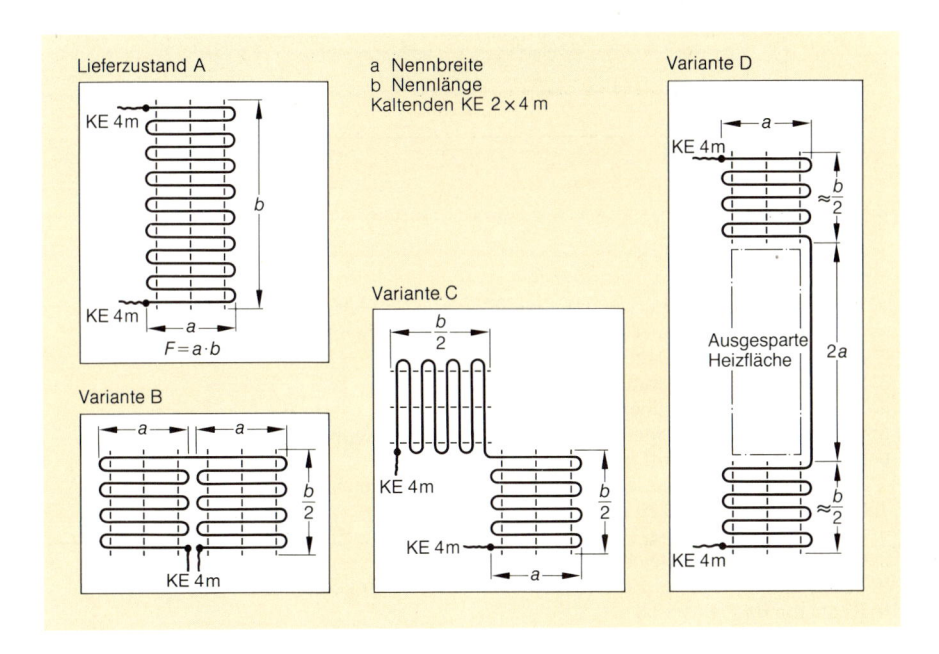

Bild 9.1/7 Verlegemöglichkeiten für Standard-Heizmatten

9.1 Raumheizgeräte und Anlagenteile

Speicherheizung

Bei der Fußboden-Speicherheizung ist eine Estrichhöhe von mindestens 8 cm erforderlich, um eine ausreichende Speicherwirkung zu erzielen. Bei einer Aufladedauer von 8 + 2 h ist z. B. eine Estrichhöhe von 9 bis 10 cm erforderlich.

Bild 9.1/9 zeigt einen Fußbodenaufbau für Speicherheizung mit Randzonenheizung. Die Randzonenheizung wird als zusätzliche Heizung besonders im Bereich verglaster Flächen (Fenster, Türen) eingesetzt und soll eine flächenbezogene Leistung von 250 W/m² nicht überschreiten.

Die Randzonen-Heizmatte soll nicht breiter als 1 m sein. Ihr Einbau erfolgt im oberen Drittel der Estrichschicht, mindestens 2 cm unter Estrichoberkante.

Der im Bild 9.1/9 gezeigte Fußbodenaufbau gilt auch für Speicherheizung ohne Randzonenheizung.

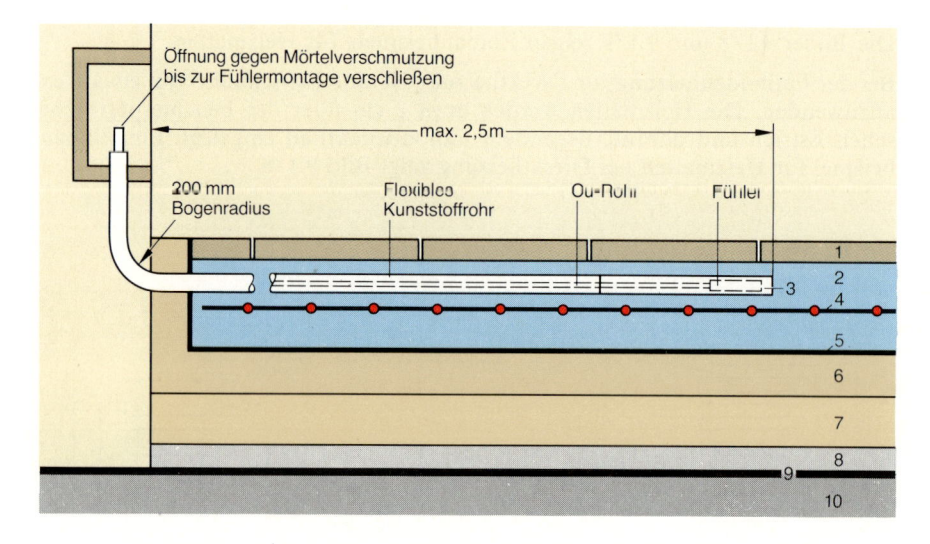

1. Fußbodenbelag. Bei Verwendung von Fliesen oder Platten wird die Heizmatte in die obere Estrichschicht, bei Verwendung von PVC in die untere Estrichschicht verlegt
2. Zementestrich nach DIN 18 353 (etwa 4 cm)
3. Schutzrohr für Temperaturregler (zuquetschen)
4. Heizmatte etwa 2 cm über Abdeckung
5. Abdeckung: 0,2 (0,5) mm, Kunststoffolie oder Bitumenpappe 250 g
6. Mineralfaserdämmstoff nach DIN 18 165:
   Zwischengeschoß 2 cm, Decke über Keller und Erdreich 3 cm
7. Schaumstoffplatte PS 20 nach DIN 18 164:
   Zwischengeschoß 2 cm, Decke über Keller und Erdreich 3 cm
8. Gegebenenfalls Ausgleichschicht
9. Feuchtesperre (nur bei Erdreich) 0,5 mm, Kunststoffolie oder Bitumenpappe 500 g
10. Rohbeton bzw. Erdreich

Bild 9.1/8   Einbaubeispiel für Heizmatten bei Direktheizung

9.1 Raumheizgeräte und Anlagenteile

Verlegen auf Großflächen

Bei Verlegung von Heizmatten auf Großflächen, z. B. in einer Schule, bei denen die Zwischenwände erst nach Fertigstellung des Bodenbelages aufgestellt werden, lassen sich große Matten verwenden. Die Heizmatten sind entsprechend den Verlegeangaben in den durch Dehnungsfugen in der Rohbetondecke geteilten Raumabschnitten zu verlegen. Nach dem Verlegen werden die Heizmatten ausgerichtet und die Kaltenden in die Anschlußdosen geführt.

Der Abstand der Heizmatten untereinander und vom aufgehenden Mauerwerk richtet sich nach der Estrichdicke. Bei einer Estrichdicke von 10 cm ist ein Abstand zwischen den Heizmatten und den Wänden von ebenfalls 10 cm einzuhalten.

Vor Aufbringen der oberen Estrichschicht sind die Widerstands- und die Isolationsprüfungen durchzuführen.

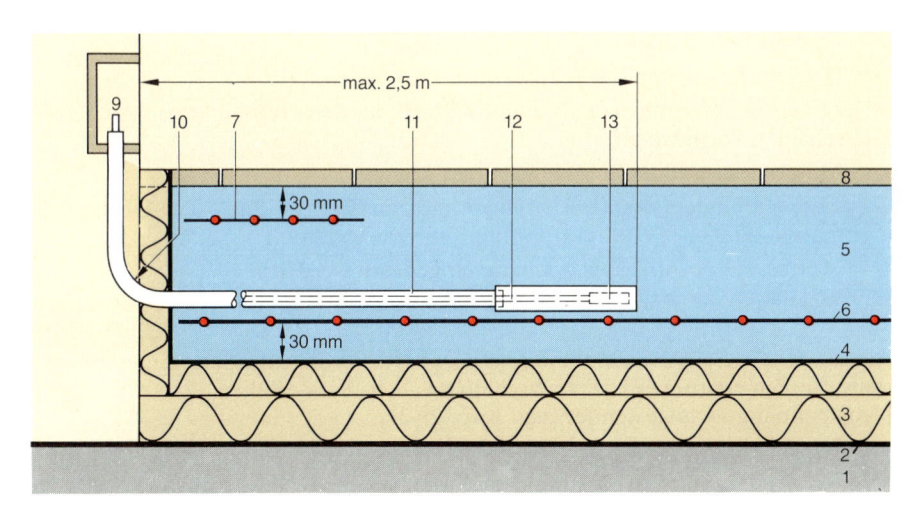

Fußboden-Aufbau
1 Rohbetondecke nach statischer Berechnung
2 Feuchtesperre nur bei Betondecken über Erdreich
3 Wärmedämmung zur Reduzierung des ungewollten Wärmeflusses in Deckenrichtung
4 Abdeckung
5 Estrich
6 Heizmatten (Grundheizung)
7 Randzonenheizung
8 Fußbodenbelag
9 Öffnung gegen Mörtelverschmutzung bis zur Fühlermontage verschließen
10 Bogenradius mindestens 200 mm
11 Flexibles Kunststoffrohr
12 Cu-Rohr
13 Restwärmefühler

Bild 9.1/9
Einbaubeispiel für Heizmatten bei Speicherheizung mit Randzonenheizung

9.1 Raumheizgeräte und Anlagenteile

Verlegen im Wohnbereich

Im Wohnbereich ist es meistens erforderlich, unterschiedliche Mattenbreiten zu verwenden. Die Heizmatten sind entsprechend den Verlegeangaben im Mattenplan zu verlegen.

Randzonenheizung

Ist eine Randzonenheizung vorgesehen, so wird eine etwa 3 cm dicke Estrichschicht entlang der Außenfenster und -türen auf die bereits verlegten Heizmatten der Grundheizung aufgebracht und die Randzonen-Heizmatten verlegt. Die Estrichdicke über den Heizmatten für die Randzone sollte 3 bis 4 cm betragen.

Die Grundheizung muß gegen die Randzonenheizung elektrisch verriegelt sein.

Vor Aufbringen der oberen Estrichschicht sind ebenfalls die Widerstands- und Isolationsprüfungen durchzuführen.

Montage- und Verlegehinweise

Um einen sicheren Betrieb und eine lange Lebensdauer der Heizleitungen zu gewährleisten sind folgende Montage- und Verlegehinweise zu beachten:

- ▷ Überkreuzen und gegenseitige Berührung der Heizleitungen ist zu vermeiden;
- ▷ Heizleitungen nicht knicken, nicht durch scharfkantige Werkzeuge oder Bauteile beschädigen;
- ▷ Heizleitungen ohne Zugbeanspruchung verlegen;
- ▷ keine Veränderungen, z.B. durch Kürzen, an den Heizleitungen bzw. Heizschleifen vornehmen;
- ▷ Mindestbiegeradius 45 mm beachten;
- ▷ beim Verbinden von Heizleitungen nur ausgießbare PROTOLIN-Übergangsmuffen oder spezielle Schrumpfmuffen verwenden;
- ▷ Muffen müssen in den Estrich mit eingebettet werden;
- ▷ Bleimantel der Heizleitung in Schutzmaßnahmen einbeziehen.

Schutzmaßnahmen

Als zusätzliche Schutzmaßnahme gegen zu hohe Berührungsspannung wird meistens die Fehlerstrom-(FI-)Schutzschaltung — in Sonderfällen auch die Schutzkleinspannung — angewendet (vgl. Kap. 29.2).

Bei der FI-Schutzschaltung kann der Bleimantel der PROTOTHERM-Heizleitungen WKY als Schutzleiter verwendet werden.

9.2 Steuerung und Regelung von Elektro-Speicherheizgeräten

Alle Schalt- und Regelvorgänge bei der Elektro-Speicherheizung entsprechen dem neuesten Stand der technischen Anforderungen. Die Aufladung wird witterungsabhängig dem Wärmebedarf angepaßt, was einen sparsamen, aber effizienten Einsatz von Heizenergie ermöglicht.

Soll die Steuerung und Regelung der Elektro-Speicherheizung zuverlässig und störungsfrei arbeiten, so sind bei der Planung und Ausführung die Besonderheiten der Geräte, ihr Aufbau und ihre Wirkungsweise genau zu beachten (Bild 9.2/1).

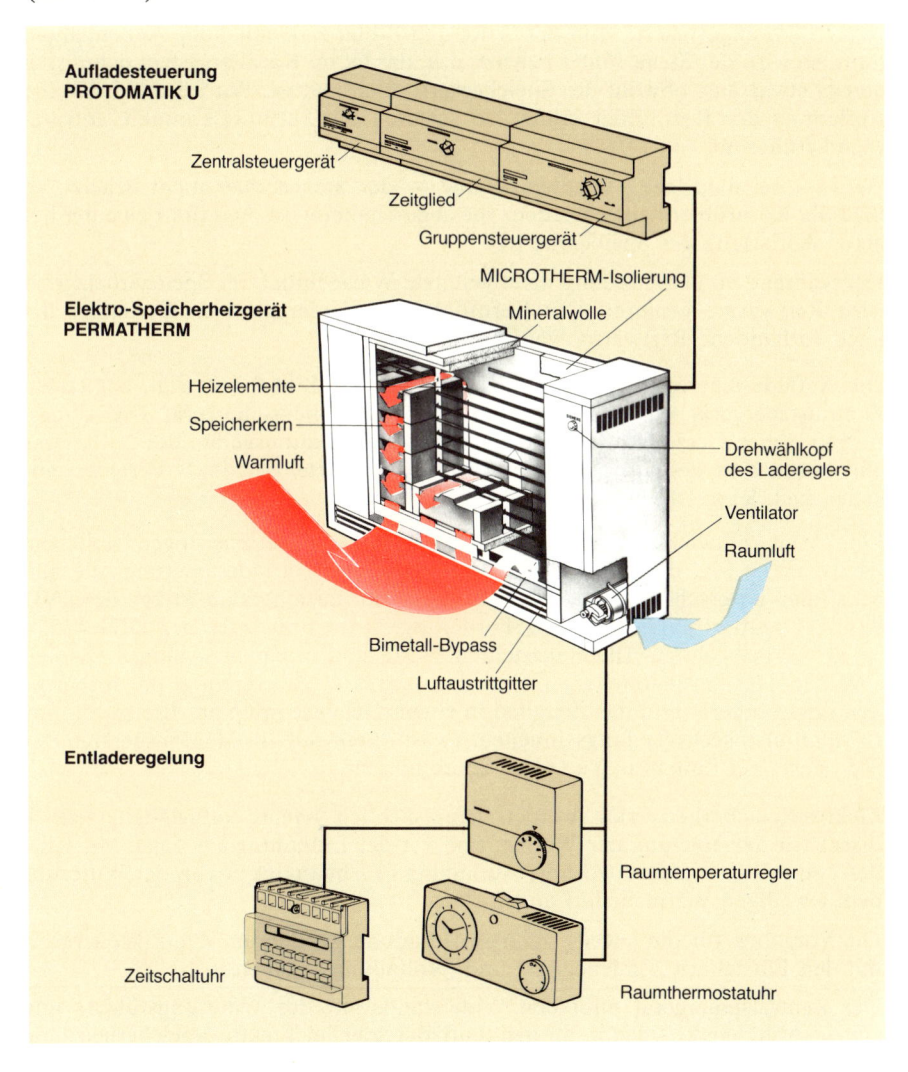

Bild 9.2/1
Aufbau eines Elektro-Speicherheizgerätes mit Aufladesteuerung und Entladeregelung

9.2 Steuerung und Regelung von Elektro-Speicherheizgeräten

Laderegler

Der Aufladegrad des Speicherheizgerätes wird vom Laderegler gesteuert. Zum Laderegler, der im Speicherheizgerät eingebaut ist, gehören zwei Fühler — der Kern- und der Steuerfühler mit Heizpatrone —, die Druckdose, die Schaltkontakte und die Einstelleinrichtung.

Das Kapillarsystem zwischen den Fühlern und der Druckdose des Ladereglers ist mit einem Öl gefüllt, das sich bei Erwärmung ausdehnt.

Der Aufladegrad kann direkt mit der Einstelleinrichtung am Heizgerät eingestellt werden. Je nach Stellung des Drehwählknopfs schalten die Leistungskontakte für die Heizspannung früher oder später.

Aufladesteuerung PROTOMATIK U

Bei automatischem Betrieb wird der Laderegler von der Aufladesteuerung PROTOMATIK U angesteuert. Mißt der Witterungsfühler z. B. eine hohe Außentemperatur, so wird der Steuerfühler beheizt, d. h. das Öl im Kapillarsystem dehnt sich bereits etwas aus, obwohl der Speicherkern noch kalt ist. Wird dann durch die Aufladung der Kernfühler erhitzt, so schalten die Leistungskontakte entsprechend früher ab.

Wird — bei niedriger Außentemperatur — der Steuerfühler nicht beheizt, so muß der Kernfühler heißer werden, ehe abgeschaltet wird. Das führt zu einer höheren Aufladung des Speicherkerns.

Restwärme

Der während einer Entladung nicht genutzte Wärmeinhalt im Speicherheizgerät wird Restwärme genannt. Der Kernfühler des Ladereglers erfaßt immer die noch vorhandene Restwärme vom Vortag.

Die Aufladesteuerung PROTOMATIK U besteht, wie Bild 9.2/2 zeigt, aus einem Zentralsteuergerät, einem Zeitglied und einem Gruppensteuergerät. Die Abmessungen dieser Geräte entsprechen denen der Installationsgeräte des N-Systems und lassen sich deshalb gemeinsam mit diesen vorteilhaft in N-Verteiler einbauen (vgl. Kap. 1.11.6).

Aufladesteuerung PROTOMATIK MC

Eine Weiterentwicklung auf dem Gebiet der Aufladesteuerungen stellt die PROTOMATIK MC dar. Sie ist eine Mikrocomputer-Aufladesteuerung, die alle bekannten unterschiedlichen Anforderungen und Lastcharakteristiken der EVU erfüllt. Darüber hinaus sind alle Forderungen des Entwurfes der DIN 44 574 bereits berücksichtigt. Alle eingestellten Werte sind in einem 6stelligen Display abrufbar. Das Aufladesteuergerät der PROTOMATIK MC vereinigt das bisherige Zentralsteuergerät und das Zeitglied in einem Gehäuse mit einer Breite von nur 107 mm, also sechs Teilungseinheiten. Es ist damit mit Installationsgeräten des N-Systems bei Einbau in Verteilern kombinierbar.

Zentralsteuergerät

Elektro-Speicherheizgeräte werden hauptsächlich nachts aufgeladen, zeitlich direkt vor der Nutzung der Wärme, also vor der Entladung am Tage. Mit Hilfe des Zentralsteuergerätes wird die Aufladung in Abhängigkeit von der Witterung dem jeweiligen Wärmebedarf angepaßt.

Die Vorgaben für die jeweils richtige Aufladung werden am Zentralsteuergerät mit den Einstellern „Ladebeginn" und „Volladung" festgelegt.

Einschaltdauer (ED)

Das Zentralsteuergerät mißt den Widerstandswert des Witterungsfühlers und gibt in Abhängigkeit davon an den Aufladeregler im Elektro-Speicherheizgerät ein Ausgangssignal. Dieses Signal wird in Prozent (von 0 bis 80%) ausgedrückt und wird „Einschaltdauer" oder „ED" genannt. Von diesem Signal (Spannung) wird der Steuerwiderstand (Heizpatrone) im Elektro-Speicherheizgerät beheizt.

9.2 Steuerung und Regelung von Elektro-Speicherheizgeräten

Eine Einschaltdauer von 0% ED besagt, daß die Elektro-Speicherheizgeräte einer Anlage voll aufgeladen werden sollen. 80% ED dagegen bedeutet, daß eine Ladung nicht erfolgen soll.

Die Aufladung wird bereits bei 80% ED unterdrückt — und nicht bei 100% — damit bei Unterspannung eine einwandfreie Funktion sichergestellt werden kann (Spannungskompensation).

Dieses Steuersignal ist für die heute gelieferten Elektro-Speicherheizgeräte und Aufladesteuerungen nach DIN 44574 genormt.

Am Zentralsteuergerät sind zwei Klemmen mit F bezeichnet (s. Bild 9.2/8). Werden diese kurzgeschlossen, wird nur soviel aufgeladen, wie zu einer Frostschutzbeheizung erforderlich ist.

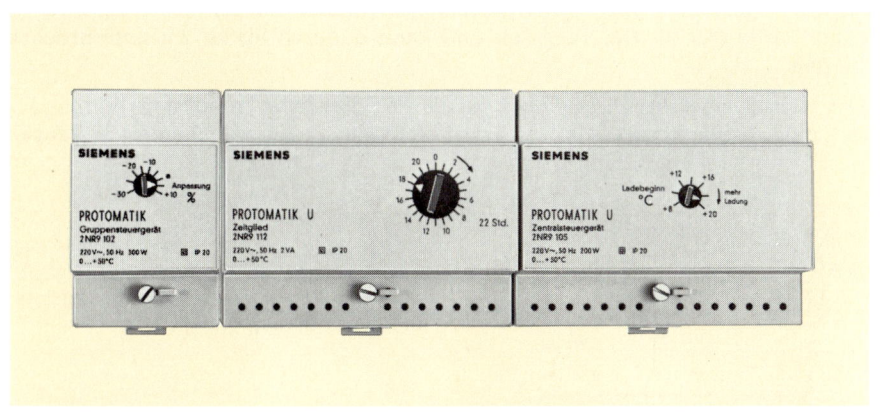

Frostschutzaufladung

a) PROTOMATIK-U

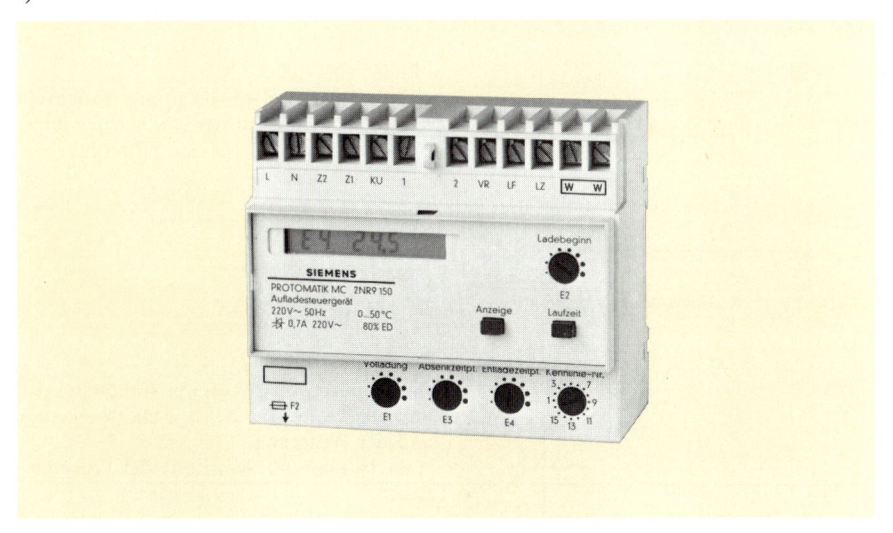

b) PROTOMATIK-MC

Bild 9.2/2 PROTOMATIK-Aufladesteuerung für Elektro-Speicherheizgeräte

9.2 Steuerung und Regelung von Elektro-Speicherheizgeräten

Zeitglied

Da die Aufladung der Speicherheizgeräte vorwiegend nachts vorgenommen wird, erfolgt die Energieentnahme aus dem Netz der Energieversorgungsunternehmen zur sogenannten Schwachlastzeit. Damit aber durch eine Häufung gleichzeitiger Geräteaufladungen das Netz nicht überlastet wird, sind die EVU bestrebt, die Lasten möglichst gleichmäßig über die Nachtstunden zu verteilen. Für diese zeitliche Entzerrung wird das Zeitglied zusammen mit einem Zentralsteuergerät benötigt.

Die Freigabedauern werden mit Schaltuhren oder über Rundsteuerempfänger geschaltet. Die Zeitglieder laufen immer synchron mit dem Beginn der nächtlichen Freigabezeit an, meist um 22.00 Uhr.

Laufzeit und Haltezeit

Dieses muß nach den geltenden Vorschriften auch dann gewährleistet sein, wenn vorher ein Spannungsausfall bis zu 2 h war, oder das Rundsteuerkommando etwas früher oder später geschaltet wird. Die Laufzeit des Zeitgliedes ist daher 2 h kürzer als die Tageszeit und kann dadurch bis zu 2 h unterbrochen werden.

Die Haltezeit beschreibt die Zeit, die als Freigabedauer mindestens vorhanden sein muß. Ist die Freigabedauer kürzer, bleibt das Zeitglied stehen, ist sie länger,

Vorwärtssteuerung

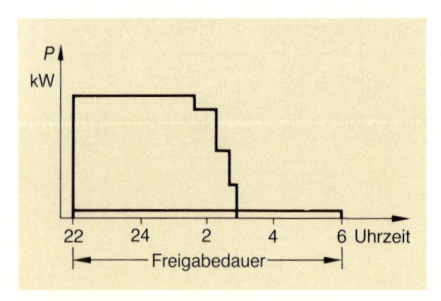

Vorwärtssteuerung
Einschaltung mit Beginn der Freigabedauer. Ausschaltung stufenweise in Abhängigkeit von der Restwärme der Speicherheizgeräte und der Witterung.

Spreizsteuerung

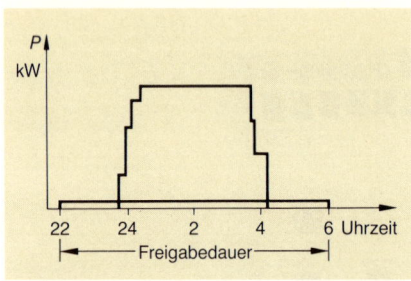

Spreizsteuerung
Einschaltung und Ausschaltung stufenweise in Abhängigkeit von der Restwärme der Speicherheizgeräte und der Witterung.

Rückwärtssteuerung

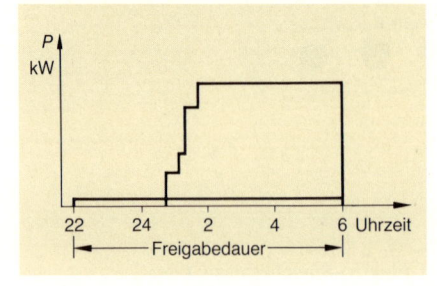

Rückwärtssteuerung
Einschaltung stufenweise in Abhängigkeit von der Restwärme der Speicherheizgeräte und der Witterung.
Ausschaltung mit dem Ende der Freigabedauer.

Bild 9.2/3   Lastcharakteristiken

9.2 Steuerung und Regelung von Elektro-Speicherheizgeräten

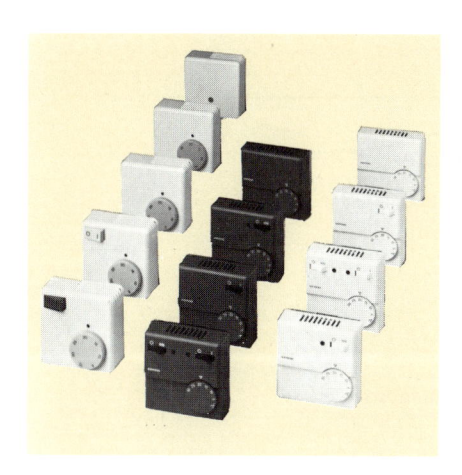

Bild 9.2/4
Ausführungsformen von Raumtemperaturreglern

läuft das Zeitglied bis zu 22 h und wartet auf die folgende Freigabedauer. Die Kombination der beiden Zeiten erlaubt eine Eigensynchronisation innerhalb von 48 h.

Eine volle (maximale) zusammenhängende Aufladung, z. B. 8 h, wird nur bei niedrigster Außentemperatur benötigt. In allen anderen Fällen ist die Ladedauer kürzer. Diese kürzeren Ladedauern können nun zeitlich unterschiedlich geschaltet werden, wodurch sich eine bestimmte Lastcharakteristik ergibt.

Lastcharakteristik

Die Lastcharakteristik ist am Zeitglied mit den Einstellern „Absenkzeit" einstellbar.

In Bild 9.2/3 sind die am häufigsten von den EVU geforderten Lastcharakteristiken dargestellt. Darüber hinaus schreiben einige EVU noch weitere Laderhythmen vor.

Einige Energieversorgungsunternehmen unterbrechen mit Hilfe der Rundsteueranlage in der Nacht für 1 oder 2 h die Aufladung. Dies bietet die Möglichkeit, mit hoher Sicherheit Belastungsspitzen zu vermeiden und so mehr Anlagen mit Elektro-Speicherheizgeräten zuzulassen. Die Aufladedauer wird „stückchenweise", also intermittierend, freigegeben.

Intermittierende Rückwärtssteuerung

Werden Aufladedauer am Tag zugelassen, so können diese 2; 5, aber auch 8 h betragen. In der Regel werden diese Aufladedauern zum Hochtarif verrechnet. Daher ist es sinnvoll, am Tag nur soviel nachzuladen, wie unbedingt zur Erfüllung der Heizaufgabe bis zum Niedertarifbeginn in der Nacht erforderlich ist. Das Elektro-Speicherheizgerät wird gleitend mit der Tageszeit „überwacht", ob es vom frühen Nachmittag an bis zum Ende der Tagladung gerade noch genügend Ladung hat. Mit dem Einsteller „Entladezeitpunkt" kann die Tagladung angepaßt werden.

Gleitende Tagladung

In der Regel schaltet das Energieversorgungsunternehmen nur eine Spannung für die Freigabe- bzw. Zusatzladedauern. In den Fällen, in denen LF und LZ getrennt geschaltet werden, wird die LF/LZ-Ansteuerung verwendet.

LF/LZ-Ansteuerung

LF: **L**eiter-**F**reigabedauer (Niedertarif)
LZ: **L**eiter-**Z**usatzladedauer (meist Hochtarif)

9.2 Steuerung und Regelung von Elektro-Speicherheizgeräten

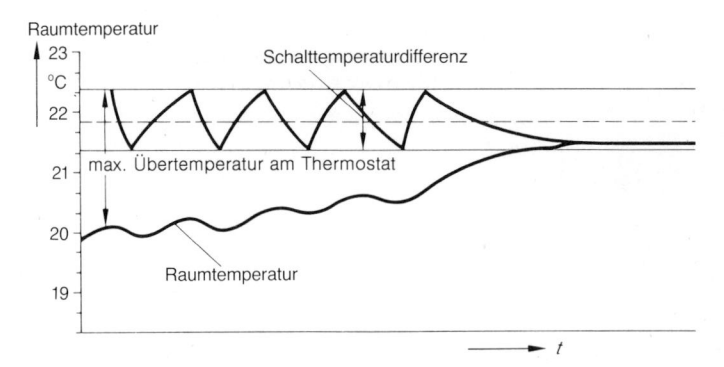

Bild 9.2/5   Schaltvorgang an einem Raumtemperaturregler

Gruppensteuergerät	In großen Anlagen, in denen mehr als zwölf Elektro-Speicherheizgeräte eingesetzt werden, reicht die Steuerleistung des Zentralsteuergerätes nicht mehr aus. Das Gruppensteuergerät verstärkt nun die Steuerleistung.
	Vorteilhaft ist auch bei mehreren Wohnungen, daß in jeder Wohnung (Gruppe) zusätzlich die Aufladung angepaßt werden kann.
	An ein Gruppensteuergerät können maximal elf Elektro-Speicherheizgeräte angeschlossen werden.
Entladeregelung	Ein Elektro-Speicherheizgerät strahlt über die Oberfläche immer etwas Wärme ab. Eine „Grundheizung" ist also vorhanden.
	Beim Unterschreiten der eingestellten Raumtemperatur schaltet der Raumtemperaturregler den Ventilator ein, der für die Entladung sorgt.
Schalttemperaturdifferenz	Zum Ein- bzw. Ausschalten wird eine geringe Abweichung von der eingestellten Temperatur benötigt (Bild 9.2/5).
	Diesen Abstand der Ein- und Ausschalttemperatur bezeichnet man als Schalttemperaturdifferenz. Sie beträgt bei den Raumtemperaturreglern von Siemens 0,25 °C bzw. 0,6 °C.
Thermische Rückführung	Wird ein Heizgerät eingeschaltet, so dauert es einige Zeit, bis die erwärmte Luft vom Heizgerät zum Raumtemperaturregler gelangt. Ehe der Raumtemperaturregler wieder abschaltet, könnte der Raum zwischenzeitlich viel zu warm sein. Um dies zu vermeiden, ist im Raumtemperaturregler ein Widerstand eingebaut (thermische Rückführung). Schaltet der Regler das Heizgerät ein, täuscht der Widerstand eine zusätzliche Wärme vor, so daß der Regler vorzeitig ausschaltet. Raumtemperaturschwankungen werden dadurch sehr klein gehalten.
Mechanische Temperatureinengung des Einstellbereiches	Die gewünschte Raumtemperatur ist mit einem Rändelknopf im Bereich von 5 bis 30 °C einstellbar. Dieser Einstellbereich kann mit Hilfe eines roten und eines blauen Rastringes in der Rückseite des Rändelknopfes noch enger begrenzt werden (Bild 9.2/6).
	Damit wird erreicht, daß der Raumtemperaturregler nicht über einen fest eingestellten Wert, wie z. B. 23 °C, hinaus betätigt werden kann. Diese zusätzliche Bereichseinstellung kann einfach mit einem Kugelschreiber vorgenommen werden. Ein Öffnen des Raumtemperaturreglers ist dazu nicht erforderlich.

9.2 Steuerung und Regelung von Elektro-Speicherheizgeräten

Bild 9.2/6
Mechanische Temperatureinengung in der Rückseite des Rändelknopfes am Raumtemperaturregler

Raumtemperaturregler, Standardprogramm

Raumtemperaturregler, Luxusprogramm

Raumthermostatuhr

RF Widerstand für thermische Rückführung
NA Nachtabsenkungswiderstand

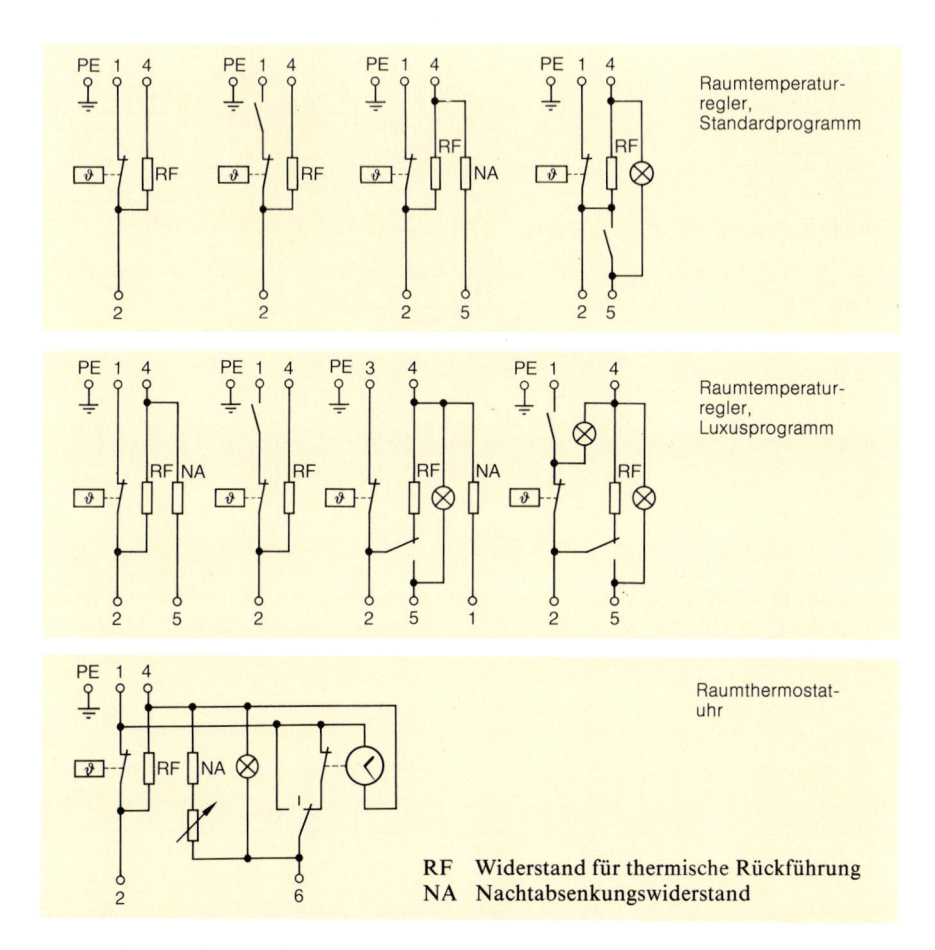

Bild 9.2/7 Schaltungen für Raumtemperaturregler

969

9.2 Steuerung und Regelung von Elektro-Speicherheizgeräten

Schaltung 1
Vorwärtssteuerung, ohne Tagladung, ohne Zeitglied

Schaltung 2
Vorwärtssteuerung mit Tagladung mit Zeitglied   T Tag   N Nacht

Schaltung 3
Rückwärts- (auch intermittierend) oder Spreizsteuerung wahlweise mit oder ohne Tagladung

Anlagen bis zu 12 Elektro-Speicherheizgeräte in einer Wohnung

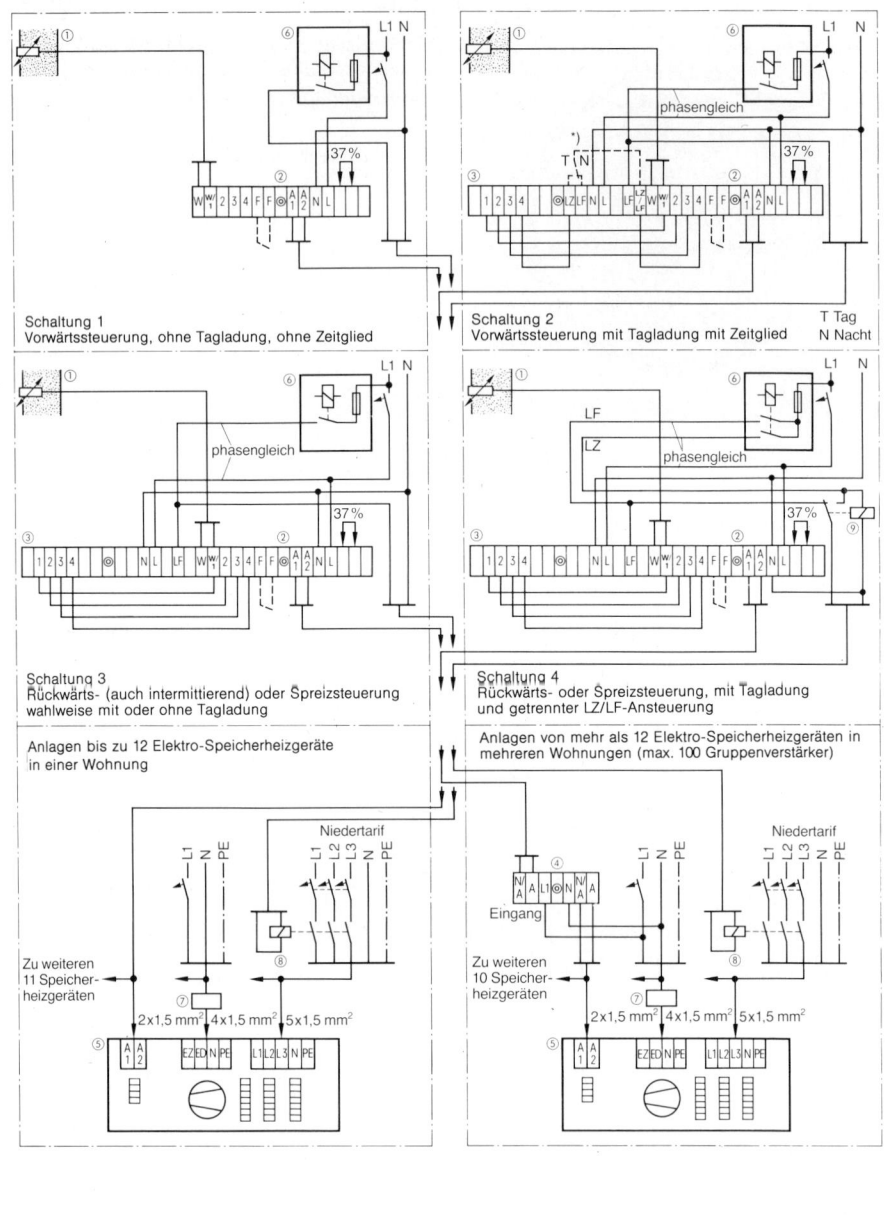

Schaltung 4
Rückwärts- oder Spreizsteuerung, mit Tagladung und getrennter LZ/LF-Ansteuerung

Anlagen von mehr als 12 Elektro-Speicherheizgeräten in mehreren Wohnungen (max. 100 Gruppenverstärker)

① Witterungsfühler
② Zentralsteuergerät
③ Zeitglied
④ Gruppensteuergerät
⑤ Speicherheizgerät
⑥ Rundsteuerempfänger oder Schaltuhr
⑦ Raumtemperaturregler
⑧ Schütz
⑨ Steuerrelais 2NW6 184

*) Im Zeitglied

Bild 9.2/8   Schaltungsbeispiele für PROTOMATIK U

9.2 Steuerung und Regelung von Elektro-Speicherheizgeräten

Einige Raumtemperaturregler haben einen Widerstand für Nachtabsenkung (NA). Ist dieser Widerstand mit in den Regelkreis geschaltet, wird dem Raumtemperaturregler eine höhere Raumtemperatur vorgetäuscht. Die Raumtemperatur wird dann etwa um 4 K (z. B. von 20 auf 16 °C) abgesenkt. *Nachtabsenkung*

Der Widerstand wird über eine Schaltuhr in den Regelkreis eingeschaltet, z. B. über eine Raumthermostatuhr oder eine Zeitschaltuhr.

Die Raumthermostatuhr hat den Vorteil der Bedienung im Raum. Sie selber steuert ebenfalls ein Elektro-Speicherheizgerät an. Mit Schaltuhren können mehrere Gruppen von Elektro-Speicherheizgeräten zeitlich unterschiedlich geschaltet werden. Beispiele über die möglichen Schaltungsvarianten enthält Bild 9.2/7.

Planungs- und Montagehinweise

Bei der Planung sind die gültigen VDE-Vorschriften und die jeweiligen Vorschriften der Energieversorgungsunternehmen (EVU) — die Technischen Anschlußbedingungen (TAB) — zu berücksichtigen. Je nach EVU können abweichende Schaltungen für die PROTOMATIK U verwendet werden, die sich in der Art der Darstellung, aber auch in Anschlußdetails unterscheiden. Solche Schaltungen finden sich meist im Anhang der TAB der EVU. *Planungshinweis*

Die gebräuchlichsten Schaltungen mit PROTOMATIK U sind in Bild 9.2/8 zusammengestellt. *Schaltungen der PROTOMATIK U*

Der Witterungsfühler wird in das äußere Mauerwerk möglichst nahe bei der Hauptbenutzungszone bei Großanlagen bzw. des Hauptbenutzungsraumes bei Einzelanlagen mindestens 2 m über dem Boden eingebaut. Beispiele für den Einbau des Witterungsfühlers in Außenwände zeigt Bild 9.2/9. Der Fühlerort darf nicht der Sonneneinstrahlung ausgesetzt sein, daher sollte er an der Nordseite des Hauses angebracht werden. Es ist darauf zu achten, daß der Witterungsfühler gut in Zement eingebettet und die Kabeldurchführung sorgfältig mit wärmedämmendem Material (Glaswolle, Schaumstoffstreifen usw.) ausgestopft ist. Angeschlossen wird der Witterungsfühler über eine zweiadrige Verbindungsleitung. *Montage des Witterungsfühlers*

Die Geräte der PROTOMATIK U können auf Grund ihrer Höhe von nur 53 mm in Flachverteiler nach DIN 43 880 oder in jeden anderen Verteiler zusammen mit Installationsgeräten des N-Systems eingebaut werden. *Montage der PROTOMATIK U*

Die Geräte der PROTOMATIK U besitzen Stecksockel, die auf Hutschienen 35 mm nach DIN 50 022 aufgeschnappt und montagefreundlich über Buchsenklemmen verdrahtet werden können.

Erst kurz vor Inbetriebnahme der Heizungsanlage brauchen die Geräte der PROTOMATIK U auf ihre Stecksockel in den Verteilern aufgesteckt zu werden.

Tabelle 9.2/1 Technische Daten der Aufladesteuerung PROTOMATIK U

Nennspannung: 220 V $^{+15\%}_{-10\%}$, 50 Hz	Schutzart: IP 20 nach DIN 40 050
	Umgebungstemperatur: 0 bis 50 °C
Entstörgrad: N nach VDE 0875	Ausführung: Isolierstoffgehäuse für Einbau

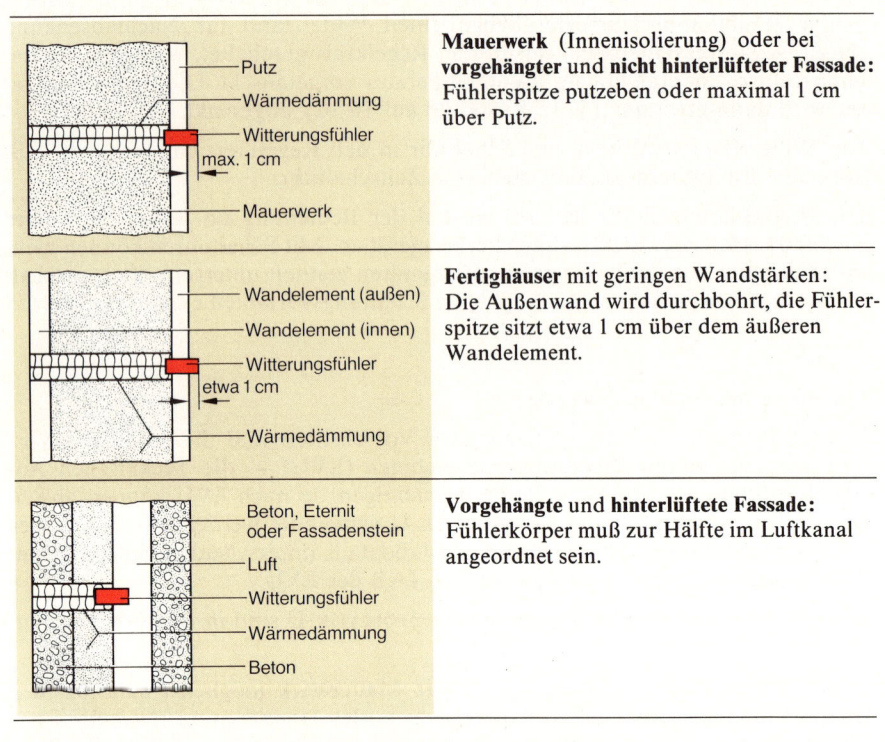

9.2 Steuerung und Regelung von Elektro-Speicherheizgeräten

Mauerwerk (Innenisolierung) oder bei **vorgehängter** und **nicht hinterlüfteter Fassade:** Fühlerspitze putzeben oder maximal 1 cm über Putz.

Fertighäuser mit geringen Wandstärken: Die Außenwand wird durchbohrt, die Fühlerspitze sitzt etwa 1 cm über dem äußeren Wandelement.

Vorgehängte und **hinterlüftete Fassade:** Fühlerkörper muß zur Hälfte im Luftkanal angeordnet sein.

Bild 9.2/9 Beispiele für den Einbau eines Witterungsfühlers

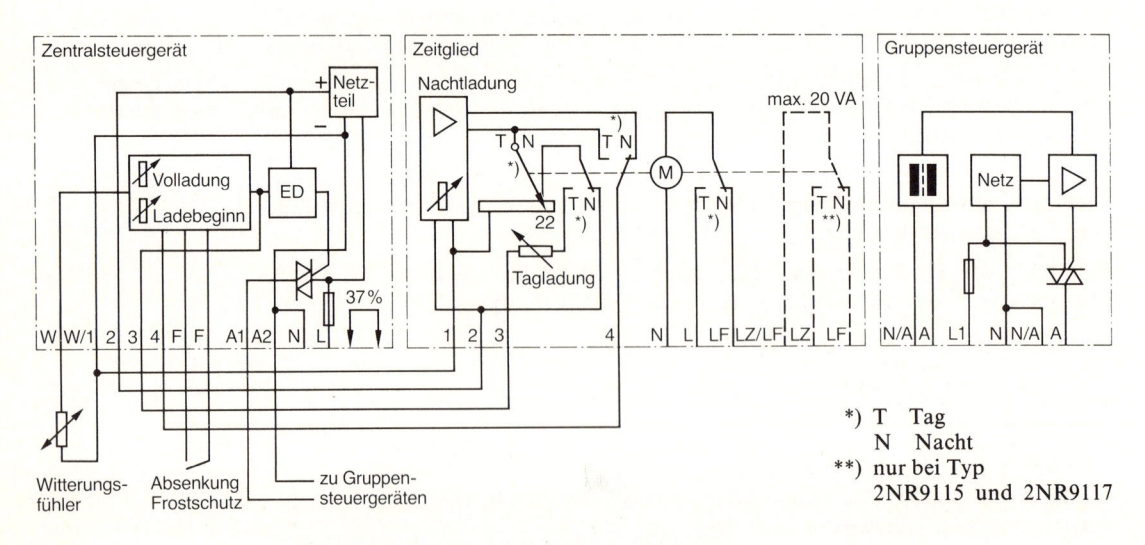

*) T Tag
   N Nacht
**) nur bei Typ 2NR9115 und 2NR9117

Bild 9.2/10 Schaltbild der Elektronik der Aufladesteuerung PROTOMATIK U

9.2 Steuerung und Regelung von Elektro-Speicherheizgeräten

Bild 9.2/10 zeigt das Ersatzschaltbild der Elektronik der Aufladesteuerung PROTOMATIK U, die technischen Daten enthält Tabelle 9.2/1.

Die Klemmen A2 und N am Zentralsteuergerät sind phasengleich. Die Leitungen können zusammengefaßt werden, so daß eine 3 × 1,5 NYM-O- oder 4 × 1,5 NYM-J-Leitung zwischen Zentralsteuergerät und Wohnung genügt.

Die Schaltgeräte der Aufladesteuerung PROTOMATIK U werden mit Leitungsschutzschaltern 16 A abgesichert.

Absicherung

Die Raumtemperaturregler sind sowohl für Wandmontage als auch für Montage auf Unterputzdosen (55 mm) mit senkrechter oder waagrechter Schraubenanordnung geeignet.

Montage der Raumtemperaturregler

Die Schlitze in der Gehäuseabdeckung müssen immer einen Luftstrom von unten nach oben zulassen und dürfen nicht verdeckt werden.

Der Gehäusedeckel wird mit einer Schraube befestigt, die durch den Einstellknopf verdeckt wird.

Als besten Anbringungsort empfiehlt sich die Montage des Raumtemperaturreglers etwa 1,5 m über dem Fußboden und gegenüber der Wärmequelle an einer Innenwand. Dabei ist zu beachten, daß Außenwände, Zugluft von Fenstern und Türen sowie Fremdwärme irgendwelcher Art die Regelgenauigkeit nachteilig beeinflussen.

Der Temperaturregler ist sehr montagefreundlich, z. B. durch seine hochliegenden Anschlußklemmen (Bild 9.2/11).

Die Raumtemperaturregler sind infolge ihrer Form und Farbe zum Einbau in Kombinationsrahmen für Installationsgeräte der DELTA-universal-Programme geeignet.

Raumtemperaturregler in Schalterkombinationen

Vorsicht ist geboten, wenn in die gleiche Schalterkombination bei senkrechter Anordnung ein Dimmer eingebaut ist. In diesem Fall muß der Raumtemperaturregler unten angeordnet werden und zwischen Raumtemperaturregler und Dimmer möglichst ein Schalter eingebaut sein.

Drei Schaltungsbeispiele für die Entladeregelung von Elektro-Speicherheizgeräten sind im Bild 9.2/12 gezeigt.

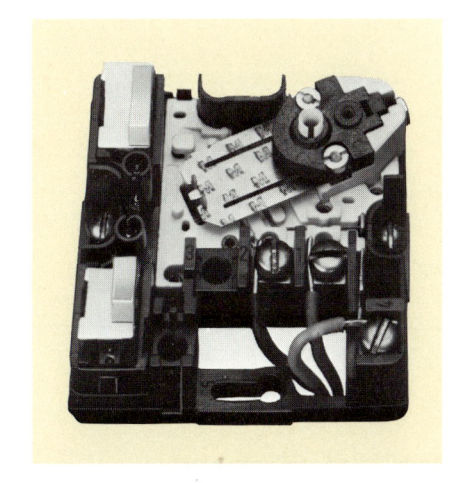

Bild 9.2/11
Raumtemperaturregler geöffnet

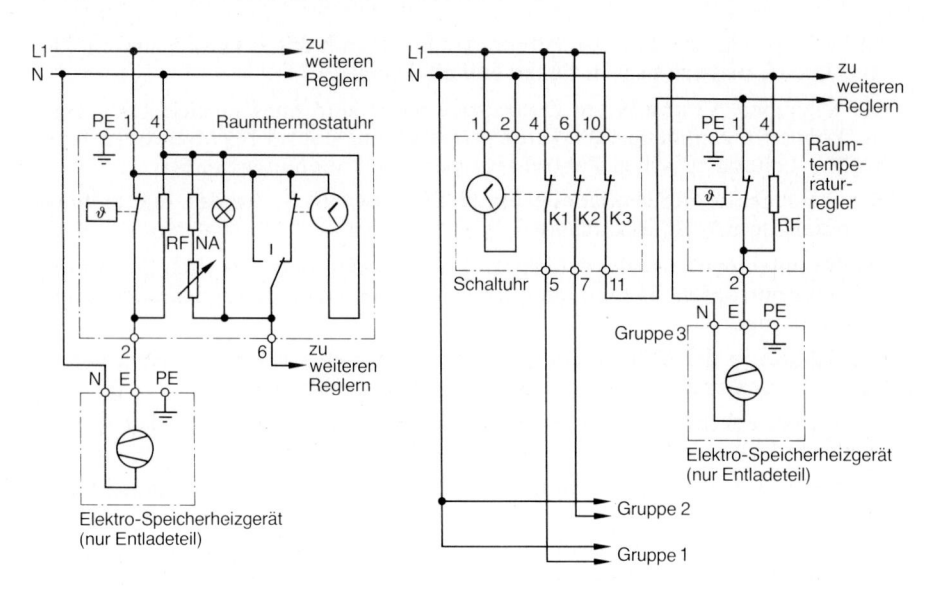

9.2 Steuerung und Regelung von Elektro-Speicherheizgeräten

Entladeregelung und Raumtemperaturabsenkung mit Raumthermostatuhr

Entladeregelung ohne Raumtemperaturabsenkung mit digitaler Zeitschaltuhr und Raumtemperaturregler

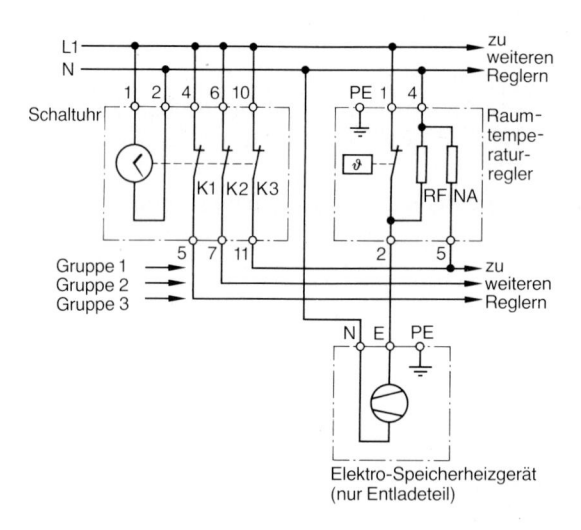

Entladeregelung und Raumtemperaturabsenkung (Nachtabsenkung NA) mit digitaler Zeitschaltuhr und Raumtemperaturregler

Bild 9.2/12
Schaltungsbeispiele für die Endladeregelung von Elektro-Speicherheizgeräten

9.3 Hinweise für die Stromversorgung elektrischer Heizungsanlagen

EVU-abhängige Voraussetzungen

Klärung mit EVU — Vor der Planung von elektrischen Heizungsanlagen sind mit dem zuständigen EVU Anschlußmöglichkeiten, Anschlußbedingungen und Tarif zu klären.

Sonderabnehmer — Heizstromabnehmer (Direktheizung bisher ausgenommen) sind tarifbegünstigte Sonderabnehmer.

Tarifsysteme — Für diese Sondertarife sind besondere Zählereinrichtungen vorzusehen. Üblich sind das 2-Tarif-System und das 3-Tarif-System (vgl. Kap. 5).

2-Tarif-System — Beim 2-Tarif-System gibt es Ausführungen mit zwei Eintarifzählern oder einem Doppeltarifzähler.

Werden zwei Eintarifzähler vorgesehen, so wird der Heizstrom während der 5- bis 10stündigen Nachtfreigabe und der ggf. 1- bis 7stündigen Tagnachladung getrennt vom übrigen Stromverbrauch gemessen und zum Sondertarif abgerechnet.

Doppeltarifzähler — Doppeltarifzähler messen während der EVU-Freigabe den gesamten Stromverbrauch — also für Heizung und alle übrigen Verbrauchsmittel —, der dann zum Niedertarif abgerechnet wird.

Aufladedauer — Beginn und Ende der möglichen Aufladung bestimmt das EVU. Die Freigabe der Heizungsschütze und die Umschaltung der Doppeltarifzähler erfolgt über eine Schaltuhr oder eine Tonfrequenz-Rundsteueranlage.

Bemessen der Hauptleitungen

Elektrische Heizungsanlagen — Der Leiterquerschnitt der Hauptleitungen muß bei elektrischen Heizungsanlagen für die Summe der Anschlußleistungen unter Berücksichtigung eines Gleichzeitigkeitsfaktors (vgl. Kap. 1.2) ausgelegt sein. In Altbauten müssen die Hauptleitungen gegebenenfalls verstärkt werden.

Klimaanlagen — Werden Lüftungs- oder Klimageräte oder vollständige Klimaanlagen eingebaut, ist der Leiterquerschnitt entsprechend der Gleichzeitigkeit der Verbrauchsmittel zu bemessen.

Vorrangschaltung — In Wohnungen mit Durchlauferhitzern und Elektro-Speicherheizgeräten wäre es wegen der kurzen Betriebszeiten der Durchlauferhitzer unwirtschaftlich, die Installationsanlage für die Gesamtleistung zu bemessen. Deshalb wird durch eine gegenseitige Verriegelung während der Wasserentnahme die Aufladung unterbrochen (Vorrangschaltung, vgl. Kap. 13.3). Die Ventilatoren der Elektro-Speicherheizgeräte und eine etwa vorhandene Direktheizung bleiben hingegen in Betrieb.

9.3 Hinweise für die Stromversorgung elektrischer Heizungsanlagen

Verteiler

Für die Stromversorgung von Heizungsanlagen können meistens listenmäßige Verteiler verwendet werden (vgl. Kap. 1.11.3 und 1.11.6).

Bei Verteilern für Elektro-Speicherheizungsanlagen ist zu beachten: | Verteiler für Elektro-Speicherheizungen

In Mehrfamilienhäusern mit mehreren elektrisch beheizten Wohnungen wird die Tarifschaltuhr oder der Rundsteuerempfänger des EVU im Zählerschrank für die Gemeinschaftsanlage untergebracht.

In den Stockwerken werden vor allem serienmäßige Zählerschränke nach DIN 43 870 für die einzelnen Wohnungen verwendet (vgl. Kap. 1.11.6). | Zählerschrank

Bei Anwendung des 2-Tarif-Systems genügt für die Aufnahme eines Doppeltarifzählers ein Zählerfeld je Wohnung, sind zwei Eintarifzähler vorgeschrieben, benötigt jede Wohnung zwei Zählerfelder; für Unterverteiler in den Wohnungen ist gegebenenfalls eine Hauptsicherung je Wohnung vorzusehen. | Anzahl der Zählerfelder

Bei nur einzelnen elektrisch beheizten Wohnungen in Mehrfamilienhäusern wird die Tarifschaltuhr zweckmäßigerweise im Zählerschrank untergebracht, der der Wohnung mit Speicherheizungsanlage zugeordnet ist. In ihm ist unter einer plombierbaren Klarsichtabdeckung Platz für eine Tarifschaltuhr mit den dazugehörigen Steuerleitungssicherungen vorhanden. Daneben sind die Hauptsicherungen für die Unterverteiler in der Wohnung angeordnet. Die Anzahl der Zählerfelder hängt vom Tarifsystem ab.

Für Einfamilienhäuser mit elektrischer Speicherheizung gibt es Zählerschränke, die wahlweise ein oder zwei Zählerfelder und den Meß-, Steuerungs- und Sicherungsteil zusammenfassen.

STAB-Wandverteiler (vgl. Kap. 1.11.6) für elektrische Speicherheizungsanlagen in Wohnungen eignen sich für Anschlußwerte bis 60 kW. Luftschütze, die außer der Aufladesteuerung auch die Sperrfunktion außerhalb der Freigabedauern übernehmen, sind, ebenso wie Schalter, Schaltuhren oder die Zentralsteuergeräte der Aufladesteuerung nach DIN 44 574 in einem vom EVU plombierbaren Verteilerfeld untergebracht. | STAB-Wandverteiler

Für größere elektrische Speicherheizungsanlagen, z. B. in Verwaltungsgebäuden, Schulen, Kirchen usw., werden die Heizungsverteiler meist mit denen für die übrigen elektrischen Installationsanlagen zu einer Baueinheit zusammengefaßt. Unabhängig von der Bestückung sollten aus Preisgründen nach Möglichkeit serienmäßige Baugrößen verwendet werden.

9.4 Heizwärmepumpen, elektrische Anschlußbedingungen

Elektrisch betriebene Kompressions-Wärmepumpen werden hauptsächlich zur Beheizung von Wohnobjekten genutzt.

Anwendung

Voraussetzung ist eine Warmwasser-Zentralheizung mit Umwälzpumpe. Zusätzliche Anwendungsbereiche für die Heizwärmepumpen auf der Wärmenutzungsseite sind:

▷ Warmwasserbereitung,
▷ Schwimmbaderwärmung,
▷ Gewächshausbeheizung u. ä.

Als Wärmequelle dienen in den meisten Fällen Umgebungsluft, Grund- und Oberflächenwasser, Erdreich oder auch die Abwärme aus der Industrie (Kühlwasser, Heißluft usw.). Bild 9.4/1 zeigt eine Wasser-Wasser-Heizwärmepumpe im bivalenten Betrieb mit einem Ölheizkessel. Anlagenseitige Anschlußbeispiele zeigen Bild 9.4/2 und Bild 9.4/3.

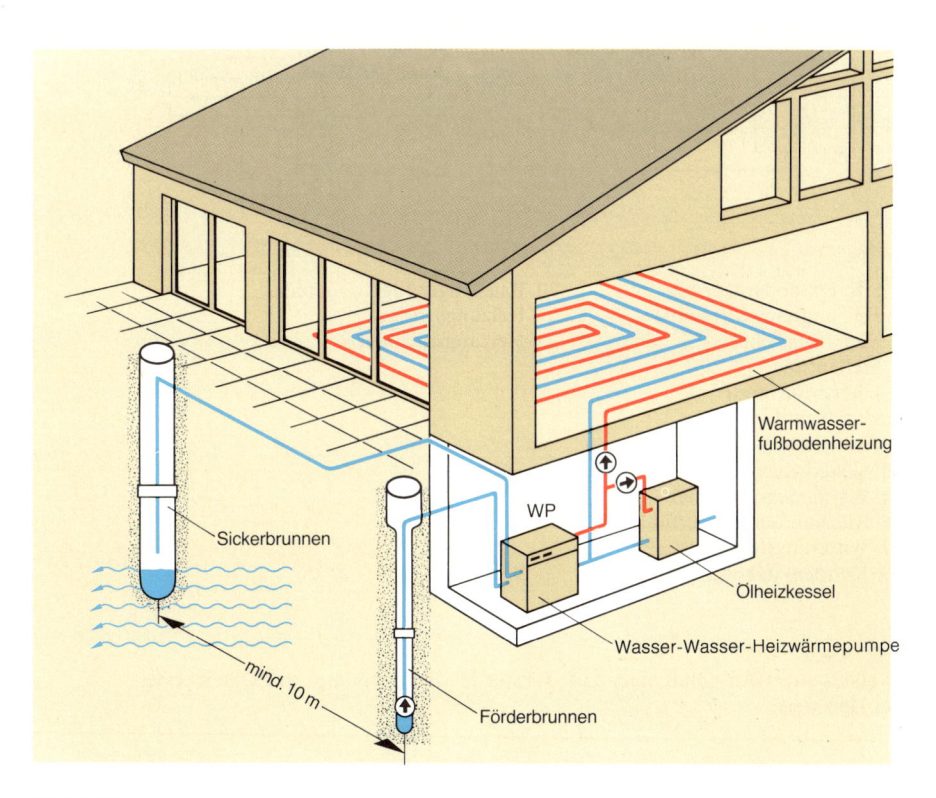

Bild 9.4/1
Wasser- und heizungsseitiger Anschluß einer Wasser-Wasser-Heizwärmepumpe im bivalenten Betrieb mit Ölheizkessel

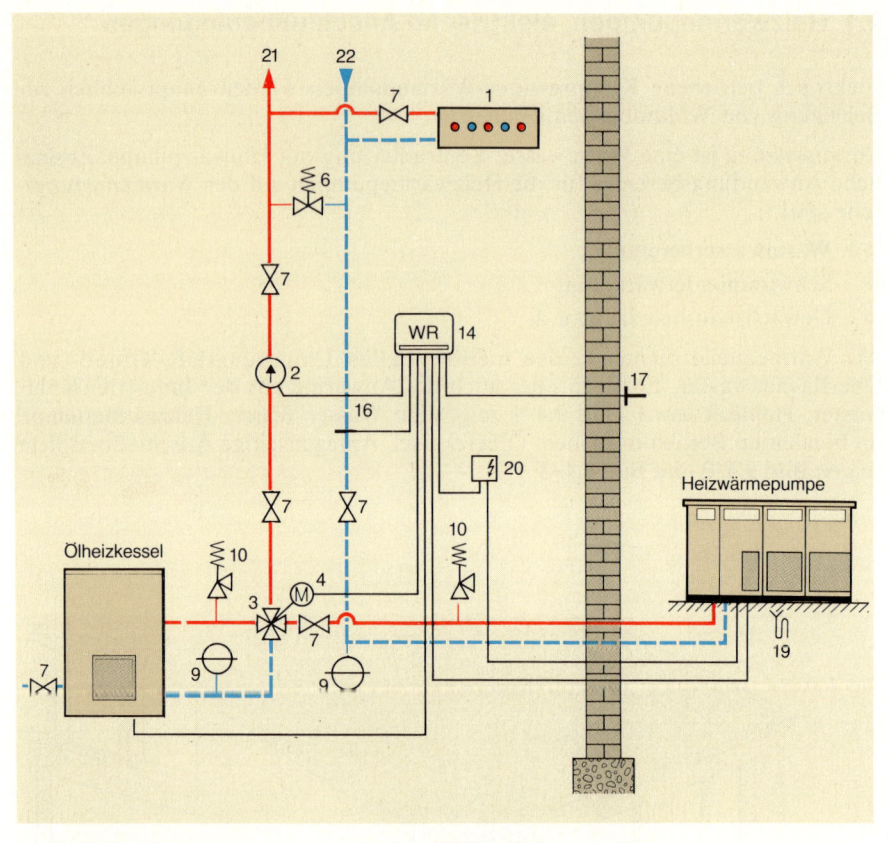

9.4 Heizwärmepumpen, elektrische Anschlußbedingungen

1 z. B. Fußbodenheizung
2 Heizungsumwälzpumpe
3 Vierwegmischer
4 Stellantrieb
6 Überströmventil
7 Handventil
9 Ausdehnungsgefäß
10 Sicherheitsventil
14 Wärmepumpenregler
16 Rücklauftemperaturfühler
17 Witterungsfühler
19 Kondensatablauf
20 Bauseitiger Elektroverteiler
21 Heizungsvorlauf
22 Heizungsrücklauf

Bild 9.4/2
Wasserseitiger Anschluß einer Luft-Wasser-Heizwärmepumpe mit Ölheizkessel im Heizkreis

9.4 Heizwärmepumpen, elektrische Anschlußbedingungen

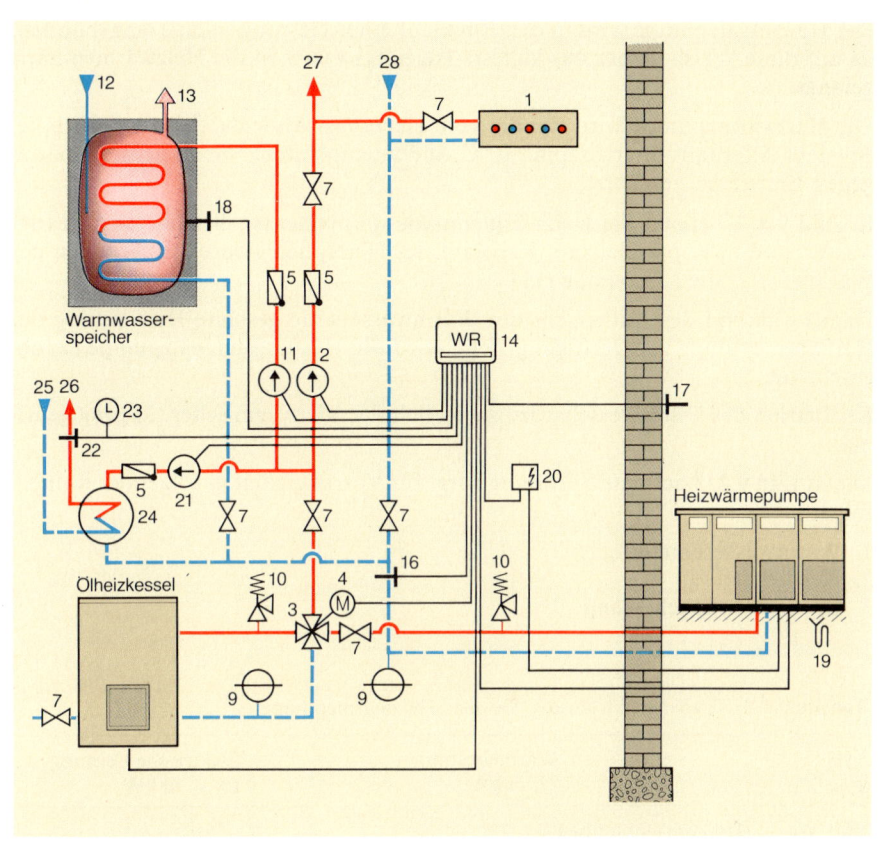

1 z. B. Fußbodenheizung
2 Heizungsumwälzpumpe
3 Vierwegmischer
4 Stellantrieb
5 Rückschlagventil
7 Handventil
9 Ausdehnungsgefäß
10 Sicherheitsventil
11 Warmwasser-Speicherpumpe
12 Kaltwasserzulauf
13 Warmwasserauslauf
14 Wärmepumpenregler
16 Rücklauftemperaturfühler
17 Witterungsfühler
18 Thermostat des Warmwasserspeichers
19 Kondensatablauf
20 Bauseitiger Elektroverteiler
21 Schwimmbadpumpe
22 Zweipunktthermostat
23 Schaltuhr
24 Schwimmbad-Wärmetauscher
25 Schwimmbad-Kaltwasserrücklauf
26 Schwimmbad-Warmwasserzulauf
27 Heizungsvorlauf
28 Heizungsrücklauf

Bild 9.4/3
Wasserseitiger Anschluß einer Luft-Wasser-Heizwärmepumpe mit Ölheizkessel im Heizkreis für Heizung, Warmwasserbereitung und Schwimmbeckenheizung

9.4 Heizwärmepumpen, elektrische Anschlußbedingungen

Die Heizwärmepumpe wird in den Rücklauf einer Heizungsanlage eingebunden, da auf diese Weise immer das kälteste Heizungswasser in die Heizwärmepumpe gelangt.

Die Heizwärmepumpe wird ständig vom Heizungswasser durchströmt, auch bei Bivalent-Alternativ-Betrieb unter 0 °C Außentemperatur. Nur so ist sie wirksam gegen Einfrieren geschützt.

In Bild 9.4/3 bereitet die Heizwärmepumpe im bivalenten Betrieb auch Warmwasser, und zwar parallel zum Kreislauf des Heizsystems durch Einschalten der Warmwasser-Speicherpumpe (11).

Damit während des Aufheizens des Warmwassers die gesamte Heizleistung der Heizwärmepumpe zur Verfügung steht, wird die Heizungsumwälzpumpe (2) abgeschaltet.

Bei Betrieb des Ölheizkessels wird zusätzlich der Vierwegmischer (3) ganz geöffnet.

Die in Bild 9.4/3 gezeigte Schaltung sorgt für Vorrangigkeit in folgender Reihenfolge:

1. Warmwasserbereitung
2. Heizbetrieb
3. Beckenwasserbeheizung

Tabelle 9.4/1   Typenspektrum der Siemens-Heizwärmepumpen

Typ	Wärmeleistung Q_h in kW	Elektrische Leistung $P_{el\,ges}$ in kW
Luft-Wasser-Heizwärmepumpen		
LI 8	7,7	2,7
LI 10	9,8	3,4
LIA 8	7,7	2,7
LIA 10	9,8	3,4
LI 13	13,2	3,9
LI 18	17,2	5,4
LA 11	10,5	3,2
LA 14	12,6	4,2
LA 17*	16,3	5,6
LA 20*	18,1	6,2
Wasser-Wasser-Heizwärmepumpen		
WI 16	15,5	3,5
WI 26	26,5	6,3
WI 36*	35,5	9,1
Sole-Wasser-Heizwärmepumpen		
SI 17	17,4	4,9
SI 22*	22,4	7,4

* Heizwärmepumpen mit 2 Verdichtern (Angabe der Wärmeleistung bei 2 Verdichtern)

9.4 Heizwärmepumpen, elektrische Anschlußbedingungen

Die Schaltuhr (23) ist nur erforderlich, wenn die Schwimmbeckenheizung auf die Nachtstunden beschränkt werden soll.

Die Heizwärmepumpenbauart wird in erster Linie durch die Art der Wärmequelle (Luft, Wasser oder Sole als Medium) und den Aufstellungsort (innen oder außen) bestimmt.

Bauart

Die Tabelle 9.4/1 enthält das gesamte Siemens-Typenspektrum mit Angabe der Wärmeleistung und der aufgenommenen elektrischen Leistung.

Elektrischer Anschluß, Steuerung und Regelung der Heizwärmepumpe

Seit 1. 4. 1980 ist die tarifliche Behandlung der Heizwärmepumpen im Haushalt einheitlich durch die Bundestarifordnung (BTO) geregelt. An diese Tarifordnung sind alle Energieversorgungsunternehmen (EVU) der Bundesrepublik Deutschland einschließlich West-Berlin gebunden.

Anschlußbedingungen

Nach dieser Tarifordnung müssen Heizwärmepumpen beim zuständigen EVU angemeldet werden. Der Heizwärmepumpenanschluß muß genehmigt werden. Das EVU kann Auflagen machen, wenn dies technisch erforderlich ist (z.B. Abschaltzeiten, Anlaufstrom).

Für den Anschluß von Heizwärmepumpen für Haushalte werden von den EVU keine zusätzlichen Gebühren für die Energiebereitstellung erhoben, wenn die tariflichen Einschränkungen des EVU (z.B. Sperrzeiten am Tage) vom Betreiber der Heizwärmepumpe akzeptiert werden.

Wird für die Heizwärmepumpe ein gesonderter Zähler vorgesehen, kommt eine Sondertarifgestaltung zur Anwendung.

Die Heizwärmepumpe unterliegt den „Technischen Anschlußbedingungen" (TAB) der EVU.

Danach sind elektrisch betriebene Heizwärmepumpen über 1,4 kW Anschlußleistung mit Drehstrommotoren auszurüsten. Alle Heizwärmepumpen müssen mit Festanschluß an das Netz versehen sein.

Für die Zulassung einer Heizwärmepumpe ist nicht der Anschlußwert in kW maßgebend, sondern der Spannungsfall im Netz durch den Anlaufstrom.

Anlaufstrom

Jede Heizwärmepumpe muß eine Einrichtung haben, die die Anzahl der Anläufe auf maximal drei je Stunde begrenzt, sowie eine Einschaltverzögerung von 10 bis 240 s.

Einschaltverzögerung

In der Regel wird ein Spannungsfall von 3% zugelassen.

Bei fast allen Siemens-Heizwärmepumpen werden die zulässigen Anlaufströme nicht überschritten. Dazu werden Anlaufstrombegrenzer eingebaut. In Tabelle 9.4/2 sind für alle Heizwärmepumpentypen der Anlaufstrom bei Direktanlauf und mit Anlaufstrombegrenzung angegeben.

9.4 Heizwärmepumpen, elektrische Anschlußbedingungen

Tabelle 9.4/2 Anlaufströme von Siemens-Heizwärmepumpen

Typ	Anlaufstrom in A	
Luft-Wasser-Heizwärmepumpen	Direktanlauf	Mit Anlaufstrombegrenzung
LI/LIA 8	30	17
LI/LIA 10	42	19
LI 13	60	21
LI 18	69	27
LA 11	51	20
LA 14	60	22
LA 17*	40	18
LA 20*	51	20
Wasser-Wasser-Heizwärmepumpen		
WI 16	55	23
WI 26	80	33
WI 36*	60	22
Sole-Wasser-Heizwärmepumpen		
SI 17	80	33
SI 22*	60	22

* Heizwärmepumpen mit 2 Verdichtern

Elektrischer Anschluß

Der elektrische Anschluß einer Heizwärmepumpe muß gemäß den einschlägigen Bestimmungen und Vorschriften, insbesondere der VDE 0100 und den technischen Anschlußbedingungen (TAB) des örtlichen Energieversorgungsunternehmens durchgeführt werden.

Elektrische Anschlüsse

Folgende Anschlüsse sind dabei vorzunehmen:

▷ Verlegung der Zuleitungen zwischen Verteiler, Heizwärmepumpe und Regler.
   Es ist dabei zu beachten, daß bei Heizwärmepumpen für Außenaufstellung Leerrohre verlegt werden müssen.

▷ Montage der erforderlichen und vom EVU vorgeschriebenen Sicherungs- und Schaltelemente
   z. B. Sicherungen oder Leitungsschutzschalter,
   Heizungsfernschalter (Sperrschütze).

▷ Verlegung der Versorgungsleitungen zu den einzelnen Heizungskomponenten
   z. B. Mischermotor,
   Ölheizkessel-Brenner,
   Heizungsumwälzpumpe,
   Warmwasser-Speicherpumpe usw.

▷ Montage der Steuer- und Meßeinrichtungen
Witterungsfühler,
Heizungs-Rücklauftemperaturfühler,
Verbindungsleitung zu evtl. vorhandener Raumstation
(Fernbedieneinrichtung),
Warmwasserregler usw.

Dabei ist zu beachten, daß bei mikroprozessorgeführten Heizwärmepumpen zwischen Regler und Heizwärmepumpe eine extra fertigkonfektionierte Leitung verlegt werden muß.

▷ Einbau der nötigen Steuer- und Regelbauteile
z. B. mikroprozessorgeführter Regler,
Freigaberelais,
Bivalenzumschaltrelais.

Steuerung und Regelung

Die Aufgabe der Überwachung und Steuerung von Heizwärmepumpe und Heizungsanlage übernimmt in einem Teil des Heizwärmepumpenprogramms die speicherprogrammierbare Industrieelektronik SIMATIC S5, die in der Heizwärmepumpe integriert ist. Der elektrische Anschlußplan für Heizwärmepumpe und Steuerung ist in Bild 9.4/4 dargestellt. Diese Steuerung kann mit einer bereits vorhandenen witterungsgeführten Regelung mit 3-Punkt-Verhalten gekoppelt werden. Bei einem anderen Teil des Heizwärmepumpenprogramms wird dies mit einer extern von der Heizwärmepumpe angeordneten mikroprozessorgeführten Heizwärmepumpenregelung sichergestellt, in der darüber hinaus ein witterungsgeführter Heizungsregler integriert ist. Der elektrische Anschlußplan für die Heizwärmepumpe ist in Bild 9.4/5 und für den Heizwärmepumpenregler in Bild 9.4/6 dargestellt. Heizwärmepumpe und Regler werden über konfektionierte Steuerleitungen mit codierten Steckern verbunden.

Überwachung, Steuerung

Heizwärmepumpenregler oder Steuerung S5, zusammen mit einem Heizungsregler, sind die Schaltzentrale der gesamten Heizungsanlage. Sie erfüllen Aufgaben wie Ansteuern von festgeregelten bzw. gleitendgeregelten Ölheizkesseln, Mischern und Umwälzpumpen, Warmwasserbereitung sowie teilweise Schwimmbadbeheizung einschließlich zugehöriger Umwälzpumpen. Eine Warmwasservorrangschaltung ist serienmäßig enthalten.

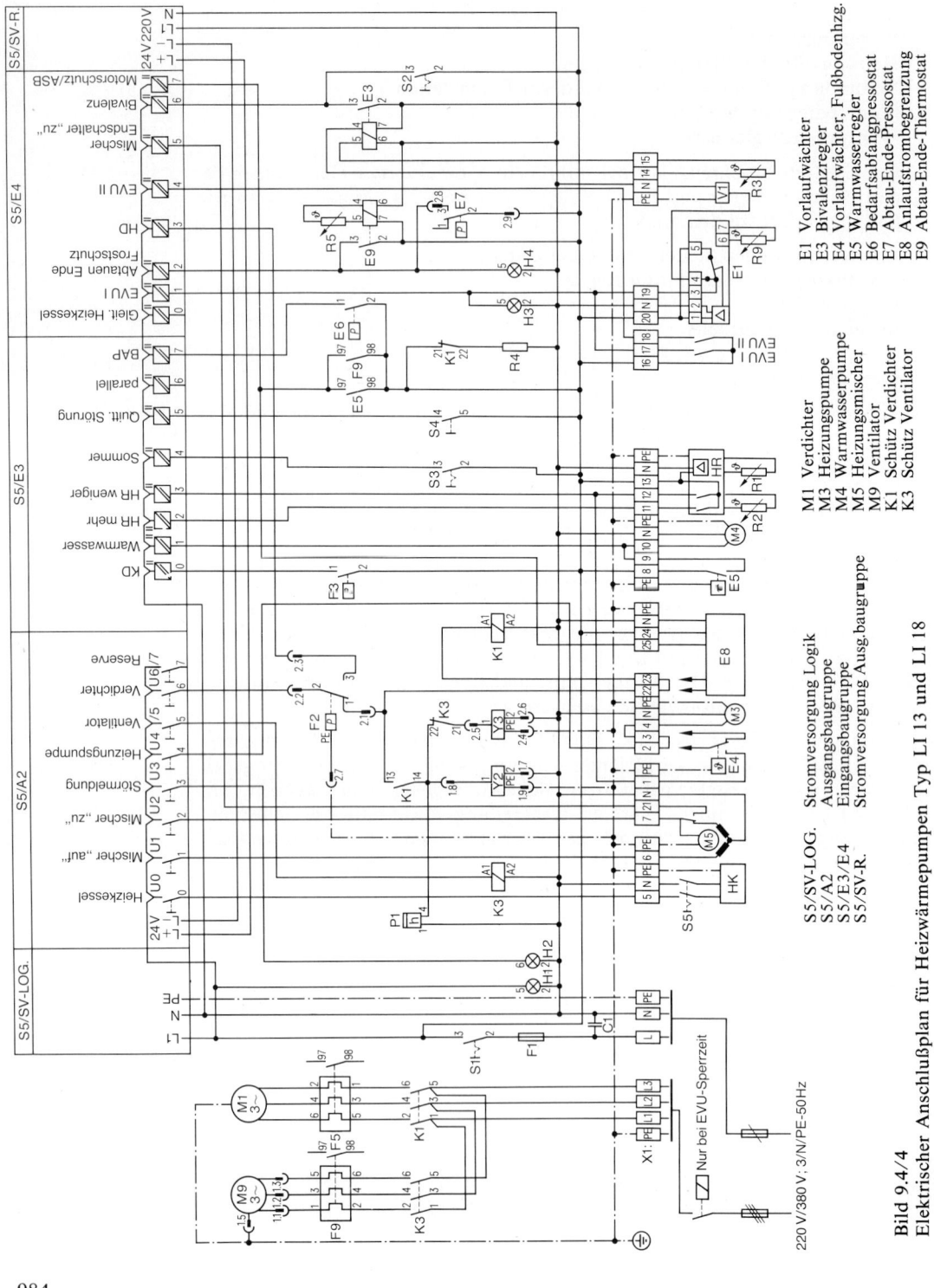

9.4 Heizwärmepumpen, elektrische Anschlußbedingungen

E1 Vorlaufwächter
E3 Bivalenzregler
E4 Vorlaufwächter, Fußbodenhzg.
E5 Warmwasserregler
E6 Bedarfsabfangpressostat
E7 Abtau-Ende-Pressostat
E8 Anlaufstrombegrenzung
E9 Abtau-Ende-Thermostat

M1 Verdichter
M3 Heizungspumpe
M4 Warmwasserpumpe
M5 Heizungsmischer
M9 Ventilator
K1 Schütz Verdichter
K3 Schütz Ventilator

S5/SV-LOG.   Stromversorgung Logik
S5/A2   Ausgangsbaugruppe
S5/E3/E4   Eingangsbaugruppe
S5/SV-R.   Stromversorgung Ausg.baugruppe

Bild 9.4/4
Elektrischer Anschlußplan für Heizwärmepumpen Typ LI 13 und LI 18 mit Steuerung SIMATIC S5

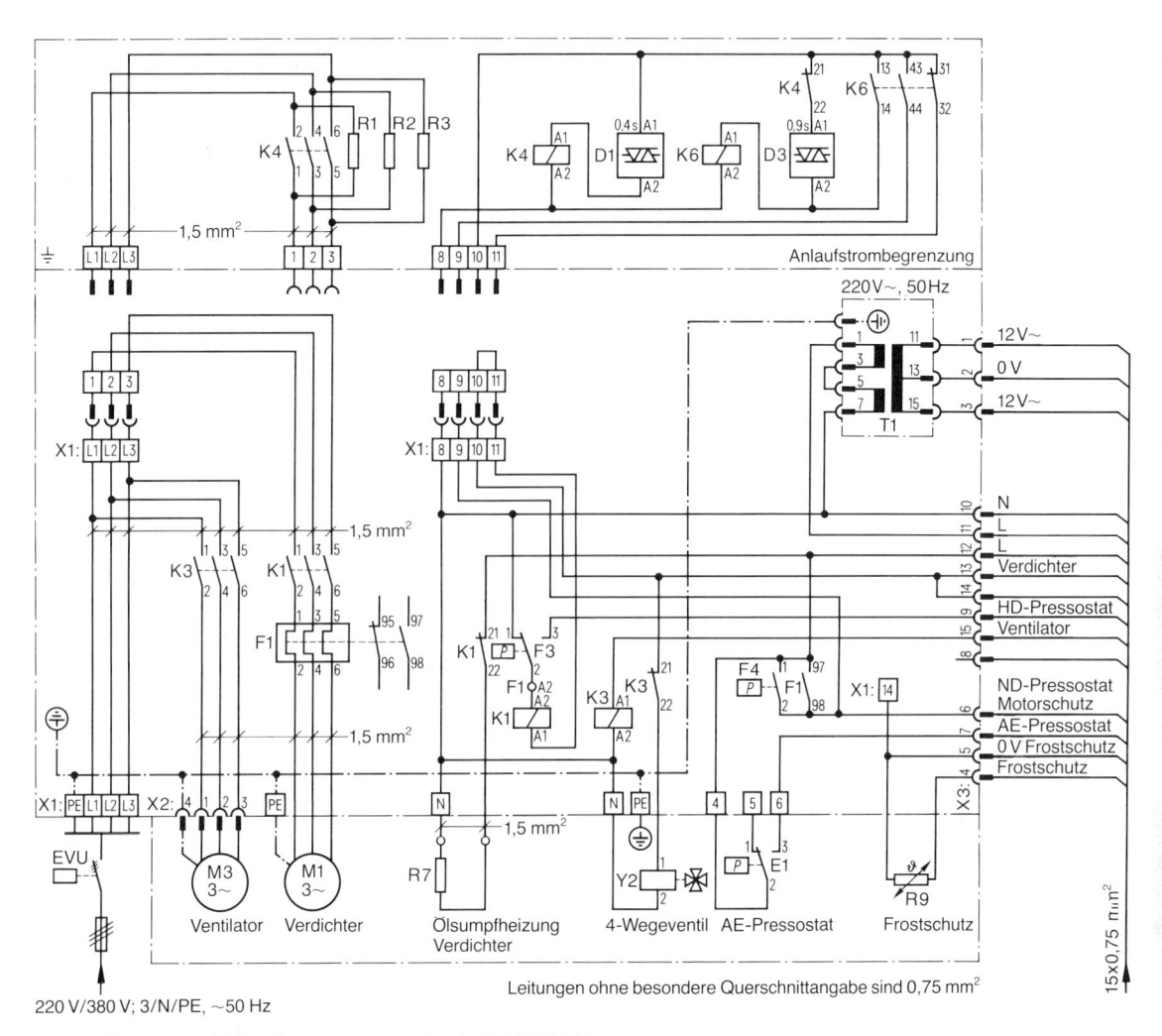

9.4 Heizwärmepumpen, elektrische Anschlußbedingungen

220 V/380 V; 3/N/PE, ~50 Hz

Steuerleitung zum Heizwärmepumpenregler (s. Bild 9.4/6)

E1	AE-Pressostat	R1...R3	Lastwiderstand 9 Ω 50 W ASB
F1	Motorschutz Verdichter	R7	Ölsumpfheizung Verdichter
F3	HD-Pressostat	R9	Fühler Frostschutz
F4	ND-Pressostat	Y2	Vierwegmischer (Kältekreis)
K1	Schütz Verdichter	M1	Verdichter
K3	Schütz Ventilator	M3	Ventilator
K4	Leistungsschütz Anlaufstrombegrenzung (ASB)	T1	Transformator-Steuerung WPR
K6	Hilfsrelais ASB	X1	Reihenklemme
D1	Zeitglied ASB (anzugsverzögert 0,4 s)	X2	Steckverbinder 9polig
D3	Zeitglied ASB (anzugsverzögert 0,9 s)	X3	Steckverbinder 15polig Steuerleitung WPR

Bild 9.4/5 Stromlaufplan für die Heizwärmepumpen Typ LI 8 und LI 10

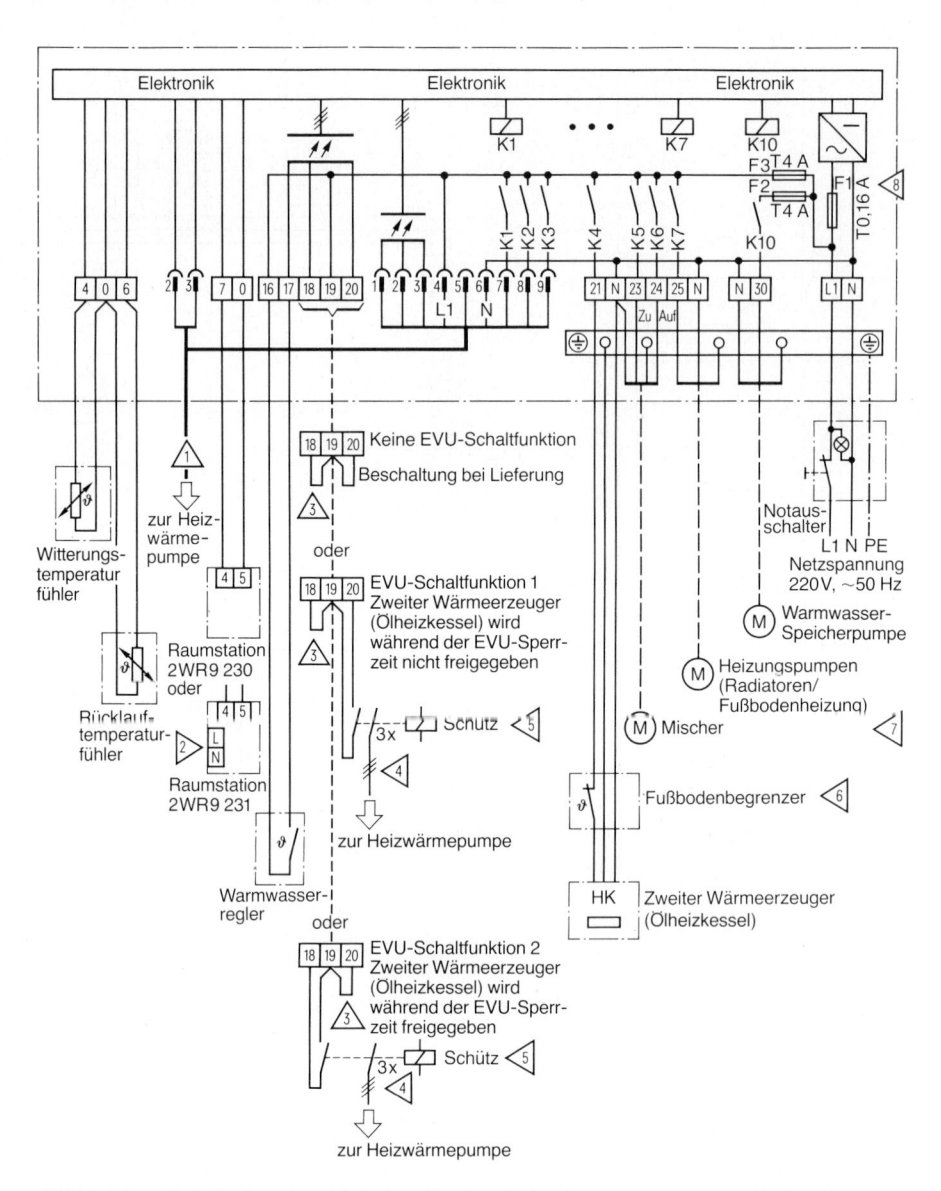

9.4 Heizwärmepumpen, elektrische Anschlußbedingungen

Bild 9.4/6 Elektrischer Anschlußplan für den Heizwärmepumpenregler 2WR1 230

9.4 Heizwärmepumpen, elektrische Anschlußbedingungen

Hinweise zum Anschlußplan

▷ Steuer- oder Verbindungsleitung, die direkt oder über die Anlaufstrombegrenzung (Heizwärmepumpenzubehör) zur Heizwärmepumpe führt (s. Bild 9.4/5).

▷ Die Raumstation Typ 2WR9 231 benötigt eine eigene 220-V-Spannungsversorgung

▷ Bei Lieferung sind die Klemmen 18 und 20 mit Klemme 19 gebrückt (keine EVU-Schaltfunktion). Bei einer EVU-Sperre (Schaltfunktion 1 oder 2) muß der nicht vom Schütz angesteuerte Eingang mit der Klemme 19 verbunden bleiben.

▷ Drehstrom-Anschluß, der direkt oder über die Anlaufstrombegrenzung (Heizwärmepumpenzubehör) zur Heizwärmepumpe führt.

▷ Das 4polige Schütz (3 + 1 S) wird von einem Rundsteuerempfänger, von einer Tarifschaltuhr oder von einem EVU-Bivalenzschalter angesteuert. Die Schaltkontakte sind im spannungslosen Zustand (also während einer EVU-Sperre) gezeichnet.

▷ In Anlagen mit Fußbodenheizung muß bei Erreichen der Maximaltemperatur über den gezeichneten externen Fußbodenbegrenzer die Steuerspannung für den zweiten Wärmeerzeuger (Ölheizkessel) unterbrochen werden.

▷ Nur Mischer mit einer Laufzeit von etwa 4 Minuten einbauen.
Es wird empfohlen, keinen Dreiwegmischer einzubauen (Wasserschläge, Geräusche, druckabhängiges Schalten). Wenn dennoch ein Dreiwegmischer eingebaut wird, so muß er so eingesetzt werden, daß im stromlosen Zustand der zweite Wärmeerzeuger nicht vom Heizwasser durchströmt wird. Am Wärmepumpenregler muß das Ventil an Klemme 24 „Mischer AUF" angeschlossen werden.

▷ An der Innenseite des Gehäuseoberteils befinden sich drei Ersatz-Sicherungen (T 0,16 A; T 4 A; T 4 A).

9.5 Raumklimageräte

9.5.1 Bemessen der Geräte

Kühllast

Bei der Kühllast werden erfaßt: Transmissionswärmegewinne, Sonneneinstrahlung, abgegebene Wärme von Personen, Leuchten, Maschinen, Geräten oder sonstigen Wärmequellen im Raum und die gegebenenfalls erforderliche Lüftung.

Der Unterschied zur Wärmebedarfsberechnung besteht darin, daß zusätzlich die im Raum freiwerdende Wärme und die Intensität der Sonneneinstrahlung berücksichtigt werden müssen. Damit wird die Kühllast von Tageszeit und Himmelsrichtung abhängig.

Transmissionswärme

Die durch Wetter und Tageszeit bedingten Schwankungen der Außentemperatur und der auftreffenden Strahlungswärme verändern den Wert der Transmissionswärme. Die auf eine Gebäudeumschließung auftreffende Wärme wird zeitlich verzögert und abgeschwächt im Raum wirksam. Verzögerung und Dämpfung sind dabei von den Wärmedurchgangszahlen (k-Zahlen, s. DIN 4701) abhängig.

Strahlungswärme

Bei Glasflächen, z. B. Fenstern, Balkontüren, kommt wegen der Sonneneinstrahlung eine zusätzliche Kühllast hinzu. Dieser Anteil kann durch geeignete Sonnenschutzvorrichtungen erheblich verringert werden. So bewirkt z. B. eine herabgelassene Außenjalousie, daß nur etwa 25% der Strahlung im Raum wirksam werden. Die eingestrahlte Wärme erhöht jedoch nicht sofort die Raumtemperatur, sondern dringt zunächst in Fußböden oder Wände ein, wird dort gespeichert und erst allmählich an die Raumluft abgegeben. Das Speichervermögen des Raumes trägt daher ebenfalls zum Reduzieren der Spitzenkühllast bei.

Beleuchtungswärme Klimaleuchten

Besonders in Warenhäusern oder Großraumbüros ist die Beleuchtungswärme ein erheblicher Anteil der Kühllast des Raumes. Wenn Klimaleuchten verwendet werden (vgl. Kap. 8.5.1) wird der größte Teil der Wärme — bevor sie im Raum wirksam wird — von der Abluft abgeführt. Die Kühllast des Raumes wird also verringert.

Personenwärme

Halten sich ständig viele Personen im Raum auf, so ist auch deren Wärmeabgabe nach DIN 1946 zu berücksichtigen.

Lüftungswärme

Ist eine dauernde Außenluftzufuhr erforderlich, so muß die Abkühlung dieser Luft auf Raumtemperatur berücksichtigt werden.

Sonstige Wärmequellen

Auch von Maschinen oder Geräten abgegebene Wärme und mögliche Wärmezu- oder Wärmeabfuhr aus Nachbarräumen mit höherer bzw. niedrigerer Raumtemperatur muß in die Berechnung einbezogen werden.

Berechnung nach VDI 2078

Bei der Berechnung nach VDI 2078 „Regeln für die Berechnung der Kühllast klimatisierter Räume" ergibt sich ein Anteil „sensibler" (fühlbarer) Kühllast, der zum Aufrechterhalten der Raumtemperatur ein Abkühlen der Raumluft erfordert, und eine „latente" (verborgene) Kühllast, die sich aus der erforderlichen Entfeuchtung, also der Abfuhr von Kondensationswärme ergibt.

Die Kühlleistung eines Raumklimagerätes setzt sich aus sensibler und latenter Kühlleistung zusammen. Je nach Gerätekonstruktion sind jedoch ihre prozentualen Anteile an der Kühlleistung des Gerätes verschieden.

Kühlleistung

Deshalb muß die Auswahl der Geräte zunächst nach der jeweils erforderlichen Temperaturabsenkung, also der sensiblen Kühllast, erfolgen. Bedingt durch diese Temperaturabsenkung wird die Entfeuchtung und damit die latente Kühllast meist über dem berechneten Wert liegen. Das bedeutet, daß die tatsächliche Kühlleistung des Gerätes in den meisten Fällen größer sein wird als die Kühllast des Raumes.

9.5.2 Geräteübersicht und Anwendung

Raumklimageräte werden zur Klimatisierung von Einzelräumen, z. B. Wohn-, Büro- und Geschäftsräume, Läden jeder Art, Hotel- und Konferenzzimmer, Restaurants, Laboratorien, Arzt- und Anwaltspraxen, eingesetzt. Sie enthalten alle die zur Bewegung, Erneuerung, Filterung, Abkühlung und Entfeuchtung der Luft erforderlichen technischen Einrichtungen. Wahlweise können eine elektrische Zusatzheizung oder ein Wärmetauscher für den Anschluß an Warmwasser-Zentralheizungen eingebaut werden. Damit sind die Geräte auch zum Heizen einsetzbar.

Tabelle 9.5/1 Siemens-Raumklimageräte

	Raumklimageräte für Fenster- oder Wandeinbau	Truhengeräte	Raumklimageräte in Splitbauweise
Nutzkühlleistung in kW	1,4 bis 6,6	2,71 bis 4,65	2,85 bis 5,4
Leistungsaufnahme bei Kühlbetrieb in kW	1,0 bis 3,7	1,16 bis 1,9	1,3 bis 2,5
Luftvolumenstrom in m³/h	220 bis 1130	450 bis 825	380 bis 925
Gerät für Luftkanalanschluß geeignet	nein	nein	nein
Heizleistung der elektrischen Zusatzheizung in kW	1,2 bis 3,5	2,0 bis 3,0	2,3 bis 4,0
Verflüssiger: luftgekühlt wassergekühlt	ja nein	ja ja	ja nein

9.5 Raumklimageräte

Raumklimageräte für Fenster- oder Wandeinbau

Aufbau

Raumklimageräte für Fenster- oder Wandeinbau bestehen im wesentlichen aus einem Verdampfer, der der Raumluft Wärme entzieht, einem Verdichter, der den Kältemitteldampf auf ein höheres Temperaturniveau bringt, einem Verflüssiger, der die Wärme an die Außenluft überträgt, und einem Ventilator, der die Luft über die beiden Wärmetauscher (Verdampfer und Verflüssiger) führt (Bild 9.5/1).

Die Temperaturregelung ist im Gerät eingebaut.

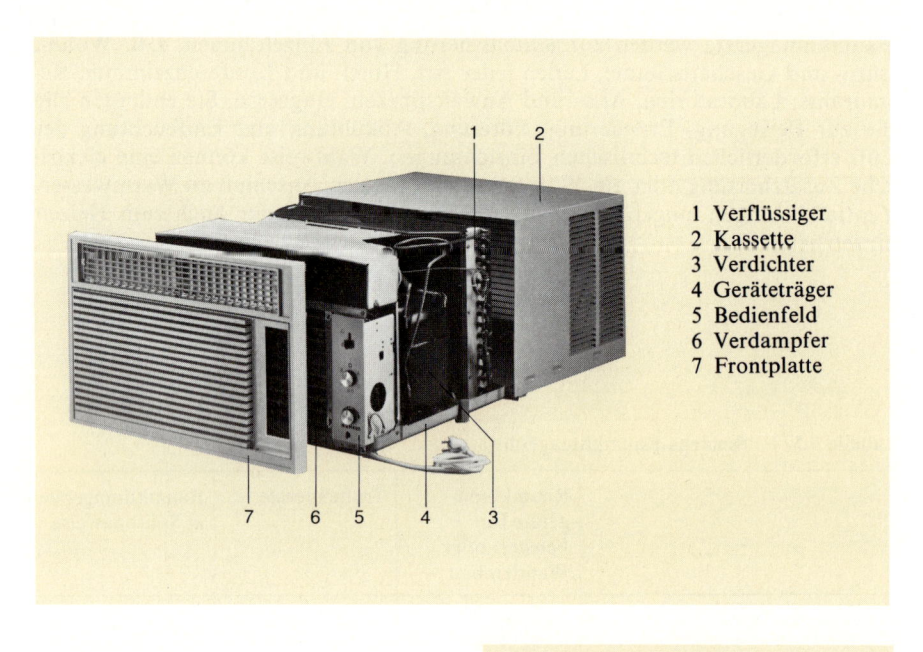

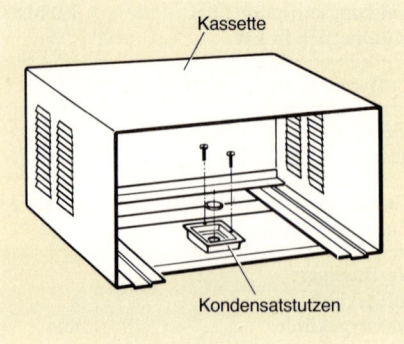

1 Verflüssiger
2 Kassette
3 Verdichter
4 Geräteträger
5 Bedienfeld
6 Verdampfer
7 Frontplatte

Bild 9.5/1
Aufbau eines Raumklimagerätes

9.5 Raumklimageräte

Truhengeräte

Diese Geräte sind in Truhenform gebaut (Bild 9.5/2). Die Verflüssigungswärme kann wahlweise durch Luft oder durch Wasser abgeführt werden.

Raumklimageräte in Truhenbauform gibt es mit 2 Kühlsystemen, und zwar mit einem Kondensator für Luftkühlung oder mit einem Kondensator für Wasserkühlung. **Kühlsysteme**

Das Gerät mit einem Kondensator für Luftkühlung hat einen luftgekühlten Verflüssiger und muß an Außenwände montiert werden, damit die Außenluft zur Kühlung eingesetzt werden kann. **Luftkühlung**

Der Wärmetauscher des Gerätes mit Kondensator für Wasserkühlung kann entweder mit Stadtwasser oder über einen geschlossenen Kühlwasserkreis gekühlt werden. Ein eingebautes Wassersparventil hält den Wasserverbrauch niedrig. **Wasserkühlung**

Diese Geräteart ist standortunabhängig.

Raumklimageräte in Splitbauweise

Die Splitklimageräte sind zweigehäusige, kompakte Raumklimageräte mit luftgekühltem Verflüssiger (Bild 9.5/3). Der Verflüssigerteil mit Verdichter (Außenteil) wird im Freien und der Verdampferteil (Raumteil) im Raum aufgestellt. Beide Teile sind durch eine Steuerleitung und zwei Kältemittelleitungen (Splitleitungen) miteinander verbunden. Durch die Trennung (splitting) in zwei Teile wird der Geräuschpegel in dem zu klimatisierenden Raum besonders klein gehalten.

Bild 9.5/2
Raumklimagerät in Truhenbauform

Bild 9.5/3
Raumklimagerät in Splitbauweise

9.5 Raumklimageräte

Aufstellen und Anschließen der Raumklimageräte

Aufstellung

Werden Raumklimageräte ohne Luftkanalanschluß eingebaut, so sind bei der Wahl des Aufstellungs- oder Einbauortes folgende Grundsätze zu beachten:

Richtung des Luftstromes

Der aus dem Gerät austretende Luftstrom darf nicht unmittelbar auf Personen oder Sitzgruppen gerichtet sein, weil kühle Luft bereits bei geringer Luftgeschwindigkeit als Zug empfunden wird.

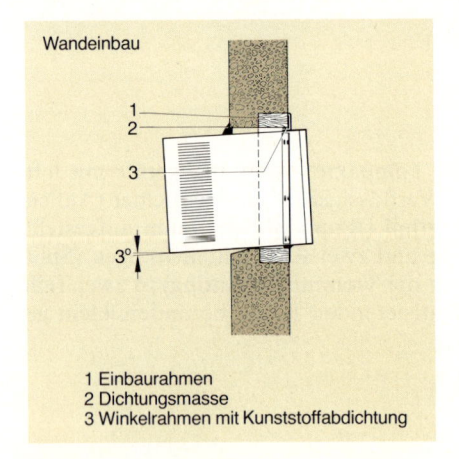

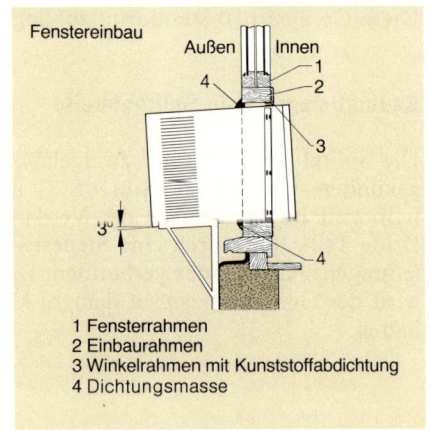

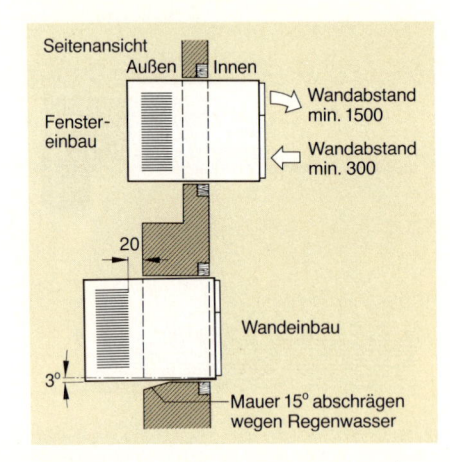

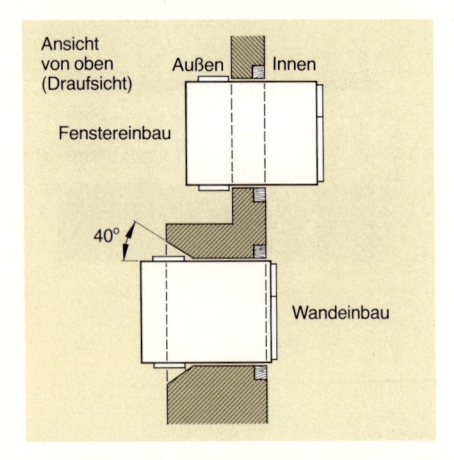

Bild 9.5/4
Einbaubeispiele für Raumklimageräte für Fenster- und Wandeinbau (Maße in mm)

Das Gerät sollte so angeordnet sein, daß die gesamte Raumluft vom Gerät erfaßt werden kann, also keine toten Ecken und Winkel entstehen. **Anordnung des Gerätes**

Die Geräte werden über SCHUKO-Steckvorrichtungen angeschlossen. **Elektrischer Anschluß**

Die Temperatur wird über einen im Luftstrom vor dem Verdampfer liegenden Kapillarfühler geregelt und ist am Gerät von Hand einstellbar. Er schaltet als Zweipunktregler den Verdichter zu oder ab. **Temperatur-Einstellung**

Mit einem zusätzlichen Raumtemperaturregler kann das Raumklimagerät fernbedient werden.

Raumklimageräte für Fenster- oder Wandeinbau

Um das Gerät nicht zu überlasten, darf die Wärmeabfuhr am Verflüssiger nicht beeinträchtigt oder durch direkte Sonnenbestrahlung (Südwest- oder Westlage) behindert werden.

Außerdem müssen die Geräte mit leichter Neigung (etwa 3°) nach außen eingebaut werden, damit das Kondensat abfließen kann. Das Abführen des Kondensats durch Kupferrohr oder Plastikschlauch ist möglich. **Abführen des Kondensats**

Bild 9.5/4 zeigt den Einbau von Raumklimageräten in Wand und Fenster.

Standgeräte

Standgeräte sind meistens unter dem Fenster aufgestellt, wobei die Luft wahlweise nach vorn oder nach oben austreten kann. **Fensteraufstellung**

Luftgekühlte Geräte erfordern einen Wanddurchbruch (Bild 9.5/5), wassergekühlte Geräte benötigen Wasserzu-, Wasserab- und Kondensatablauf, wobei zu klären ist, ob ein Anschluß an das Stadtwassernetz erlaubt ist. Für Wasser- und Abwasseranschluß sind DIN 1988 und DIN 1986 zu beachten. **Mauerdurchbruch**

Der Temperaturregler ist, wie bei den Fenster- und Wandeinbaugeräten, im Gerät eingebaut.

Raumklimageräte in Splitbauweise

Das Raumgerät kann an der Decke befestigt oder auf dem Fußboden aufgestellt werden. Ein Anschluß für den Kondensatablauf ist notwendig.

Beim Außengerät muß auf ungehinderte Wärmeabfuhr am Verflüssiger geachtet werden. Direkte Sonnenbestrahlung ist zu vermeiden. Das Gerät kann wahlweise im Keller, Dachraum, auf einem Flachdach oder im Hof aufgestellt werden. **Aufstellung**

Verschiedene Aufstellungsmöglichkeiten zeigt Bild 9.5/6. Der Mauerdurchbruch muß so groß sein, damit die Saug-, Druck-, Steuer- und Kondensatabflußleitungen ungehindert nach außen geführt werden können.

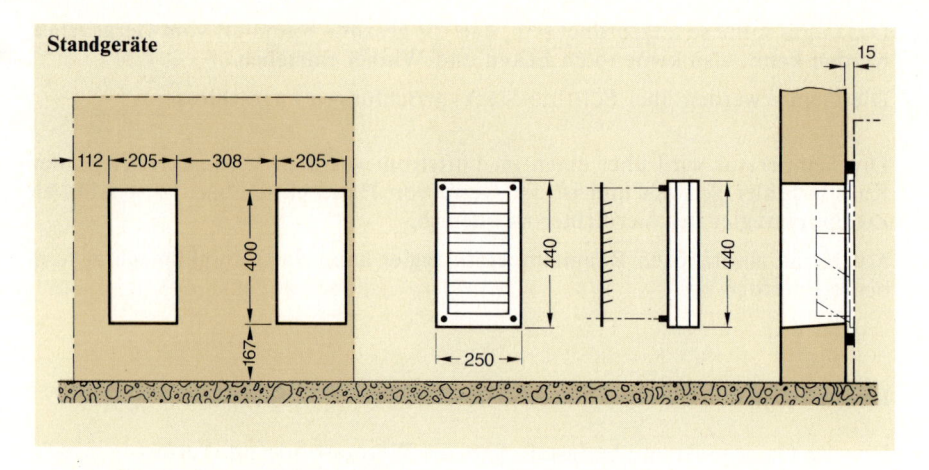

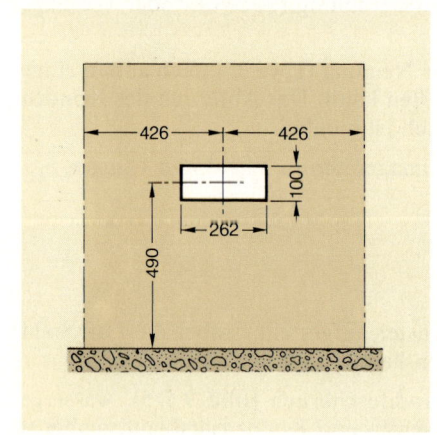

9.5 Raumklimageräte

Standgeräte

Bild 9.5/5
Wanddurchbrüche für luft- und wassergekühlte Raumklimageräte (Standgeräte)
(Maße in mm)

Wanddurchbrüche für luftgekühltes Raumklimagerät

Bei Verwendung des Einbaurahmens müssen die Öffnungen 245 mm breit und 440 mm hoch sein

Wanddurchbruch für wassergekühltes Raumklimagerät

Wanddurchbruch nur dann erforderlich, wenn dem Raum Außenluft zugeführt werden soll

Splitbauweise
Splitleitungen   Konfektionierte Splitleitungen mit 4 m und 7 m stehen für die Verbindung von Raum- und Außengerät zur Verfügung. Diese Leitungen sind bereits mit Kühlmittel gefüllt und an ihren Enden mit Schnellkupplungen versehen.

Elektrischer
Anschluß   Der elektrische Anschluß erfolgt bei Geräten für Nennspannung 220 V~ am Raumgerät und bei 380 V~ am Außengerät. Beide Geräte werden miteinander mit einer konfektionierten Steuerleitung verbunden.

9.5 Raumklimageräte

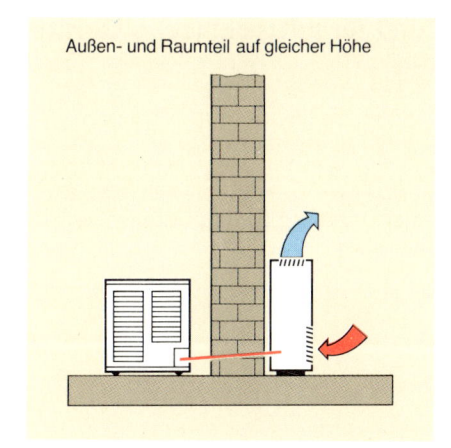

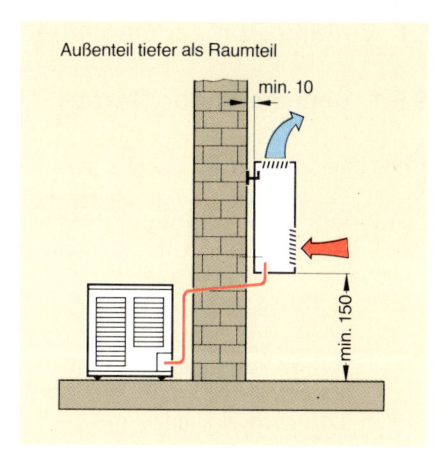

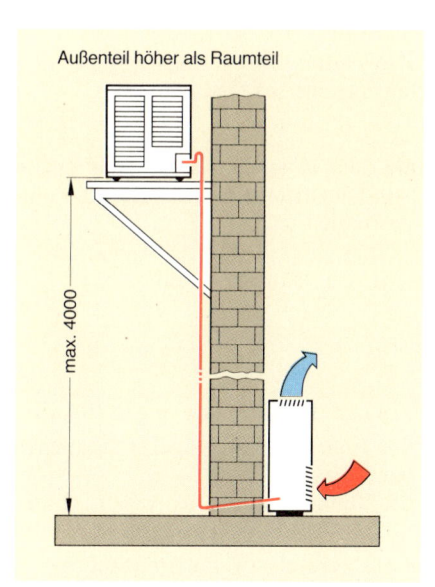

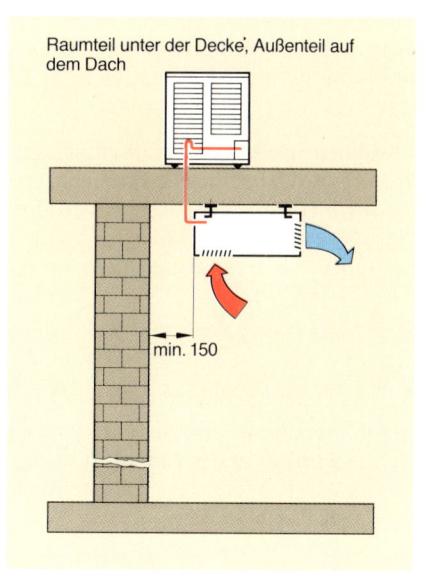

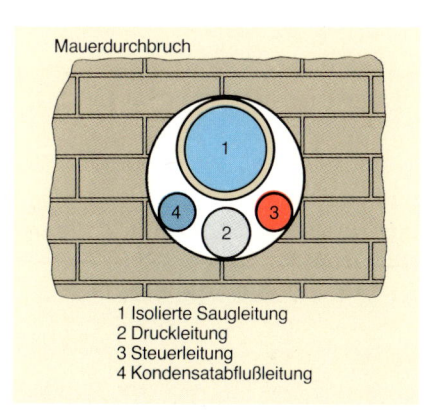

Außen- und Raumteil auf gleicher Höhe

Außenteil tiefer als Raumteil
min. 10
min. 150

Außenteil höher als Raumteil
max. 4000

Raumteil unter der Decke, Außenteil auf dem Dach
min. 150

Mauerdurchbruch

1 Isolierte Saugleitung
2 Druckleitung
3 Steuerleitung
4 Kondensatabflußleitung

Bild 9.5/6
Aufstellungsmöglichkeiten für Raumklimageräte in Splitbauweise
(Maße in mm)

9.6 Ventilatoren zur Raumlüftung und für lufttechnische Geräte

9.6.1 Bemessen der Geräte

Ermittlung des Luftvolumenstromes

Zuluft-Volumenstrom

Der Zuluft-Volumenstrom ist das Luftvolumen, das dem Raum, bezogen auf die Zeiteinheit, zugeführt wird. Er wird errechnet aus:

$$\dot{V}_Z = V_R \cdot LW/h$$

$\dot{V}_Z$ Zuluft-Volumenstrom in m³/h
V_R Raumvolumen in m³
LW/h Luftwechsel je h.

Luftwechsel/h

Während das Raumvolumen durch den Anwendungsfall jeweils gegeben ist, bestimmt man die Luftwechselzahl aus Erfahrungswerten (Tabelle 9.6/1).

Entstehen im Raum schädliche Gase, Stäube oder Dämpfe oder entsteht große Wärme durch technische Einrichtungen, so sind zur Ermittlung des Zuluft-Volumenstroms besondere Rechenverfahren anzuwenden:

bei Luftverschlechterung durch Fremdstoffe (Gase, Dämpfe, Staub, ...)

$$\dot{V}_Z = \frac{K}{MAK - k_a} \text{ in } \frac{m^3}{h}$$

K Zunahme des schädlichen Einflusses in cm³/h (Gase) bzw. mg/h (Staub)
MAK maximale Arbeitsplatz-Konzentration (maximal zulässiger schädlicher Einfluß in der Innenluft in cm³/m³ bzw. mg/m³)
 MAK-Werte laut Veröffentlichung des Bundesinstituts für Arbeitsschutz, Koblenz
k_a schädlicher Einfluß der Zuluft in cm³/m³ (Gase) bzw. mg/m³ (Staub)

bei erhöhtem Anfall von Verlustwärme

$$\dot{V}_Z = \frac{(\Phi_1 \pm \Phi_2) \, 3600}{c_p \cdot \varrho \, (\vartheta_i - \vartheta_a)} \text{ in } \frac{m^3}{h}$$

Φ_1 Verlustleistung aus elektr. Geräten und Maschinen in kW
Φ_2 Wärmezufuhr (+) bzw. Wärmeabfuhr (−) in kW aufgrund des Wärmedurchganges durch Wände, Decken, Fenster usw.
$c_p \cdot \varrho$ volumenbezogene Wärmekapazität der Luft = 1,3 kWs/(m³ · K)
 (K = Kelvin)
ϑ_i maximal zulässige Ablufttemperatur in °C
ϑ_a Zulufttemperatur in °C.

Tabelle 9.6/1 Übliche Luftwechselzahlen

Raumart	LW/h
Büro- und Geschäftsräume	4 bis 8
Gaststätten, Kasinos, Kantinen	5 bis 12
Kinos, kleine Theater	5 bis 8
Schulräume	5 bis 7
Wohnräume	3 bis 6
Wäschereien und Reinigungen	10 bis 25
Toiletten	5 bis 10
Küchen	15 bis 30
Läden	6 bis 8
Werkstätten ohne Luftverschlechterung	3 bis 6
Werkstätten mit Luftverschlechterung	10 bis 20
Garagen	5 bis 8
Lichtpausereien	10 bis 20
Batterieräume	5 bis 10
Spritzereien	25 bis 50
Färbereien	5 bis 15
Entnebelungsanlagen	15 bis 50
Überdruckanlagen (zur Verhinderung des Eindringens von Staub)[1] { dichte Bauweise	3 bis 5
leichte Bauweise	8 bis 10
Entqualmung von Schaltanlagen	30 bis 60

[1] Zuluft filtern

Der Abluft-Volumenstrom ist von der gewählten Lüftungsart abhängig; es bedeuten: **Abluft-Volumenstrom**

$\dot{V}_A$ Abluft-Volumenstrom in m³/h
$\dot{V}_Z$ Zuluft-Volumenstrom in m³/h

Gleichdrucklüftung: $\dot{V}_A = \dot{V}_Z$. **Gleichdrucklüftung**

Zwischen dem belüfteten Raum und nicht belüfteten Räumen entsteht keine Druckdifferenz.

Anwendung überall dort, wo Zugerscheinungen vermieden werden sollen, z. B. Hotels, Banken.

Überdrucklüftung: $\dot{V}_A < \dot{V}_Z$. **Überdrucklüftung**

Es wird weniger Luft aus dem Raum abgesaugt als ihm zugeführt wird. Der entstehende Überdruck verhindert unkontrollierten Lufteinfall durch Undichtigkeiten an Fenstern und Türen.

Der Außenluft-Volumenstrom wird bei Überdrucklüftung mit etwa 10 bis 20% des Zuluft-Volumenstromes gewählt.

Der Fortluft-Volumenstrom entspricht dem Außenluft-Volumenstrom, die Umluft der Differenz zwischen Abluft und Fortluft.

Anwendung überall dort, wo der Eintritt von verschmutzter Luft verhindert werden soll, z. B. Operationsräume.

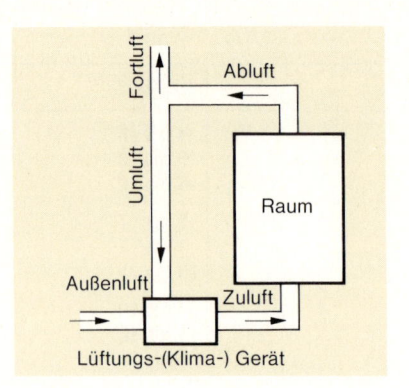

9.6 Ventilatoren zur Raumlüftung und für lufttechnische Geräte

Bild 9.6/1
Luftführung in einer Lüftungs-(Klima-)Anlage

Unterdrucklüftung

Unterdrucklüftung: $\dot{V}_A > \dot{V}_Z$.

Es wird mehr Luft abgesaugt als dem Raum zugeführt wird. Der entstehende Unterdruck bewirkt ein Nachströmen von Luft in den Raum durch undichte Fenster oder Türen, wodurch jedoch Zugerscheinungen entstehen können.

Das kann vermieden werden, wenn die Luft-Eintrittsgeschwindigkeit $< 2\,\frac{m}{s}$ gewählt wird und keine großen Temperaturdifferenzen zwischen Zuluft und Abluft zugelassen werden.

Anwendung überall dort, wo schädliche Gase direkt aus dem Raum abgesaugt werden sollen, z. B. Küchen, Toiletten, Laboratorien.

Luftführung

Die prinzipielle Luftführung einer Lüftungs-(Klima-)Anlage zeigt Bild 9.6/1.

Mindestaußenluftraten

Für Räume, in denen sich viele Personen gleichzeitig aufhalten, z. B. Theater, Kinos, Konzert- und Festsäle, Vortrags- und Hörsäle, gelten die Mindestaußenluftraten nach DIN 1946 „Lüftungstechnische Anlagen", Blatt 1 (Tabelle 9.6/2). Sie sind abhängig von der Außenlufttemperatur und dem Grad der Luftverschlechterung (z. B. Raucher/Nichtraucher).

Tabelle 9.6/2   Mindestaußenluftraten

Außenluft- temperatur °C	Mindestaußenluftrate bei Räumen	
	mit Rauchverbot	mit Raucherlaubnis
	m³/h je Person	
−20 −15 −10 − 5	8 10 13 16	12 15 20 24
0 bis 26	20	30
über 26	15	23

Beispiel:
Für einen Besprechungsraum, in dem max. 30 Personen mit Raucherlaubnis tagen können, ist bei einer Außentemperatur von 20 °C ein Zuluft-Volumenstrom von

$$\dot{V}_Z = \text{Personenzahl} \cdot \text{Mindestaußenluftrate}$$
$$= 30 \cdot 30$$
$$= 900 \ \frac{m^3}{h}$$

erforderlich.

Ermittlung des Druckverlustes einer Lüftungsanlage

Der Druckverlust, der innerhalb des Lüftungssystems entsteht, muß durch die Druckerhöhung des Ventilators überwunden werden. Hierzu ist eine Berechnung des Druckverlustes erforderlich, der vom Zuluft-Volumenstrom, von der gewählten Luftgeschwindigkeit, von den Querschnitten, Längen, Ausführungen der Kanäle und den Widerständen der im Kanal eingebauten Geräte, z. B. Rohrheizelemente, abhängt. **Druckverlust**

Eine derartige Berechnung setzt die genaue Kenntnis der konstruktiven Details einer Lüftungsanlage voraus. Sie sollte deshalb möglichst von einem Lüftungs-Fachmann erfolgen.

Auswahl des Ventilators

Sind Zuluft-Volumenstrom und Druckverlust ermittelt, wird der erforderliche Ventilator nach Kennlinien oder Auswahltabellen, die in den Herstellerlisten enthalten sind, ausgewählt. **Ventilator**

9.6 Ventilatoren zur Raumlüftung und für lufttechnische Geräte

9.6.2 Geräteübersicht und Anwendung

Tabelle 9.6/3 Siemens-Ventilatoren zur Raumlüftung und für lufttechnische Geräte

Bild	Gerät	Zuluft-Volumenstrom m³/h	Druckerhöhung N/m²	Leistungsaufnahme kW	Anwendung
	Rohreinbauventilatoren	360	ausreichend für 10 m Rohrleitung und zwei Krümmer	0,035	Entlüften von Küchen, Bädern, Toiletten
	Ventilatoren für Fenster- oder Wandeinbau	320 bis 700	30 bis 40	0,03 bis 0,04	Be- und Entlüften von Räumen, bevorzugt in Küchen angewendet
	Axialventilatoren	1000 bis 23000	bis 400	0,07 bis 3,7	Einbau in Luftheizgeräte, Be- und Entlüftungsanlagen, Klimaanlagen, kühl- und kältetechnische Anlagen
	Radialventilatoren	100 bis 25000	bis 2400	11	

9.6.3 Einbau und Anschluß

Rohreinbauventilatoren können in Kunststoffrohren mit der Nennweite 150 mm ⌀ eingesetzt werden.

Rohreinbau-Ventilatoren

Diese Ventilatoren sind für horizontalen und vertikalen Einbau geeignet. Bei horizontalem Einbau wird für die Innenseite eine stufenlos verstellbare Jalousieklappe, für außen ein regenabweisendes Lamellengitter vorgesehen.

Bei vertikalem Einbau wird das Rohr an seinem oberen Ende mit zwei leicht beweglichen Klappen versehen, die selbsttätig schließen, wenn der Ventilator abgeschaltet ist.

Wand- und Fensterventilatoren können mit dreistufigem Drehzahlschalter oder stufenlosem Drehzahlsteller zum Absaugen und Einblasen verwendet werden. Steckerfertige Ausführungen eignen sich z. B. besonders für Küchen.

Wand- und Fensterventilatoren

III Aufzuganlagen

10 Personen-, Güter- und Lastenaufzüge

Man unterscheidet nach dem Nutzungszweck Personen-, Lasten- und Güteraufzüge. **Aufzugarten**

Personenaufzüge sind dazu bestimmt, Personen oder Personen und Güter zu befördern. Sie dürfen grundsätzlich von jedermann als Selbstfahreraufzug benutzt werden.

Lastenaufzüge sind dazu bestimmt
▷ Güter zu befördern oder
▷ Personen zu befördern, die vom Betreiber der Aufzuganlage beschäftigt werden. Mit Lastenaufzügen dürfen auch andere Personen befördert werden, wenn der Lastenaufzug von einem Aufzugführer bedient wird oder wenn die Fahrkorbzugänge mit Fahrkorbtüren versehen sind.

Güteraufzüge sind Aufzuganlagen, die ausschließlich dazu bestimmt sind, Güter zu befördern.

Personen dürfen nicht befördert werden.

Deshalb dürfen sie in keinem Fall vom Lastaufnahmekorb aus gesteuert werden.

Güteraufzüge werden heute in Großbauten kaum noch eingesetzt.

Die noch vorhandenen Umlaufaufzüge oder Paternoster verlieren an Bedeutung, da diese seit dem 31. 12. 1973 für den Transport von Personen nicht mehr neu errichtet werden dürfen.

Aufzuganlagen unterliegen **Bestimmungen**
der Bauordnung der Bundesländer,
der Gewerbeordnung,
der Aufzug-Verordnung und
den Aufzug-Vorschriften.

Nach der Gewerbeordnung ist die Bundesregierung ermächtigt — zum Schutz der Beschäftigten und Dritter vor Gefahren durch Anlagen, die mit Rücksicht auf ihre Gefährlichkeit einer besonderen Überwachung bedürfen — durch Rechtsverordnung zu bestimmen, daß das Errichten und der Betrieb solcher Anlagen angezeigt und bestimmten behördlichen Maßnahmen unterzogen werden müssen. **Gewerbeordnung**

In der Verordnung über die Errichtung und den Betrieb von Aufzuganlagen — abgekürzt Aufzug-Verordnung — vom 21. 3. 1972 (Bundesgesetzblatt (BGBl.) I S. 488) bestimmt die Bundesregierung, daß Aufzuganlagen nach den technischen Vorschriften und im übrigen gemäß den allgemein anerkannten Regeln der Technik errichtet und betrieben werden müssen. Sie verordnet weiter, daß die **Aufzug-Verordnung**

10 Personen-, Güter- und Lastenaufzüge

Aufzuganlage der Anzeigepflicht, einer Abnahme durch die zuständige Behörde und in bestimmten Zeitabständen wiederkehrenden Hauptprüfungen und Zwischenprüfungen unterliegt.

Aufzug-Vorschriften Die Anforderungen sind in besonderen technischen Vorschriften, den Aufzug-Vorschriften, zusammengefaßt.

Planung Anzahl, Größe, Tragkraft und Fahrgeschwindigkeit werden von der Verkehrsdichte und dem Verwendungszweck bestimmt.

Beispiele von Aufzügen für die jeweilige Gebäudeart zeigt Tabelle 10/1.

Anordnung Eine zentrale Lage und damit die Zusammenfassung aller Personenaufzüge im Verkehrsmittelpunkt eines Gebäudes ist zweckmäßiger als eine Verteilung von Einzelaufzügen über die Gebäudegrundfläche. Aufzüge mit Lasttransport sollten räumlich getrennt von den Personenaufzügen angeordnet werden.

Tabelle 10/1 Einsatz von Lasten- und Personenaufzügen

Gebäudeart	Lastenaufzug			Personenaufzug		
	Anzahl	Tragkraft kp (N)	Fahr-geschwindigkeit m/s	Anzahl	Tragkraft kp (N)	Fahr-geschwindigkeit m/s
Appartement-Wohnhaus 10 Geschosse	—	—	—	1 bis 2	450 (4415) bis 600 (5885)	1,2 bis 2,0
Hotel 10 Geschosse	1	1000 (9806) bis 1500 (14710)	0,5	1 bis 2	450 (4415) bis 600 (5885)	1,2 bis 1,5
Kaufhaus	mehrere	2000 (19610) bis 3000 (29415)	0,8 bis 1,2	2 und mehr	1200 (11770) bis 1500 (14710)	1,2 bis 2,0
Bürogebäude je nach Größe	1 oder 1	2000 (19610) 2000 (19610)	0,8 bis 1,2 1,2 bis 2,0	2 bis 4 in Gruppen 2 bis 8 in Gruppen	450 (4415) bis 600 (5885) 600 (5885) bis 1500 (14710)	1,2 bis 1,8 1,2 bis 3,5
Fabrikations-stätte	mehrere	1200 (11770) bis 3000 (29415)	0,5 bis 1,2	1 bis 2	600 (5885)	1,2 bis 1,8
Krankenhaus	mehrere	bis 2500 (24515)	1,0 bis 1,8	1 bis 4	600 (5885) bis 900 (8825)	1,2 bis 2,5

Baumaße

Für die Maße des Aufzugschachtes sind neben den konstruktiven Einzelheiten des Aufzugherstellers vor allem Tragkraft, Fahrgeschwindigkeit, Art der Kabinenabschlußtür und Anordnung des Gegengewichtes von wesentlicher Bedeutung.

Die empfohlenen Schachtabmessungen sind in der DIN 15306 und im Vorentwurf DIN 15309 festgelegt.

Die lichte Höhe des Fahrkorbes muß mindestens 2 m betragen.

Für den Zusammenhang zwischen Fahrkorbgrundfläche und Mindesttragfähigkeit gilt TRA[1]) 200, § 241.3 und § 241.4.

Bei der Ausführung des Fahrschachtes müssen die Paragraphen 200 bis 214 der TRA 200 beachtet werden. In diesen sind die Abmessungen der Schachtgrube und des Schachtkopfes festgelegt sowie die Ausführung der Fahrschachtwände, der Lichtöffnungen, der Führungsschienen, des Triebwerkraumes und der Fahrschachtzugänge beschrieben.

Elektrische Ausrüstung

Für die elektrische Ausrüstung von Aufzuganlagen sind die VDE-Bestimmungen anzuwenden, soweit in den TRA nicht anderes bestimmt ist.

In den Vorschriften TRA 200, §§ 260—266 ist niedergelegt, welchen Forderungen die elektrische Ausrüstung genügen muß.

Steuerungen mit umfangreicher Informationsverarbeitung werden heute in Halbleitertechnik errichtet.

Steuerung

Personen- und Lastenaufzüge werden heute fast ausschließlich als Selbstfahreraufzüge mit automatisch arbeitenden Steuerungen gebaut; diese lassen sich in zwei Hauptgruppen einteilen: eine Gruppe umfaßt Steuerungen, bei denen jeder Fahrtwunsch einzeln ausgeführt wird, zur zweiten Gruppe gehören alle Steuerungen, bei denen eine Speicherung der gegebenen Fahrbefehle und deren Befolgung nach einem bestimmten System erfolgt.

Mehrere räumlich nebeneinanderliegende Aufzüge unterliegen einer gemeinsamen Gruppensammelsteuerung; sie speichert die Fahrbefehle für alle Aufzüge, ordnet diese selbsttätig und gibt sie dann an den entsprechenden Aufzug weiter. Größere Gruppensammelsteuerungen umfassen zur optimalen Ausnutzung außerdem zusätzlich Einrichtungen zur automatischen Verkehrserfassung.

In Tabelle 10/2 sind für verschiedene Gebäude Anwendungsvorschläge für eine zweckmäßige Steuerungsart angegeben. Mit Rücksicht auf Betriebssicherheit und Störfreiheit ist eine möglichst hohe Steuerspannung von max. 220 V ∼ zweckmäßig, bei kleineren Anlagen ist auch eine solche von 60 V⎓ gebräuchlich.

Antrieb

Ein Aufzugantrieb besteht aus dem elektrischen Antriebsmotor, der Aufzugwinde, der Kupplung, Treibscheibe und der elektromechanischen Backenbremse. Bei Fahrgeschwindigkeiten über 2,0 m/s entfällt die als Schneckentrieb ausgebildete Aufzugwinde. Der Aufzugantrieb besteht aus einer getriebelosen Aufzugmaschine, bei der ein langsamlaufender Gleichstrom-Nebenschlußmotor, eine elektromechanische Backenbremse und eine Treibscheibe zu einer Einheit

---

[1]) Technische Regeln für Aufzüge

zusammengefaßt sind. Die Anforderungen nach Haltegenauigkeit, stoßfreiem Halten, Lebensdauer und Wartung der Bremse bestimmen die Art des elektrischen Antriebsmotors.

Für kleinere und mittlere Tragkräfte und Fahrgeschwindigkeiten ist der Drehstrom-Asynchronmotor geeignet, der als polumschaltbarer Drehstrommotor mit Polzahlverhältnissen von 1:3 bis 1:6 ausgebildet ist.

Bei Tragkräften über 3000 kp (29415 N) und mittleren Fahrgeschwindigkeiten sowie bei allen Aufzügen mit Fahrgeschwindigkeiten über 1,2 m/s werden drehzahlgeregelte Motoren eingesetzt.

Die Drehzahlregelung kann bei den polumschaltbaren Motoren als Anschnittsteuerung und geregelter Gleichstrombremsung oder bei den Gleichstrom-Nebenschlußmotoren als Ankerspannungsregelung erfolgen. Früher wurde dazu der Gleichstrommotor über einen Leonardsatz gespeist. Heute erfolgt dies über Leistungs-Thyristoren, die einen wesentlich besseren Wirkungsgrad haben. Die Vorteile liegen außerdem in den geringeren Investitionskosten, dem kleineren Platzbedarf und dem Entfallen der Wartungskosten.

Leistungsbedarf

Seilaufzüge sind so aufgebaut, daß Kabinengewicht und die halbe Nenn-Nutzlast durch ein Gegengewicht ausgeglichen sind. Je nach Belastung der Kabine treten unterschiedliche Beanspruchungen des Antriebsmotors auf, wobei sowohl generatorischer als auch motorischer Betrieb möglich ist. Als Kenngröße für die Bemessung des Antriebsmotors gilt das Vollasthubmoment, das bei Fahrten mit vollbelasteter Kabine in Aufwärtsrichtung auftritt.

Da der Aufzug während seiner Betriebszeit mit unterschiedlich belasteter Kabine fährt, ist der Motor so bemessen, daß er bei einer mittleren Belastung von 75% und 40% ED seine zulässige Erwärmungsgrenze nicht überschreitet.

Die kurzzeitige Beanspruchung wird durch das Beschleunigungsmoment bestimmt. In erster Näherung beträgt das Anzugsmoment das 2- bis 2,2fache des Vollasthubmoments.

Tabelle 10/2 Anwendungsvorschlag für Steuerungen

Gebäudeart	Führeraufzug	Selbstfahreraufzug
Wohnhaus	—	Heranholsteuerung, Abwärtssammelsteuerung
Appartementhaus	—	Abwärtssammelsteuerung
Hotel	—	Heranholsteuerung, Abwärtssammelsteuerung
Kaufhaus	Druckknopf-Innensammelsteuerung	Sammelsteuerung
Bürogebäude	—	Sammelsteuerung
Verwaltungsgebäude	—	Sammelsteuerung, Gruppensammelsteuerung
Fabrikationsstätte	Hebelimpulssteuerung, Druckknopf-Innensammelsteuerung	Heranholsteuerung, Sammelsteuerung

10 Personen-, Güter- und Lastenaufzüge

Der Einschaltstrom der Drehstromaufzugmotoren liegt etwa beim 3,5- bis 4fachen Nennstrom, die mögliche Schalthäufigkeit bei etwa 50 bis 240 Schaltungen je Stunde.

Bei den Gleichstromantrieben ist die Netzbelastung durch den Anfahrstrom und den Effektivwert aus den verschiedenen Strömen eines Fahrtspieles bedingt. Bei jedem Anfahren des Aufzugs muß die hierfür erforderliche Anzugsleistung aufgebracht werden, die von der Belastung der Kabine abhängt.

Im ungünstigsten Fall, d. h. bei Fahrt mit voll belasteter Kabine in Aufwärtsrichtung, ist der größte Leistungsbedarf erforderlich. Überschläglich liegt in diesem Belastungsfall der Anfahrstrom des Antriebsmotors beim 2- bis 2,5fachen Nennstrom.

Die mögliche Schalthäufigkeit der Gleichstromantriebe liegt bei etwa 180 bis 240 Schaltungen je Stunde. Für die thermische Belastung ist die auf dem Leistungsschild angegebene Effektivleistung maßgebend.

In Tabelle 10/3 sind Richtwerte des Leistungsbedarfs in Abhängigkeit von Tragkraft und Fahrgeschwindigkeit bei den verschiedenen Aufzugantrieben aufgeführt.

Tabelle 10/3   Richtwerte des Leistungsbedarfs bei Aufzugantrieben

Fahrge-schwin-digkeit	A thermi-sche Dauer-leistung	Tragkraft von Aufzügen							Antriebe
		Anzahl der Personen							
		4	8	10	13	16	20	26	
	B Kurzzei-tige Stoß-beanspru-chung	Last in kp (N)							
		300 (2942)	600 (5885)	750 (7355)	1000 (9805)	1200 (11770)	1500 (14710)	2000 (19610)	
m/s	max. 5 s	Erforderlicher Leistungsbedarf von Aufzugantrieben in kVA							
0,6	A B	4 16	7 25	9 33	12 43	15 54	18 65	24 86	Dreh-strom
1,0	A B	6 21	12 42	14 50	19 67	30 85	30 85	40 105	Gleich-strom mit Auf-zugwinde oder ge-regelter Dreh-strom
1,3	A B	8 28	16 56	20 65	30 85	30 85	40 105	50 130	
1,5	A B	9 32	20 65	30 85	30 85	40 105	40 105	60 145	
1,8	A B	15 45	30 85	30 85	30 85	50 130	50 130	60 145	
2,0	A B	15 45	30 85	30 85	40 105	50 130	60 145	75 190	
2,5	A B	17 45	35 85	35 85	45 105	55 130	55 130	60 145	Getriebe-lose Aufzug-maschinen
3	A B	35 85	35 85	45 105	55 130	60 145	60 145	60 145	

10 Personen-, Güter- und Lastenaufzüge

Verteiler

Während Einzelaufzüge direkt an den Hauptverteiler des Gebäudes angeschlossen sind, können bei größeren Anlagen eigene Aufzughauptverteiler und Transformatoren erforderlich werden.

Nach den Aufzug-Vorschriften muß am Eingang zum Maschinenraum ein Lastschalter angebracht sein, durch den die Anlage allpolig abgeschaltet werden kann. Bei Einzelaufzügen mit Drehstromantrieben, vor allem in Wohngebäuden, kommt hierfür z. B. ein gekapselter Motorschutzschalter in Betracht. Sind mehrere Aufzüge in einer Anlage zusammengefaßt, empfiehlt sich der Aufbau eines Niederspannungs-Verteilers, für den sich bei mittleren Anlagen Isolierstoff- oder Guß-, bei großen Anlagen Stahlblechsysteme besonders eignen (vgl. Kap. 1.11.3).

Die Verteiler enthalten auch Abgänge für Kabinenlicht, Notlicht, Kabinenlüfter und gemeinsame Steuerschränke.

Ersatzstrombetrieb

Aufzugsteuerungen können so angelegt sein, daß die Aufzüge nach dem Einschalten der Ersatzstromversorgung nur mit niedriger, der sogenannten Einfahrgeschwindigkeit in die nächste Haltestelle einfahren und sich dort selbsttätig abschalten.

Sind mehrere Aufzüge in einer Gruppe angeordnet, so ist eine automatische Ersatzstromsteuerung vorzusehen, die bei Ersatzstrombetrieb die Aufzüge nacheinander mit geringer Geschwindigkeit in die nächste Haltestelle einfahren und anschließend nur einen Teil der Aufzüge in Betrieb läßt.

Die Bemessung des Stromerzeugungsaggregates wird durch den kurzzeitigen Einschaltstrom des Motors bestimmt, bei schnellfahrenden Aufzügen muß vor allem außerdem der generatorisch wirksame Leistungsanteil berücksichtigt werden. (Weitere Hinweise zur Ersatzstromversorgung vgl. Kapital 6).

Bei Anlagen mit Leonardaggregat muß außerdem der Einschaltstrom des Drehstrommotors einkalkuliert werden.

Leitungen und Kabel

Es empfiehlt sich, für die elektrische Ausrüstung Leitungen und Kabel mit Kunststoffisolierung zu verwenden.

Als elektrische Verbindung zwischen der festen Anschlußstelle im Schacht und der Aufzugkabine ist bei Aufzügen mit mittlerer Hubhöhe eine bewegliche Steuerleitung mit kältebeständigem PVC-Außenmantel und einer Hanfkordel als Leitungsträger zweckmäßig. Bei Gebäuden, in denen Aufzüge eine größere Hubhöhe zu überwinden haben, soll als Leitungsträger ein Stahldrahtseil verwendet werden.

Die elektrischen Leitungen zu den elektrischen Sicherheitseinrichtungen müssen mindestens VDE 0250 genügen, der Leiterquerschnitt darf nicht kleiner als 0,75 mm² Kupfer sein. Licht- und Kraftleitungen müssen einen Querschnitt von mindestens 1 mm² haben.

Funkentstörung

Aufzuganlagen in Gebäuden z.B. mit Sende- und Empfangsanlagen müssen funkentstört ausgeführt werden. Es genügt in den meisten Fällen die Entstörung der Anlage nach Funkstörgrad N der VDE 0875. Hierzu ist die galvanische Entkoppelung des Netzeinganges durch entsprechende Siebketten erforderlich. Bei hochwertiger Funkentstörung nach Funkstörgrad K werden Kabel und Leitungen mit einem abgeschirmten Mantel verwendet. Die Steuergeräte müssen dann in einen elektrisch abschirmenden Schaltschrank eingebaut sein.